U0590787

住房和城乡建设领域专业人员岗位培训考核系列用书

安全员专业管理实务

江苏省建设教育协会 组织编写

中国建筑工业出版社

图书在版编目（CIP）数据

安全员专业管理实务/江苏省建设教育协会组织编
写. —北京：中国建筑工业出版社，2016.7
住房和城乡建设领域专业人员岗位培训考核系列
用书
ISBN 978-7-112-19580-0

Ⅰ. ①安… Ⅱ. ①江… Ⅲ. ①建筑工程-工程施
工-安全技术-岗位培训-教材 Ⅳ. ①TU714

中国版本图书馆 CIP 数据核字（2016）第 154392 号

本书是《住房和城乡建设领域专业人员岗位培训考核系列用书》中的一本，依据《建筑与市政工程施工现场专业人员职业标准》JGJ/T 250—2011、《建筑与市政工程施工现场专业人员考核评价大纲》及全国住房和城乡建设领域专业人员岗位统一考核评价题库编写。主要有：安全管理相关规定和标准；掌握施工现场安全管理知识和规定；熟悉施工项目安全生产管理计划的内容和编制方法；熟悉安全专项施工方案的内容和编制方法；掌握施工现场安全事故的防范知识和规定；掌握安全事故救援处理知识和规定；编制项目安全生产管理计划；编制事故应急救援预案；施工现场安全检查；组织实施项目作业人员安全教育培训；编制安全专项施工方案等共16章。本书可作为施工现场安全员岗位考试的指导用书，又可作为施工现场相关专业人员的实用工具书，也可供职业技术院校师生和相关专业技术人员参考使用。

责任编辑：周世明　刘　江　岳建光　范业庶
责任校对：王宇枢　刘梦然

住房和城乡建设领域专业人员岗位培训考核系列用书
安全员专业管理实务
江苏省建设教育协会　组织编写
＊
中国建筑工业出版社出版、发行（北京西郊百万庄）
各地新华书店、建筑书店经销
霸州市顺浩图文科技发展有限公司制版
北京同文印刷有限责任公司印刷
＊
开本：787×1092毫米　1/16　印张：28¾　字数：695千字
2016年9月第一版　　2018年7月第五次印刷
定价：75.00 元
ISBN 978-7-112-19580-0
（28790）

版权所有　翻印必究
如有印装质量问题，可寄本社退换
（邮政编码 100037）

住房和城乡建设领域专业人员岗位培训考核系列用书

编审委员会

主　任：宋如亚

副主任：章小刚　戴登军　陈　曦　曹达双

　　　　漆贯学　金少军　高　枫

委　员：王宇旻　成　宁　金孝权　张克纯

　　　　胡本国　陈从建　金广谦　郭清平

　　　　刘清泉　王建玉　汪　莹　马　记

　　　　魏德燕　惠文荣　李如斌　杨建华

　　　　陈年和　金　强　王　飞

出版说明

为加强住房和城乡建设领域人才队伍建设，住房和城乡建设部组织编制并颁布实施了《建筑与市政工程施工现场专业人员职业标准》JGJ/T 250—2011（以下简称《职业标准》），随后组织编写了《建筑与市政工程施工现场专业人员考核评价大纲》（以下简称《考核评价大纲》），要求各地参照执行。为贯彻落实《职业标准》和《考核评价大纲》，受江苏省住房和城乡建设厅委托，江苏省建设教育协会组织了具有较高理论水平和丰富实践经验的专家和学者，编写了《住房和城乡建设领域专业人员岗位培训考核系列用书》（以下简称《考核系列用书》），并于2014年9月出版。《考核系列用书》以《职业标准》为指导，紧密结合一线专业人员岗位工作实际，出版后多次重印，受到业内专家和广大工程管理人员的好评，同时也收到了广大读者反馈的意见和建议。

根据住房和城乡建设部要求，2016年起将逐步启用全国住房和城乡建设领域专业人员岗位统一考核评价题库，为保证《考核系列用书》更加贴近部颁《职业标准》和《考核评价大纲》的要求，受江苏省住房和城乡建设厅委托，江苏省建设教育协会组织业内专家和培训老师，在第一版的基础上对《考核系列用书》进行了全面修订，编写了这套《住房和城乡建设领域专业人员岗位培训考核系列用书（第二版）》（以下简称《考核系列用书（第二版）》）。

《考核系列用书（第二版）》全面覆盖了施工员、质量员、资料员、机械员、材料员、劳务员、安全员、标准员等《职业标准》和《考核评价大纲》涉及的岗位（其中，施工员、质量员分为土建施工、装饰装修、设备安装和市政工程四个子专业）。每个岗位结合其职业特点以及培训考核的要求，包括《专业基础知识》、《专业管理实务》和《考试大纲·习题集》三个分册。

《考核系列用书（第二版）》汲取了第一版的优点，并综合考虑第一版使用中发现的问题及反馈的意见、建议，使其更适合培训教学和考生备考的需要。《考核系列用书（第二版）》系统性、针对性较强，通俗易懂，图文并茂，深入浅出，配以考试大纲和习题集，力求做到易学、易懂、易记、易操作。既是相关岗位培训考核的指导用书，又是一线专业岗位人员的实用工具书；既可供建设单位、施工单位及相关高职高专、中职中专学校教学培训使用，又可供相关专业人员自学参考使用。

《考核系列用书（第二版）》在编写过程中，虽然经多次推敲修改，但由于时间仓促，加之编著水平有限，如有疏漏之处，恳请广大读者批评指正（相关意见和建议请发送至 JYXH05@163.com），以便我们认真加以修改，不断完善。

本书编写委员会

主　　编：杨建华

副 主 编：王　生

编写人员：曹正池　耿兴军　朱　平　黄　玥
　　　　　张丽娟

前　言

　　根据住房和城乡建设部的要求，2016 年起将逐步启用全国住房和城乡建设领域专业人员岗位统一考核评价题库，为更好贯彻落实《建筑与市政工程施工现场专业人员职业标准》JGJ/T 250—2011，保证培训教材更加贴近部颁《建筑与市政工程施工现场专业人员考核评价大纲》的要求，受江苏省住房和城乡建设厅委托，江苏省建设教育协会组织业内专家和培训老师，编写了这本《住房和城乡建设领域专业人员岗位培训考核系列用书》——安全员专业管理实务。

　　安全员培训考核用书包括《安全员专业基础知识》、《安全员专业管理实务》、《安全员考试大纲·习题集》三本，反映了国家现行规范、规程、标准，并以安全管理为主线，不仅涵盖了现场安全管理人员应掌握的通用知识、基础知识、岗位知识和专业技能，还涉及新技术、新设备、新工艺、新材料等方面的知识。

　　本书为《安全员专业管理实务》分册，主要内容有：安全管理相关规定和标准；掌握施工现场安全管理知识和规定；熟悉施工项目安全生产管理计划的内容和编制方法；熟悉安全专项施工方案的内容和编制方法；掌握施工现场安全事故的防范知识和规定；掌握安全事故救援处理知识和规定；编制项目安全生产管理计划；编制事故应急救援预案；施工现场安全检查；组织实施项目作业人员安全教育培训；编制安全专项施工方案等共 16 章。本书可作为施工现场安全员岗位考试的指导用书，又可作为施工现场相关专业人员的实用工具书，也可供职业技术院校师生和相关专业技术人员参考使用。

目　　录

第1章　安全管理相关规定和标准

1.1　施工安全生产责任制的管理规定

安全生产事关人民群众生命财产安全，事关改革开放、经济发展和社会稳定大局，事关党和政府形象和声誉。《中华人民共和国建筑法》（以下简称《建筑法》）规定，建筑施工企业必须依法加强对建筑安全生产的管理，执行安全生产责任制度，采取有效措施，防止伤亡和其他安全生产事故的发生。

1.1.1　施工单位主要负责人、项目负责人、总分包单位等安全生产责任制的规定

《国务院关于坚持科学发展安全发展促进安全生产形势持续稳定好转的意见》（国发〔2011〕40号）中指出，认真落实企业安全生产主体责任。企业必须严格遵守和执行安全生产法律法规、规章制度与技术标准，依法依规加强安全生产，加大安全投入，健全安全管理机构，加强班组安全建设，保持安全设备设施完好有效。

1. 施工单位主要负责人对安全生产工作全面负责

《建筑法》规定，建筑施工企业的法定代表人对本企业的安全生产负责。《建设工程安全生产管理条例》也规定，施工单位主要负责人依法对本单位的安全生产工作全面负责。对于主要负责人的理解，应当从实际情况出发。总的原则是，对施工单位全面负责并有生产经营决策权的人，即为主要负责人。就是说，施工单位主要负责人可以是董事长，也可以是总经理或总裁等。此外，要保证本单位安全生产条件所需资金的投入。《建设工程安全生产管理条例》规定，施工单位对列入建设工程概算的安全作业环境及安全施工措施所需费用，应当用于施工安全防护用具及设施的采购和更新、安全施工措施的落实、安全生产条件的改善，不得挪作他用。

施工单位安全生产管理机构和专职安全生产管理人员负专责。《建设工程安全生产管理条例》规定，施工单位应当设立安全生产管理机构，配备专职安全生产管理人员。专职安全生产管理人员负责对安全生产进行现场监督检查。发现安全事故隐患，应当及时向项目负责人和安全生产管理机构报告；对违章指挥、违章操作的，应当立即制止。

2. 项目负责人对建设工程项目的安全施工负责

《建设工程安全生产管理条例》规定，施工单位的项目负责人应当由取得相应执业资格的人员担任，对建设工程项目的安全施工负责，落实安全生产责任制度、安全生产规章制度和操作规程，确保安全生产费用的有效使用，并根据工程的特点组织制定安全施工措施，消除安全事故隐患，及时、如实报告生产安全事故。建设工程施工前，施工单位负责项目管理的技术人员应当对有关安全施工的技术要求向施工作业班组、作业人员作出详细

说明，并由双方签字确认。

3. 施工总承包单位和分包单位的安全生产责任

《建筑法》规定，施工现场安全由建筑施工企业负责。实行施工总承包的，由总承包单位负责。分包单位向总承包单位负责，服从总承包单位对施工现场的安全生产管理。

《建设工程安全生产管理条例》进一步规定，总承包单位依法将建设工程分包给其他单位的，分包合同中应当明确各自在安全生产方面的权利、义务。实行施工总承包的，由总承包单位统一组织编制建设工程生产安全事故应急救援预案，工程总承包单位和分包单位按照应急救援预案，各自建立应急救援组织或者配备应急救援人员，配备救援器材、设备，并定期组织演练。实行施工总承包的建设工程，由总承包单位负责上报事故。总承包单位和分包单位对分包工程的安全生产承担连带责任。分包单位应当服从总承包单位的安全生产管理，分包单位不服从管理导致生产安全事故的，由分包单位承担主要责任。

1.1.2 施工现场领导带班制度的规定

《国务院关于进一步加强企业安全生产工作的通知》（国发〔2010〕23号）中规定：强化生产过程管理的领导责任。企业主要负责人和领导班子成员要轮流现场带班。发生事故而没有领导现场带班的，对企业给予规定上限的经济处罚，并依法从重追究企业主要负责人的责任。《国务院关于坚持科学发展安全发展促进安全生产形势持续稳定好转的意见》中则规定，企业主要负责人、实际控制人要切实承担安全生产第一责任人的责任，带头执行现场带班制度，加强现场安全管理。

住房和城乡建设部《建筑施工企业负责人及项目负责人施工现场带班暂行办法》（建质〔2011〕111号）进一步规定，建筑施工企业应当建立企业负责人及项目负责人施工现场带班制度，并严格考核。施工现场带班包括企业负责人带班检查和项目负责人带班生产。企业负责人带班检查是指由建筑施工企业负责人带队实施对工程项目质量安全生产状况及项目负责人带班生产情况的检查。项目负责人带班生产是指项目负责人在施工现场组织协调工程项目的质量安全生产活动。

建筑施工企业负责人，是指企业的法定代表人、总经理、主管质量安全和生产工作的副总经理、总工程师和副总工程师。项目负责人，是指工程项目的项目经理。施工现场，是指进行房屋建筑和市政工程施工作业活动的场所。

建筑施工企业负责人要定期带班检查，每月检查时间不少于其工作日的25%。建筑施工企业负责人带班检查时，应认真做好检查记录，并分别在企业和工程项目存档备查。工程项目进行超过一定规模的危险性较大的分部分项工程施工时，建筑施工企业负责人应到施工现场进行带班检查。对于有分公司（非独立法人）的企业集团，集团负责人因故不能到现场的，可书面委托工程所在地的分公司负责人对施工现场进行带班检查。工程项目出现险情或发现重大隐患时，建筑施工企业负责人应到施工现场带班检查，督促工程项目进行整改，及时消除险情和隐患。

项目负责人在同一时期只能承担一个工程项目的管理工作。项目负责人带班生产时，要全面掌握工程项目质量安全生产状况，加强对重点部位、关键环节的控制，及时消除隐患。要认真做好带班生产记录并签字存档备查。项目负责人每月带班生产时间不得少于本月施工时间的80%。因其他事务需离开施工现场时，应向工程项目的建设单位请假，经批准后方可离开。离开期间应委托项目相关负责人负责其外出时的日常工作。

1.2 施工安全生产组织保障和安全许可的管理规定

1.2.1 施工企业安全生产管理机构、专职安全生产管理人员配备及其职责的规定

安全生产管理机构是指建筑施工企业设置的负责安全生产管理工作的独立职能部门。专职安全生产管理人员是指经建设主管部门或者其他有关部门安全生产考核合格取得安全生产考核合格证书，并在建筑施工企业及其项目从事安全生产管理工作的专职人员。

1. 建筑施工企业安全生产管理机构的设置及职责

住房和城乡建设部《建筑施工企业安全生产管理机构设置及专职安全生产管理人员配备办法》（建质〔2008〕91号）规定，建筑施工企业应当依法设置安全生产管理机构，在企业主要负责人的领导下开展本企业的安全生产管理工作。

建筑施工企业安全生产管理机构具有以下职责：

（1）宣传和贯彻国家有关安全生产法律法规和标准；

（2）编制并适时更新安全生产管理制度并监督实施；

（3）组织或参与企业生产安全事故应急救援预案的编制及演练；

（4）组织开展安全教育培训与交流；

（5）协调配备项目专职安全生产管理人员；

（6）制订企业安全生产检查计划并组织实施；

（7）监督在建项目安全生产费用的使用；

（8）参与危险性较大工程安全专项施工方案专家论证会；

（9）通报在建项目违规违章查处情况；

（10）组织开展安全生产评优评先表彰工作；

（11）建立企业在建项目安全生产管理档案；

（12）考核评价分包企业安全生产业绩及项目安全生产管理情况；

（13）参加生产安全事故的调查和处理工作；

（14）企业明确的其他安全生产管理职责。

2. 建筑施工企业安全生产管理机构专职安全生产管理人员的配备及职责

建筑施工企业安全生产管理机构专职安全生产管理人员的配备应满足下列要求，并应根据企业经营规模、设备管理和生产需要予以增加：

（1）建筑施工总承包资质序列企业：特级资质不少于6人；一级资质不少于4人；二级和二级以下资质企业不少于3人。

（2）建筑施工专业承包资质序列企业：一级资质不少于3人；二级和二级以下资质企业不少于2人。

（3）建筑施工劳务分包资质序列企业：不少于2人。

（4）建筑施工企业的分公司、区域公司等较大的分支机构（以下简称分支机构）应依据实际生产情况配备不少于2人的专职安全生产管理人员。

建筑施工企业安全生产管理机构专职安全生产管理人员在施工现场检查过程中具有以下职责：

(1) 查阅在建项目安全生产有关资料、核实有关情况；

(2) 检查危险性较大工程安全专项施工方案落实情况；

(3) 监督项目专职安全生产管理人员履责情况；

(4) 监督作业人员安全防护用品的配备及使用情况；

(5) 对发现的安全生产违章违规行为或安全隐患，有权当场予以纠正或作出处理决定；

(6) 对不符合安全生产条件的设施、设备、器材，有权当场作出查封的处理决定；

(7) 对施工现场存在的重大安全隐患有权越级报告或直接向建设主管部门报告；

(8) 企业明确的其他安全生产管理职责。

3. 建设工程项目安全生产领导小组和专职安全生产管理人员的设立及职责

建筑施工企业应当在建设工程项目组建安全生产领导小组。建设工程实行施工总承包的，安全生产领导小组由总承包企业、专业承包企业和劳务分包企业项目经理、技术负责人和专职安全生产管理人员组成。

(1) 安全生产领导小组的主要职责：

1) 贯彻落实国家有关安全生产法律法规和标准；

2) 组织制定项目安全生产管理制度并监督实施；

3) 编制项目生产安全事故应急救援预案并组织演练；

4) 保证项目安全生产费用的有效使用；

5) 组织编制危险性较大工程安全专项施工方案；

6) 开展项目安全教育培训；

7) 组织实施项目安全检查和隐患排查；

8) 建立项目安全生产管理档案；

9) 及时、如实报告安全生产事故。

建筑施工企业应当实行建设工程项目专职安全生产管理人员委派制度。建设工程项目的专职安全生产管理人员应当定期将项目安全生产管理情况报告企业安全生产管理机构。

(2) 总承包单位配备项目专职安全生产管理人员应当满足下列要求：

1) 建筑工程、装修工程按照建筑面积配备：

① 1 万平方米以下的工程不少于 1 人；

② 1~5 万平方米的工程不于 2 人；

③ 5 万平方米及以上的工程不少于 3 人，且按专业配备专职安全生产管理人员。

2) 土木工程、线路管道、设备安装工程按照工程合同价配备：

① 5000 万元以下的工程不少于 1 人；

② 5000 万~1 亿元的工程不少于 2 人；

③ 1 亿元及以上的工程不少于 3 人，且按专业配备专职安全生产管理人员。

(3) 分包单位配备项目专职安全生产管理人员应当满足下列要求：

1) 专业承包单位应当配置至少 1 人，并根据所承担的分部分项工程的工程量和施工危险程度增加。

2）劳务分包单位施工人员在 50 人以下的，应当配备 1 名专职安全生产管理人员；50～200 人的，应当配备 2 名专职安全生产管理人员；200 人及以上的，应当配备 3 名及以上专职安全生产管理人员，并根据所承担的分部分项工程施工危险实际情况增加，不得少于工程施工人员总人数的 5‰。

（4）项目专职安全生产管理人员具有以下主要职责：

1）负责施工现场安全生产日常检查，做好检查记录；

2）现场监督危险性较大工程安全专项施工方案实施情况；

3）对作业人员违规违章行为有权予以纠正或查处；

4）对施工现场存在的安全隐患有权责令立即整改；

5）对于发现的重大安全隐患，有权向企业安全生产管理机构报告；

6）依法报告生产安全事故情况。

施工作业班组可以设置兼职安全巡查员，对本班组的作业场所进行安全监督检查。建筑施工企业应当定期对兼职安全巡查员进行安全教育培训。

1.2.2 施工安全生产许可证管理的规定

《安全生产许可证条例》规定，国家对矿山企业、建筑施工企业和危险化学品、烟花爆竹、民用爆破器材生产企业（以下统称企业）实行安全生产许可制度。企业未取得安全生产许可证的，不得从事生产活动。《国务院关于坚持科学发展安全发展促进安全生产形势持续稳定好转的意见》中规定，严格安全生产准入条件。要认真执行安全生产许可制度和产业政策，严格技术和安全质量标准，严把行业安全准入关。

1. 建筑施工企业申办安全生产许可证应具备的条件

原建设部《建筑施工企业安全生产许可证管理规定》（建设部令第 128 号）中规定，建筑施工企业取得安全生产许可证应当具备的安全生产条件为：

（1）建立、健全安全生产责任制，制定完备的安全生产规章制度和操作规程；

（2）保证本单位安全生产条件所需资金的投入；

（3）设置安全生产管理机构，按照国家有关规定配备专职安全生产管理人员；

（4）主要负责人、项目负责人、专职安全生产管理人员经建设主管部门或者其他有关部门考核合格；

（5）特种作业人员经有关业务主管部门考核合格，取得特种作业操作资格证书；

（6）管理人员和作业人员每年至少进行 1 次安全生产教育培训并考核合格；

（7）依法参加工伤保险，依法为施工现场从事危险作业的人员办理意外伤害保险，为从业人员交纳保险费；

（8）施工现场的办公、生活区及作业场所和安全防护用具、机械设备、施工机具及配件符合有关安全生产法律、法规、标准和规程的要求；

（9）有职业危害防治措施，并为作业人员配备符合国家标准或者行业标准的安全防护用具和安全防护服装；

（10）有对危险性较大的分部分项工程及施工现场易发生重大事故的部位、环节的预防、监控措施和应急预案；

（11）有生产安全事故应急救援预案、应急救援组织或者应急救援人员，配备必要的应急救援器材、设备；

(12) 法律、法规规定的其他条件。

中央管理的建筑施工企业（集团公司、总公司）向国务院建设主管部门申请领取安全生产许可证；其他建筑施工企业，包括中央管理的建筑施工企业（集团公司、总公司）下属的建筑施工企业，向企业注册所在地省、自治区、直辖市人民政府建设主管部门申请领取安全生产许可证。

建筑施工企业申请安全生产许可证时，应当向建设主管部门提供下列材料：

(1) 建筑施工企业安全生产许可证申请表；

(2) 企业法人营业执照；

(3) 与申请安全生产许可证应当具备的安全生产条件相关的文件、材料。

2. 安全生产许可证的有效期和暂扣安全生产许可证的规定

《建筑施工企业安全生产许可证管理规定》中规定，安全生产许可证的有效期为 3 年。安全生产许可证有效期满需要延期的，企业应当于期满前 3 个月向原安全生产许可证颁发管理机关办理延期手续。企业在安全生产许可证有效期内，严格遵守有关安全生产的法律法规，未发生死亡事故的，安全生产许可证有效期届满时，经原安全生产许可证颁发管理机关同意，不再审查，安全生产许可证有效期延期 3 年。

住房和城乡建设部《建筑施工企业安全生产许可证动态监管暂行办法》（建质〔2008〕121 号）规定，暂扣安全生产许可证处罚视事故发生级别和安全生产条件降低情况，按下列标准执行：

(1) 发生一般事故的，暂扣安全生产许可证 30 至 60 日；

(2) 发生较大事故的，暂扣安全生产许可证 60 至 90 日；

(3) 发生重大事故的，暂扣安全生产许可证 90 至 120 日。

建筑施工企业在 12 个月内第二次发生生产安全事故的，视事故级别和安全生产条件警低情况，分别按下列标准进行处罚：

(1) 发生一般事故的，暂扣时限为在上一次暂扣时限的基础上再增加 30 日；

(2) 发生较大事故的，暂扣时限为在上一次暂扣时限的基础上再增加 60 日；

(3) 发生重大事故的，或按以上（1）（2）处罚暂扣时限超过 120 日的，吊销安全生产许可证。12 个月内同一企业连续发生三次生产安全事故的，吊销安全生产许可证。

建筑施工企业瞒报、谎报、迟报或漏报事故的，在以上处罚的基础上，再处延长暂扣期 30 日至 60 日的处罚。暂扣时限超过 120 日的，吊销安全生产许可证。安全生产许可证暂扣期内，拒不整改的，吊销其安全生产许可证。

建筑施工企业安全生产许可证被暂扣期间，企业在全国范围内不得承揽新的工程项目。发生问题或事故的工程项目停工整改，经工程所在地有关建设主管部门核查合格后方可继续施工。建筑施工企业安全生产许可证被吊销后，自吊销决定作出之日起一年内不得重新申请安全生产许可证。

建筑施工企业安全生产许可证暂扣期满前 10 个工作，企业需向颁发管理机关提出发还安全生产许可证申请。颁发管理机关接到申请后，应当对被暂扣企业安全生产条件进行复查，复查合格的，应当在暂扣期满时发还安全生产许可证；复查不合格的，增加暂扣期限直至吊销安全生产许可证。

3. 违法行为应承担的主要法律责任

（1）对于建筑施工企业未取得安全生产许可证擅自从事建筑施工活动的违法行为。《安全生产许可证条例》规定，未取得安全生产许可证擅自进行生产的，责令停止生产，没收违法所得，并处 10 万元以上 50 万元以下的罚款；造成重大事故或者其他严重后果，构成犯罪的，依法追究刑事责任。

《建筑施工企业安全生产许可证管理规定》进一步规定，责令其在建项目停止施工，没收违法所得，并处 10 万元以上 50 万元以下的罚款；造成重大安全事故或者其他严重后果，构成犯罪的，依法追究刑事责任。

（2）对于安全生产许可证有效期满未办理延期手续继续从事施工活动的违法行为。《安全生产许可证条例》规定，安全生产许可证有效期满未办理延期手续，继续进行生产的，责令停止生产，限期补办延期手续，没收违法所得，并处 5 万元以上 10 万元以下的罚款：逾期仍不办理延期手续，继续进行生产的，依照未取得安全生产许可证擅自进行生产的规定处罚。

《建筑施工企业安全生产许可证管理规定》进一步规定，安全生产许可证有效期满未办理延期手续，继续从事建筑施工活动的，责令其在建项目停止施工，限期补办延期手续，没收违法所得，并处 5 万元以上 10 万元以下的罚款；逾期仍不办理延期手续继续从事建筑施工活动的，依照未取得安全生产许可证擅自从事建筑施工活动的规定处罚。

（3）对于转让安全生产许可证等的违法行为。《安全生产许可证条例》规定，转让安全生产许可证的，没收违法所得，处 10 万元以上 50 万元以下的罚款，并吊销其安全生产许可证；构成犯罪的，依法追究刑事责任；接受转让的，依照未取得安全生产许可证擅自进行生产的规定处罚。冒用安全生产许可证或者使用伪造的安全生产许可证的，依照未取得安全生产许可证擅自进行生产的规定处罚。

《建筑施工企业安全生产许可证管理规定》进一步规定，建筑施工企业转让安全生产许可证的，没收违法所得，处 10 万元以上 50 万元以下的罚款，并吊销安全生产许可证；构成犯罪的，依法追究刑事责任；接受转让的，依照未取得安全生产许可证擅自从事建筑施工活动的规定处罚。冒用安全生产许可证或者使用伪造的安全生产许可证的，依照未取得安全生产许可证擅自从事建筑施工活动的规定处罚。

1.2.3 施工企业主要负责人、项目负责人、专职安全生产管理人员安全生产考核的规定

《建设工程安全生产管理条例》规定，施工单位的主要负责人、项目负责人、专职安全生产管理人员应当经建设行政主管部门或者其他部门考核合格后方可任职。

原建设部《建筑施工企业主要负责人、项目负责人和专职安全生产管理人员安全生产考核管理暂行规定》（建质〔2004〕59 号）中规定，建筑施工企业主要负责人，是指对本企业日常生产经营活动和安全生产工作全面负责、有生产经营决策权的人员，包括企业法定代表人、经理、企业分管安全生产工作的副经理等。建筑施工企业项目负责人，是指由企业法定代表人授权，负责建设工程项目管理的负责人等。建筑施工企业专职安全生产管理人员，是指在企业专职从事安全生产管理工作的人员，包括企业安全生产管理机构的负责人及其工作人员和施工现场专职安全生产管理人员。

《建筑施工企业主要负责人、项目负责人和专职安全生产管理人员安全生产考核管理暂行规定》中，将建筑施工企业主要负责人、项目负责人和专职安全生产管理人员简称为建筑施工企业管理人员。

国务院建设行政主管部门负责全国建筑施工企业管理人员安全生产的考核工作，并负责中央管理的建筑施工企业管理人员安全生产考核和发证工作。省、自治区、直辖市人民政府建设行政主管部门负责本行政区域内中央管理以外的建筑施工企业管理人员安全生产考核和发证工作。

1. 安全生产考核的基本要求

建筑施工企业管理人员应当具备相应文化程度、专业技术职称和一定安全生产工作经历，并经企业年度安全生产教育培训合格后，方可参加建设行政主管部门组织的安全生产考核。

建设行政主管部门对建筑施工企业管理人员进行安全生产考核，不得收取考核费用，不得组织强制培训。安全生产考核合格的，由建设行政主管部门在 20 日内核发建筑施工企业管理人员安全生产考核合格证书；对不合格的，应通知本人并说明理由，限期重新考核。

建筑施工企业管理人员变更姓名和所在法人单位等的，应在一个月内到原安全生产考核合格证书发证机关办理变更手续。任何单位和个人不得伪造、转让、冒用建筑施工企业管理人员安全生产考核合格证书。建筑施工企业管理人员遗失安全生产考核合格证书，应在公共媒体上声明作废，并在一个月内到原安全生产考核合格证书发证机关办理补证手续。

建筑施工企业管理人员安全生产考核合格证书有效期为三年。有效期满需要延期的，应当于期满前 3 个月内向原发证机关申请办理延期手续。建筑施工企业管理人员在安全生产考核合格证书有效期内，严格遵守安全生产法律法规，认真履行安全生产职责，按规定接受企业年度安全生产教育培训，未发生死亡事故的，安全生产考核合格证书有效期届满时，经原安全生产考核合格证书发证机关同意，不再考核，安全生产考核合格证书有效期延期 3 年。

2. 安全生产考核的要点

安全生产考核内容包括安全生产知识和管理能力。

(1) 建筑施工企业主要负责人的考核。安全生产知识考核要点：1) 国家有关安全生产的方针政策、法律法规、部门规章、标准及有关规范性文件，本地区有关安全生产的法规、规章、标准及规范性文件；2) 建筑施工企业安全生产管理的基本知识和相关专业知识；3) 重、特大事故防范、应急救援措施，报告制度及调查处理方法；4) 企业安全生产责任制和安全生产规章制度的内容、制定方法；5) 国内外安全生产管理经验；6) 典型事故案例分析。

安全生产管理能力考核要点：1) 能认真贯彻执行国家安全生产方针、政策、法规和标准；2) 能有效组织和督促本单位安全生产工作，建立健全本单位安全生产责任制；3) 能组织制定本单位安全生产规章制度和操作规程；4) 能采取有效措施保证本单位安全生产所需资金的投入；5) 能有效开展安全检查，及时消除生产安全事故隐患；6) 能组织制定本单位生产安全事故应急救援预案，正确组织、指挥本单位事故应急救援工作；7) 能及时、如实报告生产安全事故；8）安全生产业绩：自考核之日起，所在企业一年内未发生由其承担主要责任的死亡 10 人以上（含 10 人）的重大事故。

（2）建筑施工企业项目负责人的考核。安全生产知识考核要点：1）国家有关安全生产的方针政策、法律法规、部门规章、标准及有关规范性文件，本地区有关安全生产的法规、规章、标准及规范性文件；2）工程项目安全生产管理的基本知识和相关专业知识；3）重大事故防范、应急救援措施，报告制度及调查处理方法；4）企业和项目安全生产责任制和安全生产规章制度内容、制定方法；5）施工现场安全生产监督检查的内容和方法；6）国内外安全生产管理经验；7）典型事故案例分析。

安全生产管理能力考核要点：1）能认真贯彻执行国家安全生产方针、政策、法规和标准；2）能有效组织和督促本工程项目安全生产工作，落实安全生产责任制；3）能保证安全生产费用的有效使用；4）能根据工程的特点组织制定安全施工措施；5）能有效开展安全检查，及时消除生产安全事故隐患；6）能及时、如实报告生产安全事故；7）安全生产业绩：自考核之日起，所管理的项目一年内未发生由其承担主要责任的死亡事故。

（3）建筑施工企业专职安全生产管理人员的考核。安全生产知识考核要点：1）国家有关安全生产的方针政策、法律法规、部门规章、标准及有关规范性文件。本地区有关安全生产的法规、规章、标准及规范性文件；2）重大事故防范、应急救援措施，报告制度、调查处理方法以及防护救护方法；3）企业和项目安全生产责任制和安全生产规章制度；4）施工现场安全监督检查的内容和方法；5）典型事故案例分析。

安全生产管理能力考核要点：1）能认真贯彻执行国家安全生产方针、政策、法规和标准；2）能有效对安全生产进行现场监督检查；3）发现生产安全事故隐患，能及时向项目负责人和安全生产管理机构报告，及时消除生产安全事故隐患；4）能及时制止现场违章指挥、违章操作行为；5）能及时、如实报告生产安全事故；6）安全生产业绩：自考核之日起，所在企业或项目一年内未发生由其承担主要责任的死亡事故。

1.2.4　建筑施工特种作业人员管理的规定

1. 特种作业人员、特种作业的概念

《建设工程安全生产管理条例》规定，垂直运输机械作业人员、安装拆卸工、爆破作业人员、起重信号工、登高架设作业人员等特种作业人员，必须按照国家有关规定经过专门的安全作业培训，并取得特种作业操作资格证书后，方可上岗作业。

住房和城乡建设部《建筑施工特种作业人员管理规定》（建质〔2008〕75 号）中进一步规定，建筑施工特种作业人员是指在房屋建筑和市政工程施工活动中，从事可能对本人、他人及周围设备设施的安全造成重大危害作业的人员。

建筑施工特种作业包括：

（1）建筑电工；

（2）建筑架子工；

（3）建筑起重信号司索工；

（4）建筑起重机械司机；

（5）建筑起重机械安装拆卸工；

（6）高处作业吊篮安装拆卸工；

（7）经省级以上人民政府建设主管部门认定的其他特种作业。

建筑施工特种作业人员必须经建设主管部门考核合格，取得建筑施工特种作业人员操作资格证书（以下简称"资格证书"），方可上岗从事相应作业。

建筑施工特种作业操作范围：

（1）建筑电工：在建筑工程施工现场从事临时用电作业；

（2）建筑架子工（普通脚手架）：在建筑工程施工现场从事落地式脚手架、悬挑式脚手架、模板支架、外电防护架、卸料平台、洞口临边防护等登高架设、维护、拆除作业；

（3）建筑架子工（附着升降脚手架）：在建筑工程施工现场从事附着式升降脚手架的安装、升降、维护和拆卸作业；

（4）建筑起重司索信号工：在建筑工程施工现场从事对起吊物体进行绑扎、挂钩等司索作业和起重指挥作业；

（5）建筑起重机械司机（塔式起重机）：在建筑工程施工现场从事固定式、轨道式和内爬升式塔式起重机的驾驶操作；

（6）建筑起重机械司机（施工升降机）：在建筑工程施工现场从事施工升降机的驾驶操作；

（7）建筑起重机械司机（物料提升机）：在建筑工程施工现场从事物料提升机的驾驶操作；

（8）建筑起重机械安装拆卸工（塔式起重机）：在建筑工程施工现场从事固定式、轨道式和内爬升式塔式起重机的安装、附着、顶升和拆卸作业；

（9）建筑起重机械安装拆卸工（施工升降机）：在建筑工程施工现场从事施工升降机的安装和拆卸作业；

（10）建筑起重机械安装拆卸工（物料提升机）：在建筑工程施工现场从事物料提升机的安装和拆卸作业；

（11）高处作业吊篮安装拆卸工：在建筑工程施工现场从事高处作业吊篮的安装和拆卸作业。

2. 特种作业人员的考核发证

建筑施工特种作业人员的考核发证工作，由省、自治区、直辖市人民政府建设主管部门或其委托的考核发证机构（以下简称"考核发证机关"）负责组织实施。

考核发证机关应当在办公场所公布建筑施工特种作业人员申请条件、申请程序、工作时限、收费依据和标准等事项。考核发证机关应当在考核前在机关网站或新闻媒体上公布考核科目、考核地点、考核时间和监督电话等事项。

申请从事建筑施工特种作业的人员，应当具备下列基本条件：

（1）年满18周岁且符合相关工种规定的年龄要求；

（2）经医院体检合格且无妨碍从事相应特种作业的疾病和生理缺陷；

（3）初中及以上学历；

（4）符合相应特种作业需要的其他条件。

建筑施工特种作业人员的考核内容应当包括安全技术理论和实际操作。考核大纲由国务院建设主管部门制定。

考核发证机关应当自考核结束之日起10个工作日内公布考核成绩。考核发证机关对于考核合格的，应当自考核结果公布之日起 10 个工作日内颁发资格证书；对于考核不合格的，应当通知申请人并说明理由。资格证书应当采用国务院建设主管部门规定的统一样式，由考核发证机关编号后签发。资格证书在全国通用。

住房和城乡建设部《关于建筑施工特种作业人员考核工作的实施意见》（建办质〔2008〕41 号）规定，安全技术理论考核不合格的，不得参加安全操作技能考核。安全技术理论考试和实际操作技能考核均合格的，为考核合格。

首次取得《建筑施工特种作业操作资格证书》的人员实习操作不得少于三个月。实习操作期间，用人单位应当指定专人指导和监督作业。指导人员应当从取得相应特种作业资格证书并从事相关工作 3 年以上、无不良记录的熟练工中选择。实习操作期满，经用人单位考核合格，方可独立作业。

3. 特种作业人员的从业要求

住房和城乡建设部《建筑施工特种作业人员管理规定》中规定，持有资格证书的人员，应当受聘于建筑施工企业或者建筑起重机械出租单位（以下简称用人单位），方可从事相应的特种作业。

用人单位对于首次取得资格证书的人员，应当在其正式上岗前安排不少于 3 个月的实习操作。建筑施工特种作业人员应当严格按照安全技术标准、规范和规程进行作业，正确佩戴和使用安全防护用品，并按规定对作业工具和设备进行维护保养。建筑施工特种作业人员应当参加年度安全教育培训或者继续教育，每年不得少于 24 小时。

在施工中发生危及人身安全的紧急情况时，建筑施工特种作业人员有权立即停止作业或者撤离危险区域，并向施工现场专职安全生产管理人员和项目负责人报告。

用人单位应当履行下列职责：

（1）与持有效资格证书的特种作业人员订立劳动合同；

（2）制定并落实本单位特种作业安全操作规程和有关安全管理制度；

（3）书面告知特种作业人员违章操作的危害；

（4）向特种作业人员提供齐全、合格的安全防护用品和安全的作业条件；

（5）按规定组织特种作业人员参加年度安全教育培训或继续教育，培训时间不得少于 24 小时；

（6）建立本单位特种作业人员管理档案；

（7）查处特种作业人员违章行为并记录在档；

（8）法律法规及有关规定明确的其他职责。

任何单位和个人不得非法涂改、倒卖、出租、出借或者以其他形式转让资格证书。建筑施工特种作业人员变动工作单位，任何单位和个人不得以任何理由非法扣押其资格证书。

4. 特种作业人员的延期复核

资格证书有效期为两年。有效期满需要延期的，建筑施工特种作业人员应当于期满前 3 个月内向原考核发证机关申请办理延期复核手续。延期复核合格的，资格证书有效期延期 2 年。

建筑施工特种作业人员在资格证书有效期内，有下列情形之一的，延期复核结果为不合格：

（1）超过相关工种规定年龄要求的；

（2）身体健康状况不再适应相应特种作业岗位的；

（3）对生产安全事故负有责任的；

（4）2 年内违章操作记录达 3 次（含 3 次）以上的；

（5）未按规定参加年度安全教育培训或者继续教育的；

（6）考核发证机关规定的其他情形。

考核发证机关在收到建筑施工特种作业人员提交的延期复核资料后，应当根据以下情况分别作出处理：

（1）对于属于上述情形之一的，自收到延期复核资料之日起 5 个工作日内作出不予延期决定，并说明理由；

（2）对于提交资料齐全且无上述情形的，自受理之日起 10 个工作日内办理准予延期复核手续，并在证书上注明延期复核合格，并加盖延期复核专用章。考核发证机关逾期未作出决定的，视为延期复核合格。

5. 特种作业人员资格证书的撤销与注销

《建筑施工特种作业人员管理规定》中规定，有下列情形之一的，考核发证机关应当撤销资格证书：

（1）持证人弄虚作假骗取资格证书或者办理延期复核手续的；

（2）考核发证机关工作人员违法核发资格证书的；

（3）考核发证机关规定应当撤销资格证书的其他情形。

有下列情形之一的，考核发证机关应当注销资格证书

（1）依法不予延期的；

（2）持证人逾期未申请办理延期复核手续的；

（3）持证人死亡或者不具有完全民事行为能力的；

（4）考核发证机关规定应当注销的其他情形。

1.3 施工现场安全生产的管理规定

1.3.1 施工作业人员安全生产权利和义务的规定

《建筑法》规定，建筑施工企业和作业人员在施工过程中，应当遵守有关安全生产的法律、法规和建筑行业安全规章、规程，不得违背指挥或者违章作业。作业人员有权对影响人身健康的作业程序和作业条件提出改进意见，有权获得安全生产所需的防护用品。作业人员对危及生命安全和人身健康的行为有权提出批评、检举和控告。

《国务院关于坚持科学发展安全发展促进安全生产形势持续稳定好转的意见》中规定，企业用工要严格依照劳动合同法与职工签订劳动合同，职工必须全部经培训合格后上岗。

《建设工程安全生产管理条例》进一步规定，作业人员应当遵守安全施工的强制性标准、规章制度和操作规程，正确使用安全防护用具、机械设备等。施工单位应当向作业人员提供安全防护用具和安全防护服装，并书面告知危险岗位的操作规程和违章操作的危害。作业人员有权对施工现场的作业条件、作业程序和作业方式中存在的安全问题提出批

评、检举和控告，有权拒绝违章指挥和强令冒险作业。在施工中发生危及人身安全的紧急情况时，作业人员有权立即停止作业或者在采取必要的应急措施后撤离危险区域。

施工单位应当对管理人员和作业人员每年至少进行一次安全生产教育培训，其教育培训情况记入个人工作档案。安全生产教育培训考核不合格的人员，不得上岗。作业人员进入新的岗位或者新的施工现场前，应当接受安全生产教育培训。未经教育培训或者教育培训考核不合格的人员，不得上岗作业。施工单位在采用新技术、新工艺、新设备、新材料时，应当对作业人员进行相应的安全生产教育培训。

2011年7月1日起施行的新修改的《建筑法》第48条规定，建筑施工企业应当依法为职工参加工伤保险缴纳工伤保险费。鼓励企业为从事危险作业的职工办理意外伤害保险，支付保险费。

工伤保险与意外伤害保险有所不同。按照新修改的《建筑法》规定，前者属强制性的社会保险，面向企业全体员工；后者属非强制性的商业保险，是针对施工施工现场从事危险作业的特殊人群。施工现场从事危险作业的人员，是指在施工现场从事如高处作业、深理作业、爆破作业等危险性较大的岗位的作业人员。由于其工作岗位的特殊性，这些职工所面临的意外伤害要比其他人员大得多，给予他们更多一些的保障，减少其后顾之忧，是非常必要的。所以，对于在企业所在地已参加工伤保险的人员，当他们从事施工现场危险业时，鼓励企业为其再办理意外伤害保险。

1.3.2 安全技术措施、专项施工方案和安全技术交底的规定

1. 制定安全技术措施

《建筑法》规定，建筑施工企业在编制施工组织设计时，应当根据建筑工程的特点制定相应的安全技术措施；对专业性较强的工程项目，应当编制专项安全施工组织设计，并采取安全技术措施。

《建设工程安全生产管理条例》进一步规定，施工单位应当在施工组织设计中编制安全技术措施和施工现场临时用电方案。

安全技术措施可分为防止事故发生的安全技术措施和减少事故损失的安全技术措施，通常包括：

（1）根据基坑、地下室深度和地质资料，保证土石方边坡稳定的措施；

（2）脚手架、吊篮、安全网、各类洞口防止人员坠落的技术措施；

（3）外用电梯、井架以及塔吊等垂直运输机具的拉结要求及防倒塌的措施；

（4）安全用电和机电防短路、防触电的措施；

（5）有毒有害、易燃易爆作业的技术措施；

（6）施工现场周围通行道路及居民防护隔离等措施。

施工现场临时用电方案，用以防止施工现场人员触电和电气火灾事故发生。《施工现场临时用电安全技术规范》JGJ 46—2005规定，施工现场临时用电设备在5台及以上或设备容量在50kW及以上者，应编制用电组织设计。施工现场临时用电组织设计应包括下列内容：

（1）现场勘测；

（2）确定电源进线、变电所或配电室、配电装置、用电设备位置及走向；

（3）进行负荷计算；

（4）选择变压器；

（5）设计配电系统；

（6）设计防雷装置；

（7）确定防护护措施；

（8）制定安全用电措施和电气防火措施。施工现场临时用电设备在 5 台以下或设备总容量在 50kW 以下者，应制定安全用电和电气防火措施。

2. 编制专项施工方案

《建设工程安全生产管理条例》规定，对下列达到一定规模的危险性较大的分部分项工程编制专项施工方案，并附具安全验算结果，经施工单位技术负责人、总监理工程师签字后实施，由专职安全生产管理人员进行现场监督：

（1）基坑支护与降水工程；

（2）土方开挖工程；

（3）模板工程；

（4）起重吊装工程；

（5）脚手架工程；

（6）拆除、爆破工程；

（7）国务院建设行政主管部门或者其他有关部门规定的其他危险性较大的工程。

对以上所列工程中涉及深基坑、地下暗挖工程、高大模板工程的专项施工方案，施工单位还应当组织专家进行论证、审查。

原建设部《危险性较大工程安全专项施工方案编制及专家论证审查办法》（建质〔2004〕213）进一步规定，危险性较大工程是指依据《建设工程安全生产管理条例》所指的七项分部分项工程，并应当在施工前单独编制安全专项施工方案。

上述达到一定规模的危险性较大的分部分项工程是指：

（1）基坑支护工程：开挖深度超过 5m（含 5m）的基坑（槽）并采用支护结构施工的工程；或基坑虽未超过 5m，但地质条件和周围环境复杂、地下水位在坑底以上等工程。

（2）土方开挖工程：开挖深度超过 5m（含 5m）的基坑、槽的土方开挖。

（3）模板工程：各类工具式模板工程，包括滑模、爬模、大模板等；水平混凝土模板支撑系统及特殊结构模板工程。

（4）脚手架工程：1）高度超过 24m 的落地式钢管脚手架；2）附着式升降脚手架。包括整体提升与分片式提升；3）悬挑式脚手架；4）门型脚手架；5）挂脚手架；6）吊篮脚手架；7）卸料平台。

（5）拆除、爆破工程：采用人工、机械拆除或爆破拆除的工程。

（6）其他危险性较大的工程：1）建筑幕墙的安装施工；2）预应力结构张拉施工；3）隧道工程施工；4）桥梁工程施工（含架桥）；5）特种设备施工；6）网架和索膜结构施工；7）6m 以上的边坡施工；8）大江、大河的导流、截流施工；9）港口工程、航道工程；10）采用新技术、新工艺、新材料，可能影响建设工程质量安全，已经行政许可，尚无技术标准的施工。

建筑施工企业专业工程技术人员编制的安全专项施工方案，由施工企业技术部门的专业技术人员及监理单位专业监理工程师进行审核，审核合格，由施工企业技术负责人、监理单位总监理工程师签字。

建筑施工企业应当组织专家组进行论证审查的工程：

（1）深基坑工程。开挖深度超过5m（含5m）或地下室三层以上（含三层），或深度虽未超过5m（含5m）。但地质条件和周围环境及地下管线极其复杂的工程。

（2）地下暗挖工程。地下暗挖及遇有溶洞、暗河、瓦斯、岩爆、涌泥、断层等地质复杂的隧道工程。

（3）高大模板工程。水平混凝土构件模板支撑系统高度超过8m，或跨度超过18m，施工总荷载大于$10kN/m^2$，或集中线荷载大于15kN/m的模板支撑系统。

（4）30m及以上高空作业的工程。

（5）大江、大河中深水作业的工程。

（6）城市房屋拆除爆破和其他土石大爆破工程。

专家论证审查的要求：

（1）建筑施工企业应当组织不少于5人的专家组，对已编制的安全专项施工方案进行论证审查。

（2）安全专项施工方案专家组必须提出书面论证审查报告，施工企业应根据论证审查报告进行完善，施工企业技术负责人、总监理工程师签字后，方可实施。

（3）专家组书面论证审查报告应作为安全专项施工方案的附件，在实施过程中，施工企业应严格按照安全专项方案组织施工。

3. 安全技术交底

《建设工程安全生产管理条例》规定，建设工程施工前，施工单位负责项目管理的技术人员应当对有关安全施工的技术要求向施工作业班组、作业人员作出详细说明，并由双方签字确认。

1.3.3 危险性较大的分部分项工程安全管理的规定

住房和城乡建设部《危险性较大的分部分项工程安全管理办法》［建质（2009）87号］规定，危险性较大的分部分项工程是指建筑工程在施工过程中存在的、可能导致作业人员群死群伤或造成重大不良社会影响的分部分项工程。

危险性较大的分部分项工程安全专项施工方案（以下简称"专项方案"）是指施工单位在编制施工组织（总）设计的基础上，针对危险性较大的分部分项工程单独编制的安全技术措施文件。

1. 危险性较大的分部分项工程范围

危险性较大的分部分项工程范围：

（1）基坑支护、降水工程。开挖深度超过3m（含3m）或虽未超过3m但地质条件和周边环境复杂的基坑（槽）支护、降水工程。

（2）土方开挖工程。开挖深度超过3m（含3m）的基坑（槽）的土方开挖工程。

（3）模板工程及支撑体系。①各类工具式模板工程：包括大模板、滑模、爬模、飞模等工程。②混凝土模板支撑工程：搭设高度5m及以上；搭设跨度10m及以上；施工总荷载11kN/m及以上；集中线荷载10kN/m及以上；高度大于支撑水平投影宽度且相对独立无联系构件的混凝土模板支撑工程。③承重支撑体系：用于钢结构安装等满堂支撑体系。

（4）起重吊装及安装拆卸工程。①采用非常规起重设备、方法，且单件起吊重量在10kN及以上的起重吊装工程。②采用起重机械进行安装的工程。③起重机械设备自身的安装、拆卸。

（5）脚手架工程。①搭设高度24m及以上的落地式钢管脚手架工程。②附着式整体和分片提升脚手架工程。③悬挑式脚手架工程。④吊篮脚手架工程。⑤自制卸料平台、移动操作平台工程。⑥新型及异型脚手架工程。

（6）拆除、爆破工程。①建筑物、构筑物拆除工程。②采用爆破拆除的工程。

（7）其他。①建筑幕墙安装工程。②钢结构、网架和索膜结构安装工程。③人工挖扩孔桩工程。④地下暗挖、顶管及水下作业工程。⑤预应力工程。⑥采用新技术、新工艺、新材料、新设备及尚无相关技术标准的危险性较大的分部分项工程。

超过一定规模的危险性较大的分部分项工程范围：

（1）深基坑工程。①开挖深度超5m（含5m）的基坑（槽）的土方开挖、支护、降水工程。②开挖深度虽未超过5m，但地质条件、周围环境和地下管线复杂，或影响毗邻建筑（构筑）物安全的基坑（槽）的土方开挖、支护、降水工程。

（2）模板工程及支撑体系。①工具式模板工程：包括滑模、爬模、飞模工程。②混凝土模板支撑工程：搭设高度8m及以上；搭设跨度18m及以上；施工总荷载15kN/m² 及以上；集中线荷载20kN/m及以上。③承重支撑体系：用于钢结构安装等满堂支撑体系，承受单点集中荷载700kg以上。

（3）起重吊装及安装拆卸工程。①采用非常规起重设备、方法，且单件起吊重量在100kN及以上的起重吊装工程。②起重量300kN及以上的起重设备安装工程；高度200m及以上内爬起重设备的拆除工程。

（4）脚手架工程。①搭设高度50m及以上落地式钢管脚手架工程。②提升高度150m及以上附着式整体和分片提升脚手架工程。③架体高度20m及以上悬挑式脚手架工程。

（5）拆除、爆破工程。①采用爆破拆除的工程。②码头、桥梁、高架、烟囱、水塔或拆除中容易引起有毒有害气（液）体或粉尘扩散、易燃易爆事故发生的特殊建、构筑物的拆除工程。③可能影响行人、交通、电力设施、通信设备或其他建、构筑物安全的拆除工程。④文物保护建筑、优秀历史建筑或历史文化风貌区控制范围的拆除工程。

（6）其他。①施工高度50m及以上的建筑幕墙安装工程。②跨度大于36m及以上的钢结构安装工程；跨度大于60m及以上的网架和索膜结构安装工程。③开挖深度超过16m的人工挖孔桩工程。④地下暗挖工程、顶管工程、水下作业工程。⑤采用新技术、新工艺、新材料、新设备及尚无相关技术标准的危险性较大的分部分项工程。

2. 安全专项施工方案的编制

建设单位申请领取施工许可证或办理安全监督手续时，应当提供危险性较大分部分项工程清单和安全管理措施。施工单位、监理单位应当建立危险性较大的分部分项工程安全管理制度。

施工单位应当在危险性较大的分部分项工程施工前编制专项方案；对于超过一定规模的危险性较大的分部分项工程，施工单位应当组织专家对专项方案进行论证。建筑工程实行施工总承包的，专项方案应当由施工总承包单位组织编制。其中，起重机械安装拆卸工程、深基坑工程、附着式升降脚手架等专业工程实行分包的，其专项方案可由专业承包单位组织编制。

专项方案编制应当包括以下内容：

（1）工程概况：危险性较大的分部分项工程概况、施工平面布置、施工要求和技术保证条件。

（2）编制依据：相关法律、法规、规范性文件、标准、规范及图纸（国标图集）、施工组织设计等。

（3）施工计划：包括施工进度计划、材料与设备计划。

（4）施工工艺技术：技术参数、工艺流程、施工方法、检查验收等。

（5）施工安全保证措施：组织保障、技术措施、应急预案、监测监控等。

（6）劳动力计划：专职安全生产管理人员、特种作业人员等。

（7）计算书及相关图纸。

3. 安全专项施工方案的审核和论证

专项方案应当由施工单位技术部门组织本单位施工技术、安全、质量等部门的专业技术人员进行审核。经审核合格的，由施工单位技术负责人签字。实行施工总承包的，专项方案应当由总承包单位技术负责人及相关专业承包单位技术负责人签字。不需专家论证的专项方案，经施工单位审核合格后报监理单位，由项目总监理工程师审核签字。

超过一定规模的危险性较大的分部分项工程专项方案应当由施工单位组织召开专家论证会。实行施工总承包的，由施工总承包单位组织召开专家论证会。下列人员应当参加专家论证会：

（1）专家组成员；

（2）建设单位项目负责人或技术负责人；

（3）监理单位项目总监理工程师及相关人员；

（4）施工单位分管安全的负责人、技术负责人、项目负责人、项目技术负责人、专项方案编制人员、项目专职安全生产管理人员；

（5）勘察、设计单位项目技术负责人及相关人员。

专家组成员应当由5名及以上符合相关专业要求的专家组成。本项目参建各方的人员不得以专家身份参加专家论证会。

专家论证的主要内容：

（1）专项方案内容是否完整、可行；

（2）专项方案计算书和验算依据是否符合有关标准规范；

（3）安全施工的基本条件是否满足现场实际情况。

专项方案经论证后，专家组应当提交论证报告，对论证的内容提出明确的意见，并在论证报告上签字。该报告作为专项方案修改完善的指导意见。

施工单位应当根据论证报告修改完善专项方案，并经施工单位技术负责人、项目总监理工程师、建设单位项目负责人签字后，方可组织实施。实行施工总承包的，应当由施工总承包单位、相关专业承包单位技术负责人签字。专项方案经论证后需做重大修改的，施工单位应当按照论证报告修改，并重新组织专家进行论证。

施工单位应当严格按照专项方案组织施工，不得擅自修改、调整专项方案。如因设计、结构、外部环境等因素发生变化确需修改的，修改后的专项方案应当按规定重新审核。对于超过一定规模的危险性较大工程的专项方案，施工单位应当重新组织专家进行认证。

4. 安全专项施工方案的实施

方案实施前，编制人员或项目技术负责人应当向现场管理人员和作业人员进行安全技术交底。

施工单位应当指定专人对专项方案实施情况进行现场监督和按规定进行监测。发现不按照专项方案施工的，应当要求其立即整改；发现有危及人身安全紧急情况的，应当立即组织作业人员撤离危险区域。施工单位技术负责人应当定期巡查专项方案实施情况。

对于按规定需要验收的危险性较大的分部分项工程，施工单位、监理单位应当组织有关人员进行验收。验收合格的，经施工单位项目技术负责人及项目总监理工程师签字后，方可进入下一道工序。

监理单位应当将危险性较大的分部分项工程列入监理规划和监理实施细则，应当针对工程特点、周边环境和施工工艺等，制定安全监理工作流程、方法和措施。监理单位应当对专项方案实施情况进行现场监理；对不按专项方案实施的，应当责令整改，施工单位拒不整改的，应当及时向建设单位报告；建设单位接到监理单位报告后，应当立即责令施工单位停工整改；施工单位仍不停工整改的，建设单位应当及时向住房城乡建设主管部门报告。

建设单位未按规定提供危险性较大的分部分项工程清单和安全管理措施，未责令施工单位停工整改的，未向住房城乡建设主管部门报告的；施工单位未按规定编制、实施专项方案的；监理单位未按规定审核专项方案或未对危险性较大的分部分项工程实施监理的；住房城乡建设主管部门应当依据有关法律法规予以处罚。

1.3.4 建筑起重机械安全监督管理的规定

《建设工程安全生产管理条例》规定，施工单位采购、租赁的安全防护用具、机械设备、施工机具及配件，应当具有生产（制造）许可证、产品合格证，并在进入施工现场前进行查验。施工现场的安全防护用具、机械设备、施工机具及配件必须由专人管理，定期进行检查、维修和保养，建立相应的资料档案，并按照国家有关规定及时报废。

施工单位在使用施工起重机械和整体提升脚手架、模板等自升式架设设施前，应当组织有关单位进行验收，也可以委托具有相应资质的检验检测机构进行验收；使用承租的机械设备和施工机具及配件的，由施工总承包单位、分包单位、出租单位和安装单位共同进行验收，验收合格的方可使用。

1. 建筑起重机械的出租和使用

原建设部《建筑起重机械安全监督管理规定》（建设部令第 166 号）规定，建筑起重机械，是指纳入特种设备目录，在房屋建筑工地和市政工程工地安装、拆卸、使用的起重机械。

出租单位出租的建筑起重机械和使用单位购置、租赁、使用的建筑起重机械应当具有设备制造许可证、产品合格证、制造监督检验证明。出租单位应当在签订的建筑起重机械租赁合同中，明确租赁双方的安全责任，并出具建筑起重机械特种设备制造许可证、产品合格证、制造监督检验证明、备案证明和自检合格证明，提交安装使用说明书。

有下列情形之一的建筑起重机械，不得出租、使用：

（1）属国家明令淘汰或者禁止使用的；

（2）超过安全技术标准或者制造厂家规定的使用年限的；

（3）经检验达不到安全技术标准规定的；

（4）没有完整安全技术档案的；

（5）没有齐全有效的安全保护装置的。

建筑起重机械有以上的第（1）～（3）项情形之一的，出租单位或者自购建筑起重机械的使用单位应当予以报废，并向原备案机关办理注销手续。

2. 建筑起重机械的安全技术档案

出租单位、自购建筑起重机械的使用单位，应当建立建筑起重机械安全技术档案。

建筑起重机械安全技术档案应当包括以下资料：

（1）购销合同、制造许可证、产品合格证、制造监督检验证明、安装使用说明书、备案证明等原始资料；

（2）定期检验报告、定期自行检查记录、定期维护保养记录、维修和技术改造记录、运行故障和生产安全事故记录、累计运转记录等运行资料；

（3）历次安装验收资料。

3. 建筑起重机械的安装与拆卸

从事建筑起重机械安装、拆卸活动的单位（以下简称安装单位）应当依法取得建设主管部门颁发的相应资质和建筑施工企业安全生产许可证，并在其资质许可范围内承揽建筑起重机械安装、拆卸工程。

建筑起重机械使用单位和安装单位应当在签订的建筑起重机械安装、拆卸合同中明确双方的安全生产责任。实行施工总承包的，施工总承包单位应当与安装单位签订建筑起重机械安装、拆卸工程安全协议书。

安装单位应当履行下列安全职责：

（1）按照安全技术标准及建筑起重机械性能要求，编制建筑起重机械安装、拆卸工程专项施工方案，并由本单位技术负责人签字；

（2）按照安全技术标准及安装使用说明书等检查建筑起重机械及现场施工条件；

（3）组织安全施工技术交底并签字确认；

（4）制定建筑起重机械安装、拆卸工程生产安全事故应急救援预案；

（5）将建筑起重机械安装、拆卸工程专项施工方案，安装、拆卸人员名单，安装、拆卸时间等材料报施工总承包单位和监理单位审核后，告知工程所在地县级以上地方人民政府建设主管部门。

安装单位应当按照建筑起重机械安装、拆卸工程专项施工方案及安全操作规程组织安装、拆卸作业。安装单位的专业技术人员、专职安全生产管理人员应当进行现场监督，技术负责人应当定期巡查。建筑起重机械安装完毕后，安装单位应当按照安全技术标准及安装使用说明书的有关要求对建筑起重机械进行自检、调试和试运转。自检合格的，应当出具自检合格证明，并向使用单位进行安全使用说明。

安装单位应当建立建筑起重机械安装、拆卸工程档案，包括以下资料：

（1）安装、拆卸合同及安全协议书；

（2）安装、拆卸工程专项施工方案；

（3）安全施工技术交底的有关资料；

（4）安装工程验收资料；

（5）安装、拆卸工程生产安全事故应急救援预案。

4. 建筑起重机械安装的验收

建筑起重机械安装完毕后，使用单位应当组织出租、安装、监理等有关单位进行验收，或者委托具有相应资质的检验检测机构进行验收。建筑起重机械经验收合格后方可投入使用，未经验收或者验收不合格的不得使用。实行施工总承包的，由施工总承包单位组织验收。建筑起重机械在验收前应当经有相应资质的检验检测机构监督检验合格。

使用单位应当自建筑起重机械安装验收合格之日起 30 日内，将建筑起重机械安装验收资料、建筑起重机械安全管理制度、特种作业人员名单等，向工程所在地县级以上地方人民政府建设主管部门办理建筑起重机械使用登记。登记标志置于或者附着于该设备的显著位置。

5. 建筑起重机械使用单位的职责

使用单位应当履行下列安全职责：

（1）根据不同施工阶段、周围环境以及季节、气候的变化，对建筑起重机械采取相应的安全防护措施；

（2）制定建筑起重机械生产安全事故应急救援预案；

（3）在建筑起重机械活动范围内设置明显的安全警示标志，对集中作业区做好安全防护；

（4）设置相应的设备管理机构或者配备专职的设备管理人员；

（5）指定专职设备管理人员、专职安全生产管理人员进行现场监督检查；

（6）建筑起重机械出现故障或者发生异常情况的，立即停止使用、消除故障和事故隐患后，方可重新投入使用。

使用单位应当对在用的建筑起重机械及其安全保护装置、吊具、索具等进行经常性和定期的检查、维护和保养，并做好记录。使用单位在建筑起重机械租期结束后，应当将定期检查、维护和保养记录移交出租单位。建筑起重机械租赁合同对建筑起重机械的检查、维护、保养另有约定的，从其约定。

建筑起重机械在使用过程中需要附着的，使用单位应当委托原安装单位或者具有相应资质的安装单位按照专项施工方案实施，并按照规定组织验收。验收合格后方可投入使用。建筑起重机械在使用过程中需要顶升的，使用单位委托原安装单位或者具有相应资质的安装单位按照专项施工方案实施后，即可投入使用。禁止擅自在建筑起重机械上安装非原制造厂制造的标准节和附着装置。

施工总承包单位应当履行下列安全职责：

（1）向安装单位提供拟安装设备位置的基础施工资料，确保建筑起重机械进场安装、拆卸所需的施工条件；

（2）审核建筑起重机械的特种设备制造许可证、产品合格证、制造监督检验证明、备案证明等文件；

（3）审核安装单位、使用单位的资质证书、安全生产许可证和特种作业人员的特种作业操作资格证书；

（4）审核安装单位制定的建筑起重机械安装、拆卸工程专项施工方案和生产安全事故应急救援预案；

（5）审核使用单位制定的建筑起重机械生产安全事故应急救援预案；

（6）指定专职安全生产管理人员监督检查建筑起重机械安装、拆卸、使用情况；

（7）施工现场有多台塔式起重机作业时，应当组织制定并实施防止塔式起重机相互碰撞的安全措施。

依法发包给两个及两个以上施工单位的工程，不同施工单位在同一施工现场使用多台塔式起重机械作业时，建设单位应当协调组织制定防止塔式起重机相互碰撞的安全措施。安装单位、使用单位拒不整改生产安全事故隐患的，建设单位接到监理单位报告后，应当责令安装单位、使用单位立即停工整改。

建筑起重机械特种作业人员应当遵守建筑起重机械安全操作规程和安全管理制度，在作业中有权拒绝违章指挥和强令冒险作业，有权在发生危及人身安全的紧急情况时立即停止作业或者采取必要的措施后撤离危险区域。

建筑起重机械安装拆卸工、起重信号工、起重司机、司索工等特种作业人员应当经建设主管部门考核合格，取得特种作业操作资格证书后，方可上岗作业。

6. 建筑起重机械的备案登记

住房和城乡建设部《建筑起重机械备案登记办法》（建质〔2008〕76 号）规定，建筑起重机械出租单位或者自购建筑起重机械使用单位（以下简称"产权单位"）在建筑起重机械首次出租或安装前，应当向本单位工商注册所在地县级以上地方人民政府建设主管部门（以下简称"设备备案机关"）办理备案。

产权单位在办理备案手续时，应当向设备备案机关提交以下资料：

（1）产权单位法人营业执照副本；

（2）特种设备制造许可证；

（3）产品合格证；

（4）制造监督检验证明；

（5）建筑起重机械设备购销合同、发票或相应有效凭证；

（6）设备备案机关规定的其他资料。

所有资料复印件应当加盖产权单位公章。

设备备案机关应当自收到产权单位提交的备案资料之日起 7 个工作日内，对符合备案条件且资料齐全的建筑起重机械进行编号，向产权单位核发建筑起重机械备案证明。有下列情形之一的建筑起重机械，设备备案机关不予备案，并通知产权单位：

（1）属国家和地方明令淘汰或者禁止使用的；

（2）超过制造厂家或者安全技术标准规定的

（3）经检验达不到安全技术标准规定的。

起重机械产权单位变更时，原产权单位应当持建筑起重机械备案证明到设备备案机关办理备案注销手续。设备备案机关应当收回其建筑起重机械备案证明。原产权单位应当将建筑起重机械的安全技术档案移交给现产权单位。现产权单位应当按照本办法办理建筑起重机械备案手续。

从事建筑起重机械安装、拆卸活动的单位（以下简称"安装单位"）办理建筑起重机械安装（拆卸）告知手续前，应当将以下资料报送施工总承包单位、监理单位审核：

（1）建筑起重机械备案证明；

（2）安装单位资质证书、安全生产许可证副本；

（3）安装单位特种作业人员证书；

（4）建筑起重机械安装（拆卸）工程专项施工方案；

（5）安装单位与使用单位签订的安装（拆卸）合同及安装单位与施工总承包单位签订的安全协议书；

（6）安装单位负责建筑起重机械安装（拆卸）工程专职安全生产管理人员、专业技术人员名单；

（7）建筑起重机械安装（拆卸）工程生产安全事故应急救援预案；

（8）辅助起重机械资料及其特种作业人员证书；

（9）施工总承包单位、监理单位要求的其他资料。

施工总承包单位、监理单位应当在收到安装单位提交的齐全有效的资料之日起2个工作日内审核完毕并签署意见。

安装单位应当在建筑起重机械安装（拆卸）前2个工作日内通过书面形式、传真或者计算机信息系统告知工程所在地县级以上地方人民政府建设主管部门，同时按规定提交经施工总承包单位、监理单位审核合格的有关资料。

建筑起重机械使用单位在建筑起重机械安装验收合格之日起30日内，向工程所在地县级以上地方人民政府建设主管部门（以下简称"使用登记机关"）办理使用登记。使用单位在办理建筑起重机械使用登记时，应当向使用登记机关提交下列资料：

（1）建筑起重机械备案证明；

（2）建筑起重机械租赁合同；

（3）建筑起重机械检验检测报告和安装验收资料；

（4）使用单位特种作业人员资格证书；

（5）建筑起重机械维护保养等管理制度；

（6）建筑起重机械生产安全事故应急救援预案；

（7）使用登记机关规定的其他资料。

使用登记机关应当自收到使用单位提交的资料之日起7个工作日内，对于符合登记条件且资料齐全的建筑起重机械核发建筑起重机械使用登记证明。有下列情形之一的建筑起重机械，使用登记机关不予使用登记并有权责令使用单位立即停止使用或者拆除：

（1）属于不予备案情形之一的；

（2）未经检验检测或者经检验检测不合格的；

（3）未经安装验收或者经安装验收不合格的。

7. 违法行为应承担的主要法律责任

《建设工程安全生产管理条例》规定，施工单位有下列行为之一的，责令限期改正。逾期未改正的，责令停业整顿，并处10万元以上30万元以下的罚款；情节严重的，降低资质等级，直至吊销资质证书；造成重大安全事故，构成犯罪的，对直接责任人员，依照刑法有关规定追究刑事责任；造成损失的，依法承担赔偿责任：

(1) 安全防护用具、机械设备、施工机具及配件在进施工现场前未经查验或者查验不合格即投入使用的；

(2) 使用未经验收或者验收不合格的施工起重机械和整体提升脚手架、模板等自升式架设设施；

(3) 委托不具有相应资质的单位承担工现场安装、拆卸施工起重机械和整体提升脚手架、模板等自升式架设设施的；

(4) 在施工组织设计中未编制安全技术措施、施工现场临时用电方案或者专项施工方案的。

《建筑起重机械安全监督管理规定》规定，出租单位、自购建筑起重机械的使用单位有下列行为之一的，由县级以上地方人民政府建设主管部门责令限期改正，予以警告，并处以 5000 元以上 1 万元以下罚款：

(1) 未按照规定办理备案的；

(2) 未按照规定办理注销手续的；

(3) 未按照规定建立建筑起重机械安金技术档案的。

安装单位有下列行为之一的，由县级以上地方人民政府建设主管部门责令限期改正，予以警告，并处以 5000 元以上 3 万元以下罚款：

(1) 未履行安装单位第 2、4、5 项安全职责的；

(2) 未按照规定建立建筑起重机械安装、拆卸工程档案的；

(3) 未按照建筑起重机械安装、拆卸工程专项施工方案及安全操作规程组织安装、拆卸作业的。

使用单位有下列行为之一的，由县级以上地方人民政府建设主管部门责令限期改正，予以警告，并处以 5000 元以上 3 万元以下罚款：

(1) 未履行使用单位第 1、2、4、6 项安全职责的；

(2) 未指定专职设备管理人员进行现场监督检查的；

(3) 擅自在建筑起重机械上安装非原制造厂制造的标准节和附着装置的。

施工总承包单位未履行施工总承包单位第 1、3、4、5、7 项安全职责的，由县级以上地方人民政府建设主管部门责令限期改正，予以警告，并处以 5000 元以上 3 万元以下罚款。

1.3.5 高大模板支撑系统施工安全监督管理的规定

住房和城乡建设部《建设工程高大模板支撑系统施工安全监督管理导则》（建质 [2009] 254 号）规定，高大模板支撑系统是指建设工程施工现场混凝土构件模板支撑高度超过 8m，或搭设跨度超过 18m，或施工总荷载大于 15kN/m^2，或集中线荷载大于 20kN/m 的模板支撑系统。

高大模板支撑系统施工应严格遵循安全技术规范和专项方案规定，严密组织，责任落实，确保施工过程的安全。

1. 专项施工方案

施工单位应根据国家现行相关标准规范，由项目技术负责人组织相关专业技术人员，结合工程实际，编制高大模板支撑系统的专项施工方案。专项施工方案应当包括以下内容：

（1）编制说明及依据，相关法律、法规、规范性文件、标准、规范及图纸（国际图集）、施工组织设计等；

（2）工程概况：高大模板工程特点、施工平面及立面布置、施工要求和技术保证条件，具体明确支模区域、支模标高、高度、支模范围内的梁截面尺寸、跨度、板厚、支撑的地基情况等；

（3）施工计划：施工进度计划、材料与设备计划等；

（4）施工工艺技术：高大模板支撑系统的基础处理、主要搭设方法、工艺要求、材料的力学性能指标、构造设置以及检查、验收要求等；

（5）施工安全保证措施：模板支撑体系搭设及混凝土浇筑区域管理人员组织机构、施工技术措施、模板安装和拆除的安全技术措施、施工应急救援预案、模板支撑系统在搭设、钢筋安装、混凝土浇捣过程中及混凝土终凝前后模板支撑体系位移的监测监控措施等；

（6）劳动力计划：包括专职安全生产管理人员、特种作业人员的配备等；

（7）计算书及相关图纸：验算项目及计算内容包括模板、模板支撑系统的主要结构强度和截面特征及各项荷载设计值及荷载组合，梁、板模板支撑系统的强度和刚度计算，梁板下立杆稳定性计算，立杆基础承载力验算，支撑系统支撑层承载力验算，转换层下支撑层承载力验算等。每项计算列出计算简图和截面构造大样图，注明材料尺寸、规格、纵横支撑间距。

附图包括支模区域立杆、纵横水平杆平面布置图，支撑系统立面图、剖面图，水平剪刀撑布置平面图及竖向剪刀撑布置投影图，梁板支模大样图，支撑体系监测平面布置图及连墙件布设位置及节点大样图等。

高大模板支撑系统专项施工方案，应先由施工单位技术部门组织本单位施工技术、安全、质量等部门的专业技术人员进行审核，经施工单位技术负责人签字后，再按照相关规定组织专家论证。下列人员应参加专家论证会：

（1）专家组成员；

（2）建设单位项目负责人或技术负责人；

（3）监理单位项目总监理工程师及相关人员；

（4）施工单位分管安全的负责人、技术负责人、项目负责人、项目技术负责人、专项方案编制人员、项目专职安全管理人员；

（5）勘察、设计单位项目技术负责人及相关人员。

专家组成员应当由5名及以上符合相关专业要求的专家组成。本项目参建各方的人员不得以专家身份参加专家论证会。专家论证的主要内容包括：

（1）方案是否依据施工现场的实际施工条件编制；方案、构造、计算是否完整、可行；

（2）方案计算书、验算依据是否符合有关标准规范；

（3）安全施工的基本条件是否符合现场实际情况。

施工单位应根据专家组的论证报告，对专项施工方案进行修改完善，并经施工单位技术负责人、项目总监理工程师、建设单位项目负责人批准签字后，方可组织实施。

2. 验收管理

高大模板支撑系统搭设前，应由项目技术负责人组织对需要处理或加固的地基、基础进行验收，并留存记录。

高大模板支撑系统的结构材料应按以下要求进行验收、抽检和检测，并留存记录、资料：

（1）施工单位应对进场的承重杆件、连接件等材料的产品合格证、生产许可证、检测报告进行复核，并对其表面观感、重量等物理指标进行抽检；

（2）对承重杆件的外观抽检数量不得低于搭设用量的30％，发现质量不符合标准、情况严重的，要进行100％的检验，并随机抽取外观检验不合格的材料（由监理见证取样）送法定专业检测机构进行检测；

（3）采用钢管扣件搭设高大模板支撑系统时，还应对扣件螺栓的紧固力矩进行抽查抽查数量应符合《建筑施工扣件式钢管脚手架安全技术规范》JGJ 130—2011的规定，对梁底扣件应进行100％检查。

高大模板支撑系统应在搭设完成后，由项目负责人组织验收，验收人员应包括施工单位和项目两级技术人员、项目安全、质量、施工人员、监理单位的总监和专业监理工程师。验收合格，经施工单位项目技术负责人及项目总监理工程师签字后，方可进入后续工序的施工。

3. 施工管理

高大模板支撑系统应优先选用技术成熟的定型化、工具式支撑体系。搭设高大模板支撑架体的作业人员必须经过培训，取得建筑施工脚手架特种作业操作资格证书后方可上岗。其他相关施工人员应掌握相应的专业知识和技能。

高大模板支撑系统搭设前，项目工程技术负责人或方案编制人应当根据专项施工案和有关规范、标准的要求，对现场管理人员、操作班组、作业人员进行安全技术交底，并履行签字手续。安全技术交底的内容应包括模板支撑工程工艺、工序、作业要点和搭设安全技术要求等内容，并保留记录。作业人员应严格按规范、专项施工方案和安全技术交底书的要求进行操作，并正确佩戴相应的劳动防护用品。

高大模板支撑系统的地基承载力、沉降等应能满足方案设计要求。如遇松软土、回填土，应根据设计要求进行平整、夯实，并采取防水、排水措施，按规定在模板支撑立柱底部采用具有足够强度和刚度的垫板。对于高大模板支撑体系，其高度与宽度相比大于两倍的独立支撑系统，应加设保证整体稳定的构造措施。高大模板工程搭设的构造要求应当符合相关技术规范要求，支撑系统立柱接长严禁搭接；应设置扫地杆、纵横向支撑及水平垂直剪刀撑，并与主体结构的墙、柱牢固拉接。搭设高度2m以上的支撑架体应设置作业人员登高措施。作业面应按有关规定设置安全防护设施。

模板支撑系统应为独立的系统，禁止与物料提升机、施工升降机、塔吊等起重设备结构架体机身及其附着设施相连接；禁止与施工脚手架、物料周转料平台等架体相连接。模板、钢筋及其他材料等施工荷载应均匀堆置，放平放稳。施工总荷载不得超过模板支撑系统设计荷载要求。模板支撑系统在使用过程中，立柱底部不得松动悬空，不得任意拆除任何杆件，不得松动扣件，也不得用作缆风绳的拉接。

施工过程中检查项目应符合下列要求：

（1）立柱底部基础应回填夯实；

（2）垫木应满足设计要求；

（3）底座位置应正确，顶托螺杆伸出长度应符合规定；

（4）立柱的规格尺寸和垂直度应符合要求，不得出观偏心荷载；

（5）扫地杆、水平拉杆、剪刀撑等设置应符合规定，固定可靠；

（6）安全网和各种安全防护设施符合要求。

混凝土浇筑前，施工单位项目技术负责人、项目总监确认具备混凝土浇筑的安全生产条件后，签署混凝土浇筑令，方可浇筑混凝土。框架结构中，柱和梁板的混凝土浇筑顺序，应按先浇筑柱混凝土，后浇筑梁板混凝土的顺序进行。浇筑过程应符合专项施工方案要求，并确保支撑系统受力均匀，避免引起高大模板支撑系统的失稳倾斜。浇筑过程应有专人对高大支撑系统进行观测，发现有松动、变形等情况，必须立即停止浇筑，撤离作业人员，并采取相应的加固措施。

高大模板支撑系统拆除前，项目技术负责人、项目总监应核查混凝土同条件试块强度报告，浇筑混凝土达到拆模强度后方可拆除，并履行拆模审批签字手续。高大模板支撑系统的拆除作业必须自上而下逐层进行，严禁上下层同时拆除作业，分段拆除的高度不应大于两层。设有附墙连接的模板支撑系统，附墙连接必须随支撑架体逐层拆除，严禁先将附墙连接全部或数层拆除后再拆支撑架体。高大模板支撑系统拆除时，严禁将拆卸的杆件向地面抛掷，应有专人传递至地面，并按规格分类均匀堆放。

高大模板支撑系统搭设和拆除过程中，地面应设置围栏和警戒标志，并派专人看守，严禁非操作人员进入作业范围。

施工单位应严格按照专项施工方案组织施工。高大模板支撑系统搭设、拆除及混凝土浇筑过程中，应有专业技术人员进行现场指导，设专人负责安全检查，发现险情，立即停止施工并采取应急措施，排除险情后，方可继续施工。

1.4 施工现场临时设施和防护措施的管理规定

1.4.1 施工现场临时设施和封闭管理的规定

《建筑法》规定，建筑施工企业应当在施工现场采取维护安全、防范危险、预防火灾等措施；有条件的，应当对施工现场实行封闭管理。施工现场对毗邻的建筑物、构筑物和特殊作业环境可能造成损害的，建筑施工企业应当采取安全防护措施。

《建设工程安全生产管理条例》进一步规定，施工单位应当在施工现场入口处、施工起重机械、临时用电设施、脚手架、出入通道口、楼梯口、电梯井口、孔洞口、桥梁口、隧道口、基坑边沿、爆破物及有害危险气体和液体存放处等危险部位，设置明显的安全警示标志。安全警示标志必须符合国家标准。

施工单位应当根据不同施工阶段和周围环境及季节、气候的变化，在施工现场采取相应的安全施工措施。施工现场暂时停止施工的，施工单位应当做好现场防护，所需费用由责任方承担，或者按照合同约定执行。

施工单位应当将施工现场的办公、生活区与作业区分开设置，并保持安全距离；办公、生活区的选址应当符合安全性要求。职工的膳食、饮水、休息场所等应当符合卫生标准。施工单位不得在尚未竣工的建筑物内设置员工集体宿舍。施工现场临时搭建的建筑物应当符合安全使用要求。施工现场使用的装配式活动房屋应当具有产品合格证。

施工单位对因建设工程施工可能造成损害的毗邻建筑物、构筑物和地下管线等，应当采取专项防护措施。在城市市区内的建设工程，施工单位应当对施工现场实行封闭围挡。

建设部安全生产管理委员会办公室《关于加强建筑施工现场临建宿舍及办公用房管理的通知》（建安办函〔2006〕23号）中规定，各级建设行政主管部门、建设单位和建筑业企业要加强对临建房屋的管理。严禁购买和使用不符合地方临建标准或无生产厂家、无产品合格证书的装配式活动房屋。生产厂家制造生产的装配式活动房屋必须有设计构造图、计算书、安装拆卸使用说明书等并符合有关节能、安全技术标准。

施工单位应严格按照《建设工程安全生产管理条例》规定要求，将施工现场的办公、生活区与作业区分开设置，并保持安全距离；办公、生活区的选址应当符合安全、消防要求。临建宿舍，办公用房、食堂、厕所应按《施工现场环境与卫生标准》JGJ 146—2004搭设，并设置符合安全、卫生规定的其他设施，如淋浴室、娱乐室、医务室、宣传栏等，以保证农民工物质、文化生活的基本需要。现场要建立专项检查制度进行定期和不定期检查，确保上述设施的安全使用。

各施工单位应采取有效措施，以保证临建宿舍及办公用房的使用安全。特别是北方采用煤炭采暖的地区，要严密注意气象变化，切实防止农民工宿舍取暖或施工工程保温时发生一氧化碳中毒的事故。同时要严防工地生活区火灾事故的发生。

对于施工现场安全防护的违法行为，《建设工程安全生产管理条例》规定，施工单位有下列行为之一的，责令限期改正；逾期未改正的，责令停业整顿，并处5万元以上10万元以下的罚款；造成重大安全事故，构成犯罪的，对直接责任人员，依照刑法有关规定追究刑事责任：

1. 施工前未对有关安全施工的技术要求作出详细说明的；

2. 未根据不同施工阶段和周围环境及季节、气候的变化，在施工现场采取相应的安全施工措施，或者在城市市区内的建设工程的施工现场未实行封闭围挡的；

3. 在尚未竣工的建筑物内设置员工集体宿舍的；

4. 施工现场临时搭建的建筑物不符合安全使用要求的；

5. 未对因建设工程施工可能造成损害的毗邻建筑物、构筑物和地下管线等采取专项防护措施的。

施工单位有以上规定第（4）项、第（5）项行为，造成损失的，依法承担赔偿责任。

1.4.2 建筑施工消防安全的规定

1. 施工现场消防安全职责

《中华人民共和国消防法》（以下简称《消防法》）规定，机关、团体、企业、事业等单位应当履行下列消防安全职责：

（1）落实消防安全责任制，制定本单位的消防安全制度、消防安全操作规程，制定灭火和应急疏散预案；

（2）按照国家标准、行业标准配置消防设施、器材，设置消防安全标志，并定期组织检验、维修，确保完好有效；

（3）对建筑消防设施每年至少进行一次全面检测，确保完好有效，检测记录应当完整准确，存档备查；

（4）保障疏散通道、安全出口、消防车通道畅通，保证防火防烟分区、防火间距符合消防技术标准；

（5）组织防火检查，及时消除火灾隐患；

（6）组织进行有针对性的消防演练；

（7）法律、法规规定的其他消防安全职责。

单位的主要负责人是本单位的消防安全责任人。

《建设工程安全生产管理条例》进一步规定，施工单位应当在施工现场建立消防安全责任制度，确定消防安全责任人，制定用火、用电、使用易燃易爆材料等各项消防安全管理制度和操作规程，设置消防通道、消防水源，配备消防设施和灭火器材，并在施工现场出入口处设置明显标志。

施工单位的主要负责人是本单位的消防安全责任人；项目负责人应是本项目施工现场的消防安全责任人。同时，要在施工现场实行和落实逐级防火责任制、岗位防火责任制。各部门、各班组负责人以及每个岗位人员都应当对自己管辖工作范围内的消防安全负责，切实做到"谁主管，谁负责；谁在岗，谁负责"。消防安全标志应当按照《消防安全标志设置要求》GB 15630—1995、《消防安全标志》GB13495—1992 设置。

2. 施工现场消防安全管理

公安部、住房城乡建设部《关于进一步加强建设工程施工现场消防安全工作的通知》（公消〔2009〕131 号）规定，施工现场要设置消防通道并确保畅通。建筑工地要满足消防车通行，停靠和作业要求。在建建筑内应设置标明楼梯间和出入口的临时醒目标志。视情况安装楼梯间和出入口的临时照明，及时清理建筑垃圾和障碍物，规范材料堆放，保证发生火灾时，现场施工人员疏散和消防人员扑救快捷畅通。

施工现场要按有关规定设置消防水源。应当在建设工程平地阶段按照总平面设计设置室外消火栓系统，并保持充足的管网压力和流量。根据在建工程施工进度，同步安装室内消火栓系统或设置临时消火栓，配备水枪水带，消防干管设置水泵接合器，满足施工现场火灾扑救的消防供水要求。施工现场应当配备必要的消防设施和灭火器材。施工现场的重点防火部位和在建高层建筑的各个楼层，应在明显和方便取用的地方配置适当数量的手提式灭火器、消防沙袋等消防器材。

施工单位应当在施工组织设计中编制消防安全技术措施和专项施工方案，并由专职安全管理人员进行现场监督。动用明火必须实行严格的消防安全管理，禁止在具有火灾、爆炸危险的场所使用明火；需要进行明火作业的，动火部门和人员应当按照用火管理制度办理审批手续，落实现场监护人，在确认无火灾、爆炸危险后方可动火施工；动火施工人员应当遵守消防安全规定，并落实相应的消防安全措施；易燃易爆危险物品和场所应有具体防火防爆措施；电焊、气焊、电工等特殊工种人员必须持证上岗；将容易发生火灾、一旦发生火灾后果严重的部位确定为重点防火部位，实行严格管理。

施工单位应及时纠正违章操作行为，及时发现火灾隐患并采取防范、整改措施。国家、省级等重点工程的施工现场应当进行每日防火巡查，其他施工现场也应根据需要组织防火巡查。施工单位防火检查的内容应当包括：火灾隐患的整改情况以及防范措施的落实情况，疏散通道、消防车通道、消防水源情况，灭火器材配置及有效情况，用火、用电有无违章情况，重点工种人员及其他施工人员消防知识掌握情况，消防安全重点部位管理情况，易燃易爆危险物品和场所防火防爆措施落实情况，防火巡查落实情况等。

3. 施工现场消防安全培训教育

《关于进一步加强建设工程施工现场消防安全工作的通知》中规定，施工人员上岗前的安全培训应当包括以下消防内容：有关消防法规、消防安全制度和保障消防安全的操作规程，本岗位的火灾危险性和防火措施，有关消防设施的性能、灭火器材的使用方法，报火警、扑救初起火灾以及自救逃生的知识和技能等，保障施工现场人员具有相应的消防常识和逃生自救能力。

施工单位应当根据国家有关消防法规和建设工程安全生产法规的规定，建立施工现场消防组织，制定灭火和应急疏散预案，并至少每半年组织一次演练，提高施工人员及时报警、扑灭初期火灾和自救逃生能力。

公安部、住房和城乡建设部等9部委联合颁布的《社会消防安全教育培训规定》（公安部令第109号）中规定，在建工程的施工单位应当开展下列消防安全教育工作：

（1）建设工程施工前应当对施工人员进行消防安全教育；

（2）在建设工地醒目位置、施工人员集中住宿场所设置消防安全宣传栏，悬挂消防安全挂图和消防安全警示标识；

（3）对明火作业人员进行经常性的消防安全教育；

（4）组织灭火和应急疏散演练。

4. 违法行为应承担的主要法律责任

单位违反本法规定，有下列行为之一的，责令改正，处5000元以上5万元以下罚款：

（1）消防设施、器材或者消防安全标志的配置、设置不符合国家标准、行业标准，或者未保持完好有效的；

（2）损坏、挪用或者擅自拆除、停用消防设施、器材的；

（3）占用、堵塞、封闭疏散通道、安全出口或者有其他妨碍安全疏散行为的；

（4）埋压、圈占、遮挡消火栓或者占用防火间距的；

（5）占用、堵塞、封闭消防车通道，妨碍消防车通行的；

（6）人员密集场所在门窗上设置影响逃生和灭火救援的障碍物的；

（7）对火灾隐患经公安机关消防机构通知后不及时采取措施消除的。

有下列行为之一，尚不构成犯罪的，处10日以上15日以下拘留，可以并处500元以下罚款；情节较轻的，处警告或者500元以下罚款：

（1）指使或者强令他人违反消防安全规定，冒险作业的；

（2）过失引起火灾的；

（3）在火灾发生后阻拦报警，或者负有报告职责的人员不及时报警的；

（4）扰乱火灾现场秩序，或者拒不执行火灾现场指挥员指挥，影响灭火救援的；

（5）故意破坏或者伪造火灾现场的；

（6）擅自拆封或者使用被公安机关消防机构查封的场所、部位的。

1.4.3 工地食堂食品卫生管理的规定

国家食品药品监督管理局、住房和城乡建设部《关于进一步加强建筑工地食堂食品安全工作的意见》（国食药监食〔2010〕172号）规定，各地食品药品监管部门要加强建筑工地食堂餐饮服务许可管理，按照《餐饮服务许可管理办法》规定的许可条件和程序，审查核发《餐饮服务许可证》。对于申请开办食堂的建筑工地，应当要求其提供符合规定的用房、科学合理的流程布局，配备加工制作和消毒等设施设备，健全食品安全管理制度，配备食品安全管理人员和取得健康合格证明的从业人员。不符合法定要求的，一律不发许可证。对未办理许可证经营的，要严格依法进行处理。

要督促建筑工地食堂落实食品原料进货查验和采购索证索票制度，不得采购和使用《食品安全法》禁止生产经营的食品，减少加工制作高风险食品；要按照食品安全操作规范加工制作食品，严防食品交叉污染；要加强对建筑工地食堂关键环节的控制和监管，加强厨房设施、设备的检查；要针对建筑工地食堂加工制作的重点食品品种进行抽样检验，及时了解食品安全状况，认真解决存在的突出问题，防止不安全食品流入工地食堂。

建筑施工企业是建筑工地食堂食品安全的责任主体。建筑工地应当建立健全以项目负责人为第一责任人的食品安全责任制，建筑工地食堂要配备专职或者兼职食品安全管理人员，明确相关人员的责任，建立相应的考核奖惩制度，确保食品安全责任落实到位。要建立健全食品安全管理制度，建立从业人员健康管理档案，食堂从业人员取得健康证明后方可持证上岗。对于从事接触直接入口食品工作的人员患有痢疾、伤寒、甲型病毒性肝炎、戊型病毒性肝炎等消化道传染病，以及患有活动性肺结核、化脓性或者渗出性皮肤病等有碍食品安全的疾病的，应当将其调整到其他不影响食品安全的工作岗位。

建筑工地食堂要依据食品安全事故处理的有关规定，制定食品安全事故应急预案，提高防控食品安全事故能力和水平。发生食品安全事故时，要迅速采取措施控制事态的发展并及时报告，积极做好相关处置工作，防止事故危害的扩大。

1.4.4 建筑工程安全防护、文明施工措施费用的规定

安全防护、文明施工措施费，是指按照国家现行的建筑施工安全、施工现场环境与卫生标准和有关规定，购置和更新施工安全防护用具及设施、改善安全生产条件和作业环境所需要的费用。建设单位对建筑工程安全防护、文明施工措施有其他要求的，所发生费用一并计入安全防护、文明施工措施费。

1. 建筑工程安全防护、文明施工措施费用的计提

财政部、国家安全生产监督管理总局《企业安全生产费用提取和使用管理办法》（财企〔2012〕16号）中规定，安全生产费用（以下简称安全费用）是指企业按照规定标准提取在成本中列支，专门用于完善和改进企业或者项目安全生产条件的资金。安全费用按照"企业提取、政府监管、确保需要、规范使用"的原则进行管理。

建设工程施工企业以建筑安装工程造价为计提依据。各建设工程类别安全费用提取标准如下：

（1）矿山工程为2.5%；

（2）房屋建筑工程、水利水电工程、电力工程、铁路工程、城市轨道交通工程

为 2.0%；

(3) 市政公用工程、冶炼工程、机电安装工程、化工石油工程、港口与航道工程、公路工程、通信工程为 1.5%。

建设工程施工企业提取的安全费用列入工程造价，在竞标时，不得删减，列入标外管理。国家对基本建设投资概算另有规定的，从其规定。总包单位应当将安全费用按比例直接支付分包单位并监督使用，分包单位不再重复提取。

企业在上述标准的基础上，根据安全生产实际需要，可适当提高安全费用提取标准。本办法公布前，各省级政府已制定下发企业安全费用提取使用办法的，其提取标准如果低于本办法规定的标准，应当按照本办法进行调整；如果高于本办法规定的标准，按照原标准执行。

原建设部《建筑工程安全防护、文明施工措施费用及使用管理规定》（建办〔2005〕89 号）中规定，建筑工程安全防护、文明施工措施费用是由《建筑安装工程费用项目组成》（建标〔2003〕206 号）中措施费所含的文明施工费、环境保护费、临时设施费、安全施工费组成。其中，安全施工费由临边、洞口、交叉、高处作业安全防护费，危险性较大工程安全措施费及其他费用组成。危险性较大工程安全措施费及其他费用项目组成由各地建设行政主管部门结合本地区实际自行确定。

建设单位、设计单位在编制工程概（预）算时，应当依据工程所在地工程造价管理机构测定的相应费率，合理确定工程安全防护、文明施工措施费。

依法进行工程招投标的项目，招标有或具有资质的中介机构编制招标文件时，应当按照有关规定并结合工程实际单独列出安全防护、文明施工措施项目清单。投标方应当根据现行标准规范，结合工程特点、工期进度和作业环境要求，在施工组织设计文件中制定相应的安全防护、文明施工措施，并按照招标文件要求结合自身的施工技术水平、管理水平对工程安全防护、文明施工措施项目单独报价。投标方安全防护、文明施工措施的报价，不得低于依据工程所在地工程造价管理机构测定费率计算所需费用总额的 90%。

建设单位与施工单位应当在施工合同中明确安全防护、文明施工措施项目总费用，以及费用预付、支付计划，使用要求、调整方式等条款。建设单位与施工单位在施工合同中对安全防护、文明施工措施费用预付、支付计划未作约定或约定不明的，合同工期在一年以内的，建设单位预付安全防护、文明施工措施项目费用不得低于该费用总额的 50%；合同工期在一年以上的（含一年），预付安全防护、文明施工措施费用不得低于该费用总额的 30%，其余费用应当按照施工进度支付。

建设单位申请领取建筑工程施工许可证时，应当将施工合同中约定的安全防护、文明施工措施费用支付计划作为保证工程安全的具体措施提交建设行政主管部门。未提交的，建设行政主管部门不予核发施工许可证。建设单位应当按照规定及合同约定及时向施工单位支付安全防护、文明施工措施费，并督促施工企业落实安全防护、文明施工措施。

2. 建筑工程安全防护、文明施工措施费用的使用管理

财政部、国家安全生产监督管理总局《企业安全生产费用提取和使用管理办法》中规定，建设工程施工企业安全费用应当按照以下范围使用：

(1) 完善、改造和维护安全设施设备支出（不含"三同时"要求初期投入的安全设施），包括施工现场临时用电系统、洞口、临边、机械设备、高处作业防护、交叉作业防护、防火、防爆、防尘、防毒、防雷、防台风、防地质灾害、地下工程有害气体监测、通风、临时安全防护等设施设备支出；

（2）配备、维护、保养应急救援器材、设备支出和应急演练支出；

（3）开展重大危险源和事故隐患评估、监控和整改支出；

（4）安全生产检查、评价（不包括新建、改建、扩建项目安全评价）、咨询和标准化建设支出；

（5）配备和更新现场作业人员安全防护用品支出；

（6）安全生产宣传、教育、培训支出；

（7）安全生产适用的新技术、新标准、新工艺、新装备的推广应用支出；

（8）安全设施及特种设备检测检验支出；

（9）其他与安全生产直接相关的支出。

在规定的使用范围内，企业应当将安全费用优先用于满足安全生产监督管理部门、煤矿安全监察机构以及行业主管部门对企业安全生产提出的整改措施或者达到安全生产标准所需的支出。企业提取的安全费用应当专户核算，按规定范围安排使用，不得挤占、挪用。年度结余资金结转下年度使用，当年计提安全费用不足的，超出部分按正常成本费用渠道列支。主要承担安全管理责任的集团公司经过履行内部决策程序，可以对所属企业提取的安全费用按照一定比例集中管理，统筹使用。

企业应当建立健全内部安全费用管理制度，明确安全费用提取和使用的程序、职责及权限，按规定提取和使用安全费用。企业应当加强安全费用管理，编制年度安全费用提取和使用计划，纳入企业财务预算。企业年度安全费用使用计划和上一年安全费用的提取、使用情况按照管理权限报同级财政部门、安全生产监督管理部门、煤矿安全监察机构和行业主管部门备案。企业安全费用的会计处理，应当符合国家统一的会计制度的规定。企业提取的安全费用属于企业自提自用资金，其他单位和部门不得采取收取、代管等形式对其进行集中管理和使用，国家法律、法规另有规定的除外。

原建设部《建筑工程安全防护、文明施工措施费用及使用管理规定》中规定，实行工程总承包的，总承包单位依法将建筑工程分包给其他单位的，总承包单位与分包单位应当在分包合同中明确安全防护、文明施工措施费用由总承包单位统一管理。安全防护、文明施工措施由分包单位实施的，由分包单位提出专项安全防护措施及施工方案，经总承包单位批准后及时支付所需费用。

工程监理单位应当对施工单位落实安全防护、文明施工措施情况进行现场监理。对施工单位已经落实的安全防护、文明施工措施，总监理工程师或者造价工程师应当及时审查并签认所发生的费用。监理单位发现施工单位未落实施工组织设计及专项施工方案中安全防护和文明施工措施的，有权责令其立即整改；对施工单位拒不整改或未按期限要求完成整改的，工程监理单位应当及时向建设单位和建设行政主管部门报告，必要时责令其暂停施工。

施工单位应当确保安全防护、文明施工措施费专款专用，在财务管理中单独列出安全防护、文明施工措施项目费用清单备查。施工单位安全生产管理机构和专职安全生产管理人员负责对建筑工程安全防护、文明施工措施的组织实施进行现场监督检查，并有权向建设主管部门反映情况。

3. 违法行为应承担的主要法律责任

财政部、国家安全生产监督管理总局《企业安全生产费用提取和使用管理办法》中规定，各级财政部门、安全生产监督管理部门、煤矿安全监察机构和有关行业主管部门依法对企业安全费用提取、使用和管理进行监督检查。

企业未按本办法提取和使用安全费用的，安全生产监督管理部门、煤矿安全监察机构和行业主管部门会同财政部门责令其限期改正，并依照相关法律法规进行处理、处罚。建设工程施工总承包单位未向分包单位支付必要的安全费用以及承包单位挪用安全费用的，由建设、交通运输、铁路、水利、安全生产监督管理、煤矿安全监察等主管部门依照相关法规、规章进行处理、处罚。

原建设部《建筑工程安全防护、文明施工措施费用及使用管理规定》中规定，工程总承包单位对建筑工程安全防护、文明施工措施费用的使用负总责。总承包单位应当按照本规定及合同约定及时向分包单位支付安全防护、文明施工措施费用。总承包单位不按本规定和合同约定支付费用，造成分包单位不能及时落实安全防护措施导致发生事故的，由总承包单位负主要责任。

建设单位未按本规定支付安全防护、文明施工措施费用的，由县级以上建设行政主管部门依据《建设工程安全生产管理条例》第 54 条规定，责令限期整改；逾期未改正的，责令该建设工程停止施工。

施工单位挪用安全防护、文明施工措施费用的，由县级以上建设主管部门依据《建设工程安全生产管理条例》第 63 条规定，责令限期整改，处挪用费用 20% 以上 50% 以下的罚款；造成损失的，依法承担赔偿责任。

1.4.5　施工人员劳动保护用品的规定

施工人员劳动保护用品，是指在建筑施工现场从事建筑施工活动的人员使用的安全帽、安全带以及安全（绝缘）鞋、防护眼镜、防护手套、防尘（毒）口罩等个人劳动保护用品。

原建设部《建筑施工人员个人劳动保护用品使用管理暂行规定》（建质〔2007〕255号）中规定，建设单位应当及时、足额向施工企业支付安全措施专项经费，并督促施工企业落实安全防护措施，使用符合相关国家产品质感要求的劳动保护用品。

施工作业人员所在企业（包括总承包企业、专业承包企业、劳务企业等，下同）必须按照国家规定免费发放劳动保护用品，更换已损坏或已到使用期限的劳动保护用品，不得收取或变相收取任何费用。劳动保护用品必须以实物形式发放，不得以货币或其他物品替代。

施工企业应建立完善劳动保护用品的采购、验收、保管、发放、使用、更换、报废等规章制度。同时，应建立相应的管理台账，管理台账保存期限不得少于两年，以保证劳动保护用品的质量具有可追溯性。企业采购、个人使用的安全帽、安全带及其他劳动防护用品等，必须符合《安全帽》GB 2811、《安全带》GB 6095 及其他劳动保护用品相关国家标准的要求。企业、施工作业人员不得采购和使用无安全标记或不符合国家相关标准要求的劳动保护用品。

施工企业应当按照劳动保护用品采购管理制度的要求，明确企业内部有关部门、人员的采购管理职责。企业在一个地区组织施工的，可以集中统一采购；对企业工程项目分布在多个地区，集中统一采购有困难的，可由各地区或项目部集中采购。企业采购劳动保护用品时，应查验劳动保护用品生产厂家或供货商的生产、经营资格，验明商品合格证明和商品标识，以确保采购劳动保护用品的质量符合安全使用要求。企业应当向劳动保护用品生产厂家或供货商索要法定检验机构出具的检验报告或由供货商签字盖章的检验报告复印件，不能提供检验报告或检验报告复印件的劳动保护用品不得采购。

施工企业应加强对施工作业人员的教育培训，保证施工作业人员能正确使用劳动保护用品。工程项目部应有教育培训的记录，有培训人员和被培训人员的签名和时间。企业应加强对施工作业人员劳动保护用品使用情况的检查，并对施工作业人员劳动保护用品的质量和正确使用负责。实行施工总承包的工程项目，施工总承包企业应加强对施工现场内所有施工作业人员劳动保护用品的监督检查。督促相关分包企业和人员正确使用劳动保护用品。

施工作业人员有接受安全教育培训的权利，有按照工作岗位规定使用合格的劳动保护用品的权利；有拒绝违章指挥、拒绝使用不合格劳动保护用品的权利。同时，也负有正确使用劳动保护用品的义务。

各级建设行政主管部门应当加强对施工现场劳动保护用品使用情况的监督管理。发现有不使用或使用不符合要求的劳动保护用品的违法违规行为的，应当责令改正；对因不使用或使用不符合要求的劳动保护用品造成事故或伤害的，应当依据《建设工程安全生产管理条例》和《安全生严许可证条例》等法律法规，对有关责任方给予行政处罚。各级建设行政主管部门应将企业劳动保护用品的发放、管理情况列入建筑施工企业《安全生产许可证》条件的审查内容之一；施工现场劳动保护用品的质量情况作为认定企业是否降低安全生产条件的内容之一；施工作业人员是否正确使用劳动保护用品情况作为考核企业安全生产教育培训是否到位的依据之一。

1.5 施工安全生产事故应急预案和事故报告的管理规定

1.5.1 施工生产安全事故应急救援预案的规定

《中华人民共和国突发事件应对法》规定，建筑施工单位应当制定具体应急预案，并对生产经营场所、有危险物品的建筑物、构筑物及周边环境开展隐患排查，及时采取措施消除隐患，防止发生突发事件。

应急预案应当根据本法和其他有关法律、法规的规定，针对突发事件的性质、特点和可能造成的社会危害，具体规定突发事件应急管理工作的组织指挥体系与职责和突发事件的预防与预警机制、处置程序、应急保障措施以及事后恢复与重建措施等内容。

《建设工程安全生产管理条例》进一步规定，施工单位应当制定本单位生产安全事故应急救援预案，建立应急救援组织或者配备应急救援人员，配备必要的应急救援器材、设备，并定期组织演练。

施工单位应当根据建设工程施工的特点、范围，对施工现场易发生重大事故的部位、环节进行监控，制定施工现场生产安全事故应急救援预案。实行施工总承包的，由总承包单位统一组织编制建设工程生产安全事故应急救援预案，工程总承包单位和分包单位按照应急救援预案，各自建立应急救援组织或者配备应急救援人员，配备救援器材、设备，并定期组织演练。

《国务院关于坚持科学发展安全发展促进安全生产形势持续稳定好转的意见》规定，加强预案管理和应急演练。建立健全安全生产应急预案体系，加强动态修订完善。落实省、市、县三级安全生产预案报备制度，加强企业预案与政府相关应急预案的衔接。定期开展应急预案演练，切实提高事故救援实战能力。企业生产现场带班人员、班组长和调度人员在遇到险情时，要按照预案规定，立即组织停产撤人。

国家安全生产监督管理总局《生产安全事故应急预案管理办法》（国家安全生产监督管理总局令第 17 号）规定，建筑施工单位应当组织专家对本单位编制的应急预案进行评审。评审应当形成书面纪要并附有专家名单。应急预案的评审应当注重应急预案的实用性、基本要素的完整性、预防措施的针对性、组织体系的科学性、响应程序的操作性、应急保障措施的可行性、应急预案的衔接性等内容。施工单位的应急预案经评审后，由施工单位主要负责人签署公布。

生产经营单位应当制定本单位的应急预案演练计划，根据本单位的事故预防重点，每年至少组织一次综合应急预案演练或者专项应急预案演练，每半年至少组织一次现场处置方案演练。生产经营单位应当按照应急预案的要求配备相应的应急物资及装备，建立使用状况档案，定期检测和维护，使其处于良好状态。

1.5.2 房屋市政工程生产安全重大隐患排查治理挂牌督办的规定

重大隐患是指在房屋建筑和市政工程施工过程中，存在的危害程度较大、可能导致群死群伤或造成重大经济损失的生产安全隐患。挂牌督办是指住房城乡建设主管部门以下达督办通知书以及信息公开等方式，督促企业按照法律法规和技术标准，做好房屋市政工程生产安全重大隐患排查治理的工作。

《国务院关于坚持科学发展安全发展促进安全生产形势持续稳定好转的意见》规定，加强安全生产风险监控管理。充分运用科技和信息手段，建立健全安全生产隐患排查治理体系，强化监测监控、预报预警，及时发现和消除安全隐患。企业要定期进行安全风险评估分析，重大隐患要及时报安全监管监察和行业主管部门备案。住房和城乡建设部《房屋市政工程生产安全重大隐患排查治理挂牌督办暂行办法》（建质〔2011〕158 号）进一步规定，建筑施工企业是房屋市政工程生产安全重大隐患排查治理的责任主体，应当建立健全重大隐患排查治理工作制度，并落实到每一个工程项目。企业及工程项目的主要负责人对重大隐患排查治理工作全面负责。

建筑施工企业应当定期组织安全生产管理人员、工程技术人员和其他相关人员排查每一个工程项目的重大隐患，特别是对深基坑、高支模、地铁隧道等技术难度大、风险大的重要工程应重点定期排查。对排查出的重大隐患，应及时实施治理消除，并将相关情况进行登记存档。建筑施工企业应及时将工程项目重大隐患排查治理的有关情况向建设单位报告，建设单位应积极协调勘察、设计、施工、监理、监测等单位，并在资金、人员等方面积极配合做好重大隐患排查治理工作。

房屋市政工程生产安全重大隐患治理挂牌督办按照属地管理原则，由工程所在地住房城乡建设主管部门组织实施。省级住房城乡建设主管部门进行指导和监督。住房城乡建设主管部门接到工程项目重大隐患举报，应立即组织核实，属实的由工程所在地住房城乡建设主管部门及时向承建工程的建筑施工企业下达《房屋市政工程生产安全重大隐患治理挂牌督办通知书》，并公开有关信息，接受社会监督。

《房屋市政工程生产安全重大隐患治理挂牌督办通知书》包括下列内容：

1. 工程项目的名称；
2. 重大隐患的具体内容；
3. 治理要求及期限；
4. 督办解除的程序；
5. 其他有关的要求。

承建工程的建筑施工企业接到《房屋市政工程生产安全重大隐患治理挂牌督办通知书》后，应立即组织进行治理。确认重大隐患消除后，向工程所在地住房城乡建设主管部门报送治理报告，并提请解除督办。工程所在地住房城乡建设主管部门收到建筑施工企业提出的重大隐患解除督办申请后，应当立即进行现场审查。审查合格的，依照规定解除督办。审查不合格的，继续实施挂牌督办。

建筑施工企业不认真执行《房屋市政工程生产安全重大隐患治理挂牌督办通知书》的，应依法责令整改；情节严重的要依法责令停工整改；不认真整改导致生产安全事故发生的，依法从重追究企业和相关负责人的责任。

1.5.3　施工生产安全事故报告和应采取措施的规定

1. 生产安全事故的等级划分

《生产安全事故报告和调查处理条例》规定，根据生产安全事故（以下简称事故）造成的人员伤亡或者直接经济损失，事故一般分为以下等级：

（1）特别重大事故，是指造成 30 人以上死亡，或者 100 人以上重伤（包括急性工业中毒，下同），或者 1 亿元以上直接经济损失的事故；

（2）重大事故，是指造成 10 人以上 30 人以下死亡，或者 50 人以上 100 人以下重伤，或者 5000 万元以上 1 亿元以下直接经济损失的事故；

（3）较大事故，是指造成 3 人以上 10 人以下死亡，或者 10 人以上 50 人以下重伤，或者 1000 万元以上 5000 万元以下直接经济损失的事故；

（4）一般事故，是指造成 3 人以下死亡，或者 10 人以下重伤，或者 1000 万元以下直接经济损失的事故。

按照《生产安全事故报告和调查处理条例》的规定，"以上"包括本数，"以下"不包括本数。

2. 施工生产安全事故的报告

《建筑法》规定，施工中发生事故时，建筑施工企业应当采取紧急措施减少人员伤亡和事故损失，并按照国家有关规定及时向有关部门报告。《建设工程安全生产管理条例》进一步规定，施工单位发生生产安全事故，应当按照国家有关伤亡事故报告和调查处理的规定及时、如实地向负责安全生产监督管理的部门、建设行政主管部门或者其他有关部门报告；特种设备发生事故的，还应当同时向特种设备安全监督管理部门报告。实行施工总承包的建设工程，由总承包单位负责上报事故。

原建设部《关于进一步规范房屋建筑和市政工程生产安全事故报告和调查处理的若干意见》（建质〔2007〕257号）规定，事故发生后，事故现场有关人员应当立即向施工单位负责人报告；施工单位负责人接到报告后，应当于1小时内向事故发生地县级以上人民政府建设主管部门和有关部门报告。情况紧急时，事故现场有关人员可以直接向事故发生地县级以上人民政府建设主管部门和有关部门报告。实行施工总承包的建设工程，由总承包单位负责上报事故。

事故报告内容：

（1）事故发生的时间、地点和工程项目、有关单位名称；

（2）事故的简要经过；

（3）事故已经造成或者可能造成的伤亡人数（包括下落不明的人数）和初步估计的直接经济损失；

（4）事故的初步原因；

（5）事故发生后采取的措施及事故控制情况；

（6）事故报告单位或报告人员；

（7）其他应当报告的情况。

事故报告后出现新情况，以及事故发生之日起30日内伤亡人数发生变化的，应当及时补报。

3. 发生施工生产安全事故后应采取的措施

《建设工程安全生产管理条例》规定，发生生产安全事故后，施工单位应当采取措施防止事故扩大，保护事故现场。需要移动现场物品时，应当做出标记和书面记录，妥善保管有关证物。

《生产安全事故报告和调查处理条例》规定，事故发生单位负责人接到事故报告后，应当立即启动事故相应应急预案，或者采取有效措施，组织抢救，防止事故扩大，减少人员伤亡和财产损失。

事故发生后，有关单位和人员应当妥善保护事故现场以及相关证据，任何单位和个人不得破坏事故现场、毁灭相关证据。因抢救人员、防止事故扩大以及疏通交通等原因，需要移动事故现场物件的，应当做出标志，绘制现场简图并做出书面记录，妥善保存现场重要痕迹、物证。事故发生单位应当认真吸取事故教训，落实防范和整改措施，防止事故再次发生。防范和整改措施的落实情况应当接受王会和职工的监督。

4. 施工生产安全事故的查处督办

房屋市政工程生产安全事故查处督办，是指上级住房城乡建设行政主管部门督促下级住房城乡建设行政主管部门，依照有关法律法规做好房屋建筑和市政工程生产安全事故的调查处理工作。

住房和城乡建设部《房屋市政工程生产安全和质量事故查处督办暂行办法》（建质〔2011〕66号）规定，住房城乡建设部负责房屋市政工程生产安全和质量较大及以上事故的查处督办，省级住房城乡建设行政主管部门负责一般事故的查处督办。

房屋市政工程生产安全较大及以上事故的查处督办，按照以下程序办理：

（1）较大及以上事故发生后，住房城乡建设部质量安全司提出督办建议，并报部领导审定同意后，以住房城乡建设部安委会或办公厅名义向省级住房城乡建设行政主管部门下达《房屋市政工程生产安全和质量较大及以上事故查处督办通知书》；

（2）在住房城乡建设部网站上公布较大及以上事故的查处督办信息，接受社会监督。

《房屋市政工程生产安全和质量较大及以上事故查处督办通知书》包括下列内容：

（1）事故名称；

（2）事故概况；

（3）督办事项；

（4）办理期限；

（5）督办解除方式、程序。

省级住房城乡建设行政主管部门接到《房屋市政工程生产安全和质量较大及以上事故查处督办通知书》后，应当依据有关规定，组织本部门及督促下级住房城乡建设行政主管部门按照要求做好下列事项：

（1）在地方人民政府的领导下，积极组织或参与事故的调查工作，提出意见；

（2）依据事故事实和有关法律法规，对违法违规企业给予吊销资质证书或降低资质等级、吊销或暂扣安全生产许可证、责令停业整顿、罚款等处罚，对违法违规人员给予吊销执业资格注册证书或责令停止执业、吊销或暂扣安全生产考核合格证书、罚款等处罚；

（3）对违法违规企业和人员处罚权限不在本级或本地的，向有处罚权限的住房城乡建设行政主管部门及时上报或转送事故事实材料，并提出处罚建议；

（4）其他相关的工作。

省级住房城乡建设行政主管部门应当在房屋市政工程生产安全较大及以上事故发生之日起 60 日内，完成事故查处督办事项。有特殊情况不能完成的，要向住房城乡建设部作出书面说明。省级住房城乡建设行政主管部门完成房屋市政工程生产安全和质量较大及以上事故查处督办事项后，要向住房城乡建设部作出书面报告，并附送有关材料。住房城乡建设部审核后，依照规定解除督办。

各级住房城乡建设行政主管部门不得对房屋市政工程生产安全和质量事故查处督办事项无故拖延、敷衍塞责，或者在解除督办过程中弄虚作假。各级住房城乡建设行政主管部门要将房屋市政工程生产安全和质量事故查处情况，及时予以公告，接受社会监督。

5. 违法行为应承担的主要法律责任

《安全生产法》规定，生产经营单位主要负责人在本单位发生重大生产安全事故时，不立即组织抢救或者在事故调查处理期间擅离职守或者逃匿的，给予降职、撤职的处分，对逃匿的处 15 日以下拘留；构成犯罪的，依照刑法有关规定追究刑事责任。生产经营单位主要负责人对生产安全事故隐瞒不报、谎报或者拖延不报的，依照以上规定处罚。

生产经营单位发生生产安全事故造成人员伤亡、他人财产损失的，应当依法承担赔偿责任；拒不承担或者其负责人逃匿的，由人民法院依法强制执行。生产安全事故的责任人未依法承担赔偿责任，经人民法院依法采取执行措施后，仍不能对受害人给予足额赔偿的，应当继续履行赔偿义务；受害人发现责任人有其他财产的，可以随时请求人民法院执行。

《生产安全事故报告和调查处理条例》规定，事故发生单位主要负责人有下列行为之一的，处上一年年收入 40% 至 80% 的罚款；属于国家工作人员的，并依法给予处分；构成犯罪的，依法追究刑事责任：

（1）不立即组织事故抢救的；

（2）迟报或者漏报事故的；

（3）在事故调查处理期间擅离职守的。

事故发生单位及其有关人员有下列行为之一的，对事故发生单位处 100 万元以上 500 万元以下的罚款；对主要负责人、直接负责的主管人员和其他直接责任人员处上一年年收入 60%至 100%的罚款；属于国家工作人员的，并依法给予处分；构成违反治安管理行为的，由公安机关依法给予治安管理处罚；构成犯罪的，依法追究刑事责任：

（1）谎报或者瞒报事故的；

（2）伪造或者故意破坏事故现场的；

（3）转移、隐匿资金、财产，或者销毁有关证据、资料的；

（4）拒绝接受调查或者拒绝提供有关情况和资料的；

（5）在事故调查中作伪证或者指使他人作伪证的；

（6）事故发生后逃匿的。

事故发生单位对事故发生负有责任的，依照下列规定处以罚款：

（1）发生一般事故的，处 10 万元以上 20 万元以下的罚款；

（2）发生较大事故的，处 20 万元以上 50 万元以下的罚款；

（3）发生重大事故的，处 50 万元以上 200 万元以下的罚款；

（4）发生特别重大事故的，处 200 万元以上 500 万元以下的罚款。

事故发生单位主要负责人未依法履行安全生产管理职责，导致事故发生的，依照下列规定处以罚款；属于国家工作人员的，并依法给予处分；构成犯罪的，依法追究刑事责任：

（1）发生一般事故的，处上一年年收入 30%的罚款；

（2）发生较大事故的，处上一年年收入 40%的罚款；

（3）发生重大事故的，处上一年年收入 60%的罚款；

（4）发生特别重大事故的，处上一年年收入 80%的罚款。

事故发生单位对事故发生负有责任的，由有关部门依法暂扣或者吊销其有关证照；对事故发生单位负有事故责任的有关人员，依法暂停或者撤销其与安全生产有关的执业资格、岗位证书；事故发生单位主要负责人受到刑事处罚或者撤职处分的，自刑罚执行完毕或者受处分之日起，5 年内不得担任任何生产经营单位的主要负责人。

《特种设备安全监察条例》规定，发生特种设备事故，有下列情形之一的，对单位，由特种设备安全监督管理部门处 5 万元以上 20 万元以下罚款；对主要负责人，由特种设备安全监督管理部门处 4000 元以上 2 万元以下罚款；属于国家工作人员的，依法给予处分；触犯刑律的，依照刑法关于重大责任事故罪或者其他罪的规定，依法追究刑事责任：

（1）特种设备使用单位的主要负责人在本单位发生特种设备事故时，不立即组织抢救或者在事故调查处理期间擅离职守或者逃匿的；

（2）特种设备使用单位的主要负责人对特种设备事故隐瞒不报、谎报或者拖延不报的。

《中华人民共和国刑法》第 139 条第 2 款规定，在安全事故发生后，负有报告职责的人员不报或者谎报事故情况，贻误事故抢救，情节严重的，处 3 年以下有期徒刑或者拘役；情节特别严重的，处 3 年以上 7 年以下有期徒刑。(《刑法修正案（六）》)

1.6 施工安全技术标准知识

施工安全技术标准是指为获得最佳施工安全秩序，对建设工程施工及管理等活动需要协调统一的事项所制定的共同的、重复使用的技术依据和准则。

1.6.1 施工安全技术标准的法定分类和施工安全标准化工作

1. 施工安全技术标准的法定分类

按照《中华人民共和国标准化法》（以下简称《标准化法》）的规定，我国的标准分为国家标准、行业标准、地方标准和企业标准。国家标准、行业标准又分为强制性标准和推荐性标准。保障人体健康，人身、财产安全的标准和法律、行政法规规定强制执行的标准是强制性标准，其他标准是推荐性标准。强制性标准一经颁布，必须贯彻执行，否则对造成恶劣后果和重大损失的单位和个人，要受到经济制裁或承担法律责任。

对需要在全国范围内统一的下列技术要求，应当制定国家标准：

（1）工程建设勘察、规划、设计、施工（包括安装）及验收等通用的质量要求；

（2）工程建设通用的有关安全、卫生和环境保护的技术要求；

（3）工程建设通用的术语、符号、代号、量与单位、建筑模数和制图方法；

（4）工程建设通用的试验、检验和评定等方法；

（5）工程建设通用的信息技术要求；

（6）国家需要控制的其他工程建设通用的技术要求。

对没有国家标准而需要在全国某个行业范围内统一的下列技术要求，可以制定行业标准：

（1）工程建设勘察、规划、设计、施工（包括安装）及验收等行业专用的质量要求；

（2）工程建设行业专用的有关安全、卫生和环境保护的技术要求；

（3）工程建设行业专用的术语、符号、代号、量与单位和制图万法；

（4）工程建设行业专用的试验、检验和评定等方法；

（5）工程建设行业专用的信息技术要求；

（6）其他工程建设行业专用的技术要求。

行业标准不得与国家标准相抵触。行业标准的某些规定与国家标准不一致时，必须有充分的科学依据和理由，并经国家标准的审批部门批准。行业标准在相应的国家标准实施后，应当及时修订或废止。

对没有国家标准、行业标准或国家标准、行业标准规定不具体，且需要在本行政区域内作出统一规定的工程建设技术要求，可制定相应的工程建设地方标准。工程建设地方标准在省、自治区、直辖市范围内由省、自治区、直辖市建设行政主管部门统一计划、统一审批、统一发布、统一管理。工程建设地方标准不得与国家标准和行业标准相抵触。对与国家标准或行业标准相抵触的工程建设地方标准的规定，应当自行废止。工程建设地方标准应报国务院建设行政主管部门备案。未经备案的工程建设地方标准，不得在建设活动中使用。工程建设地方标准中，对直接涉及人民生命财产安全、人体健康、环境保护和公共利益的条文，经国务院建设行政主管部门确定后，可作为强制性条文。在不违反国家标准和行业标准的前提下，工程建设地方标准可以独立实施。

工程建设企业标准一般包括企业的技术标准、管理标准和工作标准。企业技术标准是指对本企业范围内需要协调和统一的技术要求所制定的标准。对已有国家标准、行业标准或地方标准的，企业可以按照国家标准、行业标准或地方标准的规定执行，也可以根据本企业的技术特点和实际需要制定优于国家标准、行业标准或地方标准的企业标准；对没有国家标准、行业标准或地方标准的，企业应当制定企业标准。国家鼓励企业积极采用国际标准或国外先进标准。企业管理标准，是指对本企业范围内需要协调和统一的管理要求所制定的标准。如企业的组织管理、计划管理、技术管理、质量管理和财务管理等。企业工作标准，是指对本企业范围内需要协调和统一的工作事项要求所制定的标准。

标准、规范、规程均为标准的表现方式，习惯上统称为标准。当针对产品、方法、符号、概念等基础标准时，一般采用"标准"，如《施工企业安全生产评价标准》、《建筑施工安全检查标准》等；当针对工程勘察、规划、设计、施工等通用的技术事项作出规定时，一般采用"规范"，如《建筑施工扣件式钢管脚手架安全技术规范》、《建筑施工门式钢管脚手架安全技术规范》等；当针对操作、工艺、管理等专用技术要求时，一般采用"规程"，如《建筑施工塔式起重机安装拆除安全技术规程》、《建筑机械使用安全技术规程》等。

我国目前实行的强制性标准包含三部分：

（1）批准发布时已明确为强制性标准的；

（2）批准发布时虽未明确为强制性标准，但其编号中不带"/T"的，仍为强制性标准；

（3）自 2000 年后批准发布的标准，批准时虽未明确为强制性标准，但其中有必须严格执行的强制性条文（黑体字），编号也不带"/T"的，也应视为强制性标准。

2. 建筑施工安全标准化工作

《国务院关于进一步加强企业安全生产工作的通知》中规定，全面开展安全达标。深入开展以岗位达标、专业达标和企业达标为内容的安全生产标准化建设，凡在规定时间内未实现达标的企业要依法暂扣其生产许可证、安全生产许可证，责令停产整顿；对整改逾期未达标的，地方政府要依法予以关闭。

住房和城乡建设部《关于贯彻落实〈国务院关于进一步加强企业安全生产工作的通知〉的实施意见》（建质〔2010〕164 号）进一步规定，推进建筑施工安全标准化。企业要深入开展以施工现场安全防护标准化为主要内容的建筑施工安全标准化活动，提高施工安全管理精细化、规范化程度。要健全建筑施工安全标准化的各项内容和制度，从工程项目涉及的脚手架、模板工程、施工用电和建筑起重机械设备等主要环节入手，作出详细的规定和要求，并细化和量化相应的检查标准。对建筑施工安全标准化不达标，不具备安全生产条件的企业，要依法暂扣其安全生产许可证。

原建设部《关于开展建筑施工安全质量标准化工作的指导意见》（建质〔2005〕232号）中规定，通过在建筑施工企业及其施工现场推行标准化管理，实现企业市场行为的规范化、安全管理流程的程序化、场容场貌的秩序化和施工现场安全防护的标准化，促进企业建立运转有效的自我保障体系。

建筑施工企业的安全生产工作按照《施工企业安全生产评价标准》及有关规定进行评定。建筑施工企业的施工现场按照《建筑施工安全检查标准》及有关规定进行评定。

坚持"四个结合"，使安全质量标准化工作与安全生产各项工作同步实施、整体推进。一是要与深入贯彻建筑安全法律法规相结合。要建立健全安全生产责任制，健全完善各项规章制度和操作规程，将建筑施工企业的安全质量行为纳入法律化、制度化、标准化管理的轨道。二是要与改善农民工作业、生活环境相结合。牢固树立"以人为本"的理念，将安全质量标准化工作转化为企业和项目管理人员的管理方式和管理行为，逐步改善农民工的生产作业、生活环境，不断增强农民工的安全生产意识。三是要与加大对安全科技创新和安全技术改造的投入相结合，把安全生产真正建立在依靠科技进步的基础之上。要积极性广应用先进的安全科学技术，在施工中积极采用新技术、新设备、新工艺和新材料，逐步淘汰落后的、危及安全的设施、设备和施工技术。四是要与提高农民工职业技能素质相结合。引导企业加强对农民工的安全技术知识培训，提高建筑业从业人员的整体素质，加强对作业人员特别是班组长等业务骨干的培训，通过知识讲座、技术比武、岗位练兵等多种形式，把对从业人员的职业技能、职业素养、行为规范等要求贯穿于标准化的全过程，促使农民工向现代产业工人过渡。

1.6.2　脚手架安全技术规范的要求

脚手架安全技术规范主要有《建筑施工工具式脚手架安全技术规范》JGJ 202—2010、《建筑施工门式钢管脚手架安全技术规范》JGJ 128—2010、《建筑施工扣件式钢管脚手架安全技术规范》JGJ 130—2011、《建筑施工碗扣式脚手架安全技术规范》JGJ 166—2008、《液压升降整体脚手架安全技术规程》JGJ 183—2009、《建筑施工承插型盘扣式钢管支架安全技术规程》JGJ 231—2010、《建筑施工木脚手架安全技术规范》JGJ 164—2008 等。

1. 建筑施工工具式脚手架安全技术规范

工具式脚手架，是指为操作人员搭设或设立作业场所或平台，其主要架体构件为工厂制作的专用的钢结构产品，在现场按特定的程序组装后，附着在建筑物上自行或利用机械设备，沿建筑物可整体或部分升降的脚手架。

《建筑施工工具式脚手架安全技术规范》JGJ 202--2010 规定，本规范适用于建筑施工中使用的工具式脚手架，包括附着式升降脚手架、高处作业吊篮、外挂防护架的设计、制作、安装、拆除、使用及安全管理。

工具式脚手架安装前，应根据工程结构、施工环境等特点编制专项施工方案，并应经总承包单位技术负责人审批、项目总监理工程师审核后实施。

总承包单位必须将工具式脚手架专业工程发包给具有相应资质等级的专业队伍，并应签订专业承包合同，明确总包、分包或租赁等各方的安全生产责任。工具式脚手架专业施工单位应设置专业技术人员、安全管理人员及相应的特种作业人员。特种作业人员应经专门培训，并应经建设行政主管部门考核合格，取得特种作业操作资格证书后，方可上岗作业。

施工现场使用工具式脚手架应由总承包单位统一监督，并应符合下列规定：安装、升降、使用、拆除等作业前，应向有关作业人员进行安全教育，并应监督对作业人员的安全技术交底；应对专业承包人员的配备和特种作业人员的资格进行审查；安装、升降、拆卸等作业时，应派专人进行监督；应组织工具式脚手架的检查验收；应定期对工具式脚手架使用情况进行安全巡检。

临街搭设时，外侧应有防止坠物伤人的防护措施。安装、拆除时，在地面应设围栏和警戒标志，并应派专人看守，非操作人员不得入内。

在工具式脚手架使用期间，不得拆除下列杆件：架体上的杆件；与建筑物连接的各类杆件（如连墙件、附墙支座）等。作业层上的施工荷载应符合设计要求，不得超载。不得将模板支架、缆风绳、泵送混凝土和砂浆的输送管等固定在架体上；不得用其悬挂起重设备。遇 5 级以上大风和雨天，不得提升或下降工具式脚手架。

当施工中发现工具式脚手架故障和存在安全隐患时，应及时排除，对可能危及人身安全时，应停止作业。应由专业人员进行整改。整改后的工具式脚手架应重新进行验收检查，合格后方可使用。工具式脚手架作业人员在施工过程中应戴安全帽、系安全带、穿防滑鞋，酒后不得上岗作业。

（1）附着式升降脚手架

附着式升降脚手架，是指仅需搭设一定高度并附着于工程结构上，依靠自身的升降设备和装置，可随工程结构施工逐层爬升，具有防倾覆、防坠落装置，并能实现下降作业的外脚手架。整体式附着升降脚手架，是指有三个以上提升装置的连跨升降的附着式升降脚手架。单跨式附着升降脚手架，是指仅有两个提升装置并独自升降的附着升降脚手架。

附着式升降脚手架可采用手动、电动或液压三种升降形式，并应符合下列规定：

1）单跨架体升降时，可采用手动、电动或液压；

2）当两跨以上的架体同时整体升降时，应采用电动或液压设备。

附着式升降脚手架的升降操作应符合下列规定：

1）升降作业程序和操作规程；

2）操作人员不得停留在架体上；

3）升降过程中不得有施工荷载；

4）所有妨碍升降的障碍物应已拆除；

5）所有影响升降作业的约束应已拆开；

6）各相邻提升点间的高差不得大于 30mm，整体架最大升降差不得大于 80mm。

升降过程中应实行统一指挥、统一指令。升降指令应由总指挥一人下达；当有异常情况出现时，任何人均可立即发出停止指令。架体升降到位后，应及时按使用状况要求进行附着固定；在没有完成架体固定工作前，施工人员不得擅自离岗或下班。

附着式升降脚手架应按设计性能指标进行使用，不得随意扩大使用范围；架体上的施工荷载应符合设计规定，不得超载，不得放置影响局部杆件安全的集中荷载。附着式升降脚手架在使用过程中不得进行下列作业：

1）用架体吊运物料；

2）在架体上拉结吊装缆绳（或缆索）；

3）在架体上推车；

4）任意拆除结构件或松动连接件；

5）拆除或移动架体上的安全防护设施；

6）利用架体支撑模板或卸料平台；

7）其他影响架体安全的作业。

当附着式升降脚手架停用超过 3 个月时，应提前采取加固措施。当附着式升降脚手架停用超过 1 个月或遇 6 级及以上大风后复工时，应进行检查，确认合格后方可使用。螺栓连接件、升降设备、防倾装置、防坠落装置、电控设备、同步控制装置等应每月进行维护保养。

附着式升降脚手架的拆除工作应按专项施工方案及安全操作规程的有关要求进行。应对拆除作业人员进行安全技术交底。拆除时应有可靠的防止人员与物料坠落的措施，拆除的材料及设备不得抛掷。拆除作业应在白天进行。遇 5 级及以上大风和大雨、大雪、浓雾和雷雨等恶劣天气时，不得进行拆除作业。

（2）高处作业吊篮

高处作业吊篮，是指悬挑机构架设于建筑物或构筑物上，利用提升机构驱动悬吊平台通过钢丝绳沿建筑物或构筑物立面上下运行的施工设施，也是为操作人员设置的作业平台。

高处作业吊篮应由悬挂机构、吊篮平台、提升机构、防坠落机构、电气控制系统、钢丝绳和配套附件、连接件组成。吊篮平台应能通过提升机构沿动力钢丝绳升降。吊篮悬挂机构前后支架的间距，应能随建筑物外形变化进行调整。安装作业前，应划定安全区域并应排除作业障碍。

在建筑物屋面上进行悬挂机构的组装时，作业人员应与屋面边缘保持 2m 以上的距离。组装场地狭小时应采取防坠落措施。悬挂机构前支架严禁支撑在女儿墙上、女儿墙外或建筑物挑檐边缘。配重件应稳定可靠地安放在配重架上，并应有防止随意移动的措施。严禁使用破损的配重件或其他替代物。配重件的重量应符合设计规定。安装时钢丝绳应沿建筑物立面缓慢下放至地面，不得抛掷。

安装任何形式的悬挑结构，其施加于建筑物或构筑物支承处的作用力，均应符合建筑结构的承载能力，不得对建筑物和其他设施造成破坏和不良影响。高处作业吊篮安装和使用时，在 10m 范围内如有高压输电线路，应按照现行行业标准《施工现场临时用电安全技术规范》JGJ 46—2005 的规定，采取隔离措施。

高处作业吊篮应设置作业人员专用的挂设安全带的安全绳及安全锁扣。安全绳应固定在建筑物可靠位置上不得与吊篮上任何部位有连接，并应符合下列规定：

1）安全绳应符合现行国家标准《安全带》GB 6095—2009 的要求，其直径应与安全锁扣的规格相一致；

2）安全绳不得有松散、断股、打结现象；

3）安全锁扣的配件应完好、齐全，规格和方向标识应清晰可辨。吊篮宜安装防护棚，防止高处坠物造成作业人员伤害。吊篮应安装上限位装置，宜安装下限位装置。

使用吊篮作业时，应排除影响吊篮正常运行的障碍。在吊篮下方可能造成坠落物伤害的范围，应设置安全隔离区和警告标志，人员或车辆不得停留、通行。在吊篮内从事安装、维修等作业时，操作人员应佩戴工具袋。不得将吊篮作为垂直运输设备，不得采用吊篮运送物料。

吊篮内的作业人员不应超过2个。吊篮正常工作时，人员应从地面进入吊篮内，不得从建筑物顶部、窗口等处或其他孔洞处出入吊篮。在吊篮内的作业人员应佩戴安全帽，系安全带，并应将安全锁扣正确挂置在独立设置的安全绳上。吊篮平台内应保持荷载均衡，不得超载运行。吊篮做升降运行时，工作平台两端高差不得超过150mm。在吊篮内进行电焊作业时，应对吊篮设备、钢丝绳、电缆采取保护措施，不得将电焊机放置在吊篮内。电焊缆线不得与吊篮任何部位接触，电焊钳不得搭挂在吊篮上。

当吊篮施工遇有雨雪、大雾、风沙及5级以上大风等恶劣天气时，应停止作业，并应将吊篮平台停放至地面，应对钢丝绳、电缆进行绑扎固定。下班后不得将吊篮停留在半空中，应将吊篮放至地面。人员离开吊篮、进行吊篮维修或每日收工后应将主电源切断，并应将电气柜中各开关置于断开位置并加锁。

高处作业吊篮拆除时应按照专项施工方案，并应在专业人员的指挥下实施。拆除前应将吊篮平台下落至地面，并应将钢丝绳从提升机、安全锁中退出，切断总电源。拆除支承悬挂机构时，应对作业人员和设备采取相应的安全措施。拆卸分解后的构配件不得放置在建筑物边缘，应采取防止坠落的措施。零散物品应放置在容器中。不得将吊篮任何部件从屋顶处抛下。

（3）外挂防护架

外挂防护架，是指用于建筑主体施工时临边防护而分片设置的外防护架。每片防护架由架体、两套钢结构构件及预埋件组成。在使用过程中，利用起重设备为提升动力，每次向上提升一层并固定，建筑主体施工完毕后，用起重设备将防护架吊至地面并拆除。

安装防护架时，应先搭设操作平台。防护架应配合施工进度搭设，一次搭设的高度不应超过相邻连墙件以上两个步距。每搭完一步架后，应校正步距、纵距、横距及立杆的垂直度，确认合格后方可进行下道工序。

提升防护架的起重设备能力应满足要求，公称起重力矩值不得小于400kN·m，其额定起升重量的90%应大于架体重量。提升钢丝绳的长度应能保证提升平稳。提升速度不得大于3.5m/min。

在防护架从准备提升到提升到位交付使用前，除操作人员以外的其他人员不得从事临边防护等作业。操作人员应佩戴安全带。当防护架提升、下降时，操作人员必须站在建筑物内或相邻的架体上，严禁站在防护架上操作；架体安装完毕前，严禁上人。防护架在提升时，必须按照"提升一片、固定一片、封闭一片"的原则进行，严禁提前拆除两片以上的架体、分片处的连接杆、立面及底部封闭设施。

拆除防护架时，应符合下列规定：

1）应采用起重机械把防护架吊运到地面进行拆除；

2）拆除的构配件应按品种、规格随时码堆存放，不得抛掷。

2. 建筑施工门式钢管脚手架安全技术规范

门式钢管脚手架，是指以门架、交叉支撑、连接棒、挂扣式脚手板、锁臂、底座等组成基本结构，再以水平加固杆、剪刀撑、扫地杆加固，并采用连墙件与建筑物主体结构相连的一种定型化钢管脚手架。

《建筑施工门式钢管脚手架安全技术规范》JGJ 128—2010规定，本规范适用于房屋建筑与市政工程施工中采用门式钢管脚手架搭设的落地式脚手架、悬挑脚手架、满堂脚手架与模板支架的设计、施工和使用。

搭拆门式脚手架或模板支架应由专业架子工担任，并应按住房和城乡建设部特种作业人员考核管理规定考核合格，持证上岗。上岗人员应定期进行体检，凡不适合登高作业者，不得上架操作。搭拆架体时，施工作业层应铺设脚手板，操作人员应站在临时设置的脚手板上进行作业，并应按规定使用安全防护用品，穿防滑鞋。

门式脚手架与模板支架作业层上严禁超载。严禁将模板支架、缆风绳、混凝土泵管、卸料平台等固定在门式脚手架上。六级及以上大风天气应停止架上作业；雨、雪、雾天应停止脚手架的搭拆作业；雨、雪、霜后上架作业应采取有效的防滑措施，并应扫除积雪。

门式脚手架与模板支架在使用期间，当预见可能有强风天气所产生的风压值超出设计的基本风压值时，对架体应采取临时加固措施。

在门式脚手架使用期间，脚手架基础附近严禁进行挖掘作业。满堂脚手架与模板支架的交叉支撑和加固杆，在施工期间禁止拆除。门式脚手架在使用期间，不应拆除加固杆、连墙件、转角处连接杆、通道口斜撑杆等加固杆件。当施工需要，脚手架的交叉支撑可在门架一侧局部临时拆除，但在该门架单元上下应设置水平加固杆或挂扣式脚手板，在施工完成后应立即恢复安装交叉支撑。应避免装卸物料对门式脚手架或模板支架产生偏心、振动和冲击荷载。

门式脚手架外侧应设置密目式安全网，网间应严密，防止坠物伤人。门式脚手架与架空输电线路的安全距离、工地临时用电线路架设及脚手架接地、防雷措施，应按现行行业标准《施工现场临时用电安全技术规范》JGJ 46—2005 的有关规定执行。在门式脚手架或模板支架上进行电、气焊作业时，必须有防火措施和专人看护。不得攀爬门式脚手架。

搭拆门式脚手架或模板支架作业时，必须设置警戒线、警戒标志，并应派专人看守，严禁非作业人员入内。对门式脚手架与模板支架应进行日常性的检查和维护，架体上的建筑垃圾或杂物应及时清理。

3. 建筑施工扣件式钢管脚手架安全技术规范

扣件式钢管脚手架，是指为建筑施工而搭设的、承受荷载由扣件和钢管等构成的脚手架与支撑架。扣件是指采用螺栓紧固的扣接连接件，包括直角扣件、旋转扣件、对接扣件。

《建筑施工扣件式钢管脚手架安全技术规范》JGJ 130—2011 规定，本规范适用于房屋建筑工程和市政工程等施工用落地式单、双排扣件式钢管脚手架、满堂扣件式钢管脚手架、型钢悬挑扣件式钢管脚手架、满堂扣件式钢管支撑架的设计、施工及验收。

扣件式钢管脚手架安装与拆除人员必须是经考核合格的专业架子工。架子工应持证上岗。搭拆脚手架人员必须戴安全帽、系安全带、穿防滑鞋。脚手架的构配件质量与搭设质量，应按本规范的规定进行检查验收，并应确认合格后使用。钢管上严禁打孔。

单、双排脚手架必须配合施工进度搭设，一次搭设高度不应超过相邻连墙件以上两步；如果超过相邻连墙件以上两步，无法设置连墙件时，应采取撑拉固定等措施与建筑结构拉结。每搭完一步脚手架后，应按规范的规定校正步距、纵距、横距及立杆的垂直度。脚手板应铺设牢靠、严实，并应用安全网双层兜底。施工层以下每隔10m应用安全网封闭。单、双排脚手架、悬挑式脚手架沿架体外围应用密目式安全网全封闭，密目式安全网宜设置在脚手架外立杆的内侧，并应与架体绑扎牢固。满堂脚手架与满堂支撑架在安装过程中，应采取防倾覆的临时固定措施。临街搭设脚手架时，外侧应有防止坠物伤人的防护措施。

作业层上的施工荷载应符合设计要求，不得超载。不得将模板支架、缆风绳、泵送混凝土和砂浆的输送管等固定在架体上；严禁悬挂起重设备，严禁拆除或移动架体上安全防护设施。满堂支撑架在使用过程中，应设有专人监护施工，当出现异常情况时，应立即停止施工，并应迅速撤离作业面上人员。应在采取确保安全的措施后，查明原因，做出判断和处理。满堂支撑架顶部的实际荷载不得超过设计规定。

在脚手架使用期间，严禁拆除下列杆件：

（1）主节点处的纵、横向水平杆，纵、横向扫地杆；

（2）连墙件。

当在脚手架使用过程中开挖脚手架基础下的设备基础或管沟时，必须对脚手架采取加固措施。在脚手架上进行电、气焊作业时，应有防火措施和专人看守。工地临时用电线路的架设及脚手架接地、避雷措施等，应按现行行业标准《施工现场临时用电安全技术规范》JGJ 46—2005 的有关规定执行。

单、双排脚手架拆除作业必须由上而下逐层进行，严禁上下同时作业；连墙件必须随脚手架逐层拆除，严禁先将连墙件整层或数层拆除后再拆脚手架；分段拆除高差大于两步时，应增设连墙件加固。架体拆除作业应设专人指挥，当有多人同时操作时，应明确分工、统一行动，且应具有足够的操作面。卸料时各构配件严禁抛掷至地面。

当有六级强风及以上风、浓雾、雨或雪天气时应停止脚手架搭设与拆除作业。雨、雪后上架作业应有防滑措施，并应扫除积雪。夜间不宜进行脚手架搭设与拆除作业。搭拆脚手架时，地面应设围栏和警戒标志，并应派专人看守，严禁非操作人员入内。

4. 建筑施工碗扣式脚手架安全技术规范

碗扣式钢管脚手架，是指采用碗扣方式连接的钢管脚手架和模板支撑架。

《建筑施工碗扣式脚手架安全技术规范》JGJ 166—2008 规定，本规范适用于房屋建筑、道路、桥梁、水坝等土木工程施工中的碗扣式钢管脚手架（双排脚手架及模板支撑架）的设计、施工、验收和使用。

双排脚手架首层立杆应采用不同的长度交错布置，底层纵、横向横杆作为扫地杆距地面高度应小于或等于 350mm，严禁施工中拆除扫地杆，立杆应配置可调底座或固定底座。双排脚手架专用外斜杆设置应符合下列规定：

（1）斜杆应设置在有纵、横向横杆的碗扣节点上；

（2）在封圈的脚手架拐角处及一字形脚手架端部应设置竖向通高斜杆；

（3）当脚手架高度小于或等于 24m 时，每隔 5 跨应设置一组竖向通高斜杆，当脚手架高度大于 24m 时，每隔 3 跨应设置一组竖向通高斜杆，斜杆应对称设置；

（4）当斜杆临时拆除时，拆除前应在相邻立杆间设置相同数量的斜杆。

连墙件的设置应符合下列规定：

（1）连墙件应呈水平设置，当不能呈水平设置时，与脚手架连接的一端应下斜连接；

（2）每层连墙件应在同一平面，其位置应由建筑结构和风荷载计算确定，且水平间距不应大于 4.5m；

（3）连墙件应设置在有横向横杆的碗扣节点处，当采用钢管扣件做连墙件时，连墙件应与立杆连接，连接点距碗扣节点距离不应大于150mm；

（4）连墙件应采用可承受拉、压荷载的刚性结构，连接应牢固可靠。当脚手架高度大于24m时，顶部24m以下所有的连墙件层必须设置水平斜杆，水平斜杆应设置在纵向横杆之下。

脚手板设置应符合下列规定：

（1）工具式钢脚手板必须有挂钩，并带有自锁装置与廊道横杆锁紧，严禁浮放；

（2）冲压钢脚手板、木脚手板、竹串片脚手板，两端应与横杆绑牢，作业层相邻两根廊道横杆间应加设间横杆，脚手板探头长度应小于或等于150mm。人行通道坡度宜小于或等于1:3，并应在通道脚手板下增设横杆，通道可折线上升。

脚手架内立杆与建筑物距离应小于或等于150mm；当脚手架内立杆与建筑物距离大于150mm时，应按需要分别选用窄挑梁或宽挑梁设置作业平台。挑梁应单层挑出，严禁增加层数。

模板支撑架应根据所承受的荷载选择立杆的间距和步距，底层纵、横向水平杆作为扫地杆，距地面高度应小于或等于350mm，立杆底部应设置可调底座或固定底座；立杆上端包括可调螺杆伸出顶层水平杆的长度不得大于0.7m。

模板支撑架斜杆设置应符合下列要求：

（1）当立杆间距大于1.5m时，应在拐角处设置通高专用斜杆，中间每排每列应设置通高八字形斜杆或剪刀撑。

（2）当立杆间距小于或等于1.5m时，模板支撑架四周从底到顶连续设置竖向剪刀撑；中间纵、横间由底至顶连续设置竖向剪刀撑，其间距应小于或等于4.5m。

（3）剪刀撑的斜杆与地面夹角应在45°~60°之间，斜杆应每步与立杆扣接。

当模板支撑架高度大于4.8m时，顶端和底部必须设置水平剪刀撑，中间水平剪刀撑设置间距应小于或等于4.8m。当模板支撑架周围有主体结构时，应设置连墙件。模板支撑架高宽比应小于或等于2；当高宽比大于2时可采取扩大下部架体尺寸或采取其他构造措施。模板下方应放置次楞（梁）与主楞（梁），次楞（梁）与主楞（梁）应按受弯杆件设计计算。支架立杆上端应采用U形托撑，支撑应在主楞（梁）底部。

当双排脚手架设置门洞时，应在门洞上部架设专用梁，门洞两侧立杆应加设斜杆。模板支撑架设置人行通道时，应符合下列规定：

（1）通道上部应架设专用横梁，横梁结构应经过设计计算确定；

（2）横梁下的立杆应加密，并应与架体连接牢固；

（3）通道宽度应小于或等于4.8m；

（4）门洞及通道顶部必须采用木板或其他硬质材料全封闭，两侧应设置安全网；

（5）通行机动车的洞口，必须设置防撞击设施。

双排脚手架及模板支撑架施工前必须编制专项施工方案，并经批准后，方可实施。双排脚手架搭设前，施工管理人员应按双排脚手架专项施工方案的要求对操作人员进行技术交底。对进入现场的脚手架构配件，使用前应对其质量进行复检。对经检验合格的构配件应按品种、规格分类放置在堆料区内或码放在专用架上，清点好数量备用；堆放场地排水应畅通，不得有积水。当连墙件采用预埋方式时，应提前与相关部门协商，按设计要求预埋。脚手架搭设场地必须平整、坚实、有排水措施。

脚手架基础必须按专项施工方案进行施工，按基础承载力要求进行验收。当地基高低差较大时，可利用立杆 0.6m 节点位差进行调整。土层地基上的立杆应采用可调底座和垫板。双排脚手架立杆基础验收合格后，应按专项施工方案的设计进行放线定位。

双排脚手架搭设，底座和垫板应准确地放置在定位线上；垫板宜采用长度不少于立杆两跨、厚度不小于 50mm 的木板；底座的轴心线应与地面垂直。双排脚手架搭设应按立杆、横杆、斜杆、连墙件的顺序逐层搭设，底层水平框架的纵向直线度偏差应小于 1/200 架体长度；横杆间水平度偏差应小于 1/400 架体长度。双排脚手架的搭设应分阶段进行，每段搭设后必须经检查验收合格后，方可投入使用。双排脚手架的搭设应与建筑物的施工同步上升，并应高于作业面 1.5m。

当双排脚手架高度 H 小于或等于 30m 时，垂直度偏差应小于或等于 $H/500$；当高度 H 大于 30m 时，垂直度偏差应小于或等于 $H/1000$。当双排脚手架内外侧加挑梁时，在一跨挑梁范围内不得超过一名施工人员操作，严禁堆放物料。连墙件必须随双排脚手架升高及时在规定的位置处设置，严禁任意拆除。作业层设置应符合下列规定：

（1）脚手板必须铺满、铺实，外侧应设 180mm 挡脚板及 1200mm 高两道防护栏杆；

（2）防护栏杆应在立杆 0.6m 和 1.2m 的碗扣接头处搭设两道；

（3）作业层下部的水平安全网设置应符合国家现行标准《建筑施工安全检查标准》JGJ 59—2011 的规定。

当采用钢管扣件作加固件、连接件、斜撑时，应符合国家现行标准《建筑施工扣件式钢管脚手架安全技术规范》JGJ 130—2011 的有关规定。

双排脚手架拆除时，必须按专项施工方案，在专人统一指挥下进行。拆除作业前，施工管理人员应对操作人员进行安全技术交底。双排脚手架拆除时必须划出安全区，并设置警戒标志，派专人看守。拆除前应清理脚手架上的器具及多余的材料和杂物。拆除作业应从顶层开始，逐层向下进行，严禁上下层同时拆除。连墙件必须在双排脚手架拆到层时方可拆除，严禁提前拆除。拆除的构配件应采用起重设备吊运或人工传递到地面。严禁抛掷。当双排脚手架采取分段、分立面拆除时，必须事先确定分界处的技术处理方案。拆除的构配件应分类堆放，以便于运输、维护和保管。

模板支撑架的搭设应按专项施工方案，在专人指挥下，统一进行。应按施工方案弹线定位，放置底座后应分别按先立杆后横杆再斜杆的顺序搭设。在多层楼板上连续设置模板支撑架时，应保证上下层支撑立杆在同一轴线上。模板支撑架拆除应符合现行国家标准《混凝土结构工程施工质量验收规范》GB 50204—2015 中混凝土强度的有关规定。架体拆除应按施工方案设计的顺序进行。模板支撑架浇筑混凝土时，应由专人全过程监督。

双排脚手架搭设应重点检查下列内容：

（1）保证架体几何不变性的斜杆、连墙件等设置情况；

（2）基础的沉降，立杆底座与基础面的接触情况；

（3）上碗扣锁紧情况；

（4）立杆连接销的安装、斜杆扣接点、扣件拧紧程度。

双排脚手架搭设质量应按下列情况进行检验：

（1）首段高度达到 6m 时，应进行检查与验收；

（2）架体随施工进度升高应按结构层进行检查；

（3）架体高度大于24m时，在24m处或在设计高度$H/2$处及达到设计高度后，进行全面检查与验收；

（4）遇6级及以上大风、大雨、大雪后施工前检查；

（5）停工超过一个月恢复使用前。

双排脚手架搭设过程中，应随时进行检查，及时解决存在的结构缺陷。

双排脚手架验收时，应具备下列技术文件：

（1）专项施工方案及变更文件；

（2）安全技术交底文件；

（3）周转使用的脚手架构配件使用前的复验合格记录；

（4）搭设的施工记录和质量安全检查记录。

作业层上的施工荷载应符合设计要求，不得超载，不得在脚手架上集中堆放模板、钢筋等物料。混凝土输送管、布料杆、缆风绳等不得固定在脚手架上。遇6级及以上大风、雨雪、大雾天气时，应停止脚手架的搭设与拆除作业，脚手架使用期间，严禁擅自拆除架体结构杆件；如需拆除必须经修改施工方案并报请原方案审批人批准，确定补救措施后方可实施。严禁在脚手架基础及邻近处进行挖掘作业。脚手架应与输电线路保持安全距离，施工现场临时用电线路架设及脚手架接地防雷措施等应按国家现行标准《施工现场临时用电安全技术规范》JGJ 46—2005的有关规定执行。

搭设脚手架人员必须持证上岗。上岗人员应定期体检，合格者方可持证上岗。搭设脚手架人员必须戴安全帽、系安全带、穿防滑鞋。

5. 液压升降整体脚手架安全技术规程

液压升降整体脚手架，是指依靠液压升降装置，附着在建（构）筑物上，实现整体升降的脚手架。

《液压升降整体脚手架安全技术规程》JGJ 183—2009规定，本规程适用于高层、超高层建（构）筑物不带外模板的千斤顶式或油缸式液压升降整体脚手架的设计、制作、安装、检验、使用、拆除和管理。

液压升降整体脚手架架体及附着支承结构的强度、刚度和稳定性必须符合设计要求，防坠落装置必须灵敏、制动可靠，防倾覆装置必须稳固、安全可靠。安装和操作人员应经过专业培训合格后持证上岗，作业前应接受安全技术交底。

液压升降整体脚手架不得与物料平台相连接。当架体遇到塔吊、施工电梯、物料平台等需断开或开洞时，断开处应加设栏杆并封闭，开口处应有可靠的防止人员及物料坠落的措施。安全防护措施应符合下列要求：

（1）架体外侧必须采用密目式安全立网（≥2000目/100cm²）围挡，密目式安全立网必须可靠固定在架体上；

（2）架体底层的脚手板除应铺设严密外，还应具有可翻起的翻板构造；

（3）工作脚手架外侧应设置防护栏杆和挡脚板，挡脚板的高度不应小于180mm，顶层防护栏杆高度不应小于1.5m；

（4）工作脚手架应设置固定牢靠的脚手板，其与结构之间的间距应符合国家现行标准《建筑施工扣件式钢管脚手架安全技术规范》JGJ 130—2011的相关规定。

液压升降整体脚手架的每个机位必须设置防坠落装置。防坠落装置的制动距离不得大于 80mm。防坠落装置应设置在竖向主框架或附着支承结构上。防坠落装置使用完一个单体工程或停止使用 6 个月后，应经检验合格后方可再次使用。防坠落装置受力杆件与建筑结构必须可靠连接。

液压升降整体脚手架在升降工况下，竖向主框架位置的最上附着支承和最下附着支承之间的最小间距不得小于 2.8m 或 1/4 架体高度；在使用工况下，竖向主框架位置的最上附着支承和最下附着支承之间的最小间距不得小于 5.6m 或 1/2 架体高度。

技术人员和专业操作人员应熟练掌握液压升降整体脚手架的技术性能及安全要求。遇到雷雨、6 级及以上大风、大雾、大雪天气时，必须停止施工。架体上人员应对设备、工具、零散材料、可移动的铺板等进行整理、固定，并应做好防护，全部人员撤离后应立即切断电源。液压升降整体脚手架施工区域内应有防雷设施，并应设置相应的消防设施。

液压升降整体脚手架安装、升降、拆除过程中，应统一指挥，在操作区域应设置安全警戒。升降过程中作业人员必须撤离工作脚手架。

液压升降整体脚手架应由有资质的安装单位施工。安装单位应核对脚手架搭设构（配）件、设备及周转材料的数量、规格，查验产品质量合格证、材质检验报告等文件资料。应核实预留螺栓孔或预埋件的位置和尺寸。应查验竖向主框架、水平支承、附着支承、液压升降装置、液压控制台、油管、各液压元件、防坠落装置、防倾覆装置、导向部件的数量和质量。应设置安装平台，安装平台应能承受安装时的垂直荷载。高度偏差应小于 20mm；水平支承底平面高差应小于 20mm。架体的垂直度偏差应小于架体全高的 0.5%，且不应大于 60mm。

安装过程中竖向主框架与建筑结构间应采取可靠的临时固定措施，确保竖向主框架的稳定。架体底部应铺设脚手板，脚手板与墙体间隙不应大于 50mm，操作层脚手板应满铺牢固，孔洞直径宜小于 25mm。剪刀撑斜杆与地面的夹角应为 45°～60°。

每个竖向主框架所覆盖的每一楼层处应设置一道附着支承及防倾覆装置。防坠落装置应设置在竖向主框架处，防坠吊杆应附着在建筑结构上，且必须与建筑结构可靠连接。每一升降点应设置一个防坠落装置，在使用和升降工况下应能起作用。架体的外侧防护应采用安全密目网，安全密目网应布设在外立杆内侧。

在液压升降整体脚手架升降过程中，应设立统一指挥，统一信号。参与的作业人员必须服从指挥，确保安全。升降时应进行检查，并应符合下列要求：

（1）液压控制台的压力表、指示灯、同步控制系统的工作情况应无异常现象；

（2）各个机位建筑结构受力点的混凝土墙体或预埋件应无异常变化；

（3）各个机位的竖向主框架、水平支承结构、附着支承结构、导向与防倾覆装置、受力构件应无异常现象；

（4）各个防坠落装置的开启情况和失力锁紧工作应正常。

当发现异常现象时，应停止升降工作，查明原因、隐患排除后方可继续进行升降工作

在使用过程中严禁下列违章作业：

（1）架体上超载、集中堆载；

（2）利用架体作为吊装点和张拉点；

（3）利用架体作为施工外模板的支模架；

（4）拆除安全防护设施和消防设施；

（5）构件碰撞或扯动架体；

（6）其他影响架体安全的违章作业。

施工作业时，应有足够的照度。作业期间，应每天清理架体、设备、构配件上的混凝土、尘土和建筑垃圾。每完成一个单体工程，应对液压升降整体脚手架部件、液压升降装置、控制设备、防坠落装置等进行保养和维修。

液压升降整体脚手架的部件及装置，出现下列情况之一时，应予以报废：

（1）焊接结构件严重变形或严重锈蚀；

（2）螺栓发生严重变形、严重磨损、严重锈蚀；

（3）液压升降装置主要部件损坏；

（4）防坠落装置的部件发生明显变形。

液压升降整体脚手架的拆除工作应按专项施工方案执行，并应对拆除人员进行安全技术交底。液压升降整体脚手架的拆除工作宜在低空进行。拆除后的材料应随拆随运，分类堆放，严禁抛掷。

6. 建筑施工承插型盘扣式钢管支架安全技术规程

承插型盘扣式钢管支架，是指立杆采用套管承插连接，水平杆和斜杆采用杆端扣接头卡入连接盘，用楔形插销连接，形成结构几何不变体系的钢管支架。承插型盘扣式钢管支架由立杆、水平杆、斜杆、可调底座及可调托座等构配件构成。根据其用途可分为模板支架和脚手架两类。

《建筑施工承插型盘扣式钢管支架安全技术规程》JGJ 231—2010 规定，本规程适用于建筑工程和市政工程等施工中采用承插型盘扣式钢管支架搭设的模板支架和脚手架的设计、施工、验收和使用。承插型盘扣式钢管双排脚手架高度在 24m 以下时，可按本规程的构造要求搭设；模板支架和高度超过 24m 的双排脚手架应按本规程的规定对其结构构件及立杆地基承载力进行设计计算，并应根据本规程规定编制专项施工方案。

模板支架及脚手架施工前应根据施工对象情况、地基承载力、搭设高度，按本规程的基本要求编制专项施工方案，并应经审核批准后实施。搭设操作人员必须经过专业技术培训和专业考试合格后，持证上岗。模板支架及脚手架搭设前，施工管理人员应按专项施工方案的要求对操作人员进行技术和安全作业交底。

进入施工现场的钢管支架及构配件质量应在使用前进行复检。经验收合格的构配件应按品种、规格分类码放，并应标挂数量规格铭牌备用。构配件堆放场地应排水畅通、无积水。当采用预埋方式设置脚手架连墙件时，应提前与相关部门协商，并应按设计要求预埋。模板支架及脚手架搭设场地必须平整、坚实、有排水措施。

专项施工方案应包括下列内容：

（1）工程概况、设计依据、搭设条件、搭设方案设计；

（2）搭设施工图，包括下列内容：①架体的平面、立面、剖面图和节点构造详图。②脚手架连墙件的布置及构造图。③脚手架转角、门洞口的构造图。④脚手架斜梯布置及构造图、结构设计方案；

（3）基础做法及要求；

（4）架体搭设及拆除的程序和方法；

（5）季节性施工措施；

（6）质量保证措施；

（7）架体搭设、使用、拆除的安全措施；

（8）设计计算书；

（9）应急预案。

模板支架与脚手架基础应按专项施工方案进行施工，并应按基础承载力要求进行验收。土层地基上的立杆应采用可调底座和垫板，垫板的长度不宜少于两跨。当地基高差较大时，可利用立杆0.5m节点位差配合可调底座进行调整。模板支架及脚手架应在地基基础验收合格后搭设。

模板支架立杆搭设位置应按专项施工方案放线确定。模板支架搭设应根据立杆放置可调底座，应按先立杆后水平杆再斜杆的顺序搭设，形成基本的架体单元，应以此扩展搭设成整体支架体系。可调底座和土层基础上垫板应准确放置在定位线上，保持水平。垫板应平整、无翘曲，不得采用已开裂垫板。立杆应通过立杆连接套管连接，在同一水平高度内相邻立杆连接套管接头的位置宜错开，且错开高度不宜小于75mm。模板支架高度大于8m时，错开高度不宜小于500mm。水平杆扣接头与连接盘的插销应用铁锤击紧至规定插入深度的刻度线。

每搭完一步支模架后，应及时校正水平杆步距，立杆的纵、横距，立杆的垂直偏差和水平杆的水平偏差。在多层楼板上连续设置模板支架时，应保证上下层支撑立杆在同一轴线上。混凝土浇筑前施工管理人员应组织对搭设的支架进行验收，并应确认符合专项施工方案要求后浇筑混凝土。

拆除作业应按先搭后拆、后搭先拆的原则，从顶层开始，逐层向下进行，严禁上下层同时拆除，严禁抛掷。分段、分立面拆除时，应确定分界处的技术处理方案，并应保证分段后架体稳定。

双排外脚手架立杆应定位准确，并应配合施工进度搭设，一次搭设高度不应超过相邻连墙件以上两步。连墙件应随脚手架高度上升在规定位置处设置，不得任意拆除。作业层设置应符合下列要求：

（1）应满铺脚手脚；

（2）外侧应设挡脚板和防护栏杆，防护栏杆可在每层作业面立杆的0.5m和1.0m的盘扣节点处布置上、中两道水平杆，并应在外侧挂满密目安全网；

（3）作业层与主体结构间的空隙应设置内侧防护网。当脚手架搭设至顶层时，外侧防护栏杆高出顶层作业层的高度不应小于1500mm。脚手架拆除应按后装先拆、先装后拆的原则进行，严禁上下同时作业。连墙件应随脚手架逐层拆除，分段拆除的高度差不应大于两步。如因作业条件限制，出现高度差大于两步时，应增设连墙件加固。

对进入现场的钢管支架构配件的检查与验收应符合下列规定：

（1）应有钢管支架产品标识及产品质量合格证；

（2）应有钢管支架产品主要技术参数及产品使用说明书；

（3）当对支架质量有疑问时，应进行质量抽检和试验。

模板支架应根据下列情况按进度分阶段进行检查和验收：

（1）基础完工后及模板支架搭设前；

（2）超过8m的高支模架搭设至一半高度后；

（3）搭设高度达到设计高度后和混凝土浇筑前。

脚手架应根据下列情况按进度分阶段进行检查和验收：

（1）基础完工后及模板支架搭设前；

（2）首段高度达到 6m 时；

（3）架体随施工进度逐层升高时；

（4）搭设高度达到设计高度后。

模板支架和脚手架的搭设人员应持证上岗。支架搭设作业人员应正确佩戴安全帽、安全带和防滑鞋。模板支架混凝土浇筑作业层上的施工荷载不应超过设计值。混凝土浇筑过程中，应派专人在安全区域内观测模板支架的工作状态，发生异常时观测人员应及时报告施工负责人，情况紧急时施工人员应迅速撤离，并应进行相应加固处理。模板支架及脚手架使用期间，不得擅自拆除架体结构杆件。如需拆除时，必须报请工程项目技术负责人以及总监理工程师同意，确定防控措施后方可实施。

严禁在模板支架及脚手架基础开挖深度影响范围内进行挖掘作业。拆除的支架构件应安全地传递至地面，严禁抛掷。

高支模区域内，应设置安全警戒线，不得上下交叉作业。在脚手架或模板支架上进行电气焊作业时，必须有防火措施和专人监护。模板支架及脚手架应与架空输电线路保持安全距离，工地临时用电线路架设及脚手架接地防雷击措施等应按现行行业标准《施工现场临时用电安全技术规范》JGJ 46—2005 的有关规定执行。

7. 建筑施工木脚手架安全技术规范

《建筑施工木脚手架安全技术规范》JGJ 164—2008 规定，本规范适用于工业与民用建筑一般多层房屋和构筑物施工用落地式的单、双排木脚手架的设计、施工、拆除和管理。

选材、材质和构造符合规范的规定时，脚手架搭设高度应符合下列规定：

（1）单排架不得超过 20m；

（2）双排架不得超过 25m，当需超过 25m 时，应按规范进行设计计算确定，但增高后的总高度不得超过 30m。

单排脚手架的搭设不得用于墙厚在 180mm 及以下的砌体土坯和轻质空心砖墙以及砌筑砂浆强度在 M1.0 以下的墙体。空斗墙上留置脚手眼时，横向水平杆下必须实砌两皮砖。砖砌体的下列部位不得留置脚手眼：

（1）砖过梁上与梁成 60°角的三角形范围内；

（2）砖柱或宽度小于 740mm 的窗间墙；

（3）梁和梁垫下及其左右各 370mm 的范围内；

（4）门窗洞口两侧 240mm 和转角处 420mm 的范围内；

（5）设计图纸上规定不允许留洞眼的部位。

在大雾、大雨、大雪和六级以上的大风天，不得进行脚手架在高处的搭设作业。雨雪后搭设时必须采取防滑措施。搭设脚手架时，操作人员应戴好安全帽，在 2m 以上高处作业，应系安全带。

剪刀撑的设置应符合下列规定：

（1）单、双排脚手架的外侧均应在架体端部、转折角和中间每隔 15m 的净距内，设置纵向剪刀撑，并应由底至顶连续设置；剪刀撑的斜杆应至少覆盖 5 根立杆。斜杆与地面倾角应在 45°～60°之间。当架长在 30m 以内时，应在外侧立面整个长度和高度上连续设置多跨剪刀撑。

（2）剪刀撑的斜杆的端部应置于立杆与纵、横向水平杆相交节点处，与横向水平杆绑扎应牢固。中部与立杆及纵、横向水平杆各相交处均应绑扎牢固。

（3）对不能交圈搭设的单片脚手架，应在两端端部从底到上连续设置横向斜撑。

（4）斜撑或剪刀撑的斜杆底端埋入土内深度不得小于 0.3m。

进行脚手架拆除作业时，应统一指挥，信号明确，上下呼应，动作协调；当解开与另一人有关的结扣时，应先通知对方，严防坠落。在高处进行拆除作业的人员必须佩戴安全带，其挂钩必须挂于牢固的构件上，并应站立于稳固的杆件上。拆除顺序应由上而下、先绑后拆、后绑先拆。应先拆除栏杆、脚手板、剪刀撑、斜撑，后拆除横向水平杆、纵向水平杆、立杆等，一步一清，依次进行。严禁上下同时进行拆除作业。

木脚手架的搭设、维修和拆除，必须编制专项施工方案；作业前，应向操作人员进行安全技术交底，并应按方案实施。在邻近脚手架的纵向和危及脚手架基础的地方，不得进行挖掘作业。在脚手架上进行电气焊作业时，应有可靠的防火安全措施，并设专人监护。脚手架支承于永久性结构上时，传递给永久性结构的荷载不得超过其设计允许值。上料平台应独立搭设，严禁与脚手架共用杆件。用吊笼运砖时，严禁直接放于外脚手架上。不得在单排架上使用运料小车。

不得在各种杆件上进行钻孔、刀削和斧砍。每年均应对所使用的脚手板和各种杆件进行外观检查，严禁使用有腐朽、虫蛀、折裂、扭裂和纵向严重裂缝的杆件。作业层的连墙件不得承受脚手板及由其所传递来的一切荷载。脚手架离高压线的距离应符合国家现行标准《施工现场临时用电安全技术规范》JGJ 46—2005 中的规定。

脚手架投入使用前，应先进行验收，合格后方可使用；搭设过程中每隔四步至搭设完毕均应分别进行验收。停工后又重新使用的脚手架，必须按新搭脚手架的标准检查验收，合格后方可使用。

施工过程中，严禁随意抽拆架上的各类杆件和脚手板，并应及时清除架上的垃圾和冰雪。当出现大风雨、冰雪解冻等情况时，应进行检查，对立杆下沉、悬空、接头松动、架子歪斜等现象，应立即进行维修和加固，确保安全后方可使用。

搭设脚手架时，应有保证安全上下的爬梯或斜道，严禁攀登架体上下。脚手架在使用过程中，应经常检查维修，发现问题必须及时处理解决。脚手架拆除时应划分作业区，周围应设置围栏或竖立警戒标志，并应设专人看管，严禁非作业人员入内。

1.6.3 基坑支护、土方作业安全技术规范的要求

基坑支护、土方作业安全技术规范主要有《建筑基坑支护技术规程》JGJ 120—2012、《建筑基坑工程监测技术规范》GB 50497—2009、《建筑施工土石方工程安全技术规范》JGJ 180—2009、《湿陷性黄土地区建筑基坑工程安全技术规程》JGJ 167—2009 等。

1. 建筑基坑支护技术规程

基坑是指为进行建（构）筑物地下部分的施工由地面向下开挖出的空间。基坑支护是指为保护地下主体结构施工和基坑周边环境的安全，对基坑采用的临时性支挡、加固、保护与地下水控制的措施。

《建筑基坑支护技术规程》JGJ 120—2012 规定，本规程适用于一般地质条件下临时性建筑基坑支护的勘察、设计、施工、检测、基坑开挖与监测。对湿陷性土、多年冻土、膨胀土、盐渍土等特殊土或岩石基坑，应结合当地工程经验应用本规程。

基坑支护设计、施工与基坑开挖，应综合考虑地质条件、基坑周边环境要求、主体地下结构要求、施工季节变化及支护结构使用期等因素，因地制宜、合理选型、优化设计、精心施工、严格监控。基坑支护应满足下列功能要求：

（1）保证基坑周边建（构）物、地下管线、道路的安全和正常使用；

（2）保证主体地下结构的施工空间。

地下水控制应根据工程地质和水文地质条件、基坑周边环境要求及支护结构形式选用截水、降水、集水明排方法或其组合。当降水会对基坑周边建（构）筑物、地下管线、道路等造成危害或对环境造成长期不利影响时，应采用截水方法控制地下水。采用悬挂式帷幕时，应同时采用坑内降水，并宜根据水文地质条件结合坑外回灌措施。

基坑开挖应符合下列规定：

（1）当支护结构构件强度达到开挖阶段的设计强度时，方可下挖基坑；对采用预应力锚杆的支护结构，应在锚杆施加预加力后，方可下挖基坑；对土钉墙，应在土钉、喷射混凝土面层的养护时间大于 2d 后，方可下挖基坑；

（2）应按支护结构设计规定的施工顺序和开挖深度分层开挖；

（3）锚杆、土钉的施工作业面与锚杆、土钉的高差不宜大于 500mm；

（4）开挖时，挖土机械不得碰撞或损害锚杆、腰梁、土钉墙面、内支撑及其连接件等构件，不得损害已施工的基础桩；

（5）当基坑采用降水时，应在降水后开挖地下水位以下的土方；

（6）当开挖揭露的实际土层性状或地下水情况与设计依据的勘察资料明显不符，或出现异常现象、不明物体时，应停止开挖，在采取相应处理措施后方可继续开挖；

（7）挖至坑底时，应避免扰动基底持力土层的原状结构。

软土基坑开挖除应符合以上规定外，尚应符合下列规定：

（1）应按分层、分段、对称、均衡、适时的原则开挖；

（2）当主体结构采用桩基础且基础桩已施工完成时，应根据开挖面下软土的性状，限制每层开挖厚度，不得造成基础桩偏位；

（3）对采用内支撑的支护结构，宜采用局部开槽方法浇筑混凝土支撑或安装钢支撑；开挖到支撑作业面后，应及时进行支撑的施工；

（4）对重力式水泥土墙，沿水泥土墙方向应分区段开挖，每一开挖区段的长度不宜大于 40m。

当基坑开挖面上方的锚杆、土钉、支撑未达到设计要求时，严禁向下超挖土方。采用锚杆或支撑的支护结构，在未达到设计规定的拆除条件时，严禁拆除锚杆或支撑。基坑周边施工材料、设施或车辆荷载严禁超过设计要求的地面荷载限值。

基坑开挖和支护结构使用期内，应按下列要求对基坑进行维护：

（1）雨期施工时，应在坑顶、坑底采取有效的截排水措施；对地势低洼的基坑，应考虑周边汇水区域地面径流向基坑汇水的影响；排水沟、集水井应采取防渗措施；

（2）基坑周边地面宜作硬化或防渗处理；

（3）基坑周边的施工用水应有排放系统，不得渗入土体内；

（4）当坑体渗水、积水或有滂流时，应及时进行疏导、排泄、截断水源；

（5）开挖至坑底后，应及时进行混凝土垫层和主体地下结构施工；

（6）主体地下结构施工时，结构外墙与基坑侧壁之间应及时回填。

在支护结构施工、基坑开挖期间以及支护结构使用期内，应对支护结构和周边环境的状况随时进行巡查，现场巡查时应检查有无下列现象及其发展情况：

（1）基坑外地面和道路开裂、沉陷；

（2）基坑周边建（构）筑物、围墙开裂、倾斜；

（3）基坑周边水管漏水、破裂，燃气管漏气；

（4）挡土构件表面开裂；

（5）锚杆锚头松动，锚具夹片滑动，腰梁及支座变形，连接破损等；

（6）支撑构件变形、开裂；

（7）土钉墙土钉滑脱，土钉墙面层开裂和错动；

（8）基坑侧壁和截水帷幕渗水、漏水、流砂等；

（9）降水井抽水异常，基坑排水不通畅。

支护结构的安全等级分为三级：一级，支护结构失效、土体过大变形对基坑周边环境或主体结构施工安全的影响很严重；二级，支护结构失效、土体过大变形对基坑周边环境或主体结构施工安全的影响严重；三级，支护结构失效、土体过大变形对基坑周边环境或主体结构施工安全的影响不严重。安全等级为一级、二级的支护结构，在基坑开挖过程与支护结构使用期内，必须进行支护结构的水平位移监测和基坑开挖影响范围内建（构）筑物、地面的沉降监测。

基坑监测数据、现场巡查结果应及时整理和反馈。当出现下列危险征兆时应立即报警：

（1）支护结构位移达到设计规定的位移限值；

（2）支护结构位移速率增长且不收敛；

（3）支护结构构件的内力超过其设计值；

（4）基坑周边建（构）筑物、道路、地面的沉降达到设计规定的沉降、倾斜限值；基坑周边建（构）筑物、道路、地面开裂；

（5）支护结构构件出现影响整体结构安全性的损坏；

（6）基坑出现局部坍塌；

（7）开挖面出现隆起现象；

（8）基坑出现流土、管涌现象。

支护结构或基坑周边环境出现以上规定的报警情况或其他险情时，应立即停止开挖，并应根据危险产生的原因和可能进一步发展的破坏形式，采取控制或加固措施。危险消除后，方可继续开挖。必要时，应对危险部位采取基坑回填、地面卸土、临时支撑等应急措施。当危险由地下水管道渗漏、坑体渗水造成时，应及时采取截断渗漏水源、疏排渗水等措施。

2. 建筑基坑工程监测技术规范

《建筑基坑工程监测技术规范》GB 50497—2009 规定，本规范适用于一般土及软土建筑基坑工程监测，不适用于岩石建筑基坑工程以及冻土、膨胀土、湿陷性黄土等特殊土和侵蚀性环境的建筑基坑工程监测。

开挖深度大于等于5m或开挖深度小于5m但现场地质情况和周围环境较复杂的基坑工程以及其他需要监测的基坑工程应实施基坑工程监测。基坑工程施工前，应由建设方委托具备相应资质的第三方对基坑工程实施现场监测。监测单位应编制监测方案，监测方案需经建设方、设计方、监理方等认可，必要时还需与基坑周边环境涉及的有关管理单位协商一致后方可实施。

下列基坑工程的监测方案应进行专门论证：

（1）地质和环境条件复杂的基坑工程。

（2）临近重要建筑和管线，以及历史文物、优秀近现代建筑、地铁、隧道等破坏后果很严重的基坑工程。

（3）已发生严重事故，重新组织施工的基坑工程。

（4）采用新技术、新工艺、新材料、新设备的一、二级基坑工程。

（5）其他需要论证的基坑工程。

基坑工程的现场监测应采用仪器监测与巡视检查相结合的方法。基坑工程现场监测的对象应包括：

（1）支护结构；

（2）地下水状况；

（3）基坑底部及周边土体；

（4）周边建筑；

（5）周边管线及设施；

（6）周边重要的道路；

（7）其他应监测的对象。

基坑工程施工和使用期内，每天均应由专人进行巡视。

当出现下列情况之一时，必须立即进行危险报警，并应对基坑支护结构和周边环境中的保护对象采取应急措施：

（1）监测数据达到监测报警值的累计值。

（2）基坑支护结构或周边土体的位移值突然明显增大或基坑出现流沙、管涌、隆起、陷落或较严重的渗漏等。

（3）基坑支护结构的支撑或锚杆体系出现过大变形、压曲、断裂、松弛或拔出的迹象。

（4）周边建筑的结构部分、周边地面出现较严重的突发裂缝或危害结构的变形裂缝。

（5）周边管线变形突然明显增长或出现裂缝、泄漏等。

（6）根据当地工程经验判断，出现其他必须进行危险报警的情况。

3. 建筑施工土石方工程安全技术规范

《建筑施工土石方工程安全技术规范》JGJ 180—2009规定，本规范适用于工业与民用建筑及构筑物工程的土石方施工与安全。

土石方工程施工应由具有相应资质及安全生产许可证的企业承担。土石方工程应编制专项施工安全方案，并应严格按照方案实施。施工前应针对安全风险进行安全教育及安全技术交底。特种作业人员必须持证上岗，机械操作人员应经过专业技术培训。施工现场发现危及人身安全和公共安全的隐患时，必须立即停止作业，排除隐患后方可恢复施工。

土石方施工的机械设备应有出厂合格证书，必须按照出厂使用说明书规定的技术性能、承载能力和使用条件等要求，正确操作，合理使用，严禁超载作业或任意扩大使用范围。机械设备进场前，应对现场和行进道路进行踏勘。不满足通行要求的地段应采取必要的措施。作业前应检查施工现场，查明危险源。机械作业不宜在有地下电缆或燃气管道等2m半径范围内进行。

作业时操作人员不得擅自离开岗位或将机械设备交给其他无证人员操作，严禁疲劳和酒后作业。严禁无关人员进入作业区和操作室。机械设备连续作业时，应遵守交接班制度。配合机械设备作业的人员，应在机械设备的回转半径以外工作；当在回转半径内作业时，必须有专人协调指挥。遇到下列情况之一时应立即停止作业：

(1) 填挖区土体不稳定、有坍塌可能；

(2) 地面涌水冒浆，出现陷车或因下雨发生坡道打滑；

(3) 发生大雨、雷电、浓雾、水位暴涨及山洪暴发等情况；

(4) 施工标志及防护设施被损坏；

(5) 工作面净空不足以保证安全作业；

(6) 出现其他不能保证作业和运行安全的情况。

机械设备运行时，严禁接触转动部位和进行检修。夜间工作时，现场必须有足够照明；机械设备照明装置应完好无损。机械设备在冬期使用，应遵守有关规定。冬、雨期施工时，应及时清除场地和道路上的冰雪、积水，并应采取有效的防滑措施。作业结束后，应将机械设备停到安全地带。操作人员非作业时间不得停留在机械设备内。

挖掘机挖掘前，驾驶员应发出信号，确认安全后方可启动设备。设备操作过程中应平稳，不宜紧急制动。当铲斗未离开工作面时，不得作回转、行走等动作。铲斗升降不得过猛，下降时不得碰撞车架或履带。装车作业应在运输车停稳后进行，铲斗不得撞击运输车任何部位；回转时严禁铲斗从运输车驾驶室顶上越过。拉铲或反铲作业时，挖掘机履带到工作面边缘的安全距离不应小于1.0m。挖掘机行驶或作业中，不得用铲斗吊运物料。驾驶室外严禁站人。

推土机工作时严禁有人站在履带或刀片的支架上。推土机向沟槽回填土时应设专人指挥，严禁推铲越出边缘。两台以上推土机在同一区域作业时，两机前后距离不得小于8m。平行时左右距离不得小于1.5m。

自行式铲运机沿沟边或填方边坡作业时，轮胎离路肩不得小于0.7m，并应放低铲斗，低速缓行。两台以上铲运机在同一区域作业时，自行式铲运机前后距离不得小于20m（铲土时不得小于10m），拖式铲运机前后距离不得小于10m（铲土时不得小于5m）；平行时左右距离均不得小于2m。

装载机作业时应使用低速挡。严禁铲斗载人。装载机不得在倾斜度超过规定的场地上工作。向汽车装料时，铲斗不得在汽车驾驶室上方越过。不得偏载、超载。在边坡、壕沟、凹坑卸料时，应有专人指挥，轮胎距沟、坑边缘的距离应大于1.5m，并应放置挡木阻滑。

压路机碾压的工作面，应经过适当平整。压路机工作地段的纵坡坡度不应超过其最大爬坡能力，横坡坡度不应大于 20°。修筑坑边道路时，必须由里侧向外侧碾压。距路基边缘不得小于 1m。严禁用压路机拖带任何机械、物件。两台以上压路机在同一区域作业时，前后距离不得小于 3m。

载重汽车向坑洼区域卸料时，应和边坡保持安全距离，防止塌方翻车。严禁在斜坡侧口倾卸。载重汽车卸料后，应使车厢落下复位后方可起步，不得在未落车厢的情况下行驶。车厢内严禁载人。

蛙式夯实机的扶手和操作手柄必须加装绝缘材料，操作开关必须使用定向开关。进线口必须加胶圈。夯实机的电缆线不宜长于 50m，不得扭结、缠绕或张拉过紧，应保持有至少 3~4m 的余量。操作人员必须戴绝缘手套、穿绝缘鞋，必须采取一人操作、一人拉线作业。多台夯机同时作业时，其并列间距不宜小于 5m，纵列间距不宜小于 10m。

小翻斗车运输构件宽度不得超过车宽，高度不得超过 1.5m（从地面算起）。下坡时严禁空挡滑行；严禁在大于 25°的陡坡上向下行驶。在坑槽边缘倒料时，必须在距离坑槽 0.8~1.0m 处设置安全挡块。严禁骑沟倒料。翻斗车行驶的坡道应平整且宽度不得小于 2.3m。翻斗车行驶中，车架上和料斗内严禁站人。

土石方施工区域应在行车行人可能经过的路线点处设置明显的警示标志。有爆破、塌方、滑坡、深坑、高空滚石、沉陷等危险的区域应设置防护栏可隔离带。施工现场临时用电应符合现行行业标准《施工现场临时用电安全技术规范》JGJ 46—2005 的规定。施工现场临时供水管线应埋设在安全区域，冬期应有可靠的防冻措施。供水管线穿越道路时应有可靠的防振防压措施。

土石方爆破工程应由其有相应爆破资质和安全生产许可证的企业承担。爆破作业人员应取得有关部门颁发的资格证书，做到持证上岗。爆破工程作业现场应由具有相应资格的技术人员负责指导施工。A 级、B 级、C 级和对安全影响较大的 D 级爆破工程均应编制爆破设计书，并对爆破方案进行专家论证。爆破警戒范围由设计确定。在危险区边界，应设有明显标志，并派出警戒人员。爆破警戒时，应确保指挥部、起爆站和各警戒点之间有良好的通信联络。爆破后应检查有无盲炮及其他险情。当有盲炮及其他险情时，应及时上报并处理，同时在现场设立危险标志。

爆破作业环境有下列情况时，严禁进行爆破作业：

（1）爆破可能产生不稳定边坡、滑坡、崩塌的危险；

（2）爆破可能危及建（构）筑物、公共设施或人员的安全；

（3）恶劣天气条件下。

爆破作业环境有下列情况时，不应进行爆破作业：

（1）药室或炮孔温度异常，而无有效针对措施；

（2）作业人员和设备撤离通道不安全或堵塞。

基坑工程应按现行行业标准《建筑基坑支护技术规程》JGJ 120—2012 进行设计；必须遵循先设计后施工的原则；应按设计和施工方案要求，分层、分段、均衡开挖。土方开挖前，应查明基坑周边影响范围内建（构）筑物、上下水、电缆、燃气、排水及热力等地下管线情况，并采取措施保护其使用安全。基坑开挖深度范围内有地下水时，应采取有效的地下水控制措施。基坑工程应编制应急预案。

开挖深度超过 2m 的基坑周边必须安装防护栏杆。防护栏杆应符合下列规定：

（1）护栏杆高度不应低于 1.2m；

（2）防护栏杆应由横杆及立杆组成，横杆应设 2～3 道。下杆离地高度宜为 0.3～0.6m，上杆离地高度宜为 1.2～1.5m，立杆间距不宜大于 2.0m，立杆离坡边距离宜大于 0.5m；

（3）防护栏杆宜加挂密目安全网和挡脚板，安全网应自上而下封闭设置，挡脚板高度不应小于 180mm，挡脚板下沿离地高度不应大于 10mm；

（4）栏杆应安装牢固，材料应有足够的强度。

深基坑开挖过程中必须进行基坑变形监测，发现异常情况应及时采取措施。当基坑开挖过程中出现位移超过预警值、地表裂缝或沉陷等情况时，应及时报告有关方面。出现塌方险情等征兆时，应立即停止作业，组织撤离危险区域，并立即通知有关方面进行研究处理。

边坡工程应按现行国家标准《建筑边坡工程技术规范》GB 50330—2013 进行设计；应遵循先设计后施工，边施工边治理，边施工边监测的原则。边坡开挖施工区域应有临时排水及防雨措施。边坡开挖前，应清除边坡上方已松动的石块及可能崩塌的土体。

边坡开挖前应设置变形监测点，定期监测边坡的变形。边坡开挖过程中出现沉降、裂缝等险情时，应立即向有关方面报告，并根据险情采取如下措施：

（1）暂停施工，转移危险区内人员和设备；

（2）对危险区域采取临时隔离措施，并设置警示标志；

（3）坡脚被动区压重或坡顶主动区卸载；

（4）做好临时排水、封面处理；

（5）采取应急支护措施。

4. 湿陷性黄土地区建筑基坑工程安全技术规程

湿陷性黄土，是指在一定压力的作用下受水浸湿时，土的结构迅速破坏，并产生显著附加下沉的黄土。

《湿陷性黄土地区建筑基坑工程安全技术规程》JGJ 167—2009 规定，本规程适用于湿陷性黄土地区建筑基坑工程的勘察、设计、施工、检测、监测与安全技术管理。

当场地开阔、坑壁土质较好、地下水位较深及基坑开挖深度较浅时，可优先采用坡率法（指通过选择合理的边坡坡度进行放坡，依靠土体自身强度保持基坑侧壁稳定的无支护基坑开挖施工方法）。同一工程可视场地具体条件采用局部放坡或全深度、全范围放坡开挖。存在下列情况之一时，不应采用坡率法：

（1）放坡开挖对拟建或相邻建（构）筑物及重要管线有不利影响；

（2）不能有效降低地下水位和保持基坑内干作业；

（3）填土较厚或土质松软、饱和，稳定性差；

（4）场地不能满足放坡要求。

土钉墙（指采用土钉加固的基坑侧壁土体与护面等组成的支护结构）适用于地下水位以上或经人工降水后具有一定临时自稳能力土体的基坑支护。不适用于对变形有严格要求的基坑支护。土钉墙设计、施工及使用期间应采取措施，防止外来水体浸入基坑边坡土体。土钉墙施工安全应符合下列要求：

（1）施工中应每班检查注浆、喷射机械密封和耐压情况，检查输料管、送风管的磨损和接头连接情况，防止输料管爆裂、松脱喷浆喷砂伤人；

（2）施工作业前应保证输料管顺直无堵管，送电、送风前应通知施工人员，处理施工故障应先断电、停机，施工中以及处理故障时注浆管和喷射管头前方严禁站人；

（3）施工所用工作台架应牢固可靠，应有安全护栏，安全护栏高度不得小于 1.2m。

（4）喷射混凝土作业人员应佩戴个人防尘用具。

水泥土墙（指由水泥土桩相互搭接形成的格栅状、壁状等形式的重力式支护与挡水结构）可单独使用，用于挡土或同时兼作隔水；也可与钢筋混凝土排桩等联合使用，水泥土墙（桩）主要起隔水作用。水泥土墙适用于淤泥、淤泥质土、黏土、粉质黏土、粉土、砂类土、素填土及饱和黄土类土等。单独采用水泥土墙进行基坑支护时，适用于基坑周边无重要建筑物，且开挖深度不宜大于 6m 的基坑。当采用加筋（插筋）水泥土墙或与锚杆、钢筋混凝土排桩等联合使用时，其支护深度可大于 6m。

排桩是指以某种桩型按队列式布置组成的基坑支护结构。采用悬臂式排桩，桩径不宜小于 600mm；采用排桩一锚杆结构，桩径不宜小于 400mm；采用人工挖孔工艺时，排桩桩径不宜小于 800mm。当排桩相邻建（构）筑物等较近时，不宜采用冲击成孔工艺进行灌注桩施工；当采用钻孔灌注桩时，应防止塌孔对相邻（构）建筑物的影响。基坑开挖后，应及时对桩间土采取防护措施以维护其稳定，可采用内置钢丝网或钢筋网的喷射混凝土护面等处理方法。当桩间渗水时，应在护面上泄水孔。当挖方较深时，应采取必要的基坑支护措施。防止坑壁坍塌，避免危害工程周边环境。雨季和冬季施工应采取防水、排水、防冻等措施，确保基坑及坑壁不受水浸泡、冲刷、受冻。

施工过程中应经常检查平面位置、坑底面标高、边坡坡度、地下水的降深情况。专职安全员应随时观测周边的环境变化。土方开挖施工过程中，基坑边缘及挖掘机械的回转半径内严禁人员逗留。特种机械作业人员应持证上岗。基坑的四周应设置安全围栏并应牢固可靠。围栏的高度不应低于 1.20m，并应设置明显的安全警告标识牌。当基坑较深时，应设置人员上下的专用通道。夜间施工时，现场应具备充足的照明条件，不得留有照明死角。每个照明灯具应设置单独的漏电保护器。电源线应采用架空设置；当不具备架空条件时，可采用地沟埋设，车辆通行地段，应先将电源线穿入护管后再埋入地下。

基坑降水宜优先采用管井降水，当具有施工经验或具备条件时，亦可采用集水明排或其他降水方法。土方工程施工前应进行挖填方的平衡计算，并应综合考虑基坑工程的各道工序及土方的合理运距。土方开挖前，应做好地面排水，必要时应做好降低地下水位工作。当挖方较深时，应采取必要的基坑支护措施。防止坑壁坍塌，避免危害工程周边环境。雨季和冬季施工应采取防水、排水、防冻等措施，确保基坑及坑壁不受水浸泡、冲刷、受冻。

基槽开挖前必须查明基槽开挖影响范围内的各类地下设施，包括上水、下水、电缆、光缆、消防管道、煤气、天然气、热力等管线和管道的分布、使用状况及对变形的要求等。查明基槽影响范围内的道路及车辆载重情况。基槽开挖必须保证基槽及邻近的建（构）筑物、地下各类管线和道路的安全。基槽工程可采用垂直开挖、放坡开挖或内支撑方式开挖。支护结构必须满足强度、稳定性和变形的要求。基槽土方开挖的顺序、方法必须与设计一致，并应遵循"开槽支撑，先撑后挖，分层开挖，严禁超挖"的原则。施工中基槽边堆置土方的高度和安全距离应符合设计要求。基槽开挖时，应对周围环境进行观察和监测；当出现异常情况时，应及时反馈并处理，待恢复正常后方可施工。基槽工程在开挖及回填中，应监测地层中的有害气体，并应采取佩戴防毒面具、送风送氧等有效防护措施。当基槽较深时，应设置人员上下坡道或爬梯，不得在槽壁上掏坑攀登上下。

对深度超过 2m 及以上的基坑施工，应在基坑四周设置高度大于 0.15m 的防水围挡，并应设置防护栏杆，防护栏杆埋深应大于 0.60m，高度宜为 1.00～1.2m，栏杆柱距不得大于 2.0m，距离坑边水平距离不得小于 0.50m。基坑周边 1.2m 范围内不得堆载，3m 以内限制堆载，坑边严禁重型车辆通行。当支护设计中已考虑堆载和车辆运行时，必须按设计要求进行，严禁超载。在基坑边 1 倍基坑深度范围内建造临时住房或仓库时，应经基坑支护设计单位允许，并经施工企业技术负责人、工程项目总监批准，方可实施。

基坑的上、下部和四周必须设置排水系统，流水坡向应明显，不得积水。基坑上部排水沟与基坑边缘的距离应大于 2m，沟底和两侧必须做防渗处理。基坑底部四周应设置排水沟和集水坑。雨季施工时，应有防洪、防暴雨的排水措施及材料设备，备用电源应处在良好的技术状态。在基坑的危险部位或在临边、临空位置，设置明显的安全警示标识或警戒。当夜间进行基坑施工时，设置的照明充足，灯光布局，防水强光影响作业人员视力，必要时应配备应急照明。

基坑开挖时支护单位应编制基坑安全应急预案，并经项目总监批准。应急预案中所涉及的机械设备与物料，应确保完好，存放在现场并便于立即投入使用。施工单位在作业前，必须对从事作业的人员进行安全技术交底，并应进行事故应急救援演练。施工单位应有专人对基坑安全进行巡查，每天早晚各 1 次，雨季应增加巡查次数，并应做好记录，发现异常情况应及时报告。对基坑监测数据应及时进行分析整理；当变形值超过设计警戒值时，应发出预警，停止施工，撤离人员，并应按应急预案中的措施进行处理。

1.6.4　高处作业安全技术规范的要求

《建筑施工高处作业安全技术规范》JGJ 80—1991 规定，本规范适用于工业与民用房屋建筑及一般构筑物施工时，高处作业中临边、洞口、攀登、悬空、操作平台及交叉等项作业。

高处作业的安全技术措施及其所需料，必须列入工程的施工组织设计。单位工程施工负责人应对工程的高处作业安全技术负责并建立相应的责任制。施工前，应逐级进行安全技术教育及交底，落实所有安全技术措施和人身防护用品，未经落实时不得进行施工。

高处作业中的安全标志、工具、仪表、电气设施和各种设备，必须在施工前加以检查，确认其完好，方能投入使用。攀登和悬空高处作业人员及搭设高处作业安全设施的人员，必须经过专业技术培训及专业考试合格，持证上岗，并必须定期进行体格检查。

施工中对高处作业的安全技术设施，发现有缺陷和隐患时，必须及时解决；危及人身安全时，必须停止作业。施工作业场所有坠落可能的物件，应一律先行撤除或加以固定。高处作业中所用的物料，均应堆放平稳，不妨碍通行和装卸。工具应随手放入工具袋；作业中的走道、通道板和登高用具，应随时清扫干净；拆卸下的物件及余料和废料均应及时清理运走，不得任意乱置或向下丢弃。传递物件禁止抛掷。

雨天和雪天进行高处作业时，必须采取可靠的防滑、防寒和防冻措施。凡水、冰、霜、雪均应及时清除。对进行高处作业的高耸建筑物，应事先设置避雷设施。遇有六级以上强风、浓雾等恶劣天气，不得进行露天攀登与悬空高处作业。暴风雪及台风暴雨后，应对高处作业安全设施逐一加以检查，发现有松动、变形、损坏或脱落等现象，应立即修理完善。因作业必需，临时拆除或变动安全防护设施时，必须经施工负责人同意，并采取相应的可靠措施，作业后应立即恢复。防护棚搭设与拆除时，应设警戒区，并应派专人监护。严禁上下同时拆除。

对临边高处作业，必须设置防护措施，并符合下列规定：

1. 墓坑周边，尚未安装栏杆或栏板的阳台、料台与挑平台周边，雨篷与挑檐边，无外脚手的屋面与楼层周边及水箱与水塔周边等处，都必须设置防护栏杆。

2. 头层墙高度超过 3.2m 的二层楼面周边，以及无外脚手的高度超过 3.2m 的楼层周边，必须在外围架设安全平网一道。

3. 分层施工的楼梯口和梯段边，必须安装临时护栏。顶层楼梯口应随工程结构进度安装正式防护栏杆。

4. 井架与施工用电梯和脚手架等与建筑物通道的两侧边，必须设防护栏杆。地面通道上部应装设安全防护棚。双笼井架通道中间，应予分隔封闭。

5. 各种垂直运输接料平台，除两侧设防护栏杆外，平台口还应设置安全门或活动防护栏杆。

进行洞口作业以及在因工程和工序需要而产生的，使人与物有坠落危险或危及人身安全的其他洞口进行高处作业时，必须按下列规定设置防护设施：

1. 板与墙的洞口，必须设置牢固的盖板、防护栏杆、安全网或其他防坠落的防护设施。

2. 电梯井口必须设防护栏杆或固定栅门；电梯井内应每隔两层并最多隔 10m 设一道安全网。

3. 钢板桩、钻孔桩等桩孔上口，杯形、条形基础上口，未填土的坑槽，以及上人孔、天窗、地板门等处，均应按洞口防护设置稳固的盖件。

4. 施工现场通道附近的各类洞口与坑槽等处，除设置防护设施与安全标志外，夜间还应设红灯示警。

在施工组织设计中应确定用于现场施工的登高和攀登设施。现场登高应借助建筑结构或脚手架上的登高设施，也可采用载人的垂直运输设备。进行攀登作业时可使用梯子或采用其他攀登设施。攀登的用具，结构构造上必须牢固可靠。梯脚底部应坚实，不得垫高使用。梯子的上端应有固定措施。梯子如需接长使用，必须有可靠的连接措施，且接头不得超过 1 处。作业人员应从规定的通道上下，不得在阳台之间等非规定通道进行攀登，也不得任意利用吊车臂架等施工设备进行攀登。

构件吊装和管道安装时的悬空作业，必须遵守下列规定：

1. 钢结构的吊装。构件应尽可能在地面组装，并应搭设进行临时固定、电焊、高强螺栓连接等工序的高空安全设施，随构件同时上吊就位。拆卸时的安全措施，亦应一并考虑和落实。高空吊装预应力钢筋混凝土层架、桁架等大型构件前，也应搭设悬空作业中所需的安全设施。

2. 悬空安装大模板、吊装第一块预制构件、吊装单独的大中型预制构件时，必须站在操作平台上操作。吊装中的大模板和预制构件以及石棉水泥板等屋面板上，严禁站人和行走。

3. 安装管道时必须有已完结构或操作平台为立足点，严禁在安装中的管道上站立和行走。

模板支撑和拆卸时的悬空作业，必须遵守下列规定：

1. 支模应按规定的作业程序进行，模板未固定前不得进行下一道工序。严禁在连接件和支撑件上攀登上下，并严禁在上下同一垂直面上装、拆模板。结构复杂的模板，装、拆应严格按照施工组织设计的措施进行。

2. 支设高度在3m以上的柱模板，四周应设斜撑，并应设立操作平台。低于3m的可使用马凳操作。

3. 支设悬挑形式的模板时，应有稳固的立足点。支设临空构筑物模板时，应搭设支架或脚手架。模板上有预留洞时，应在安装后将洞盖没。混凝土板上拆模后形成的临边或洞口，应按本规范进行防护。拆模高处作业，应配置登高用具或搭设支架。

钢筋绑扎时的悬空作业，必须遵守下列规定：

1. 绑扎钢筋和安装钢筋骨架时，必须搭设脚手架和马道。

2. 绑扎圈梁、挑梁、挑檐、外墙和边柱等钢筋时，应搭设操作台架和张挂安全网。悬空大梁钢筋的绑扎，必须在满铺脚手板的支架或操作平台上操作。

3. 绑扎立柱和墙体钢筋时，不得站在钢筋骨架上或攀登骨架上下。3m以内的柱钢筋，可在地面或楼面上绑扎，整体竖立。绑扎3m以上的柱钢筋，必须搭设操作平台。

混凝土浇筑时的悬空作业，必须遵守下列规定：

1. 浇筑离地2m以上框架、过梁、雨篷和小平台时，应设操作平台，不得直接站在模板或支撑件上操作。

2. 浇筑拱形结构，应自两边拱脚对称地相向进行。浇筑储仓，下口应先行封闭，并搭设脚手架以防人员坠落。

3. 特殊情况下如无可靠的安全设施，必须系好安全带并扣好保险钩，或架设安全网。

进行预应力张拉的悬空作业时，必须遵守下列规定：

1. 进行预应力张拉时，应搭设站立操作人员和设置张拉设备的牢固可靠的脚手架或操作平台。雨天张拉时，还应架设防落雨篷。

2. 预应力张拉区域标示明显的安全标志，禁止非操作人员进入。张拉钢筋的两端必须设置挡板。

3. 孔道灌浆应按预应力张拉安全设施的有关规定进行。

悬空进行门窗作业时，必须遵守下列规定：

1. 安装门、窗，油漆及安装玻璃时，严禁操作人员站在樘子、阳台栏板上操作。门、窗临时固定，封填材料未达到强度，以及电焊时，严禁手拉门、窗进行攀登。

2. 在高处外墙安装门、窗，无外脚手时，应张挂安全网。无安全网时，操作人员应系好安全带，其保险钩应挂在操作人员上方的可靠物件上。

3. 进行各项窗口作业时，操作人员的重心应位于室内，不得在窗台上站立，必要时应系好安全带进行操作。

支模、粉刷、砌墙等各工种进行上下立体交叉作业时，不得在同一垂直方向上操作。下层作业的位置，必须处于上层高度确定的可能坠落范围半径之外。不符合以上条件时，应设置安全防护层。钢模板、脚手架等拆除时，下方不得有其他操作人员。钢模板部件拆除后，临时堆放处离楼层边沿不应小于 1m，堆放高度不得超过 1m。楼层边口、通道口、脚手架边缘等处，严禁堆放任何拆下物件。

结构施工自二层起，凡人员进出的通道口（包括井架、施工用电梯的进出通道口），均应搭设安全防护棚。高度超过 24m 的层次上的交叉作业，应设双层防护。由于上方施工可能坠落物件或处于起重机把杆回转范围之内的通道，在其受影响的范围内，必须搭设顶部能防止穿透的双层防护廊。

建筑施工进行高处作业之前，应进行安全防护设施的逐项检查和验收。验收合格后，方可进行高处作业。验收也可分层进行，或分阶段进行。安全防护设施，应由单位工程负责人验收，并组织有关人员参加。安全防护设施的验收应按类别逐项查验，并作出验收记录。凡不符合规定者，必须修整合格后再行查验。施工工期内还应定期进行抽查。

1.6.5　施工用电安全技术规范的要求

《施工现场临时用电安全技术规范》JGJ 46—2005 规定，本规范适用于新建、改建和扩建的工业与民用建筑和市政基础设施施工现场临时用电工程中的电源中性点直接接地的 220/380V 三相四线制低压电力系统的设计、安装、使用、维修和拆除。

建筑施工现场临时用电工程专用的电源中性点直接接地的 220/380V 三相四线制低压电力系统，必须符合下列规定：

1. 采用三级配电系统；
2. 采用 TN-S 接零保护系统；
3. 采用二级漏电保护系统。

施工现场临时用电设备在 5 台及以上或设备总容量在 50kW 及以上者，应编制用电组织设计。临时用电工程图纸应单独绘制，临时用电工程应按图施工。临时用电组织设计及变更时，必须履行"编制、审核、批准"程序，由电气工程技术人员组织编制，经相关部门审核及具有法人资格企业的技术负责人批准后实施。变更用电组织设计时应补充有关图纸资料。临时用电工程必须经编制、审核、批准部门和使用单位共同验收，合格后方可投入使用。

电工必须经过按国家现行标准考核合格后，持证上岗工作；其他用电人员必须通过相关安全教育培训和技术交底，考核合格后方可上岗工作。安装、巡检、维修或拆除临时用电设备和线路，必须由电工完成，并应有人监护。

在建工程不得在外电架空线路正下方施工、搭设作业棚、建造生活设施或堆放构件、架具、材料及其他杂物等。施工现场开挖沟槽边缘与外电埋地电缆沟槽边缘之间的距离不得小于 0.5m。电气设备现场周围不得存放易燃易爆物、污源和腐蚀介质，否则应予清除或做防护处置，其防护等级必须与环境条件相适应。电气设备设置场所应能避免物体打击和机械损伤，否则应做防护处置。

当施工现场与外电线路共用同一供电系统时，电气设备的接地、接零保护应与原系统保持一致，不得一部分设备做保护接零，另一部分设备做保护接地。施工现场的临时用电电力系统严禁利用大地做相线或零线。保护零线必须采用绝缘导线。城防、人防、隧道等潮湿或条件特别恶劣施工现场的电气设备必须采用保护接零。每一接地装置的接地线应采用2根及以上导体，在不同点与接地体做电气连接。不得采用铝导体做接地体或地下接地线。垂直接地体宜采用角钢、钢管或光面圆钢，不得采用螺纹钢。接地可利用自然接地体，但应保证其电气连接和热稳定。在有静电的施工现场内，对集聚在机械设备上的静电应采取接地泄漏措施。

施工现场内的起重机、井字架、龙门架等机械设备，以及钢脚手架和正在施工的在建工程等的金属结构，当在相邻建筑物、构筑物等设施的防雷装置接闪器的保护范围以外时，应按规定安装防雷装置。当最高机械设备上避雷针（接闪器）的保护范围能覆盖其他设备，且又最后退出现场，则其他设备可不设防雷装置。机械设备或设施的防雷引下线可利用该设备或设施的金属结构体，但应保证电气连接。

配电室应靠近电源，并应设在灰尘少、潮气少、振动小、无腐蚀介质、无易燃易爆物及道路畅通的地方。配电室和控制室应能自然通风，并应采取防止雨雪侵入和动物进入的措施。配电柜或配电线路停电维修时，应挂接地线，并应悬挂"禁止合闸、有人工作"停电标志牌。停送电必须由专人负责。

发电机组及其控制、配电、修理室等可分开设置；在保证电气安全距离和满足防火要求的情况下可合并设置。发电机组的排烟管道必须伸出室外。发电机组及其控制、配电室内必须配置可用于扑灭电气火灾的灭火器，严禁存放贮油桶。发电机组电源必须与外电线路电源连锁，严禁并列运行。发电机组并列运行时，必须装设同期装置，并在机组同步运行后再向负载供电。

架空线必须采用绝缘导线。架空线必须架设在专用电杆上，严禁架设在树木、脚手架及其他设施上。电缆中必须包含全部工作芯线和用作保护零线或保护线的芯线。需要三相四线制配电的电缆线路必须采用五芯电缆。电缆线路应采用埋地或架空敷设，严禁沿地面明设，并应避免机械损伤和介质腐蚀。架空电缆严禁沿脚手架、树木或其他设施敷设。在建工程内的电缆线路必须采用电缆埋地引入，严禁穿越脚手架引入。室内配线必须采用绝缘导线或电缆。

配电系统应设置配电柜或总配电箱、分配电箱、开关箱，实行三级配电。每台用电设备必须有各自专用的开关箱，严禁用同一个开关箱直接控制2台及2台以上用电设备（含插座）。动力配电箱与照明配电箱宜分别设置。当合并设置为同一配电箱时，动力和照明应分路配电，动力开关箱与照明开关箱必须分设。配电箱、开关箱应装设在干燥、通风及常温场所，不得装设在有严重损伤作用的瓦斯、烟气、潮气及其他有害介质中，亦不得装设在易受外来固体物撞击、强烈振动、液体浸溅及热源烘烤场所。配电箱、开关箱周围应有足够两人同时工作的空间和通道，不得堆放任何妨碍操作、维修的物品，不得有灌木、杂草。

配电箱、开关箱内的电器必须可靠、完好，严禁使用破损、不合格的电器。总配电箱的电器应具备电源隔离，正常接通与分断电路，以及短路、过载、漏电保护功能。分配电箱应装设总隔离开关、分路隔离开关以及总断路器、分路断路器或总熔断器、分路熔断器。开关箱必须装设隔离开关、断路器或熔断器，以及漏电保护器。配电箱、开关箱箱门应配锁，并应由专人负责。配电箱、开关箱应定期检查、维修。检查、维修人员必须是专业电工。检查、维修时必须按规定穿、戴绝缘鞋、手套，必须使用电工绝缘工具，并应做检查、维修工作记录。对配电箱、开关箱进行定期维修、检查时，必须将其前一级相应的电源隔离开关分闸断电，并悬挂"禁止合闸、有人工作"停电标志牌，严禁带电作业。施工现场停止作业 1 小时以上时，应将动力开关箱断电上锁。

塔式起重机、外用电梯、滑升模板的金属操作平台及需要设置避雷装置的物料提升机，除应连接 PE 线外，还应做重复接地。设备的金属结构构件之间应保证电气连接。轨道式塔式起重机的电缆不得拖地行走。需要夜间工作的塔式起重机，应设置正对工作面的投光灯。塔身高于 30m 的塔式起重机，应在塔顶和臂架端部设红色信号灯。外用电梯和物料提升机在每日工作前必须对行程开关、限位开关、紧急停止开关、驱动机构和制动器等进行空载检查，正常后方可使用。检查时必须有防坠落措施。

使用夯土机械必须按规定穿戴绝缘用品，使用过程应有专人调整电缆，电缆长度不应大于 50m。电缆严禁缠绕、扭结和被夯土机械跨越。多台夯土机械并列工作时，其间距不得小于 5m；前后工作时，其间距不得小于 10m。夯土机械的操作扶手必须绝缘。电焊机械应放置在防雨、干燥和通风良好的地方。焊接现场不得有易燃、易爆物品。使用电焊机械焊接时必须穿戴防护用品，严禁露天冒雨从事电焊作业。使用手持式电动工具时，必须按规定穿、戴绝缘防护用品。对混凝土搅拌机、钢筋加工机械、木工机械、盾构机械等设备进行清理、检查、维修时，必须首先将其开关箱分闸断电，呈现可见电源分断点，并关门上锁。

在坑、洞、井内作业、夜间施工或厂房、道路、仓库、办公室、食堂、宿舍、料具堆放场及自然采光差等场所，应设一般照明、局部照明或混合照明。在一个工作场所内，不得只设局部照明。停电后，操作人员需及时撤离的施工现场，必须装设自备电源的应急照明。一般场所宜选用额定电压为 220V 的照明器。下列特殊场所应使用安全特低电压照明器：

1. 隧道、人防工程、高温、有导电灰尘、比较潮湿或灯具离地面高度低于 2.5m 等场所的照明，电源电压不应大于 36V；

2. 潮湿和易触及带电体场所的照明，电源电压不得大于 24V；

3. 特别潮湿场所、导电良好的地面、锅炉或金属容器内的照明，电源电压不得大于 12V。

对夜间影响飞机或车辆通行的在建工程及机械设备，必须设置醒目的红色信号灯，其电源应设在施工现场总电源开关的前侧，并应设置外电线路停止供电时的应急自备电源。

1.6.6 建筑起重机械安全技术规范的要求

建筑起重机械安全技术规范主要有《起重机械安全规程》GB 6067.1—2010、《塔式起重机安装、拆卸、使用安全技术规程》JGJ 196—2010、《施工升降机》GB/T 10054、《施工升降机安全规程》GB 10055—2007、《建筑施工升降机安装、使用、拆除安全技术规程》JGJ 215—2010、《龙门架及井架物料升降机安全技术规范》JGJ 88—2010、《建筑起重机械安全评估技术规程》JGJ/T 189—2009 等。

1. 起重机械安全规程

《起重机械安全规程》GB 6067.1—2010 规定，本部分适用于桥式和门式起重机、流动式起重机、塔式起重机、臂架起重机、缆索起重机及轻小型起重设备的通用要求。本部分不适用于浮式起重机、甲板起重机及载人等起重设备。如不涉及基本安全的特殊问题，本部分也可供其他起重机械参考。

司机应遵照制造商说明书和安全工作制度负责起重机的安全操作。除接到停止信号之外，在任何时候都只应服从吊装工或指挥人员发出的可明显识别的信号。

吊装工负责在起重机械的吊具上吊挂和卸下重物，并根据相应的载荷定位的工作计划选择适用的吊具和吊装设备。

指挥人员应负有将信号从吊装工传递给司机的责任。指挥人员可以代替吊装工指挥起重机械和载荷的移动，但在任何时候只能由一人负责。在起重机械工作中，如果把指挥起重机械安全运行和载荷搬运的工作职责移交给其他有关人员，指挥人员应向司机说明情况。而且，司机和被移交者应明确其应负的责任。

安装人员负责按照安装方案及制造商提供的说明书安装起重机械，当需要两个或两个以上安装人员时，应指定一人作为"安装主管"在任何时候监管安装工作。

维护人员的职责是维护起重机械以及对起重机械的安全使用和正常操作负责。他们应遵照制造商厂提供的维护手册并在安全工作制度下对起重机械进行所有必要的维护。

在现场负责所进行全面管理的人员或组织以及起重机操作中的人员对起重机械的安全运行都负有责任。主管人员应保证安全教育和起重作业中各项安全制度的落实。起重作业中与安全性有关的环节包括起重机械的使用、维修和更换安全装备、安全操作规程等所涉及的各类人员的责任应落实到位。

所有正在起重作业的工作人员、现场参观者或与起重机械邻近的人员应了解相关的安全要求。有关人员应向这些人员讲解人身安全装备的正确使用方法并要求他们使用这些装备。

安全通道和紧急逃生装置在起重机运行以及检查、检验、试验、维护、修理、安装和拆卸过程中均应处于良好状态。任何人登上或离开起重机械，均需报告在岗起重机司机并获许可。

2. 塔式起重机安全规程

《塔式起重机安全规程》GB 5144—2006 规定，本规程适用于各种建筑用塔机。其他用途的塔机可参照执行。本规程不适用于汽车式、轮胎式及履带式的塔机。

自升式塔机在加节作业时，任一顶升循环中即使顶升油缸的活塞杆全程伸出，塔身上端面至少应比顶升套架上排导向滚轮（或滑套）中心线高 60mm。

塔机应保证在工作和非工作状态时，平衡重及压重在其规定位置上不位移、下脱落，平衡重块之间不得互相撞击。当使用散粒物料作平衡重时直使用平衡重箱。平衡重箱应防水。保证重量准确、稳定。

塔机安装、拆卸及塔身加节或降节作业时，应按使用说明书中有关规定及注意事项进行。架设前应对塔机自身的架设机构进行检查，保证机构处于正常状态。塔机在安装、增加塔身标准节之前应对结构件和高强度螺栓进行检查。若发现下列问题应修复或更换后方可进行安装：

（1）目视可见的结构件裂纹及焊缝裂纹；

（2）连接件的轴、孔严重磨损；

（3）结构件母材严重锈蚀；

（4）结构件整体或局部塑性变形，销孔塑性变形。

小车变幅的塔机在起重臂组装完毕准备吊装之前，应检查起重臂的连接销轴、安装定位板等是否连接固、可靠。当起重臂的连接销轴轴端采用焊接挡板时，则在锤击安装销轴后。应检查轴端挡板的焊缝是否正常。

安装、拆卸、加节或降节作业时。塔机的最大安装高度处的风速不应大于 13m/s，当有特殊要求时。按用户和制造厂的协议执行。塔机的尾部与周围建筑物及其外围施工设施之间的安全距离不小于 0.6m。

3. 建筑施工塔式起重机安装、拆卸、使用安全技术规程

《建筑施工塔式起重机安装、拆卸、使用安全技术规程》JGJ 196—2010 规定，本规程适用于房屋建筑工程、市政工程所用塔式起重机的安装、使用和拆卸。

塔式起重机安装、拆卸单位必须具有从事塔式起重机安装、拆卸业务的资质。塔式起重机安装、拆卸单位应具备安全管理保证体系，有健全的安全管理制度。塔式起重机安装、拆卸作业应配备下列人员：

（1）持有安全生产考核合格证书的项目负责人和安全负责人、机械管理人员；

（2）持有建筑施工特种作业操作资格证书的建筑起重机械安装拆卸工、起重司机、起重信号工、司索工等特种作业操作人员。

塔式起重机应具有特种设备制造许可证、产品合格证、制造监督检验证明，并已在县级以上地方建设主管部门备案登记。有下列情况之一的塔式起重机严禁使用：

（1）国家明令淘汰的产品；

（2）超过规定使用年限经评估不合格的产品；

（3）不符合国家现行相关标准的产品；

（4）没有完整安全技术档案的产品。

塔式起重机安装、拆卸前，应编制专项施工方案，指导作业人员实施安装、拆卸作业。专项施工方案应根据塔式起重机说明书和作业场地的实际情况编制。并应符合国家现行相关标准的规定。专项施工方案应由本单位技术、安全、设备等部门审核、技术负责人审批后，经监理单位批准实施。

当多台塔式起重机在同一施工现场交叉作业时，应编制专项方案，并应采取防碰撞的安全措施。在塔式起重机的安装、使用及拆卸阶段，进入现场的作业人员必须佩戴，安全帽、防滑鞋、安全带等防护用品，无关人员进严禁人作业区域内。在安装、拆卸作业期间，应设警戒区。塔式起重机使用时，起重臂和吊物下方严禁有人停留；物件吊运时。严禁从人员上方通过。严禁用塔式起重机载运人员。

安装作业中应统一指挥，明确指挥信号。当视线受阻、距离过远时，应采用对讲机或多级指挥。雨雪、浓雾天气严禁进行安装作业。安装时塔式起重机最大高度处的风速应符合使用说明书的要求，且风速不得超过 12m/s。塔式起重机不宜在夜间进行安装作业；当需在夜间进行塔式起重机安装和拆卸作业时，应保证提供足够的照明。当遇有特殊情况安装作业不能连续进行时，必须将已安装的部位固定牢靠并达到安全状态，经检查确认无隐患后，方可停止作业。塔式起重机的安全装置必须设置齐全，并应按程序进行调试合格。安装单位自检合格后，应委托有相应资质的检验检测机构进行检测。检验检测机构应出具检测报告书。

塔式起重机使用前，应对起重司机、起重信号工、司索工等作业人员进行安全技术交底。作业中遇突发故障，应采取措施将吊物降落到安全地方，严禁吊物长时间悬挂在空中。遇有风速在12m/s及以上的大风或大雨、大雪、大雾等恶劣天气时，应停止作业。雨雪过后，应先经过试吊，确认制动器灵敏可靠后方可进行作业。夜间施工应有足够照明，照明的安装应符合现行行业标准《施工现场临时用电安全技术规范》JGJ 46—2005的要求。

每班作业应做好例行保养，并应做好记录。记录的主要内容应包括结构件外观、安全装置、传动机构、连接件、制动器、索具、夹具、吊钩、滑轮、钢丝绳、液位、油位、油压、电源、电压等。实行多班作业的设备，应执行交接班制度，认真填写交接班记录，接班司机经检查确认无误后，方可开机作业。塔式起重机应实施各级保养。转场时，应做转场保养，并应有记录。塔式起重机的主要部件和安全装置等应进行经常性检查，每月不得少于一次，并应有记录；当发现有安全隐患时，应及时进行整改。

塔式起重机拆卸作业宜连续进行；当遇特殊情况拆卸作业不能继续时，应采取措施保证塔式起重机处于安全状态。拆卸应先降节、后拆除附着装置。拆卸完毕后，为塔式起重机拆卸作业而设置的所有设施应拆除，清理场地上作业时所用的吊索具、工具等各种零配件和杂物。

吊具、索具在每次使用前应进行检查，经检查确认符合要求后，方可继续使用。当发现有缺陷时，应停止使用。吊具、索具每6个月应进行一次检查，并应做好记录。检验记录应作为继续使用、维修或报废的依据。钢丝绳严禁采用打结方式系结吊物。

4. 施工升降机

《施工升降机》GB/T 10054—2005规定，本标准适用于齿轮齿条式、钢丝绳式和混合式施工升降机。本标准不适用于电梯/矿井提升机、无导轨架的升降平台。

施工升降机是指用吊笼载人、载物沿导轨做上下运输的施工机械。齿轮齿条式施工升降机，是指采用齿轮齿条传动的施工升降机。钢丝绳式施工升降机，是指采用钢丝绳提升的施工升降机。混合式施工升降机，是指一个吊笼采用齿轮齿条传动，另一个吊笼彩钢丝绳提升的施工升降机。货用施工升降机，是指用于运载货物，禁止运载人员的施工升降机。人货两用施工升降机，是指用于运载人员及货物的施工升降机。

施工升降机应设置高度不低于1.8m的地面防护围栏，地面防护围栏应围成一周。围栏登机门的开启高度不应低于1.8m；围栏登机门应具有机械锁紧装置和电气安全开关，使吊笼只有位于底部规定位置时，围栏登机门才能开启，而在该门开启后吊笼不能起动，围栏门的电气安全开关可不装在围栏上。

每个吊笼上应装有渐进式防坠安全器（以下简称防坠安全器），不允许采用瞬时式安全器。额定载重量为200kg及以下、额定提升速度小于0.40m/s的施工升降机允许采用匀速式安全器。防坠安全器只能在有效的标定期限内使用，防坠安全器的有效标定期限不应超过两年。防坠安全器装机使用时，应按吊笼额定载重量进行坠落试验。以后至少每3个月应进行一次额定载重量的坠落试验。对重质量大于吊笼质量的施工升降机应加设对重的防坠安全器。防坠安全器在任何时候都应该起作用，包括安装和拆卸工况。

每个吊笼应装有上、下限位开关；人货两用施工升降机的吊笼还应装有极限开关。上、下限位开关可用自动复位型，切断的是控制回路；极限开关不允许用自动复位型，切断的是总电源。

人货两用施工升降机驱动吊笼的钢丝绳不应少于两根，且是相互独立的。钢丝绳的安全系数不应小于 12。钢丝绳直径不应小于 9mm。货用施工升降机驱动吊笼的钢丝绳允许用一根，其安全系数不应小于 8。额定载重量不大于 320kg 的施工升降机，钢丝绳直径不应小于 6mm；额定载重量大于 320kg 的施工升降机，钢丝绳直径不应小于 8mm。

5. 施工升降机安全规程

《施工升降机安全规程》GB 10055—2007 规定，本标准适用于《施工升降机》GB/T 10054—2005 所定义的施工升降机（包括齿轮齿条式和钢丝绳式）。本规程规定，吊笼应具有有效的装置使吊笼在导向装置失效时仍能保持在导轨上。有对重的施工升降机，当对重质量大于吊笼质量时，应有双向防坠安全器或对重防坠安全装置。

防坠安全器在施工升降机的接高和拆卸过程中应仍起作用。在非坠落试验的情况下，防坠安全器动作后，吊笼应不能运行。只有当故障排除，安全器复位后吊笼才能正常运行。作用于一个以上导向杆或导向绳的安全器，工作时应同时起作用。防坠安全器应防止由于外界物体侵入或因气候条件影响而不能正常工作。任何防坠安全器均不能影响施工升降机的正常运行。防坠安全器试验时，吊笼不允许载人。当吊笼装有两套或多套安全器时，都应采用渐进式安全器。防坠安全器只能在有效的标定期限内使用，有效标定期限不应超过一年。

施工升降机应设有限位开关、极限开关和防松绳开关。行程限位开关均应由吊笼或相关零件的运动直接触发。对于额定提升速度大于 0.7m/s 的施工升降机，还应设有吊笼上下运行减速开关，该开关的安装位置应保证在吊笼触发上下行程开关之前动作，使高速运行的吊笼提前减速。

施工升降机必须设置自动复位型的上、下行程限位开关。

齿轮齿条式施工升降机和钢丝绳式人货两用施工升降机必须设置极限开关，吊笼越程超出限位开关后，极限开关须切断总电源使吊笼停车。极限开关为非自动复位型的，其动作后必须手动复位才能使吊笼可重新启动。极限开关不应与限位开关共用一个触发元件。

施工升降机的对重钢丝绳或提升钢丝绳的绳数不少于两条且相互独立时，在钢丝绳组的一端应设置张力均衡装置，并装有由相对伸长量控制的非自动复位型的防松绳开关。当其中一条钢丝绳出现的相对伸长量超过允许值或断绳时，该开关将切断控制电路，吊笼停车。对采用单根提升钢丝绳或对重钢丝绳出现松绳时，防松绳开关立即切断控制电路，制动器制动。

施工升降机应装有超载保护装置，该装置应对吊笼内载荷、吊笼顶部载荷均有效。施工升降机应有主电路各相绝缘的手动开关，该开关应设在便于操作之处。开关手柄应能单向切断主电路且在"断开"的位置上可以锁住。

6. 建筑施工升降机安装、使用、拆卸安全技术规程

《建筑施工升降机安装、使用、拆卸安全技术规程》JGJ 215—2010 规定；本规程适用于房屋建筑工程、市政工程所用的齿轮齿条式、钢丝绳式人货两用施工升降机，不适用于电梯、矿井提升机、升降平台。

施工升降机安装单位应具备建设行政主管部门颁发的起重设备安装工程专业承包资质和建筑施工企业安全生产许可证。施工升降机安装、拆卸项目应配备与承担项目相适应的专业安装作业人员以及专业安装技术人员。施工升降机的安装拆卸工、电工、司机等应具有建筑施工特种作业操作资格证书。施工升降机使用单位应与安装单位签订施工升降机安装、拆卸合同，明确双方的安全生产责任。实行施工总承包的，施工总承包单位应与安装单位签订施工升降机安装、拆卸工程安全协议书。

施工升降机安装作业前，安装单位应编制施工升降机安装、拆卸工程专项施工方案，由安装单位技术负责人批准后，报送施工总承包单位或使用单位、监理单位审核，并告知工程所在地县级以上建设行政主管部门。

施工升降机安装前应对各部件进行检查。对有可见裂纹的构件应进行修复或更换，对有严重锈蚀、严重磨损、整体或局部变形的构件必须进行更换，符合产品标准的有关规定后方能进行安装。安装作业前，安装技术人员应根据施工升降机安装、拆卸工程专项施工方案和使用说明书的要求，对安装作业人员进行安全技术交底，并由安装作业人员在交底书上签字。有下列情况之一的施工升降机不得安装使用：

(1) 属国家明令淘汰或禁止使用的；

(2) 超过由安全技术标准或制造厂家规定使用年限的；

(3) 经检验达不到安全技术标准规定的；

(4) 无完整安全技术档案的；

(5) 无齐全有效的安全保护装置的。

施工升降机必须安装防坠安全器。防坠安全器应在一年有效标定期内使用。施工升降机应安装超载保护装置。超载保护装置在载荷达到额定载重量的110％前应能中止吊笼启动，在齿轮齿条式载人施工升降机载荷达到额定载重量的90％时应能给出报警信号。

施工升降机的安装作业范围应设置警戒线及明显的警示标志。非作业人员不得进入警戒范围。任何人不得在悬吊物下方行走或停留。进入现场的安装作业人员应佩戴安全防护用品，高处作业人员应系安全带，穿防滑鞋。作业人员严禁酒后作业。安装作业中应统一指挥，明确分工。危险部位安装时应采取可靠的防护措施。当指挥信号传递困难时，应使用对讲机等通信工具进行指挥。当遇大雨、大雪、大雾或风速大于13m/s（六级风）等恶劣天气时，应停止安装作业。

安装单位自检合格后，应经有相应资质的检验检测机构监督检验。检验合格后，使用单位应组织租赁单位、安装单位和监理单位等进行验收。实行施工总承包的，应由施工总承包单位组织验收。严禁使用未经验收或验收不合格的施工升降机。

施工升降机司机应持有建筑施工特种作业操作资格证书，不得无证操作。使用单位应对施工升降机司机进行书面安全技术交底，交底资料应留存备查。严禁施工升降机使用超过有效标定期的防坠安全器。施工升降机额定载重量、额定乘员数标牌应置于吊笼醒目位置。严禁在超过额定载重量或额定乘员数的情况下使用施工升降机。应在施工升降机作业范围内设置明显的安全警示标志，应在集中作业区做好安全防护。当遇大雨、大雪、大雾、施工升降机顶部风速大于20m/s或导轨架、电缆表面结有冰层时，不得使用施工升降机。在施工升降机基础周边水平距离5m以内，不得开挖井，不得堆放易燃易爆物品及其他杂物。

施工升降机司机严禁酒后作业。工作时间内司机不应与其他人员闲谈，不应有妨碍施工升降机运行的行为。施工升降机司机应遵守安全操作规程和安全管理制度。实行多班作业的施工升降机，应执行交接班制度，交班司机应按本规程填写交接班记录表。接班司机应进行班前检查，确认无误后，方能开机作业。施工升降机使用过程中，运载物料的尺寸不应超过吊笼的界限。吊笼上的各类安全装置应保持完好有效。经过大雨、大雪、台风等恶劣天气后应对各安全装置进行全面检查，确认安全有效后方能使用。当在施工升降机运行中发现异常情况时，应立即停机，直到排除故障后方能继续运行。作业结束后应将施工升降机返回最底层停放，将各控制开关拨到零位，切断电源、锁好开关箱、吊笼门和地面防护围栏门。当遇到可能影响施工升降机安全技术性能的自然灾害、发生设备事故或停工6个月以上时，应对施工升降机重新组织检查验收。严禁在施工升降机运行中进行保养、维修作业。

施工升降机拆卸作业应符合拆卸工程专项施工方案的要求。应有足够的工作面作为拆卸场地，应在拆卸场地周围设置警戒线和醒目的安全警示标志，并应派专人监护。拆卸施工升降机时不得在拆卸作业区域内进行与拆卸无关的其他作业。夜间不得进行施工升降机的拆卸作业。施工升降机拆卸应连续作业。当拆卸作业不能连续完成时，应根据拆卸状态采取相应的安全措施。吊笼未拆除之前，非拆卸作业人员不得在地面防护围栏内、施工升降机运行通道内、导轨架内以及附墙架上等区域活动。

7. 龙门架及井架物料升降机安全技术规范

《龙门架及井架物料升降机安全技术规范》JGJ 88—2010规定，本规范适用于建筑工程和市政工程所使用的以卷扬机或曳引机为动力、吊笼沿导轨垂直运行的物料提升机的设计、制作、安装、拆除及使用。不适用于电梯、矿井提升机及升降平台。

物料提升机额定起重量不宜超过160kN，安装高度不宜超过30m。当安装高度超过30m时，物料提升机除应具有起重量限制、防坠保护、停层及限位功能外，尚应符合下列规定：

（1）吊笼应有自动停层功能，停层后吊笼底板与停层平台的垂直高度偏差不应超过30mm；

（2）防坠安全器应为渐进式；

（3）应具有自升降安拆功能；

（4）应具有语音及影像信号。

安装、拆除物料提升机的单位应具备下列条件：

（1）安装、拆除单位应具有起重机械安拆资质及安全生产许可证；

（2）安装、拆除作业人员必须经专门培训，取得特种作业资格征。

物料提升机安装、拆除前，应根据工程实际情况编制专项安装、拆除方案，且应经安装、拆除单位技术负责人审批后实施。专项安装、拆除方案应具有针对性、可操作性，并应包括下列内容：

（1）工程概况；

（2）编制依据；

（3）安装位置及示意图；

（4）专业安装、拆除技术人员的分工及职责；

（5）辅助安装、拆除起重设备的型号、性能、参数及位置；

（6）安装、拆除的工艺程序和安全技术措施；

（7）主要安全装置的调试及试验程序。

安装作业前的准备，应符合下列规定：

(1) 物料提升机安装前，安装负责人应依据专项安装方案对安装作业人员进行安全技术交底；

(2) 应确认物料提升机的结构、零部件和安全装置经出厂检验，并符合要求；

(3) 应确认物料提升机的基础已验收，并符合要求；

(4) 应确认辅助安装起重设备及工具经检验检测，并符合要求；

(5) 应明确作业警戒区，并设专人监护。

基础的位置应保证视线良好，物料提升机任意部位与建筑物或其他施工设备间的安全距离不应小于 0.6m；与外电线路的安全距离应符合现行行业标准《施工现场临时用电安全技术规范》JGJ 46—2005 的规定。钢丝绳宜设防护槽，槽内应设滚动托架，且应采用钢板网将槽口封盖。钢丝绳不得拖地或浸泡在水中。

物料提升机安装完毕后，应由工程负责人组织安装单位、使用单位、租赁单位和监理单位等对物料提升机安装质量进行验收，并应按规范填写验收记录。物料提升机验收收合格后，应在导轨架明显处悬挂验收合格标志牌。

拆除作业前，应对物料提升机的导轨架、附墙架等部位进行检查，确认无误后方能进行拆除作业。拆除作业应先挂吊具、后拆除附墙架或缆风绳及地脚螺栓。拆除作业中，不得抛掷构件。拆除作业宜在白天进行，夜间作业应有良好的照明。

使用单位应建立设备档案，档案内容应包括下列项目：

(1) 安装检测及验收记录；

(2) 大修及更换主要零部件记录；

(3) 设备安全事故记录；

(4) 累计运转记录。

物料提升机必须由取得特种作业操作证的人员操作。物料提升机严禁载人。物料应在吊笼内均匀分布，不应过度偏载。不得装载超出吊笼空间的超长物料，不得超载运行。在任何情况下，不得使用限位开关代替控制开关运行。

物料提升机每班作业前司机应进行作业前检查，确认无误后方可作业。应检查确认下列内容：

(1) 制动器可靠有效；

(2) 限位器灵敏完好；

(3) 停层装置动作可靠；

(4) 钢丝绳磨损在允许范围内；

(5) 吊笼及对重导向装置无异常；

(6) 滑轮、卷筒防钢丝绳脱槽装置可靠有效；

(7) 吊笼运行通道内无障碍物。当发生防坠安全器制停吊笼的情况时，应查明制停原因，排除故障，并应检查吊笼、导轨架及钢丝绳，应确认无误并重新调整防坠安全器后运行。

物料提升机夜间施工应有足够照明，照明用电应符合现行行业标准《施工现场临时用电安全技术规范》JGJ 46—2005 的规定。物料提升机在大雨、大雾、风速 13m/s 及以上大风等恶劣天气时，必须停止运行。作业结束后，应将吊笼返回最底层停放，控制开关扳至零位，并应切断电源，锁好开关箱。

8. 建筑起重机械安全评估技术规程

《建筑起重机械安全评估技术规程》JGJ/T 189—2009 规定，本规程适用于建设工程使用的塔式起重机、施工升降机等建筑起重机械的安全评估。

安全评估是指对建筑起重机械的设计、制造情况进行了解，对使用保养情况记录检查，对钢结构的磨损、锈蚀、裂纹、变形等损伤情况进行检查与测量，并按规定对整机安全性能进行载荷试验，由此分析判别其安全度，作出合格或不合格结论的活动。

塔式起重机和施工升降机有下列情况之一的应进行安全评估：

（1）塔式起重机：630kN·m 以下（不含 630kN·m）、出厂年限超过 10 年（不含 10 年）；630～1250 kN·m（不含 1250kN·m）、出厂年限超过 15 年（不含 15 年）；1250kN·m 以上（含 1250kN·m），出厂年限超过 20 年（不含 20 年）；

（2）施工升降机：出厂年限超过 8 年（不含 8 年）的 SC 型施工升降机；出厂年限超过 5 年（不含 5 年）的 SS 型施工升降机。对超过设计规定相应载荷状态允许工作循环次数的建筑起重机械，应作报废处理。

安全评估程序应符合下列要求：

（1）设备产权单位应提供设备安全技术档案资料。设备安全技术档案资料应包括特种设备制造许可证、制造监督检验证明、出厂合格证、使用说明书、备案证明、使用履历记录等，并应符合本规程的要求；

（2）在设备解体状态下，应对设备外观进行全面目测检查，对重要结构件及可疑部位应进行厚度测量、直线度测量及无损检测等；

（3）设备组装调试完成后，应对设备进行载荷试验；

（4）根据设备安全技术档案资料情况、检查检测结果等，应依据本规程及有关标准要求，对设备进行安全评估判别，得出安全评估结论及有效期并出具安全评估报告；

（5）应对安全评估后的建筑起重机械进行唯一性标识。

塔式起重机和施工升降机安全评估的最长有效期限应符合下列规定：

（1）塔式起重机：630kN·m 以下（不含 630kN·m）评估合格最长有效期限为 1 年；630～1250 kN·m（不含 1250kN·m）评估合格最长有效期限为 2 年；1250kN·m 以上（含 1250kN·m）评估合格最长有效期限为 3 年；

（2）施工升降机：SC 型评估合格最长有效期限为 2 年；SS 型评估合格最长有效期限为 1 年。设备产权单位应持评估报告到原备案机关办理相应手续。

安全评估机构应对评估后的建筑起重机进行"合格"、"不合格"的标识。标识必须具有唯一性，并应置于重要结构件的明显部位。设备产权单位应注意对评估标识的保护。经评估为合格或不合格的建筑起重机械，设备产权单位应在建筑起重机械的标牌和司机室等部位挂牌明示。

1.6.7 建筑机械设备使用安全技术规程的要求

建筑机械设备使用安全技术规程主要有《建筑机械使用安全技术规程》JGJ 33—2012、《施工现场机械设备检查技术规程》JGJ 160—2008 等。

1. 建筑机械使用安全技术规程

《建筑机械使用安全技术规程》JGJ 33—2012 规定，本规程适用于建筑安装、工业生产及维修企业中各种类型建筑机械的使用。

操作人员应体检合格，无妨碍作业的疾病和生理缺陷，并应经过专业培训、考核合格取得建设行政主管部门颁发的操作证或公安部门颁发的机动车驾驶执照后，方可持证上岗。学员应在专人指导下进行工作。操作人员在作业过程中，应集中精力正确操作，注意机械工况，不得擅自离开工作岗位或将机械交给其他无证人员操作。严禁无关人员进入作业区或操作室内。操作人员应遵守机械有关保养规定，认真及时做好各级保养工作，经常保持机械的完好状态。实行多班作业的机械，应执行交接班制度，认真填写交接班记录；接班人员经检查确认无误后，方可进行工作。在工作中操作人员和配合作业人员必须按规定穿戴劳动保护用品，长发应束紧不得外露，高处作业时必须系安全带。

现场施工负责人应为机械作业提供道路、水电、机棚或停机场地等必备的条件，并消除对机械作业有妨碍或不安全的因素。夜间作业应设置充足的照明。机械进入作业地点后，施工技术人员应向操作人员进行施工任务和安全技术措施交底。操作人员应熟悉作业环境和施工条件，听从指挥，遵守现场安全规则。机械必须按照出厂使用说明书规定的技术性能、承载能力和使用条件，正确操作，合理使用，严禁超载作业或任意扩大使用范围。机械上的各种安全防护装置及监测、指示、仪表、报警等自动报警、信号装置应完好齐全，有缺损时应及时修复。安全防护装置不完整或已失效的机械不得使用。机械不得带病运转。运转中发一不正常时，应先停机检查，排除故障后方可使用。

凡违反本规程的作业命令，操作人员应先说明理由后可拒绝执行。由于发令人强制违章作业而造成事故者，应追究发令人的责任，直至追究刑事责任。机械集中停放的场所，应有专人看管，并应设置消防器材及工具；大型内燃机械应配备灭火器；机房、操作室及机械四周不得堆放易燃、易爆物品。变配电所、乙炔站、氧气站、空气压缩机房、发电机房、锅炉房等易于发生危险的场所，应在危险区域界限处，设置围栅和警告标志，非工作人员未经批准不得入内。挖掘机、起重机、打桩机等重要作业区域，应设立警告标志及采取现场安全措施。在机械产生对人体有害的气体、液体、尘埃、渣滓、放射性射线、振动、噪声等场所，必须配置相应的安全保护设备和三废处理装置；在隧道、沉井基础施工中，应采取措施，使有害物限制在规定的限度内。使用机械与安全生产发生矛盾时，必须首先服从安全要求。停用一个月以上或封存的机械，应认真做好停用或封存前的保养工作，并应采取预防风沙、雨淋、水泡、锈蚀等措施。

当机械发生重大事故时，企业各级领导必须及时上报和组织抢救，保护现场，查明原因、分清责任、落实及完善安全措施，并按事故性质严肃处理。

（1）动力与电气装置。动力与电气装置包括内燃机、发电机、电动机、空气压缩机、10kV 以下配电装置、手持电动工具等。

固定式动力机械应安装在室内符合规定的基础上，移动式动力机械应处于水平状态，放置稳固。内燃机机房应有良好的通风，周围应有 1m 以上的通道，排气管必须引出室外，并不得与可燃物接触。室外使用动力机械应搭设机棚。

电气设备的金属外壳应采用保护接地或保护接零，并应符合下列要求：

1）保护接地：中性点不直接接地系统中的电气设备应采用保护接地，接地网接地电阻不宜大于 4Ω（在高土壤电阻率地区，应遵照当地供电部分的规定）；

2) 保护接零：中性点直接接地系统中的电气设备应采用保护接零。

在同一供电系统中，不得将一部分电气设备作保护接地，而将另一部分电气设备作保护接零。在保护接零的零线上不得装设开关或熔断器。严禁利用大地作工作零线，不得借用机械本身金属结构作工作零线。电气设备的每个保护接地或保护接零点必须用单独的接地（零）线与接地干线（或保护零线）相连接。严禁在一个接地（零）线中串接几个接地（零）点。

电气装置遇跳闸时，不得强行合闸。应查明原因，排除故障后方可再行合闸。严禁带电作业或采用预约停送电时间的方式进行电气检修。检修前必须先切断电源并在电源开关上挂"禁止合闸，有人工作"的警告牌。警告牌的挂、取应有专人负责。各种配电箱、开关箱应配备安全锁，箱内不得存放任何其他物件并应保持清洁。非本岗位作业人员不得擅自开箱合闸。每班工作完毕后，应切断电源，锁好箱门。清洗机电设备时，不得将水冲到电气设备上。

发生人身触电时，应立即切断电源，然后方可对触电者作紧急救护。严禁在未切断电源之前与触电者直接接触。电气设备或线路发生火警时，应首先切断电源，在未切断电源之前，不得使身体接触导线或电气设备，也不得用水或泡沫灭火机进行灭火。

(2) 起重吊装机械。起重吊装机械包括履带式起重机，汽车、轮胎式起重机，塔式起重机，桅杆式起重机，门式、桥式起重机与电动葫芦、卷扬机等。

操作人员在作业前必须对工作现场环境、行驶道路、架空电线、建筑物以及构件重量和分布情况进行全面了解。现场施工负责人应为起重机作业提供足够的工作场地，清除或避开起重臂起落及回转半径内的障碍物。

各类起重机应装有音响清晰的喇叭、电铃或汽笛等信号装置。在起重臂、吊钩、平衡重等转动体上应标以鲜明的色彩标志。起重吊装的指挥人员必须持证上岗，作业时应与操作人员密切配合，执行规定的指挥信号。操作人员应按照指挥人员的信号进行作业，当信号不清或错误时，操作人员可拒绝执行。操纵室远离地面的起重机，在正常指挥发生困难时，地面及作业层（高空）的指挥人员均应采用对讲机等有效的通讯联络进行指挥。在露天有六级及以上大风或大雨、大雪、大雾等恶劣天气时，应停止起重吊装作业。雨雪过后作业前，应先试吊，确认制动器灵敏可靠后方可进行作业。

起重机的变幅指示器、力矩限制器、起重量限制器以及各种行程限位开关等安全保护装置，应完好齐全、灵敏可靠，不得随意调整或拆除。严禁利用限制器和限位装置代替操纵机构。操作人员进行起重机回转、变幅、行走和吊钩升降等动作前，应发出音响信号示意。起重机作业时，起重臂和重物下方严禁有人停留、工作或通过。重物吊运时，严禁从人上方通过。严禁用起重机载运人员。

操作人员应按规定的起重性能作业，不得超载。在特殊情况下需超载使用时，须经过验算，有保证安全的技术措施，并写出专题报告，经企业技术负责人批准，有专人在现场监护下，方可作业。严禁使用起重机进行斜拉、斜吊和起吊地下埋设或凝固在地面上的重物以及其他不明重量的物体。现场浇注的混凝土构件或模板，必须全部松动后方可起吊。起吊重物应绑扎平稳、牢固，不得在重物上再堆放或悬挂零星物件。易散落物件应使用吊笼栅栏固定后方可起吊。标有绑扎位置的物件，应按标记绑扎后起吊。吊索与物件的夹角宜采用 45°～60°，且不得小于 30°，吊索与物件棱角之间应加垫块。

起吊载荷达到起重机额定起重量的 90% 及以上时，应先将重物离地面 200～500mm 后，检查起重机的稳定性，制动器的可靠性，重物的平稳性，绑扎的牢固性，确认无误后方可继续起吊。对易晃动的重物应拴好拉绳。重物起升和下降速度应平稳、均匀，不得突然制动。左右回转应平稳，当回转未停稳前不得作反向动作。非重力下降式起重机，不得带载自由下降。严禁起吊重物长时间悬挂在空中，作业中遇突发故障，应采取措施将重物降落到安全地方，并关闭发动机或切断电源后进行检修。在突然停电时，应立即把所有控制器按到零位，断开电源总开关，并采取措施使重物降到地面。

起重机不得靠近架空输电线路作业。起重机使用的钢丝绳，应有钢丝绳制造厂签发的产品技术性能和质量的证明文件。当无证明文件时，必须经过试验合格后方可使用。起重机使用的钢丝绳，其结构形式、规格及强度应符合该型起重机使用说明书的要求。钢丝绳与卷筒应连接牢固，放出钢丝绳时，卷筒上应至少保留三圈，收放钢丝绳时应防止钢丝绳打环、扭结、弯折和乱绳，不得使用扭结、变形的钢丝绳。使用编结的钢丝绳，其编结部分在运行中不得通过卷筒和滑轮。每班作业前，应检查钢丝绳及钢丝绳的连接部位。向转动的卷筒上缠绕钢丝绳时，不得用手拉或脚踩来引导钢丝绳。钢丝绳涂抹润滑脂，必须在停止运转后进行。

起重机的吊钩和吊环严禁补焊。当出现下列情况之一时应更换：

1）表面有裂纹、破口；

2）危险断面及钩颈有永久变形；

3）挂绳处断面磨损超过高度 10%；

4）吊钩衬套磨损超过原厚度 50%；

5）心轴（销子）磨损超过其直径的 3%～5%。当超重机制动器的制动鼓表面磨损达 1.5～2.0mm（小直径取小值，大直径取大值）时，应更换制动鼓。同样，当起重机制动器的制动带磨损超过原厚度 50% 时，应更换制动带。

（3）土石方机械。土石方机械包括单斗挖掘机、挖掘装载机、推土机、拖式铲运机、自行式铲运机、静作用压路机、振动压路机、平地机、轮胎式装载机、蛙式夯实机、振动冲击夯、风动凿岩机、电动凿岩机、凿岩台车、装岩机、潜孔钻机、锻钎机、磨钎机、通风机等。

机械进入现场前，应查明行驶路线上的桥梁、涵洞的上部净空和下部承载能力，保证机械安全通过。作业前，应查明施工场地明、暗设置物（电线、地下电缆、管道、坑等）的地点及走向，并采用明显记号表示。严禁在离电缆 1m 距离以内作业。作业中，应随时监视机械各部位的运转及仪表指示值，如发现异常，应立即停机检修。机械运行中，严禁接触转动部位和进行检修。在修理（焊、铆等）工作装置时，应使其降到最低位置，并应在悬空部位垫上垫木。

在电杆附近取土时，对不能取消的拉线、地垄和杆身，应留出土台。上台半径：电杆应为 1.0～1.5m，拉线应为 1.5～2.0m，并应根据土质情况确定坡度。机械不得靠近架空输电线路作业，并应按照本规程的规定留出安全距离。机械通过桥梁时，应采用低速档慢行，在桥面上不得转向或制动。承载力不够的桥梁，事先应采取加固措施。

在施工中遇下列情况之一时应立即停工，待符合作业安全条件时，方可继续施工：

1）填挖区土体不稳定，有发生坍塌危险时；

2）气候突变，发生暴雨、水位暴涨或山洪暴发时；

3）爆破警戒区内发出爆破信号时；

4）地面涌水冒泥，出现陷车或因雨发生坡道打滑时；

5）工作面净空不足以保证安全作业时；

6）施工标志、防护设施损毁失效时。

配合机械作业的清底、平地、修坡等人员，应在机械回转半径以外工作。当必须在回转半径以内工作时，应停止机械回转并制动好后，方可作业。雨季施工，机械作业完毕后，应停放在较高的坚实地面上。当挖土深度超过5m或发现有地下水以及土质发生特殊变化等情况时，应根据土的实际性能计算其稳定性，再确定边坡坡度。当对石方或冻土进行爆破作业时，所有人员、机具应撤至安全地带或采取安全保护措施。

（4）水平和垂直运输机械。水平和垂直运输机械包括载重汽车，自卸汽车，平板拖车，油罐车，散装水泥车，机动翻斗车，皮带输送机，叉车、井架式、平台式起重机，自立式起重架，施工升降机等。

运送超宽、超高和超长物件前，应制定妥善的运输方法和安全措施，并必须符合本规程的规定。启动前应进行重点检查。灯光、喇叭、指示仪表等应齐全完整；燃油、润滑油、冷却水等应添加充足；各连接件不得松动；轮胎气压应符合要求，确认无误后，方可启动。燃油箱应加锁。

在泥泞、冰雪道路上行驶时，应降低车速，宜沿前车车迹前进，必要时应加装防滑链。车辆涉水过河时，应先探明水深、流速和水底情况，水深不得超过排水管或曲轴皮带盘，并应低速直线行驶，不得在中途停车或换档。涉水后，应缓行一段路程，轻踏制动器使浸水的制动蹄片上水分蒸发掉。通过危险地区或狭窄便桥时，应先停车检查，确认可以通过后，应由有经验人员指挥前进。在车底下进行保养、检修时，应将内燃机熄火、拉紧手制动器并将车轮楔牢。车辆经修理后需要试车时，应由合格人员驾驶，车上不得载人、载物，当需在道路上试车时，应挂交通管理部门颁发的试车牌照。

载重汽车不得人货混装。因工作需要搭人时，人不得在货物之间或货物与前车厢板间隙内。严禁攀爬或坐卧在货物上面。运载易燃、有毒、强腐蚀等危险品时，其装载、包装、遮盖必须符合有关的安全规定，并应备有性能良好、有效期内的灭火器。途中停放应避开火源、火种、居民区、建筑群等，炎热季节应选择阴凉处停放。装卸时严禁火种。除必要的行车人员外，不得搭乘其他人员。严禁混装备用燃油。装运易爆物资或器材时，车厢底面应垫有减轻货物振动的软垫层。装载重量不得超过额定载重量的70%。装运炸药时，层数不得超过两层。

油罐车应配备专用灭火器，并应加装拖地铁链和避电杆。行驶时，拖地铁链应接触地面；加油或放油时，必须将避电杆插进潮湿地内。油罐车工作人员不得穿有铁钉的鞋。严禁在油罐附近吸烟，并严禁火种。在检修过程中，操作人员如需要进入油罐时，严禁携带火种，并必须有可靠的安全防护措施，罐外必须有专人监护。车上所有电气装置，必须绝缘良好，严禁有火花产生。车用工作照明应为36V以下的安全灯。

（5）桩工及水工机械。桩工及水工机械包括柴油打桩锤、振动桩锤、履带式打桩机（三支点式）、静力压桩机、强夯机械、转盘钻孔机、螺旋钻孔机、全套管钻机、离心水泵、潜水泵、深井泵、泥浆泵等。

打桩机类型应根据桩的类型、桩长、桩径、地质条件、施工工艺等综合考虑选择。打桩作业前，应由施工技术人员向机组人员进行安全技术交底。施工现场应按地基承载力不小于83kPa的要求进行整平压实。在基坑和围堰内打桩，应配置足够的排水设备。打桩机作业区内应无高压线路。作业区应有明显标志或围栏，非工作人员不得进入。桩锤在施打过程中，操作人员必须在距离桩锤中心5m以外监视。机组人员作登高检查或维修时，必须系安全带；工具和其他物件应放在工具包内，高空人员不得向下随意抛物。

水上打桩时，应选择排水量比桩机重量大四倍以上的作业船或牢固排架，打桩机与船体或排架应可靠固定，并采取有效的锚固措施。当打桩船或排架的偏斜度超过3°时，应停止作业。安装时，应将桩锤运到立柱正前方2m以内，并不得斜吊。吊桩时，应在桩上拴好拉绳。不得与桩锤或机架碰撞。严禁吊桩、吊锤、回转或行走等动作同时进行。打桩机在吊有桩和锤的情况下，操作人员不得离开岗位。插桩后，应及时校正桩的垂直度。桩入土3m以上时，严禁用打桩机行走或回转动作来纠正桩的倾斜度。

卷扬钢丝绳应经常润滑，不得干摩擦。钢丝绳的使用及报废标准应执行规程的规定。作业中，当停机时间较长时，应将桩锤落下垫好。检修时不得悬吊桩锤。遇有雷雨、大雾和六级及以上大风等恶劣气候时，应停止一切作业。当风力超过七级或有风暴警报时，应将打桩机顺风向停置，并应增加缆风绳，或将桩立柱放倒地面上。立柱长度在27m及以上时，应提前放倒。作业后，应将打桩机停放在坚实平整的地面上，将桩锤落下垫实，并切断动力电源。

（6）混凝土机械。混凝土机械包括混凝土搅拌机，混凝土搅拌站，混凝土搅拌输送车，混凝土泵，混凝土泵车，混凝土喷射机，插入式振动器，附着式、平板式振动器，混凝土真空吸水泵，液压滑升设备等。

作业场地应有良好的排水条件，机械近旁应有水源，机棚内应有良好的通风、采光及防雨、防冻设施，并不得有积水。固定式机械应有可靠的基础，移动式机械应在平坦的地坪上用方木或撑架架牢，并应保持水平。作业后，应及时将机内、水箱内、管道内的存料、积水放尽，并应清洁保养机械，清理工作场地，切断电源，锁好开关箱。

（7）钢筋加工机械。钢筋加工机械包括钢筋调直切断机、钢筋切断机、钢筋弯曲机、钢筋冷拉机、预应力钢丝拉伸设备、冷镦机、钢筋冷拔机、钢筋冷挤压连接机等。

机械的安装应坚实稳固，保持水平位置。固定式机械应有可靠的基础；移动式机械作业时应楔紧行走轮。室外作业应设置机棚，机旁应有堆放原料、半成品的场地。加工较长的钢筋时，应有专人帮扶，并听从操作人员指挥，不得任意推拉。作业后，应堆放好成品，清理场地，切断电源，锁好开关箱，做好润滑工作。

（8）装修机械。装修机械包括灰浆搅拌机，柱塞式、隔膜式灰浆泵，挤压式灰浆泵，喷浆机，高压无气喷涂机，水磨石机，混凝土切割机等。

装修机械上的刀具、胎具、模具、成型辊轮等应保证强度和精度，刃磨锋利，安装稳妥，紧固可靠。装修机械上外露的传动部分应有防护罩，作业时，不得随意拆卸。装修机械应安装在防雨、防风沙的机棚内。长期搁置再用的机械，在使用前必须测量电动机绝缘电阻，合格后方可使用。

（9）钣金和管工机械。钣金和管工机械包括咬口机、法兰卷圆机、仿形切割机、圆盘下料机、折板机、套丝切管机、弯管机、坡口机等。

钣金和管工机械上的刃具、胎、模具等强度和精度应符合要求，刃磨锋利，安装稳固，紧固可靠。钣金和管工机械上的传动部分应设有防护罩，作业时，严禁拆卸。机械均应安装在机棚内。作业时，非操作和辅助人员不得在机械四周停留观看。作业后，应切断电源，锁好电闸箱，并做好日常保养工作。

（10）铆焊设备。铆焊设备包括风动铆接工具、电动液压铆接钳、交流电焊机、旋转式直流电焊机、硅整流直流焊机、氩弧焊机、二氧化碳气体保护焊、等离子切割机、埋弧焊机、竖向钢筋电渣压力焊机、对焊机、点焊机、气焊设备等。

铆焊设备上的电器、内燃机、电机、空气压缩机等应有完整的防护外壳，一、二次接线柱处应有保护罩。焊接操作及配合人员必须按规定穿戴劳动防护用品，并采取防止触电、高空坠落、瓦斯中毒和火灾等事故的安全措施。现场使用的电焊机，应设有防雨、防潮、防晒的机棚，并应装设相应的消防器材。施焊现场 10m 范围内，不得堆放油类、木材、氧气瓶、乙炔发生器等易燃、易爆物品。当长期停用的电焊机恢复使用时，其绝缘电阻不得小于 $0.5M\Omega$，接线部分不得有腐蚀和受潮现象。

电焊机导线应具有良好的绝缘，绝缘电阻不得小于 $1M\Omega$，不得将电焊机导线放的高温物体附近。电焊机导线和接地线不得搭在易燃、易爆和带有热源的物品上，接地线不得接在管道、机械设备和建筑物金属构架或轨道上，接地电阻不得大于 4Ω。严禁利用建筑物的金属结构、管道、轨道或其他金属物体搭接起来形成焊接回路。电焊钳应有良好的绝缘和隔热能力。电焊钳握柄必须绝缘良好，握柄与导线联结应牢靠，接触良好，联结处应采用绝缘布包好并不得外露。操作人员不得用胳膊夹持电焊钳。电焊导线长度不宜大于30m。当需要加长导线时，应相应增加导线的截面。当导线通过道路时，必须架高或穿入防护管内埋设在地下；当通过轨道时，必须从轨道下面通过。当导线绝缘受损或断股时，应立即更换。

对承压状态的压力容器及管道、带电设备、承载结构的受力部位和装有易燃、易爆物品的容器严禁进行焊接和切割。当需施焊受压容器、密封容器、油桶、管道、沾有可燃气体和溶液的工件时，应先清除容器及管道内压力，消除可燃气体和溶液，然后冲洗有毒、有害、易燃物质；对存有残余油脂的容器，应先用蒸汽、碱水冲洗，并打开盖口，确认容器清洗干净后，再灌满清水方可进行焊接。在容器内焊接应采取防止触电、中毒和窒息的措施。焊、割密封容器应留出气孔，必要时在进、出气口处装设通风设备；容器内照明电压不得超过 12V，焊工与焊件间应绝缘；容器外应设专人监护。严禁在已喷涂过油漆和塑料的容器内焊接。

焊接铜、铝、锌、锡等有色金属时，应通风良好，焊接人员应戴防毒面罩、呼吸滤清器或采取其他防毒措施。当焊接预热焊件温度达150～700℃时，应设挡板隔离焊件发出的辐射热，焊接人员应穿戴隔热的石棉服装和鞋、帽等。高空焊接或切割时，必须系好安全带，焊接周围和下方应采取防火措施，并应有专人监护。雨天不得在露天电焊。在潮湿地带作业时，操作人员应站在铺有绝缘物品的地方，并应穿绝缘鞋。应按电焊机额定焊接电流和暂载率操作，严禁过载。在载荷运行中，应经常检查电焊机的温升，当温升超过A级60℃、B级80℃时，必须停止运转并采取降温措施。当清除焊缝焊渣时，应戴防护眼镜，头部应避开敲击焊渣飞溅方向。

2. 施工现场机械设备检查技术规程

《施工现场机械设备检查技术规程》JGJ 160—2008 规定，施工现场机械设备使用单位应建立健全施工现场机械设备安全使用管理制度和岗位责任制度，并应对现场机械设备进行检查。

发电机组电源必须与外电线路电源连锁，严禁与外电线路并列运行；当 2 台及 2 台以上发电机组并列运行时，必须装设同步装置，并应在机组同步后再向负载供电。施工现场的电动空气压缩机电动机的额定电压应与电源电压等级相符。

固定式空气压缩机应安装在室内符合规定的基础上，并应高出室内地面 0.25～0.30m。移动式空气压缩机应处于水平状态，放置稳固，其拖车应可靠接地，工作前应将前后轮卡住，不应有窜动。室外使用的空气压缩机应搭设防护棚。

施工现场临时用电的电力系统严禁利用大地和动力设备金属结构体作相线或工作零线。保护零线上不应装设开关或熔断器，不应通过工作电流，且不应断线。用电设备的保护地线或保护零线应并联接地，严禁串联接地或接零。每台用电设备应有各自专用的开关箱，严禁用同一个开关箱直接控制 2 台及 2 台以上用电设备（含插座）。

土方及筑路机械主要工作性能应达到使用说明书中各项技术参数指标。技术资料应齐全；机械的使用、维修、保养、事故记录应及时、准确、完整、字迹清晰。机械在靠近架空高压输电线路附近作业或停放时，与架空高压输电线路之间的距离应符合国家现行标准《施工现场临时用电安全技术规范》JGJ 46—2005 的规定。

桩工机械主要工作性能应达到说明书中所规定的各项技术参数。打桩机操、指挥人员应持有效证件上岗。桩工机械使用的钢丝绳、电缆、夹头、螺栓等材料及标准件应有制造厂签发的出厂产品合格证、质量保证书、技术性能参数等文件。桩工机械外观应整洁，不应有油污、锈蚀、漏油、漏气、漏电、漏水。

各类起重机应装有音响清晰的喇叭、电铃或汽笛等信号装置；在起重臂、吊钩、平衡臂等转动体上应标以明显的色彩标志。起重机的变幅指示器、力矩限制器、起重量限制器以及各种行程限位开关等安全保护装置，应完好齐全、灵敏可靠，不应随意调整或拆除；严禁利用限制器和限位装置代替操纵机构。

固定式混凝土机械应有良好的设备基础，移动式混凝土机械应安放在平坦坚实的地坪上，地基承载力应能承受工作荷载和振动荷载，其场地周边应有良好的排水条件。

焊接机械的用电应符合国家现行标准《施工现场临时用电安全技术规范》JGJ 45—2005 的有关规定；焊接机械的零部件应完整，不应有缺损。安全防护装置应齐全、有效；漏电保护器参数应匹配，安装应正确，动作应灵敏可靠；接地（接零）应良好，应配装二次侧漏电保护器。

钢筋加工机械的安全防护应符合下列规定：

（1）安全防护装置及限位应齐全、灵敏可靠，防护罩、板安装应牢固，不应破损；

（2）接地（接零）应符合用电规定，接地电阻不应大于 4Ω；

（3）漏电保护器参数应匹配，安装应正确，动作应灵敏可靠；电气保护（短路、过载、失压）应齐全有效。

木工机械及其他机械的整机应符合下列规定：

（1）机械安装应坚实稳固，保持水平位置；

（2）金属结构不应有开焊、裂纹；

（3）机构应完整，零部件应齐全，连接应可靠；

（4）外观应清洁，不应有油垢和明显锈蚀；

（5）传动系统运转应平稳，不应有异常冲击、振动、爬行、窜动、噪声、超温、超压，传动皮带应完好，不应破损，松紧应适度；

（6）变速系统换档应自如，不应有跳档，各档速度应正常；

（7）操作系统应灵敏可靠，配置操作按钮、手轮、手柄应齐全，反应应灵敏，各仪表指示数据应准确；

（8）各导轨及工作面不应严重磨损、碰伤、变形；

（9）刀具安装应牢固，定位应准确有效；

（10）积尘装置应完好，工作应可靠。

装修机械整机应符合下列规定：

（1）金属结构不应有开焊、裂纹；

（2）零部件应完整，随机附件应齐全；

（3）外观应清洁，不应有油垢和明显锈蚀；

（4）传动系统运转应平稳．不应有异常冲击、振动、爬行、窜动、噪声、超温、超压；

（5）传动皮带应齐全完好，松紧应适度；

（6）操作系统应灵敏可靠，各仪表指示数据应准确。

掘进机械应按照使用说明书规定的技术性能和使用条件合理使用，严禁任意扩大使用范围。隧道施工应加强电器的绝缘，选用特殊绝缘构造的加强型电器，或选用额定电压高一级的电器；在有瓦斯的隧道中应设有防护措施；高海拔地区应选用高原电器设备。盾构机的选用应与周围岩土条件相适应。

1.6.8 建筑施工模板安全技术规范的要求

《建筑施工模板安全技术规范》JGJ 162—2008规定，本规范适用于建筑施工中现浇混凝土工程模板体系的设计、制作、安装和拆除。

模板体系，是指由面板、支架和连接件三部分系统组成的体系，可简称为"模板"。模板材料选用主要有钢材、冷弯薄壁型钢、木材、铝合金型材以及竹、木胶合模板板材等。模板类型包括普通模板、爬升模板、飞模、隧道模等。

从事模板作业的人员，应经常组织安全技术培训。从事高处作业人员，应定期体检，不符合要求的不得从事高处作业。安装和拆除模板时，操作人员应佩戴安全帽、系安全带、穿防滑鞋。安全帽和安全带应定期检查，不合格者严禁使用。

模板及配件进场应有出厂合格证或当年的检验报告，安装前应对所用部件（立柱、楞梁、吊环、扣件等）进行认真检查，不符合要求者不得使用。

模板工程应编制施工设计和安全技术措施，并应严格按施工设计与安全技术措施规定施工。满堂模板、建筑层高8m及以上和梁跨大于或等于15m的模板，在安装、拆除作业前，工程技术人员应以书面形式向作业班组进行施工操作的安全技术交底，作业班组应对照书面交底进行上下班的自检和互检。

施工过程中应经常对下列项目进行检查：

1. 立柱底部基土回填夯实的状况。

2. 垫木应满足设计要求。

3. 底座位置应正确，顶托螺杆伸出长度应符合规定。

4. 立杆的规格尺寸和垂直度应符合要求，不得出现偏心荷载。

5. 扫地杆、水平拉杆、剪刀撑等的设置应符合规定，固定应可靠。

6. 安全网和各种安全设施应符合要求。

在高处安装和拆除模板时，周围应设安全网或搭脚手架，并应加设防护栏杆。在临街面及交通要道地区，尚应设警示牌，派专人看管。作业时，模板和配件不得随意堆放，模板应放平放稳，严防滑落。脚手架或操作平台上临时堆放的模板不宜超过3层，连接件应放在箱盒或工具袋中，不得散放在脚手板上。脚手架或操作平台上的施工总荷载不得超过其设计值。对负荷面积大和高4m以上的支架立柱采用扣件式钢管、门式和碗扣式钢管脚手架时，除应有合格证外，对所用扣件应用扭矩扳手进行抽检，达到合格后方可承力使用。多人共同操作或扛抬组合钢模板时，必须密切配合、协调一致、互相呼应。

施工用的临时照明和行灯的电压不得超过36V；若为满堂模板、钢支架及特别潮湿的环境时，不得超过12V。照明行灯及机电设备的移动线路应采用绝缘橡胶套电缆线。有关避雷、防触电和架空输电线路的安全距离应遵守国家现行标准《施工现场临时用电安全技术规范》JGJ46—2005的有关规定。施工用的临时照明和动力线应用绝缘线和绝缘电缆线，且不得直接固定在钢模板上。夜间施工时，应有足够的照明。并应制定夜间施工的安全措施。施工用临时照明和机电设备线严禁非电工乱拉乱接。同时还应经常检查线路的完好情况，严防绝缘破损漏电伤人。

模板安装时，上下应有人接应，随装随运，严禁抛掷。且不得将模板支搭在门窗框上，也不得将脚手板支搭在模板上，并严禁将模板与上料井架及有车辆运行的脚手架或操作平台支成一体。支模过程中如遇中途停歇，应将已就位模板或支架连接稳固，不得浮搁或悬空。拆模中途停歇时，应将已松扣或已拆松的模板、支架等拆下运走，防止构件坠落或作业人员扶空坠落伤人。严禁人员攀登模板、斜撑杆、托条或绳索等，也不得在高处的墙顶、独立梁或在其模板上行走。安装高度在2m及其以上时，应遵守国家现行标准《建筑施工高处作业安全技术规范》JGJ 80—1991的有关规定。

模板施工中应设专人负责安全检查，发现问题应报告有关人员处理。当遇险情时，应立即停工和采取应急措施；待修复或排除险情后，方可继续施工。

寒冷地区冬期施工用钢模板时，不宜采用电热法加热混凝土，否则应采取防触电措施。在大风地区或大风季节施工时，模板应有抗风的临时加固措施。当钢模板高度超过15m时，应安设避雷设施，避雷设施的接地电阻不得大于4Ω。若遇恶劣天气，如大雨、大雾、沙尘、大雪及六级以上大风时，应停止露天高处作业。五级及以上风力时，应停止高空吊运作业。雨雪停止后，应及时清除模板和地面上的冰雪及积水。

使用后的木模板应拔除铁钉，分类进库，堆放整齐。若为露天堆放，顶面应遮防雨篷布。

使用后的钢模、钢构件应遵守下列规定：

1. 使用后的钢模、桁架、钢楞和立柱应将粘结物清理洁净，清理时严禁采用铁锤敲击的方法。

2. 清理后的钢模、桁架、钢楞、立柱，应逐块、逐榀、逐根进行检查，发现翘曲、变形、扭曲、开焊等必须修理完善。

3. 清理整修好的钢模、桁架、钢楞、立柱应刷防锈漆，对立即待用钢模板的表面应刷隔离剂，而暂不用的钢模表面可涂防锈油一度。

4. 钢模板及配件，使用后必须进行严格清理检查，已损坏断裂的应剔除，不能修复的应报废。螺栓的螺纹部分应整修上油，然后应分别按规格分类装于箱笼内备用。

5. 钢模板及配件等修复后，应进行检查验收。凡检查不合格者应重新整修，待合格后方准应用，其修复后的质量标准应符合规定。

6. 钢模板由拆模现场运至仓库或维修场地时，装车不宜超出车栏杆，少量高出部分必须拴牢，零配件应分类装箱，不得散装运输。

7. 经过维修、刷油、整理合格的钢模板及配件，如需运往其他施工现场或入库，必须分类装入集装箱内，杆应成捆、配件应成箱，清点数量，入库或接收单位验收。

8. 装车时，应轻搬轻放，不得相互碰撞。卸车时，严禁成捆从车上推下和拆散抛掷。

9. 钢模板及配件应放入室内或敞棚内，若无条件需露天堆放时，则应装入集装箱内，底部垫高 100mm，顶面应遮盖防水篷布或塑料布，但集装箱堆放高度不宜超过 2 层。

1.6.9 施工现场临时建筑、环境卫生、消防安全和劳动防护用品标准规范的要求

施工现场临时建筑、环境卫生、消防安全和劳动防护用品标准规范主要有《施工现场临时建筑物技术规范》JGJ/T 188—2009、《建筑施工现场环境与卫生标准》JGJ 146—2013、《建设工程施工现场消防安全技术规范》GB 50720—2011、《建筑施工作业劳动防护用品配备及使用标准》JGJ 184—2009 等。

1. 施工现场临时建筑物技术规范

施工现场临时建筑物，是指施工现场使用的暂设性的办公用房、生活用房、围挡等建（构）筑物。

《施工现场临时建筑物技术规范》JGJ/T 188—2009 规定，临时建筑应由专业技术人员编制施工组织设计，并应经企业技术负责人批准后方可实施。临时建筑的施工安装、拆卸或拆除应编制施工方案，并应由专业人员施工、专业技术人员现场监督。

临时建筑建设场地应具备路通、水通、电通、讯通和平整的条件。临时建筑、施工现场、道路及其他设施的布置应符合消防、卫生、环保和节约用地的有关要求。临时建筑层数不宜超过两层。临时建筑设计使用年限应为 5 年。

临时建筑结构选型应遵循可循环利用的原则，并应根据地理环境、使用功能、荷载特点、材料供应和施工条件等因素综合确定。临时建筑不宜采用钢筋混凝土楼面、屋面结构；严禁采用钢管、毛竹、三合板、石棉瓦等搭设简易的临时建筑物；严禁将夹芯板作为活动房的竖向承重构件使用。临时建筑所采用的原材料、构配件和设备等，其品种、规格、性能等应满足设计要求并符合国家现行标准的规定，不得使用已被国家淘汰产品。

活动房主要承重构件的设计使用年限不应小于 20 年，并应有生产企业、生产日期等标志。活动房构件的周转使用次数不宜超过 10 次，累计使用年限不宜超过 20 年。当周转使用

次数超过 10 次或累计使用年限超过 20 年时，应进行质量检测，合格后方可继续使用。

临时建筑应根据当地气候条件，采取抵抗风、雪、雨、雷电等自然灾害的措施。临时建筑不应建造在易发生滑坡、坍塌、泥石流、山洪等危险地段和低洼积水区域，应避开水源保护区、水库泄洪区、濒险水库下游地段、强风口和危房影响范围，且应避免有害气体、强噪声等对临时建筑使用人员的影响。当临时建筑建造在河沟、高边坡、深基坑边时，应采取结构加强措施。临时建筑不应占压原有的地下管线；不应影响文物和历史文化遗产的保护与修复。

临时建筑的选址与布局应与施工组织设计的总体规划协调一致。办公区、生活区和施工作业区应分区设置，且应采取相应的隔离措施，并应设置导向、警示、定位、宣传等标识。

办公区、生活区宜位于建筑物的坠落半径和塔吊等机械作业半径之外。临时建筑与架空明设的用电线路之间应保持安全距离。临时建筑不应布置在高压走廊范围内。办公区应设置办公用房、停车场、宣传栏、密闭式垃圾收集容器等设施。生活用房宜集中建设、成组布置，并宜设置室外活动区域。厨房、卫生间宜设置在主导风向的下风侧。

临时建筑地面应采取防水、防潮、防虫等措施，且应至少高出室外地面 150mm。临时建筑周边应排水通畅、无积水。临时建筑屋面应为不上人屋面。

办公用房宜包括办公室、会议室、资料室、档案室等。办公用房室内净高不应低于 2.5m。办公室的人均使用面积不宜小于 4m²，会议室使用面积不宜小于 30m²。生活用房宜包括宿舍、食堂、餐厅、厕所、盥洗室、浴室、文体活动室等。

宿舍应符合下列规定：

（1）宿舍内应保证必要的生活空间，人均使用面积不宜小于 2.5m²，室内净高不应低于 2.5m。每间宿舍居住人数不宜超过 16 人；

（2）宿舍内容应设置单人铺，层铺的搭设不应超过 2 层；

（3）宿舍内宜配置生活用品专柜，宿舍门外宜配置鞋柜或鞋架。

食堂应符合下列规定：

（1）食堂与厕所、垃圾站等污染源的距离不宜小于 15m，且不应设在污染源的下风侧；

（2）食堂宜采用单层结构，顶棚宜设吊顶；

（3）食堂应设置独立的操作间、售菜（饭）间、储藏间和燃气罐存放间；

（4）操作间应设置冲洗池、清洗池、消毒池、隔油池；地面应做硬化和防滑处理；

（5）食堂应配备机械排风和消毒设施。操作间油烟应经处理后方可对外排放；

（6）食堂应设置密闭式泔水桶。

厕所、盥洗室、浴室应符合下列规定：

（1）施工现场应设置自动水冲式或移动式厕所；

（2）厕所的厕位设置应满足男厕每 50 人、女厕每 25 人设 1 个蹲便器，男厕每 50 人设 1m 长小便槽的要求。蹲便器间距不应小于 900mm，蹲位之间宜设置隔板，隔板高度不宜低于 900mm；

（3）盥洗间应设置盥洗池和水嘴。水嘴与员工的比例宜为 1∶20，水嘴间距不宜小于 700mm；

（4）淋浴间的淋浴器与员工的比例宜为 1∶20，淋浴器间距不宜小于 1000mm；

（5）淋浴间应设置储衣柜或挂衣架；

（6）厕所、盥洗室、淋浴间的地面应做硬化和防滑处理。

活动房应按照使用说明书的规定使用。活动房超过设计使用年限时，应对房屋结构和围护系统进行全面检查，并应对结构安全性能进行评估，合格后方可继续使用。周转使用规定年限内的活动房重新组装前，应对主要构件进行检查维护，达到质量要求的方可使用。

临时建筑使用单位应建立健全安全保卫、卫生防疫、消防、生活设施的使用和生活管理等各项管理制度。临时建筑使用单位应定期对生活区住宿人员进行安全、治安、消防、卫生防疫、环境保护等宣传教育。临时建筑使用单位应建立临时建筑防风、防汛、防雨雪灾害等应急预案，在风暴、洪水、雨雪来临前，应组织进行全面检查，并应采取可靠的加固措施。临时建筑使用单位应建立健全维护管理制度，组织相关人员对临时建筑的使用情况进行定期检查、维护，并应建立相应的使用台账记录。对检查过程中发现的问题和安全隐患，应及时采取相应措施。

临时建筑在使用过程中，不应更改原设计的使用功能。楼面的使用荷载不宜超过设计值，当楼面的使用荷载超过设计值时，应对结构进行安全评估。临时建筑在使用过程中，不得随意开洞、打孔或对结构进行改动，不得擅自拆除隔墙和围护构件。

生活区内不得存放易燃、易爆、剧毒、放射源等化学危险物品。活动房内不得存放有腐蚀性的化学材料。在墙体上安装吊挂件时，应满足结构受力的要求。严禁擅自安装、改造和拆除临时建筑内的电线、电器装置和用电设备，严禁使用电炉等大功率用电设备。

临时建筑的拆除应遵循"谁安装、谁拆除"的原则；当出现可能危及临时建筑整体稳定的不安全情况时，应遵循"先加固、后拆除"的原则；拆除施工前，施工单位应编制拆除施工方案、安全操作规程及采取相关的防尘降噪、堆放、清除废弃物等措施，并应按程序进行审批，对作业人员进行技术交底。临时建筑拆除前，应做好拆除范围内的断水、断电、断燃气等工作。拆除过程中，现场用电不得使用被拆临时建筑中的配电线。

临时建筑的拆除应符合环保要求，拆下的建筑材料和建筑垃圾应及时清理。楼面、操作平台不得集中堆放建筑材料和建筑垃圾。建筑垃圾宜按规定清运，不得在施工现场焚烧。拆除区周围应设立围栏、挂警告牌，并应派专人监护，严禁无关人员逗留。当遇到五级以上大风、大雾和雨雪等恶劣天气时，不得进行临时建筑的拆除作业。拆除高度在2m及以上的临时建筑时，作业人员应在专门搭设的脚手架上或稳固的结构部位上操作，严禁作业人员站在被拆墙体、构件上作业。

临时建筑拆除后，场地宜及时清理干净。当没有特殊要求时，地面宜恢复原貌。

2. 建筑施工现场环境与卫生标准

《建筑施工现场环境与卫生标准》JGJ 146—2013 中规定，本标准所指的施工现场包括施工区、办公区和生活区。

施工现场的施工区域应与办公、生活区划分清晰，并应采取相应的隔离措施。施工现场必须采用封闭围挡，高度不得小于1.8m。施工现场出入口应标有企业名称或企业标识。主要出入口明显处应设置工程概况牌，大门内应有施工现场总平面图和安全生产、消防保卫、环境保护、文明施工等警示牌。施工现场临时用房应选址合理，并应符合安全、消防要求和国家有关规定。在工程的施工组织设计中应有防治大气、水土、噪声污染和改善环境卫生的有效措施。

施工企业应采取有效的职业病防护措施，为作业人员提供必备的防护用品，对从事有职业病危害作业的人员应定期进行体检和培训。施工企业应结合季节特点，做好作业人员的饮食卫生和防暑降温、防寒保暖、防煤气中毒、防疫等工作。施工现场必须建立环境保护、环境卫生管理和检查制度，并应做好检查记录。对施工现场作业人员的教育培训、考核应包括环境保护、环境卫生等有关法律、法规的内容。施工企业应根据法律、法规的规定，制定施工现场的公共卫生突发事件应急预案。

施工现场的主要道路必须进行硬化处理，土方应集中堆放。裸露的场地和集中堆放的土方应采取覆盖、固化或绿化等措施。拆除建筑物、构筑物时，应采用隔离、洒水等措施，并应在规定期限内将废弃物清理完毕。施工现场土方作业应采取防止扬尘措施。从事土方、渣土和施工垃圾运输应采取密闭式运输车辆或采取覆盖措施；施工现场出入口处应采取保证车辆清洁的措施。施工现场的材料和大模板等存放场地必须平整坚实。水泥和其他易飞扬的细颗粒建筑材料应密闭存放或采取覆盖等措施。施工现场混凝土搅拌场所应采取封闭、降尘措施。建筑物内施工垃圾的清运，必须采用相应容器或管道运输，严禁凌空抛掷。施工现场应设置密封式垃圾站，施工垃圾、生活垃圾应分类存放，并应及时清运出场。施工现场严禁焚烧各类废弃物。

施工现场应设置水沟及沉淀池，施工污水经沉淀后方可排放市政污水管网或河流。施工现场存放的油料和化学溶剂等物品应设有专门的库房，地面应做防渗漏处理。废弃的油料和化学溶剂应集中处理，不得随意倾倒。食堂应设置隔油池，并应及时清理。厕所的化粪池应做抗渗处理。食堂、盥洗室、淋浴间的下水管线应设置过滤网，并应与市政府污水管线连接，保证排水通畅。

施工现场应按照现行国家标准《建筑施工场界环境噪声排放标准》GB 12523—2011制定降噪措施，并可由施工企业自行对施工现场的噪声值进行监测和记录。施工现场的强噪声设备宜设置在远离居民区的一侧，并应采取降低噪声措施。对因生产工艺要求或其他特殊需要，确需在夜间进行超过噪声标准施工的，施工前建设单位应向有关部门提出申请，经批准后方可进行夜间施工。运输材料的车辆进入施工现场，严禁鸣笛，装卸材料应做到轻拿轻放。

施工现场应设置办公室、宿舍、食堂、厕所、淋浴间、开水房、文体活动室、密闭式垃圾站（或容器）及盥洗设施等临时设施。临时设施所用建筑材料应符合环保、消防要求。办公区和生活区应设密封式垃圾容器。施工现场配备常用药及绷带、止血带、颈托、担架等急救器材。宿舍内应保证有必要的生活空间，室内净高不得小于 2.4m，通道宽度不得小于 0.9m，每间宿舍居住人员不得超过 16 人。施工现场宿舍必须设置可开启式窗户，宿舍内的床铺不得超过 2 层，严禁使用通铺。宿舍内应设置垃圾桶，宿舍外宜设置鞋柜或鞋架，生活区内应提供为作业人员晾晒衣物的场地。

食堂应设置在远离厕所、垃圾站、有毒有害场所等污染源的地方。食堂应设置独立的制作间、储藏间，门扇下方应设不低于 0.2m 的防鼠挡板。制作间灶台及其周边应贴瓷砖，所贴瓷砖高度不宜小于 1.5m，地面应做硬化和防滑处理。粮食存放台距墙和地面应大于 0.2m。食堂应配备必要的排风设施和冷藏设施。食堂的燃气罐应单独设置存放间，存放间应通风良好并严禁存放其他物品。食堂制作的炊具宜存在放封闭的橱柜内，刀、盆、案板等炊具应生熟分开。食品应有遮盖。遮盖物品应有正反面标识。各种佐料副食应存放在密闭器皿内，并应有标识。食堂外应设置密闭式泔水桶，并应及时清运。

施工现场应设置水冲式或移动式厕所，厕所地面应硬化，门窗应齐全。蹲位之间设置隔板，隔板高度不宜低于 0.9m。厕所大小应根据作业人员的数量设置。高层建筑施工超过 8 层以后，每隔四层宜设置临时厕所。厕所应设专人负责清扫、消毒，化粪池应及时清掏。淋浴间内应设置满足需要的淋浴喷头，可设置储衣柜或挂衣架。盥洗设施应设置满足作业人员使用的盥洗池，并应使用节水龙头。生活区应设置开水炉、电热水器或饮用水保温桶；施工区应配备流动保温水桶。

施工现场应设专职或兼职保洁员，负责卫生清扫和保洁。办公区和生产区应采取灭鼠、蚊、蝇、蟑螂等措施，并应定期投放和喷洒药物。

食堂必须有卫生许可证，炊事人员必须持身体健康证上岗。炊事人员上岗应穿戴洁净的工作服、工作帽和口罩，并应保持个人卫生。不得穿工作服出食堂，非炊事人员不得随意进入制作间。食堂的炊具、餐具和公用饮水器具必须清洗清毒。施工现场应加强食品、原料的进货管理，食堂严禁出售变质食品。

施工现场作业人员发生法定传染病、食物中毒或急性职业中毒时，必须在 24h 内向施工现场所在建设行政主管部门和有关部门报告，并应积极配合调查处理。现场施工人员患有法定传染病时，应及时进行隔离，并由卫生防疫部门进行处置。

3. 建设工程施工现场消防安全技术规范

《建设工程施工现场消防安全技术规范》GB 50720—2011 中规定，临时用房、临时设施的布置应满足现场防火、灭火及人员安全疏散的要求。

下列临时用房和临时设施应纳入施工现场总平面布局：

（1）施工现场的出入口、围墙、围挡；

（2）场内临时道路；

（3）给水管网或管路和配电线路敷设或架设的走向、高度；

（4）施工现场办公用房、宿舍、发电机房、变配电房、可燃材料库房、易燃易爆危险品库房、可燃材料堆场及其加工场、固定动火作业场等。

（5）临时消防车道、消防救援场地和消防水源。

施工现场出入口的设置应满足消防车通行的要求，并宜布置在不同方向，其数量不宜少于 2 个。当确有困难只能设置 1 个出入口时，应在施工现场内设置满足消防车能通行的环形道路。

固定动火作业场应布置在可燃材料堆场及其加工场、易燃易爆危险品库房等全年最小频率风向的上风侧，并宜布置在临时办公用房、宿舍、可燃材料库房、在建工程等全年最小频率风向的上风侧。易燃易爆危险品库房应远离明火作业区、人员密集区和建筑物相对集中区。可燃材料堆场及其加工场、易燃易爆危险品库房不应布置在架空电力线下。易燃易爆危险品库房与在建工程的防火间距不应小于 15m，可燃材料堆场及其加工场、固定动火作业场与在建工程的防火间距不应小于 10m，其他临时用房、临时设施与在建工程的防火间距不应小于 6m。

施工现场内应设置临时消防车道，临时消防车道与在建工程、临时用房、可燃材料堆场及其加工场的距离不宜小于 5m，且不宜大于 40m；施工现场周边道路满足消防车通行及灭火救援要求时，施工现场内可不设置临时消防车道。临时消防车道的设置应符合下列规定：

(1) 临时消防车道宜为环形，设置环形车道确有困难时，应在消防车道尽端设置尺寸不小于 12m×12m 的回车场；

(2) 临时消防车道的净宽度和净空高度均不应小于 4m；

(3) 临时消防车道的右侧应设置消防车行进路线指示标识；

(4) 临时消防车道路基、路面及其下部设施应能承受消防车通行压力及工作荷载。

下列建筑应设置环形临时消防车道，设置环形临时消防车道确有困难时，除应按规范的规定设置回车场外，尚应按规范的规定设置临时消防救援场地：

(1) 建筑高度大于 24m 的在建工程；

(2) 建筑工程单体占地面积大于 3000mm² 的在建工程；

(3) 超过 10 栋，且成组布置的临时用房。

临时消防救援场地的设置应符合下列规定：

(1) 临时消防救援场地应在在建工程装饰装修阶段设置；

(2) 临时消防救援场地应设置在成组布置的临时用房场地的长边一侧及在建工程的长边一侧。

(3) 临时救援场地宽度应满是消防车正常操作要求，且不应小于 6m，与在建工程外脚手架的净距不宜小于 2m，且不宜超过 6m。

在建工程作业场所的临时疏散通道应采用不燃、难燃材料建造，并应与在建工程结构施工同步设置，也可利用在建工程施工完毕的水平结构、楼梯。外脚手架、支模架的架体宜采用不燃或难燃材料搭设，下列工程的外脚手架、支模架的架体应采用不燃材料搭设：

(1) 高层建筑；

(2) 既有建筑改造工程。

下列安全防护网应采用阻燃型安全防护网：

(1) 高层建筑外脚手架的安全防护网；

(2) 既有建筑外墙改造时，其外脚手架的安全防护网；

(3) 临时疏散通道的安全防护网。

作业场所应设置明显的疏散指示标志，其指示方向应指向最近的临时疏散通道入口。作业层的醒目位置应设置安全疏散示意图。施工现场应设置灭火器、临时消防给水系统和应急照明等临时消防设施。临时消防设施应与在建工程的施工同步设置。房屋建筑工程中，临时消防设施的设置与在建工程主体结构施工进度的差距不应超过 3 层。在建工程可利用已具备使用条件的永久性消防设施作为临时消防设施。当永久性消防设施无法满足使用要求时，应增设临时消防设施，并应符合本规范的有关规定。

施工现场的消火栓泵应采用专用消防配电线路。专用消防配电线路应自施工现场总配电箱的总断路器上端接入，且应保持不间断供电。地下工程的施工作业场所宜配备防毒面具。临时消防给水系统的贮水池、消火栓泵、室内消防竖管及水泵接合器等应设置醒目标识。施工现场或其附近应设置稳定、可靠的水源，并应能满足施工现场临时消防用水的需要。消防水源可采用市政给水管网或天然水源。当采用天然水源时，应采取确保冰冻季节、枯水期最低水位时顺利取水的措施，并应满足临时消防用水量的要求。

施工现场的消防安全管理应由施工单位负责，实行施工总承包时，应由总承包负责。

分包单位应向总承包单位负责，并应服从总承包单位的管理，同时应承担国家法律、法规规定的消防责任和义务。监理单位应对施工现场的消防安全管理实施监理。

施工单位应根据建设项目规模、现场消防安全管理的重点，在施工现场建立消防安全管理组织机构及义务消防组织，并应确定消防安全负责人和消防安全管理人员，同时应落实相关人员的消防安全管理责任。施工单位应针对施工现场可能导致火灾发生的施工作业及其他活动，制定消防安全管理制度，消防安全管理制度应包括下列主要内容：

（1）消防安全教育与培训制度；

（2）可燃及易燃易爆危险品管理制度；

（3）用火、用电、用气管理制度；

（4）消防安全检查制度；

（5）应急预案演练制度。

施工单位应编制施工现场防火技术方案，并应根据现场情况变化及时对其修改、完善。防火技术方案应包括下列主要内容：

（1）施工现场重大火灾危险源辨识；

（2）施工现场防火技术措施；

（3）临时消防设施、临时疏散设施配备；

（4）临时消防设施和消防警示标识布置图。

施工单位应编制施工现场灭火及应急疏散预案。灭火及应急疏散预案应包括下列主要内容：

（1）应急灭火处置机构及各级人员应急处置职责；

（2）报警、接警处置的程序和通讯联络的方式；

（3）扑救初起火灾的程序和措施；

（4）应急疏散及救援的程序和措施。

施工人员进场时，施工现场的消防安全管理人员应向施工人员进行消防安全教育和培训。消防安全教育和培训应包括下列内容：

（1）施工现场消防安全管理制度、防火技术方案、灭火及应急疏散预案的主要内容；

（2）施工现场临时消防设施的性能及使用、维护方法；

（3）扑灭初起火灾及自救逃生的知识和技能；

（4）报警、接警的程序和方法。

施工作业前，施工现场的施工管理人员应向作业人员进行消防安全技术交底。消防安全技术交底应包括下列主要内容：

（1）施工过程中可能发生火灾的部位或环节；

（2）施工过程应采取的防火措施及应配备的临时消防设施；

（3）初起火灾的扑救方法及注意事项；

（4）逃生方法及路线。

施工过程中，施工现场的消防安全负责人应定期组织消防安全管理人员对施工现场的消防安全进行检查。消防安全检查应包括下列主要内容：

（1）可燃物及易燃易爆危险品的管理是否落实；

（2）动火作业的防火措施是否落实；

（3）用火、用电、用气是否存在违章操作，电、气焊及保温防水施工是否执行操作规程；

（4）临时消防设施是否完好有效；

（5）临时消防车道及临时疏散设施是否畅通。

施工单位应依据灭火及应急疏散预案，定期开展灭火及应急疏散的演练。施工单位应做好并保存施工现场消防安全管理的相关文件和记录，并应建立现场消防安全管理档案。

施工现场的重点防火部位或区域应设置防火警示标识。施工单位应做好施工现场临时消防设施的日常维护工作，对已失效、损坏或丢失的消防设施应及时更换、修复或补充。临时消防车道、临时疏散通道、安全出口应保持畅通，不得遮挡、挪动疏散指示标识，不得挪用消防设施。施工期间，不应拆除临时消防设施及临时疏散设施。施工现场严禁吸烟。

4. 建筑施工作业劳动防护用品配备及使用标准

《建筑施工作业劳动防护用品配备及使用标准》JGJ 184—2009 规定，从事施工作业人员必须配备符合国家现行有关标准的劳动防护用品，并应按规定正确使用。劳动防护用品的配备，应按照"谁用工，谁负责"的原则，由用人单位为作业人员按作业工种配备。

进入施工现场人员必须佩戴安全帽。作业人员必须戴安全帽、穿工作鞋和工作服；应按作业要求正确使用劳动防护用品。在 2m 及以上的无可靠安全防护设施的高处、悬崖和陡坡作业时，必须系挂安全带。

从事机械作业的女工及长发者应配备工作帽等个人防护用品。从事登高架设作业、起重吊装作业的施工人员应配备防止滑落的劳动防护用品，应为从事自然强光作业下的施工人员配备防止强光伤害的劳动防护用品。从事施工现场临时用电工程作业的施工人员应配备防止触电的劳动防护用品。从事焊接作业的施工人员应配备防止触电、灼伤、强光伤害的劳动防护用品。从事锅炉、压力容器、管道安装作业的施工人员应配备防止触电、强光伤害的劳动防护用品。从事防水、防腐和油漆作业的施工人员应配备防止触电、中毒、灼伤的劳动防护用品。从事基础施工、主体结构、屋面施工、装饰装修作业人员应配备防止身体、手足、眼部等受到伤害的劳动防护用品。

冬期施工期间或作业环境温度较低的，应为作业人员配备防寒类防护用品。雨期施工期间应为室外作业人员配备雨衣、雨鞋等个人防护用品。对环境潮湿及水中作业的人员应配备相应的劳动防护用品。

建筑施工企业不得采购和使用无厂家名称、无产品合格证、无安全标志的劳动防护用品。劳动防护用品的使用年限应按国家现行相关标准执行。劳动防护用品达到使用年限或报废标准的应由建筑施工企业统一收回报废，并应为作业人员配备新的劳动防护用品。劳动防护用品有定期检测要求的应按照其产品的检测周期进行检测。

建筑施工企业应建立健全劳动防护用品购买、验收、保管、发放、使用、更换、报废管理制度。在劳动防护用品使用前，应对其防护功能进行必要的检查。建筑施工企业应教育从业人员按照劳动防护用品使用规定和防护要求，正确使用劳动防护用品。建筑施工企业应对危险性较大的施工作业场所及具有尘毒危害的作业环境设置安全警示标识及应使用的安全防护用品标识牌。

1.6.10 施工企业安全生产评价标准的要求

施工企业安全生产评价标准主要有《施工企业安全生产管理规范》GB 50565—2011、《施工企业安全生产评价标准》JGJ/T 77—2010、《建筑施工安全检查标准》JGJ 59—2011。

1. 施工企业安全生产管理规范

《施工企业安全生产管理规范》GB 50565—2011 规定，施工企业的安全生产管理体系应根据企业安全管理目标、施工生产特点和规模建立完善，并应有效运行。施工企业必须依法取得安全生产许可证，并应在资质等级许可的范围内承揽工程。施工企业应根据施工生产特点和规模，并以安全生产责任制为核心，建立健全安全生产管理制度。

施工企业主要负责人应依法对本单位的安全生产工作全面负责，其中法定代表人应为安全生产第一责任人，其他负责人应对分管范围内的安全生产负责。施工企业其他人员应对岗位职责范围内的安全生产负责。施工企业应设立独立的安全生产管理机构，并按规定配备专职安全生产管理人员。施工企业各管理层应对从业人员开展针对性的安全生产教育培训。

施工企业应依法确保安全生产所需资金的投入并有效使用。施工企业必须配备满足安全生产需要的法律、法规、各类安全技术标准和操作规程。施工企业应依法为从业人员提供合格的劳动保护用品，办理相关保险，进行健康检查。施工企业严禁使用国家明令淘汰的技术、工艺、设备、设施和材料。施工企业宜通过信息化管理，辅助安全生产管理。施工企业应按本规范要求，定期对安全生产管理状况进行分析评估，并实施改进。

施工企业应依据企业的总体发展规划，制定企业年度及中长期安全管理目标。安全管理目标应包括生产安全事故控制指标、安全生产及文明施工管理目标。安全管理目标应分解到各管理层及相关职能部门和岗位，并应定期进行考核。施工企业各管理层及相关部门和岗位应根据分解的安全管理目标，配置相应的资源，并应有效管理。施工企业建立安全生产组织体系，明确企业安全生产的决策、管理、实施的机构或岗位。施工企业安全生产组织体系应包括各管理层的主要负责人，各相关职能部门及专职安全生产管理机构，相关岗位及专兼职安全管理人员。

施工企业应建立和健全与企业安全生产组织相对应的安全生产责任体系，并应明确各管理层、职能部门、岗位的安全生产责任。施工企业安全生产责任体系应符合下列要求：

（1）企业主要负责人应领导企业安全管理工作，组织制定企业中长期安全管理目标和制度，审议、决策重大安全事项；

（2）各管理层主要负责人应明确并组织落实本管理层各职能部门和岗位的安全生产职责，实现本管理层的安全管理目标；

（3）各管理层的职能部门及岗位应承担职能范围内与安全生产相关的职责，互相配合，实现相关安全管理目标，应包下列主要职责：1）技术管理部门（或岗位）负责安全生产的技术保障和改进；2）施工管理部门（或岗位）负责生产计划、布置、实施的安全管理；3）材料管理部门（或岗位）负责安全生产物资及劳动防护用品的安全管理；4）动力设备管理部门（或岗位）负责施工临时用电及机具设备的安全管理；5）专职安全生产管理机构（或岗位）负责安全管理的检查、处理；6）其他管理部门（或岗位）分别负责人员配备、资金、教育培训、卫生防疫、消防等安全管理。

施工企业应依据职责落实各管理层、职能部门、岗位的安全生产责任。施工企业各管理层、职能部门、岗位的安全生产责任应形成责任书，并应经责任部门或责任人确认。责任书的内容应包括安全生产职责、目标、考核奖惩标准等。施工企业应依据法律法规，结合企业的安全管理目标、生产经营规模、管理体制建立安全生产管理制度。施工企业安全生产管理制度应包括安全生产教育培训、安全费用管理、施工设施、设备及劳动防护用品的安全管理、安全生产技术管理、分包（供）方安全生产管理、施工现场安全管理、应急救援管理、生产安全事故管理、安全检查和改进、安全考核和奖惩等制度。施工企业的各项安全生产管理制度应规定工作内容、职责与权限、工作程序及标准。施工企业安全生产管理制度，应随有关法律法规以及企业生产经营、管理体制的变化，适时更新、修订完善。施工企业各项安全生产管理活动必须依据企业安全生产管理制度开展。

施工企业安全生产教育培训应贯穿于生产经营的全过程，教育培训应包括计划编制、组织实施和人员持证审核等工作内容。施工企业安全生产教育培训计划应依据类型、对象、内容、时间安排、形式等需求进行编制。安全教育和培训的类型应包括各类上岗证书的初审、复审培训，三级教育（企业、项目、班组）、岗前教育、日常教育、年度继续教育。安全生产教育培训的对象应包括企业各管理层的负责人、管理人员、特殊工种以及新上岗、待岗复工、转岗、换岗的作业人员。

施工企业的人员上岗应符合下列要求：

（1）企业主要负责人、项目负责人和专职安全生产管理人员必须经安全生产知识和管理能力考核合格，依法取得安全生产考核合格证书；

（2）企业的各类管理人员必须具备与岗位相适应的安全生产知识和管理能力，依法取得必要的岗位资格证书；

（3）特种作业人员必须经安全技术理论和操作技能考核合格，依法取得建筑施工特种作业人员操作资格证书。

施工企业新上岗操作工人必须进行岗前教育培训，教育培训应包括下列内容：

（1）安全生产法律法规和规章制度；

（2）安全操作规程；

（3）针对性的安全防范措施；

（4）违章指挥、违章作业、违反劳动纪律产生的后果；

（5）预防、减少安全风险以及紧急情况下应急救援的基本知识、方法和措施。

施工企业应结合季节施工要求及安全生产形势对从业人员进行日常安全生产教育培训。施工企业每年应按规定对所有从业人员进行安全生产继续教育，教育培训应包括下列内容：

（1）新颁布的安全生产法律法规、安全技术标准规范和规范性文件；

（2）先进的安全生产技术和管理经验；

（3）典型事故案例分析。

施工企业应定期对从业人员持证上岗情况进行审核、检查，并应及时统计、汇总从业人员的安全教育培训和资格认定等相关记录。

安全生产费用管理应包括资金的提取、申请、审核审批、支付、使用、统计、分析、审计检查等工作内容。施工企业应按规定提取安全生产所需的费用。安全生产费用应包括安全技术措施、安全教育培训、劳动保护、应急准备等，以及必要的安全评价、监测、检测、论证所需费用。施工企业各管理层应根据安全生产管理需要，编制安全生产费用使用计划，明确费用使用的项目、类别、额度、实施单位及责任者、完成期限等内容，并应经审核批准后执行。施工企业各管理层相关负责人必须在其管辖范围内，按专款专用、及时足额的要求，组织落实安全生产费用使用计划。施工企业各管理层应建立安全生产费用分类使用台账，定期统计，并报上一级管理层。施工企业各管理层应定期对下一级管理层的安全生产费用使用计划的实施情况进行监督审查和考核。施工企业各管理层应对安全生产费用情况进行年度汇总分析，并应及时调整安全生产费用的比例。

施工企业施工设施、设备和劳动防护用品的安全管理应包括购置、租赁、装拆、验收、检测、使用、保养、维修、改造和报废等内容。施工企业应根据安全管理目标，生产经营特点、规模、环境等，配备符合安全生产要求的施工设施、设备、劳动防护用品及相关的安全检测器具。生产经营活动内容可能包含机械设备的施工企业，应按规定设置相应的设备管理机构或者配备专职的人员进行设备管理。施工企业应建立并保存施工设施、设备、劳动防护用品及相关的安全检测器具管理档案，并应记录下列内容：

（1）来源、类型、数量、技术性能、使用年限等静态管理信息，以及目前使用地点、使用状态、使用责任人、检测、日常维修保养等动态管理信息；

（2）采购、租赁、改造、报废计划及实施情况。施工企业应定期分析施工设施、设备、劳动防护用品及相关的安全检测器具的安全状态，确定指导、检查的重点，采取必要的改进措施。施工企业应自行设计或优先选用标准化、定型化、工具化的安全防护设施。

施工企业安全技术管理应包括对安全生产技术措施的制订、实施、改进等管理。施工企业各管理层的技术负责人应对管理范围的安全技术管理负责。施工企业应定期进行技术分析，改造、淘汰落后的施工工艺、技术和设备，应推行先进、适用的工艺、技术和装备，并应完善安全生产作业条件。施工企业应依据工程规模、类别、难易程度等明确施工组织设计、专项施工方案（措施）的编制、审核和审批的内容、权限、程序及时限。施工企业应根据施工组织设计、专项施工方案（措施）的审核、审批权限，组织相关职能部门审核，技术负责人审批。审核、审批应有明确意见并签名盖章。编制、审批应在施工前完成。施工企业应根据施工组织设计、专项安全施工方案（措施）编制和审批权限的设置，分级进行安全技术交底，编制人员应参与安全技术交底、验收和检查。施工企业可结合生产实际制订企业内部安全技术标准和图集。

分包方安全生产管理应包括分包单位以及供应商的选择、施工过程管理、评价等内容。施工企业应依据安全生产管理责任和目标，明确对分包（供）单位和人员的选择和清退标准、合同约定和履约控制等的管理要求。施工企业对分包单位的安全管理应符合下列要求：

（1）选择合法的分包（供）单位；

（2）与分包（供）单位签订安全协议，明确责任和义务；

（3）对分包单位施工过程的安全生产实施检查和考核；

（4）及时清退不符合安全生产要求的分包（供）单位；

（5）分包工程竣工后对分包（供）单位安全生产能力进行评价。

施工企业对分包（供）单位检查和考核，应包括下列内容：

（1）分包单位安全管理机构的设置、人员配备及资格情况；

（2）分包（供）单位违约、违章记录；

（3）分包单位安全生产绩效。施工企业可建立合格分包（供）方名录，并应定期审核、更新。

施工企业应加强工程项目施工过程的日常安全管理，工程项目部应接受企业各管理层职能部门和岗位的安全生产管理。施工企业的工程项目部应接受建设行政主管部门及其他相关部门的监督检查，对发现的问题应按要求落实整改。施工企业的工程项目部应根据企业安全生产管理制度，实施施工现场安全生产管理，应包括下列内容：

（1）制定项目安全管理目标，建立安全生产组织与责任体系，明确安全生产管理职责，实施责任考核；

（2）配置满足安全生产、文明施工要求的费用、从业人员、设施、设备和劳动防护用品及相关的检测器具；

（3）编制安全技术措施、方案、应急预案；

（4）落实施工过程的安全生产措施，组织安全检查，整改安全隐患；

（5）组织施工现场场容场貌、作业环境和生活设施安全文明达标；

（6）确定消防安全责任人，制定用火、用电、使用易燃易爆材料等各项消防安全管理制度和操作规程，设置消防通道、消防水源，配备消防设施和灭火器材，并在施工现场入口处设置明显标志；

（7）组织事故应急救援抢险；

（8）对施工安全生产管理活动进行必要的记录，保存应有的资料。

工程项目部应建立健全安全生产责任体系，安全生产责任体系应符合下列要求：

（1）项目经理应为工程项目安全生产第一责任人，应负责分解落实安全生产责任，实施考核奖惩，实现项目安全管理目标；

（2）工程项目总承包单位、专业承包和劳务分包单位的项目经理、技术负责人和专职安全生产管理人员，应组成安全管理组织，并应协调、管理现场安全生产，项目经理应按规定到岗带班指挥生产；

（3）总承包单位、专业承包和劳务分包单位应按规定配备项目专职安全生产管理人员，负责施工现场各自管理范围内的安全生产日常管理；

（4）工程项目部其他管理人员应承担本岗位管理范围内的安全生产职责；

（5）分包单位应服从总承包单位管理，并应落实总承包项目部的安全生产要求；

（6）施工作业班组应在作业过程中执行安全生产要求；

（7）作业人员应严格遵守安全操作规程，并应做到不伤害自己、不伤害他人和不被他人伤害。

项目专职安全生产管理人员应按规定到岗，并应履行下列主要安全生产职责：

（1）对项目安全生产管理情况应实施巡查，阻止和处理违章指挥、违章作业相违反劳动纪律等现象，并应做好记录；

（2）对危险性较大分部分项工程应依据方案实施监督并做好记录；

（3）应建立项目安全生产管理档案，并应定期向企业报告项目安全生产情况。

工程项目施工前，应组织编制施工组织设计、专项施工方案，内容应包括工程概况、编制依据、施工计划、施工工艺、施工安全技术措施、检查验收内容及标准、计算书及附图等，并应按规定进行审批、论证、交底、验收、检查。工程项目应定期及时上报现场安全生产信息；施工企业应全面掌握企业所属工程项目的安全生产状况，并应作为隐患治理、考核奖惩的依据。

施工企业的应急救援管理应包括建立组织机构，应急预案编制、审批、演练、评价、完善和应急救援响应工作程序及记录等内容。施工企业应建立应急救援组织机构，并应组织救援队伍，同时应定期进行演练调整等日常管理。施工企业应建立应急物资保障体系，应明确应急设备和器材配备、储存的场所和数量，并应定期对应急设备和器材进行检查、维护、保养。施工企业应根据施工管理和环境特征，组织各管理层制订应急救援预案，应包括下列内容：

（1）紧急情况、事故类型及特征分析；

（2）应急救援组织机构与人员及职责分工、联系方式；

（3）应急救援设备和器材的调用程序；

（4）与企业内部相关职能部门和外部政府、消防、抢险、医疗等相关单位与部门的信息报告、联系方法；

（5）抢险急救的组织、现场保护、人员撤离及疏散等活动的具体安排。

施工企业各管理层应对全体从业人员进行应急救援预案的培训和交底；接到相关报告后，应及时启动预案。施工企业应根据应急救援预案，定期组织专项应急演练；应针对演练、实战的结果，对应急预案的适宜性和可操作性组织评价，必要时应进行修改和完善。

施工企业生产安全事故管理应包括报告、调查、处理、记录、统计、分析改进等工作内容。生产安全事故发生后，施工企业应按规定及时上报。实行施工总承包时，应由总承包企业负责上报。情况紧急时，可越级上报。生产安全事故报告应包括下列内容：

（1）事故的时间、地点和相关单位名称；

（2）事故的简要经过；

（3）事故已经造成或者可能造成的伤亡人数（包括失踪、下落不明的人数）和初步估计的直接经济损失；

（4）事故的初步原因；

（5）事故发生后采取的措施及事故控制情况；

（6）事故报告单位或报告人员。

生产安全事故报告后出现新情况时，应及时补报。

生产安全事故调查和处理应做到事故原因不查清楚不放过、事故责任者和从业人员未受到教育不放过、事故责任者未受到处理不放过、没有采取防范事故再发生的措施不放过。施工企业应建立生产安全事故档案，事故档案应包括下列资料：

（1）依据生产安全事故报告要素形成的企业职工伤亡事故统计汇总表；

（2）生产安全事故报告；

（3）事故调查情况报告、对事故责任者的处理决定、伤残鉴定、政府的事故处理批复资料及相关资料；

（4）其他有关的资料。

施工企业安全检查和改进管理应包括安全检查的内容、形式、类型、标准、方法、频次，整改、复查，以及安全生产管理评价与持续改进等工作内容。施工企业安全检查包括下列内容：

（1）安全目标的实现程度；

（2）安全生产职责的履行情况；

（3）各项安全管理制度的执行情况；

（4）施工现场管理行为和实物状况；

（5）生产安全事故、未遂事故和其他违规违法事件的报告调查、处理情况；

（6）安全生产法律法规、标准规范和其他要求的执行情况。

施工企业安全检查的形式应包括各管理层的自查、互查以及对下级管理层的抽查等；安全检查的类型应包括日常巡查、专项检查、季节性检查、定期检查、不定期抽查等，并应符合下列要求：

（1）工程项目部每天应结合施工动态，实行安全巡查；

（2）总承包工程项目部应组织各分包单位每周进行安全检查；

（3）施工企业每月应对工程项目施工现场安全生产情况至少进行一次检查，并应针对检查中发现的倾向性问题、安全生产状况较差的工程项目，组织专项检查；

（4）施工企业应针对承建工程所在地区的气候与环境特点，组织季节性的安全检查。

施工企业安全检查应配备必要的检查、测试器具，对存在的问题和隐患，应定时间、定措施组织整改，并应跟踪复查直至整改完毕。施工企业对安全检查中发现的问题，宜按隐患类别分类记录，定期统计，并应分析确定多发和重大隐患类别，制订实施治理措施。施工企业应定期对安全生产管理的适宜性、符合性和有效性进行评估，应确定改进措施，并对其有效性进行跟踪验证和评价。发生下列情况时，企业应及时进行安全生产管理评估：

（1）适用法律法规发生变化；

（2）企业组织机构和体制发生重大变化；

（3）发生生产安全事故；

（4）其他影响安全生产管理的重大变化。

施工企业应建立并保存安全检查和改进活动的资料与记录。

施工企业安全考核和奖惩管理应包括确定对象、制订内容及标准、实施奖惩等内容。安全考核的对象应包括施工企业各管理层的主要负责人、相关职能部门双岗位和工程项目的参建人员。企业各管理层的主要负责人应组织对本管理层各职能部门、下级管理层的安全生产责任进行考核和奖惩。安全考核应包括下列内容：

（1）安全目标实现程度；

（2）安全职责履行情况；

（3）安全行为；

（4）安全业绩。

施工企业应针对生产经营规模和管理状况，明确安全考核的周期，并应及时兑现奖惩。

2. 施工企业安全生产评价标准

《施工企业安全生产评价标准》JGJ/T 77—2010 规定，本标准适用于对施工企业进行安全生产条件和能力的评价。

施工企业安全生产条件应按安全生产管理、安全技术管理、设备和设施管理、企业市场行为和施工现场安全管理等 5 项内容进行考核。每项考核内容应以评分表的形式和量化的方式，根据其评定项目的量化评分标准及其重要程度进行评定。

安全生产管理评价应为对企业安全管理制度建立和落实情况的考核，其内容应包括安全生产责任制度、安全文明资金保障制度、安全教育培训制度、安全检查及隐患排查制度、生产安全事故报告处理制度、安全生产应急救援制度等 6 个评定项目。

施工企业安全生产责任制度的考核评价应符合下列要求：

（1）未建立以企业法人为核心分级负责的各部门及各类人员的安全生产责任制，则该评定项目不应得分；

（2）未建立各部门、各级人员安全生产责任落实情况考核的制度及未对落实情况进行检查的，则该评定项目不应得分；

（3）未实行安全生产的目标管理、制定年度安全生产目标计划、落实责任和责任人及未落实考核的，则该评定项目不应得分；

（4）对责任制和目标管理等的内容和实施，应根据具体情况评定折减分数。

施工企业安全文明资金保障制度的考核评价应符合下列要求：

（1）制度未建立且每年未对与本企业施工规模相适应的资金进行预算和决算，未专款专用，则该评定项目不应得分；

（2）未明确安全生产、文明施工资金使用、监督及考核的责任部门或责任人，应根据具体情况评定折减分数。

施工企业安全教育培训制度的考核评价应符合下列要求：

（1）未建立制度且每年未组织对企业主要负责人、项目经理、安全专职人员及其他管理人员的继续教育的，则该评定项目不应得分；

（2）企业年度安全教育计划的编制，职工培训教育的档案管理，各类人员的安全教育，应根据具体情况评定折减分数。

施工企业安全检查及隐患排查制度的考核评价应符合下列要求。

（1）未建立制度且未对所属的施工现场、后方场站、基地等组织定期和不定期安全检查的，则该评定项目不应得分；

（2）隐患的整改、排查及治理，应根据具体情况评定折减分数。

施工企业生产安全事故报告处理制度的考核评价应符合下列要求：

（1）未建立制度且未及时、如实上报施工生产中发生伤亡事故的，则该评定项目不应得分；

（2）对已发生的和未遂事故，未按照"四不放过"原则进行处理的，则该评定项目不应得分；

（3）未建立生产安全事故发生及处理情况事故档案的，则该评定项目不应得分。

施工企业安全生产应急救援制度的考核评价应符合下列要求：

（1）未建立制度且未按照本企业经营范围，并结合本企业的施工特点，制定易发、多发事故部位、工序、分部、分项工程的应急救援预案，未对各项应急预案组织实施演练的，则该评定项目不应得分；

（2）应急救援预案的组织、机构、人员和物资的落实，应根据具体情况评定折减分数。

安全技术管理评价应为对企业安全技术管理工作的考核，其内容应包括法规、标准和操作规程配置，施工组织设计，专项施工方案（措施），安全技术交底，危险源控制等5个评定项目。

施工企业法规、标准和操作规程配置及实施情况的考核评价应符合下列要求：

（1）未配置与企业生产经营内容相适应的、现行的有关安全生产方面的法规、标准，以及各工种安全技术操作规程，并未及时组织学习和贯彻的，则该评定项目不应得分；

（2）配置不齐全，应根据具体情况评定折减分数。

施工企业施工组织设计编制和实施情况的考核评价应符合下列要求：

（1）未建立施工组织设计编制、审核、批准制度的，则该评定项目不应得分；

（2）安全技术措施的针对性及审核、审批程序的实施情况等，应根据具体情况评定折减分数。

施工企业专项施工方案（措施）编制和实施情况的考核评价应符合下列要求：

（1）未建立对危险性较大的分部、分项工程专项施工方案编制、审核、批准制度的，则该评定项目不应得分；

（2）制度的执行，应根据具体情况评定折减分数。

施工企业安全技术交底制定和实施情况的考核评价应符合下列要求：

（1）未制定安全技术交底规定的，则该评定项目不应得分；

（2）安全技术交底资料的内容、编制方法及交底程序的执行，应根据具体情况评定折减分数。

施工企业危险源控制制度的建立和实施情况的考核评价应符合下列要求：

（1）未根据本企业的施工特点，建立危险源监管制度的，则该评定项目不应得分；

（2）危险源公示、告知及相应的应急预案编制和实施，应根据具体情况评定折减分数。

设备和设施管理评价应为对企业设备和设施安全管理工作的考核，其内容应包括设备安全管理、设施和防护用品、安全标志、安全检查测试工具等4个评定项目。

施工企业设备安全管理制度的建立和实施情况的考核评价应符合下列要求：

（1）未建立机械、设备（包括应急救援器材）采购、租赁、安装、拆除、验收、检测、使用、检查、保养、维修、改造和报废制度的，则该评定项目不应得分；

（2）设备的管理台账、技术档案、人员配备及制度落实，应根据具体情况评定折减分数。

施工企业设施和防护用品制度的建立及实施情况的考核评价应符合下列要求：

（1）未建立安全设施及个人劳保用品的发放、使用管理制度的，则该评定项目不应得分；

（2）安全设施及个人劳保用品管理的实施及监管，应根据具体情况评定折减分数。

施工企业安全标志管理规定的制定和实施情况的考核评价应符合下列要求：

（1）未制定施工现场安全警示、警告标识、标志使用管理规定的，则该评定项目不应得分；

（2）管理规定的实施、监督和指导，应根据具体情况评定折减分数。

施工企业安全检查测试工具配备制度的建立和实施情况的考核评价应符合下列要求：

（1）未建立安全检查检验仪器、仪表及工具配备制度的，则该评定项目不应得分；

（2）配备及使用，应根据具体情况评定折减分数。

企业市场行为评价应为对企业安全管理市场行为的考核，其内容包括安全生产许可证、安全生产文明施工、安全质量标准化达标、资质机构与人员管理制度等4个评定项目。

施工企业安全生产许可证许可状况的考核评价应符合下列要求：

（1）未取得安全生产许可证而承接施工任务的、在安全生产许可证暂扣期间承接工程的、企业承发包工程项目的规模和施工范围与本企业资质不相符的，则该评定项目不应得分；

（2）企业主要负责人、项目负责人和专职安全管理人员的配备和考核，应根据具体情况评定折减分数。

施工企业安全生产文明施工动态管理行为的考核评价应符合下列要求：

（1）企业资质因安全生产、文明施工受到降级处罚的，则该评定项目不应得分；

（2）其他不良行为，视其影响程度、处理结果等，应根据具体情况评定折减分数。

施工企业安全质量标准化达标情况的考核评价应符合下列要求：

（1）本企业所属的施工现场安全质量标准化年度达标合格率低于国家或地方规定的，则该评定项目不应得分；

（2）安全质量标准化年度达标优良率低于国家或地方规定的，应根据具体情况评定折减分数。

施工企业资质、机构与人员管理制度的建立和人员配备情况的考核评价应符合下列要求：

（1）未建立安全生产管理组织体系、未制定人员资格管理制度、未按规定设置专职安全管理机构、未配备足够的安全生产专管人员的，则该评定项目不应得分；

（2）实行分包的，总承包单位未制定对分包单位资质和人员资格管理制度并监督落实的，则该评定项目不应得分。

施工现场安全管理评价应为对企业所属施工现场安全状况的考核，其内容应包括施工现场安全达标、安全文明资金保障、资质和资格管理、生产安全事故控制、设备设施工艺选用、保险等6个评定项目。施工现场安全达标考核，企业应对所属的施工现场按现行规范标准进行检查，有一个工地未达到合格标准的，则该评定项目不应得分。施工现场安全文明资金保障，应对企业按规定落实其所属施工现场安全生产、文明施工资金的情况进行考核，有一个施工现场未将施工现场安全生产、文明施工所需资金编制计划并实施、未做到专款专用的，则该评定项目不应得分。

施工现场分包资质和资格管理规定的制定以及施工现场控制情况的考核评价应符合下列要求：

（1）未制定对分包单位安全生产许可证、资质、资格管理及施工现场控制的要求和规定，且在总包与分包合同中未明确参建各方的安全生产责任，分包单位承接的施工任务不符合其所具有的安全资质，作业人员不符合相应的安全资格，未按规定配备项目经理、专职或兼职安全生产管理人员的，则该评定项目不应得分；

（2）对分包单位的监督管理，应根据具体情况评定折减分数。

施工现场生产安全事故控制的隐患防治、应急预案的编制和实施情况的考核评价应符合下列要求：

（1）未针对施工现场实际情况制定事故应急救援预案的，则该评定项目不应得分；

（2）对现场常见、多发或重大隐患的排查及防治措施的实施，应急救援组织和救援物资的落实，应根据具体情况评定折减分数。

施工现场设备、设施、工艺管理的考核评价应符合下列要求：

（1）使用国家明令淘汰的设备或工艺，则该评定项目不应得分；

（2）使用不符合国家现行标准的且存在严重安全隐患的设施，则该评定项目不应得分；

（3）使用超过使用年限或存在严重隐患的机械、设备、设施、工艺的，则该评定项目不应得分；

（4）对其余机械、设备、设施以及安全标识的使用情况，应根据具体情况评定折减分数；

（5）对职业病的防治，应根据具体情况评定折减分数。

施工现场保险办理情况的考核评价应符合下列要求：

（1）未按规定办理意外伤害保险的，则该评定项目不应得分；

（2）意外伤害保险的办理实施，应根据具体情况评定折减分数。

施工企业每年度应至少进行一次自我考核评价。发生下列情况之一时，企业应再进行复核评价：

（1）适用法律、法规发生变化时；

（2）企业组织机构和体制发生重大变化后；

（3）发生安全生产事故后；

（4）其他影响安全生产管理的重大变化。

施工企业考核自评应由企业负责人组织，各相关管理部门均应参与。评价人员应具备企业安全管理及相关专业能力，每次评价不应少于3人。

抽查及核验企业在建施工现场，应符合下列要求：

（1）抽查在建工程实体数量，对特级资质企业不应少于8个施工现场；对一级资质企业不应少于5个施工现场；对一级资质以下企业不应小于3个施工现场；企业在建工程实体少于上述规定数量的，则应全数检查；

（2）核验企业所属其他在建施工现场安全管理状况，核验总数不应少于企业在建工程项目总数的50%。抽查发生因工死亡事故的企业在建施工现场，应按事故等级或情节轻重程度，在以上规定的基础上分别增加2~4个在建工程项目；应增加核验企业在建工程项目总数的10%~30%。对评价时无在建工程项目的企业，应在企业有在建工程项目时，再次进行跟踪评价。

施工企业安全生产考核评定应分为合格、基本合格、不合格三个等级，并宜符合下列要求：

（1）对有在建工程的企业，安全生产考核评定宜分为合格、不合格2个等级；

（2）对无在建工程的企业，安全生产考核评定宜分为基本合格、不合格 2 个等级。

3. 建筑施工安全检查标准

经修订并发布的《建筑施工安全检查标准》JGJ 59—2011，将检查评定项目分为安全管理、文明施工、扣件式钢管脚手架、门式钢管脚手架、碗扣式钢管脚手架、承插型式钢管脚手架、满堂脚手架、悬挑式脚手架、附着式升降脚手架、高处作业吊篮、基坑工程、模板支架、高处作业、施工用电、物料提升机、施工升降机、塔式起重机、起重吊装、施工机具等 19 项。

第 2 章 掌握施工现场安全管理知识和规定

2.1 施工现场安全管理基本知识

根据建筑施工的特点，建筑施工现场安全生产管理是建筑施工企业安全生产管理的核心，是建筑施工安全生产管理工作的基础。

建筑施工企业安全生产管理主要在施工现场，施工现场承担着施工企业安全生产的重要任务，施工现场是建筑施工安全生产管理体系是否完善的重要评价依据。建筑施工企业的安全生产管理体系运转的目的是确保施工现场安全生产体系的正常运转。

完善的企业安全生产管理体系应是包括施工现场在内的安全生产管理体系，企业的安全生产管理制度是指导施工现场安全生产管理的依据，没有好的企业安全生产管理制度，就难有好的施工现场安全生产管理。施工现场安全生产管理应遵循企业安全生产管理制度的要求，反过来，通过施工现场安全生产管理体制的不断完善和提高，认真总结经验，不断完善企业各项安全生产管理制度，促进企业安全生产管理水平的提高。

2.2 施工现场安全管理的基本要求

施工现场安全生产管理是施工企业安全生产管理活动在项目部的延续，必须贯彻施工企业的各项安全生产管理制度并落到实处，保证企业及项目部安全生产目标的实现。为实现安全生产的目标，项目部应当结合项目特点，建立完善的安全生产管理体系。其基本要求包括：

(1) 树立明确的安全管理目标。

《中华人民共和国安全生产法》第三条规定，安全生产应当以人为本，坚持安全发展，坚持安全第一、预防为主、综合治理的方针。项目部应秉承企业的安全生产管理理念，完成企业分配的安全生产管理目标，尽可能地减少施工现场的事故风险，将由于发生生产安全事故而造成人员伤亡、财产损失的风险降到最低，运用科学的管理手段，有效地利用各种资源，通过计划、组织、指挥、协调、控制等一系列活动，最终实现零事故、零死亡的安全生产目标。

(2) 建立完善的施工现场安全管理组织体系。

《建设工程安全生产管理条例》规定，施工单位应当设立安全生产管理机构，配备专职安全生产管理人员。安全生产管理机构是指建筑施工企业及其在建设工程项目中设置的负责安全生产管理工作的独立职能部门，不具体承担其他生产任务或完成生产经营活动中的经济考核指标。

施工企业在施工现场的安全生产管理机构则为按项目部建立的安全生产领导小组。施工现场安全生产管理机构应当与企业安全生产管理机构形成有机的安全生产管理网络。

实行施工总承包的施工项目，安全生产领导小组应当由总承包企业、专业承包企业和劳务分包企业的项目经理、技术负责人和专职安全生产管理人员组成。建筑施工现场安全生产领导小组的主要职责有：贯彻落实国家有关安全生产法律法规和标准；组织制定项目安全生产管理制度并监督实施；编制项目生产安全事故应急救援预案并组织演练；保证项目安全生产费用的有效使用；组织编制危险性较大工程的安全专项施工方案；开展项目安全教育培训；组织实施项目安全检查和隐患排查；建立项目安全生产管理档案；及时、如实报告生产安全事故。

项目经理是经施工单位法定代表人授权，代表施工单位在建设工程项目上履行管理职责的负责人，是建筑施工现场安全生产的第一责任人。应当由取得相应执业资格的人员担任，对建设工程项目的安全施工负责，落实安全生产责任制度、安全生产规章制度和操作规程，确保安全生产费用的有效使用，并根据工程的特点组织制定安全施工措施，消除安全事故隐患，及时、如实报告生产安全事故。

专职安全生产管理人员是指经建设行政主管部门或者其他有关部门安全生产考核合格，取得安全生产管理能力考核合格证书，并在建筑施工企业及其所属项目部从事安全生产管理工作的专职人员。项目专职安全生产管理人员应由建筑施工企业安全生产管理机构委派，项目专职安全生产管理人员应当定期将项目安全生产管理情况报告企业安全生产管理机构。专职安全生产管理人员负责对安全生产进行现场监督检查。发现安全事故隐患，应当及时向项目负责人和安全生产管理机构报告；对违章指挥、违章操作的，应当立即制止。

（3）建立健全符合安全生产法律法规、标准规范要求，满足施工现场安全生产需要的各种规章制度和操作规程。包括：安全生产责任制度、安全生产资金保障制度、安全生产教育培训制度、安全生产检查制度、施工单位负责人施工现场带班制度、重大事故隐患治理督办制度、安全生产技术措施、施工现场安全防护措施、消防安全措施、工伤保险和意外伤害保险制度、施工安全事故应急救援制度、生产安全事故报告和调查处理制度等。

（4）确保项目部安全生产资金的有效使用。

《安全生产法》规定，生产经营单位应当具备的安全生产条件所必需的资金投入，由生产经营单位的决策机构、主要负责人或者个人经营的投资人予以保证，并对由于安全生产所必需的资金投入不足导致的后果承担责任。

有关生产经营单位应当按照规定提取和使用安全生产费用，专门用于改善安全生产条件。安全生产费用在成本中据实列支。项目负责人是保证施工企业投入的安全生产资金在项目能够得到有效使用的主要负责人，必须履行安全生产资金投入和有效使用的管理职责。

（5）确保施工现场人员的安全。

安全生产的首要任务就是要保证生产经营活动中，劳动者的生命安全和身体健康。人既是生产的重要因素，又是安全生产的主要保护对象。

为保证生产活动中人的安全，应当制定一系列制度、采取有效的措施来加以实现。目前常用的制度和措施有：①安全生产教育培训制度，通过安全生产教育培训来增强施工现场人员的安全意识、增长安全生产知识、提高安全生产技能。包括三级安全教育，新上岗、转岗、脱岗后重新上岗人员的安全培训，采用"四新"技术时的安全培训，每年至少一次的安全教育培训等。②关键岗位持证上岗制度，与生产安全密切相关的重要岗位人员，实行持证上岗制度，即必须通过建设行政主管部门组织的考核并合格后才能上岗从业，例如特种作业人员、专职安全生产管理人员、项目经理等。③劳动保护措施。根据《中华人民共和国劳动法》的相关规定，对劳动者的就业权、报酬权、劳动保护权、休息权、劳工参与权等依法进行保护，对女职工、未成年工等特殊群体采取特殊的保护措施。④针对施工现场的特点，对现场作业人员的作业环境采取安全防护措施，保障施工人员安全。⑤为现场作业人员提供符合国家标准的劳保用品并监督其正确使用，为作业人员提供安全的施工机具并制定相应的安全操作规程。⑥采取有效的职业危害防治措施。

（6）保证施工现场使用的机械设备、施工机具及配件和安全防护用具的安全。

《建设工程安全生产管理条例》规定，施工单位采购、租赁的安全防护用具、机械设备、施工机具及配件，应当具有生产（制造）许可证、产品合格证，并在进入施工现场前进行查验。施工现场的安全防护用具、机械设备、施工机具及配件必须由专人管理，定期进行检查、维修和保养，建立相应的资料档案，并按照国家有关规定及时报废。施工单位应当保证其在施工期间所使用的施工起重机械和整体提升脚手架、模板等自升式架设设施的安全。

（7）制定安全生产技术措施，对危险性较大的分部分项工程，应制定专项施工方案。

《建筑法》规定，建筑施工企业在编制施工组织设计时，应当根据建筑工程的特点制定相应的安全技术措施；对专业性较强的工程项目，应当编制专项安全施工组织设计，并采取安全技术措施。

建设工程施工前，施工单位负责项目管理的技术人员应当对有关安全施工的技术要求向施工作业班组、作业人员作出详细说明，并由双方签字确认。

（8）保证施工现场的办公、生活区、作业现场以及环境的安全。

建筑施工企业应当在施工现场采取维护安全、防范危险、预防火灾等措施；有条件的，应当对施工现场实行封闭管理。施工现场对毗邻的建筑物、构筑物和特殊作业环境可能造成损害的，建筑施工企业应当采取安全防护措施。

具体的措施有：危险部位设置安全警示标志，不同施工阶段和暂停施工时应采取安全施工措施，施工现场临时设施的安全卫生要求，对施工现场周边环境的安全防护，危险作业的安全管理等。

（9）针对可能发生的生产安全事故，制定应急救援预案，并建立应急救援体系。

施工生产安全事故多具有突发性、群体性等特点，施工项目部应根据施工现场的安全管理、工程特点、环境特征和危险等级，针对可能发生事故的类别、性质、特点和范围等，事先制定生产安全事故应急救援预案，一旦发生事故，可以迅速、有效地开展应急行动，将可能发生的事故损失和不利影响尽量减少到最低。

（10）发生生产安全事故后，按照有关法律、行政法规的规定报告并处理事故。

施工单位发生生产安全事故的，应当按照国家有关伤亡事故报告和调查处理的规定，及时、如实地向负责安全生产监督管理的部门、建设行政主管部门或者其他有关部门报告，接到报告的部门应当按照国家有关规定，如实上报。实行施工总承包的建设工程，由总承包单位负责上报事故。

（11）根据《安全生产许可证条例》《建筑施工企业安全生产许可证管理规定》等法律法规对安全生产条件的规定，施工单位应当具备安全生产条件。不具备安全生产条件，未取得安全生产许可证的建筑施工企业，不得从事生产经营活动；已取得安全生产许可证的建筑施工企业，应当继续保持和完善安全生产条件，接受安全生产许可证颁发管理机关和工程所在地建设行政主管部门的监督管理。

2.3　施工现场安全管理的主要内容

根据上文所述的施工现场安全管理要求，施工现场安全管理的主要内容是：

（1）制定项目安全管理目标，建立安全生产管理体系，实施安全生产责任考核。

树立"零事故、零伤亡"的思想，贯彻"安全第一"的方针，实现项目部及企业的安全生产目标。

建立安全生产管理体系。明确项目经理是施工现场安全生产第一责任人，对施工现场的安全生产全面负责。由项目经理领导的安全生产领导小组是施工现场安全生产管理机构。企业应当对以项目经理为首的施工项目部实行安全生产责任考核。

项目部应当根据《建筑施工企业安全生产管理机构设置及专职安全生产管理人员配备办法》的规定配备建筑施工现场的专职安全员。

1）总承包单位配备项目专职安全生产管理人员应当满足下列要求：

① 建筑工程、装修工程按照建筑面积配备：1 万 m^2 以下的工程不少于 1 人；1～5 万 m^2 的工程不少于 2 人；5 万 m^2 及以上的工程不少于 3 人，且按专业配备专职安全生产管理人员。

② 土木工程、线路管道、设备安装工程按照工程合同价配备：5000 万元以下的工程不少于 1 人；5000 万元～1 亿元的工程不少于 2 人；1 亿元及以上的工程不少于 3 人，且按专业配备专职安全生产管理人员。

2）分包单位配备项目专职安全生产管理人员应当满足下列要求：

① 专业承包单位应当配置至少 1 人，并根据所承担的分部分项工程的工程量和施工危险程度增加。

② 劳务分包单位施工人员在 50 人以下的，应当配备 1 名专职安全生产管理人员；50～200 人的，应当配备 2 名专职安全生产管理人员；200 人及以上的，应当配备 3 名及以上专职安全生产管理人员，并根据所承担的分部分项工程施工危险实际情况增加，不得少于工程施工人员总人数的 5‰。

3）采用新技术、新工艺、新材料或致害因素多、施工作业难度大的工程项目，项目专职安全生产管理人员的数量应当根据施工实际情况，上述规定的配备标准上增加。

4）施工作业班组可以设置兼职安全巡查员，对本班组的作业场所进行安全监督检查。

（2）建立健全符合安全生产法律法规、标准规范要求，满足施工现场安全生产需要的各种规章制度。建筑施工现场应贯彻落实企业的各项安全生产管理制度，同时结合项目部特点，制定按照法律法规规定、符合企业要求、满足施工安全生产需要的规章制度和操作规程。

具体包括：

1）安全生产责任制度。施工现场安全生产责任制度应贯彻落实企业安全生产责任制度。安全生产责任制是指企业中各级领导、各个部门、各类人员在各自职责范围内对安全生产应负相应责任的制度。其内容应充分体现责、权、利相统一的原则。建立以安全生产责任制为中心的各项安全管理制度，是保障安全生产的重要手段。安全生产责任制应根据"管生产必须管安全"，"安全生产，人人有责"的原则，明确各级领导，各职能部门和各类人员在施工生产活动中应负的安全责任。

施工总承包单位和分包单位的安全责任。《建设工程安全生产管理条例》规定，建设工程实行施工总承包的，由总承包单位对施工现场的安全生产负总责。总承包单位应当自行完成建设工程主体结构的施工。总承包单位依法将建设工程分包给其他单位的，分包合同中应当明确各自的安全生产方面的权利、义务。总承包单位和分包单位对分包工程的安全生产承担连带责任。分包单位应当服从总承包单位的安全生产管理，分包单位不服从管理导致生产安全事故的，由分包单位承担主要责任。这就要求施工总承包单位的项目负责人必须加强对分包单位的安全管理。

《建筑施工企业负责人及项目负责人施工现场带班暂行办法》规定，项目负责人应当对工程项目落实带班制度负责。项目负责人带班生产是指项目负责人在施工现场组织协调工程项目的质量安全生产活动。项目负责人带班生产时，要全面掌握施工现场的安全生产状况，加强对重点部位、关键环节的控制，及时消除隐患。要认真做好带班生产记录并签字存档备查。项目负责人每月带班生产的时间不得少于当月施工时间的80%。

2）安全生产资金保障制度

建设工程项目中使用的安全生产资金应当包括两个组成部分：一是指建筑施工企业按照规定标准提取在成本中列支，专门用于完善和改进企业或者项目安全生产条件的资金，称为安全生产费用。二是指建设单位在编制工程概算时，所确定的建设工程安全作业环境及安全施工措施所需费用，习惯上我们称之为安全措施费用。

① 安全生产费用

依据《企业安全生产费用提取和使用管理办法》规定，建设工程施工企业以建筑安装工程造价为计提依据。各建设工程类别安全费用提取标准如下：矿山工程为2.5%；房屋建筑工程、水利水电工程、电力工程、铁路工程、城市轨道交通工程为2.0%；市政公用工程、冶炼工程、机电安装工程、化工石油工程、港口与航道工程、公路工程、通信工程为1.5%。建设工程施工企业提取的安全费用列入工程造价，在竞标时，不得删减，列入标外管理。国家对基本建设投资概算另有规定的，从其规定。总承包单位应当将安全费用按比例直接支付分包单位并监督使用，分包单位不再重复提取。

建设工程施工企业安全费用的使用范围有：完善、改造和维护安全防护设施设备（不含"三同时"要求初期投入的安全设施）支出，包括施工现场临时用电系统、洞口、临边、机械设备、高处作业防护、交叉作业防护、防火、防爆、防尘、防毒、防雷、防台风、防地质灾害、地下工程有害气体监测、通风、临时安全防护等设施设备支出；配备、维护、保养应急救援器材、设备支出和应急演练支出；开展重大危险源和事故隐患评估、监控和整改支出；安全生产检查、咨询、评价（不包括新建、改建、扩建项目安全评价）和标准化建设支出；配备和更新现场作业人员安全防护用品支出；安全生产宣传、教育、培训支出；安全生产适用的新技术、新装备、新工艺、新标准的推广应用支出；安全设施及特种设备检测检验支出；其他与安全生产直接相关的支出。

建筑施工企业的安全生产费用应当由生产经营单位的决策机构、主要负责人或者个人经营的投资人予以保证，施工企业应当建立健全内部安全费用管理制度，明确安全费用提取和使用的程序、职责及权限，按规定提取和使用安全费用。施工企业应当加强安全费用管理，编制年度安全费用提取和使用计划，纳入企业财务预算。

对于按照建筑施工企业安全生产费用管理制度分配到项目部的安全生产费用，由项目负责人对其使用、管理负责，并保证落到实处。

② 安全生产措施费用

《建设工程安全生产管理条例》规定，施工单位对列入建设工程概算的安全作业环境及安全施工措施所需费用，应当用于施工安全防护用具及设施的采购和更新、安全施工措施的落实、安全生产条件的改善，不得挪作他用。

根据《建筑安装工程费用项目组成》（建标〔2013〕44号）文件的规定，安全生产措施费用包括：a. 环境保护费，是指施工现场为达到环保部门要求所需要的各项费用。b. 文明施工费，是指施工现场文明施工所需要的各项费用。c. 安全施工费，是指施工现场安全施工所需要的各项费用，具体包括临边、洞口、交叉、高处作业安全防护费，危险性较大工程安全措施费及其他费用。d. 临时设施费，是指施工企业为进行建设工程施工所必须搭设的生活和生产用的临时建筑物、构筑物和其他临时设施费用。包括临时设施的搭设、维修、拆除、清理费或摊销费等。

建设单位与施工单位应当在施工合同中明确安全防护、文明施工措施项目总费用，以及费用预付、支付计划，使用要求、调整方式等条款。建设单位与施工单位在施工合同中对安全防护、文明施工措施费用预付、支付计划未作约定或约定不明的，合同工期在一年以内的，建设单位预付安全防护、文明施工措施项目费用不得低于该费用总额的50%；合同工期在一年以上的（含一年），预付安全防护、文明施工措施费用不得低于该费用总额的30%，其余费用应当按照施工进度支付。

实行工程总承包的，总承包单位依法将建筑工程分包给其他单位的，总承包单位与分包单位应当在分包合同中明确安全防护、文明施工措施费用由总承包单位统一管理。安全防护、文明施工措施由分包单位实施的，由分包单位提出专项安全防护措施及施工方案，经总承包单位批准后及时支付所需费用。

施工单位应当确保安全防护、文明施工措施费专款专用，在财务管理中单独列出安全防护、文明施工措施项目费用清单备查。施工单位安全生产管理机构和专职安全生产管理人员负责对建筑工程安全防护、文明施工措施的组织实施进行现场监督检查，并有权向建设主管部门反映情况。工程总承包单位对建筑工程安全防护、文明施工措施费用的使用负总责。总承包单位应当按照本规定及合同约定及时向分包单位支付安全防护、文明施工措施费用。总承包单位不按本规定和合同约定支付费用，造成分包单位不能及时落实安全防护措施导致发生事故的，由总承包单位负主要责任。

3）安全生产教育培训制度

安全生产教育培训制度是指对从业人员进行安全生产的教育和安全生产技能的培训，并将这种教育和培训制度化、规范化，以提高全体人员的安全意识和安全生产的管理水平，减少、防止生产安全事故的发生。安全教育的内容主要包括安全思想意识教育、安全生产知识教育、安全生产技能教育、安全生产法制教育、企业安全生产规章制度和操作规程等方面。安全生产教育的方式可多种多样，面授、讲座、橱窗展示、黑板报、竞赛、表演、每天的班前安全会议等各种方式均可灵活使用。

安全生产教育的对象是企业全体员工，包含主要负责人在内的管理人员以及所有从业人员。特别要强调指出的是，按照《中华人民共和国安全生产法》的规定，被派遣劳动者也应纳入本单位从业人员统一管理，应当对被派遣劳动者进行安全生产教育和培训（劳务分包单位的作业人员相对于总承包单位来说，就是被派遣劳动者）；大、中专院校的实习学生也应作为建筑施工企业安全生产教育对象之一。

安全生产教育培训的形式主要包括：①对施工企业负责人、项目负责人、专职安全生产管理人员的法定考核。《建设工程安全生产管理条例》规定，施工单位的主要负责人、项目负责人、专职安全生产管理人员应当经建设行政主管部门或者其他有关部门考核合格后方可任职。其安全生产考核的内容包括安全生产管理能力和安全生产知识两个方面。②特种作业人员上岗前的资格考核。特种作业人员是指从事特殊岗位作业的人员，不同于一般的施工作业人员。特种作业人员所从事的岗位，有较大的危险性，容易发生人员伤亡事故，对操作者本人、他人及周围设施的安全有重大危害。《中华人民共和国安全生产法》的规定，特种作业人员必须按照国家有关规定经专门的安全作业培训，取得相应资格，方可上岗作业。《建筑施工特种作业人员管理规定》（建质〔2008〕75号）所确定的特种作业包括：建筑电工、建筑架子工、建筑起重信号司索工、建筑起重机械司机、建筑起重机械安装拆卸工、高处作业吊篮安装拆卸工，以及经省级以上人民政府建设主管部门认定的其他特种作业。特种作业人员的资格考核由建设行政主管部门进行。③对全体员工进行法定的安全生产定期培训。施工单位应当对管理人员和作业人员每年至少进行一次安全生产教育培训，其教育培训情况记入个人工作档案。安全生产教育培训考核不合格的人员，不得上岗。④三级安全教育。三级安全教育是指作业人员进入新的岗位或者新的施工现场前，应当接受来自施工企业、项目部、班组这三个管理层级的安全生产教育培训，三个层级的教育内容和侧重点相互有所不同。未经教育培训或者教育培训考核不合格的人员，不得上岗作业。⑤施工单位在采用新技术、新工艺、新设备、新材料时，应当对作业人员进行有针对性的相应的安全生产教育培训。

4）建立安全生产检查制度，加强隐患管理

"检查"是现代管理方法"PDCA"（计划、实施、检查、处理）中的关键环节。安全生产检查制度是落实安全生产责任、全面提高安全生产管理水平和操作水平的重要管理制度。施工现场安全生产检查的要求是在企业安全生产检查制度的框架下，根据施工现场的实际情况，建立施工现场的安全生产检查制度，落实企业的安全生产检查相关要求。

通过安全生产检查可以随时掌握施工现场的安全生产状况，及时发现各种不安全因素，最终目的是消除安全隐患，做到防患于未然。

施工现场安全生产检查的第一责任人是项目经理。对施工现场的安全生产状况进行经常性检查是专职安全生产管理人员的基本工作任务，对检查中发现的安全问题，应当立即处理；不能处理的，应当及时报告项目经理，项目经理应当及时处理。发现违章指挥、违章操作行为的，应当当场向当事人指出，立即制止。检查及处理情况应当如实记录在案。专职安全生产管理人员在检查中发现重大事故隐患，应按规定向项目经理及施工单位安全生产管理机构报告。

安全生产检查的内容包括查思想、查制度、查安全措施的实施、查作业人员安全行为、查机械设备和施工机具、查环境安全等所有与安全有关的事项。安全生产检查有日常检查、定期检查、专项检查、抽查以及季节性检查等多种形式。

在施工现场安全生产检查中，需要强调是：①项目经理部应当明确专职安全生产管理人员对施工现场安全生产进行监督管理的职权，确保专职安全生产管理人员履行其职责。②安全生产检查应当采取班组自查、项目部日常检查、企业定期巡查、主管部门专项检查和抽查等多层级管理的方式。③涉及分包单位的，总承包单位应当将分包单位的安全检查纳入到本单位的安全检查体系中来，加强对分包单位的安全管理。④对检查出来的安全隐患，必须按照"定人、定期限、定措施"的方针落实整改，并按规定期限由原检查人进行复查。不消除隐患绝不能放过。⑤施工现场的安全生产检查应与安全生产岗位责任和考核挂钩。

《房屋市政工程生产安全重大隐患排查治理挂牌督办暂行办法》规定，工程项目的主要负责人对重大隐患排查治理工作全面负责。建筑施工企业应当定期组织安全生产管理人员、工程技术人员和其他相关人员排查每一个项目的重大隐患，特别是对深基坑、高支模、地铁隧道等技术难度大、风险大的重要工程应重点定期排查。对排查出的重大隐患，应及时实施治理消除，并将相关情况进行登记存档。

5）生产安全事故报告和调查处理制度

事故发生后，事故现场有关人员应当立即向本单位负责人报告；单位负责人接到报告后，应当于1小时内向事故发生地县级以上人民政府安全生产监督管理部门和负有安全生产监督管理职责的有关部门报告。事故报告应当及时、准确、完整，任何单位和个人对事故不得迟报、漏报、谎报或者瞒报。

报告事故应当包括下列内容：事故发生单位概况；事故发生的时间、地点以及事故现场情况；事故的简要经过；事故已经造成或者可能造成的伤亡人数（包括下落不明的人数）和初步估计的直接经济损失；已经采取的措施；其他应当报告的情况。

自事故发生之日起30日内，事故造成的伤亡人数发生变化的，应当及时补报。

事故发生单位负责人接到事故报告后，应当立即启动事故应急预案，或者采取有效措施，组织抢救，防止事故扩大，减少人员伤亡和财产损失。有关单位和人员应当妥善保护事故现场以及相关证据，任何单位和个人不得破坏事故现场、毁灭相关证据。因抢救人员、防止事故扩大以及疏通交通等原因，需要移动事故现场物件的，应当做出标志，绘制现场简图并做出书面记录，妥善保存现场重要痕迹、物证。

特别重大事故由国务院或者国务院授权有关部门组织事故调查组进行调查。重大事故、较大事故、一般事故分别由事故发生地省级人民政府、设区的市级人民政府、县级人民政府负责调查。省级人民政府、设区的市级人民政府、县级人民政府可以直接组织事故调查组进行调查，也可以授权或者委托有关部门组织事故调查组进行调查未造成人员伤亡的一般事故，县级人民政府也可以委托事故发生单位组织事故调查组进行调查。

事故调查组有权向有关单位和个人了解与事故有关的情况，并要求其提供相关文件、资料，有关单位和个人不得拒绝。事故发生单位的负责人和有关人员在事故调查期间不得擅离职守，并应当随时接受事故调查组的询问，如实提供有关情况。

事故调查组应当自事故发生之日起 60 日内提交事故调查报告；特殊情况下，经负责事故调查的人民政府批准，提交事故调查报告的期限可以适当延长，但延长的期限最长不超过 60 日。事故调查报告应当包括下列内容：事故发生单位概况；事故发生经过和事故救援情况；事故造成的人员伤亡和直接经济损失；事故发生的原因和事故性质；事故责任的认定以及对事故责任者的处理建议；事故防范和整改措施。事故调查报告应当附具有关证据材料。事故调查组成员应当在事故调查报告上签名。

重大事故、较大事故、一般事故，负责事故调查的人民政府应当自收到事故调查报告之日起 15 日内做出批复；特别重大事故，30 日内做出批复，特殊情况下，批复时间可以适当延长，但延长的时间最长不超过 30 日。

事故发生单位应当认真吸取事故教训，落实防范和整改措施，防止事故再次发生。防范和整改措施的落实情况应当接受工会和职工的监督。事故处理的情况由负责事故调查的人民政府或者其授权的有关部门、机构向社会公布，依法应当保密的除外。

（3）制定安全生产技术措施

《建设工程安全生产管理条例》规定，施工单位应当在施工组织设计中编制安全技术措施和施工现场临时用电方案。

施工组织设计是规划和指导施工全过程的综合性技术经济文件。安全技术措施是为了实现施工安全生产，在安全防护及技术、管理等方面采取的措施。安全技术措施可分为防止事故发生的安全技术措施和减少事故损失的安全技术措施。

《施工现场临时用电安全技术规范》JGJ 46—2005 规定，施工现场临时用电设备在 5 台及以上或设备总容量在 50kW 及以上的，应编制临时用电组织设计。施工现场临时用电设备在 5 台以下或设备总容量在 50kW 以下的，应制定安全用电和电气防火措施。

对达到一定规模的危险性较大的分部分项工程还应单独编制专项施工方案，并附具安全验算结果，经施工单位技术负责人、总监理工程师签字后实施，由专职安全生产管理人员进行现场监督。

所谓危险性较大的分部分项工程，是指建筑工程在施工过程中存在的、可能导致作业人员群死群伤或造成重大不良社会影响的分部分项工程。危险性较大的分部分项工程安全专项施工方案，是指施工单位在编制施工组织设计的基础上，针对危险性较大的分部分项工程单独编制的安全技术措施文件。

关于安全专项施工方案的问题，将在第 4 章内容中详细论述。

《建设工程安全生产管理条例》规定，建设工程施工前，施工单位负责项目管理的技术人员应当对有关安全施工的技术要求向施工作业班组、作业人员作出详细说明，并由双方签字确认。施工前对有关安全施工的技术要求作出详细说明，就是通常说的安全技术交底。它有助于作业班组和作业人员尽快了解工程概况、施工方法、安全技术措施等情况。掌握操作方法和注意事项，以保护作业人员的人身安全。安全技术交底，通常有施工工种安全技术交底、分部分项工程施工安全技术交底、大型特殊工程单项安全技术交底、设备安装工程技术交底以及采用新工艺、新技术、新材料施工的安全技术交底等。

（4）落实施工现场的各项安全防护措施

建筑施工企业应当在施工现场采取维护安全、防范危险、预防火灾等措施；有条件的，应当对施工现场实行封闭管理。施工现场对毗邻的建筑物、构筑物和特殊作业环境可能造成损害的，建筑施工企业应当采取安全防护措施。常用的安全防护措施主要有：

1) 在施工现场危险部位设置安全警示标志。施工单位应当在施工现场入口处、施工起重机械、临时用电设施、脚手架、出入通道口、楼梯口、电梯井口、孔洞口、桥梁口、隧道口、基坑边沿、爆破物及有害危险气体和液体存放处等危险部位，设置明显的安全警示标志。安全警示标志必须符合国家标准。

所谓危险部位是指存在着危险因素，容易造成施工作业人员或者其他人员伤亡的地点。例如，施工现场入口处、施工起重机械、临时用电设施、脚手架、出入通道口、楼梯口、电梯井口、孔洞口、桥梁口、隧道口、基坑边沿、爆破物及有害危险气体和液体存放处等，通常都是容易出现生产安全事故的危险部位。

安全警示标志，是指提醒人们注意的各种标牌、文字、符号以及灯光等，一般由安全色、几何图形和图形符号构成。国家标准规定的安全色有红、蓝、黄、绿四种颜色，其含义是：红色表示禁止、停止；蓝色表示指令或必须遵守的规定；黄色表示警告、注意；绿色表示提示、安全状态、通行。

2) 根据不同的施工阶段和环境、季节的变化，以及暂停施工时应采取安全施工措施。施工单位应当根据不同施工阶段和周围环境及季节、气候的变化，在施工现场采取相应的安全施工措施。施工现场暂时停止施工的，施工单位应当做好现场防护，所需费用由责任方承担，或者按照合同约定执行。

3) 施工现场临时设施的安全卫生要求。施工单位应当将施工现场的办公、生活区与作业区分开设置，并保持安全距离；办公、生活区的选址应当符合安全性要求。职工的膳食、饮水、休息场所等应当符合卫生标准。施工单位不得在尚未竣工的建筑物内设置员工集体宿舍。施工现场临时搭建的建筑物应当符合安全使用要求。施工现场使用的装配式活动房屋应当具有产品合格证。

4) 对施工现场周边环境设施的安全防护措施。建设单位应当向施工单位提供施工现场及毗邻区域内供水、排水、供电、供气、供热、通信、广播电视等地下管线资料，气象和水文观测资料，相邻建筑物和构筑物、地下工程的有关资料，并保证资料的真实、准确、完整。施工单位则应根据建设单位提供的有关资料，对因建设工程施工可能造成损害的毗邻建筑物、构筑物和地下管线等，采取专项防护措施。施工单位应当遵守有关环境保护法律、法规的规定，在施工现场采取措施，防止或者减少粉尘、废气、废水、固体废物、噪声、振动和施工照明对人和环境的危害和污染。

5) 危险作业的施工现场安全管理。建筑施工单位进行爆破、起重吊装、模板脚手架等的搭设拆除以及相关部门规定的其他危险作业时，应当安排专门人员进行现场安全管理，确保安全措施的落实，作业人员遵守相应的安全操作规程。

6) 安全防护设备、机械设备等的安全管理。《建设工程安全生产管理条例》规定，施工单位采购、租赁的安全防护用具、机械设备、施工机具及配件，应当具有生产（制造）许可证、产品合格证，并在进入施工现场前进行查验。施工现场的安全防护用具、机械设备、施工机具及配件必须由专人管理，定期进行检查、维修和保养，建立相应的资料档案，并按照国家有关规定及时报废。绝不能让不合格的产品流入施工现场，并要加强日常的检查、维修和保养，保障这些设备和产品的正常使用和运转。

施工单位应当向作业人员提供安全防护用具和安全防护服装，并书面告知危险岗位的

114

操作规程和违章操作的危害。作业人员有权对施工现场的作业条件、作业程序和作业方式中存在的安全问题提出批评、检举和控告，有权拒绝违章指挥和强令冒险作业。在施工中发生危及人身安全的紧急情况时，作业人员有权立即停止作业或者在采取必要的应急措施后撤离危险区域。作业人员应当遵守安全施工的强制性标准、规章制度和操作规程，正确使用安全防护用具、机械设备等。

7）施工起重机械设备等的安全使用管理。施工单位在使用施工起重机械和整体提升脚手架、模板等自升式架设设施前，应当组织有关单位进行验收，也可以委托具有相应资质的检验检测机构进行验收；使用承租的机械设备和施工机具及配件的，由施工总承包单位、分包单位、出租单位和安装单位共同进行验收。验收合格的方可使用。施工单位应当自施工起重机械和整体提升脚手架、模板等自升式架设设施验收合格之日起 30 日内，向建设行政主管部门或者其他有关部门登记。登记标志应当置于或者附着于该设备的显著位置。

（5）加强施工现场消防安全管理，采取消防安全措施

施工单位应当在施工现场建立消防安全责任制度，确定消防安全责任人，制定用火、用电、使用易燃易爆材料等各项消防安全管理制度和操作规程，设置消防通道、消防水源，配备消防设施和灭火器材，并在施工现场入口处设置明显标志。

公共建筑在营业、使用期间不得进行外保温材料施工作业，居住建筑进行节能改造作业期间应撤离居住人员，并设消防安全巡逻人员，严格分离用火用焊作业与保温施工作业，严禁在施工建筑内安排人员住宿。新建、改建、扩建工程的外保温材料一律不得使用易燃材料，严格限制使用可燃材料。建筑室内装饰装修材料必须符合国家、行业标准和消防安全要求。

项目经理是施工现场消防安全第一责任人。应当组织制定消防安全责任制度，并采取措施保障施工过程中的消防安全。施工现场要设置消防通道并确保畅通；施工要按有关规定设置消防水源，满足施工现场火灾扑救的消防供水要求，施工现场应当配备必要的消防设施和灭火器材，施工现场的重点防火部位和在建高层建筑的各个楼层，应在明显和方便取用的地方配置适当数量的手提式灭火器、消防沙袋等消防器材；动用明火必须实行严格的消防安全管理，禁止在具有火灾、爆炸危险的场所使用明火；需要进行明火作业的，动火部门和人员应当按照用火管理制度办理审批手续，落实现场监护人，在确认无火灾、爆炸危险后方可动火施工，动火施工人员应当遵守消防安全规定并落实相应的消防安全措施，易燃易爆危险物品和场所应有具体防火防爆措施，电焊、气焊、电工等特殊工种人员必须具备上岗作业资格。

要建立消防安全自我评估机制，消防安全重点单位每季度、其他单位每半年自行或委托有资质的机构对本单位进行一次消防安全检查评估，做到安全自查、隐患自除、责任自负。施工单位防火检查的内容应当包括：火灾隐患的整改情况以及防范措施的落实情况，疏散通道、消防车通道、消防水源情况，灭火器材配置及有效情况，用火、用电有无违章情况，重点工种人员及其他施工人员消防知识掌握情况，消防安全重点部位管理情况，易燃易爆危险物品和场所防火防爆措施落实情况，防火巡查落实情况等。

项目部应加强对从业人员的消防安全教育培训，建立施工现场消防组织，制定灭火和疏散预案，并至少每半年组织一次演练，提高施工人员及时报警、扑火初期火灾和自救逃

生能力。

(6) 工伤保险和意外伤害保险

《建筑法》规定，建筑施工企业应当依法为职工参加工伤保险，缴纳工伤保险费。鼓励企业为从事危险作业的职工办理意外伤害保险，支付保险费。

工伤保险是面向施工企业全体员工的强制性保险。意外伤害保险则是针对施工现场从事危险作业的特殊职工群体，法律鼓励施工企业再为他们办理意外伤害保险，使这部分人员能够比其他职工依法获得更多的权益保障。

(7) 编制施工生产安全事故应急救援预案

施工单位应当制定本单位生产安全事故应急救援预案，建立应急救援组织或者配备应急救援人员，配备必要的应急救援器材、设备，并定期组织演练。

施工单位应当根据建设工程施工的特点、范围，对施工现场易发生重大事故的部位、环节进行监控，制定施工现场生产安全事故应急救援预案。实行施工总承包的，由总承包单位统一组织编制建设工程生产安全事故应急救援预案，工程总承包单位和分包单位按照应急救援预案，各自建立应急救援组织或者配备应急救援人员，配备救援器材、设备，并定期组织演练。

针对可能发生的事故情况的不同，应急救援预案可分为综合应急预案、专项应急预案和现场处置方案。施工现场的应急救援预案主要是专项应急预案和现场处置方案。专项应急预案，应当包括危险性分析、可能发生的事故特征、应急组织机构与职责、预防措施、应急处置程序和应急保障等内容；现场处置方案，应当包括危险性分析、可能发生的事故特征、应急处置程序、应急处置要点和注意事项等内容。

建筑施工项目部的生产安全事故应急救援预案由项目部安全生产领导小组组织技术、安全、质量等专业管理人员进行编制，编制完以后应报施工企业审批。建筑施工安全事故应急救援预案应当作为安全报监的材料之一报工程所在地建筑施工安全生产监督管理部门备案。项目部应将事故应急预案告知现场所有施工作业人员，并组织开展应急预案培训交底活动，并定期组织应急预案的演练。施工期间，应急预案的内容应当在施工现场显著位置予以公示。

(8) 文明施工

安全文明施工，就是施工项目在施工过程中科学地组织安全生产，规范化、标准化管理现场，使施工现场按现代化施工的要求保持良好的施工环境和施工秩序。安全文明施工，就是施工项目在施工过程中科学地组织安全生产，规范化、标准化管理现场，使施工现场按现代化施工的要求保持良好的施工环境和施工秩序，从而保证生产中人员的生命安全与身体健康，保证财产不受损失，尽可能地减少对环境的影响。

文明施工的具体要求包括：工地四周按规定设置连续密闭的围挡；进出口设置大门，门头设置企业标志；实现封闭管理，施工人员凭胸卡出入工地，来访人员应进行登记；施工现场在入口处醒目位置公示"五牌一图"（工程概况牌、管理人员名单及监督电话牌、消防保卫牌、安全生产牌、文明施工牌、施工现场总平面图）；按总平面图堆放材料，堆放应整齐并进行标识，工作面每天做到工完、料尽、场地清，建筑垃圾放置在指定位置并及时清运出场，易燃易爆物品存放在危险品仓库并有防火防爆措施；宿舍、食堂、浴室等生活区符合文明、卫生的要求，生活区设置学习和娱乐场所，引导员工从事精神健康的各种活动；施工现场设保健卫生室，配备保健药箱、常用药及绷带、止血带、颈托、担架等急救器材；有防止环境污染的措施，制定防止扬尘和噪声的方案，夜间施工除应按规定办理相关许可手续外，还应张挂安民告示，严禁焚烧有毒、有害物质。

（9）建立安全生产管理台账，对施工安全生产管理活动进行必要的记录，保存应有的资料和原始记录，以作为管理、考核、追责的依据。

2.4　施工现场安全管理的主要方式

要将上述各项施工现场安全管理的内容一一落实到实处，需要建筑施工企业有完善的管理体系和有效的管理手段来实现。

施工现场的安全管理是运用科学的管理思想、管理组织、管理方法和管理手段、对施工现场的各种生产要素进行计划、组织、控制、协调、激励等，保证施工现场按预定的目标实现优质、高效、低耗、安全、文明的生产。

施工现场安全管理的主要方式应当遵循管理理论中的反馈原理、封闭原理和 PDCA 循环原理，以企业的安全生产目标为导向，以各项安全生产管理制度为保障，通过决策计划、组织实施、检查反馈、纠正偏差这几个步骤加以实现，重点在于找出危险源、控制风险、消灭隐患、杜绝事故，在实现安全生产管理目标的过程中，提高项目部乃至整个施工企业的安全生产管理能力和管理水平。

施工现场安全生产管理的主要方式有反馈原理、封闭原理、PDCA 循环、安全检查、安全生产绩效考核和奖惩等。

1. 反馈原理。反馈原理是控制论的一个非常重要的基本概念。反馈就是由控制系统把信息输送出去，又把其作用结果返送回来，对输入信号与输出信号进行比较，比较差值作为系统新的信号再次输出，这样不断地反馈，使得最终反馈的信息无限接近系统出此输出的信息，以实现控制的作用，达到预定的目的。如图 2-1 所示。

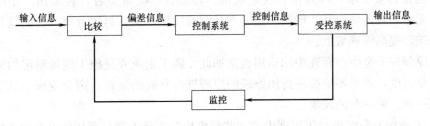

图 2-1　反馈原理示意图

2. 封闭原理。封闭原理是指任何一个系统里的领导手段必须构成一个连续封闭的回路，才能形成有效的管理运动。如图 2-2 所示。

从图中可以看出，一个管理系统可以看作由决策中心、执行机构、监督机构和反馈机构四个部分组成。其中决策中心是管理活动的起点，决策中心根据系统外部的信息和反馈机构传递的反馈信息，发出活动指令，该指令一方面通向执行机构，一方面通向监督机构，执行机构必须贯彻决策中心的指令，为了保证这一点，应有监督机构监督执行情况。执行结果则输出给反馈机构，由其对信息进行处理，并比较执行结果和决策指令，找出差

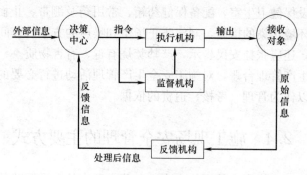

图 2-2　封闭原理流程图

距后返回决策中心，决策中心则继续根据反馈信息和外部输入信息发出新的指令。这样，在管理系统内就形成了一个相对封闭的回路，在此回路中管理活动不断反复运动，从而推动了系统整体功能的有效发挥。

在这个相对封闭的回路中，监督机构和反馈机构起着相当重要的作用。因为，如果没有监督机构，就无法保证执行机构是否能够准确无误地执行决策中心的指令；没有反馈机构，执行结果出现偏差也无法得到纠正。如果管理系统缺少反馈机构，就会出现其职能只能由执行机构代为行使，变成自己执行，自己反馈，自己检查，这样会带来诸多弊病，决策中心会因为得不到准确的执行情况而失去调节系统的机会，甚至会在盲目估计下发出错误的指令，结果导致整个系统的失败。所以一些由决策中心制订的管理制度、操作规程，即使订的再合理，也无法发挥其应有的效力，结果只能贴在墙上，写在纸上，流于形式，无法落实在管理实践之中。

封闭原理是管理学中一个最基本的管理原理，即必须对工作有明确的要求和规范；有法定的管理机构、管理人员和管理办法；有切实的监督考核措施，并对考核结果有明确的奖罚，如此构成一个连续封闭的回路，才能形成有效的管理运动。而目前管理工作中经常碰到的问题是：重要求，轻规范；或重规范，轻监督；或重监督，轻奖罚。往往前紧后松，有始无终，致前纠后乱，屡禁不止的现象时有发生。推行封闭管理，目的就是为了克服这些弊端，提高管理效能。

封闭原理在安全生产管理中的运用也是如此。施工企业或是施工现场制定的完善的安全生产规章制度，若果不能按照封闭原理的原理进行有效的运转，则会变成一纸空文，最终形成说一套、做一套的现象。

3. 施工现场安全管理封闭原理中的"监督机构"实际上就是现场的安全检查机制。

安全检查是以查思想、查管理、查隐患、查整改、查责任落实、查事故处理为主要内容，按照规定的安全检查项目、形式、类型、标准、方法和频次，进行检查、复查以及安全生产管理评估评价等。针对检查中发现的问题，要坚决进行整改，并对相关责任人进行教育，使其从思想上引起足够的重视，在行为上加以改进。

4. PDCA 循环。PDCA 循环正是体现了上文所述的反馈原理和封闭原理。PDCA 循环又叫戴明循环，是管理学中的一个通用模型，最早由休哈特于 1930 年构想，由美国质量管理专家戴明博士于 1950 年正式并加以广泛宣传并运用于持续改善产品质量的过程。现在，PDCA 循环的应用范围早已不局限于质量管理，而成为管理学的一个基本方法应用到管理的各个方面，因此 PDCA 循环同样适用于安全管理活动。

PDCA 是英语单词 Plan（计划）、Do（执行）、Check（检查）和 Action（行动）的第一个字母，PDCA 循环就是按照这样的顺序进行质量管理，并且循环不止地进行下去的科学程序。如图 2-3 所示。

P（plan）计划，包括安全生产方针和管理目标的确定，以及安全活动计划的制定。D（Do）执行，根据安全策划，将安全管理的具体措施一一实现的过程。C（check）检查，对执行计划的结果进行检查和比对分析，明确效果，找出问题。A（action）对总结检查的结果进行处理，对成功的经验加以肯定，并予以标准化；对于失败的教训也要总结，引起重视。对于没有解决的问题，应提交给下

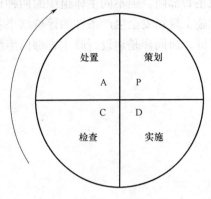

图 2-3　PDCA 循环示意图

一个 PDCA 循环中去解决。四个过程不是运行一次就结束，而是周而复始的进行，一个循环完了，解决一些问题，未解决的问题进入下一个循环，这样阶梯式上升的。

PDCA 循环的特点就是大环套小环，小环保大环（图 2-4），这一特点是指 PDCA 循环可以以多级管理的模式进行。另一特点是 PDCA 循环具有阶梯式上升趋势（图 2-5），这可以看出，良好的 PCDA 管理模型，需要在量变的基础上不断提升，才能达到质变的效果。

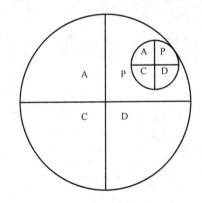

图 2-4　PDCA 大环套小环

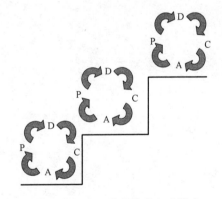

图 2-5　PDCA 的台阶式上升模式

5. 安全生产绩效考核和奖惩。对管理人员及分包单位实行安全考核和奖惩管理，是开展施工现场安全管理工作的必要方式和手段，包括确定考核和奖惩的对象、制订考核内容及奖罚标准、定期组织实施考核以及落实奖罚等。绩效考核必须与安全生产责任制结合起来，体现责、权、利的统一，才能达到良好的管理效果。

施工企业和项目部在指定绩效考核目标和具体办法，确定考核内容时，也应当将安全生产目标和安全生产管理的具体要求纳入考核体系。

6. 安全生产评价。安全生产评价的对象有施工现场安全生产条件和安全生产状况两类。对施工现场安全生产条件的评价主要是对《建筑施工企业安全生产许可证管理规定》中确定的 12 项安全生产条件进行评价，使用到的评价工具是《建筑施工安全生产条件评

价规范》DGJ 32/J55—2012。对施工现场安全生产状况的检查评价可依据《建筑施工安全检查标准》JGJ 59—2011 进行。这两种评价的主体都可以是项目部、施工企业或是建设行政主管部门。但不同主体组织的两种评价，其后果也会有所不同。例如建设行政主管部门对施工现场安全生产条件的评价结果若为不合格，则将可能影响到施工企业的安全生产许可证；而同样是建设行政主管部门组织的安全生产状况评价，则可能会影响项目的评优。

第3章　熟悉施工项目安全生产管理计划的内容和编制方法

3.1　施工项目安全生产管理计划的主要内容

施工现场安全管理是通过制定安全生产管理计划，建立安全生产保证体系并使之有效运行来实现其主要任务的。施工现场安全生产保证体系是为实施建筑工程施工现场安全管理所需的组织结构、程序、过程和资源。施工项目安全生产保证体系由四个基本部分组成，即组织结构、程序、过程和资源。①组织结构是指项目部为行使其安全管理的职能按某种方式建立的职责、权限及其相互关系，通常以组织结构图予以规定。②程序是为了进行某项活动所规定的途径。通常都要求将程序形成文件。程序就是我们习惯上所称的管理标准、管理制度等。③过程。过程是将输入转化为输出的一组彼此相关的资源和活动。过程是个重要概念，因为所有工作是通过过程来完成的。对于安全管理的过程，可以理解为在每一个分部分项工程施工前，将书面的安全技术措施交底或培训等作为输入，通过职工的遵章守纪，安全施工，配备安全用具、防护用品、具有资格的操作人员和防护设施、合格的机械设备等资源，开展检查、整改等一系列活动，确保安全地完成诸如的贯通、辅助工程等的施工。安全管理通过对过程的管理来实现，过程的安全状况又取决于所投入的资源和活动。④资源。资源包括人员、设备、设施、资金、技术和方法。

构建施工现场安全生产保证体系的基本思想是：①职责分明、各负其责；②建立体系，依法办事；③预防为主、把握重点；④封闭管理、持续改进。

施工现场安全生产保证体系的内容应当包含：

（1）制定安全管理目标。工程项目的安全管理目标，应由工程项目部制订，形成文件，并由该项目安全生产的第一责任人——项目经理批准并跟踪执行情况。安全管理目标是工程项目部安全管理的努力方向，应体现"安全第一、预防为主、综合治理"的方针，是项目管理目标的重要组成部分，并与施工企业的总目标相一致。安全管理目标通常应包括杜绝重大伤亡事故、设备管线事故、火灾事故；安全标准化工地创建目标；文明工地创建目标；遵循安全生产和文明施工方面有关法律法规和规章以及对业主和社会要求的承诺；其他需要满足的目标。安全管理目标应自上而下层层分解，明确到各部门、各岗位，确保施工现场每个员工正确理解并明确目标要求，自觉关心安全生产、文明施工，做好本部门、本岗位的工作，以确保工程项目部安全管理目标落实到实处。

（2）建立健全安全管理组织。项目部的安全生产组织机构应是在项目经理领导下，以安全生产领导小组为直接责任部门，项目技术负责人、专职安全生产管理人员为直接责任人，其他各部门参与、全员参加的组织形式。

安全生产职责和权限。对于和安全生产有关的管理、执行和检查监督部门及人员，应明确其职责、权限和相互关系，建立健全安全生产责任制，并形成文件。安全职能是施工现场客观存在的涉及安全方面的管理职能，项目部各有关职能部门和岗位（包括管理和操作岗位）都直接或间接地参与施工过程中的相应安全活动，为了确保安全管理目标的实现，要求其按规定履行各自的管理职能，提供全部证据。建立有效运行的安全生产保证体系的核心内容就是全面落实安全职能。安保体系的要素应该有机地分配到相关职能部门（或岗位），特别是项目经理、项目技术负责人和专职安全生产管理人员等编制安全保证计划、决定资源配置、实施监督检查、验证纠正和预防措施的人员，对人员应授予足够的权限，以使他们能执行这些规定的职责，同时使其能感知到有责任完成安全管理目标的要求。

（3）配备资源。为使工程项目部能正常有效地实施安全管理，应确定并提供充分而必要的资源，满足施工现场安全管理对人员、设施、设备、资金、技术和方法等方面的需求。通常应包括，但不限于：①安全技术文件。施工组织设计、安全技术措施、专项施工方案等技术文件。②配备与安全要求相适应并经培训考核持证的管理、执行和检查人员。参与施工的人员都须经过培训上岗。管理人员必须按有关规定经过培训后持证上岗；特种作业人员必须经劳动部门培训考核后持证上岗；一般施工人员也须经过技能培训，取得上岗资格证书。③施工安全技术及防护设施。采用先进、可靠的施工安全技术和作业过程中的各类安全防护设施。④用电和消防设施。配置临时安全用电技术及防触电措施，消防器材及设施应按规定的要求配置。⑤施工机械安全装置。配备各类施工机械的限位、过载、保险等安全装置，做到齐全、有效。⑥必要的安全检测工具。如准备接地电阻测试仪、风速仪、测定噪声的分贝计、照明度测试仪、瓦斯检测仪等检测工具等。⑦安全技术措施的经费。工程项目部应为劳动保护、安全防护措施落实必要的经费。

以上各项资源配置都应满足相关的安全法律法规、规章和标准的基本要求。

（4）安全生产策划。安全生产策划是指确定安全管理目标以及确定采用安全体系要素的应用目标和要求的活动，是使施工现场恰当满足安保体系要求的方法。策划的结果是形成安全生产保证计划的书面管理性文件。

（5）控制要点。控制要点是实现安全生产目标的关键点。施工现场安全生产保证计划的控制要点包括：①安全设施设备、安全防护用品的采购。②分包方控制。③施工过程安全控制。④事故隐患控制。

（6）检查检验和标识

检查，是指为了确保满足规定的要求，对实体（活动、过程、设施、设备、人员、组织、体系等）的状态进行连续的（持续的或一定频次的）监视和验证，并对记录进行分析的活动。安全检查的目的在于确认施工过程是否满足安全生产、文明施工的要求，并及时发现、排除事故隐患。

检验，是指对实体的一个或多个特性进行的诸如测量、检查、试验或度量并将结果与规定要求进行比较以确定每项特性的合格情况所进行的活动。安全检验的目的在于通过验收活动，确保只有合格的安全设施所需的材料、设备和防护用品，合格的机械、施工和防护设施才能投入使用。

标识，是指为了防止安全设施所需的材料、设备的防护用品，机械、施工和防护设施的混用、错用，必要时实现可追溯性，对其品牌、规格、型号和检查、检验状态所作的识别标志。

安全生产检查是由于工程现场情况多变，又是多工种立体交叉作业，在施工生产中，为了及时发现事故隐患，排除施工中的不安全因素，纠正违章作业，监督安全技术措施的执行，堵塞事故漏洞，防患于未然，必须对安全生产中易发生事故的主要环节、部位、工艺完成情况进行全过程的动态监督检查，以不断改善劳动条件，事故的发生。

（7）纠正和预防措施

纠正措施是指对实际的不符合安全生产要求的事故和事故隐患产生原因进行调查分析，针对原因采取措施，以防止重复发生事故和事故隐患再发生的全部活动。预防措施是指对潜在的不符合安全生产要求的事故隐患进行原因分析，针对原因采取措施，以防止事故隐患和事故发生的全部活动。预防措施是指对潜在的不符合安全生产要求的事故隐患进行原因分析，针对原因采取措施，以防止事故隐患和事故发生的全部活动。

纠正和预防措施的实施要投入一定的人力、物力、财力等资源，因此采取纠正和预防措施的程度应与存在问题的危害程度和风险相适应，安全风险大、危害程度大的事故隐患都应按本要素要求进行原因调查、采取治本措施，而不能简单地处置了事。

（8）教育和培训

安全生产保证体系的成功实施，有赖于施工现场全体人员的参与，需要他们具有良好的安全意识和安全知识。保证他们得到适当的教育和培训，是实现施工现场安全保证体系有效运行，达到安全生产目标的重要环节。

安全生产保证计划中应包含教育培训的目的和重要性、对象、内容和形式、时间、建立并保存教育培训记录等内容。

（9）安全记录

安全记录既包括与安全设施有关的记录，也包括安全保证体系运行记录，如工程概况、安全管理目标、组织机构、安全生产保证体系要素分配与部门岗位职责，内部安全体系审核记录，现场施工安全控制记录，检查、检验和标识记录，事故调查处理记录，事故隐患控制记录，各类人员上岗资格和培训教育记录等，也是安全生产保证体系运行的必要证实文件，是安全记录的组成部分。

（10）持续改进

安全生产保证计划应按照 PDCA 循环体现持续改进的思想。

3.2 施工项目安全生产管理计划的基本编制方法

施工项目安全管理计划应在施工活动开始前，由项目安全部门牵头，组织生产、技术等部门编写，报项目经理批准后实施。安全管理计划应包括下列内容：

（1）安全生产管理计划审批表。

（2）编制说明。

（3）工程概况

1）工程简介：工程的地理位置、性质或用途；工程的规模、结构形式、檐口高度等；为适应安全生产及文明施工要求必须明确的其他事宜。

2）工程难点分析：与工程所处环境有关的场所如学校、医院等，施工噪声控制与防尘污染，文明施工；多台塔吊作业时，防止可能相互碰撞的措施；高层建筑脚手架的搭设与拆除；危险性较大分部分项工程的实施等；工程安全重点部位，如基础施工管线（电缆、水煤气管道等）保护、脚手架、电梯井道防护、施工用电、大型机械（塔吊、外用电梯）装拆与使用管理等。

（4）安全生产管理方针及目标。安全生产管理方针是安全管理方面总的指导思想和管理宗旨，应及时向员工传达贯彻。安全生产管理目标应包括伤亡控制指标、安全达标、文明施工目标等。

（5）安全生产保证体系文件。包括：①适用的安全支持性文件清单；②安全生产保证计划的适用范围；③安全生产保证计划的管理要求。

（6）实施

1）安全职责。安全生产保证计划应说明：①安全管理目标；②安全管理组织；③各个岗位或部门的职责；④资源。

2）教育和培训。安全生产保证计划应说明：①安全教育和培训的项目领导和部门或岗位的职责与权限；②对全体员工安全教育和培训的内容。

3）文件控制。安全生产保证计划应说明：①项目经理部对所收到文件的收发记录控制要求；②明确收发文件的责任人和对文件处理要求。

4）安全物资采购的和进场验证。安全生产保证计划应说明：①项目经理部应明确安全物资的项目领导和主管部门或岗位的职责与权限；②对自行采购的安全物资或外部租赁的设备的具体控制要求；③内部转移或调拨的安全物资的控制要求；④对分包商采购或自带的安全物资的控制要求；⑤对进场安全物资的验证要求。

5）分包控制。安全生产保证计划应说明项目经理部必须按分包合同规定对分包商在施工现场内的施工或服务活动实施控制，并形成记录。控制的内容和方法包括：①审核批准分包商编制的专项施工组织设计和施工方案，包括安全技术措施；②提供或验证必要的安全物资、工具、设施、设备；③确认分包商进场从业人员的资格，依据施工现场安全生产保证体系文件，进行有针对性的安全教育、培训和施工交底，形成由双方负责人签字认可的记录，并确保在作业前和作业时，由分包商对其从业人员实施必要的安全教育和培训；④安排专人对分包商施工和服务全过程的安全生产实施指导、监督、检查和业绩评价，对发现的问题进行处理，并与分包商及时沟通信息。

6）施工过程控制。安全生产保证计划应说明项目经理部必须根据施工现场安全生产保证体系策划的结果和安排，确保与所识别的危险源和不利环境因素有关的活动、人员、设施、设备在施工过程中处于受控状态，以便从根本上控制和减小安全风险和不利环境影响。项目经理部对施工过程控制的内容和方式包括：①针对施工过程中需控制的活动，制定或确认必要的施工组织设计、专项施工方案、专项安全措施、安全程序、规章制度或作业指导书，并组织落实；②将采购和分包活动中需实施控制的有关要求通知供应商和分包商，并按要求对其施工和服务提供过程进行控制；③对从业的管理人员和操作人员进行针对性的资格能力鉴定、安全教育和培训、安全交底，及时提供必需的劳动防护用品；④对安全物资进行验收、标识、检查和防护；⑤对施工设施、设备及安全防护设施的搭设和拆除进行交底与过程防护、监控，在使用前进行验收、检测、标识，在使用中进行检查、维护和保养，并及时调整和完善；⑥对重点防火部位、活动和物资进行标识、防护，配置消防器材和实行动火审批；⑦保持施工现场的场容场貌、作业环境和生活设施文明卫生、规范有序，保护道路管线和周边环境，减少并有效处理废水、废气、粉尘、噪声、振动和固体废弃物，组织好施工期间的道路交通；⑧对与重大危险源和重大不利环境因素有关的重点部位、过程和活动，组织专人监控；⑨就施工现场危险源、不利环境因素及安全生产的有关信息，与从业人员及相关方进行交流与沟通，对涉及重大危险源和重大不利环境因素的问题及时做出处理，并形成记录和回复；⑩形成并保存施工过程控制活动的记录。

7）事故的应急救援。安全生产保证计划应说明：①项目经理部应针对可能发生的事故制定相应的应急救援预案，准备应急救援物资，并在事故发生时组织实施，以防止事故扩大、减少与之有关的伤害和不利环境影响。②项目经理部应配合事故的调查、分析、并制定和实施纠正措施和预防措施。

（7）检查和改进

项目经理部应建立安全检查制度，对施工现场的安全状况和业绩进行日常检查，具体控制要求：

1）安全检查的控制。安全检查的控制应规定：①检查的人员及其取责权限；②检查的对象、标准、方法和频次；③对安全检查中发现的不符合规定要求和存在隐患的设施、设备、过程、行为，定人、定时间、定措施进行整改处置，并跟踪复查；④对安全检查和整改处置活动进行记录，并通过汇总分析，寻找薄弱环节，确定需改进的问题及采取纠正措施或预防措施的要求；⑤对用于检查的检测设备进行校正和维护，并保存校正和维护的记录。

2）纠正措施和预防措施。项目经理部应对严重的或经常发生的不合格、事故或险肇事故，企业或政府主管部门提出的问题、隐患及整改要求，社会投诉的问题，进行调查和原因分析，针对原因制定并实施相应的纠正措施或预防措施，以防止其再次发生。

3）内部审核。项目经理部必须以施工现场安全生产保证体系的业绩为重点，在各主要施工阶段，组织内、部审核，以便确定其是否：①项目经理部应在安全生产保证计划中明确各主要施工阶段内审的时间和节点安排；②项目经理部明确对内审中发现的不合格提出制定、实施纠正措施和验证的有关责任部门或岗位。

4）安全评估。项目经理应对各主要施工阶段施工现场安全生产保证体系的适宜性、充分性、有效性及时组织评估，明确评估的时间安排，并编制阶段性安全评估报告；项目经理部门明确组织安全评估的责任部门或岗位的职责与权限要求。

（8）安全记录

工程项目经理部应在安全生产保证计划中明确安全记录的主管部门或岗位的职责与权限；本项目需建立的安全记录清单；如何从哪里获得安全记录；安全记录的填写和保管要求。

第4章 熟悉安全专项施工方案的内容和编制方法

4.1 安全专项施工方案的主要内容

《建筑法》规定，建筑施工企业在编制施工组织设计时，应当根据建筑工程的特点制定相应的安全技术措施；对专业性较强的工程项目，应当编制专项安全施工组织设计，并采取安全技术措施。

《建设工程安全生产管理条例》规定，对下列达到一定规模的危险性较大的分部分项工程编制专项施工方案，并附具安全验算结果，经施工单位技术负责人、总监理工程师签字后实施，由专职安全生产管理人员进行现场监督：(1) 基坑支护与降水工程；(2) 土方开挖工程；(3) 模板工程；(4) 起重吊装工程；(5) 脚手架工程；(6) 拆除、爆破工程；(7) 国务院建设行政主管部门或者其他有关部门规定的其他危险性较大的工程。对上述工程中涉及深基坑、地下暗挖工程、高大模板工程的专项施工方案，施工单位还应当组织专家进行论证、审查。

依据《建筑法》《建设工程安全生产管理条例》及相关安全生产法律法规，住房和城乡建设部制定并发布了《危险性较大的分部分项工程安全管理办法》，旨在加强对危险性较大的分部分项工程安全管理，明确安全专项施工方案编制内容，规范专家论证程序，确保安全专项施工方案实施，积极防范和遏制建筑施工生产安全事故的发生。

1. 危险性较大的分部分项工程的范围

这里所称危险性较大的分部分项工程是指建筑工程在施工过程中存在的、可能导致作业人员群死群伤或造成重大不良社会影响的分部分项工程。危险性较大的分部分项工程具体包括：①基坑支护、降水工程，指开挖深度超过 3m（含 3m）或虽未超过 3m 但地质条件和周边环境复杂的基坑（槽）支护、降水工程。②土方开挖工程，指开挖深度超过 3m（含 3m）的基坑（槽）的土方开挖工程。③模板工程及支撑体系，含大模板、滑模、爬模、飞模等各类工具式模板工程；搭设高度 5m 及以上、搭设跨度 10m 及以上、施工总荷载 $10kN/m^2$ 及以上、集中线荷载 15kN/m 及以上、高度大于支撑水平投影宽度且相对独立无联系构件的混凝土模板支撑工程；用于钢结构安装等满堂支撑体系。④起重吊装及安装拆卸工程，含采用非常规起重设备、方法，且单件起吊重量在 10kN 及以上的起重吊装工程；采用起重机械进行安装的工程；起重机械设备自身的安装、拆卸。⑤脚手架工程，含搭设高度 24m 及以上的落地式钢管脚手架工程；附着式整体和分片提升脚手架工程；悬挑式脚手架工程；吊篮脚手架工程；自制卸料平台、移动操作平台工程；新型及异型脚手架工程。⑥拆除、爆破工程，含建筑物、构筑物拆除工程；采用爆破拆除的工程。⑦其他。含建筑幕墙安装工程；钢结构、网架和索膜结构安装工程；人工挖扩孔桩工程；地下暗挖、顶管及水下作业工程；预应力工程；采用新技术、新工艺、新材料、新设备及尚无相关技术标准的危险性较大的分部分项工程。

而这其中特别危险的部分称为"超过一定规模的危险性较大的分部分项工程"，具体包括：①深基坑工程，含开挖深度超过 5m（含 5m）的基坑（槽）的土方开挖、支护、降水工程；或开挖深度虽未超过 5m，但地质条件、周围环境和地下管线复杂，或影响毗邻建筑（构筑）物安全的基坑（槽）的土方开挖、支护、降水工程。②模板工程及支撑体系，含滑模、爬模、飞模等工具式模板工程；搭设高度 8m 及以上、搭设跨度 18m 及以上、施工总荷载 15kN/m² 及以上、集中线荷载 20kN/m 及以上的混凝土模板支撑工程；用于钢结构安装等满堂支撑体系，承受单点集中荷载 700kg 以上的承重支撑体系。③起重吊装及安装拆卸工程，含采用非常规起重设备、方法，且单件起吊重量在 100kN 及以上的起重吊装工程；起重量 300kN 及以上的起重设备安装工程；高度 200m 及以上内爬起重设备的拆除工程。④脚手架工程，含搭设高度 50m 及以上落地式钢管脚手架工程；提升高度 150m 及以上附着式整体和分片提升脚手架工程；架体高度 20m 及以上悬挑式脚手架工程。⑤拆除、爆破工程，含采用爆破拆除的工程；码头、桥梁、高架、烟囱、水塔或拆除中容易引起有毒有害气（液）体或粉尘扩散、易燃易爆事故发生的特殊建、构筑物的拆除工程。可能影响行人、交通、电力设施、通信设施或其他建、构筑物安全的拆除工程；以及文物保护建筑、优秀历史建筑或历史文化风貌区控制范围的拆除工程。⑥其他。含施工高度 50m 及以上的建筑幕墙安装工程；跨度大于 36m 及以上的钢结构安装工程；跨度大于 60m 及以上的网架和索膜结构安装工程；开挖深度超过 16m 的人工挖孔桩工程。地下暗挖工程、顶管工程、水下作业工程。采用新技术、新工艺、新材料、新设备及尚无相关技术标准的危险性较大的分部分项工程。

2. 危险性较大的分部分项工程安全专项施工方案的性质

危险性较大的分部分项工程安全专项施工方案（以下简称"专项方案"），是指施工单位在编制施工组织（总）设计的基础上，针对危险性较大的分部分项工程单独编制的安全技术措施文件。施工组织设计中的安全技术措施与专项方案不能相互取代。

3. 危险性较大的分部分项工程的安全管理要求

（1）建设单位在申请领取施工许可证或办理安全监督手续时，应当提供危险性较大的分部分项工程清单和安全管理措施。施工单位、监理单位应当建立危险性较大的分部分项工程安全管理制度。

（2）专项方案的编制。施工单位应当在危险性较大的分部分项工程施工前编制专项方案；对于超过一定规模的危险性较大的分部分项工程，施工单位应当组织专家对专项方案进行论证。建筑工程实行施工总承包的，专项方案应当由施工总承包单位组织编制。其中，起重机械安装拆卸工程、深基坑工程、附着式升降脚手架等专业工程实行分包的，其专项方案可由专业承包单位组织编制。

（3）专项方案的审核。专项方案应当由施工单位技术部门组织本单位施工技术、安全、质量等部门的专业技术人员进行审核。经审核合格的，由施工单位技术负责人签字。实行施工总承包的，专项方案应当由总承包单位技术负责人及相关专业承包单位技术负责人签字。施工企业对专项方案的自审查流程如图 4-1 所示。

不需专家论证的专项方案，经施工单位审核合格后报监理单位，由项目总监理工程师审核签字。

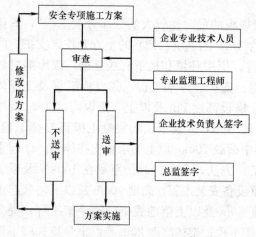

图 4-1　安全专项方案的自审查流程

（4）专项方案的专家论证。超过一定规模的危险性较大的分部分项工程专项方案应当由施工单位组织召开专家论证会。实行施工总承包的，由施工总承包单位组织召开专家论证会。专家组成员应当由 5 名及以上符合相关专业要求的专家组成，本项目参建各方的人员不得以专家身份参加专家论证会。

专家论证的主要内容：专项方案内容是否完整、可行；专项方案计算书和验算依据是否符合有关标准规范；安全施工的基本条件是否满足现场实际情况。

专项方案经论证后，专家组应当提交论证报告，对论证的内容提出明确的意见，并在论证报告上签字。该报告作为专项方案修改完善的指导意见。

施工单位应当根据论证报告修改完善专项方案，并经施工单位技术负责人、项目总监理工程师、建设单位项目负责人签字后，方可组织实施。实行施工总承包的，应当由施工总承包单位、相关专业承包单位技术负责人签字。

专项方案经论证后需做重大修改的，施工单位应当按照论证报告修改，并重新组织专家进行论证。

专项方案的专家论证流程如图 4-2 所示。

（5）专项方案的技术交底。专项方案实施前，编制人员或项目技术负责人应当向现场管理人员和作业人员进行安全技术交底。

（6）专项方案的实施。施工单位应当严格按照专项方案组织施工，不得擅自修改、调整专项方案。如因设计、结构、外部环境等因素发生变化确需修改的，修改后的专项方案应当重新审核。对于超过一

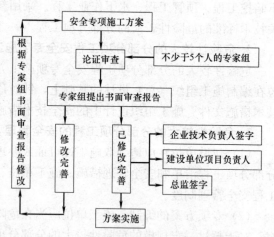

图 4-2　安全专项方案的专家论证流程

定规模的危险性较大工程的专项方案，施工单位应当重新组织专家进行论证。

施工单位应当指定专人对专项方案实施情况进行现场监督和按规定进行监测。发现不按照专项方案施工的，应当要求其立即整改；发现有危及人身安全紧急情况的，应当立即组织作业人员撤离危险区域。施工单位技术负责人应当定期巡查专项方案实施情况。

对于按规定需要验收的危险性较大的分部分项工程，施工单位、监理单位应当组织有关人员进行验收。验收合格的，经施工单位项目技术负责人及项目总监理工程师签字后，方可进入下一道工序。

4.2 安全专项施工方案的基本编制方法

编写建筑安全专项施工方案是全面提高施工现场的安全生产管理水平，有效预防生产安全事故的发生，确保施工现场从业人员的安全和健康，实行安全检查评价工作标准化、规范化管理的需要，也是衡量建筑施工企业安全生产管理水平优劣的一项重要标志。

危险性较大的分部分项工程的专项方案由项目安全生产领导小组组织项目技术、安全、质量等专业技术人员编制。

根据《危险性较大的分部分项工程安全管理办法》的规定，专项方案编制应当包括以下内容：①工程概况，危险性较大的分部分项工程概况、施工平面布置、施工要求和技术保证条件。②编制依据，相关法律、法规、规范性文件、标准、规范及图纸（国标图集）、施工组织设计等。③施工计划，包括施工进度计划、材料与设备计划。④施工工艺技术，技术参数、工艺流程、施工方法、检查验收等。⑤施工安全保证措施，组织保障、技术措施、应急预案、监测监控等。⑥劳动力计划，专职安全生产管理人员、特种作业人员等。⑦计算书及相关图纸。

下面将部分危险性较大的分部分项工程的安全专项施工方案编制时应注意的要点做简单归纳。

1. 深基坑支护工程安全专项施工方案编制要求

主要标准规范：《建筑地基基础工程施工质量验收规范》GB 50202—2002；《建筑地基处理技术规范》JGJ 79—2012；《建筑基坑支护技术规程》JG 120—2012；《建筑桩基技术规范》JGJ 94—2008；《钢筋焊接及验收规程》JGJ 18—2012。

方案编制内容：①工程概况、地层特性；②编制依据；③支护结构形式选定；④支护结构设计、支护结构主要技术参数；⑤支护结构施工流程（包括工序搭接）；⑥支护结构施工工艺、质量保证措施、质量检验方法；⑦安全生产技术措施；⑧设计计算书；⑨应急救援预案；⑩附图：支护结构平面布置图、支护结构剖面图、细部（节点）详图。

关键要点：地下连续墙、钻孔灌注桩、深层搅拌桩、SMW工法柱、钢或混凝土支撑等基坑支护工程和土体加固工程的设计方案和工程施工质量直接影响基坑及周边环境的安全性。

2. 深基坑降水工程安全专项施工方案编制要求

主要标准规范：《建筑地基基础工程施工质量验收规范》GB 50202—2002；《管　技术规范》GB 50296—2014；《建筑与市政降水工程技术规范》JGJ/T 111—1998。

方案编制内容：①工程概况、地层特性、水文地质；②编制依据；③降水目标和效果、抽水量估算、底板稳定性验算；④降水井及观测井布置和数量、降水井结构、降水井工作结果分析，包括降水时间计算；⑤抽水方法、降水试运行方法、正式降水前成井的临时维护方法、正式降水运行方法、水位监测方法；⑥降水注意事项和安全措施；⑦降水所需的施工机具（如工程钻具）、主要材料（如井管）配置、临时用电和用水配置；⑧应急救援预案；⑨附图：成井阶段平面布置图；阶段降水平面布置图；降水井剖面图；阶段降水剖面图；临时用电和用水平面布置图；⑩设计计算书。

关键要点：降水安全专项施工方案应明确降水目标和效果以及对地下水位的控制方

法，防止地下承压水抽取过少，基坑开挖后产生管涌，抽取过多时造成周边地面下沉。

3. 深基坑土方开挖工程安全专项施工方案编制要求

主要标准规范：①《建筑地基基础工程施工质量验收规范》GB 50202—2002；②《建筑边坡工程技术规范》GB 50330—2013；③《建筑基坑支护技术规程》JGJ 120—2012。

方案编制内容：①工程概况、地层特性、周边环境；②编制依据；③土方开挖阶段平面布置及行车路线、施工道路设计（包括支撑部位的道路设计）；④挖土机械和运输车辆选择（包括机型、载重量和最大重量）；⑤挖土机械和运输车辆配置、卸土地点选择；⑥土方开挖工艺流程、土方开挖形式（如抽槽、分区开挖等）、分层分阶段土方量统计、阶段性工期安排；⑦地下管线和周边环境保护措施；⑧基坑周边荷载控制措施；⑨支护结构防渗漏措施；⑩安全技术措施（如临边防护、防止上下立体交叉作业、夜间施工）；⑪施工进度保证措施；⑫应急救援预案；⑬附图：施工现场平面布置图、土方开挖道路、挖机位置及行车路线图、开挖平面分区图。

关键要点：深基坑土方开挖工程安全专项施工方案应明确分层、分段开挖和支撑形式等工艺和流程以及时间节点等。确保基坑支护结构稳定性和周边环境的安全性。

4. 水平混凝土构件模板支撑系统安全专项施工方案编制要求

主要标准规范：《混凝土结构工程施工质量验收规范》GB 50204—2015；《建筑施工模板安全技术规范》JGJ 162—2008；《建筑施工扣件式钢管脚手架安全技术规范》JGJ 130—2011。

方案编制内容：①工程概况；②编制依据；③搭设材料的选用（包括立杆底部垫板、立杆、扫地杆、纵横向水平杆、垂直剪刀撑、水平剪刀撑、扣件、梁板底支撑方木和板材等）；④搭设尺寸（包括立杆纵横向间距、纵横向水平杆步距、垂直剪刀撑或水平剪刀撑的设置位置、立杆底部垫板长度等）；⑤搭设工艺要求（包括立杆垂直度、杆件接长方式、杆件接长位置、立杆搭接长度、杆件的连接方式、扣件拧紧力矩等）；⑥拆模时的混凝土强度、混凝土强度值的确定方法；⑦安全技术措施；⑧设计计算书、梁板等荷载计算〔包括施工荷载、地基承载力计算、立杆稳定性计算、纵横向水平杆受力计算（包括抗弯和挠度等）〕；⑨应急救援预案；⑩附图：模板支撑系统平面布置图、模板支撑系统剖面图、模板施工节点图。

关键要点：水平混凝土构件模板支撑系统安全专项施工方案应明确施工荷载、模板支撑系统承重结构和构造形式，确保模板支撑系统有足够的承载能力、刚度和稳定性。

5. 起重吊装工程安全专项施工方案编制要求

主要标准规范：《起重吊运指挥信号》GB 5082—1985；《建筑机械使用安全技术规程》JGJ 33—2012。

方案编制要求：①工程概况；②编制依据；③主要构件工况（包括构件规格、重量、起吊高度、作业半径等）；④主要起重机械选用（包括机械名称、型号规格、起重性能、用途、台数等）；⑤吊装工艺流程（吊装工序）；⑥构件吊点设置、绑扎要求、试吊方法、起吊构件稳定措施、构件就位后临时固定措施；⑦起重机械安全使用措施（包括地面道路承载力和平整度的确定方法和要求等）；⑧吊索具安全使用措施（如吊索具的规格、使用部位等）；⑨警戒区设置和管理（如设置全封闭警戒区、专人监护等）；⑩吊装作业安全措施（如指挥信号传递方式、预防物体坠落措施等）；⑪高处作业人员安全设施和措施（如安全绳设置和安全带使用、作业通道设置、操作平台等）；⑫防火措施（如焊接时接火盘的设置等）；⑬安全用电措施（如高处作业时线路架设、用电设施安放等）；⑭应急救援预案；⑮附图：吊装施工平面布置图、构件临时固定布置图、安全设施布置图。

关键要点：起重吊装安全专项施工方案应明确吊装工序，吊装控制，吊装安全措施，防止高处坠人、坠物事故。

6. 落地式钢管脚手架安全专项施工方案编制要求

主要标准规范：《建筑施工扣件式钢管脚手架安全技术规范》JGJ 130—2012；《建筑施工高处作业安全技术规范》JGJ 80—1991。

方案编制要求：①工程概况；②编制依据；③搭设材料的选用（包括立杆底部垫板、立杆、扫地杆、剪刀撑、扣件、与墙面的拉结材料、脚手板（笆）、挡脚板、密目网等）；④搭设尺寸（包括立杆底部垫板长度、立杆纵距与横距、步距、内立杆距外墙面的距离、剪刀撑设置位置与要求、拉结点设置和间距等）；⑤搭设要求（脚手架基础处理、立杆垂直度、杆件接长方式、杆件接长位置、采用搭接方式时的搭接长度、杆件连接方式、脚手板（笆）铺设和固定、防护栏杆和挡脚板设置、立网设置位置和固定、上下通道设置位置与数量、水平隔离措施、接地措施等）；⑥搭设顺序；⑦搭设质量保证措施；⑧脚手架搭拆和使用安全技术措施；⑨应急救援预案；⑩附图：脚手架立杆布置图、脚手架立面图、拉结点与杆件搭接接长细部节点图；⑪设计计算书。

关键要点：落地式钢管脚手架安全专项施工方案应明确脚手架的形式、构造要求、搭设顺序（工艺），搭拆时的安全技术措施，确保搭拆和使用人员的安全。

7. 施工升降机（物料提升机）安装拆除安全专项施工方案编制要求

主要标准规范：《吊笼有垂直导向的人货两用施工升降机》GB 26557—2011；《建筑施工升降机安装、使用、拆卸安全技术规程》JGJ 215—2010；《施工升降机》GB/T 10054—2005；《建筑机械使用安全技术规程》JGJ 33—2012；《龙门架及井架物料提升机安全技术规范》JGJ 88—2010。

方案编制要求：①工程概况；②编制依据；③施工升降机型号、数量、设置位置选定；④基础设计计算；⑤安装准备工作、安装流程和安装工艺（包括底座、吊笼、架体、天梁及滑轮、地锚及缆风绳、附墙、驱动机构、钢丝绳和对重、安全防护装置、控制电箱等）；⑥调试方法（包括停靠装置、上下限位装置、极限开关、防坠器、钢丝绳张力、各种传动机构等）；⑦保护装置试验时间和方法（包括停层保护、断松绳保护、限载或超载保护等）；⑧拆卸准备工作、拆卸流程和拆卸工艺；⑨安全技术措施（如安全管理、装拆时对天气条件的要求等）；⑩应急救援预案；⑪附图：施工升降机（物料提升机）平面布置图、基础平面布置图、基础详图、附着节点详图；⑫设计计算书。

关键要点：施工升降机（物料提升机）安装拆除安全专项施工方案应明确其型号和安装、加节、拆卸及附着工艺、安全技术措施，防止在安装、加节、拆卸过程中发生安全事故。

第 5 章　掌握施工现场安全事故的防范知识和规定

5.1　施工现场安全防范基本知识

1. 危险源的概念

根据《职业健康安全管理体系 要求 GB/T 28001—2011》中的定义，危险源是指可能导致人身伤害和（或）健康损害的根源、状态或行为，或其组合。其中，健康损害是指可确认的、有工作活动和（或）工作相关状况引起或加重的身体和精神的不良状态。

根据《施工企业安全生产评价标准》中的定义，危险源是指可能导致死亡、伤害、职业病、财产损失、工作环境破坏或这些情况组合的根源或状态。通常为了区别危险源对人体不利作用的特点和效果，将其分为危险因素（强调突发性和瞬间作用）和有害因素（强调在一定时间范围内的积累作用）。也就是说，危险因素是指能对人造成伤亡、对物造成突发性损坏的因素。有害因素是指影响人的身体健康、导致疾病或对物造成慢性损坏的因素。按照《生产过程危险和有害因素分类与代码》GB/T 13861—2009 的规定，将生产过程中的危险、有害因素分为人的因素、物的因素、环境因素和管理因素等 4 大类。

危险源由三个要素构成：潜在危险性、存在条件和触发因素。

2. 危险源的种类

根据危险源在事故发生、发展中的作用，一般把危险源划分为两大类，即第一类危险源和第二类危险源。

根据能量意外释放理论，能量或危险物质的意外释放是伤亡事故发生的物理本质。第一类危险源就是指在系统中存在的、可能发生意外释放的能量，包括生产过程中各种能量源、能量载体或危险物质。第一类危险源决定了事故后果的严重程度，它具有的能量越多，发生的事故后果越严重。例如：土石方工程的边坡、存放易燃易爆物品的仓库等。

第二类危险源是指导致用于约束、限制能量或危险物质的措施失效或者被破坏的各种不安全因素。第二类危险源往往是一些围绕着第一类危险源随机发生的现象，它们出现的情况决定事故发生的可能性，它出现得越频繁，发生事故的可能性就越大。人的不安全行为和物的不安全状态是造成能量或危险物质意外释放的直接原因。从系统安全的观点来看，第二类危险源包括人的失误、物的故障、环境影响和管理缺陷等因素。

工业生产作业过程的危险源一般分为七类：①化学品类：毒害性、易燃易爆性、腐蚀性等危险物品；②辐射类：放射源、射线装置及电磁辐射装置等；③生物类：动物、植物、微生物（传染病病原体类等）等危害个体或群体生存的生物因子；④特种设备类：电梯、起重机械、锅炉、压力容器（含气瓶）、压力管道、客运索道、大型游乐设施、场（厂）内专用机动车；⑤电气类：高电压或高电流、高速运动、高温作业、高空作业等非常态、静态、稳态装置或作业；⑥土木工程类：建筑工程、水利工程、矿山工程、铁路工程、公路工程等；⑦交通运输类：汽车、火车、飞机、轮船等。

3. 危险源的识别

危险源的识别就是从生产活动中识别出可能造成人员伤害或疾病、财产损失、环境破坏的危险或有害因素的存在并确定其特性的过程。

国内外已经开发出的危险源识别方法有几十种之多，如安全检查表、预危险性分析、危险和操作性研究、故障类型和影响性分析、事件树分析、故障树分析、LEC 法、储存量比对法等。

下面介绍其中一种最基础、最简便、应用广泛的危险源识别方法——安全检查表法。

安全检查表法（Safety Checklist Analysis，缩写 SCA）是依据相关的标准、规范，对工程、系统中已知的危险类别、设计缺陷以及与一般工艺设备、操作、管理有关的潜在危险性和有害性进行判别检查。适用于工程、系统的各个阶段，是系统安全工程的一种最基础、最简便、广泛应用的系统危险性评价方法。

安全检查表法的优点有：①安全检查表能够事先编制，可以做到系统化、科学化，不漏掉任何可能导致事故的因素，为事故树的绘制和分析做好准备。②可以根据现有的规章制度、法律、法规和标准规范等检查执行情况，使检查工作法规化、规范化。③通过事故树分析和编制安全检查表，将实践经验上升到理论，从感性认识到理性认识，并用理论去指导实践，充分认识各种影响事故发生的因素的危险程度。④安全检查表，按照原因实践的重要顺序排列，有问有答，通俗易懂，能使人们清楚地知道哪些原因事件最重要，哪些次要，促进职工采取正确的方法进行操作，起到安全教育的作用。⑤安全检查表可以与安全生产责任制相结合，按不同的检查对象使用不同的安全检查表，易于分清责任，还可以提出改进措施，并进行检验。⑥查表简明易懂，易于掌握，检查人员按表逐项检查，操作方便可用，能弥补其知识和经验不足的缺陷。缺点是：①只能做定性的评价，不能定量。②往往只能凭借经验，对已经存在的对象评价。③编制安全检查表的难度和工作量大，检查表的质量受制于编制者的知识水平及经验积累。④要有事先编制的各类检查表，有评分、评级标准。安全检查表示例见表 5-1。

编制安全检查表的依据主要是以下四个方面的内容：①国家、地方的相关安全法规、规定、规程、规范和标准，行业、企业的规章制度、标准及企业安全生产操作规程。②国内外行业、企业事故统计案例，经验教训。③行业及企业安全生产的经验，特别是本企业安全生产的实践经验，引发事故的各种潜在不安全因素及成功杜绝或减少事故发生的成功经验。④系统安全分析的结果，如采用事故树分析方法找出的不安全因素，或作为防止事故控制点源列入检查表。

安全检查表分析法主要包括四个操作步骤：收集评价对象的有关数据资料；选择或编制安全检查表；现场检查评价；编写评价结果分析。

模板工程安全检查表

表 5-1

序号	检查项目	检查标准	检查结果
1	施工方案	1. 模板工程有专项施工方案并经施工单位技术负责人和总监理工程师施审批 2. 根据混凝土输送方法制定有针对性的安全措施	

序号	检查项目	检查标准	检查结果
2	支撑系统	1. 现浇混凝土模板的支撑系统必须经设计计算 2. 支撑系统符合设计要求	
3	立柱稳定	1. 支撑模板的立柱材料符合相关技术标准和设计的要求 2. 立柱底部使用垫板垫高 3. 按规定设置纵横向支撑 4. 立柱间距符合技术规定	
4	施工荷载	1. 板上施工荷载不得超过规定 2. 模板上堆料须均匀	
5	模板存放	1. 大模板存放有防倾倒措施 2. 各种模板存放须整齐、不得过高,符合安全要求	
6	支拆模板	1. 2m 以上高处作业必须有可靠立足点 2. 拆除作业时,拆除区域设置警戒线且有专人监护 3. 不得留有未拆除的悬空模板	
7	模板验收	1. 模板拆除前须经拆模申请批准 2. 模板工程有验收手续 3. 验收单有量化验收内容 4. 支拆模板作业前进行安全技术交底	
8	混凝土强度	1. 板拆除前有混凝土强度报告 2. 混凝土强度达到规定后方可拆模	
9	运输道路	1. 在模板上运输混凝土须有走道垫板 2. 走道垫板稳固	
10	作业环境	1. 作业面孔洞及临边有防护措施 2. 垂直作业上下必须隔离防护措施	
检查部位:		检查时间:	

结论:

整改措施:

| 检查人: | | 责任人: | |

4. 危险源的风险评价

《职业健康安全管理体系 实施指南》GB/T 28001—2011 给出的风险评价的定义是:对危险源导致的风险进行评估、对现有控制措施的充分性加以考虑以及对风险是否可接受予以确定而过程。风险评价的目的在于,认识和理解可能由生产活动过程所产生的危险源,并确保其对人员所产生的风险能够得到评价、排序并控制在可接受程度范围内。

危险源的风险评价是重大危险源控制的关键措施之一,为保证危险源评价的正确合理,对危险源的风险评价应遵循系统的思想和方法。一般来说重大危险源的风险分析评价包括下述几个方面:辨识各类危险因素的原因与机制;依次评价已辨识的危险事件发生的概率;评价危险事件的后果;评价危险事件发生概率和发生后果的联合作用。

在对危险源进行了识别之后，逐一评价危险源造成风险的可能性和大小，对风险进行分级。根据风险等级评估的方法，是将风险发生的可能性分为很大、中等、极小三个级别，将事故后果按照严重程度也分为三个级别：轻度损失、中度损失和重大损失，风险的等级与其发生的可能性、后果有关，这样得到一个风险等级评估表，见表5-2。

后果 风险级别 可能性	轻度损失	中度损失	重大损失
很大	Ⅲ	Ⅳ	Ⅴ
中等	Ⅱ	Ⅲ	Ⅳ
极小	Ⅰ	Ⅱ	Ⅱ

注：Ⅰ—可忽略风险；Ⅱ—可容许风险；Ⅲ—中度风险；Ⅳ—重大风险；Ⅴ—不容许风险。

由表中可见，我们可以将风险分为Ⅰ、Ⅱ、Ⅲ、Ⅳ、Ⅴ五个等级。

应根据风险的可接受程度制定相应的控制预防措施。不同风险等级的风险控制措施计划。不同的企业和不同的工程项目，应根据不同的条件和风险评价情况选择合理的安全管理方案，采取适合的安全控制措施。对于不同等级的风险，制定出风险控制措施计划应满足以下的要求（表5-3）。

风险等级	描述	措施要求
Ⅰ	可忽略的	不采取措施且不必保留文件记录
Ⅱ	可容许的	不需要另外的控制措施，应考虑投资效果更佳的解决方案或不增加额外成本的改进措施，需要监视来确保控制措施得以维持
Ⅲ	中度的	应努力降低风险，但应仔细测定并限定预防成本，并在规定的时间期限内实施降低风险的措施。在中毒风险与严重伤害后果相关的场合，必须进一步评价，以更准确地确定伤害的可能性，以确定是否需要改进控制措施
Ⅳ	重大的	直至风险降低后才能开始工作。为降低风险有时必须配给大量的资源。当风险涉及正在进行中的工作时，就应采取应急措施
Ⅴ	不容许的	只有当风险已经降低时，才能开始或继续工作。如果无限的资源投入也不能降低风险，就必须禁止工作

应当引起注意的是，危险源会随着工序、进度、人员、环境以及管理的变化而不断变化，所以对危险源的辨识和评价不是静态的，而是动态变化的，所以针对危险源制定出来的控制措施也应当及时进行相应的调整。

风险评价方法，可分为定性和定量两种：①定性评价：这种方法是依据以往的数据分析和经验对危险源进行的直观判断。对同一危险源，不同的评价人员可能得出不同的评价结果，思想难以统一。但对防治常见危害和多发事故来说，这种方法比较有效。施工现场重点防治的"五大伤害"（高处坠落、坍塌、物体打击、机械伤害、触电），就是在对以往安全事故进行统计分析的基础上提出的。②定量评价：这种方法是对危险源的构成要进行综合计算，进而确定其风险等级。定性评价和定量评价各有利弊，施工企业应综合采用，互相补充，综合确定评价结果。当对不同方法所得出的评价结果有异议时，应本着"就高不就低"的原则，采用高风险值的评价结果。

针对建筑施工的特点将施工现场的危险源分为重大和一般风险两类。在严重不符合安全生产法规的情况下，符合下列情况之一，可判断为不可承受风险，即重大危险源：①可能造成死亡事故；②重大以上设备事故；③可能发生重伤事故；④会引起停产。在不符合安全生产法规的情况下，符合下列情况之一可判断为一般风险：①可能造成轻伤事故；②相关方有合理抱怨或要求。

5. 危险源管理

生产活动场所存在的危险源是导致生产安全事故的根源，为了控制和减少事故风险，实现安全生产的目标，改善并提升企业安全生产业绩，预防生产安全事故，需要对生产活动场所存在的危险源进行识别，从而采取管理的手段，通过一系列管理措施对其加以控制。危险源控制的基本思路是，识别与生产活动相关的所有危险源，运用科学的风险评价方法对所有危险源一一进行评价，找出重大危险源。在此基础上，针对重大危险源制定具有针对性的安全控制措施和安全生产管理方案，明确危险源的辨识、评价和控制活动与安全生产保证计划其他各要素之间的联系，对其实施进行安全控制。危险源的识别、评价和控制是随着生产活动的变化而动态变化的，需要及时进行更新。

危险源管理通常由危险源识别、危险源的风险评价、编制安全保证计划，实施安全控制措施计划和安全检查五个基本环节构成。在建设工程项目施工过程中，项目管理人员应根据法律法规、标准规范、施工方案、施工工艺、相关方要求与群众投诉等客观情况的变化，以及安全检查中发现所遗漏的危险因素或者新发现的危险因素，定期或不定期地对原有的识别、评价和控制策划结果进行及时评审，必要时进行更新，不断地改进、补充和完善，并呈螺旋式上升（图 5-1）。每经过一个循环过程（图 5-2），就需要制定新的安全目标和新的实施方案，使原有的安全生产保证计划不断完善，持续改进，达到一个新的运行状态。因此，危险源管理是一个不断完善、更新的动态循环和持续改进的过程。

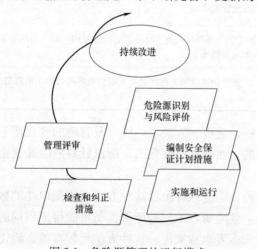

图 5-1　危险源管理的运行模式

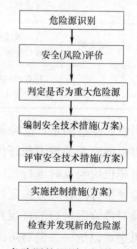

图 5-2　危险源的识别、评价和控制步骤

6. 生产安全事故的概念

所谓生产安全事故，是指在生产经营活动中发生的意外突发事件的总称，通常会造成

人员伤亡或者财产的损失，使正常的生产经营活动中断。

7. 生产安全事故的分类

生产安全事故可以从以下几个不同角度来进行分类。

(1) 按伤害程度划分：

①轻伤，指损失工作日为1个工作日以上（含1个工作日），105个工作日以下的失能伤害；②重伤，指损失工作日为105个工作日以上（含105个工作日）的失能伤害，重伤的损失工作日最多不超过6000日；③死亡，损失工作日定为6000日，是根据我国职工的平均退休年龄和平均死亡年龄计算出来的。

次分类是按照伤亡事故造成损失工作日的多少来衡量的，损失工作日是指受伤害者丧失劳动力的工作日。各种伤害情况的损失工作日，可根据《企业职工伤亡事故分类标准》GB 6441—86中的有关规定计算或选取。

(2) 按事故严重程度划分：

①轻伤事故，只有轻伤的事故；②重伤事故，有重伤而无死亡的事故；③死亡事故，分重大伤亡事故和特大伤亡事故，重大伤亡事故是指一次事故死亡1～2人的事故，特大伤亡事故是指一次事故死亡3人以上的事故。

(3) 按事故类别划分：《企业职工伤亡事故分类标准》GB 6441—86中，将事故类别划分为20类，物体打击、车辆伤害、机械伤害、起重伤害、触电、淹溺、灼烫、火灾、高处坠落、坍塌、冒顶片帮、透水、放炮、火药爆炸、瓦斯爆炸、锅炉爆炸、容器爆炸、其他爆炸、中毒和窒息、其他伤害。

(4) 按伤亡事故的等级划分：

根据《生产安全事故报告和调查处理条例》的规定，将生产安全事故按照造成的人员伤亡或者直接经济损失划分为四个等级。

①特别重大事故：是指造成30人以上死亡，或者是指造成30人以上死亡，或者100人以上重伤（包括急性工业中毒，下同），或者1亿元以上直接经济损失的事故；②重大事故，是指造成10人以上30人以下死亡，或者50人以上100人以下重伤，或者5000万元以上1亿元以下直接经济损失的事故；③较大事故，是指造成3人以上10人以下死亡，或者10人以上50人以下重伤，或者1000万元以上5000万元以下直接经济损失的事故；④一般事故，是指造成3人以下死亡，或者10人以下重伤，或者1000万元以下直接经济损失的事故。

8. 建筑施工现场生产安全事故的分类

建筑施工企业容易发生的事故主要有以下10种：①高处坠落，是指在高处作业中发生坠落造成的伤亡事故；②触电，指电流流经人体而造成的生理伤害事故；③物体打击，指失控物体的惯性力造成的人身伤害事故；④机械伤害，是指机械设备运动（静止）部件、工具、加工件直接与人体接触引起的夹击、碰撞、剪切、卷入、绞、碾、割、刺等伤害；⑤起重伤害，是指各种起重作用（包括起重机安装、检修、试验）中发生的挤压、坠落、（吊具、吊重）物体打击和触电的伤害事故；⑥坍塌，是指物体在外力或重力作用下，超过自身的强度极限或因结构稳定性破坏而造成的事故，如挖沟时的土石塌方、脚手架坍塌、堆置物倒塌等；⑦车辆伤害，指机动车辆引起的机械伤害事故；⑧火灾，指造成人员伤亡或财产损失的企业火灾事故；⑨中毒和窒息，指人体接触有毒物质而引起的人体急性中毒事故，或在因地下管道、暗井、涵洞、密闭容器等不通风或缺氧的空间工作引起突然晕倒甚至死亡的窒息事故；⑩其他伤害，《在企业职工伤亡事故分类标准》列出的19种伤害以外的事故类型。

5.2 施工现场安全生产重大隐患及多发性事故

1. 生产过程中的有害因素分类

《生产过程危险和有害因素分类与代码》GB/T 13861—2009中，按照可能导致生产过程中危险和有害因素的性质进行分类，将生产过程危险和有害因素共分为四大类，即"人的因素"、"物的因素"、"环境因素"和"管理因素"。下面我们就从这个角度来对建筑施工现场存在的安全生产隐患进行分析和识别。

（1）由于人的因素导致的重大危险源。人的不安全因素是指影响安全的人的因素，也就是能够使系统发生故障或者导致风险失控的人的原因。人的不安全因素分为个体固有的不安全因素和人的不安全行为两大类。

个体固有的不安全因素是指人员的心理、生理、能力中所具有的不能适应工作岗位要求而影响安全的因素。包括心理上具有影响安全的性格、气质、情绪等；或是生理上存在的视觉、听觉等感官器官的缺陷、体能的缺陷等，导致不能适合工作岗位的安全需求；能力上，指知识技能、应变能力、资格资质等不能满足工作岗位对其的安全要求。例如，人员粗心大意、丢三落四的性格特点，节假日前后的情绪波动，听力衰退、色盲色弱等生理缺陷，高血压、心脏病等生理疾病，未经培训尚未掌握安全生产知识技能等客观的因素都属于个体固有的不安全因素。

人的不安全行为是指能造成事故的人为错误，是人为地使系统发生故障或使风险不可控，是作业人员主观原因导致的违背安全设计、违反安全生产规章制度、不遵守安全操作规程等错误行为。按照《企业职工伤亡事故分类》的规定，建筑施工现场人的不安全行为可分为13种类型：

1）操作错误、忽视安全、忽视警告。未经许可开动、关停、移动机器，开动、关停机器时未给信号，开关未锁紧，造成意外转动、通电或泄漏等，忘记关闭设备，忽视警告标志、警告信号，操作错误（指按钮、阀门、扳手、把柄等的操作），奔跑作业，供料或送料时速度过快，机器超速运转，违章驾驶场内机动车辆，酒后作业，客货混载，工件紧固不牢等。

2）造成安全装置失效。具体表现有拆除了安全装置，安全装置因人为原因失去作用，由于错误的调整或维修造成安全装置失效，其他。

3）使用不安全设备。具体包括临时使用不牢固的设施，使用无安全装置的设备等。

4）用手代替工具操作。具体表现为用手代替手动工具，用手清除切屑，不用夹具固定工件，用手拿工件进行机加工等。

5）物体（指成品、半成品、材料、工具、切屑和生产用品等）存放不当。

6）冒险进入危险场所。表现为冒险进入涵洞，接近漏料处（无安全设施），无关人员进入危险作业区域且无安全防护措施，未经安全监察人员允许进入油罐或井中，未"敲帮问顶"即开始作业，冒进信号，调车场超速上下车，易燃易爆场合明使用火，未及时瞭望等。

7）攀、坐在不安全位置（如平台护栏、汽车挡板、吊车吊钩）。

8）起重作业时在起吊物下作业、停留。

9）机器运转时即进行加油、修理、检查、调整、焊接、清扫等工作。

10）有分散注意力行为。

11）在必须使用个人防护用品用具的作业或场合中，忽视其使用。具体的行为表现有未戴护目镜或面罩，未戴防护手套，未穿安全鞋，未佩戴安全帽，未佩戴呼吸护具，未使用安全带等。

12）不安全装束。在有旋转零部件的设备旁作业穿过肥大服装，未将长发盘进帽子中，操纵带有旋转零部件的设备时戴手套等。

13）对易燃、易爆等危险物品处理错误。

（2）物的不安全状态。物的不安全状态是指能导致事故发生的物质条件，包括机械设备等物质或环境所存在的不安全因素，又称为物的不安全条件或直接称其为不安全状态。

按照《企业职工伤亡事故分类》的规定，建筑施工现场物的不安全状态包括以下类型：

1）防护、保险、信号等装置缺乏或有缺陷。具体有：无防护（无防护罩、无安全保险装置、无报警装置、无安全标志、无安全标志、无护栏或护栏损坏、（电气）未接地、绝缘不良等）；防护不当（防护罩未在适当位置、防护装置调整不当、坑道掘进、隧道开凿支撑不当、防爆装置不当、电气装置带电部分裸露等）。

2）设备、设施、工具、附件有缺陷。具体有：设计不当，结构不合安全要求（通道门遮挡视线、制动装置有缺欠、安全间距不够、拦车网有缺欠、工件有锋利毛刺、毛边、设施上有锋利倒梭等）；强度不够（机械强度不够、绝缘强度不够、起吊重物的绳索不合安全要求等）；设备在非正常状态下运行（设备带"病"运转、超负荷运转等）；维修、调整不良（设备失修、地面不平、保养不当、设备失灵等）。

3）个人防护用品用具——防护服、手套、护目镜及面罩、呼吸器官护具、听力护具、安全带、安全帽、安全鞋等缺少或有缺陷，即无个人防护用品、用具或者所用的防护用品、用具不符合安全要求。

（3）施工场地环境不良：

①照明光线不良。例如：照度不足、作业场地烟雾尘弥漫视物不清、光线过强等。②通风不良。例如：无通风、通风系统效率低、风流短路等。③作业场所狭窄。④作业场地杂乱。例如：工具、制品、材料堆放不安全等。⑤交通线路的配置不安全。⑥操作工序设计或配置不安全。⑦地面滑。例如：地面有油或其他液体、冰雪覆盖、地面有其他易滑物等。⑧贮存方法不安全。⑨环境温度、湿度不当。

（4）管理上的不安全因素：

管理上的不安全因素，通常也可称为管理上的缺陷，它也是事故潜在的不安全因素，作为间接的原因包含以下几方面：①技术上的缺陷；②教育上的缺陷；③生理上的缺陷；④心理上的缺陷；⑤管理工作上的缺陷；⑥学校教育和社会、历史上的原因造成的缺陷。

分析大量事故的原因可以得知，单纯由于不安全状态或是单纯由于不安全行为导致事故的情况并不多，事故几乎都是由多种原因交织而形成的，是由人的不安全因素和物的不安全状态结合而成的。

2. 施工现场安全生产重大危险源

根据上述不安全因素的分类，结合建筑施工现场的危险因素情况，总结发生过的建筑施工生产安全事故教训，我们归纳出建筑施工现场存在的重大危险源主要有：

(1) 基坑支护、人工挖孔桩、脚手架、模板和支撑、起重机械、物料提升机、施工电梯等工程局部甚至整体结构失稳，导致机械设备倾覆、坍塌、人员伤亡等后果；

(2) 高空作业（作业面距离基准面高度差达到2m）、洞口、临边作业因安全防护不到位导致人员从高处坠落；作业面材料或建筑垃圾堆放不当导致人员摔伤滑倒；作业人员未佩戴安全带或安全带失效造成人员从高处坠落；

(3) 因荷载过重或管理不善，材料构件、施工工具等发生堆放散落、高空坠落，致撞击、砸伤下方人员；

(4) 临时用电设备设施、施工机械及机具漏电、电源线老化等或未按规定采取接地保护、漏电保护措施造成人员触电，线路短路造成电器火灾；

(5) 起重吊装作业中吊物、吊臂、吊具、吊索等意外失控，致使周边建筑物、构筑物损坏，人员伤亡等后果；

(6) 人工挖孔桩、隧道掘进、市政管道接口等因通风排气不畅造成人员窒息或中毒；

(7) 易燃易爆物品管理不当、焊接动火作业不符合安全操作规程，引发爆炸、火灾；

(8) 基坑开挖等使用挖掘机作业时损坏地下的电气、城市供水、供热、供气管道等意引起大面积停电、停水、停气等事故；

(9) 深基坑、隧道、地铁、竖井、大型管沟的施工，因为支护、支撑等设施失稳、坍塌，不但造成施工场所破坏、人员伤亡，往往还会引起地面、周边建筑设施的倾斜、塌陷、坍塌、爆炸与火灾等意外。基坑开挖、人工挖孔桩等施工降水，造成周围建筑物因地基不均匀沉降而倾斜、开裂、倒塌等意外；

(10) 生活区用电不安全引发的火灾，私用煤气导致的爆炸，食品不卫生导致的中毒以及因争执、矛盾引发的治安事件等；

(11) 遭遇台风、暴雨、暴风雪等自然灾害导致的人员和财产损失；

(12) 其他。

3. 建筑施工现场常见的事故类型

2015年，房屋市政工程生产安全事故按照类型划分，高处坠落事故235起，占总数的53.17%；物体打击事故66起，占总数的14.93%；坍塌事故59起，占总数的13.35%；起重伤害事故32起，占总数的7.24%；机械伤害、触电、车辆伤害、中毒和窒息等其他事故50起，占总数的11.31%。见表5-4。

2015年全国建筑施工安全事故统计 表5-4

年份	各类型事故数量及所占比例									
	高处坠落		坍塌		物体打击		起重伤害		触电等其他	
	数量	比例	数量	比例	数量	比例	数量	比例	数量	比例
2015	235	53.17%	59	13.35%	66	14.93%	32	7.24%	50	11.31%

从近年来建筑施工生产安全事故统计数据来看，建筑施工生产安全事故类型主要是高

处坠落、物体打击、坍塌、起重伤害、触电这五
种，称之为建筑施工"五大伤害"。从每起事故严
重程度来看，以一般事故占大多数；从事故发生的
地域来看，以城市居多；从事故发生的频率来看，
这五类事故重复发生。如图5-3所示。

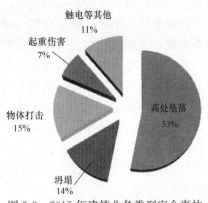

图5-3　2015年建筑业各类型安全事故
数量所占比例

因此，建筑施工现场应当重点方法的事故类型
就是"五大伤害"，也就是高处坠落、物体打击、
坍塌、起重伤害、触电这五种事故。

建筑施工生产安全事故的特点有：①严重性。
建设工程发生施工安全事故，其影响往往较大，会
直接导致人员伤亡或财产的损失，给广大人民生命
和财产带来巨大损失，重大安全事故则会导致群死
群伤或巨大财产损失。因此，对建筑施工安全隐患绝不能掉以轻心，一旦发生事故，其造
成的损失将无法挽回。②复杂性。建筑施工生产的特点，决定了影响建筑安全生产的因素
很多，造成施工安全事故的原因错综复杂。即使是同一类事故，其发生原因也可能会多种
多样，这给分析事故原因、判断事故性质等工作都增加了难度。③可变性。建筑施工中的
安全隐患有可能随着时间而不断地发展并加重，若不及时整改和处理，往往会发展成为重
大安全事故，带来严重后果。因此，在分析与处理施工中的安全隐患时，要重视事其可变
性，及时采取有效措施，进行纠正、消除、杜绝其恶化为事故。④多发性。建筑施工安全
事故，往往在建设工程的某些部位或工序或作业活动中经常发生。因此，对多发性事故，
应注意吸取教训，总结经验，采用有效预防措施，加强事前预控、事中控制。

5.3　施工现场安全事故的主要防范措施

针对建筑施工现场常见的"五大伤害"的特点，除了加强施工现场安全管理之外，还
应分别采取相应的生产安全事故防范技术措施。

1. 高处坠落

在建筑施工现场可能发生高处坠落的施工作业行为比较普遍，例如施工人员在坠落基
准面2m以上进行脚手架上作业、各类登高作业、外用电梯安装作业及洞口临边作业等。
高处坠落事故的防范措施主要有：

（1）施工单位在编制施工组织设计时，应制定预防高处坠落事故的安全技术措施。项
目经理部应结合施工组织设计，根据建筑工程特点编制预防高处坠落事故的专项施工方
案，并组织实施。

（2）所有高处作业人员应接受高处作业安全知识的教育培训并经考核合格后方可上岗
作业，就高处作业技术措施和安全专项施工方案进行技术交底并签字确认。高处作业人员
应经过体检，合格后方可上岗。

攀登和悬空高处作业人员及搭设高处作业安全设施的人员，必须经过专业技术培训及
专业考试合格，持证上岗，并必须定期进行体格检查。

（3）施工单位应为高处作业人员提供合格的安全帽、安全带等必备的安全防护用具，

作业人员应按规定正确佩戴和使用。使用安全带应做垂直悬挂，高挂低用较为安全。当作业水平位置悬挂使用时，要注意摆动碰撞。不宜低挂高用；不应将绳打结使用，以免绳结受力后剪断；不应将挂钩直接挂在不牢固物和直接挂在非金属绳上，防止绳被割断。

(4) 高处作业安全设施的主要受力杆件，力学计算按一般结构力学公式，强度及挠度计算按现行有关规范进行，但钢受弯构件的强度计算不考虑塑性影响，构造上应符合现行的相应规范的要求。

(5) 加强对临边和洞口的安全管理，采取有效的防护措施，按照技术规范的要求设置牢固的盖板、防护栏杆、张挂安全网等。

(6) 电梯井口必须设防护栏杆或固定栅门；电梯井内应每隔两层，最多隔10m设一道安全网。

(7) 井架与施工运输电梯、脚手架等与建筑物通道的两侧边，必须设防护栏杆。地面通道上方应装设安全防护棚。双笼井架通道中间，应予以分隔封闭。各种垂直运输接料平台，除两侧设防护栏杆外，平台口还应设置安全门或活动防护栏杆。

(8) 施工现场通道附近的各类洞口与坑槽等处，除设置防护设施与安全标志外，夜间还应设红灯示警。

(9) 攀登的用具，结构构造上必须牢固可靠。作业人员应从规定的通道上下，不得在阳台之间等非规定通道进行攀登，也不得任意利用吊车臂架等施工设备进行攀登。上下梯子时，必须面向梯子，且不得手持器物。

(10) 施工中对高处作业的安全技术设施，发现有缺陷和隐患时，必须及时解决；危及人身安全时，必须停止作业。

(11) 因作业必需，临时拆除或变动安全防护设施时，必须经施工负责人同意，并采取相应的可靠措施，作业后应立即恢复。

(12) 防护棚搭设与拆除时，应设警戒区，并应派专人监护。严禁上下同时拆除。

(13) 雨天和雪天进行高处作业时，必须采取可靠的防滑、防寒和防冻措施。凡水、冰、霜、雪均应及时清除。对进行高处作业的高耸建筑物，应事先设置避雷设施。遇有六级以上强风、浓雾等恶劣气候，不得进行露天攀登与悬空高处作业。暴风雪及台风暴雨后，应对高处作业安全设施逐一加以检查，发现有松动、变形、损坏或脱落等现象，应立即修理完善。

2. 物体打击

物体打击事故是指物体在重力或其他外力的作用下产生运动，打击人体而造成的伤害事故。在施工现场容易发生物体打击事故的情形主要是物料工具从高处坠落至地面，击伤地面人员，或者物料工具从地面坠落至基坑、槽等低处击伤低处作业人员，针对物体打击事故主要有以下预防措施。

(1) 避免交叉作业。施工计划安排时，尽量避免和减少同一垂直线内的立体交叉作业。无法避免交叉作业时必须设置能阻挡上层坠落物体的隔离层。

(2) 模板的安装和拆除应按照施工方案进行作业，2m以上高处作业应有可靠的立足点，拆除作业时不准留有悬空的模板，防止掉下砸伤人。

(3) 从事起重机械的安装拆卸、脚手架、模板的搭设或拆除、桩基作业、预应力钢筋张拉作业区以及建筑物拆除作业等危险作业时必须设警戒区。警戒区应由专人负责监护，严禁非作业人员穿越警戒区或在其中停留。

(4) 脚手架两侧应设有 0.5～0.6m 和 1.0～1.2m 的双层防护栏杆和高度为 18～20cm 的挡脚板。脚手架外侧挂密目式安全网，网间不应有空缺。脚手架拆除时，拆下的脚手杆、脚手板、钢管、扣件、钢丝绳等材料，应向下传递或用绳吊下，严禁投掷。脚手板上堆放的材料、构件、工具应均匀地堆放整齐，防止倒塌坠落。

(5) 上下传递物件禁止抛掷。

(6) 深坑、槽的四周边沿在规定范围内，禁止堆放物料。深坑槽施工所有材料均应用溜槽运送，严禁抛掷。

(7) 做到工完场清。清理各楼层的杂物，集中放在斗车或桶内，及时吊运至地面，严禁从高处向下抛掷。

(8) 手动工具应放置在工具袋内，禁止随手乱放避免坠落伤人。

(9) 拆除施工时除设置警戒区域外，拆下的材料要用物料提升机或施工电梯及时清理运走，散碎材料应用溜槽顺槽溜下。

(10) 使用圆盘锯小型机械设备时，保证设备的安全装置完好，工人必须遵守操作规程，避免机械伤人。

(11) 通道和施工现场出入口上方，均应搭设坚固、密封的防护棚。高层建筑应搭设双层防护棚。

(12) 进入施工现场必须正确佩戴安全帽，安全帽的质量必须符合国家标准。

(13) 作业人员应在规定的安全通道内出入和上下，不得在非规定通道位置行走。禁止作业人员在防护栏杆、平台等的下方有物件坠落危险的地方休息、聊天。

3. 坍塌

坍塌事故的发生是由于建筑物、构筑物、堆置物以及材料堆放受外力或内力的作用导致的，坍塌事故往往来势凶猛，常会引发坠落、物体打击、掩埋、窒息等事故，造成人员伤亡甚至是群死群伤。建筑施工现场的坍塌事故又可分为土方或堆料（工具）的坍塌、脚手架或模板坍塌、拆除工程坍塌和起重机械坍塌。坍塌事故的防范措施有：

(1) 土方坍塌的防范措施。①土方开挖前应了解水文地质及地下设施情况，制定施工方案，并严格执行。基础施工要有支护方案。②按规定设边坡，在无法留有边坡时，应采取打桩、设置支撑等措施，确保边坡稳定。③开挖沟槽、基坑等，应根据土质和挖掘深度等条件放足边坡坡度。挖出的土堆放在距坑、槽边距离不得小于设计的规定。且堆放高度不超过 1.5m。开挖过程中，应经常检查边壁土稳固情况，发现有裂缝、疏松或支撑走动，要随时采取措施。④需要在坑、槽边堆放材料和施工机械的，距坑槽边的距离应满足安全的要求。⑤挖土顺序应并遵循由上而下逐层开挖的原则，禁止采用掏洞的操作方法。⑥基坑内要采取排水措施，及时排除积水，降低地下水位，防止土方浸泡引起坍塌。⑦施工作业人员必须严格遵守安全操作规程。上下要走专用的通道，不得直接从边坡上攀爬，不得拆移土壁支撑和其他支护设施。发现危险时，应采取必要的防护措施后逃离到安全区域，并及时报告。⑧经常查看边坡和支护情况，发现异常，应及时采取措施。⑨支护设施拆除通常采用自下而上，随填土进程，填一层拆一层，不得一次拆到顶。

(2) 模板和脚手架等工作平台坍塌的防范措施。①模板工程、脚手架工程应有专项施工方案，附具安全验算结果，并经审查批准后，在专职安全生产管理人员的监督下实施。

②架子工等搭设拆除人员必须取得特种作业资格。③搭设完毕使用前，需要经过验收合格方可使用。④作业层上的施工荷载应符合设计要求，不得超载。不得将模板支架、缆风绳、泵送混凝土和砂浆的输送管等固定在架体上；严禁悬挂起重设备，严禁拆除或移动架体上安全防护设施。⑤脚手架使用期间，严禁拆除主节点处的纵、横向水平杆，纵、横向扫地杆；连墙件等杆件。⑥混凝土强度必须达到设计值，才可以拆模板。

（3）拆除工程坍塌的防范措施。①拆除工程应由具备拆除施工资质的队伍承担。②拆除施工前 15 日到当地建设行政主管部门备案。③有拆除方案，内容包含拟拆除建筑物、构筑物及可能危机毗邻建筑的说明、拆除施工组织方案、堆放清理废弃物的措施等。④拆除作业人员经过安全培训合格。⑤人工拆除应当遵循自上而下的拆除顺序，禁止用推倒法。不得数层同时拆除。拆除过程中，要采取措施防止尚未拆除部分倒塌。⑥机械拆除同样应当自上而下拆除，机械拆除现场禁止人员进入。⑦爆破作业符合相关安全规定。

（4）起重机械坍塌的防范措施。①起重机械的安装拆卸应由具备相应的安装拆卸资质的专业承包单位担任。②安装拆卸人员属于特种作业人员，应取得相应的资格。③编制专项施工方案，有技术人员在旁指挥。④安装完毕，需由使用单位、安装单位、租赁单位、总承包单位共同验收合格方可使用。⑤加强对起重机械使用过程中的日常安全检查、维护和保养。⑥属于国家淘汰或命令禁止使用的起重机械，不得使用。

4. 起重伤害

起重事故是指在进行各种起重作业（包括吊运、安装、检修、试验）中发生的重物（包括吊具、吊重或吊臂）坠落、夹挤、物体打击、起重机倾翻、触电等事故。起重伤害事故的防范措施有：

（1）起重吊装作业前，编制起重吊装施工方案。

（2）各种吊装作业前，应预先在吊装现场设置安全警戒标志并设专人监护，非施工人员禁止入内。

（3）司机、信号工为特种作业人员，应取得相应的资格。

（4）吊装作业前，应对起重吊装设备、钢丝绳、揽风绳、链条、吊钩等各种机具进行检查，必须保证安全可靠，不准带病使用。钢丝绳如有扭结、变形、断丝、锈蚀等异常现象，应降级使用或报废。吊装设备的安全装置要灵敏可靠。吊装前必须试吊，确认无误方可作业。

（5）严禁利用管道、管架、电杆、机电设备等做吊装锚点。未经原设计单位核算，不得将建筑物、构筑物作为锚点。

（6）任何人不得随同吊装重物或吊装机械升降。

（7）吊装作业现场的吊绳索、揽风绳、拖拉绳等要避免同带电线路接触，并保持安全距离。塔吊等起重机械要有防雷装置。

（8）吊装作业时，必须按规定负荷进行吊装，吊具、索具经计算选择使用，严禁超负荷运行。所吊重物接近或达到额定起重吊装能力时，应检查制动器，用低高度、短行程试吊后，再平稳吊起。

（9）悬臂下方严禁站人、通行和工作。

（10）多台塔吊同时作业时，要有防碰撞措施。

（11）吊装作业中，夜间应有足够的照明，室外作业遇到大雪、暴雨、大雾及六级以上大风时，应停止作业。

（12）在吊装作业中，有下列情况之一者不准起吊：指挥信号不明；超负荷或物体重量不明；斜拉重物；光线不足、看不清重物；重物下站人；重物埋在地下；重物紧固不牢，绳打结、绳不齐；棱刃物体没有衬垫措施；安全装置失灵。

5. 触电

当人体触及带电体，或带电体与人体之间由于距离近电压高产生闪击放电，或电弧烧伤人体表面对人体所造成的伤害都叫触电。触电分电击、电伤两种。触电事故的防范措施有：

（1）施工现场临时用电的架设和使用必须符合《施工现场临时用电安全技术规范》JGJ 46—2005 的规定。

（2）电工必须经过按国家现行标准考核合格后，持证上岗工作。安装、巡检、维修或拆除临时用电设备和线路，必须由电工完成，并应有人监护。电工等级应同工程的难易程度和技术复杂性相适应。

（3）各类用电人员应掌握安全用电基本知识和所用设备的性能，并应符合下列规定：①使用电气设备前必须按规定穿戴和配备好相应的劳动防护用品，并应检查电气装置和保护设施，严禁设备带"缺陷"运转；②保管和维护所用设备，发现问题及时报告解决；③暂时停用设备的开关箱必须分断电源隔离开关，并应关门上锁；④移动电气设备时，必须经电工切断电源并做妥善处理后进行。

（4）临时用电工程应定期检查。定期检查时，应复查接地电阻值和绝缘电阻值。工程项目每周应当对临时用电工程至少进行一次安全检查，对检查中发现的问题及时整改。

（5）检查和操作人员必须按规定穿戴绝缘胶鞋、绝缘手套；必须使用电工专用绝缘工具。

（6）电缆线路应采用埋地或架空敷设，严禁沿地面明敷。架空线必须采用绝缘导线，架空线必须架设在专用电杆上，严禁架设在树木、脚手架及其他设施上。

（7）施工机具、车辆及人员，应与线路保持安全距离。达不到规定的最小距离时，必须采用可靠的防护措施。

（8）建筑施工现场临时用电系统必须采用 TN-S 接零保护系统，必须实行"三级配电，两级保护"制度。

（9）开关箱应由分配电箱配电。一个开关只能控制一台用电设备严禁一个开关控制两台以上的用电设备（含插座）。

（10）各种电气设备和电力施工机械的金属外壳、金属支架和底座必须按规定采取可靠的接零或接地保护。

（11）配电箱及开关箱周围应有足够的工作空间，不得在配电箱旁堆放建筑材料和杂物，配电箱要有防雨措施。

（12）各种高大设施必须按规定装设避雷装置。

（13）手持电动工具的使用应符合国家标准的有关规定。其金属外壳和配件必须按规定采取可靠的接零或接地保护。

（14）按规定在特殊场合使用安全电压照明。

（15）电焊机外壳应做接零或接地保护。不得借用金属管道、金属脚手架、轨道及结构钢筋做回路地线。焊把线无破损，绝缘良好。电焊机设置点应防潮、防雨、防坠砸。

第6章 掌握安全事故救援处理知识和规定

6.1 安全事故的主要救援方法

事故发生后的救援程序：1）立即启动应急救援程序，相关救援人员、救援设备就位。2）保护现场，视情况将伤员安置到安全区域。3）针对伤员受到的不同伤害，由急救人员对伤员采取正确的紧急救援措施。4）拨打120电话或安排车辆等交通工具，及时送伤员到医院救治。安排专人到路口接应救护车。5）对事故现场状况进行判断，及时排除再次发生事故的隐患，不能立即处理的，应予以封闭，疏散人员，维持秩序，设警戒区，派专人监护。6）按规定报告事故。

6.1.1 高处坠落、物体打击救援方法

高处坠落事故是建筑施工现场发生率最高的事故形式，其发生比例在50%以上，常常发生在脚手架搭设拆除、模板支撑工程、高处作业、攀登悬空作业过程中，经常发生的施工部位有脚手架上、临边、"四口"（通道口、预留洞口、楼梯口、电梯井口）、操作平台等。高处坠落事故的后果是作业人员从高处跌落致使摔伤甚至死亡。

近年来，物体打击事故的发生比例有所上升。物体打击事故是由于材料、工具、废弃物等从高处掉落，在惯性力或重力等外力的作用下产生运动，打击人体而造成人身伤亡的事故。常见的事故发生在高处作业、攀登悬空作业、交叉作业中，其后果是由于在外力驱使下物体的运动致使周围的作业人员受击打而受伤甚至死亡。

1. 高处坠落、物体打击事故导致人员受伤害的类型

高处坠落、物体打击事故导致的人员伤害主要有出血、软组织挫伤、骨折、颅脑损伤等。

2. 高处坠落、物体打击事故导致人员伤害的应急救援方法

首先应观察伤员的神志是否清醒，查看伤员坠落时身体着地部位，查明伤员的受伤部位，弄清受伤类型，再采取相应的现场急救处理措施。止血、包扎、固定、搬运是外伤救护的四项基本技术。

1）止血。

出血分为外出血和内出血两种。血液从伤口流向体外者称为外出血，常见于刀割伤、刺伤、枪弹伤和碾压伤等。若皮肤没有伤口，血液由破裂的血管流到组织、脏器或体腔内，称为内出血。引起内出血的原因远较外出血为复杂，处理也较困难，需立即送去医院诊治。施工现场发生高处坠落、物体打击事故后发生的出血多为外出血。这里着重介绍外出血及止血处理。把血止住，是救治外伤性外出血的主要目的。根据外出血种类不同，止血方法也不同。

加压包扎止血法：一般小静脉和毛细血管出血，血流很慢，用消毒纱布、干净毛巾或布块等盖在创口上，再用三角巾（可用头巾代替）或绷带扎紧，并将患处抬高（图6-1）。

压迫止血法：①毛细血管出血。血液从创面或创口四周渗出，出血量少、色红，找不到明显的出血点，危险性小。这种出血常能自动停止。通常用碘酊和酒精消毒伤口周围皮肤后，在伤口盖上消毒纱布或干净的手帕、布片，扎紧就可止血。②静脉出血。暗红色的血液，缓慢不断地从伤口流出，其后由于局部血管收缩，血流逐渐减慢，危险性也较小。止血的方法和毛细血管出血基本相同。抬高患

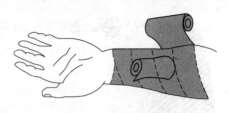

图6-1　加压包扎止血法

肢可以减少出血，在出血部位放上几层消毒纱布或干净手帕等，加压包扎即可达到止血的目的。③骨髓出血。血液颜色暗红，可伴有骨折碎片，血中浮有脂肪油滴，可用敷料或干净多层手帕等填塞止血。④动脉出血。血液随心脏搏动而喷射涌出，来势较猛，颜色鲜红，出血量多、速度快，危险性大。动脉出血急救，一般用指压法止血。即在出血动脉的近心端，用拇指和其余手指压在骨面上，予以止血。在动脉的走向中，最易压住的部位叫压迫点，止血时要熟悉主要动脉的压迫点。这种方法简单易行，但因手指容易疲劳，不能持久，所以只能是一种临时急救止血手段，而必须尽快换用其他方法。

指压法的常用压迫部位如下：①头顶部出血，用拇指压迫颞浅动脉。方法是用拇指或食指在耳前对下颌关节处用力压迫（图6-2）。②面部出血，压迫双侧面动脉。方法可用食指或拇指压迫同侧下颌骨下缘，下颌角前方约3cm的凹陷处，此处可摸到明显搏动（面动脉）（图6-3）。③头颈部出血，四个手指并拢对准颈部胸锁乳突肌中段内侧，将颈总动脉压向颈椎。注意不能同时压迫两侧颈总动脉，以免造成脑缺血坏死。压迫时间也不能太久，以免造成危险（图6-4）。④上臂出血，一手抬高患肢，另一手四个手指对准上臂中段内侧压迫肱动脉（图6-5）。⑤手掌出血，将患肢抬高，用两手拇指分别压迫手腕部的尺、桡动脉（图6-6）。⑥大腿出血，在腹股沟中稍下方，用双手拇指向后用力压股动脉（图6-7）。⑦小腿出血，压迫腘窝动脉。方法一手固定膝关节正面，另一手拇指摸到腘窝处跳动脉，用力向前压迫（图6-8）。⑧足部出血，用两手拇指分别压迫足背动脉和内踝与跟腱之间的颈后动脉（图6-9）。

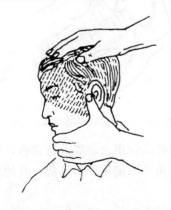

图6-2　头顶部颞浅动脉止血点

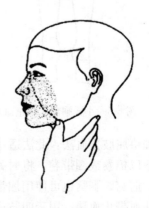

图6-3　面部面动脉止血点

147

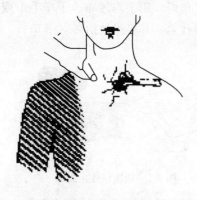

图 6-4　头颈部颈总动脉止血点

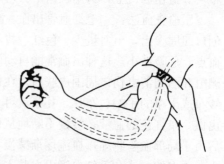

图 6-5　上臂肱动脉止血点

图 6-6　手腕部尺、桡动脉止血点

图 6-7　大腿股动脉止血点

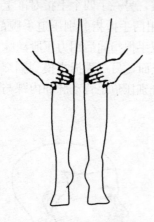

图 6-8　小腿腘窝动脉止血点

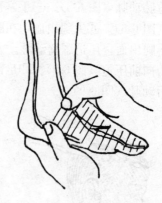

图 6-9　足部颈后动脉止血点

　　加垫屈肢止血法：此法适用于躯干无骨折情况下的四肢部位出血。如前臂出血，在肘窝处垫以棉卷或绷带卷，将肘关节尽力屈曲，用绷带或三角巾固定于屈肘姿势。其他如腹股沟、肘窝，腘窝也可使用加垫屈肢止血法（图 6-10）。

　　止血带止血法：用于四肢伤大出血。一般使用橡皮条做止血带，也可用大三角巾、绷

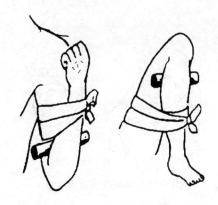

图 6-10　加垫屈肢止血法

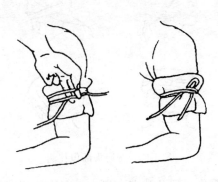

图 6-11　止血带止血法

带、手帕、布腰带等布止血带替代，但禁用电线和绳索。上止血带部位要在创口上方，尽量靠近伤口但又不能接触伤口面。上止血带部位必须先垫衬布块，或绑在衣服外面，以免损伤皮下神经。止血带绑得松紧适当，以摸不到远端脉搏和使出血停止为度。太紧会压迫神经而使肢体麻痹；太松则不能止血，如果动脉没有压住而仅压住静脉，出血反而更多，甚至引起肢体肿胀坏死。绑止血带时间要认真记载，用止血带时间不能太久，最好每隔半小时（冷天）或一小时放松一次。放松时用指压法暂时止血。每次放松约（1～2）分钟。凡绑止血带伤员要尽快送往医院急救（图6-11）。

　　2）包扎

　　包扎是外伤现场应急处理的重要措施之一。及时正确的包扎，可以达到压迫止血、减少感染、保护伤口、减少疼痛，以及固定敷料和夹板等目的。相反，错误的包扎可导致出血增加、加重感染、造成新的伤害、遗留后遗症等不良后果。

　　对伤者明显可见的伤口进行包扎时，一定要了解有没有其他部位的损伤，特别要注意是否存在比较隐蔽的内脏损伤。同样是肢体上的伤口，有骨折时，包扎应考虑到骨折部位的正确固定；同样是躯体上的伤口，如果合并内部脏器的损伤，如肝破裂、腹腔内出血、血胸等，则应优先考虑内脏损伤的救治，不能在表面伤口的包扎上耽误时间；同样是头部的伤口，如合并了颅脑损伤，不是简单的包扎止血就完事了，还需要加强监护。对于头部受撞击的患者。即使自觉良好，也需观察24小时。如出现头胀、头痛加重，甚至恶心、呕吐，则表明存在颅内损伤，需要紧急救治。

　　常见的包扎材料有绷带和三角巾，紧急条件下，干净的毛巾、头巾、手帕、衣服等也可作为临时的包扎材料。

　　三角巾包扎法，对较大创面、固定夹板、手臂悬吊等，需应用三角巾包扎法。操作要领：①普通头部包扎：先将三角巾底边折叠，把三角巾底边放于前额拉到脑后，相交后先打一半结，再绕至前额打结（图6-12）。②风帽式头部包扎：将三角巾顶角和底边中央各打一结成风帽状。顶角放于额前，底边结放在后脑勺下方，包住头部，两角往面部拉紧向外反折包绕下颌（图6-13）。③普通面部包扎：将三角巾顶角打一结，适当位置剪孔（眼、鼻处）。打结处放于头顶处，三角巾罩于面部，剪孔处正好露出眼、鼻。三角巾左右两角拉到颈后在前面打结（图6-14）。④普通胸部包扎：将三角巾顶角向上，贴于局部，如系

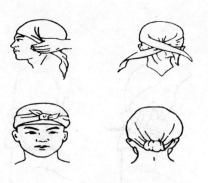

图 6-12　普通头部包扎法

图 6-13　风帽式头部包扎法

左胸受伤，顶角放在右肩上，底边扯到背后在后面打结；再将左角拉到肩部与顶角打结。背部包扎与胸部包扎相同，唯位置相反，结打于胸部（图 6-15）。⑤三角巾的另一重要用途为悬吊手臂；对已用夹板的手臂起固定作用；还可对无夹板的伤肢起到夹板固定作用（图 6-16）。

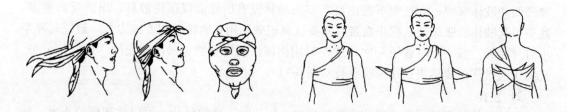

图 6-14　普通面部包扎法　　　　　　　　　图 6-15　普通胸部包扎法

　　绷带的包扎方法的注意事项：包扎卷轴绷带前要先处理好患部，并放置敷料。包扎时，展开绷带的外侧头，背对患部，一边展开，一边缠绕。无论何种包扎形式，均应环形起，环形止，松紧适当，平整无褶。最后将绷带末端剪成两半，打方结固定。结应打在患部的对侧，不应压在患部之上。有的绷带无需打结固定，包扎后可自行固定。夹板绷带和石膏绷带为制动绷带，主要用于四肢骨折、重度关节扭伤、肌腱断裂等的急救与治疗。可用竹板、木板、树枝、厚纸板等作为夹板材料，依患部的长短、粗细及形状制备好夹板。夹板的两端应稍向外弯曲，以免对局部造成压迫（图 6-17）。

　　3）固定

　　发生高处坠落或是物体打击事故后，若伤员跌倒或跌落后仍有自主意识，应先判断其是否有骨折症状。判断骨折的主要依据有，①疼痛和压痛：受伤处有明显的压痛点，移动时有剧痛。②肿胀，内出血和骨折端的错位、重叠，都会使外表呈现肿胀现象。③畸形，在骨折时肢体发生畸形，呈现短缩，弯曲或者转向等。④功能障碍：原有的功能受到影响或完全丧失。

　　若判断为骨折，则需采取固定措施。复位、固定、愈合是骨折治疗三部曲，而固定则是复位与愈合的承上启下环节。良好的固定不仅巩固复位效果，还会促进愈合速度和质量。制动，止痛、减轻伤员痛苦，防止伤情加重，防止休克，保护伤口，防止感染，便于运送。

150

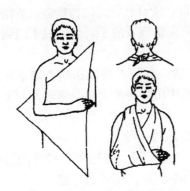

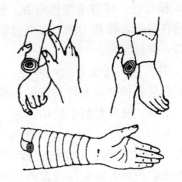

图 6-16　三角巾悬吊手臂　　　　　　　　　　　图 6-17　绷带包扎

　　骨折固定常用的有木制、铁制、塑料制临时夹板。施工现场无夹板可就地取材采用木板、树枝、竹竿等作为临时固定材料。如无任何物品亦可固定于伤员躯干或健肢上。骨折固定的要领是：先止血，后包扎，再固定；夹板长短与肢体长短相对称，骨突出部位要加垫；先扎骨折上、下两端，后固定两关节；四肢露指（趾）尖，胸前挂标志，迅速送医院（图 6-18）。

前臂骨折夹板固定法

颈椎骨折固定法

小腿骨折健体固定法

肱骨骨折夹板固定法

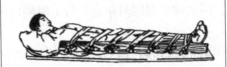

大腿骨折固定法

小腿骨折夹板固定法

图 6-18　常见的骨折固定方法

　　4）搬运

　　伤员经过现场初步急救处理后，要尽快用合适的方法和震动小的交通工具将伤员送到医院去作进一步的诊治。搬运伤员的原则是：不明病情时，尽量不要移动患者；需要搬运伤者时，应请周围的人帮忙；只有自己时，可将患者从背后抱住，并用单手紧握患者另一双手，注意要轻轻搬运；搬运时，要注意伤者的呼吸及脸部表情。

　　根据救护员人数的不同，搬运的方法可分为以下几种。

　　① 一位救护员搬运

a. 扶行法，适宜清醒伤病者。没有骨折，伤势不重，能自己行走的伤病者；方法：救护者站在身旁，将其一侧上肢绕过救护者颈部，用手抓住伤病者的手，另一只手绕到伤病者背后，搀扶行走。

b. 背负法：适用老幼、体轻、清醒的伤病者。方法：救护者朝向伤病者蹲下，让伤员将双臂从救护员肩上伸到胸前，两手紧握。救护员抓住伤病者的大腿，慢慢站起来。如有上、下肢，脊柱骨折不能用此法。

c. 爬行法：适用清醒或昏迷伤者。在狭窄空间或浓烟的环境下。

d. 抱持法：适于年幼伤病者，体轻者没有骨折，伤势不重，是短距离搬运的最佳方法。方法：救护者蹲在伤病者的一侧，面向伤员，一只手放在伤病者的大腿下，另一只手绕到伤病者的背后，然后将其轻轻抱起伤病者。如有脊柱或大腿骨折禁用此法（图6-19）。

扶行法　　　　抱持法　　　　背负法　　　　驮法

图 6-19　单人搬运的方法

② 两位救护员搬运

a. 轿杠式：适用清醒伤病者。方法：两名救护者面对面各自用右手握住自己的左手腕。再用左手握住对方右手腕，然后，蹲下让伤病者将两上肢分别放到两名救护者的颈后，再坐到相互握紧的手上。两名救护者同时站起，行走时同时迈出外侧的腿，保持步调一致。

b. 双人拉车式：适于意识不清的伤病者。方法：将伤病者移上椅子、担架或在狭窄地方搬运伤者。两名救护者，一人站在伤病者的背后将两手从伤病者腋下插入，把伤病者两前臂交叉于胸前，再抓住伤病者的手腕，把伤病者抱在怀里，另一人反身站在伤病者两腿中间将伤病者两腿抬起，两名救护者一前一后地行走。（图6-20）

③ 三人或四人搬运：三人或四人平托式适用于脊柱骨折的伤者。

a. 三人异侧运送：两名救护者站在伤病者的一侧，分别在肩、腰、臀部、膝部，第三名救护者可站在对面，伤病者的臀部，两臂伸向伤员臀下，握住对方救护员的手腕。三名救护员同时单膝跪地，分别抱住伤病者肩、后背、臀、膝部，然后同时站立抬起伤病者。

b. 四人异侧运送：三名救护者站在伤病者的一侧，分别在头、腰、膝部，第四名救护者位于伤病者的另一侧腹部。四名救护员同时单膝跪地，分别抱住伤病者颈、肩、后背、臀、膝部，再同时站立抬起伤病者。

特别要提醒注意的是，脊柱骨折容易损伤脊髓或神经根，造成截瘫。搬运脊柱骨折伤员时，如果方法不当，就会加重伤情。所以在搬运之前应先检查伤员有无截瘫。如有截瘫，更要注意有无内脏损伤或其他复合伤。此外，还要注意以下几点：要用脊柱板或硬板担架搬运，绝不能用软担架抬送。往担架上搬运时，应用3～4人搬运法将伤者平放在担架上，或将伤者平滚在担架上，绝对不能用手抱脊背，一手抱腿，或一人抱胸、一人抱腿的单人、双人搬运，这样会使脊柱弯曲，造成或加重脊髓神经的

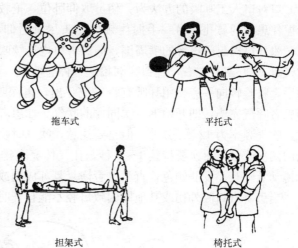

图 6-20　两人搬运的方法

损伤。尽可能按伤后的姿势做固定，用宽绷带或布带将伤者绑在担架上。颈椎骨折或高位胸椎骨折的伤员，往担架上搬运时，要戴颈托，要有专人牵引头部，伤员仰卧在担架上，颈部要固定，可用衣物等垫在头和颈部的两侧，避免头、颈部摇动。

6.1.2　触电事故救援方法

1. 触电事故导致人员受伤害的类型

触电通常是指人体直接触及电源或高压电经过空气或其他导电介质传递电流通过人体时引起的组织损伤和功能障碍，重者发生心跳和呼吸骤停的事故类型。触电造成的对人体的伤害类型主要是电击伤、电热灼伤和闪电损伤（雷击）。电击伤和闪电损伤对人造成后果是心跳和呼吸微弱甚至是停止；被电热灼伤的皮肤呈灰黄色焦皮，中心部位低陷，周围无肿、痛等炎症反应，但电流通路上软组织的灼伤常较为严重。

2. 触电事故的救援方法

触电急救的要求：主要是动作迅速，快速、正确地使触电者脱离电源。操作方法：低压触电事故，应立即切断电源或用有绝缘性能的木棍棒挑开电线隔绝电流，但救护人切不得接触触电者；高压触电者，应立即通知有关部门切断电源。

对体表电灼伤创面方法：灼伤创面周围皮肤用碘伏处理后，加盖无菌敷料包扎后，立即送医院进一步治疗。

伤员的呼吸和心跳骤停一旦发生，如得不到即刻及时地抢救复苏，4～6min 后会造成其大脑和其他人体重要器官组织的不可逆的损害，此时的紧急救援必须在现场立即进行，为进一步抢救直至挽回伤员的生命而赢得最宝贵的时间。

呼吸和心跳骤停的现场急救方法有人工呼吸、胸外心脏按压和心肺复苏法。

1）人工呼吸。给予人工呼吸前，正常吸气即可，无需深吸气；所有方式的人工呼吸（口对口、口对面罩等）均应该持续吹气 1 秒以上，保证有足够量的气体进入并使胸廓起伏；如第一次人工呼吸未能使胸廓起伏，可再次用仰头抬颏法开放气道，给予第二次通气。

口对口人工呼吸的方法为：伤员取仰卧位，抢救者一手放在患者前额，并用拇指和食指捏住患者的鼻孔，另一手握住颏部使头尽量后仰，保持气道开放状态，然后深吸一口气，张开口以封闭患者的嘴周围，向患者口内连续吹气2次，每次吹气时间为1～1.5秒，吹气量1000毫升左右，直到胸廓抬起，停止吹气，松开贴紧患者的嘴，并放松捏住鼻孔的手，将脸转向一旁，用耳听有否气流呼出，再深吸一口新鲜空气为第二次吹气做准备，当患者呼气完毕，即开始下一次同样的吹气。如患者仍未恢复自主呼吸，则要进行持续吹气，吹气频率为12次/分钟，但是要注意，吹气时吹气容量相对于吹气频率更为重要，开始的两次吹气，每次要持续1～2秒，让气体完全排出后再重新吹气，一分钟内检查颈动脉搏动及瞳孔、皮肤颜色，直至患者恢复复苏成功或死亡。

当患者有口腔外伤或其他原因致口腔不能打开时，可采用口对鼻吹气（图6-21）。

图6-21　人工呼吸法

2）胸外心脏按压法。伤员仰卧于硬板床或地上，如为软床，身下应放一木板，以保证按压有效。抢救者应紧靠患者胸部一侧，为保证按压时力量垂直作用于胸骨，抢救者可跪在伤员一侧或骑跪在其腰部两侧。正确的按压部位是胸骨中、下1/3。具体定位方法是，抢救者以左手食指和中指沿肋弓向中间滑移至两侧肋弓交点处，即胸骨下切迹，然后将食指和中指横放在胸骨下切迹的上方，示指上方的胸骨正中部即为按压区，将另一手的掌根紧挨示指放在患者胸骨上，再将定位之手取下，将掌根重叠放于另一手手背上，使手指翘起脱离胸壁，也可采用两手手指交叉抬手指。抢救者双肘关节伸直，双肩在患者胸骨上方正中，肩手保持垂直用力向下按压，下压深度为4～5cm，按压频率为80～100次/分钟，按压与放松时间大致相等（图6-22、图6-23）。

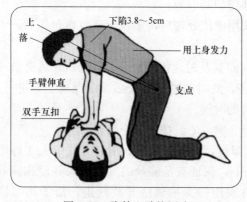

图6-22　胸外心脏按压法

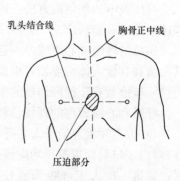

图6-23　胸外心脏按压点的确定

可以同时采用口对口人工呼吸和胸外心脏按压的方法对伤员进行抢救，如现场仅一人抢救，可以两种方法交替使用，每吹气 2-3 次，再挤压 10～15 次。抢救要坚持不断，切不可轻易放弃（图 6-24）。

3）心肺复苏术的步骤

① 脉搏检查：只要发现无反应的伤员没有自主呼吸就应按心搏骤停处理。检查脉搏的时间一般不能超过 10 秒，如 10 秒内仍不能确定有无脉搏，应立即实施胸外按压。

② 胸外按压：为了尽量减少因通气而中断胸外按压，对于未建立人工气道的成人，2010 年国际心肺复苏指南推荐的按压—通气比率为 30∶2，即每按压 30 次，人

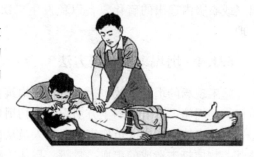

图 6-24　人工呼吸配合胸部按压示意图

工呼吸 2 次。如双人或多人施救，应每 2 分钟或 5 个周期（每个周期包括 30 次按压和 2 次人工呼吸）更换按压者，并在 5 秒内完成转换，因为研究表明，在按压开始 1～2 分钟后，操作者按压的质量就开始下降。国际心肺复苏指南更强调持续有效胸外按压，快速有力，尽量不间断，因为过多中断按压，会使冠脉和脑血流中断，复苏成功率明显降低。

③ 开放气道：有两种方法可以开放气道提供人工呼吸：仰头抬颏法和推举下颌法。后者仅在怀疑头部或颈部损伤时使用，因为此法可以减少颈部和脊椎的移动。注意在开放气道同时应该用手指挖出病人口中异物或呕吐物，有假牙者应取出假牙。

④ 人工呼吸。

⑤ AED 除颤：室颤是成人心脏骤停的最初发生的较为常见而且是较容易治疗的心律。对于 VF 患者，如果能在意识丧失的 3～5min 内立即实施 CPR 及除颤，存活率是最高的。当然由于施工现场的条件受限制，这一步骤在现场比较难以实现。

心肺复苏有效指标：①颈动脉搏动，按压有效时，每按压一次可触摸到颈动脉一次搏动，若中止按压搏动亦消失，则应继续进行胸外按压，如果停止按压后脉搏仍然存在，说明病人心搏已恢复。②面色（口唇），复苏有效时，面色由紫色转为红润，若变为灰白，则说明复苏无效。③其他，复苏有效时，可出现自主呼吸，或瞳孔由大变小并有对光反射，甚至有眼球活动及四肢抽动。

6.1.3　中毒事故救援方法

施工现场多发的中毒事故主要是由于作业人员吸入污水池、排水管道、窨井、地下室、通风井、密闭金属容器等部位的有毒有害气体而导致的。最常见的有毒有害气体是硫化氢、一氧化碳、氯气等。

硫化氢是具有刺激性和窒息性的无色气体。低浓度接触仅有呼吸道及眼的局部刺激作用，高浓度时全身作用较明显，表现为中枢神经系统症状和窒息症状。硫化氢具有"臭鸡蛋"气味，但极高浓度很快引起嗅觉疲劳而不觉其味。

硫化氢中毒的救援要点：①现场及时抢救极为重要。因空气中含极高硫化氢浓度时常在现场引起多人电击样死亡（类似电击后的心肺骤停症状），如能及时抢救可降低死亡率。

应立即使患者脱离现场至空气新鲜处。有条件时立即给予吸氧。②维持生命体征。对呼吸或心脏骤停者应立即施行心肺复苏术。对在事故现场发生呼吸骤停者如能及时施行工呼吸，则可避免随之而发生心脏骤停。在施行口对口人工呼吸时施行者应防止吸入患者的呼出气或衣服内逸出的硫化氢，以免发生二次中毒。③立即送医院进行高压氧治疗等对症处理。

6.1.4 坍塌事故救援方法

施工现场的坍塌事故包括建筑物、构筑物的坍塌，脚手架、模板支撑系统的坍塌，起重机械的坍塌，基坑边的土方坍塌，堆物坍塌等等。

坍塌事故造成的人员伤害主要有人员从高处坠落、被坠落物击打、挤压或掩埋等。因坠落、物体打击造成的出血、骨折、昏迷等症状的急救方法上文已有论述。如有人员被废墟掩埋，要采取有效安全防护措施后，组织人员按部位进行抢救，尽快减少重物压迫，减少伤员挤压综合症的发生，并将其转移至安全的地方，防止事故发展扩大。

典型身体的受累部位包括下肢、上肢和躯干。常可见于手、脚被钝性物体如砖头、石块、门窗、机器或车辆等暴力挤压所致挤压伤；也可见于爆炸冲击所致的挤压伤，这些挤压伤常常伤及内脏，造成胃出血、肺及肝脾破裂等。更严重的挤压伤是土方、石块的压埋伤，这种伤，常引起身体一系列的病理改变，甚至引起肾功能衰竭，称为"挤压综合征"。受伤部位表面无明显伤口，可有瘀血、水肿、紫绀，如四肢受伤，伤处肿胀可逐渐加重；尿少，心慌、恶心，甚至神志不清；挤压伤伤及内脏可引起胃出血、肝脾破裂出血，这时可出现呕血、咯血，甚至休克。

挤压伤急救处理方法：①尽快解除挤压的因素。②手和足趾的挤伤，指（趾）甲下血肿呈黑色，可立即用冷水冷敷，减少出血和减轻疼痛。③怀疑已有内脏损伤，应密切观察有无休克先兆，并呼叫救护车急救。④挤压综合征是肢体埋压后逐渐形成的，因此要密切观察，及时送医院，不要因为受伤当时无伤口就忽视严重性。⑤在转运过程中，应减少肢体活动，不管有无骨折都要用夹板固定，并让肢体暴露在流通的空气中，切忌按摩和热敷。⑥再采取急救措施后，要及时送专业医疗机构治疗。

6.1.5 火灾事故救援方法

1. 火灾的分类和灭火器

火灾初期的火焰，基本都是可以扑灭的。根据可燃物的类型和燃烧特性，火灾可分为A、B、C、D、E、F六大类。

A类火灾：指固体物质火灾。这种物质通常具有有机物质性质，一般在燃烧时能产生灼热的余烬。如木材、干草、煤炭、棉、毛、麻、纸张等火灾。

B类火灾：指液体或可熔化的固体物质火灾。如煤油、柴油、原油、甲醇、乙醇、沥青、石蜡、塑料等火灾。

C类火灾：指气体火灾。如煤气、天然气、甲烷、乙烷、丙烷、氢气等火灾。

D类火灾：指金属火灾。如钾、钠、镁、铝镁合金等火灾。

E类火灾：指带电火灾。物体带电燃烧的火灾。

F类火灾：指烹饪器具内的烹饪物（如动植物油脂）火灾。

不同的类型，要使用不同的灭火器械。因此要根据火灾的类型来选择相应的灭火器来扑救。

泡沫灭火器，适用于扑救一般 B 类火灾，如油制品、油脂等火灾，也可适用于 A 类火灾，但不能扑救 B 类火灾中的水溶性可燃、易燃液体的火灾，如醇、酯、醚、酮等物质火灾；也不能扑救带电设备及 C 类和 D 类火灾。

酸碱灭火器，适用于扑救 A 类物质燃烧的初起火灾，如木、织物、纸张等燃烧的火灾。它不能用于扑救 B 类物质燃烧的火灾，也不能用于扑救 C 类可燃性气体或 D 类轻金属火灾。同时也不能用于带电物体火灾的扑救。

二氧化碳灭火器，适用于扑救易燃液体及气体的初起火灾，也可扑救带电设备的火灾；常应用于实验室、计算机房、变配电所，以及对精密电子仪器、贵重设备或物品维护要求较高的场所。

干粉灭火器，碳酸氢钠干粉灭火器适用于易燃、可燃液体、气体及带电设备的初起火灾；磷酸铵盐干粉灭火器除可用于上述几类火灾外，还可扑救固体类物质的初起火灾。但都不能扑救金属燃烧火灾。

2. 灭火器的正确使用方法

步骤一，拔去保险销。步骤二，手握灭火器橡胶喷嘴，对向火焰根部。步骤三，将灭火器上部手柄压下，灭火剂喷出。步骤四，对准火焰喷射。

1) 取出灭火器　　2) 拔掉保险销　　3) 一手捏住压把　　4) 对准火焰喷射
　　　　　　　　　　　　　　　　　　　　一手捏住喷管　　　　（人站立在上风）

图 6-25　干粉灭火器的正确使用方法

建筑施工现场还应常备有砂桶、砂箱等消防设施，高层建筑还必须配有消火栓灭火系统。

3. 火灾事故的救援

1）建筑施工现场常见的火源

工地上使用的电气设备，由于超负荷运行、短路、接触不良，以及自然界中的雷击、静电火花等，可能引发燃烧。

靠近火炉或烟道的干柴、木材、木器，紧聚在高温蒸汽管道上的可燃粉尘、纤维；大功率灯泡旁的纸张、衣物等，烘烤时间过长，都会引起燃烧。

手套、衣服、木屑、金属屑、抛光尘以及擦拭过设备的油布等，堆积在一起时间过长，本身也会发热，或是在遇到明火时，可能引起自燃。

焊接作业等产生电火花的作业，遇可燃物会引发火灾。

油漆、香蕉水等易燃易爆物体，已经乙炔瓶、氧气瓶等受碰撞后，都有可能发生火灾或者爆炸。

2）发生火灾后的自救措施。发生火灾后，会产生浓烟。火灾中产生的浓烟由于热空气上升的作用，大量的浓烟将漂浮在上层，因此在火灾中离地面 30 公分以下的地方还应该有空气，因此浓烟中尽量采取低姿势爬行，头部尽量贴近地面。

在浓烟中逃生，人可以利用透明塑料袋，用大型的塑料袋可将整个头罩住，并提供足量的空气供逃生之用，如果只有小塑料袋的，可用小塑料袋遮住口鼻部分，供给逃生需要的空气。使用塑料袋时，一定要充分将其完全张开，但千万别用嘴吹开，因为吹进去的气体都是二氧化碳，效果适得其反。也可用湿毛巾遮住口鼻逃生。

3）烧伤的急救

采取有效措施扑灭身上的火焰，使伤员迅速脱离开致伤现场。当衣服着火时，应采用各种方法尽快地灭火，如水浸、水淋、就地卧倒翻滚等，千万不可直立奔跑或站立呼喊，以免助长燃烧，引起或加重呼吸道烧伤。灭火后伤员应立即将衣服脱去，如衣服和皮肤粘在一起，可在救护人员的帮助下把未粘的部分剪去，并对创面进行包扎。

防止休克、感染。为防止伤员休克和创面发生感染，应给伤员口服止痛片（有颅脑或重度呼吸道烧伤时，禁用吗啡）和磺胺类药，或肌肉注射抗生素，并给口服烧伤饮料，或饮淡盐茶水、淡盐水等。一般以多次喝少量为宜，如发生呕吐、腹胀等，应停止口服。要禁止伤员单纯喝白开水或糖水，以免引起脑水肿等并发症。

保护创面。在火场，对于烧伤创面一般可不做特殊处理，尽量不要弄破水泡，不能涂龙胆紫一类有色的外用药，以免影响烧伤面深度的判断。为防止创面继续污染，避免加重感染和加深创面，对创面应立即用三角巾、大纱布块、清洁的衣眼和被单等，给予简单而确实的包扎。手足被烧伤时，应将各个指、趾分开包扎，以防粘连。

合并伤处理。有骨折者应予以固定；有出血时应紧急止血；有颅脑、胸腹部损伤者，必须给予相应处理，并及时送医院救治。

迅速送往医院救治。伤员经火场简易急救后，应尽快送往临近医院救治。护送前及护送途中要注意防止休克。搬运时动作要轻柔，行动要平稳，以尽量减少伤员痛苦。

4）正确报火警

要牢记火警电话"119"；接通电话后要沉着冷静，向接警中心讲清失火单位的名称、地址、什么东西着火、火势大小以及着火的范围。同时还要注意听清对方提出的问题，以便正确回答；把自己的电话号码和姓名告诉对方，以便联系；打完电话后，要立即到交叉路口等候消防车的到来，以便引导消防车迅速赶到火灾现场；迅速组织人员疏通消防车道，清除障碍物，使消防车到火场后能立即进入最佳位置灭火救援；如果着火地区发生了新的变化，要及时报告消防队，使他们能及时改变灭火战术，取得最佳效果；在没有电话或没有消防队的地方，如农村和边远地区，可采用敲锣、吹哨、喊话等方式向四周报警，动员乡邻来灭火。

6.2　安全事故的处理程序及要求

1. 建筑施工生产安全事故处理依据

处理建设施工事故的主要依据有 4 个方面：①事故的实况资料；②具有法律效力的建设工程合同（包括工程承包合同、设计委托合同、材料设备供应合同、分包合同以及监理合同等）；③有关的技术文件、档案；④相关的建设工程法律法规、标准及规范。前3者是与特定的建设工程密切相关的具有特定性质的依据。后者是具有很高法律性、权威性、约束性、通用性和普遍性的依据，因而它在工程施工事故的处理事务中，具有极其重要的作用。

处理建筑施工安全事故的依据具体有：1）施工单位的事故调查报告，在调查报告中应就与施工事故有关的实际情况做详尽说明，其内容包括：①事故发生的时间、地点；②事故状况的描述；③事故发展变化情况（其范围是否继续扩大，程度是否已经稳定等）；④有关事故的观测记录、事故现场状态的照片或录像。2）有关的技术文件和档案：施工图和技术说明等设计文件；施工有关的技术文件与资料档案（施工组织设计或专项施工方案、施工计划，施工记录，施工日志，有关建筑材料、施工机具及设备等的质量证明资料，劳动保护用品与安全物资的质量证明资料，其他）；合同及合同文件（承包合同，设计委托合同，设备、器材与材料供应合同，设备租赁合同，分包合同，工程监理合同）等。3）有关合同和合同文件。4）建设工程相关的法律法规和标准规范。

2. 建筑施工安全事故处理程序

施工现场安全管理人员应熟悉各级政府建设行政主管部门处理建设工程施工事故的基本程序，要特别明确如何在处理建设工程施工事故过程中履行自己的职责。生产安全等级事故应当按照《中华人民共和国安全生产法》《生产安全事故报告和调查处理条例》的规定进行报告。事故发生后，事故现场有关人员应当立即向本单位负责人报告；单位负责人接到报告后，应当于1小时内向事故发生地县级以上人民政府安全生产监督管理部门和负有安全生产监督管理职责的有关部门报告。特别重大事故、重大事故逐级上报至国务院安全生产监督管理部门和负有安全生产监督管理职责的有关部门；较大事故逐级上报至省、自治区、直辖市人民政府安全生产监督管理部门和负有安全生产监督管理职责的有关部门；一般事故上报至设区的市级人民政府安全生产监督管理部门和负有安全生产监督管理职责的有关部门。自事故发生之日起30日内，事故造成的伤亡人数发生变化的，应当及时补报。

特别重大事故由国务院或者国务院授权有关部门组织事故调查组进行调查。重大事故、较大事故、一般事故分别由事故发生地省级人民政府、设区的市级人民政府、县级人民政府负责调查。省级人民政府、设区的市级人民政府、县级人民政府可以直接组织事故调查组进行调查，也可以授权或者委托有关部门组织事故调查组进行调查。未造成人员伤亡的一般事故，县级人民政府也可以委托事故发生单位组织事故调查组进行调查。

处理事故要坚持"四不放过"的原则，即施工事故原因未查清不放过；职工和事故责任人受不到教育不放过；事故隐患不整改不放过和事故责任人不处理不放过。

建设工程施工事故发生后，一般按以下程序进行处理，如图6-26所示。

（1）建设工程施工事故发生后，施工单位应当立即停止施工，抢救伤员，排除险情，采取必要的措施，防止事故扩大，并做好标识，保护好现场。同时，事故发生单位应在1小时内以书面方式按生产安全事故的等级向相应的政府主管部门上报。事故报告必须保证及时、如实。不得谎报、瞒报、漏报、迟报、不报事故或事故损失。

报告事故应当包括下列内容：①事故发生单位概况；②事故发生的时间、地点以及事故现场情况；③事故的简要经过；④事故已经造成或者可能造成的伤亡人数（包括下落不

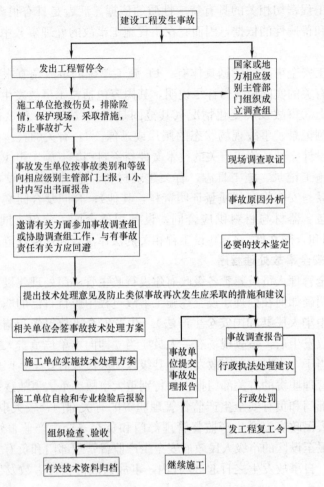

图 6-26　建筑施工生产安全事故处理程序

明的人数）和初步估计的直接经济损失；⑤已经采取的措施；⑥其他应当报告的情况。

（2）事故发生单位相关人员应积极协助事故调查组开展事故调查工作，客观地提供相应证据。在事故调查过程中，不得有伪造或者故意破坏事故现场，转移、隐匿资金、财产，或者销毁有关证据、资料，拒绝接受调查或者拒绝提供有关情况和资料，在事故调查中作伪证或者指使他人作伪证，在事故调查处理期间擅离职守甚至逃匿等违法行为。

（3）事故调查组的职责是：①查明事故发生的经过、原因、人员伤亡情况及直接经济损失；②认定事故的性质和事故责任；③提出对事故责任者的处理建议；④总结事故教训，提出防范和整改措施；⑤提交事故调查报告。

（4）当接到施工生产安全事故调查组提出的处理意见涉及技术处理时，项目部可组织相关单位和专业技术人员研究，并要求相关单位完成技术处理方案。必要时，应征求设计单位意见，技术处理方案必须依据充分，应在施工事故的部位、原因全部弄清的基础上进行，必要时，应组织专家进行论证，以保证技术处理方案可靠、可行，保证施工安全。

（5）技术处理方案审核签字确认后，施工单位应制定详细的施工方案，编制工程安全控制实施细则，对关键部位和关键工序进行重点监控。

（6）施工单位完成自检后，可通知建设单位或监理单位组织相关各方进行检查验收，必要时可对处理结果进行鉴定。要求事故发生单位整理编写事故技术资料，在审核、签认后归档。

建设工程事故技术资料主要内容包括：①人员重伤、死亡事故调查报告书；②现场调查资料（记录、图样、照片）；③技术鉴定和试验报告；④物证、人证的调查材料；⑤间接和直接经济损失；⑥医疗部门对伤亡者的诊断结论及影印件；⑦企业或其主管部门对该事故所作的结案报告；⑧处分决定和受处理人员的检查材料；⑨有关部门对事故的结案批复等；⑩事故调查组人员的姓名、职务及签字。

3. 建筑施工生产安全事故隐患的整改处理程序

安全生产管理理念中，认为"隐患就是事故"，要把安全隐患当成是事故来对待。所以当发现安全隐患时，也应按照生产安全事故处理的态度、方法和程序来处理隐患。其流程如图 6-27 所示。

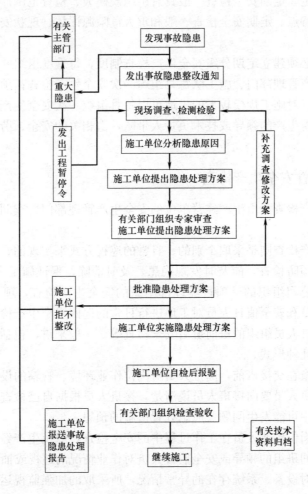

图 6-27　建筑施工安全隐患处理程序

161

第 7 章 编制项目安全生产管理计划

7.1 安全生产检查的类型

7.1.1 定期安全生产检查

定期安全生产检查一般是通过有计划、有组织、有目的的形式来实现，一般由生产经营单位统一组织实施。检查周期的确定，应根据生产经营单位的规模、性质以及地区气候、地理环境等确定。定期安全检查一般具有组织规模大、检查范围广、有深度，能及时发现并解决问题等特点。定期安全检查一般和重大危险源评估、现状安全评价等工作结合开展。

生产经营单位必须建立定期分级安全生产检查制度，每季度组织一次全面的安全生产检查；分公司、生产管理部门、施工队每月组织一次安全生产检查；项目经理部每旬组织一次安全生产检查。对施工规模较大的工地可以每月组织一次安全生产检查。每次安全生产检查应由单位主管生产的领导或技术负责人带队，由相关的安全、劳资、保卫等部门联合组织检查。

7.1.2 经常性安全生产检查

经常性安全生产检查是由生产经营单位的安全生产管理部门、车间、班组或岗位组织进行的日常检查。

经常性安全生产检查则是采取个别的、日常的巡视方式来实现的。在施工（生产）过程中进行经常性的预防检查，能及时发现隐患，及时消除，保证施工（生产）正常进行。经常性的检查包括公司组织的、项目经理部组织的安全生产检查，项目安全管理小组成员、安全专兼职人员和安全值日人员对工地进行日常的巡回安全生产检查及施工班组每天由班组长和安全值日人员组织的班前班后安全检查等。一般来讲，包括交接班检查、班中检查、特殊检查等几种形式。

交接班检查是指在交接班前，岗位人员对岗位作业环境、管辖的设备及系统安全运行状况进行检查，交班人员要向接班人员说清楚，接班人员根据自己检查的情况和交班人员的交代，做好工作中可能发生问题及应急处置措施的预想。

班中检查包括岗位作业人员在工作过程中的安全检查，以及生产经营单位领导、安全生产管理部门和车间班组的领导或安全监督人员对作业情况的巡视或抽查等。

特殊检查是针对设备、系统存在的异常情况，所采取的加强监视运行的措施。一般来讲，措施由工程技术人员制定，岗位作业人员执行。

交接班检查和班中岗位的自行检查，一般应制定检查路线、检查项目、检查标准，并

162

设置专用的检查记录本。

岗位经常性检查发现的问题记录在记录本上，并及时通过信息系统和电话逐级上报。一般来讲，对危及人身和设备安全的情况，岗位作业人员应根据操作规程、应急处置措施的规定，及时采取紧急处置措施，不需请示，处置后则立即汇报。有些生产经营单位如化工单位等习惯做法是，岗位作业人员发现危及人身、设备安全的情况，只需紧急报告，而不要求就地处置。

7.1.3　季节性及节假日前后安全生产检查

季节性及节假日前后安全生产检查是指由生产经营单位统一组织，检查内容和范围则根据季节变化，按事故发生的规律对易发的潜在危险，突出重点进行检查，如冬季防冻保温、防火、防煤气中毒，夏季防暑降温、防汛、防雷电等检查。

由于节假日（特别是重大节日，如元旦、春节、劳动节、国庆节）前后容易发生事故，因而应在节假日前后进行有针对性的安全检查。

7.1.4　专业（项）安全生产检查

专业（项）安全生产检查是对某个专业（项）问题或在施工（生产）中存在的普遍性安全问题进行的单项定性或定量检查。

如对危险性较大的在用设备、设施，作业场所环境条件的管理性或监督性定量检测检验则属专业（项）安全检查。专业（项）检查具有较强的针对性和专业要求，用于检查难度较大的项目。通过检查，发现潜在问题，研究整改对策，及时消除隐患，进行技术改造。

专业安全生产检查内容包括对物料提升机、脚手架、施工用电、塔吊、压力容器、登高设施等的安全生产问题和普遍性安全问题进行单项专业检查。这类检查专业性强，也可以结合单项评比进行，参加专业安全生产检查组的人员应由技术负责人、安全管理小组、职能部门人员、专职安全员、专业技术人员、专项作业负责人组成。

7.1.5　综合性安全生产检查

综合性安全生产检查一般是由上级主管部门或地方政府负有安全生产监督管理职责的部门，组织对生产单位进行的安全检查。

7.1.6　职工代表不定期对安全生产的巡查

根据《工会法》及《安全生产法》的有关规定，生产经营单位的工会应定期或不定期组织职工代表进行安全检查。重点查国家安全生产方针、法规的贯彻执行情况，各级人员安全生产责任制和规章制度的落实情况，从业人员安全生产权利的保障情况，生产现场的安全状况。

7.2　安全检查的内容

安全检查的内容包括软件系统和硬件系统，具体主要是查思想、查管理、查隐患、查整改、查事故处理。

安全检查对象的确定应本着突出重点的原则，对于危险性大、易发事故、事故危害大的生产系统、部位、装置、设备等应加强检查。一般应重点检查：易造成重大损失的易燃易爆危险物品、剧毒品、锅炉、压力容器、起重设备、运输设备、冶炼设备、电气设备、冲压机械、高处作业和本企业易发生工伤、火灾、爆炸等事故的设备、工种、场所及其作业人员；造成职业中毒或职业病的尘毒点及其作业人员；直接管理重要危险点和有害点的部门及其负责人。

目前，对非矿山企业，国家有关规定要求强制性检查的项目有：锅炉、压力容器、压力管道、高压医用氧舱、起重机、电梯、自动扶梯、施工升降机、简易升降机、防爆电器、厂内机动车辆、客运索道、游艺机及游乐设施等；作业场所的粉尘、噪声、振动、辐射、高温低温、有毒物质的浓度等。对矿山企业要求强制性检查的项目有：矿井风量、风质、风速及井下温度、湿度、噪声；瓦斯、粉尘；矿山放射性物质及其他有毒有害物质；露天矿山边坡；尾矿坝；提升、运输、装载、通风、排水、瓦斯抽放、压缩空气和起重设备；各种防爆电器、电器安全保护装置；矿灯、钢丝绳等；瓦斯、粉尘及其他有毒有害物质检测仪器、仪表；自救器；救护设备；安全帽；防尘口罩或面罩；防护服、防护鞋；防噪声耳塞、耳罩。

（1）查各施工单位安全生产责任制制订及落实情况。

（2）各施工单位项目经理部是否定期（至少每月一次的）组织内部的安全检查、召开内部安全工作会议。

（3）各施工单位内部安全检查的记录是否齐全、有效。

（4）查各施工单位安全文明施工责任区域管理情况：

1）各施工单位的施工区域是否进行了封闭管理。

2）各施工单位的施工区域是否进行了标识（责任人、危险源、控制措施）。

3）各施工单位的施工区域的电源箱是否按行业安全标准进行配置。

4）各施工单位的施工区域的安全标志牌挂设是否充足并符合要求，是否存在损坏，未及时维护的现象。

5）查各施工单位的施工区域存在的事故隐患、违章违规，查安全设施的完善、文明施工情况。

6）各施工单位施工区域的各种防护栏杆、水平拉索、安全网（密目网）孔洞盖板等防护设施的设置是否齐全有效，是否符合要求"有边就有栏、有孔就有盖"。

7）各施工单位的施工区域的文明施工情况是否按照 DEC/MC 下发的《文明施工管理办法》进行。

（5）各施工单位各种使用中和库存的工器具是否经过检验并标识。

（6）各施工单位各种使用中的中小型机械是否定期进行了检查，对发现的问题是否进行整改，记录是否齐全。

（7）各施工区域作业人员是否按规程要求正确施工，是否按要求正确使用个人安全防护品。

（8）随机抽查各施工单位所属施工人员是否进行入场教育。

（9）查各施工项目在施工前是否编制了安全技术措施（WPP）。

（10）查作业前是否进行全员交底。

（11）查各施工单位所属作业人员对作业内容是否了解哪些危险源和如何进行预防。

（12）查各施工作业过程中，各施工单位是否按交底内容和安全技术措施的要求进行。

（13）各类废弃物是否分类，处理是否符合当地法规要求。污水处理是否符合当地法规要求。是否制定并执行防污染措施。

7.3 安全检查的方法

7.3.1 常规检查

常规检查是常见的一种检查方法。通常是由安全管理人员作为检查工作的主体，到作业场所的现场，通过感观或辅助一定的简单工具、仪表等，对作业人员的行为、作业场所的环境条件、生产设备设施等进行的定性检查。安全检查人员通过这一手段，及时发现现场存在的安全隐患并采取措施予以消除，纠正施工人员的不安全行为。常规检查完全依靠安全检查人员的经验和能力，检查的结果直接受安全检查人员个人素质的影响。因此，对安全检查人员个人素质的要求较高。

7.3.2 安全检查表法

为使检查工作更加规范，将个人的行为对检查结果的影响减少到最小，常采用安全检查表法。

安全检查表（SCL）是事先把系统加以剖析，列出各层次的不安全因素，确定检查项目，并把检查项目按系统的组成顺序编制成表，以便进行检查或评审，这种表就叫做安全检查表。安全检查表是进行安全检查，发现和查明各种危险和隐患，监督各项安全规章制度的实施，及时发现事故隐患并制止违章行为的一个有力工具。

安全检查表应列举需查明的所有可能会导致事故的不安全因素。每个检查表均需注明检查时间、检查者、直接负责人等，以便分清责任。安全检查表的设计应做到系统、全面，检查项目应明确。

编制安全检查表的主要依据：

（1）有关标准、规程、规范及规定。

（2）国内外事故案例及本单位在安全管理及生产中的有关经验。

（3）通过系统分析，确定的危险部位及防范措施都是安全检查表的内容。

（4）新知识、新成果、新方法、新技术、新法规和新标准。

7.3.3 仪器检查及数据分析法

机器、设备内部的缺陷及作业环境条件的真实信息或定量数据，只能通过仪器检查法来进行定量化的检验与测量，才能发现安全隐患，从而为后续整改提供信息。因此，必要时需要实施仪器检查。由于被检查的对象不同，检查所用的仪器和手段也不同。

安全检查的方法

（1）"看"：主要查看管理记录、持证上岗、现场标识、交接验收资料、"三宝"使用情况、"洞口"、"临边"防护情况、设备防护装置等。

（2）"量"：主要是用尺实测实量。例如：脚手架各种杆件间距、塔吊道轨距离、电气开关箱安装高度、在建工程邻近高压线距离等。

（3）"测"：用仪器、仪表实地进行测量。例如：用水平仪测量道轨纵、横向倾斜度，测接地电阻等。

（4）"现场操作"：由司机对各种限位装置进行实际动作，检验其灵敏程度。例如：塔吊的力矩限制器、行走限位，龙门架的超高限位装置，翻斗车制动装置等等。

总之，能测量的数据或操作试验，不能用估计、步量或"差不多"等来代替，要尽量采用定量方法检查。

7.4 安全检查的工作程序

7.4.1 安全检查准备

（1）确定检查的对象、目的及任务；

（2）查阅、掌握有关法规、标准及规程的要求；

（3）了解检查对象的工艺流程、生产情况、可能出现危险及危害的情况；

（4）制定检查计划，安排检查内容、方法及步骤；

（5）编写安全检查表或检查提纲；

（6）准备必要的检测工具、仪器、书写表格或记录本；

（7）挑选和训练检查人员并进行必要的分工等。

7.4.2 实施安全检查

（1）安全检查的主要内容

1）查责任。查实体单位各级安全生产责任制是否健全，特别是主要岗位、关键部位人员的责任清不清楚，工作程序及方法要领掌握与否。

2）制度落实。查安全生产制度有没有制定，内容全不全，符合不符合实际，各种记录规范与否，依据制度规定一项一项进行核实、一条一条严格检查。

3）查证照。从业人员有没有经过安全培训，是否持证上岗；特殊工种是否具有操作证，已有的操作证是否过期。

4）查现场。查生产场所秩序、工作环境是否符合劳动安全卫生环境标准；操作人员是否穿戴劳动防护用品，劳动防护用品是否符合国家标准，操作人员是否正确佩戴、正确使用；有没有不安全行为，有无违反操作规程、操作方法的人和事；生产岗位上有无迟到早退、脱岗、串岗、打盹睡觉现象；员工有无在工作时间干私活，做与生产、工作无关的事。

5）查设施设备。相关生产设施设备运转是否正常，仪器仪表是否显示正常值；安全设施设备是否配备，人员会不会操作。

6）查标识。查有没有设置安全警示牌及警示标志，从业人员是否知道相关要求，是否掌握自我保护知识。

7）查培训。查"三级"教育是否落实，有没有教育资料，内容是否合理，记录是否真实，效果是否突出。

8）查事故处理。对发生的事故是否按"四不放过"的原则进行处理。

（2）安全检查的主要方式

安全检查方式可通过访谈、查阅文件和记录、现场检查及仪器检测等渠道获取信息。

1）访谈。通过与有关人员谈话来了解相关部门、岗位执行规章制度的情况；

2）查阅文件和记录。检查设计文件、作业规程、安全措施、岗位责任制度及操作规程等是否齐全，是否有效；查阅相应记录，判断上述类别是否被执行；

3）现场检查。到作业现场寻找不安全因素、事故隐患及事故征兆等；

4）仪器检测。利用一定的检测、检验仪器设备，对在用的设施、设备、器材状况及作业环境条件等进行测量，以发现隐患（如采用欧姆表测量接地电阻，判断是否合格等）。

（3）通过分析做出判断

掌握情况（获得信息）之后，就要进行分析，判断和检验。可凭经验、技能进行分析、判断，必要时可通过仪器检验得出正确结论。

（4）及时做出决定进行处理

做出判断后，应针对存在的问题做出采取措施的决定，即下达《安全检查隐患整改通知书》，包括整改意见、整改时间、落实责任人及整改情况的反馈时间。

（5）整改落实

通过复查整改落实情况，获得整改效果的信息，以实现安全检查工作的成效。

7.5　检查发现问题的整改与落实

针对以上检查出的问题，在下步工作中，我们要强化措施，督促企业按时整改，按期复查，跟踪整治，确保整改到位。

（1）加强领导、树立安全生产意识。要强化措施，认真落实安全生产责任制，要把安全生产工作纳入重要日程，一把手要亲自抓。要加大安全生产工作力度，认真贯彻落实"安全第一、预防为主"的方针，坚持谁主管谁负责的原则，把安全生产工作责任制层层落实，切实做到抓实、抓细。特别是停产、半停产企业及安全防火重点单位，要严格按照有关规定做好安全生产和安全防火工作。项目部要重视安全管理机构建设工作，现场技术、安全人员的配备到位，每个工区内都配备了工区长、工区总工、安全质量部、工程部等重要的人员及部门，施工现场每个工点都有现场技术人员及专职安全员全程旁站监督，并全部对各人员签订了安全管理终端责任状，明确各管理人员的职责，确保现场施工安全质量可控。

（2）遵章守法，建立健全安全生产规章制度。对安全生产工作的要求，把安全生产工作规章制度、岗位操作规程，组织机构建立健全，真正做到有章可循，有法可依，组织落实，制度落实，措施落实。同时，要抓好安全生产的宣传教育培训工作，增强领导和农民工的安全生产意识和法制观念。安全生产管理制度要完善、安全防护设施要齐全，安全施工管理要有详细的制度，现场管理人员对施工队交底要有针对性。对施工管理人员和施工人员进行了详细的安全技术交底，并对相关责任人签订了责任状，对施工队施工过程中要注意的事项逐一制定了措施。及时制定应急预案编制，并定期进行演练。建立健全隐患排查治理和安全日常监管的长效机制。

（3）经常检查，认真排查隐患整改隐患。我们对安全生产的检查工作要做到经常化、制度化、规范化，在工作中主要体现一个"勤"字上。要勤过问、勤督促、勤检查。对检查中提出的安全隐患问题要督促企业加快整改，把隐患消灭在萌芽中，减少安全生产事故的发生。重大危险源点要清楚并加以控制，项目部每月定期大检查每周班组小检查，定期报通报各工区各工点的隐患排查治理和重大危险源监控情况，并是否及时进行了整改。对特种作业人员要求100％持证上岗。部特种设备必须进行安全性能检查，对不能满足安全性能杆件进行拆换处理，但现场特种设备保养正常。

（4）严明纪律，严肃责任追究。要做好安全生产事故防范工作，杜绝各类事故的发生。一旦发生事故，要认真执行事故报告制度，要逐级及时上报，对发生安全生产事故的单位要按照"四不放过"的原则，严肃追究企业主要负责人和相关责任人的责任，确保国家和人民生命财产安全。对不及时整改的单位或个人要有处罚措施。

第 8 章　编制事故应急救援预案

8.1　编制安全事故应急救援预案有关应急响应程序的内容

8.1.1　接警与响应级别确定

（1）接警是指接到 110 指挥中心指令或群众报警。

（2）接到事故报警后，按照工作程序，现场应急指挥对警情做出判断，初步确定相应的响应级别。如果事故不足以启动应急救援体系的最低响应级别，响应关闭。

（3）安全事故分级：

根据突发安全事故的危害程度、影响范围、公司控制事故能力、应急物资状况，将突发安全事故分为五个不同等级：

1）一级：特在安全事故。

2）二级：重大安全事故。

3）三级：较大安全事故。

4）四级：一般安全事故。

5）五级：轻微安全事故。

对于不同级别的安全事故，进行不同应急救援响应，制定不同的应急措施，并采取不同级别的汇报工作。

根据的实际情况，预案一级事故、二级事故、三级事故、四级事故为主，五级事故造成的人员伤亡和财产损失程度较轻，可由内部进行临时应急。

8.1.2　应急启动

应急响应级别确定后，按所确定的响应级别启动应急程序，安全部门通知各应急小组有关人员到位，开通信息与通信网络，调配救援所需的应急资源（包括应急队伍和物资、装备等）、成立现场指挥部，领导对伤员进行慰问。

（1）应急处理原则：

1）项目工地发生安全事故时，抢救受伤人员是第一位的任务，现场指挥人员要冷静沉着地对事故和周围环境做出判断，并有效地指挥所有人员在第一时间内积极抢救伤员，安定人心，消除人员恐惧心理。

2）事故发生地要快速地采取一切措施防止事故蔓延和二次事故发生。

3）要按照不同的事故类型，采取不同的抢救方法，针对事故的性质，迅速作出判断，切断危险源头再进行积极抢救。

4）事故发生后，要尽最大努力保护好事故现场，使事故现场处于原始状态，为以后查找原因提供依据，这是现场应急处置的所有人员必须明白并严格遵守的重要原则。

5）发生事故单位要严格按照事故的性质及严重程度，遵循事故报告原则，用快速方法向有关部门报告。

（2）应急工作原则：坚持"以人为本、科学组织、统一管理、分工负责、自救为主"的原则，在事故发生后，按照"科学组织，快速有效"的原则，协调各方面救援力量，快速开展各项救援工作，及时抢救和疏散人员，控制事故发展，保证职工安全健康和公众生命安全，消除险情，把事故损失降到最低限度。

8.1.3　救援行动

有关应急小组进入事故现场后，迅速开展事故侦测、警戒、疏散、人员救助、人数清点、工程抢修等有关应急救援工作，专家组为救援决策提供建议和技术支持。当事态超出响应级别无法得到有效控制时，向园区应急中心请求实施更高级别的应急响应。

救援，指的是在应急的过程中怎样去采取救援行动来保证人员的安全，减少事故损失。以优先保护从业人员健康安全、防止和控制事故蔓延、保护环境为原则，采用预防为主、常备不懈、统一指挥、高效协调的方针，并持续改进。

8.1.4　应急恢复

救援行动结束后，进入临时应急恢复阶段。该阶段包括现场清理、人员清点和撤离，警戒解除，善后处理和事故调查等。

8.1.5　应急结束

执行应急关闭程序，由事故总指挥宣布应急结束。

8.1.6　针对多发性安全事故制定相应的应急救援措施

应急响应经理部领导或其他部门人员接到事故报告后开始启动响应程序，立即通知救援领导小组相关人员在第一时间赶到事故现场，果断、正确、迅速确定防护方案和抢救方案，按照应急预案分工，各司其职，立即实施。由现场领导统一指挥、调度、协调，保证快速、有序、高效地实施抢险和防护，将事故损失降到最低限度。物资储备由机物部×××负责储备一定数量的钢管脚手架、模型板、支撑用料、防火、防水、防毒器材、抽水机、水泥、木材（圆木和方木）、风机、风管（高压、低压）、扣件和绑扎铁丝及绳索塑料布、担架、医用氧气等常用物资。

机械设备起重机械、挖装推运机械或车辆由××负责隧道洞口，××负责路基，根据现场需要随时调动，起重机械若向外单位租用，至少联系两家以上单位以确保随时使用需要。

抢险队伍根据需要在经理部各作业队内征调，由经理部领导或工程部负责征调。

抢险方案由经理部领导、工程部、安质部现场实际情况制定，本处仅指事故现场的保护和安全防护方案及被困人员安全、快速、有效的营救方案。

1）发生塌方及物体坠落打击事故，现场第一负责人在得知情况后立即下令事故和紧急情况现场停止施工，作业人员全部撤出，同时清点施工人数，确认是否有人员伤亡或封堵在坍体内，坍方及物体坠落是否稳定，并派专人封锁现场，树立安全警示标志牌，防止无关人员盲目进入危险区域。

2）当有人员伤亡，严重的、不能确定是否有呼吸和心跳的，要先探其呼吸情况，再查看其心跳，不能盲目进行救治，应第一时间讲伤员运送至平坦场地，身体平躺，第一时间报告医务人员伤员生理特征，以便专业医务人员能充分准备进行及时救治。在完成第一时间紧急救护后，伤员要立即组织车辆送最近医院救护治疗。

3）当塌方及物体坠落量大、没有稳定、救援人员有较大危险时，应先详细了解塌方范围、形状、塌穴的地质构造，了解塌方及物体坠落发生的原因，避免盲目抢救扩大事故。

4）组织有施工经验的人员组成抢险队，开展抢险救援工作。后勤救援物资供应小组应立即组织相应的抢险救援物资，确保救援工作的顺利进行。

5）在实施救援方案时，应随时注意观察周围岩层松动位移和高空物体的稳定情况，防止再次发生塌方及物体坠落，必要时可先排除险情然后施救。发现异常情况，要通知施救人员立即撤出危险区域。

6）指定专人负责事故现场的清理，避免扩大事故损失。现场恢复工作结束后，由现场救援负责人宣布应急结束，撤离应急人员，恢复正常状态的生产，进行事故调查及后果评价。

8.2　多发性安全事故应急救援预案

8.2.1　高处坠落事故的预防及其应急救援预案

建筑行业施工过程中，高处作业的机会比较多，经常在四边临空的高处进行作业，施工条件差，危险因素多。多年来，高坠伤亡事故占全部事故的比例较高，达40%，这种事故对社会影响较大，要作为全建筑行业的问题抓紧工作。避免发生高处坠落事故，必须加强监控管理。对职工进行预防高处坠落的技术知识教育，使他们熟悉操作时必须使用的工具和防护用具。同时，在技术上采取有效的防护措施。

（1）防止高处坠落事故的基本安全要求

以预防坠落事故为目标，对于恐怕发生坠落事故等事故的特定危险施工，在施工前，制订防范措施，并应在日常安全检查中加以确认。

1）凡身体不适合从事高处作业的人员不得从事高处作业。从事高处作业的人员要按规定进行体检和定期体检。

2）严禁穿硬底的易滑鞋和高跟鞋。

3）作业人员严禁互相打闹，以免失足发生坠落危险。

4）不得攀爬脚手架及跨越阳台。

5）进行悬空作业时，应有牢靠的立足点并正确系挂安全带。

6）尚未砌砖封闭的框架工程楼层周边，屋面周边，尚未安装栏杆的阳台边、楼梯口，井架、人货梯与建筑物通道、跑道（斜道）两侧，卸料平台外侧边、基坑周边等，必须设置1.2m高且能受任何方向的1000N外力的临时护栏，护栏围密目式（2000目）式安全网。

7）建筑物周边与外脚手架之间，从首层开始张挂一道安全平网，以后每隔10m张挂一道安全平网。脚手架外侧全部用密目式（2000目）安全网封闭。电梯井内每隔两层或每隔10m张挂一道安全平网。所有操作层均张挂一道安全平网。

8）边长大于250mm的边长预留洞口采用贯穿于混凝土板内的钢筋构成防护网，面用木板作盖板加砂浆封固：边长大于1500mm的洞口，四周设置防护栏杆并围密目式（2000目）安全网，洞口下张挂安全平网。

9）电梯口（包括垃圾口）、施工用人货梯口、钢井架口必须设置规范化、标准化的层间闸（栅）门。

10）各种架子搭好后，项目经理必须组织架子工和使用的班组共同检查验收，验收合格后，方准上架操作。使用时，特别是台风暴雨后，要检查架子是否稳固，发现问题及时加固，确保使用安全。

11）施工使用的临时梯子要牢固，踏步300～400mm，与地面角度成60°～70°，梯脚要有防滑措施，预端捆扎牢固或设专人扶梯。

（2）发生高处坠落事故应急预案

当发生高处坠落事故后，抢救的重点放在对休克、骨折和出血上进行处理。

1）发生高处坠落事故，应马上组织抢救伤者，首先观察伤者的受伤情况、部位、伤害性质，如伤员发生休克，应先处理休克。遇呼吸、心跳停止者，应立即进行人工呼吸，胸外心脏按压。处于休克状态的伤员要让其安静、保暖、平卧、少动，并将下肢抬高约20°左右，尽快送医院进行抢救治疗。

2）出现颅脑损伤，必须维持呼吸通畅。昏迷者应平卧，面部转向一侧，以防舌根下坠或分泌物、呕吐物吸入，发生喉阻塞。有骨折者，应初步固定后再搬运。遇有凹陷骨折、严重的颅底骨折及严重的脑损伤症状出现，创伤处用消毒的纱布或清洁布等覆盖伤口，用绷带或布条包扎后，及时送就近有条件的医院治疗。

3）发现脊椎受伤者，创伤处用消毒的纱布或清洁布等覆盖伤口，用绷带或布条包扎后。搬运时，将伤者平卧放在帆布担架或硬板上，以免受的脊椎移位、断裂造成截瘫，招致死亡。抢救脊椎受伤者，搬运过程，严禁只抬伤者的两肩与两腿或单肩背运。

4）发现伤者手足骨折，不要盲目搬运伤者。应在骨折部位用夹板把受伤位置临时固定，使断端不再移位或刺伤肌肉，神经或血管。固定方法：以固定骨折处上下关节为原则，可就地取材，用木板、竹头号等，在无材料的情况下，上肢可固定在身侧，下肢与腱侧下肢缚在一起。

5）遇有创伤性出血的伤员，应迅速包扎止血，使伤员保持在头低脚高的卧位，并注意保暖。正确的现场止血处理措施。

① 一般伤口小的止血法：先用生理盐水（0.9%NaCl溶液）冲洗伤口，涂上红汞水，然后盖上消毒纱布，用绷带；较紧地包扎。

② 加压包扎止血法：用纱布、棉花等做成软垫，放在伤口上再加包扎，来增强压力而达到止血。

③ 止血带止血法：选择弹性好的橡皮管、橡皮带或三角巾、毛巾、带状布条等，上肢出血结扎在上臂上1/2处（靠近心脏位置），下肢出血结扎在大腿上1/3处（靠近心脏

位置）。结扎时，在止血带与皮肤之间垫上消毒纱布棉垫。每隔 25～40 分钟放松一次，每次放松 0.5 分钟。

④ 动用最快的交通工具或其他措施，及时把伤者送往邻近医院抢救，运送途中应尽量减少颠簸。同时，密切注意伤者的呼吸、脉搏、血压及伤口的情况。

8.2.2　物体打击事故的预防及其应急救援方案

物体打击伤害是建筑行业常见事故中四大伤害的其中一种，特别在施工周期短、劳动力、施工机具、物料投入较多，交叉作业时常有出现。这就要求在高处作业的人员对机械运行、物料传接、工具的存放过程中，都必须确保安全，防止物体坠落伤人的事故发生。

（1）物体打击事故基本安全要求：

1）人员进入施工现场必须按规定佩戴好安全帽。应在规定的安全通道内出入和上落，不得在非规定通道位置行走。

2）安全通道上方应搭设双层防护棚，防护棚使用的材料要能防止高空坠落物穿透。

3）临时设施的盖顶不得使用石棉瓦作盖顶。

4）边长小于或等于 250mm 的预留洞口必须用坚实的盖板封闭，用砂浆固定。

5）作业过程一般常用工具必须放在工具袋内，物料传递不准往下或向上乱抛材料和工具等物件。所有物料应堆放平稳，不得放在临边及洞口附近，并不可妨碍通行。

6）高空安装起重设备或垂直运输机具，要注意零部件落下伤人。

7）吊运一切物料都必须由持有司索工上岗证人员进行指挥，散料应用吊篮装置好后才能起吊。

8）拆除或拆卸作业要在设置警戒区域、有人监护的条件下进行。

9）高处拆除作业时，对拆卸下的物料、建筑垃圾要及时清理和运走，不得在走道上任意乱放或向下丢弃。

（2）发生物体打击应急措施：

当发生物体打击事故后，抢救的重点放在颅脑损伤、胸部骨折和出血上进行处理。

1）发生的物体打击事故，应马上组织抢救伤者，首先观察伤者的受伤情况、部位、伤害性质，如伤员发生休克，应先处理休克。遇呼吸、心跳停止者，应立即进行人工呼吸、胸外心脏按压。处于休克状态的伤员要让其安静、保暖、平卧、少动，并将下肢抬高约 20°，尽快送医院进行抢救治疗。

2）出现颅脑损伤，必须维持呼吸道通畅。昏迷者应平卧，面部转向一侧，以防舌根下坠或分泌物、呕吐物吸入，发生喉阻塞。有骨折者，应初步固定后再搬运。遇有凹陷骨折、严重的颅底骨折及严重的脑损伤症状出现，创伤处用消毒的纱布或清洁布等覆盖伤口，用绷带或布条包扎后，及时送就近有条件的医院治疗。

8.2.3　触电事故的预防及其应急救援预案

触电事故和其他事故比较，其特点是事故的预兆性不直观、不明显，而事故的危害性非常大。当流经人体电流小于 10mA 时，人体不会产生危险的病理效应，但当流经人体电流大于 10mA 时，人体将会产生危险的病理效应，并随着电流增大、时间的增长将会产生主室纤维性颤动，乃至人体窒息（"假死"状态）在瞬间或在 3min 内就会夺去人的生命，因此在保护设施不完整的情况下，人体触电伤害事故是极易发生的。所以施工中必须做好预防工作，发生触电事故要正确的处理抢救伤者。

（1）防止触电伤害的基本要求：根据安全用电"装得安全，拆的彻底，用得正确，修得及时"的基本要求，为防止发生触电事故，在日常施工（生产）用电中在严格执行有关用电安全要求。

（2）防止触电伤害的基本安全要求：

根据安全用电"装得安全，用得正确，修得及时"的基本要求，为防止发生触电事故，在日常生产用电中要严格执行有关用电的安全要求。

1）用电应制定独立的生产组织设计，并经企业技术负责人审批，盖有企业的法人公章。必须按施工组织设计进行敷设，竣工后交验收手续。

2）一切线路设置必须按技术规程进行，按规范保持安全距离，距离不足时，应采取有效措施进行隔离防护。

3）非电工严禁接拆电气线路、插头、插座、电气设备、电灯等。

4）根据不同的环境，正确选用相应额定值的安全电压作为供电电压。带电体之间、带电体与地面之间、带电体与其他设施之间、工作人员与带电体之间必须保持足够的安全距离，距离不足时，应采取有效的措施隔离防护。

5）在有触电危险的处所或容易产生误判断、误操作的地方，以及存在不安全因素的现场，设置醒目的文字或图形标志，提醒人们识别、警惕危险因素。

6）采取适当的绝缘防护措施将带电导体封护或隔离起来，使电气设备及线路能正常工作，防止人身触电。

7）采用适当的保护接地措施，将电气装置中平时不带电，但可能因绝缘损坏而带上危险的对地电压的外露导电部分（设备的金属外壳或金属结构）与大地作电气连接，减轻触电的危险。

（3）发生触电事故的应急措施：

触电急救的要点是动作迅速，救护得法，切不可惊慌失措，束手无策。要贯彻"迅速、就地、正确、坚持"的触电急救八字方针。发现有人触电，首先要尽快使触电者脱离电源，然后根据触电者的具体症状进行对症施救。

（4）脱离电源的基本方法有：

1）将出事附近电源开关闸刀拉掉，或将电源插头拔掉，以切断电源。

2）用干燥的绝缘木棒、竹竿、布带等物将电源线从触电者身上拔离或者将触电者拔离电源。

3）必要时可用绝缘工具（如带有绝缘柄的电工钳、木柄斧头以及锄头）切断电源线。

4）救护人可戴上手套或在手上包缠干燥的衣服、围巾、帽子等绝缘物品拖拽触电者，使之脱离电源。

5）如果触电者由于痉挛手指导线缠绕身上，救护人先用干燥的木板塞进触电者的身下使其与地绝缘来隔断入地电流，然后再采取其他办法把电源切断。

6）如果触电者触及断路地上的带电高压导线，且尚未确证线路无电之前，救护人员不得短路地点8～10m的范围内，以防止跨步电压触电。进入该范围的救护人员应穿上绝缘靴或临时双脚并拢跳跃地接近触电者。触电者脱离带电导线后，应迅速将其带至8～

10m 以外立即开始触电急救，只有在确证线路已经无电，才可在触电者离开触电导线后就地急救。

（5）在使触电者脱离电源时应注意的事项：

1）未采取绝缘措施前，救护人不得直接触及触电者皮肤和潮湿的衣服。

2）严禁救护人直接用手推、拉和触摸触电者，救护人不得采用金属或其他绝缘性能差的物体（如潮湿木棒、布带等）作为救护工具。

3）在拉拽触电者脱离电源的过程中，救护人宜用单手操作，这样对救护人比较安全。

4）当触电者位于高位时，应采取措施预防触电者在脱离电源后坠地摔伤或摔死（电击二次伤害）。

5）夜间发生触电事故时，应考虑切断电源后的临时照明问题，以利救护。

6）触电者未失去知觉的救护措施：应让触电者在比较干燥、通风暖和的地方静卧休息，并派人严密观察，同时请医生前来或送往医院诊治。

7）触电者已失去知觉但尚有心跳和呼吸的抢救措施：应使其舒适地平卧着，解开衣服以利呼吸，四周不要围人，保持空气流通，冷天应注意保暖，同时立即请医生前来或送医院诊治。若发现触电者呼吸困难或心跳失常，应立即施工呼吸及胸外心脏按压。

8）对"假死"者的急救措施：当判断触电者呼吸和心跳停止时，应立即按心脏复苏法的抢救。方法如下：

① 通畅气道。第一，清除口中异物。使触电者仰面躺在平硬的地方迅速解开其领扣、围巾、紧身衣和裤带。如发现触电者口内有食物、假牙、血块等异物，可将其身体及头部同时侧转，迅速用一只手指或两只手指交叉从口角处插入，从口中取出异物，操作中注意防止将异物推到咽喉深处。第二，采用仰头抬颏法畅通气道。操作时，救护人用一只手放在触电者前额，另一只手的手指将其颏颌骨向上抬起，两手协同将头部推向后仰，舌根自然随之抬起、气道即可畅通。为使触电者头部后仰，可于其颈部下方垫适量厚度物品，但严禁用枕头或其他物品垫下触电者头下。

② 口对口（鼻）人工呼吸。使病人仰卧，松懈衣扣和腰带，清除伤者口腔内痰液、呕吐物、血块、泥土等，保持呼吸道畅通。救护人员一手将伤者下颌托起，使其头尽量后仰，另一只手捏住伤者的鼻孔，深吸一口气，对住伤者口用力吹气，然后立即离开伤者口，同时松开捏鼻孔的手。吹气力量要适中，次数以每分钟以 16~18 次为宜。

③ 胸外心脏按压：将伤者仰卧在地上或硬板床上，救护人员跪或站于伤者一侧，面对伤者，将右手掌置于伤者胸骨下段及剑突部，左手置于右手之上，以上身的重量用力把胸骨下段向后压向脊柱，随后将手腕放松，每分钟挤压 60~80 次。再进行胸外心脏按压时，宜将伤者头入低以利静脉血回流，若伤者同时伴有呼吸停止，在进行胸外心脏按压时，还应进行人工呼吸，一般做四次胸外心脏按压，做一次人工呼吸。

8.2.4 中暑事故的预防及其应急救援预案

夏季施工气候炎热，建筑工人普遍在露天和高处作业，劳动强度大，时间长，随时都有发生中暑事故的可能。因此，加强夏季的防暑降温工作是保护职工身体健康，保证完成生产任务的一项重要措施。

（1）预防中暑事故基本安全要求

175

采取综合的措施，切实预防中暑事故的发生，从技术、保健、组织等多方面去做好防暑降温工作。

1）组织措施

加强防暑降温工作的领导，在入暑以前，制订防暑降温计划和落实具体措施。

① 要加强对全体职工防暑降温知识教育，增加自防中暑和工伤事故的能力。注意保持充足的睡眠时间。

② 应根据本地气温情况，适当调整作息时间，利用早晨、傍晚气温较低时工作，延长休息时间等办法，减少阳光辐射热，以防中暑。还可根据施工工艺合理调整劳动组织，缩短一次性作业时间，增加施工过程中的轮换休息。

③ 贯彻《劳动法》，控制加班加点，加强工人集体宿舍管理；切实做到劳逸结合，保证工人吃好、睡好、休息好。

2）技术措施

① 进行技术革新，改革工艺和设备，尽量采用机械化、自动化，减轻建筑业劳动强度。

② 在工人较集中的露天作业施工现场中设置休息室，室内通风良好，室温不超过30℃；工地露天作业较为固定时，也可采用活动幕布或凉棚，减少阳光辐射。

③ 在车间内操作时，应尽量利用自然通风天窗排气，侧窗进气，也可采用机械通风措施，向高温作业点输送凉风，或抽走热风，降低车间气温。

3）卫生保健措施

① 入暑前组织医务人员对从事高温和高处作业的人员进行一次健康检查。凡患持久性高血压、贫血、肺气肿、肾脏病、心血管系统和中枢神经系统疾病者，一般不宜从事高温和高处作业工作。

② 对露天和高温作业者，应供给足够的符合卫生标准的饮料；供给含盐浓度 0.1%～0.3% 的清凉饮料。暑期还可供给工人绿豆汤、茶水，但切忌暴饮，每次最好不超过 300mL。

③ 加强个人防护。一般宜选用浅蓝色或灰色的工作服，颜色越浅阻率越大。对辐射强度大的工种应供给白色工作服，并根据作业需要佩戴好各种防护用具。露天作业应戴白色安全帽，防止阳光暴晒。

（2）发生中暑的表现及其应急预案

1）中暑症状的表现

① 先兆中暑。其症状为：在高温环境中劳动一段时间后，出现大量流汗、口渴、身感到无力、注意力不能集中，动作不能协调等症状，一般情况此时体温正常或略有升高，但不会超过 37.5℃。

② 轻症中暑。其症状为：除有先兆中暑外，还可能出现头晕乏力、面色潮红、胸闷气短、皮肤灼热而干燥，还有可能出现呼吸循环系统衰竭的早期症状，如面色苍白、恶心、呕吐、血压下降、脉搏细弱而快、体温上升至 38.5℃ 以上。此时如不及时救护，就会发生热晕厥或热虚脱。

③ 重症中暑。一般是因为未及时适当处理出现的轻症中暑（病人），导致病情继续严重恶化，随着出现昏迷、痉挛或手脚抽搐。稍作观察会发现，此时中暑病人皮肤往往干燥

无汗，体温升至 40℃以上，若不赶紧抢救，很可能危及生命安全。

2）发生中暑事故的应急预案

① 发生中暑事故后，应立即将病人扶（抬）至通风良好且阴凉的地方，将病人的领扣松开，以利呼吸，同时给病人服下解暑药十滴水，采取适当的降温措施；

② 对重症中患者，除按上述条件施救外，还应对病人进行严密观察，并动用工地的交通工具或拦截出租车及时将病人送往就近有条件的医院进行治疗。

8.2.5 中毒事故的预防及其应急预案

中毒分为职业中毒和食物中毒。职业中毒是指劳动者在从事生产劳动的过程中，由于接触毒物及有毒有害气体（一氧化碳、硫化氢、甲烷、苯）含量超标造成缺氧而发生窒息及中毒现象。食物中毒是指由于人食用了含有毒有害物质的仪器而引起的急性、亚急性中毒现象　中毒事故在建筑工地中时有发生，特别是食物中毒，更容易造成群死群伤的严重后果。因此，必须提高劳动者对防止中毒的认识，加强宣传教育工作和预防措施的落实。

（1）预防职业中毒事故的基本要求

1）根除毒物。从生产工艺流程中消除有毒物质，用无毒或低毒物质代替有毒物质的最理想的防毒措施。

2）降低毒物浓度：

① 革新技术，改造工艺。尽量采用先进技术和工艺过程，避免开放式生产，消除毒物逸散的条件。有可能时采用遥控及至程序控制，最大限度地减少工人接触毒物的机会。采用新技术、新方法，亦可从根本上控制毒物的逸散。

② 通风排毒。安装通风装置时，首先要考虑在毒物逸出的局部就地排出，尽量缩小其扩散范围。最常用的是局部抽出式通风。在地下室和密闭房间内作业及储存油漆等有毒化学物品的仓库，都必须安装通风设备，保持新鲜空气流通。局部排毒装置的结构和样式，以尽量接近毒物逸出处，最大限度地阻止毒物扩散，而又不妨碍生产操作，便于检修为原则。经通风排出的废气，要加以净化回收，综合利用。当建筑物地下室外侧回填土方仅剩下后浇带部分而且正要进行该部分的防水施工时，必须定时监测防水材料可能产生的有毒气体的浓度，并采取适当的通风措施。

③ 建筑布局卫生。不同生产工序的布局，不仅要满足生产上的需要，而且要考虑卫生上的要求。有毒物逸散的作业，应设在单独的房间内；可能发生剧毒物质泄漏的生产设备隔离。使用容易积存或被吸附的毒物（如汞），或能发生有毒粉尘飞扬的工房，其内部装饰应符合卫生要求。

3）搞好个体防护和个人卫生。除普通工作服外，对某些作业工人还需供应特殊质地或式样的防护服装、防毒口罩和防毒面具。应设置盥洗设备、淋浴室及存衣室，配备个人专用更衣箱。接触危险性大的毒物，要有皮肤洗消和洗眼的设施。

4）增强体检。合理实施有毒作业保健待遇制度，因地制宜地开展体育活动，注意安排夜班工人的休息睡眠，做好季节性多发病的预防。

5）安全卫生管理。对于特殊作业，应制定有针对性的规章制度，及时调整劳动制度与劳动组织。

6）健康监护与环境监测：

① 实施就业前健康检查，排除有职业禁忌症者（心脏病、高血压、过敏性皮炎及有外伤者）参加接触毒物的作业。坚持定期健康检查，尽早发现工人健康受损情况并及时处理。

② 要定期监测作业场所空气中毒物的浓度。

③ 在人工挖孔桩施工中，当桩井深度超过 5m，每天下井作业前必须进行有毒气体检测，检测合格后才能下井；否则，应先排气，符合要求后才能下井。

④ 人工挖孔桩井下及地下室防水作业施工，操作人员与监护人员定好联络信号，此外应采取轮换作业方式。

（2）预防食物中毒事故的基本要求

1）应当有与产品品种、数量相适应的仪器原料处理、加工、储存等场所。门、窗、锁要牢固，钥匙要专人保管。

2）保持仪器加工场所内外环境整洁，采取消除苍蝇、老鼠、蟑螂和其他有害昆虫及其滋生条件的措施，与有毒、有害场所保持规定的距离。

3）应当有相应的消毒、更衣、盥洗、采光、照明、通风、防腐、防尘、防蝇、防鼠、洗涤、污水排放、存放垃圾和废弃物的设施。

4）设备布局和工艺流程应当规范，防止生食品与熟食品、原料与成口交叉污染，食品不得接触有毒物、不洁物、食品过夜要上锁封存。茶缸、饮水热水器必须上锁，钥匙由专人保管。

5）设置卫生消毒柜。盛放直接入口食品的容器，使用前必须洗净、消毒，其他用具用后必须洗净，保持清洁。

6）用水必须符合国家规定生活饮用水卫生标准。

7）卫生许可证要挂在显目处，从业人员每年进行健康检查，持有效合格的健康证上岗。食品生产人员应当经常保持个人卫生，穿戴清洁工作帽。非厨房工作人员不得擅自进入厨房。

8）生、熟食物要定点采购。

9）从市场上购回的蔬菜要先用清水洗净，浸泡约半小时后，用开水烫过才爆炒。

10）切菜的砧板、盛食物的容器要生熟分开，碗筷和洗碗布要经常消毒。

11）所有食品均应实行 24h 留样。

12）不进食含有毒素的食物，如河豚、发芽的土豆和发霉的米、面、花生、甘蔗、瓜菜等食物。

13）不要自行乱采摘、进食山上及野外的野生蘑菇。

14）不售卖、食用腐烂变质或过期的食品。隔餐的饭菜要加热煮透才食用。

15）不食用因病因毒死亡的禽、畜和已死亡的黄鳝、甲鱼、虾、蟹、贝类等水产品。

（3）发生中毒事故的应急措施

1）食物中毒的症状：表现为起病急骤，轻者恶心、呕吐、腹痛、腹泻、发热等现象；重者出现呼吸困难，抽搐、晕迷等症状，如不及时抢救，极易死亡。

2）食物中毒的特点：

① 突然爆发：在短期内（一般 2～24h）有多人发病，所有发病者与进食某种食品有明显的关系。如果停止食用引起食物中毒的食品，则发病迅速停止。

② 发病者多是在同一伙食单位进食同一种食品。进食量多的人，病情较重。

③ 细菌性食物中毒多发在夏、秋季节。误食毒蘑菇中毒多发在春、夏多雨及潮湿的季节。

3）一旦发生食物中毒，要立即报告当地卫生局和防疫站。中毒者应及时送医院治疗。在送医院前，如果发现中毒者口服的毒物并非强酸、强碱或其他腐蚀物，伤者又清醒合作，可即让其饮水2～3碗，至感饱满为度。随即用手刺激期咽部与舌根，引起迷走神经兴奋而发生呕吐，将毒物吐出。

4）当发生职业中毒事故时，首先必须切断毒物来源，立即使患者停止接触事物，对中毒地点进行送风输氧处理，然后派有经验的救护人员佩带防毒器具进入事故地点将患者移到空气流通处，使其呼吸新鲜空气和氧气，并对患者进行紧急抢救。

5）在切断毒物来源之前，严禁任何人未佩带防毒器具进入现场抢救。

6）抢救人工挖孔桩井下及地下室外壁下的中毒、窒息者时应用安全带系好其两腿根部及上体，避免影响其呼吸或触及受伤部位。

8.2.6 粉尘事故的预防及其应急预案

生产性粉尘是指在工农业生产中形成的，并能够长时间浮游在空气中的固体微粒。在生产和使用水泥的过程中，往往要接触大量水泥粉尘，如不注意防护，对人体是有害的。因此，不断改善劳动条件，保护职工的安全健康，做到安全生产、文明施工，是保证完成生产任务的一项重要措施，也是企业管理水平的一个重要标志。

（1）粉尘的分类：无机性粉尘。根据来源不同，可分为：金属性粉尘"例如铝、铁、锡、铅、锰等金属及化合物粉尘"；非金属的矿物粉尘"例如石英、石棉、滑石、煤等"；人工无机粉尘"例如水泥、玻璃纤维、金刚砂等"。

1）有机性粉尘。可分为：植物性粉尘和动物性粉尘。

2）合成材料粉尘。主要见塑料加工过程中。塑料的基本成分除高分子聚合物外，还含有填料、增塑料、稳定剂、色素及其他添加剂。

（2）接触机会：

在各种不同生产场所，可以接触到不同性质的粉尘。在建筑施工行业，主要接触的粉尘是游离二氧化硅、石英的混合粉尘，石灰石、黏土、火山泥、页岩及铁粉、煤炭、矿渣、石膏、砂子、硅藻土等。

（3）粉尘的危害：

1）根据不同的特性，粉尘可对机体引起各种损害。如可溶性有毒粉尘进入呼吸道后，能很快被吸入血液，引起中毒；放射性粉尘，则可造成放射性损伤；某些硬质粉尘可损伤角膜及结膜，引起角膜混浊和结膜炎等；粉尘堵塞皮脂腺和机械性刺激皮肤时，可引起粉刺、脓性皮肤皲裂等；粉尘进入外耳道混在皮脂中，可形成耳垢等。

2）粉尘对机体影响最大的是呼吸系统损害，包括上呼吸道炎症、肺炎（如锰尘）、肺肉芽肿（如铍尘土）、肺癌（如石棉尘、砷尘）、尘肺（如二氧化碳等尘）以及其他职业性肺部疾病等。

3）尘肺是由于在生产环境中长期吸入生产性粉尘而引起的肺弥漫性间质纤维性改变为主的疾病。它是职业性疾病中影响面最广、危害最严重的一类疾病。

（4）预防：

1）革：即积极通过深化工艺改革和技术革新，来大幅降低工作粉尘的产生，这是消除粉尘危害的根本途径。

2）水：即湿式作业，可防止粉尘飞扬，降低环境粉尘浓度。

3）风：加强通风及抽风措施，常在密闭、半密闭发生源的基础上，采用局部抽出式机械通风，将工作面的含尘空气抽出，并可同时采用局部送入式机械通风，将新鲜空气送入工作面。

4）密：将发生源密闭，对产生粉尘的设备，尽可能用罩密闭，并与排风结合，经除尘处理后再排入大气。

5）护：做好个人防护工作，对从事粉尘、有毒作业人员下班必须沐浴后，换上自己服装，以防将粉尘等带回家。

6）管：加强管理，对从事有粉尘作业人员，必须佩戴纱布口罩，如达不到目的，必须佩戴过滤式防尘口罩。从事苯、高锰作业人员，必须佩戴供氧式或送风式防毒面具。

7）查：定期检查环境空气中粉尘浓度进入接触者的定期体格检查，凡发现有不适宜某种有害作业的疾病患者，应及时调换工作岗位。

8）教：加强宣传教育，教育工人不得在有害作业场所内吸烟、吃食物，饭前班后必须洗手，严防有害物随着食物进入体内。加强卫生宣传教育，到有害作业场所，当天要搞好场内清洁卫生。

（5）卫生保健措施：各作业工种应按作业指导书及职业病防治要求，认真做好卫生保健措施。

8.2.7 发生坍塌事故的预防及其应急预案

坍塌是指事故基坑（槽）坍塌、基础坍塌、基础桩壁坍塌、模板支撑系统失稳坍塌及施工现场临时建筑倒塌等。

（1）防止坍塌事故的基本安全要求：

① 必须认真贯彻建设部"重申防止坍塌安全事故的若干规定"和"关于防止坍塌事故的紧急通知"精神，在项目事故中必须要求项目部针对工程特点编制事故组织设计，编制质量、安全技术措施，经项目办及驻地办审批后实施。

② 工程土方施工，必须要求项目部单独编制专项施工方案，编制安全技术措施，防止土方坍塌，尤其是制定防止毗邻建筑物的坍塌的安全技术措施。

a. 按土质放坡或护坡　施工中，要按土质的类别，较浅的基坑，要采取放坡的措施，对较深的基坑，要考虑采取护壁桩、锚杆等技术措施，必须有专业公司进行防护施工。

b. 降水处理　对工程标高低于地下水以下，首先要降低地下水位，对毗邻构造物必须采取有效的安全防护措施，并进行认真的观测。

c. 基坑边堆上要有安全距离，严禁在坑边堆放建筑材料，防止动荷载对土体的震动造成原土层内部颗粒结构发生变化。

d. 土方挖掘过程中，要加强监控。

e. 杜绝"三违"现象的发生。

③ 模板作业时，对模板支撑宜采用钢支撑材料作支撑立柱，不得使用严重锈蚀、变

形、断裂、脱焊、螺栓松动的钢支撑材料和竹材料作立柱、支撑立柱基础应牢固，并按设计计算严格控制模板支撑系统的沉降量、支撑立柱基础为泥土地面时，应采取排水措施，对地面平整、夯实，并满足支撑承载力要求的垫板后，方可用以支撑立柱。

(2) 发生坍塌事故的应急措施：

① 当事故现场的监理人员发现土方或建筑物有裂纹或发出异常声音时，应立即通知现场施工人员及应急救援领导小组，及时下令停止作业，同时协助现场施工负责人组织施工快速撤离到安全地点。

② 当土方或建筑物发生坍塌后，造成人员被埋、被压的情况下，应急救援小组全员上岗，除应立即逐级报告给主管部门外，应保护好现场，在确认不会再次发生同类事故的前提下，立即组织人员进行抢救伤员。

③ 当少部分土方坍塌时，现场抢救人预案要用铁锹进行挖掘，并注意不要伤及被埋人员；当构造物整体倒塌，造成特大事故时，上级应急救援领导小组同意领导和指挥，各有关部门协调作战，保证抢险工作顺利地进行。要采用吊车、挖掘机进行抢救，现场要有指挥并监护，防止机械及被埋或被压人员。

④ 被抢救出来的伤员，必须要尽快进行抢救，用担架把伤员抬到救护车上，对伤势严重的人员要立即进行吸氧和输液，到医院以后组织医务人员全力进行救治。

⑤ 当核实所有人员获救后，将受伤人员的位置进行拍照或录像，禁止无关人员进入事故现场，等待事故调查组进行调查处理。

(3) 事故后处理工作

① 查明事故原因及责任人。

② 以书面形式向上级写出报告，包括发生事故的时间、地点、伤亡人员姓名、性别、年龄、工种、伤害程度、受伤部位。

③ 制定有效的预防措施，防止类似事故的再次发生。

④ 组织所有有关人员进行事故教育。

⑤ 向所有有关人员宣读事故处理结果，及对责任人的处理意见。

8.2.8　火灾和爆炸事故的预防及其应急预案

施工需要一定数量的爆炸品，这些材料如果处理不妥，防火措施不力，极易发生火灾和爆炸，在施工阶段，也需要大量的乙炔和氧气，对钢筋进行焊接，如盛装乙炔和氧气的钢瓶储存方法不当，使用不规范，也容易发生因气体泄漏而产生的气瓶爆炸事故。因此，加强对可燃物和易燃易爆物品的管理，是有效防止火灾和爆炸事故的发生、保护员工生命安全、企业利益和国家财产不受损失的有效措施。

(1) 预防火灾和爆炸事故的基本安全措施

1) 组织措施：

① 要建立、健全消防机构。项目部要成立义务消防队，并明确项目部的消防安全责任人和消防安全管理人，负责管理本单位的消防安全工作。

② 项目部要加强对员工、外来工进行消防知识的教育，对义务消防队员进行灭火技能的培训，提高自防自救能力，每年要进行不少于一次的消防演练。

③ 办公场所、集体宿舍、设备、材料堆放场所要配备充足有效的灭火器材。

④ 制订事故发生时的扑救方案和人员疏散步骤、方法和路线，使事故的损失降到最低。

2）管理措施：

① 各单位要按规定设置乙炔和氧气瓶的库房，气瓶储室通风要良好，在库房门口张挂醒目的放火警示标志，配备充足有效的灭火器材。

② 乙炔和氧气的使用和存放要符合有关规定。

③ 在易燃易爆场所动火作业，必须先办理"三级"动火审批手续，领取动火作业许可证，并做足防火安全措施，方可动火作业，动火时要设专人值班，随时观察动火情况。

④ 严禁对盛装过或残留有可燃气体的容器进行焊接。

⑤ 焊接（动火）作业操作人员必须参加劳动、消防部门的培训，考试合格取得焊工证后，方可上岗，在作业时应做到"十不烧"。

⑥ 集体宿舍的用电要由持证电工安装，不准乱拉乱接电线，不准在电线上晾挂衣物，不准在宿舍内使用明火、电炉、气化炉具，煤炉不准使用电热器具和烧香拜神，严禁躺在床上吸烟。

⑦ 仓库存放物品应分类、分堆储存，甲、乙类物品和一般物品以及容易相互发生化学反应或者灭火方法不同的物品，必须分间、分库储存。

⑧ 储存丙类固体物品的库房，不准使用碘钨灯和超过 60 瓦以上的白炽灯等高温照明的灯具。

⑨ 库房内设置的配电线路，需穿金属管或用非燃硬塑管保护，每个库房应当在库房外单独安装开关箱，做到人离断电，禁止使用不合格的保险装置。

⑩ 厨房不准同时使用煤气炉、柴炉和油炉。

（2）发生火灾和爆炸事故的应急措施

1）发生火灾和爆炸，首先是迅速扑灭火源和报警，及时疏散有关人员，对伤者进行救治。

2）火灾发生初期，是扑救的最佳时机，发生火灾部位的人员要及时把握好这一时机，尽快把火扑灭。

3）在扑救火灾的同时拨打"119"电话报警和及时向上级有关部门及领导报告。

4）在现场的消防安全管理人员，应立即指挥员工撤离火场附近的可燃物，避免火灾区域扩大。

5）组织有关人员对事故区域进行保护。

6）及时指挥、引导员工按预定的线路、方法疏散、撤离事故区域。

7）发生员工伤亡，要马上进行施救，将伤员撤离危险区域，同时打"120"电话求救。

（3）事故后处理

1）发生的时间、地点、企业（项目）名称。

2）事故发生简要经过、伤亡人数和经济损失的初步估计。

3）事故的原因判断。

4）事故发生后采取的措施及控制情况。

5）制定防止火灾发生的预防措施。

8.2.9　地震灾害防护应急预案

（1）编制目的

为了防止施工现场安全事故的发生，使地震应急能够协调、有序和高效进行，最大限度地减少人员伤亡、减轻经济损失和社会影响，特制定本预案。

（2）编制依据

依据《中华人民共和国防震减灾法》、《破坏性地震应急条例》和《国家突发公共事件总体应急预案》，制定本预案。

（3）使用范围

本预案使用于工程项目处置地震灾害事件的应急活动。

（4）应急工作原则

1）地震灾害事件发生后，有关各级人员立即按照预案实施地震应急，处置本工程区域地震灾害事件；

2）预防为主。坚持"安全第一、预防为主、常备不懈"的原则，加强现场安全管理，增强对突发事件的预防和控制，定期进行安全检查，及时发现和处理现场安全隐患，有效防止重特大安全生产事故的发生；

3）统一指挥。对安全生产突发事件，实行"统一指挥、组织落实、措施得力"的原则，在各级领导、有关机构以及应急小组的统一指挥和协调下，积极有效地开展对突发事件处理、事故抢险、生产恢复、应急救援、维护稳定等各项应急工作。

4）保证重点。遵循"统一调度、保重点"的原则，在突发事件的处理过程中，将保证将安全放在第一位，采取一切必要手段，限制突发事件范围扩大。

（5）组织机构及职责

管理组织机构及其分工如下：

①成立施工现场防地震应急准备和响应小组。

②职责及其分工：

领导小组：接到上级地震、临震预（警）报后，领导小组立即进入临战状态，依法发布有关消息和警报，全面组织各项抗震工作。

应急小组：随时准备执行防震减灾任务。

a. 组织有关人员对建筑物进行全面检查，关闭危险场所，停止各项大型活动。

b. 加强对易燃易爆物品、有毒有害化学品的管理，加强对施工临时用电、机房机库等重要设备、场所的防护，保证防震减灾顺利进行。

c. 加强广大员工宣传教育，做好思想稳定工作。

d. 加强各类值班值勤，保持通信畅通，及时掌握地震情况，全力维护正常施工生产秩序。

e. 按预案落实各项物资准备。

（6）事故应急处置

1）无论是否有预报、警报，在本区范围或邻近地区发生破坏性地震后，领导小组立即赶赴本级指挥所，各抢险救灾队伍必须在震后1小时内在本项目集结待命。

2）领导小组在上级统一组织指挥下，迅速组织本级抢险救灾。

①迅速发出紧急警报（连续的急促铃声和呼喊声），组织仍滞留在建筑物内的所有人

员撤离。

施工生产时间：A. 各施工人员在管理人员的组织下按下列顺序立即撤出建筑物到空旷安全的地带避震，楼层内施工人员立即通过安全通道撤离建筑物到安全空旷地带；B. 所有现场其他人员立即撤到安全地带。

就餐时间：所有现场人员在管理人员的组织下撤离到空旷安全地带。

② 迅速关闭、切断输电、供水系统（应急照明系统除外）和各种明火，防止震后产生其他灾害。

③ 迅速开展以抢救人员为主要内容的现场救护工作，及时将受伤人员转移并送至附近救护站抢救。

④ 加强对机械设备、重要物品和的救护和保护，加强现场值班值勤和巡逻，防止各类犯罪活动。

3）积极协助当地政府做好广大民工的思想宣传教育工作，消除恐慌心理，稳定人心，迅速恢复正常秩序，全力维护社会安全稳定。

4）迅速了解和掌握本工程受灾情况，及时汇总上报公司及当地政府部门。

5）信息报告：

① 事故发现人员，应立即向组长（副组长）报告。医疗急救拨打120，火灾拨打119。

② 根据事故类别向事故发生地政府主管部门报告。

③ 报告应包括以下内容：

a. 故发生时间、类别、地点和相关设施；

b. 联系人姓名和电话等。

（7）应急物资与装备保障

1）救护人员的装备：头盔、防护手套、安全带等；

2）灭火器：干粉、泡沫灭火器等；

3）简易抗震救灾工具：铁锹、石棉被、小锤等；

4）应急药包；

5）应急车辆。

8.2.10 深沟槽（基坑）开挖应急预案

坚持"安全第一，预防为主"、"保护人员安全优先，保护环境优先"的方针，贯彻"常备不懈、统一指挥、高效协调、持续改进"的原则。更好地适应法律和经济活动的要求；给企业员工的工作和施工场区周围居民提供更好更安全的环境；保证各种应急资源处于良好的备战状态；指导应急行动按计划有序地进行；防止因应急行动组织不力或现场救援工作的无序和混乱而延误事故的应急救援；有效地避免或降低人员伤亡和财产损失；帮助实现应急行动的快速、有序、高效；充分体现应急救援的"应急精神"为加强本道路工程安全生产管理工作，切实做好突发事故、事件的应急抢救工作，提高应变能力，做到有备无患，特制定本应急预案。

（1）成立应急抢救领导小组。

（2）设立指挥机构

在发生事故的现场要成立现场指挥部，由紧急救援组长担任总指挥，副组长任副总指挥，负责应急救援工作的指挥和协调，指挥各组员负责救援的具体指挥和协调工作。主要职能：

1）由组长发出应急救援命令、信号；

2）及时向有关单位通报事故情况；

3）立即组织力量成立救援队伍，指挥实施救援行动，按需要向有关单位调度人员、救援设备和器材，接到紧急救援的单位要服从指挥，及时赶赴现场。

4）具体组织现场保护，负责伤员抢救和事故善后处置工作。

（3）紧急救援组织岗位职责

成立现场指挥机构后，可根据事故的具体情况设立：

1）现场处理组：主要任务是传达贯彻领导指示，报告事故处理情况，协调有关人员负责救援工作，完成领导交办的其他任务。

2）专业抢救组：主要任务是对事故进行现场救治，如吊机、灭火、打捞、工程拆除、矿井打道、关闭毒气泄漏源等。

3）警戒维护组：负责设置维护现场秩序、疏通道路、组织危险区内人员撤离，劝说围观群众离开事发现场。

4）通讯联络组：保证和现场指挥人员与上级和外界通讯联络畅通。

5）医疗救护组：开设现场救护所、负责受伤、中毒人员的救护，保证救治药品和救护器材的供应。

6）交通运输组：运送现场急需物资、装备、药品等，输送现场疏散人员。

7）后勤保障组：负责指挥人员的现场食宿安排，保证抢险救援物资的供应。

8）后事处理组：负责对死难、受伤家属的安抚、慰问工作，做好群众的思想稳定工作，妥善处理好后事，清除各种不安全因素。

（4）深沟槽（基坑）开挖应急预案

1）进行针对性的安全技术交底，要按规定程序作业。

2）超深度开挖必须使用验收过的设施材料，认真支护确保安全。

3）作业过程中及时排除基坑积水和禁止超过超高堆放土方。

4）如有人被因坍塌土方中，工地负责人立即组织现场人员投入抢救工作，以最快的速度，最有效的方法进行人员救援，以防事态扩大。

5）若必须外界救援，应20分钟内向公司领导汇报，并向110报警。

6）如直接影响交通的，应立即派人员组织车辆疏通或者改道。

7）注意对沟槽周边电杆、水管等管线的加固保护工作，以防因土方坍塌引起电杆倒下，管线下沉断裂。有此情况的出现，必须用围栏把现场封闭起来，以免出现新的情况。

8）如果沟槽土方坍塌没有人被压也应照2）、3）、4）条进行抢险。

（5）管道作业应急预案

1）如果进入管道应先用仪器或其他可行办法进行测试，按有关规定程序进行作业，作业人员和管外人员保持联系，不能随便离开现场。

2）按规定穿着工作服和戴上防护罩。

3）发现有人中毒立即抢救以最快的速度和方法将中毒人员脱离管内到通风地方，马上和有关急救医院联系或用专车护送医院。

4）必须在20分钟内向公司领导汇报并拨打110报警。

5）如果轻度中毒，采取临时的有效方法抢救。

第9章 施工现场安全检查

9.1 安全检查的内容

9.1.1 安全检查的目的

（1）为了加强安全生产监督管理，防止和减少生产安全事故，保障施工人员和操作人员及人民群众生命财产安全，安全生产工作的目的是保护劳动者在生产过程中的安全与健康，维护企业的生产和发展；

（2）安全检查是及时发现不安全行为和不安全状态的重要途径，是消除事故隐患，落实整改措施，防止事故伤害，改善劳动条件的重要方法；

（3）预防事故伤害或把事故降低至最低水平，把事故伤害频率和经济损失降低到容许范围和同行业的先进水平。

（4）不断改善生产条件和作业环境，达到最佳安全状态；

（5）通过安全检查，可以发现施工中人、机、料、工、环的不安全状态、不卫生问题，从而采取对策，消除不安全因素，保障安全生产；建设工程安全检查的目的在于发现不安全因素（危险因素）的存在的状况，如机械、设施、工具等的潜在不安全因素状况、不安全的作业环境场所条件、不安全的作业职工行为和操作潜在危险，以采取防范措施，防止或减少伤亡建设工程事故的发生。

（6）通过安全检查，进一步宣传、贯彻、落实党和国家的安全生产方针、政策、法令、法规和安全生产规章制度。

（7）通过安全检查总结经验，互相学习，取长补短，有利于进一步促进安全工作的发展。

9.1.2 建筑工程施工安全检查的主要内容

安全检查是发现、消除事故隐患，预防安全事故和职业危害比较有效和直接的方法之一，是主动性的安全防范。

（1）建筑工程施工安全检查主要是以查安全思想、查安全责任、查安全制度、查安全措施、查安全防护、查设备培训、查操作行为、查劳动防护用品使用和查伤亡事故处理等为主要内容。安全检查要根据施工生产特点，具体确定检查的项目和检查的标准。

1）查安全思想主要是检查以项目经理为首的项目全体员工（包括分包作业人员）的安全生产意识和对安全生产工作的重视程度。

2）查安全责任主要是检查现场安全生产责任制度的建立；安全生产责任目标的分解与考核情况；安全生产责任制与责任目标是否已落实到了每一个岗位和每一个人员；并得到了确认。

3）查安全制度主要是检查现场各项安全生产规章制度和安全技术操作堆积的建立和执行情况。

4）查安全措施主要是检查现场安全措施计划及各项安全专项施工方案的编制、审核、审批及实施情况；重点检查方案的内容是否全面、措施是否具体并有针对性，现场的实施运行是否与方案规定的内容相符。

5）查安全防护主要是检查现场临边、洞口等各项安全防护设施是否到位，有无安全隐患。

6）查设备设施主要是检查现场投入使用的设备设施的购置、租赁、安装、验收、使用、过程维护保养等各个环节是否符合要求；设备设施的安全装置是否齐全、灵敏、可靠，有无安全隐患。

7）查教育培训主要检查现场教育培训岗位、教育培训人员、教育培训内容是否明确、具体、有针对性；三级安全教育制度和特种作业人员持证上岗制度的落实情况是否到位；教育培训档案资料是否真实、齐全。

8）查操作行为主要是检查现场施工作业过程中有无违章指挥、违章作业、违反劳动纪律的行为发生。

9）查劳动防护用品的使用主要是检查现场劳动防护用品、用具的购置、产品质量、配备数量和使用情况是否符合安全与职业卫生的要求。

10）查伤亡事故处理是检查现场是否发生伤亡事故，对发生的伤亡事故是否已按照"四不放过"的原则进行了调查处理，是否已有针对性地制定了纠正与预防措施；制定的纠正与预防措施是否已得到落实并取得实效。

（2）安全检查的内容：

1）安全管理的检查内容包括：安保体系是否建立；安全责任分配是否落实；各项安全制度是否完善；安全教育、安全目标是否落实；安全技术方案是否制定和交底；各级管理人员、施工人员、分包人员的证件是否齐全；作业人员和管理人员是否有不安全行为，如作业职工是否按相关工种的安全操作规程操作，操作时的动作是否行合安全要求等。

2）文明施工的检查的内容包括现场围挡是否封闭安全；《建筑施工安全检查标准》各要求是否落实；各项防护措施是否到位，现场安全标志、标识是否齐全；施工场地、材料堆放是否整洁明了；各种消防配置、各种易燃物品保管是否达到消防要求；各级消防责任是否落实；现场治安、宿舍防范是否达到要求；现场食堂卫生管理是否达标；卫生防疫的责任是否落实；社区共建、不扰民措施是否落实。

3）脚手架工程的检查的内容包括：落地、悬挑、门型脚手架、吊篮、挂脚手架、附着式提升脚手架的方案是否经过审批；架体搭设及与建筑物拉结是否达到规范；脚手板与防护栏杆是否规范；杠杆锁件，间距，大、小横杆，斜撑，剪刀撑是否达到要求；升降操作是否达到规范要求。

4）机械设备（提升机、外用电梯、塔吊、起重吊装）的检查内容包括：各种机械设备的施工、搭拆方案是否经过审批；各种机械的检测报告、验收手续是否齐全；各种机械的安装是否按照施工方案进行；各种机械的保险装置是否安全可靠、灵敏有效；各种机械的机况、机貌是否良好；机械的例保是否正常；各种机械配置是否达到规范施要求；机械操作人员是否持证上岗。

5）施工用电检查的内容包括：临时用电、生活用电、生产用电是否按施工组织设计实施；各种电器、电箱是否达到《施工现场临时用电安全技术规范》的要求，各种电器装置是否达到安全要求。

6）"三宝"、"四口"防护的检查内容包括：安全帽、安全带、安全网的设置、佩戴是否达到规范要求；楼梯口、电梯井口、预留洞口、通道口、阳台口、楼层口防护是否达到规范要求，各种防护措施是否落实，各种基础台账及记录是否齐全完整。

7）基坑支护与模板工程检查内容包括：基坑支护方案、模板工程施工方案是否经过审批；基坑临边防护、坑壁支护、排水措施是否达到方案要求；模板支撑部门是否稳定；操作人员是否遵守安全操作规程，模板支、拆的作业环境是否安全。

9.1.3 建筑工程安全检查的主要形式

1. 建筑工程施工安全检查的主要形式一般可分为定期安全检查、经常性安全检查、季节性安全检查、节假日安全检查、开工、复工安全检查、专业性安全检查和设备设施安全验收检查等。安全检查的组织形式应根据检查的目的、内容而定，因此参加检查的组成人员也就不完全相同。

（1）定期安全检查：建筑施工企业应建立定期分级安全检查制度，定期安全检查属全面性和考核性的检查，建筑工程施工现场应至少每旬开展一次安全检查工作，施工现场的定期安全检查应由项目经理亲自组织。

（2）经常性安全检查：建筑工程施工应经常开展预防性的安全检查工作，以便于及时发现并消除事故隐患，保证施工生产正常进行。施工现场经常性的安全检查方式主要有：

1）现场专（兼）职安全生产管理人员及安全值班人员每天例行开展的安全巡视、巡查。

2）现场项目经理、责任工程师及相关专业技术管理人员在检查生产工作的同时进行的安全检查。

3）作业班组在班前、班中、班后进行的安全检查。

（3）季节性安全检查：主要根据季节特点，为保障安全生产的特殊要求所进行的检查。季节性安全检查主要是针对气候特点（如暑季、雨季、风季、冬季等）可能给安全生产造成的不利影响或带来的危害而组织的安全检查。多是以防火、防爆、防汛、防台风、防暑和防冻等为主要内容的检查，如春节前后以防火、防爆为主要内容，夏季以防暑降温为主要内容，雨季以防雷、防静电、防触电、防洪、防建筑倒塌为主要内容的检查。

（4）节假日安全检查：在节假日、特别是重大或传统节假日（如：五一、十一、元旦、春节等）前后和节日期间，为防止现场管理人员和作业人员思想麻痹、纪律松懈等进行的安全检查。节假日加班，更要认真检查各项安全防范措施的落实情况。主要是检查安全生产，消防、治安保卫和文明生产等工作。节前检查出来的安全隐患，可以在节日安排检修、消除隐患，以利节后正常进行生产。节后检查是为了防止有些职工纪律松懈，重点进行遵章守纪的检查和消除隐患工作的落实情况。

（5）开工、复工安全检查：针对工程项目开工、复工之前进行的安全检查，主要检查现场是否具备保障安全生产的条件。

（6）综合性安全检查：主要是了解企业的安全管理情况和安全技术及工业卫生状况，为安全管理工作计划提供依据，对检查出的隐患提出整改意见。

（7）专业性安全检查：由有关专业人员对现场某项专业安全问题或在施工生产过程中存在的比较系统性的安全问题进行的单项检查。这类检查专业性强，主要应由专业工程技术人员、专业安全管理人员参加。主要是调查了解某个专业性安全问题的技术状况，如电气，压力容器，剧毒、易燃和易爆物品等，对于易发生安全事故的大型机械设备、特殊场所或特殊操作工序，除综合性安全检查外，还应组织有关专业技术人员、管理人员、操作职工或委托有资格的相关专业技术检查评价单位，进行安全检查。

（8）设备设施安全验收检查：针对现场塔吊等起重设备、外用施工电梯、龙门架及井架物料提升机、电气设备、脚手架、现浇混凝土模板支撑系统等设备设施在安装、搭设过程中或完成后进行的安全验收、检查。

2. 安全检查处理程序

（1）"安全检查记录表"程序

分包单位、项目部、分公司、公司在安全检查中，对所发现的安全隐患和违章行为，除立即消除及纠正外，必须填写"安全检查记录表"（以下简称记录表）交由项目部签收，项目部在按照要求进行整改后，于签发日3日内反馈给分公司，待分公司复查后将记录表反馈给检查单开具部门。

（2）"安全检查处理通知单"程序

项目部、分公司、公司在安全检查中，对所发现的安全隐患和违章行为，除立即消除及纠正外，认为必须作出罚款的，须填写"安全检查处理通知单"，实施奖罚程序。

（3）"安全检查整改单"程序

项目部、分公司、公司在安全检查中，对所发现的安全隐患和违章行为，除立即消除及纠正外，认为可以作出整改通知的，必须填写"安全检查整改单"，交由项目部签收，项目部在按照要求进行整改后，于签发日5日内反馈给分公司，待分公司复查后将记录表反馈给检查单开具部门。

（4）"安全检查谈话单"程序

分公司、公司在安全检查中，对所发现的安全隐患和违章行为，除立即消除及纠正外，认为有必要要求分包单位、项目部的安全生产责任人必须重视所存在的问题，可以填写"安全检查谈话单"，交由项目部签收。被谈话人必须按安全检查谈话单的要求在指定时间和地点接受谈话。

（5）"安全停工整改单"程序

分公司、公司在安全检查中，对所发现的安全隐患和违章行为，除立即阻止外，认为一定要进行停工整改的，必须填写"安全停工整改单"，交由项目部签收。项目部必须按照安全停工整改单要求进行全面的安全整改。整改完毕后，由项目部向安全停工整改单开具部门提出复查申请，待复查通过后才能组织施工。

9.1.4 安全检查的要求

1. 安全检查应贯彻领导与群众相结合的原则

除进行经常性的检查外，每年还应进行群众性的综合检查、专业检查、季节性检查和节假日前后检查，尤其是行业间的互检，对推动安全检查有良好的效果。安全检查活动，必须有明确的目的、要求、内容和具体计划、必须建立由企业领导负责和有关职能人员参

加的安全检查组织，做到边检查、边整改，及时总结和推广先进经验。具体要求如下，

（1）根据检查内容配备力量，抽调专业人员，确定检查负责人，明确分工。

（2）应有明确的检查目的和检查项目内容及检查标准、重点、关键部位。对大面积或数量多的项目可采取系统的观感和一定数量的测点相结合的检查方法。检查时尽量采用检测工具，用数据说话。

（3）对现场管理人员和操作工人不仅要检查是否有违章指挥和违章作业行为，还应进行"应知应会"的抽查，以便了解管理人员及操作工人的安全素质。对于违章指挥、违章作业行为，检查人员可以当场指出、进行纠正。

（4）认真、详细进行检查记录，特别是对隐患的记录必须具体，如隐患的部位、危险性程度及处理意见等。采用安全检查评分表的，应记录每项扣分的原因。

（5）检查中发现的隐患应该进行登记，并发出隐患整改通知书，引起整改单位的重视，并作为整改的备查依据。对凡是有即发型事故危险的隐患，检察人员应责令其停工，被查单位必须立即整改。

（6）尽可能系统、定量地做出检查结论，进行安全评价。以利受检单位根据安全评价研究对策、进行整改、加强管理。

（7）检查后应对隐患整改情况进行跟踪复查，查被检单位是否按"三定"原则（定人、定期限、定措施）落实整改，经复查整改合格后，进行销案。

2. 安全检查重点包括

（1）前期准备阶段安全检查的重点：1）检查施工组织设计及安全技术方案的完整性、针对性和有效性；2）检查用电、用水的牢固性、可靠性和安全性；3）检查目标、措施策划的前瞻性、合理性和可行性；4）检查安全责任制的职责、目标、措施落实的全面性；5）检查施工人员的上岗资质、务工手续的周密性。

（2）基础阶段安全检查的重点：1）检查施工人员的教育培训资料、分包单位的安全协议、人员证件资料；2）检查用电用水的安全度、机械设备的状况及检测报告；3）检查安全围护、基坑排水、污染处理的落实；4）检查安保体系的运转状况和实施效果。

（3）结构阶段安全检查的重点：1）检查脚手架、登高设施的完整性；2）检查员工遵章守纪的自觉性、技术操作的熟练性；3）检查用电用水、机械设备状况的安全性；4）检查洞口临边的围挡、围护的可靠性；5）检查场容场貌、环境卫生、文明创建工作长效管理的有效性；6）检查危险源识别、告示及管理的针对性；7）检查动火程序、消防器材的管理、配置的严密性。

（4）装饰阶段安全检查的重点：1）检查场容场貌、环境卫生、文明创建工作常态管理的持久性；2）检查危险源识别、告示及管理的针对性；3）检查动火程序、消防器材、易燃物品管理的严密性；4）检查中、小型机械的安全性能和防坠落防触电措施的落实。

（5）竣工扫尾阶段安全检查的重点：1）检查装饰扫尾、总体施工的安全措施；2）检查易燃易爆物品的使用、存放管理；3）检查通水通电、安装调试的安全措施；4）检查材料设备清理撤退的安全措施；5）检查竣工备案、安全评估的资料汇总。

3. 安全检查标准、记录及反馈

（1）安全检查标准安全检查标准依据《建筑施工安全检查标准》JGJ 59—2011 等规范、标准进行检查。结合《建设工程安全生产管理条例》、《施工企业安全生产评价标准》、

《施工现场安全生产保证体系》、文明工地的评比标准和有关规范要求进行检查评分，力求达到各项规定要求的一致性。

（2）安全检查的考核安全，检查的考核评分依据《建筑施工安全检查标准》、《施工企业安全生产保证体系》、文明工地的评比标准以及公司的安全检查评分内容进行百分制考核评分。考核评分进行累计计算，作为对分公司，项目部安全工作的评比考核。

（3）安全检查记录与反馈

各级安全检查必须做好检查记录。对于发现的隐患必须进行整改，整改必须有复查记录。项目部对于上级检查所提出的整改要求，必须在限定时间内实行整改，并向分公司提出复查，待分公司复查后进行封闭或报公司备案。各级安全生产检查工作及资料都要实施封闭管理。

9.2 安全检查的方法

建筑工程安全检查在正确使用安全检查表的基础上，可以采用"听"、"问"、"看"、"量"、"测"、"运转试验"等方法进行。

（1）"听"：听取基层管理人员或施工现场安全员汇报安全生产情况，介绍现场安全工作经验、存在的问题、今后的发展方向。

（2）"问"：主要是指通过询问、提问，对以项目经理为首的现场管理人员和操作工人进行的应知应会抽查，以便了解现场管理人员和操作工人的安全素质。

（3）"看"：主要是指查看施工现场安全管理资料和对施工现场进行巡视。例如：查看项目负责人、专职安全管理人员、特种作业人员等的持证上岗情况；现场安全标志设置情况；劳动防护用品使用情况；现场安全防护情况；现场安全设施及机械设备安全装置配置情况等。

（4）"量"：主要是指使用测量工具对施工现场的一些设施、装置进行实测实量。例如：对脚手架各种杆件间距的测量；对现场安全防护栏杆高度的测量；对电气开关箱安装高度的测量；对在建工程与外电边线安全距离的测量等。

（5）"测"：主要是指使用专用仪器、仪表等监测器具对特定对象关键特性技术参数的测试。例如：使用漏电保护器测试仪对漏电保护器漏电动作电流、漏电动作时间的测试；使用地阻仪对现场各种接地装置接地电阻的测试；使用兆欧表对电机绝缘电阻的测试；使用经纬从对塔吊、外用电梯安装垂直度的测试等。

（6）"运转试验"：主要是指由具有专业资格的人员对机械设备进行实际操作、试验，检验其运转的可靠性或安全限位装置的灵敏性。例如：对塔吊力矩限制器、变幅限位器、起重限位器等安全装置的试验；对施工电梯制动器、限速器、上下极限限位制、门联锁装置等安全装置的试验；对龙门架超高限位器、断绳保护器等安全装置的试验等。

9.3 安全检查的评分方法

9.3.1 《建筑施工安全检查标准》

1. 标准的主要内容

（1）总则

（2）术语

（3）检查评定项目

1）安全管理

2）文明施工

3）扣件式钢管脚手架

4）门式钢管脚手架

5）碗扣式钢管脚手架

6）承插型盘扣式钢管脚手架

7）满堂脚手架

8）悬挑式脚手架

9）附着式升降脚手架

10）高处作业吊篮

11）基坑工程

12）模板支架

13）高处作业

14）施工用电

15）物料提升机

16）施工升降机

17）塔式起重机

18）起重吊装

19）施工机具

（4）检查评分方法

（5）检查评定等级

附录 A 建筑施工安全检查评分汇总表

附录 B 建筑施工安全分项检查评分表

本标准用词说明

引用标准名录

附：条文说明

2. 安全管理检查保证项目

（1）企业要建立安全生产责任制，安全生产责任制需经责任人签字确认。具备各工种安全技术操作规程，按规定配备专职安全员。在工程项目部承包合同中需明确安全生产考核指标，制定安全生产资金保障制度，编制安全资金使用计划并按计划实施。制定伤亡控制、安全达标、文明施工等管理目标，进行安全责任目标分解，层层落实。

（2）建立对安全生产责任制和责任目标的考核制度，按考核制度对管理人员定期考核。制定有施工组织设计及专项施工方案，施工组织设计中明确制定安全技术措施。危险性较大的分部分项工程应编制安全专项施工方案，按规定对超过一定规模危险性较大的分部分项工程专项施工方案进行专家论证。施工组织设计、专项施工方案需经审批后方可实施。安全技术措施、专项施工方案要有针对性设计计算。安全技术交底要以书面方式进行，按分部分项进行交底，交底内容全面或针对性强，交底后履行签字手续。

（3）建立安全检查制度，定期和不定期进行安全检查，有安全检查记录。事故隐患的整改做到定人、定时间、定措施，对重大事故隐患整改通知书所列项目要按期整改和复查。

（4）建立安全教育培训制度，施工人员入场进行三级安全教育培训和考核，明确具体安全教育培训内容，变换工种或采用新技术、新工艺、新设备、新材料施工时进行安全教育，施工管理人员、专职安全员按规定进行年度教育培训和考核。

（5）制定安全生产应急救援预案，建立应急救援组织或按规定配备救援人员，定期进行应急救援演练，配置应急救援器材和设备。

（6）加强对分包单位的安全管理，分包单位资质、资格、分包手续齐全有效，签订有安全生产协议书，分包合同、安全生产协议书，签字盖章等手续齐全，分包单位按规定建立安全机构或配备专职安全员。

（7）严格执行持证上岗制度，未经培训且未获得相应资格证书人员不得从事施工、安全管理和特种作业，项目经理、专职安全员和特种作业人员必须持证上岗。

（8）生产安全事故处理及时、规范、到位，生产安全事故按规定程序报告，生产安全事故按规定进行调查分析、制定防范措施，依法为施工作业人员办理保险。

（9）施工及作业场地设置安全标志。主要施工区域、危险部位按规定悬挂安全标志，绘制现场安全标志布置图，按部位和现场设施的变化调整安全标志设置，设置重大危险源公示牌等。

3. 文明施工

文明施工检查评定应符合现行国家标准《建设工程施工现场消防安全技术规范》GB 50720和现行行业标准《建筑施工现场环境与卫生标准》JGJ 146、《施工现场临时建筑物技术规范》JGJ/T 188 的规定。文明施工检查评定保证项目应包括：现场围挡、封闭管理、施工场地、材料管理、现场办公与住宿、现场防火。一般项目应包括：综合治理、公示标牌、生活设施、社区服务。

（1）施工现场周边要设置围挡。其中市区主要路段的工地设置封闭围挡或围挡高度不小于 2.5m，一般路段的工地设置封闭围挡或围挡高度不小于 1.8m。围挡应达到坚固、稳定、整洁、美观。

（2）施工现场采取封闭管理。施工现场进出口设置大门，设置门卫室，建立门卫值守管理制度或配备门卫值守人员。施工人员进入施工现场佩戴工作卡，施工现场出入口应标有企业名称或标识，设置车辆冲洗设施。

（3）施工场地主要道路及材料加工区地面进行硬化处理，施工现场道路畅通、路面平整坚实。施工现场应采取防尘措施，施工现场设置排水设施或排水通畅、无积水。采取防止泥浆、污水、废水污染环境措施。设置吸烟处，严禁随意吸烟。温暖季节进行绿化布置。

（4）材料管理规范。建筑材料、构件、料具按总平面布局码放，材料码放整齐、标明名称、规格。施工现场材料存放采取防火、防锈蚀、防雨措施，建筑物内施工垃圾的清运使用器具或管道运输，易燃易爆物品分类储藏在专用库房、采取防火措施。

（5）施工现场设置办公与住宿区。施工作业区、材料存放区与办公、生活区采取隔离措施，宿舍、办公用房防火等级符合有关消防安全技术规范要求。在施工程、伙房、库房兼做住宿，宿舍设置可开启式窗户，宿舍设置床铺、床铺不超过 2 层或通道宽度不小于 0.9m，宿舍人均面积或人员数量符合规范要求。冬季宿舍内应采取供暖和防一氧化碳中毒措施，夏季宿舍内采取防暑降温和防蚊蝇措施，生活用品摆放有序、环境卫生符合要求。

（6）现场防火。施工现场制定消防安全管理制度、消防措施，施工现场的临时用房和作业场所的防火设计符合规范要求，施工现场消防通道、消防水源的设置符合规范要求，施工现场灭火器材布局、配置合理或灭火器材有效，办理动火审批手续或指定动火监护人员。

（7）综合治理。生活区设置供作业人员学习和娱乐场所，施工现场建立治安保卫制度或责任分解到人，施工现场制定治安防范措施。

（8）公示标牌。大门口处设置的公示标牌内容齐全，标牌规范、整齐，设置安全标语，设置宣传栏、读报栏、黑板报。

（9）生活设施。建立卫生责任制度，食堂与厕所、垃圾站、有毒有害场所的距离符合规范要求，食堂办理卫生许可证或办理炊事人员健康证，食堂使用的燃气罐单独设置存放间或存放间通风条件良好，食堂配备排风、冷藏、消毒、防鼠、防蚊蝇等设施，厕所内的设施数量和布局符合规范要求，厕所卫生达到规定要求，能保证现场人员卫生饮水，设置淋浴室或淋浴室能满足现场人员需求，生活垃圾装容器或及时清理。

（10）社区服务。夜间施工需经许可，施工现场严禁焚烧各类废弃物，施工现场制定防粉尘、防噪声、防光污染等措施，制定禁止施工扰民措施。

4. 脚手架部分

（1）脚手架主要包括

1）件式钢管脚手架

2）门式钢管脚手架

3）碗式钢管脚手架

4）承插型盘式钢管脚手架

5）满堂脚手架

6）悬挑式脚手架

7）附着式升降脚手架

8）高处作业吊篮

（2）扣件式钢管脚手架

扣件式钢管脚手架检查评定应符合现行行业标准《建筑施工件式钢管脚手架安全技术规范》JGJ 130 的规定。扣件式钢管脚手架检查评定保证项目应包括：施工方案、立杆基础、架体与建筑结构拉结、杆件间距与剪刀撑、脚手板与防护栏杆、交底与验收。一般项目应包括：横向水平杆设置、杆件连接、层间防护、构配件材质、通道。

1）施工方案。架体搭设编制专项施工方案或按规定审核、审批，架体结构设计进行设计计算，架体搭设不超过规范允许高度，专项施工方案按规定组织专家论证。

2）立杆基础。立杆基础平、实、符合专项施工方案要求，立杆底部设置底座、垫板或垫板的规格符合规范要求，按规范要求设置纵、横向扫地杆，扫地杆的设置和固定符合规范要求，采取排水措施。

3）架体与建筑结构拉结。架体与建筑结构拉结方式或间距符合规范要求，架体底层第一步纵向水平杆处按规定设置连墙件或采用其他可靠措施固定，搭设高度超过 4m 的双排脚手架，采用刚性连墙件与建筑结构可靠连接。

4）杆件间距与剪刀撑。立杆、纵向水平杆、横向水平杆间距超过设计或规范要求，每处按规定设置纵向剪刀撑或横向斜撑，剪刀撑沿脚手架高度连续设置或角度符合规范要求，剪刀撑斜杆的接长或剪刀撑斜杆与架体杆件固定符合规范要求。

5）脚手板与防护栏杆。脚手板满铺或铺设牢、稳，脚手板规格或材质符合规范要求，架体外侧设置密目式安全网封闭或网间连接严，作业层防护栏杆符合规范要求，作业层设置高度小于 10mm 的挡脚板。

6）交底与验收。架体搭设前进行交底或交底有文字记录，架体分段搭设、分段使用进行分段验收，架体搭设完毕办理验收手续，验收内容进行量化，或经责任人签字确认。

7）横向水平杆设置。在立杆与纵向水平杆交点处设置横向水平杆，按脚手板铺设的需要增加设置横向水平杆，双排脚手架横向水平杆需两端固定，单排脚手架横向水平杆插入墙内不少于 180mm。

8）杆件连接。纵向水平杆搭接长度不小于 1m 或固定符合要求，立杆除顶层顶步外采用搭接，杆件对接件的布置符合规范要求，件紧固力矩小于 40N·m 或大于 6N·m。

9）层间防护。作业层脚手板下采用安全平网兜底或作业层以下每隔 10m 采用安全平网封闭，作业层与建筑物之间按规定进行封闭。

10）构配件材质。钢管直径、壁厚、材质符合要求，钢管弯曲、变形、锈蚀严重，扣件进行复试或技术性能符合标准。

11）通道。设置人员上下专用通道，通道设置符合要求。

（3）门式钢管脚手架

门式钢管脚手架检查评定应符合现行行业标准《建筑施工门式钢管脚手架安全技术规范》JGJ 128 的规定。门式钢管脚手架检查评定保证项目应包括：施工方案、架体基础、架体稳定、杆件锁臂、脚手板、交底与验收。一般项目应包括：架体防护、构配件材质、荷载、通道。

1）施工方案。编制专项施工方案或进行设计计算，专项施工方案按规定审核、审批。架体搭设不超过规范允许高度，专项施工方案组织专家论证。

2）架体基础。架体基础平、实，符合专项施工方案要求，架体底部设置垫板或垫板的规格符合要求，架体底部按规范要求设置底座，架体底部按规范要求设置扫地杆，采取排水措施。

3）架体稳定。架体与建筑物结构拉结方式或间距符合规范要求，按规范要求设置剪刀撑，门架立杆垂直偏差超过规范要求，交叉支撑的设置符合规范要求。

4）杆件锁臂。按规定组装或漏装杆件、锁臂，按规范要求设置纵向水平加固杆，件与连接的杆件参数匹配。

5）脚手板。脚手板满铺或铺设牢、稳，脚手板规格或材质符合要求，采用挂式钢脚手板时挂钩挂在横向水平杆上或挂钩处于锁住状态。

6）交底与验收。脚手架搭设前进行交底或交底有文字记录，脚手架分段搭设、分段使用、分段验收，架体搭设完毕办理验收手续，验收内容进行量化，或经责任人签字确认。

7）架体防护。作业层防护栏杆符合规范要求，作业层设置高度不小于 10mm 的挡脚板，脚手架外侧设置密目式安全网封闭或网间连接严，作业层脚手板下采用安全平网兜底或作业层以下每隔 10m 采用安全平网封闭。

8）构配件材。杆件不变形、无严重锈蚀现象，门架局部无开焊，构配件的规格、型号、材质或产品质量符合规范要求。

9）荷载。施工荷载不超过设计规定，荷载堆放均匀。

10）通道。设置人员上下专用通道，通道设置符合要求。

（4）碗式钢管脚手架

碗式钢管脚手架检查评定应符合现行行业标准《建筑施工碗扣式脚手架安全技术规范》JGJ 166 的规定。碗式钢管脚手架检查评定保证项目应包括：施工方案、架体基础、架体稳定、杆件锁件、脚手板、交底与验收。一般项目应包括：架体防护、构配件材质、荷载、通道。

1）施工方案。架体搭设编制专项施工方案或按规定审核、审批，架体结构设计进行设计计算，架体搭设不超过规范允许高度，专项施工方案按规定组织专家论证。

2）立杆基础。立杆基础平、实、符合专项施工方案要求，立杆底部设置底座、垫板或垫板的规格符合规范要求，按规范要求设置纵、横向扫地杆，扫地杆的设置和固定符合规范要求，采取排水措施。

3）架体与建筑结构拉结。架体与建筑结构拉结方式或间距符合规范要求，架体底层第一步纵向水平杆处按规定设置连墙件或采用其他可靠措施固定，搭设高度不超过 4m 的双排脚手架，采用刚性连墙件与建筑结构可靠连接。

4）杆件间距与剪刀撑。立杆、纵向水平杆、横向水平杆间距不超过设计或规范要求，按规定设置纵向剪刀撑或横向斜撑，剪刀撑沿脚手架高度连续设置或角度符合规范要求，剪刀撑斜杆的接长或剪刀撑斜杆与架体杆件固定符合规范要求。

5）脚手板与防护栏杆。脚手板满铺或铺设牢、稳，脚手板规格或材质符合规范要求，没有一处探头板，架体外侧设置密目式安全网封闭或网间连接严，作业层防护栏杆符合规范要求，作业层设置高度不小于 10mm 的挡脚板。

6）交底与验收。架体搭设前进行交底或交底有文字记录，架体分段搭设、分段使用进行分段验收，架体搭设完毕办理验收手续，验收内容进行量化，或经责任人签字确认。

（5）承插型盘式钢管脚手架

承插型盘式钢管脚手架检查评定应符合现行行业标准《建筑施工承插型盘扣式钢管支架安全技术规程》JGJ 231 的规定。承插型盘式钢管脚手架检查评定保证项目包括：施工方案、架体基础、架体稳定、杆件设置、脚手板、交底与验收。一般项目包括：架体防护、杆件连接、构配件材质、通道。

1）施工方案。编制专项施工方案或进行设计计算，专项施工方案按规定审核、审批。

2）架体基础。架体基础平、实、符合专项施工方案要求，架体立杆底部设置垫板或垫板的规格符合规范要求，架体立杆底部按要求设置底座，按规范要求设置纵、横向扫地杆，采取排水措施。

3）架体稳定。架体与建筑结构拉结应符合规范要求，并应从架体底层第一步水平杆处开始设置连墙件，当该处设置有困难时应采取其他可靠措施固定；架体拉结点应牢固可靠；连墙件应采用刚性杆件；架体竖向斜杆、剪刀撑的设置应符合规范要求；竖向斜杆的两端应固定在纵、横向水平杆与立杆汇交的盘节点处；斜杆及剪刀撑应沿脚手架高度连续设置，角度应符合规范要求。

4）杆件设置。架体立杆间距、水平杆步距应符合设计和规范要求；应按专项施工方案设计的步距在立杆连接插盘处设置纵、横向水平杆；当双排脚手架的水平杆层设挂式钢脚手板时，应按规范要求设置水平斜杆。

5）脚手板。脚手板材质、规格应符合规范要求；脚手板应铺设严密、平整、牢固；挂式钢脚手板的挂必须完全挂在水平杆上，挂钩应处于锁住状态。

6）交底与验收。架体搭设前应进行安全技术交底，并应有文字记录；架体分段搭设、分段使用时，应进行分段验收；搭设完毕应办理验收手续，验收应有量化内容并经责任人签字确认。

7）构配件材质。架体构配件的规格、型号、材质应符合规范要求；钢管不应有严重的弯曲、变形、锈蚀。

8）架体防护。架体外侧采用密目式安全网封闭或网间连接严，作业层防护栏杆符合规范要求，作业层外侧设置高度小于 10mm 的挡脚板，作业层脚手板下采用安全平网兜底或作业层以下每隔 10m 采用安全平网封闭。

9）杆件连接。立杆竖向接长位置符合要求，剪刀撑的斜杆接长符合要求。

10）通道。架体应设置供人员上下的专用通道，专用通道的设置应符合规范要求。

（6）满堂脚手架

满堂脚手架检查评定应符合现行行业标准《建筑施工扣件式钢管脚手架安全技术规范》JGJ 130、《建筑施工门式钢管脚手架安全技术规范》JGJ 128、《建筑施工碗扣式脚手架安全技术规范》JGJ 166 和《建筑施工承插型盘扣式钢管支架安全技术规程》JGJ 231 的规定。满堂脚手架检查评定保证项目应包括：施工方案、架体基础、架体稳定、杆件锁件、脚手板、交底与验收。一般项目应包括：架体防护、构配件材质、荷载、通道。

1）施工方案。编制专项施工方案或进行设计计算，专项施工方案按规定审核、审批。

2）架体基础。架体基础平、实、符合专项施工方案要求，架体底部设置垫板或垫板的规格符合规范要求，架体底部按规范要求设置底座，架体底部按规范要求设置扫地杆，采取排水措施。

3）架体稳定。架体四周与中间按规范要求设置竖向剪刀撑或专用斜杆，按规范要求设置水平剪刀撑或专用水平斜杆，架体高宽比超过规范要求时采取与结构拉结或其他可靠的稳定措施。

4）杆件锁件。架体立杆间距、水平杆步距超过设计和规范要求，杆件接长符合要求，架体搭设牢或杆件结点紧固符合要求。

5）脚手板。脚手板满铺或铺设牢、稳，脚手板规格或材质符合要求，采用挂式钢脚手板时挂钩挂在水平杆上或挂钩处于锁住状态。

6）交底与验收。架体搭设前进行交底或交底有文字记录，架体分段搭设、分段使用进行分段验收，架体搭设完毕办理验收手续，验收内容进行量化，或经责任人签字确认。

7）架体防护。作业层防护栏杆符合规范要求，作业层外侧设置高度不小于 10mm 挡脚板，作业层脚手板下采用安全平网兜底或作业层以下每隔 10m 采用安全平网封闭。

8）构配件材质。钢管、构配件的规格、型号、材质或产品质量符合规范要求，杆件无弯曲、变形、锈蚀严重等现象。

9）荷载。架体的施工荷载超过设计和规范要求，荷载堆放均匀。

10）通道。设置人员上下专用通道，通道设置符合要求。

（7）悬挑式脚手架

悬挑式脚手架检查评定应符合现行行业标准《建筑施工扣件式钢管脚手架安全技术规范》JGJ 130、《建筑施工门式钢管脚手架安全技术规范》JGJ 128、《建筑施工碗扣式钢管脚手架安全技术规范》JGJ 166 和《建筑施工承插型盘扣式支架安全技术规程》JGJ 231 的规定。悬挑式脚手架检查评定保证项目应包括：施工方案、悬挑钢梁、架体稳定、脚手板、荷载、交底与验收。一般项目应包括：杆件间距、架体防护、层间防护、构配件材质。

1）施工方案。编制专项施工方案或进行设计计算，专项施工方案按规定审核、审批，架体搭设不超过规范允许高度，专项施工方案按规定组织专家论证。

2）悬挑钢梁。钢梁截面高度按设计确定或截面型式符合设计和规范要求，钢梁固定段长度不小于悬挑段长度的 1.25 倍，钢梁外端设置钢丝绳或钢拉杆与上一层建筑结构拉结，钢梁锚固处结构强度、锚固措施符合设计和规范要求，钢梁间距按悬挑架体立杆纵距设置。

3）架体稳定。立杆底部与悬挑钢梁连接处采取可靠固定措施，承插式立杆接长采取螺栓或销钉固定，纵横向扫地杆的设置符合规范要求，在架体外侧设置连续式剪刀撑，按规定设置横向斜撑，架体按规定与建筑结构拉结。

4）脚手板。脚手板规格、材质符合要求，脚手板满铺或铺设严、牢、稳，无探头板。

5）荷载。脚手架施工荷载不超过设计规定，施工荷载堆放均匀。

6）交底与验收。架体搭设前进行交底或交底有文字记录，架体分段搭设、分段使用进行分段验收，架体搭设完毕办理验收手续，验收内容进行量化，或经责任人签字确认。

7）杆件间距。立杆间距、纵向水平杆步距不超过设计或规范要求，在立杆与纵向水平杆交点处设置横向水平杆，按脚手板铺设的需要增加设置横向水平杆。

8）架体防护。作业层防护栏杆符合规范要求，作业层架体外侧设置高度不小于 10mm 的挡脚板，架体外侧采用密目式安全网封闭或网间严密。

9）层间防护。作业层脚手板下采用安全平网兜底或作业层以下每隔 10m 采用安全平网封闭，作业层与建筑物之间进行封闭，架体底层沿建筑结构边缘，悬挑钢梁与悬挑钢梁之间采取封闭措施或封闭严，架体底层进行封闭或封闭严密。

10）构配件材质。型钢、钢管、构配件规格及材质符合规范要求，型钢、钢管、构配件等无弯曲、变形、锈蚀严重等现象。

（8）附着式升降脚手架

附着式升降脚手架检查评定应符合现行行业标准《建筑施工工具式脚手架安全技术规范》JGJ 202 的规定。附着式升降脚手架检查评定保证项目包括：施工方案、安全装置、架体构造、附着支座、架体安装、架体升降。一般项目包括：检查验收、脚手板、架体防护、安全作业。

1) 施工方案。编制专项施工方案或进行设计计算，专项施工方案按规定审核、审批，脚手架提升不超过规定允许高度，专项施工方案按规定组织专家论证。

2) 安全装置。采用防坠落装置或技术性能符合规范要求，防坠落装置与升降设备分别独立固定在建筑结构上，防坠落装置设置在竖向主框架处并与建筑结构附着，安装防倾覆装置或防倾覆装置符合规范要求，升降或使用工况，最上和最下两个防倾装置之间的最小间距符合规范要求，安装同步控制装置或技术性能符合规范要求。

3) 架体构造。架体高度不应大于 5 倍楼层高，架体宽度不应大于 1.2m，直线布置的架体支承跨度不应大于 7m 或折线、曲线布置的架体支撑跨度不应大于 5.4m，架体的水平悬挑长度不应大于 2m 或不大于跨度 1/2，架体悬臂高度不应大于架体高度/或不大于 6m，架体全高与支撑跨度的乘积大于 110m²。

4) 附着支座。按竖向主框架所覆盖的每个楼层设置一道附着支座，使用工况将竖向主框架与附着支座固定，升降工况将防倾、导向装置设置在附着支座上，附着支座与建筑结构连接固定方式符合规范要求。

5) 架体安装。主框架及水平支承桁架的节点采用焊接或螺栓连接，各杆件轴线交汇于节点，水平支承桁架的上弦及下弦之间设置的水平支撑杆件采用焊接或螺栓连接，架体立杆底端设置在水平支承桁架上弦杆件节点处，竖向主框架组装高度低于架体高度，架体外立面设置的连续式剪刀撑将竖向主框架、水平支承桁架和架体构架连成一体。

6) 架体升降。两跨以上架体升降采用手动升降设备，升降工况附着支座与建筑结构连接处混凝土强度达到设计和规范要求，升降工况架体上严禁施工荷载或有人员停留。

7) 检查验收。主要构配件进场进行验收，分区段安装、分区段使用进行分区段验收，架体搭设完毕办理验收手续，验收内容进行量化，或经责任人签字确认，架体提升前有检查记录，架体提升后、使用前履行验收手续或资料全。

8) 脚手板。脚手板满铺或铺设严、牢，作业层与建筑结构之间空隙封闭严密，脚手板规格、材质符合要求。

9) 架体防护。脚手架外侧采用密目式安全网封闭或网间连接严密，作业层防护栏杆符合规范要求，作业层设置高度不小于 10mm 的挡脚板。

10) 安全作业。操作前向有关技术人员和作业人员进行安全技术交底或交底有文字记录，作业人员经培训或定岗定责，安装拆除单位资质符合要求或特种作业人员持证上岗，安装、升降、拆除时设置安全警戒区及专人监护，荷载均匀，严禁超载。

（9）高处作业——吊篮

高处作业吊篮检查评定应符合现行行业标准《建筑施工工具式脚手架安全技术规范》JGJ 202 的规定。高处作业吊篮检查评定保证项目应包括：施工方案、安全装置、悬挂机构、钢丝绳、安装作业、升降作业。一般项目应包括：交底与验收、安全防护、吊篮稳定、荷载。

吊篮悬挂机构架设于建筑物或构筑物上，提升机驱动悬吊平台通过钢丝绳沿立面上下运行的一种非常设悬挂设备。吊篮由悬吊平台、悬挂机构、钢丝绳、提升机、安全锁、安全绳等组成。

1) 施工方案。编制专项施工方案或对吊篮支架支撑处结构的承载力进行验算，专项施工方案按规定审核、审批。

2）安全装置。安装防坠安全锁或安全锁设置到位有效，防坠安全锁不超过标定期限使用，设置挂设安全带专用安全绳及安全锁或安全绳固定在建筑物可靠位置，吊篮安装上限位装置或限位装置有效。

3）悬挂机构。悬挂机构前支架支撑在建筑物女儿墙上或挑檐边缘，前梁外伸长度符合产品产品说明书规定，前支架与支撑面垂直或脚轮受力，上支架固定在前支架调节杆与悬挑梁连接的节点处，使用破损的配重块或采用其他替代物，配重块固定或重量符合设计规定。

4）钢丝绳。钢丝绳无断丝、松股、硬弯、锈蚀或无油污附着物，安全钢丝绳规格、型号与工作钢丝绳相同或独立悬挂，安全钢丝绳悬垂，电焊作业时对钢丝绳采取保护措施。

5）安装作业。吊篮平台组装长度符合产品说明书和规范要求，吊篮组装的构配件是同一生产厂家的产品。

6）升降作业。操作升降人员经培训合格，吊篮内作业人员数量不超过额定人数，吊篮内作业人员将安全带用安全锁挂置在独立设置的专用安全绳上，作业人员从地面进出吊篮。

7）交底与验收。履行验收程序，验收表经责任人签字确认，验收内容进行量化，每天班前班后进行检查，吊篮安装使用前进行交底或交底留有文字记录。

8）安全防护。吊篮平台周边的防护栏杆或挡脚板的设置符合规范要求，多层或立体交叉作业设置防护顶板。

9）吊篮稳定。吊篮作业采取防摆动措施，吊篮钢丝绳垂直或吊篮距建筑物空隙符合要求。

10）荷载。施工荷载超过设计规定，荷载堆放均匀。

（10）基坑工程

基坑工程安全检查评定应符合现行国家标准《建筑基坑工程监测技术规范》GB 50497及现行行业标准《建筑基坑支护技术规程》JGJ 120和《建筑施工土石方工程安全技术规范》JGJ 180的规定。基坑工程检查评定保证项目应包括：施工方案、基坑支护、降排水、基坑开挖、坑边荷载、安全防护。一般项目应包括：基坑监测、支撑拆除、作业环境、应急预案。

1）施工方案。基坑工程编制专项施工方案，专项施工方案按规定审核、审批，超过一定规模条件的基坑工程专项施工方案按规定组织专家论证，基坑周边环境或施工条件发生变化，专项施工方案重新进行审核、审批。

2）基坑支护。人工开挖的狭窄基槽，开挖深度较大或存在边坡塌方危险采取支护措施，自然放坡的坡率符合专项施工方案和规范要求，基坑支护结构符合设计要求，支护结构水平位移达到设计报警值采取有效控制措施。

3）降排水。基坑开挖深度范围内有地下水采取有效的降排水措施，基坑边沿周围地面设排水沟或排水沟设置符合规范要求，放坡开挖对坡顶、坡面、坡脚采取降排水措施，基坑底四周设排水沟和集水井或排除积水及时。

4）基坑开挖。支护结构达到设计要求的强度提前开挖下层土方，按设计和施工方案的要求分层、分段开挖或开挖均衡，基坑开挖过程中采取防止碰撞支护结构或工程桩的有效措施，机械在软土场地作业，采取铺设渣土、砂石等硬化措施。

5）坑边荷载。基坑边堆置土、料具等荷载不超过基坑支护设计允许要求，施工机械与基坑边沿的安全距离符合设计要求。

6）安全防护。开挖深度2m及以上的基坑周边按规范要求设置防护栏杆或栏杆设置符合规范要求，基坑内设置供施工人员上下的专用梯道或梯道设置符合规范要求，降水井口设置防护盖板或围栏。

7）基坑监测。按要求进行基坑工程监测，基坑监测项目符合设计和规范要求，监测的时间间隔符合监测方案要求或监测结果变化速率较大加密观测次数，按设计要求提交监测报告或监测报告内容完整。

8）支撑拆除。基坑支撑结构的拆除方式、拆除顺序符合专项施工方案要求，机械拆除作业时，施工荷载大于支撑结构承载能力，人工拆除作业时，按规定设置防护设施，采用非常规拆除方式符合国家现行相关规范要求。

9）作业环境。基坑内土方机械、施工人员的安全距离符合规范要求，上下垂直作业采取防护措施，在各种管线范围内挖土作业设专人监护，作业区光线良好。

10）应急预案。按要求编制基坑工程应急预案或应急预案内容完整，应急组织机构健全或应急物资、材料、工具机具储备符合应急预案要求。

（11）模板支架

模板支架安全检查评定应符合现行行业标准《建筑施工模板安全技术规范》JGJ 162、《建筑施工件式钢管脚手架安全技术规范》JGJ 130、《建筑施工门式钢管脚手架安全技术规范》JGJ 128、《建筑施工碗扣式脚手架安全技术规范》JGJ 166和《建筑施工承插型盘扣式钢管支架安全技术规程》JGJ 231的规定。模板支架检查评定保证项目应包括：施工方案、支架基础、支架构造、支架稳定、施工荷载、交底与验收。一般项目应包括：杆件连接、底座与托撑、构配件材质、支架拆除。

1）施工方案。按编制专项施工方案或结构设计经计算，专项施工方案经审核、审批，超规模模板支架专项施工方案按规定组织专家论证。

2）支架基础。基础坚实平整、承载力符合专项施工方案要求，支架底部设置垫板或垫板的规格符合规范要求，支架底部按规范要求设置底座，按规范要求设置扫地杆，采取排水措施，支架设在楼面结构上时，对楼面结构的承载力进行验算或楼面结构下方采取加固措施。

3）支架构造。立杆纵、横间距大于设计和规范要求，水平杆步距大于设计和规范要求，水平杆连续设置，按规范要求设置竖向剪刀撑或专用斜杆，按规范要求设置水平剪刀撑或专用水平斜杆，剪刀撑或斜杆设置符合规范要求。

4）支架稳定。支架高宽比不超过规范要求采取与建筑结构刚性连结或增加架体宽度等措施，立杆伸出顶层水平杆的长度超过规范要求，浇筑混凝土对支架的基础沉降、架体变形采取监测措施。

5）施工荷载。荷载堆放均匀，施工荷载不超过设计规定，浇筑混凝土对混凝土堆积高度进行控制。

6）交底与验收。支架搭设、拆除前进行交底或无文字记录，架体搭设完毕办理验收手续，验收内容进行量化，或经责任人签字确认。

7）杆件连接。立杆连接符合规范要求，水平杆连接符合规范要求，剪刀撑斜杆接长符合规范要求，杆件各连接点的紧固符合规范要求。

8）底座与托撑。螺杆直径与立杆内径匹配，螺杆旋入螺母内的长度或外伸长度符合规范要求。

9）构配件材质。钢管、构配件的规格、型号、材质符合规范要求，杆件弯曲、变形、锈蚀严重。

10）支架拆除。支架拆除前确认混凝土强度达到设要求，按规定设置警戒区或设置专人监护。

（12）高处作业

高处作业检查评定应符合现行国家标准《安全网》GB 5725、《安全帽》GB 2811、《安全带》GB 6095 和现行行业标准《建筑施工高处作业安全技术规范》JGJ 80 的规定。高处作业检查评定项目应包括：安全帽、安全网、安全带、临边防护、洞口防护、通道口防护、攀登作业、悬空作业、移动式操作平台、悬挑式物料钢平台。

1）安全帽。施工现场人员戴安全帽，按标准佩戴安全帽，安全帽质量符合现行国家相关标准的要求。

2）安全网。在建工程外脚手架架体外侧采用密目式安全网封闭或网间连接严密，安全网质量符合现行国家相关标准的要求。

3）安全带。高处作业人员按规定系挂安全带，安全带系挂符合要求，安全带质量符合现行国家相关标准的要求。

4）临边防护。工作面边沿设置临边防护，临边防护设施的构造、强度符合规范要求，防护设施形成定型化、工具式。

5）洞口防护。在建工程的孔、洞采取防护措施，防护措施、设施符合要求或严密，防护设施形成用定型化、工具式，电梯井内按每隔两层且大于10m设置安全平网。

6）通道口防护。搭设防护棚或防护严、牢固，防护棚两侧进行封闭，防护棚宽度不小于通道口宽度，防护棚长度符合要求，建筑物高度超过4m，防护棚顶采用双层防护，防护棚的材质符合规范要求。

7）攀登作业。移动式梯子的梯脚底部垫高使用，折梯使用可靠拉撑装置，梯子的材质或制作质量符合规范要求。

8）悬空作业。悬空作业处设置防护栏杆或其他可靠的安全设施，悬空作业所用的索具、吊具等经验收，悬空作业人员系挂安全带或佩带工具袋。

9）移动式操作平台。操作平台按规定进行设计计算，移动式操作平台，轮子与平台的连接牢固可靠或立柱底端距离地面超过80mm，操作平台的组装符合设计和规范要求，平台台面铺板严密，操作平台四周按规定设置防护栏杆或设置登高扶梯，操作平台的材质符合规范要求。

10）悬挑式物料钢平台。编制专项施工方案或经设计计算，悬挑式钢平台的下部支撑系统或上部拉结点，设置在建筑结构上，斜拉杆或钢丝绳按要求在平台两侧各设置两道，钢平台按要求设置固定的防护栏杆或挡脚板，钢平台台面铺板严或钢平台与建筑结构之间铺板严密，在平台明显处设置荷载限定标牌。

5. 施工机械部分

施工机械主要有物料提升机、施工升降机、塔式起重机、起重吊装、施工机具等。

（1）物料提升机

物料提升机检查评定应符合现行行业标准《龙门架及井架物料提升机安全技术规范》JGJ 88 的规定。物料提升机检查评定保证项目包括：安全装置、防护设施、附墙架与缆风绳、钢丝绳、安拆、验收与使用。一般项目包括：基础与导轨架、动力与传动、通信装置、卷扬机操作棚、避雷装置。

1）安全装置。安装起重量限制器、防坠安全器，起重量限制器、防坠安全器灵敏，安全停层装置符合规范要求或达到定型化，安装上行程限位，上行程限位灵敏、安全越程符合规范要求 物料提升机安装高度超过 30m 安装渐进式防坠安全器、自动停层、语音及影像信号监控装置。

2）防护设施。设置防护围栏或设置符合规范要求，设置进料口防护棚或设置符合规范要求，停层平台两侧设置防护栏杆、挡脚板，停层平台脚手板铺设严、牢，安装平台门或平台门起作用，平台门达到定型化，吊笼门符合规范要求。

3）附墙架与缆风绳。附墙架结构、材质、间距符合产品说明书要求，附墙架与建筑结构可靠连接，缆风绳设置数量、位置符合规范要求，缆风绳使用钢丝绳或与地锚连接，钢丝绳直径不小于 9.3mm 或角度符合 45°～60°要求，安装高度超过 30m 的物料提升机使用缆风绳，地锚设置符合规范要求。

4）钢丝绳。钢丝绳磨损、变形、锈蚀未达到报废标准，钢丝绳绳夹设置符合规范要求，吊笼处于最低位置，卷筒上钢丝绳不少于 3 圈，设置钢丝绳过路保护措施或钢丝绳拖地。

5）安拆、验收与使用。安装、拆卸单位取得专业承包资质和安全生产许可证，制订专项施工方案或经审核、审批，履行验收程序或验收表经责任人签字，安装、拆除人员及司机持证上岗，物料提升机作业前按规定进行例行检查或填写检查记录，实行多班作业按规定填写交接班记录。

6）基础与导轨架。基础的承载力、平整度符合规范要求，基础周边设排水设施，导轨架垂直度偏差不大于导轨架高度 0.1%，井架停层平台通道处的结构采取加强措施分。

7）动力与传动。卷扬机、曳引机安装牢固，卷筒与导轨架底部导向轮的距离不小于 20 倍卷筒宽度设置排绳器，钢丝绳在卷筒上排列整齐，滑轮与导轨架、吊笼采用刚性连接，滑轮与钢丝绳匹配，卷筒、滑轮设置防止钢丝绳脱出装置，曳引钢丝绳为根及以上时，设置曳引力平衡装置。

8）通信装置。按规范要求设置通信装置，通信装置信号显示清晰。

9）卷扬机操作棚。设置卷扬机操作棚，操作棚搭设符合规范要求。

10）避雷装置。物料提升机在其他防雷保护范围以外设置避雷装置，避雷装置符合规范要求。

（2）施工升降机

施工升降机检查评定应符合现行国家标准《施工升降机安全规程》GB 10055—2007 和现行行业标准《建筑施工升降机安装、使用、拆卸安全技术规程》JGJ 215—2010 的规定。施工升降机检查评定保证项目包括：安全装置、限位装置、防护设施、附墙架、钢丝绳、滑轮与对重、安拆、验收与使用。一般项目包括：导轨架、基础、电气安全、通信装置。

1）安全装置。安装起重量限制器或起重量限制器灵敏，安装渐进式防坠安全器或防坠安全器灵敏，防坠安全器未超过有效标定期限，对重钢丝绳安装防松绳装置或防松绳装置灵敏，安装急停开关或急停开关符合规范要求，安装吊笼和对重缓冲器或缓冲器符合规范要求，SC型施工升降机安装安全钩。

2）限位装置。安装极限开关或极限开关灵敏，安装上限位开关或上限位开关灵敏，安装下限位开关或下限位开关灵敏，极限开关与上限位开关安全越程符合规范要求，极限开关与上、下限位开关共用一个触发元件，安装吊笼门机电联锁装置或灵敏，安装吊笼顶窗电气安全开关或灵敏。

3）防护设施。设置地面防护围栏或设置符合规范要求，安装地面防护围栏门联锁保护装置或联锁保护装置灵敏，设置出入口防护棚或设置符合规范要求，停层平台搭设符合规范要求，安装层门或层门起作用，层门符合规范要求、达到定型化。

4）附墙架。附墙架采用非配套标准产品进行设计计算，附墙架与建筑结构连接方式、角度符合说明书要求，附墙架间距、最高附着点以上导轨架的自由高度超过说明书要求。

5）钢丝绳、滑轮与对重。对重钢丝绳绳数不少于2根或相对独立，钢丝绳磨损、变形、锈蚀达到报废标准，钢丝绳的规格、固定符合说明书及规范要求，滑轮安装钢丝绳防脱装置或符合规范要求，对重重量、固定符合说明书及规范要求，对重安装防脱轨保护装置。

6）安拆、验收与使用。安装、拆卸单位取得专业承包资质和安全生产许可证，编制安装、拆卸专项方案或专项方案经审核、审批，履行验收程序或验收表经责任人签字，安装、拆除人员及司机持证上岗，施工升降机作业前按规定进行例行检查，填写检查记录，实行多班作业按规定填写交接班记录。

7）导轨架。导轨架垂直度符合规范要求，标准节质量符合说明书及规范要求，对重导轨符合规范要求，标准节连接螺栓使用符合说明书及规范要求。

8）基础。基础制作、验收符合说明书及规范要求，基础设置在地下室顶板或楼面结构上，对其支承结构进行承载力验算，基础设置排水设施。

9）电气安全。施工升降机与架空线路符合规范要求距离采取防护措施，防护措施符合规范要求，设置电缆导向架或设置符合规范要求，施工升降机在防雷保护范围以外设置避雷装置，避雷装置符合规范要求。

10）通信装置。安装楼层信号联络装置，楼层联络信号清晰。

（3）塔式起重机

塔式起重机检查评定应符合现行国家标准《塔式起重机安全规程》GB 5144—2006和现行行业标准《建筑施工塔式起重机安装、使用、拆卸安全技术规程》JGJ 196—2010的规定。塔式起重机检查评定保证项目包括：载荷限制装置、行程限位装置、保护装置、吊钩、滑轮、卷筒与钢丝绳、多塔作业、安拆、验收与使用。一般项目包括：附着装置、基础与轨道、结构设施、电气安全。

1）载荷限制装置。安装起重量限制器且灵敏，安装力矩限制器且灵敏。

2）行程限位装置。安装起升高度限位器且灵敏，起升高度限位器的安全越程符合规范要求，安装幅度限位器且灵敏，回转设集电器的塔式起重机安装回转限位器且灵敏，行走式塔式起重机安装行走限位器且灵敏。

3）保护装置。小车变幅的塔式起重机安装断绳保护及断轴保护装置，行走及小车变幅的轨道行程末端安装缓冲器及止挡装置或符合规范要求，起重臂根部绞点高度大于50m的塔式起重机安装风速仪或灵敏，塔式起重机顶部高度大于30m且高于周围建筑物安装障碍指示灯。

4）吊钩、滑轮、卷筒与钢丝绳。吊钩安装钢丝绳防脱钩装置或符合规范要求，吊钩磨损、变形达到报废标准，滑轮、卷筒安装钢丝绳防脱装置或符合规范要求，滑轮及卷筒磨损未达到报废标准，钢丝绳磨损、变形、锈蚀未达到报废标准，钢丝绳的规格、固定、缠绕符合说明书及规范要求。

5）多塔作业。多塔作业制订专项施工方案或施工方案经审批，任意两台塔式起重机之间的最小架设距离符合规范要求。

6）安拆、验收与使用。安装、拆卸单位取得专业承包资质和安全生产许可证，制订安装、拆卸专项方案，方案经审核、审批，履行验收程序或验收表经责任人签字，安装、拆除人员及司机、指挥持证上岗，塔式起重机作业前按规定进行例行检查，填写检查记录，实行多班作业按规定填写交接班记录。

7）附着装置。塔式起重机高度未超过规定安装附着装置，附着装置水平距离满足说明书要求进行设计计算和审批，安装内爬式塔式起重机的建筑承载结构进行承载力验算，附着装置安装符合说明书及规范要求，附着前和附着后塔身垂直度符合规范要求。

8）基础与轨道。塔式起重机基础按说明书及有关规定设计、检测、验收，基础设置排水措施，路基箱或枕木铺设符合说明书及规范要求，轨道铺设符合说明书及规范要求。

9）结构设施。主要结构件的变形、锈蚀符合规范要求，平台、走道、梯子、护栏的设置符合规范要求，高强螺栓、销轴、紧固件的紧固、连接符合规范要求。

10）电气安全。采用TN-S接零保护系统供电，塔式起重机与架空线路安全距离符合规范要求，采取防护措施，防护措施符合规范要求，安装避雷接地装置，避雷接地装置符合规范要求，电缆使用及固定符合规范要求。

（4）起重吊装

起重吊装检查评定应符合现行国家标准《起重机械安全规程》GB 6067的规定。起重吊装检查评定保证项目包括：施工方案、起重机械、钢丝绳与地锚、索具、作业环境、作业人员。一般项目包括：起重吊装、高处作业、构件码放、警戒监护。

1）施工方案。编制专项施工方案或专项施工方案经审核、审批，超规模的起重吊装专项施工方案按规定组织专家论证。

2）起重机械。安装荷载限制装置，灵敏度符合要求。安装行程限位装置，灵敏度符合要求。起重拔杆组装符合设计要求，起重拔杆组装后履行验收程序，责任人要在验收表上签字。

3）钢丝绳与地锚。钢丝绳磨损、断丝、变形、锈蚀达到报废标准必须报废。钢丝绳规格符合起重机说明书要求。吊钩、卷筒、滑轮磨损达到报废标准必须强制报废，吊钩、卷筒、滑轮安装钢丝绳防脱装置。起重拔杆的缆风绳、地锚设置符合设计要求。

4）索具。索具采用编结连接时，编结部分的长度符合规范要求，索具采用绳夹连接时，绳夹的规格、数量及绳夹间距符合规范要求，索具安全系数符合规范要求，吊索规格匹配或机械性能符合设计要求。

5）作业环境。起重机行走作业处地面承载能力符合说明书要求或采用有效加固措施，起重机与架空线路安全距离符合规范要求。

6）作业人员。起重机司机持证操作，操作证与操作机型相符。设置专职信号指挥和司索人员，作业前按规定进行安全技术交底或交底形成文字记录。

7）起重吊装。多台起重机同时起吊一个构件时，单台起重机所承受的荷载符合专项施工方案要求，吊索系挂点符合专项施工方案要求，起重机作业时起重臂下严禁有人停留或吊运重物从人的正上方通过，起重机吊具载运人员操作规范，吊运易散落物件使用吊笼。

8）高处作业。按规定设置高处作业平台，高处作业平台设置符合规范要求，按规定设置爬梯或爬梯的强度、构造符合规范要求。按规定设置安全带悬挂点。

9）构件码放。构件码放荷载不超过作业面承载能力，构件码放高度超过规定要求。大型构件码放有稳定措施。

10）警戒监护。按规定设置作业警戒区，警戒区设专人监护。

9.3.2 检查评分方法

（1）建筑施工安全检查评定中，保证项目应全数检查。

（2）建筑施工安全检查评定应符合《建筑施工安全检查标准》JGJ 59—2011 第 3 章中各检查评定项目的有关规定，并应按本标准附录 A、B（参见本书附录 2、附录 3）的评分表进行评分。检查评分表应分为安全管理、文明施工、脚手架、基坑工程、模板支架、高处作业、施工用电、物料提升机与施工升降机、塔式起重机与起重吊装、施工机具分项检查评分表和检查评分汇总表。

（3）各评分表的评分应符合下列规定：

1）分项检查评分表和检查评分汇总表的满分分值均应为 100 分，评分表的实得分值应为各检查项目所得分值之和；

2）评分应采用扣减分值的方法，扣减分值总和不得超过该检查项目的应得分值；

3）当按分项检查评分表评分时，保证项目中有一项未得分或者保证项目小计得分不足 40 分，此分项检查评分表不应得分；

4）检查评分汇总表中各分项项目实得分值应按下式计算：

$$A_1 = B \times C / 100$$

式中 A_1——汇总表各分项项目实得分值；

    B——汇总表中该项应得满分值；

    C——该项检查评分表实得分值。

5）当评分遇有缺项时，分项检查评分表或检查评分汇总表的总得分值应按下式计算：

$$A_2 = 100 \times D / E$$

式中 A_2——遇有缺项时总得分值；

    D——实查项目在该表的实得分值之和；

    E——实查项目在该表的应得满分值之和。

6）脚手架、物料提升机与施工升降机、塔式起重机与起重吊装项目的实得分值，应为所对应专业的分项检查评分表实得分值的算术平均值。

9.3.3 等级划分原则

《建筑施工安全检查标准》评定等级：

（1）应按汇总表总得分和分项检查评分表的得分，对建筑施工安全检查评定划分为优良、合格、不合格三个等级。

（2）建筑施工安全检查评定的等级划分应符合下列规定：

1）优良：

① 分项检查评分表无零分，

② 汇总表得分值应在 80 分及以上。

2）合格：

① 分项检查评分表无零分，

② 汇总表得分值应在 80 分以下，70 分及以上。

3）不合格：

① 当汇总表得分值不足 70 分时；

② 当有一分项检查评分表得零分时。

（3）当建筑施工安全检查评定的等级为不合格时，必须限期整改达到合格。

9.4 施工机械的安全检查和评价

9.4.1 施工机械使用安全常识

（1）塔机、物料提升机、施工电梯、桩机、整体提升脚手架等起重机械设备应经验收合格后，方能投入使用。

（2）人货电梯应有限载重量合乘载人数的提示标志，并严格遵守。

（3）无特种作业操作证人员，不准操作机械电器设备。

（4）井架提升机严禁载人。

（5）运载提升机要停置平稳后方可开启安全门，进出要随手开好安全门，做到门不关，机不走。

（6）严禁提升机未到停层位置或未停稳就开启上料平台的安全门；严禁在上料平台上向安全门外探头张望；严禁在平台上向下抛扔物件。

（7）起重吊运指挥信号分为手势、旗语和音响信号（包括对讲机）。

（8）起重吊装物体禁止从人的头顶越过，吊装臂下严禁站人。

（9）各类机具的传动部位都必须有防护装置。平刨应有护手安全装置；木工断料机（圆盘锯）要有挡板装置；砂轮机严禁正面操作。

（10）各种机械设备都必须设置安全操作规程，并严格按操作规程操作。

（11）手持电动工具不得随意接长电源线或更改插头。

（12）钢筋冷拉作业区必须设置防护挡板隔离。并设警示标志，严禁非工作人员停留。

（13）机械操作工的"十字"作业是：清洁、润滑、调整、紧固、防腐。

（14）施工现场机械操作人员要"三懂四会"：懂原理、懂性能、懂构造、懂用途；会操作、会维修保养、会排除故障。

（15）操作旋转机械设备的人员应穿"三紧"（袖口紧、下摆紧、裤脚紧）工作服；不准戴手套、围巾。

（16）女工的发辫要盘在工作帽内，不准露出帽外。

（17）焊接、穿凿等作业人员必须按规定戴好防护眼镜。

（18）水泥砂浆机拌料，严禁踩踏在砂浆机搁栅上进料。

（19）发现手持电动工具外壳、手柄破裂、应停止使用，进行更换。

（20）混凝土搅拌机运转中不准用工具伸入搅拌桶内扒料。

（21）机械挖掘土方，人员不得在机械回转半径内作业。

（22）施工现场机械设备严禁使用倒顺开关。

9.4.2 起重吊装作业安全常识

（1）起重作业前

1）对从事指挥和操作的人员进行专人指定。

2）对起重吊具进行安全检查确认，确保处于完好状态（如：吊钩保险扣是否有效、钢丝绳是否有断丝断股现象、U形环是否有滑丝脱扣现象）。

3）对安全措施落实情况及吊装环境进行确认。

4）对吊装区域内的安全状况进行检查（包括吊装区域的划定、标识、障碍、警戒区等）。

5）正确佩戴个人防护用品；预测可能出现的事故，采取有效的预防措施，选择安全逃生通道。

（2）起重作业过程中

1）起重作业时必须明确指挥人员，指挥人员应佩戴明显的标志。

2）起重指挥必须按规定的指挥信号进行指挥，其他作业人员应清楚吊装安全操作规程和指挥信号。

3）起重指挥应严格执行吊装安全操作规程。

4）正式起吊前应进行试吊，试吊中检查全部机具受力情况，发现问题应先将工件放回地面，故障排除后重新试吊，确认一切正常，方可正式吊装。

5）吊装过程中，出现故障，应立即向指挥者报告，没有指令，任何人不得擅自离开岗位。

6）起吊重物就位前，不许解开吊装索具；任何人不准随同吊装设备或吊装机具升降。

7）严禁在风速5级以上时进行吊装作业。

8）不得在雨、雾天吊装；在吊装过程中，如因故中断，必须采取安全措施，不得使设备或构件悬空过夜。

9）起吊物件落下的位置，必须用方木或其他材料进行支垫，确保物件落下后顺利抽取钢丝绳。

（3）起重作业完毕将吊索、吊具收回放置于规定的地方，并对其进行检查、维护。

起重吊装事故的预防措施：

1）防落物伤人

① 高空往地面运输物件时，应用绳捆好吊下。吊装时，不得在构件上堆放或悬挂零星物件。零星材料和物件必须用吊笼或钢丝绳、保险绳捆扎牢固后才能吊运和传递，不得随意抛掷材料物体、工具，防止滑脱伤人或意外事故。

② 构件必须绑扎牢固，起吊点应通过构件的重心位置，吊升时应平稳，避免振动或摆动。

③ 起吊构件时，速度不应太快，不得在高空停留过久，严禁猛升猛降，以防构件脱落。

④ 构件就位后临时固定前，不得松钩、解开吊装索具。构件固定后，应检查连接牢固和稳定情况，当连接确定安全可靠，才可拆除临时固定工具和进行下步吊装。

⑤ 风雪天、霜雾天和雨天严禁吊装作业，夜间作业应有充分照明。

2）起重作业"十不吊"原则

① 被吊物重量超过机械性能允许范围不准吊。

② 信号不清不准吊。

③ 吊物下方有人站立不准吊。

④ 吊物上站人不准吊。

⑤ 埋在地下的物品不准吊。

⑥ 斜拉斜牵物不准吊。

⑦ 散物捆绑不牢不准吊。

⑧ 零散物不装容器不准吊。

⑨ 吊物重量不明、吊索具不符合规定不准吊。

⑩ 五级以上大风、大雾天影响视力和大雨雪时不准吊。

9.4.3 中小型施工机械所用的安全常识

施工机械的使用必须按"定人、定机"制度执行。操作人员必须经培训合格，方可上岗作业，其他人员不得擅自使用。机械使用前，必须对机械设备进行检查各部位确认完好无损；并空载试运行，符合安全技术要求，方可使用。

施工现场机械设备必须按其控制的要求，配备符合规定的控制设备，严禁使用倒顺开关。在使用机械设备时，必须严格按安全操作规程，严禁违章作业；发现有故障，或者有异常响动，或者温度异常升高，都必须立即停机；经过专业人员维修，并检验合格后，方可重新投入使用。

操作人员应做到"调整、紧固、润滑、清洁、防腐"十字作业的要求，按有关要求对机械设备进行保养。操作人员在作业时，不得擅自离开工作岗位。下班时，应先将机械停止运行，然后断开电源，锁好电箱，方可离开。

（1）混凝土（砂浆）搅拌机

1）搅拌机的安装一定要平稳、牢固。长期固定使用时，应埋置地脚螺栓；在短期使用时，应在机座上铺设木枕或撑架找平牢固放置。

2）料斗提升时，严禁在料斗下工作或穿行。清理料斗坑时，必须先切断电源，锁好电箱，并将料斗双保险钩挂牢或插上保险插销。

3）运转时，严禁将头或手伸入料斗与机架之间查看，不得用工具或物件伸进搅拌桶内。

4）运转中严禁保养维修。维修保养搅拌机，必须拉闸断电，锁好电箱挂好"有人工作严禁合闸"牌，并有专人监护。

（2）混凝土振动器

混凝土振动器常用的有插入式和平板式。

1）振动器应安装漏电保护装置，保护接零应牢固可靠。作业时操作人员应穿戴绝缘胶鞋和绝缘手套。

2）使用前，应检查各部位无损伤，并确认连接牢固，旋转方向正确。

3）电缆线应满足操作所需的长度。严禁用电缆线拖拉或吊挂振动器。振动器不得在初凝的混凝土、地板、脚手架和干硬的地面上进行试振。在检修或作业间断时，应断开电源。

4）作业时，振动棒软管的弯曲半径不得小于500mm，并不得多于两个弯，操作时应将振动棒垂直地沉入混凝土，不得用力硬插、斜推或让钢筋夹住棒头，也不得全部插入混凝土中，插入深度不应超过棒长的3/4，不宜触及钢筋、芯管及预埋件。

5）作业停止需移动振动器时，应先关闭电动机，再切断电源。不得用软管拖拉电动机。

6）平板式振动器工作时，应使平板与混凝土保持接触，待表面出浆，不再下沉后，即可缓慢移动；运转时，不得搁置在已凝或初凝的混凝土上。

7）移动平板式振动器应使用干燥绝缘的拉绳，不得用脚踢电动机。

（3）钢筋切断机

1）机械未达到正常转速时，不得切料。切料时，应使用切刀的中、下部位，紧握钢筋对准刃口迅速投入，操作者应站在固定刀片一侧用力压住钢筋，应防止钢筋末端弹出伤人。严禁用两手分在刀片两边握住钢筋俯身送料。

2）不得剪切直径及强度超过机械铭牌规定的钢筋和烧红的钢筋。一次切断多根钢筋时，其总截面积应在规定范围内。

3）切断短料时，手和切刀之间的距离应保持在150mm以上，如手握端小于400mm时，应采用套管或夹具将钢筋短头压住或夹牢。

4）运转中严禁用手直接清除切刀附近的断头和杂物。钢筋摆动周围和切刀周围，不得停留非操作人员。

（4）钢筋弯曲机

1）应按加工钢筋的直径和弯曲半径的要求，装好相应规格的芯轴和成型轴、挡铁轴。芯轴直径应为钢筋直径的2.5倍。挡铁轴应有轴套，挡铁轴的直径和强度不得小于被弯钢筋的直径和强度。

2）作业时，应将钢筋需弯曲一端插入在转盘固定销的间隙内，另一端紧靠机身固定销，并用手压紧；应检查机身固定销并确认安放在挡住钢筋的一侧，方可开动。

3）作业中，严禁更换轴芯、销子和变换角度以及调整，也不得进行清扫和加油。

4）对超过机械铭牌规定直径的钢筋严禁进行弯曲。不直的钢筋，不得在弯曲机上弯曲。

5）在弯曲钢筋的作业半径内和机身不设固定销的一侧严禁站人。

6）转盘换向时，应待停稳后进行。

7）作业后，应及时清除转盘及插入座孔内的铁锈、杂物等。

（5）钢筋调直切断机

1）应按调直钢筋的直径，选用适当的调直块及传动速度。调直块的孔径应比钢筋直径大2～5mm，传动速度应根据钢筋直径选用，直径大的宜选用慢速，经调试合格，方可作业。

2）在调直块未固定、防护罩未盖好前不得送料。作业中严禁打开各部防护罩并调整间隙。

3）当钢筋送入后，手与轮应保持一定的距离，不得接近。

4）送料前应不直的钢筋端头切除。导向筒前应安装一根1m长的钢管，钢筋应穿过钢管再送入调直前端的导孔内。

（6）钢筋冷拉机

1）卷扬机的位置应使操作人员能见到全部的冷拉场地，卷扬机与冷拉中线的距离不得少于5m。

2）冷拉场地应在两端地锚外侧设置警戒区，并应安装防护栏及醒目的警示标志。严禁非作业人员在此停留。操作人员在作业时必须离开钢筋2m以外。

3）卷扬机操作人员必须看到指挥人员发出的信号，并待所有的人员离开危险区后方可作业。冷拉应缓慢、均匀。当有停车信号或遇到有人进入危险区时，应立即停拉，并稍稍放松卷扬机钢丝绳。

4）夜间作业的照明设施，应装设在张拉危险区外。当需要装设在场地上空时，其高度就超过5m。灯泡应加防护罩。

（7）圆盘锯

1）锯片必须平整，锯齿尖锐，不得连续缺齿2个，裂纹长度不得超过20mm。

2）被锯木料厚度，以锯片能露出木料10～20mm为限。

3）启动后，必须等待转速正常后，方可进行锯料。

4）送料时，不得将木料左右晃动或者高抬，遇木节时要慢送料。锯料长度不小于500mm。接近端头时，应用推棍送料。

5）若锯线走偏，应逐渐纠正，不得猛扳。

6）操作人员不应站在锯片同一直线上操作。手臂不得跨越锯片工作。

（8）蛙式夯实机

1）夯实作业时，应一人扶夯，一人传递电缆线，且必须戴绝缘手套和穿绝缘鞋。电缆线不得扭结或缠绕，且不得张拉过紧，应保持有3～4m的余量。移动时，应将电缆线移至夯机后方，不得隔机扔电缆线，当转向困难时，应停机调整。

2）作业时，手握扶手应保持机身平衡，不得用力向后压，并应随时调整行进方向。转弯时不利用力过猛，不得急转弯。

3）夯实填高土方时，应在边缘以内100～150mm夯实2～3遍后，再夯实边缘。

① 在较大基坑作业时，不得在斜坡上夯行，应避免造成夯头后折。

② 夯实房心土时，夯板应避开房心地下构筑物、钢筋混凝土桩、机座及地下管道等。

③ 在建筑物内部作业时，夯板或偏心块不得打在墙壁上。

④ 多机作业时，基平列间距不得小于 5m，前后间距不得小于 10m。

⑤ 夯机前进方向和夯机四周 1m 范围内，不得站立非操作人员。

（9）振动冲击夯

1）内燃冲击夯起动后，内燃机应怠速运转 3～5min，然后逐渐加大油门，待夯机跳动稳定后，方可作业。

2）电动冲击夯在接通电源启动后，应检查电动机旋转方向，有错误时应倒换相联系线。

3）作业时应正确掌握夯机，不得倾斜，手把不宜握得过紧，能控制夯机前进速度即可。

4）正常作业进，不得使劲往下压手把，影响夯机跳起高度。在较松的填料上作业或上坡时，可将手把稍向下压，并应能增加夯机前进速度。

5）电动冲击夯操作人员必须戴绝缘手套，穿绝缘鞋。作业时，电缆线不应拉得过紧，应经常检查线头安装，不得松动及引起漏电。严禁冒雨作业。

（10）潜水泵

1）潜水泵宜先装在坚固的篮筐里再放入水中，亦可在水中将泵的四周设立坚固的防护围网。泵应直立于水中，水深不得小于 0.5m，不得在含有泥沙的水中使用。

2）潜水泵放入水中或提出水面时，应先切断电源，严禁拉拽电缆或出水管。

3）潜水泵应装设保护接零和漏电保护装置，工作时泵周围 30m 以内水面，不得有人、畜进入。

4）应经常观察水位变化，叶轮中心至水平距离应在 0.5～3.0m 之间，泵体不得陷入污泥或露出水面。电缆不得与井壁、池壁相擦。

5）每周应测定一次电动机定子绕组的绝缘电阻，其值应无下降。

（11）交流电焊机

1）外壳必须有保护接零，应有二次空载降压保护器和触电保护器。

2）电源应使用自动开关，接线板应无损坏，有防护罩。一次线长度不超过 5m，二次线长度不得超过 30m。

3）焊接现场 10m 范围内，不得有易燃、易爆物品。

4）雨天不得室外作业。在潮湿地点焊接时，要站在胶板或其他绝缘材料上。

5）移动电焊机时，应切断电源，不得用拖拉电缆的方法移动。当焊接中突然停电时，应立即切断电源。

（12）气焊设备

1）氧气瓶与乙炔瓶使用时间距不得小于 5m，存放时间距不得小于 3m，并且距高温、明火等不得小于 10m；达不到上述要求时，应采取隔离措施。

2）乙炔瓶存放和使用必须立放，严禁倒放。

3）在移动气瓶时，应使用专门的抬架或小推车；严禁氧气瓶与乙炔瓶混合搬运；禁止直接使用钢丝绳、链条。

4）开关气瓶应使用专用工具。

5）严禁敲击、碰撞气瓶，作业人员工作时不得吸烟。

9.4.4　施工机械监控与管理

（1）执行《建筑机械使用安全技术规程》JGJ 33—2012、《手持式电动工具的管理、使用、检查和维修安全技术规程》GB 3787—2006、《铁路工程基本作业施工安全技术规程》TB 10301—2009、《铁路路基工程施工安全技术规程》TB 10302—2009 、《铁路桥涵工程施工安全技术规程》TB 10303—2009 、《铁路隧道工程施工安全技术规程》TB 10304—2009 制定机械作业安全操作规程，组织培训和安全交底，严禁违章作业，无证操作；

（2）合理选用机械设备，进行机械设备安全技术评价和验收；

（3）严格执行岗位责任制和"机械三定"制度，专人负责机械设备的使用和维修；

（4）确保安全保护装置齐全有效，在安全保护装置失效或临时解除未恢复之前不得运转作业；

（5）机械的操作、指挥人员必须具有高度事业心和责任心，严格遵守操作规程和指挥程序，杜绝违章操作和违章指挥，对违反安全操作规程可能引起机械损伤或机械事故的指挥，操作工必须拒绝执行；

（6）操作人员必须按规定佩戴安全防护用品；

（7）加大对报废延期使用和已到大修间隔期而因各种原因未安排大修等超期服役机械的监测和检查力度，定期组织进行检验，确保机械经常处于良好的技术状态；

（8）加大机械设备的维护保养力度，确保机械设备经常处于良好的技术状况，严禁机械设备带病运行；

（9）机械设备的使用必须严格遵守操作、使用和维护规程，严禁超负荷使用；

（10）按《建筑施工安全检查标准》JGJ59—2011 等标准进行安全检查、监测，对发现的问题及时督促整改，并对整改情况进行验证。

9.4.5　施工机械的检查评分表（表 9-1）

施工机械安全检查评分表　　　　　　　　　　　　　表 9-1

单位名称：　　　　　　　　　　　　　　　　　检查时间：　　　　年　月　日

序号	检查项目	扣　分　标　准	应得分数	实得分数	备注
1	通用要求	1. 没制定安全操作规程的扣 10 分 2. 单机设备没挂安全操作规程牌的扣 5 分 3. 没按"一机一闸一保护"安装的扣 5 分 4. 设备没做接零（接地）保护和漏电保护器的,扣 10 分 5. 外露传动部位无安全防护罩的扣 5 分 6. 露天设备没有防雨设施的扣 5 分 7. 超高设备无防雷措施的扣 5 分	10		
2	电焊机	1. 电焊机未做保护接零、无漏电保护器的扣 2 分 2. 一次线长度超过规定或不穿管保护的扣 2 分 3. 焊把线接头超过 3 处或绝缘老化的每一台扣 5 分 4. 电源不使用自动开关的扣 3 分 5. 电焊工没穿工作服的扣 5 分 6. 无二次空载降压保护器或无触电保护器的扣 5 分	10		
3	木工机具	1. 工作完毕时，没拉闸断电的扣 10 分 2. 工作完毕后，没清理木屑的扣 5 分 3. 设备周围有烟头扣 5 分 4. 未做保护接零、无漏电保护器的各扣 5 分	10		

序号	检查项目	扣　分　标　准	应得分数	实得分数	备注
4	乙炔瓶、氧气瓶、压力容器	1. 压力容器没按规定年审的,每有一台扣2分 2. 乙炔瓶没有防回火装置的,每有一个扣2分 3. 乙炔瓶、氧气瓶使用时与明火距离小于10m,无防护措施的扣10分 4. 乙炔瓶、氧气瓶放置及储存不符合规定的扣5分 5. 夏天作业,气瓶没有防晒设施的扣5分	10		
5	手持电动工具	1. 1类手持电动工具无保护接零的扣10分 2. 手持电动机具随意接长电源线或更换插头的扣5分 3. 使用1类手持电动工具不按规定穿戴绝缘用品的扣5分	10		
6	搅拌机	1. 搅拌机筒体观察孔无自锁装置的扣5分 2. 未作保护接零、无漏电保护装置的各扣3分 3. 离合器、制动器、钢丝绳达不到要求的扣3分 4. 料斗无保险挂钩或挂钩不使用的扣3分 5. 传动部位无防护罩的扣2分 6. 搅拌机无防雨设施,作业平台不牢固的各扣2分 7. 操作手柄无保险装置的扣3分	10		
7	钻机	1. 钻机的机电没有过载保护的扣10分 2. 未安装钻深限位报警装置的扣5分 3. 钻机最高处和外侧与高压线的距离不合规定,又没保护措施的扣3分	10		
8	钢筋机械	1. 设备没做保护接零、无漏电保护器的扣5分 2. 露天作业无防雨设施的扣3分 3. 钢筋冷拉作业及对焊作业区无防护措施的扣10分 4. 传动部位无防护罩的扣5分	10		
9	起重机械	1. 起重机械无"安全准用证"的扣10分 2. 起重机的各安全装置失灵或拆卸不用的均扣10分 3. 卷筒钢丝绳磨损不符合要求的扣5分 4. 无证操作的扣10分 5. 门式、塔式起重机械轨道终端无止挡装置,轨道接地联接不符合要求的各扣5分 6. 随意调整各类安全限位装置的扣8分	10		
10	打桩机械	1. 打桩机未取得安全准用证的扣5分 2. 打桩机无超高限位装置扣5分 3. 打桩机行走线地耐力不符合说明书要求的扣5分 4. 打桩作业无施工方案的扣5分 5. 打桩违反安全操作规程的扣5分	10		
	合计		100		

检查人：　　　　　　　　　　　　　　　　项目负责人：

9.5　临时用电的安全检查和评价

9.5.1　施工现场临时用电安全要求

施工用电检查评定应符合现行国家标准《建设工程施工现场供用电安全规范》GB 50194和现行行业标准《施工现场临时用电安全技术规范》JGJ 46 的规定。

在施工现场的所谓"临时用电"，主要是区别于建筑工程上的正式电气工程而得名的。施工现场中电能是不可缺少的能源。随着建筑业的迅猛发展，施工中的电气装置和电气设备也日益增加。而施工现场复杂多变的环境和用电的临时性，使得电气设备的工作条件变坏，从而发生电气事故，特别是因漏电引起的人身触电事故增多。为了有效地防止各种意外的触电伤害事故，保障施工人员的安全，规定了施工现场临时用电要求。它的主要特点是：一是在施工现场实行 TN-S 系统，即增加了保护零线，做到了重复接地，把施工现场原来使用的三相四线变成了五线；二是实行了两级保护，即在电气设备的首末端分别安装漏电保护器。这些措施大大地加强了临时用电的安全性。

安全技术要求的主要内容包括：用电管理，提出了临时用电必须编制施工组织设计方案；施工现场与周围环境，规定了电气设备的安全距离；注意接地与防雷；备有配电室与自备电源；配电线路，规定了架空线路、电缆线路、室内配线的规则；电动建筑机械及手持电动工具，规定了使用要求及漏电保护器的使用方法；规定了各种场所照明的使用原则等。

9.5.2　施工现场临时用电的安全技术措施

临时用电安全技术措施包括两个方面的内容：一是安全用电在技术上所采取的措施；二是为了保证安全用电和供电的可靠性在组织上所采取的各种措施，它包括各种制度的建立、组织管理等一系列内容。安全用电措施应包括下列内容。

（1）保护接地

是指将电气设备不带电的金属外壳与接地极之间做可靠的电气连接。它的作用是当电气设备的金属外壳带电时，如果人体触及此外壳时，由于人体的电阻远大于接地体电阻，则大部分电流经接地体流入大地，而流经人体的电流很小。这时只要适当控制接地电阻（一般不大于 4Ω），就可减少触电事故发生。但是在 TT 供电系统中，这种保护方式的设备外壳电压对人体来说还是相当危险的。因此这种保护方式只适用于 TT 供电系统的施工现场，按规定保护接地的电阻不大于 4Ω。

（2）保护接零

在电源中性点直接接地的低压电力系统中，将用电设备的金属外壳与供电系统中的零线或专用零线直接做电气连接，称为保护接零。它的作用是当电气设备的金属外壳带电时，短路电流经零线而成闭合电路，使其变成单相短路故障，因零线的阻抗很小，所以短路电流很大，一般大于额定电流的几倍甚至几十倍，这样大的单相短路将使保护装置迅速而准确的动作，切断事故电源，保证人身安全。其供电系统为接零保护系统，即 TN 系统。保护零线是否与工作零线分开，可将 TN 供电系统划分为 TN-C、TN-S 和 TN-C-S 三种供电系统。

1）TN-C 供电系统。它的工作零线兼做接零保护线。这种供电系统就是平常所说的三相四线制。但是如果三相负荷不平衡时，零线上有不平衡电流，所以保护线所连接的电气设备金属外壳有一定电位。如果中性线断线，则保护接零的漏电设备外壳带电。因此这种供电系统存在着一定缺点。

2）TN-S 供电系统。它是把工作零线 N 和专用保护线 PE，在供电电源处严格分开的供电系统，也称三相五线制。它的优点是专用保护线上无电流，此线专门承接故障电流，确保其保护装置动作。应该特别指出，PE 线不许断线。在供电末端应将 PE 线做重复接地。

3）TN-C-S 供电系统。在建筑施工现场如果与外单位共用一台变压器或本施工现场变压器中性点没有接出 PE 线，是三相四线制供电，而施工现场必须采用专用保护线 PE 时，可在施工现场总箱中零线做重复接地后引出一根专用 PE 线，这种系统就称为 TN-C-S 供电系统。施工时应注意：除了总箱处外，其他各处均不得把 N 线和 PE 线连接，PE 线上不许安装开关和熔断器，也不得把大地兼做 PE 线。PE 线也不得进入漏电保护器，因为线路末端的漏电保护器动作，会使前级漏电保护器动作。

不管采用保护接地还是保护接零，必须注意：在同一系统中不允许对一部分设备采取接地，对另一部分采取接零。因为在同一系统中，如果有的设备采取接地，有的设备采取接零，则当采取接地的设备发生碰壳时，零线电位将升高，而使所有接零的设备外壳都带上危险的电压。

（3）设置漏电保护器

1）施工现场的总配电箱和开关箱应至少设置两级漏电保护器，而且两级漏电保护器的额定漏电动作电流和额定漏电动作时间应作合理配合，使之具有分级保护的功能。

2）开关箱中必须设置漏电保护器，施工现场所有用电设备，除作保护接零外，必须在设备负荷线的首端处安装漏电保护器。

3）漏电保护器应装设在配电箱电源隔离开关的负荷侧和开关箱电源隔离开关的负荷侧。

4）漏电保护器的选择应符合国标《剩余电流动作保护器的一般要求》GB/Z 6829 的一般要求，开关箱内的漏电保护器其额定漏电动作电流应不大于 30mA，额定漏电动作时间应小于 0.1s。

使用潮湿和有腐蚀介质场所的漏电保护器应采用防溅型产品。其额定漏电动作电流应不大于 15mA，额定漏电动作时间应小于 0.1s。

（4）安全电压

安全电压指不戴任何防护设备，接触时对人体各部位不造成任何损害的电压。我国国家标准《安全电压》GB 3805 中规定，安全电压值的等级有 42V、36V、24V、12V、6V 五种。同时还规定：当电气设备采用了超过 24V 时，必须采取防直接接触带电体的保护措施。

对下列特殊场所应使用安全电压照明器：

1）隧道、人防工程、有高温、导电灰尘或灯具离地面高度低于 2m 等场所的照明，电源电压应不大于 36V。

2）在潮湿和易触及带电体场所的照明电源电压不得大于 24V。

3）在特别潮湿的场所，导电良好的地面、锅炉或金属容器内工作的照明电源电压不得大于 12V。

（5）电气设备的设置应符合下列要求

1）配电系统应设置室内总配电屏和室外分配电箱或设置室外总配电箱和分配电箱，实行分级配电。

2）动力配电箱与照明配电箱宜分别设置，如合置在同一配电箱内，动力和照明线路应分路设置，照明线路接线宜接在动力开关的上侧。

3）开关箱应由末级分配电箱配电。开关箱内应一机一闸，每台用电设备应有自己的开关箱，严禁用一个开关电器直接控制两台及以上的用电设备。

4）总配电箱应设在靠近电源的地方，分配电箱应装设在用电设备或负荷相对集中的地区。分配电箱与开关箱的距离不得超过 30m，开关箱与其控制的固定式用电设备的水平距离不宜超过 3m。

5）配电箱、开关箱应装设在干燥、通风及常温场所。不得装设在有严重损伤作用的瓦斯、烟气、蒸汽、液体及其他有害介质中。也不得装设在易受外来固体物撞击、强烈振动、液体浸溅及热源烘烤的场所。配电箱、开关箱周围应有足够两人同时工作的空间，其周围不得堆放任何有碍操作、维修的物品。

6）配电箱、开关箱安装要端正、牢固，移动式的箱体应装设在坚固的支架上。固定式配电箱、开关箱的下皮与地面的垂直距离应大于 1.3m，小于 1.5m。移动式分配电箱、开关箱的下皮与地面的垂直距离为 0.6～1.5m。配电箱、开关箱采用铁板或优质绝缘材料制作，铁板的厚度应大于重 0.5mm。

7）配电箱、开关箱中导线的进线口和出线口应设在箱体下底面，严禁设在箱体的上顶面、侧面、后面或箱门处。

（6）电气设备的安装

1）配电箱内的电器应首先安装在金属或非木质的绝缘电器安装板上，然后整体紧固在配电箱箱体内，金属板与配电箱体应作电气连接。

2）配电箱、开关箱内的各种电器应按规定的位置紧固在安装板上，不得歪斜和松动。并且电器设备之间、设备与板四周的距离应符合有关工艺标准的要求。

3）配电箱、开关箱内的工作零线应通过接线端子板连接，并应与保护零线接线端子板分设。

4）配电箱、开关箱内的连接线应采用绝缘导线，导线的型号及截面应严格执行临电图纸的标示截面。各种仪表之间的连接线应使用截面不小于 2.5mm² 的绝缘铜芯导线，导线接头不得松动，不得有外露带电部分。

5）各种箱体的金属构架、金属箱体，金属电器安装板以及箱内电器的正常不带电的金属底座、外壳等必须做保护接零，保护零线应经过接线端子板连接。

6）配电箱后面的排线需排列整齐，绑扎成束，并用卡钉固定在盘板上，盘后引出及引入的导线应留出适当余度，以便检修。

7）导线剥削处不应伤线芯过长，导线压头应牢固可靠，多股导线不应盘圈压接，应加装压线端子（有压线孔者除外）。如必须穿孔用顶丝压接时，多股线应刷锡后再压接，不得减少导线股数。

（7）电气设备的防护

1）在建工程不得在高、低压线路下方施工，高低压线路下方，不得搭设作业棚、建造生活设施，或堆放构件、架具、材料及其他杂物。

2）施工时各种架具的外侧边缘与外电架空线路的边线之间必须保持安全操作距离。当外电线路的电压为 1kV 以下时，其最小安全操作距离为 4m；当外电架空线路的电压为 1～10kV 时，其最小安全操作距离为 6m；当外电架空线路的电压为 35～110kV 时，其最小安全操作距离为 8m。上下脚手架的斜道严禁搭设在有外电线路的一侧。旋转臂架式起重机的任何部位或被吊物边缘与 10kV 以下的架空线路边线最小水平距离不得小于 2m。

3）施工现场的机动车道与外电架空线路交叉时，架空线路的最低点与路面的最小垂直距离应符合以下要求：外电线路电压为 1kV 以下时，最小垂直距离为 6m；外电线路电；压为 1～35kV 时；最小垂直距离为 7m。

4）对于达不到最小安全距离时，施工现场必须采取保护措施，可以增设屏障、遮栏、围栏或保护网，并要悬挂醒目的警告标志牌。在架设防护设施时应有电气工程技术人员或专职安全人员负责监护。

5）对于既不能达到最小安全距离，又无法搭设防护措施的施工现场，施工单位必须与有关部门协商，采取停电、迁移外电线或改变工程位置等措施，否则不得施工。

（8）电气设备的操作与维修人员必须符合以下要求

1）施工现场内临时用电的施工和维修必须由经过培训后取得上岗证书的专业电工完成，电工的等级应同工程的难易程度和技术复杂性相适应，初级电工不允许进行中、高级电工的作业。

2）各类用电人员应做到：

① 掌握安全用电基本知识和所用设备的性能；

② 使用设备前必须按规定穿戴和配备好相应的劳动防护用品，并检查电气装置和保护设施是否完好。严禁设备带"病"运转；

③ 停用的设备必须拉闸断电，锁好开关箱；

④ 负责保护所用设备的负荷线、保护零线和开关箱。发现问题，及时报告解决；

⑤ 搬迁或移动用电设备，必须经电工切断电源并作妥善处理后进行。

（9）电气设备的使用与维护

1）施工现场的所有配电箱、开关箱应每月进行一次检查和维修。检查、维修人员必须是专业电工。工作时必须穿戴好绝缘用品，必须使用电工绝缘工具。

2）检查、维修配电箱、开关箱时，必须将其前一级相应的电源开关分闸断电，并悬挂停电标志牌，严禁带电作业。

3）配电箱内盘面上应标明各回路的名称、用途、同时要作出分路标记。

4）总、分配电箱门应配锁，配电箱和开关箱应指定专人负责。施工现场停止作业 1h 以上时，应将动力开关箱上锁。

5）各种电气箱内不允许放置任何杂物，并应保持清洁。箱内不得挂接其他临时用电设备。

6）熔断器的熔体更换时，严禁用不符合原规格的熔体代替。

（10）施工现场的配电线路

1）现场中所有架空线路的导线必须采用绝缘铜线或绝缘铝线。导线架设在专用电线杆上。

2）架空线的导线截面最低不得小于下列截面：当架空线用铜芯绝缘线时，其导线截面不小于 10mm²；当用铝芯绝缘线时，其截面不小于 16mm²；跨越铁路、公路、河流、电力线路档距内的架空绝缘铝线最小截面不小于 35mm²，绝缘铜线截面不小于 16mm²。

3）架空线路的导线接头：在一个档距内每一层架空线的接头数不得超过该层导线条数的 50%，且一根导线只允许有一个接头；线路在跨越铁路、公路、河流、电力线路档距内不得有接头。

4）架空线路相序的排列：

① TT 系统供电时，其相序排列：面向负荷从左向右为 L1、N、L2、L3；

② TN-S 系统或 TN-C-S 系统供电时，一和保护零线在同一横担架设时的相序排列：面向负荷从左至右为 L1、N、L2、L3、PE；

③ TN-S 系统或 TN-C-S 系统供电时，动力线、照明线同杆架设上、下两层横担，相序排列方法：上层横担，面向负荷从左至右为 L1、L2、13；下层横担，面向负荷从左至右为 L1、（12、L3）、N、PE。，当照明线在两个横担上架设时，最下层横担面向负荷，最右边的导线为保护零线 PE。

5）架空线路的挡距一般为 30m，最大不得大于 35m；线间距离应大于 0.3m。

6）施工现场内导线最大弧垂与地面距离不小于 4m，跨越机动车道时为 6m。

7）架空线路所使用的电杆应为专用混凝土杆或木杆。当使用木杆时，木杆不得腐朽，其梢径应不小于 130mm。

8）架空线路所使用的横担、角钢及杆上的其他配件应视导线截面、杆的类型具体选用杆的埋设、拉线的设置均应符合有关施工规范。

（11）施工现场的电缆线路

1）电缆线路应采用穿管埋地或沿墙、电杆架空敷设，严禁沿地面明设。

2）电缆在室外直接埋地敷设的深度应不小于 0.6m，并应在电缆上下各均匀铺设不小于 50mm 厚的细砂，然后覆盖砖等硬质保护层。

3）橡皮电缆沿墙或电杆敷设时应用绝缘子固定，严禁使用金属裸线作绑扎。固定点间的距离应保证橡皮电缆能承受自重所带的荷重。橡皮电缆的最大弧垂距地不得小于 2.5m。

4）电缆的接头应牢固可靠，绝缘包扎后的接头不能降低原来的绝缘强度，并不得承受张力。

5）在有高层建筑的施工现场，临时电缆必须采用埋地引入。电缆垂直敷设的位置应充分利用在建工程的竖井、垂直孔洞等，同时应靠近负荷中心，固定点每楼层不得少于一处。电缆水平敷设沿墙固定，最大弧垂距地不得小于 18m。

（12）室内导线的敷设及照明装置

1）室内配线必须采用绝缘铜线或绝缘铝线，采用瓷瓶、瓷夹或塑料夹敷设，距地面高度不得小于 2.5m。

2）进户线在室外处要用绝缘子固定，进户线过墙应穿套管，距地面应大于 2.5m，室外要做防水弯头。

3）室内配线所用导线截面应按图纸要求施工，但铝线截面最小不得小于 2.5mm²，铜线截面不得小于 1.5mm²。

4）金属外壳的灯具外壳必须作保护接零，所用配件均应使用镀锌件。

5）室外灯具距地面不得小于 3m，室内灯具不得低于 2.4m。插座接线时应符合规范要求。

6）螺口灯头及接线应符合下列要求：

① 相线接在与中心触头相连的一端，零线接在与螺纹口相连的一端。

② 灯头的绝缘外壳不得有损伤和漏电。

7）各种用电设备、灯具的相线必须经开头控制，不得将相线直接引入灯具。

8）暂设室内的照明灯具应优先选用拉线开关占拉线开关距地面高度为 2～3m，与门口的水平距离为 0.1～0.2m，拉线出口应向下。

9）严禁将插座与扳把开关靠近装设；严禁在床上设开关。

（13）安全用电组织措施

1）建立临时用电施工组织设计和安全用电技术措施的编制、审批制度，并建立相应的技术档案。

2）建立技术交底制度。向专业电工、各类用电人员介绍临时用电施工组织设计和安全用电技术措施的总体意图、技术内容和注意事项，并应在技术交底文字资料上履行交底人和被交底人的签字手续，注明交底日期。

3）建立安全检测制度。从临时用电工程竣工开始，定期对临时用电工程进行检测，主要内容是：接地电阻值，电气设备绝缘电阻值，漏电保护器动作参数等，以监视临时用电工程是否安全可靠，并做好检测记录。

4）建立电气维修制度。加强日常和定期维修工作，及时发现和消除隐患，并建立维修工作记录，记载维修时间、地点、设备、内容、技术措施、处理结果、维修人员、验收人员等。

5）建立工程拆除制度。建筑工程竣工后，临时用电工程的拆除应有统一的组织和指挥，并须规定拆除时间、人员、程序、方法、注意事项和防护措施等。

6）建立安全检查和评估制度。施工管理部门和企业要按照《建筑施工安全检查标准》JGJ 59 定期对现场用电安全情况进行检查评估。

7）建立安全用电责任制。对临时用电工程各部位的操作、监护、维修分片、分块、分机落实到人，并辅以必要的奖惩。

8）建立安全教育和培训制度。定期对专业电工和各类用电人员进行用电安全教育和培训，凡上岗人员必须持有劳动部门核发的上岗证书，严禁无证上岗。

9.5.3　手持电动机具使用安全

（1）分类

工具按触电保护分为：

Ⅰ类工具——工具在防止触电的保护方面不仅依靠基本绝缘，而且它还包含一个附加安全预防措施，其方法是将可触及的可导电的零件与已安装的固定线路中的保护（接地）导线连接起来，以这样的方法来使可触及的可导电的零件在基本绝缘损害的事故中不成为带电体。

Ⅱ类工具——工具在防止触电的保护方面不仅依靠基本绝缘，而且它还提供双重绝缘或加强绝缘的附加安全预防措施和设有保护接地或依赖安装条件的措施。

Ⅲ类工具——工具在防止触电的保护方面依靠由安全特低电压供电和在工具内部不会产生比安全特低电压高的电压。

（2）对软电缆或软线的安全要求

1）Ⅰ类工具的电源线必须采用三芯（单项工具）或四芯（三相工具）多股铜芯橡皮护套软电缆或护套软线。其中，绿/黄双色线在任何情况下只能用作保护接地或接零线。

2）工具的软电缆或软线不得任意接长或拆换。

（3）对插头、插座的安全要求

1）工具所用的插头、插座必须符合相应的国家标准。带有接地插脚的插头、插座的插合时应符合规定的接触顺序，防止误插入。

2）工具软电缆或软线上的插头不得任意拆除或调换。

3）三级插座的接地插孔应单独用导线接至接地线（采用保护接地的）或单独导线接至地线（采用保护接零的）不得在插座内用导线直接将零线与地线连接起来。

（4）检查和维修

1）工具在发出或收回时，必须由保管人员进行日常检查。

2）工具必须由专职人员按以下规定进行检查。

①每季度至少全面检查一次。

②在湿热和温度差变化大的地区还应相应缩短检查周期。

3）工具的日常检查至少应包括以下项目：

①外壳、手柄有否裂缝和破损。

②保护接地线或接地零线连接是否正确、牢固可靠。

③ 软电缆或软线是否完好无损。

④插头是否完整无损。

⑤ 开关动作是否正常、灵活、有无缺陷、破裂。

⑥ 电气保护装置是否完好。

⑦机械保护装置是否完好。

⑧工具转动部分是否灵活无障碍。

4）工具的定期检查，除上述规定外，还必须测量工具的绝缘电阻，绝缘电阻应大于 $2M\Omega$。

5）长期放置不用的工具，在使用前必须测量绝缘电阻。如果绝缘电阻小于 $2M\Omega$，必须进行干燥处理和维修，经检查合格后方可使用。

6）工具如有绝缘损坏、软电缆或软线护套破裂、保护接地或接零线脱落、插头插座裂开或有损于安全的机械损伤等故障时，应立即进行修理，在未修复前不得继续使用。

7）非专职人员不得擅自拆卸和修理工具。

8）在维修时，工具内的绝缘衬垫、管套等不得任意拆除、调换或漏装。

9）工具的电气绝缘部分经修理后，必须进行测量和试验。

① 绝缘电阻测量。

② 工具如果不能修复，必须办理报废销账手续。

9.5.4 施工现场临时用电安全检查主要内容

（1）接地与接零保护系统

1）建筑工地施工现场临时用电必须符合现行行业标准《施工现场临时用电安全技术规范》JGJ 46—2005，采用变压器中性点直接接地，工作零线与保护零线必须分开，不得混接；

2）在施工现场有专用的变压器，中性点直接接地的电力供电线路，必须采用三相五线制接零保护系统；

3）重复接地的作用不可忽视，重复接地电阻不得大于$R\leqslant10\Omega$，工作接地电阻不得大于$R\leqslant4\Omega$；

4）保护零线干线最少有三处重复接地：起始端（配电室或总配电箱处）、线路中间及末端处；

5）保护零线的统一标志为绿/黄双色线，任何情况下不得改变；

6）三相四线转换成三相五线要正确，在总箱或配电室处，接地母线和接零母线必须进行短接；

7）同一供电系统不得一部分设备做保护零线，另一部分设备作保护接地；

8）施工现场的临时用电必须实行三级配电，既设置总配电箱、分配箱、开关箱。

（2）配电箱及开关箱

1）设备开关箱必须装设漏电开关保护器，分配电箱内动力和照明线路应分开设置；

2）配电箱进、出线位置应设在箱体下底部，严禁设在箱体的顶面、侧面、后面或箱门处；

3）配电箱体下底离地距离：固定式 1.4～1.6m，移动式 0.8～1.6m；

4）分配电箱与开关箱距离不得超过 30m，开关箱与用电设备距离不宜超过 3m；

5）配电箱应有名称、编号、回路标志、责任人；配电箱应有门锁、应有专人管理；

6）配电箱必须防雨防尘；安装电器元件的底板，应使用金属板或非木质的绝缘板；

7）配电箱，停电 1h 以上的设备，应将开关拉下、断电，锁好配电箱；

8）施工现场开关箱必须实行"一机、一闸、一漏、一箱"制。

（3）现场照明

1）施工现场的照明器具必须采用密闭式的碘钨灯；

2）灯具的金属外壳必须做保护接零（单相三线制）；

3）灯具距地：室外不低于 3m，室内不低于 2.5m；

4）手持照明灯及危险场所要使用安全电压（36V、24V、12V）；

5）室内线路及灯具低于 2.4m 时，必须加装保护接零地线；

6）电线接头处绝缘包扎要严密，室外不要单独使用普通黑胶布包扎导线。

（4）配电线路

1）单向线路的接零线、接地线截面与相线相同，三相五线制的接零线、接地线，导线的截面小于 35mm² 时，接零线、接地线截面与相线相同。当相线截面大于 35mm² 时，接零线、接地线，不小于相线截面的 50％；

2）户外架空线不得使用 φ10mm² 以下（BV）铜线及 φ16mm² 以下的（BLV）铝线；

3）动力配电线路要使用五芯电缆，不得使用四芯电缆外加一根线代替五芯电缆；

4）架空线路用专用的绑扎线绑扎固定，严禁用铁丝进行绑扎；

5）电缆室外直埋深度不小于 0.7m，沿墙敷设距地不小于 2m，橡皮电缆架空最大弧度垂距地不小于 2.5m；

6）架空线路相序排列为：面向负荷从左侧起为 L1、N、L2、L3、PE；

7）电杆深埋为杆长的 1/10 加 0.6m，杆与杆档距要小于 35m，线间距离要大于 0.3m。

（5）电器装置

1）控制电器元件及熔断器参数与设置容量相匹配。夯土机械的操作扶手必须采用绝缘措施。严禁使用倒顺开关；

2）夯土机械的漏电开关的电流小于 15mA，动作时间小于 0.1s；

3）施工现场的用电设备必须用漏电保护开关保护装置；

4）施工现场使用的电焊机，必须加装专用的漏电保护装置；

5）施工现场的大容量设备，如塔吊、地泵等可以直接采用一级配电箱配出，控制元件必须采用降压启动方式。降压启动可以由设备自身完成。

（6）变配电装置

1）配电室顶棚距地面不低于 3m，配电室的门向外开，并配锁，并有专人负责；

2）配电屏正面通道单列不小于 1.5m，双列不小于 2m，两侧不小于 1m，屏后不小于 0.8m；

3）配电室地面应按要求采用绝缘措施；

4）配电室应有防触电灭火器（可使用的灭火器有四氯化碳、二氧化碳、1211 灭火器）；

5）发电机组电源必须与外电线路电源连锁，严禁并列运行；发电机组应有短路及过负荷保护。

9.5.5 施工现场临时用电安全检查方法

（1）施工现场电工每天上班前检查一遍线路和电器设备的使用情况，发现问题及时处理，将检查和维修情况做好记录，填写有关检查记录表。

（2）施工现场项目安全员每周组织班组长、电工对工地的用电设备，用电情况进行全面检查，并填写《施工用电检查评分表》。

（3）施工现场项目经理每月组织安全员、班组长、电工对工地的用电设备、用电情况进行全面检查，并填写《施工用电检查评分表》。

（4）分公司每季组织现场项目部对现场全部配电箱内的电气器具及其接线，保护总干线的漏电开关等进行全面检查，并复查接地电阻值，填写《施工用电检查评分表》。

9.6 消防设施的安全检查和评价

9.6.1 施工现场消火栓给水系统

(1) 临时消防给水系统的水源可采用市政给水管网或天然水源，采用天然水源时，应有可靠措施确保冰冻季节、枯水期最低水位时顺利取水。

(2) 市政给水管网或天然水源不能稳定、可靠地向现场临时消防给水管网给水，应设置临时消防水池，消防水池宜设在便于消防车接近的部位，其有效容积不应小于 $18m^3$。

(3) 施工现场临时消防给水系统可与现场生产、生活给水系统合并设置，其消防用水量应按不小于 $10L/s$ 计算，且应设置将现场生产、生活用水转为消防用水的应急阀门。生产、生活用水转为消防用水的应急阀门不应超过 2 个，阀门应设置在易于操作的场所，并应有明显标志。

(4) 施工现场临时室外消防给水系统应符合下列要求：

1) 给水管网应布置成环状，当临时室外消防用水量不大于 $15L/s$ 时，可布置成枝状；

2) 临时室外消防给水主干管的直径不应小于 $DN100$；

3) 给水管网末端压力不应小于 $0.2MPa$；

4) 室外消火栓沿现场主要临时道路、拟建工程、主要临建设施布置，距离道路边线不应大于 $2m$，距拟建工程红线或临时建筑外边线不应小于 $5.0m$；

5) 消火栓的间距不应大于 $120m$。

(5) 施工现场全部处于市政消火栓的 $150m$ 保护范围内，可不设临时室外消防给水系统。

(6) 在建工程临时室内消防给水系统一般由消防水源、消防水泵、消防竖管、阀门、软管等组成。建筑高度超过 $100m$ 的在建工程，应增设楼层高位水箱及水泵。

(7) 消防水泵应根据消防用水量、扬程等因素选用离心泵或深井泵，每组水泵按照一用一备两台水泵进行配置；

(8) 消防竖管的设置应符合下列规定：

1) 各层建筑面积均大于 $5000m^2$ 时，应设置不少于两条消防竖管；

2) 消防竖管的管径应根据消防用水量、竖管给水压力或流速进行计算确定，消防竖管的给水压力不应小于 $0.2MPa$，流量不应小于 $10L/s$；

3) 严寒地区可采用干式消防竖管，竖管应在首层靠出口部位设置便于消防车供水的快速接口和止回阀，竖管最高处应设置自动排气阀。

(9) 楼层高位水箱的有效容积不应少于 $6m^3$，上下两个高位水箱的高差不应超过 $100m$。

(10) 室内临时消防给水点的设置，应符合下列要求：

1) 应设置临时室内消防给水系统的在建工程，各结构层均应设置临时消防给水点；

2) 临时消防给水点应设置在位置明显且易于操作的部位；

3) 每个消防给水点的保护面积不应大于 $2000m^2$；

4) 每个消防给水点配备 2 个出水阀门、1 根给水软管及不少于 2 个消防水桶。

（11）隧道内的临时消防给水系统的设置应符合下列规定：

1）消防给水主管宜顺隧道纵向敷设，管径不应小于DN65；

2）给水管网的末端压力不应小于0.1MPa；

3）临时消防给水点的间距不应大于50m；

4）隧道出入口应设置消防水泵接合器、消火栓。

（12）装饰装修阶段，装饰装修区域或部位的在建工程永久性消防给水系统应能临时投入使用。

9.6.2　手提灭火器和推车灭火器

（1）灭火器的分类与使用方法

灭火器的种类很多，按其移动方式可分为：手提式和推车式；按驱动灭火剂的动力来源可分为：储气瓶式、储压式、化学反应式，按所充装的灭火剂则又可分为：泡沫、干粉、卤代烷、二氧化碳、酸碱、清水等。

（2）灭火器适应火灾及使用方法（手提式）

1）泡沫灭火器

泡沫灭火器适应火灾及使用方法。适用范围：适用于扑救一般B类火灾，如油制品、油脂等火灾，也可适用于A类火灾，但不能扑救B类火灾中的水溶性可燃、易燃液体的火灾，如醇、酯、醚、酮等物质火灾；也不能扑救带电设备及C类和D类火灾。使用方法：可手提筒体上部的提环，迅速奔赴火场。这时应注意不得使灭火器过分倾斜，更不可横拿或颠倒，以免两种药剂混合而提前喷出。当距离着火点10m左右，即可将筒体颠倒过来，一只手紧握提环，另一只手扶住筒体的底圈，将射流对准燃烧物。在扑救可燃液体火灾时，如已呈流淌状燃烧，则将泡沫由远而近喷射，使泡沫完全覆盖在燃烧液面上；如在容器内燃烧，应将泡沫射向容器的内壁，使泡沫沿着内壁流淌，逐步覆盖着火液面。切忌直接对准液面喷射，以免由于射流的冲击，反而将燃烧的液体冲散或冲出容器，扩大燃烧范围。在扑救固体物质火灾时，应将射流对准燃烧最猛烈处。灭火时随着有效喷射距离的缩短，使用者应逐渐向燃烧区靠近，并始终将泡沫喷在燃烧物上，直到扑灭。使用时，灭火器应始终保持倒置状态，否则会中断喷射。（手提式）泡沫灭火器存放应选择干燥、阴凉、通风并取用方便之处，不可靠近高温或可能受到暴晒的地方，以防止碳酸分解而失效；冬季要采取防冻措施，以防止冻结；并应经常擦除灰尘、疏通喷嘴，使之保持通畅。

2）推车式泡沫灭火器

推车式泡沫灭火器适应火灾和使用方法。其适应火灾与手提式化学泡沫灭火器相同，使用方法：使用时，一般由两人操作，先将灭火器迅速推拉到火场，在距离着火点10m左右处停下，由一人施放喷射软管后，双手紧握喷枪并对准燃烧处；另一个则先逆时针方向转动手轮，将螺杆升到最高位置，使瓶盖开足，然后将筒体向后倾倒，使拉杆触地，并将阀门手柄旋转90°，即可喷射泡沫进行灭火。如阀门装在喷枪处，则由负责操作喷枪者打开阀门。灭火方法及注意事项与手提式化学泡沫灭火器基本相同，可以参照。由于该种灭火器的喷射距离远，连续喷射时间长，因而可充分发挥其优势，用来扑救较大面积的储槽或油罐车等处的初起火灾。

3）空气泡沫灭火器

空气泡沫灭火器适应火灾和使用方法。适用范围：适用范围基本上与化学泡沫灭火器相同。但抗溶泡沫灭火器还能扑救水溶性易燃、可燃液体的火灾如醇、醚、酮等溶剂燃烧的初起火灾。使用方法：使用时可手提或肩扛迅速奔到火场，在距燃烧物 6m 左右，拔出保险销，一手握住开启压把，另一手紧握喷枪；用力捏紧开启压把，打开密封或刺穿储气瓶密封片，空气泡沫即可从喷枪口喷出。灭火方法与手提式化学泡沫灭火器相同。但空气泡沫灭火器使用时，应使灭火器始终保持直立状态、切勿颠倒或横卧使用，否则会中断喷射。同时应一直紧握开启压把，不能松手，否则也会中断喷射。

4）酸碱灭火器

酸碱灭火器适应火灾及使用方法。适应范围：适用于扑救 A 类物质燃烧的初起火灾，如木、织物、纸张等燃烧的火灾。它不能用于扑救 B 类物质燃烧的火灾，也不能用于扑救 C 类可燃性气体或 D 类轻金属火灾。同时也不能用于带电物体火灾的扑救。使用方法：使用时应手提筒体上部提环，迅速奔到着火地点。绝不能将灭火器扛在背上，也不能过分倾斜，以防两种药液混合而提前喷射。在距离燃烧物 6m 左右，即可将灭火器颠倒过来，并摇晃几次，使两种药液加快混合；一只手握住提环，另一只手抓住筒体下的底圈将喷出的射流对准燃烧最猛烈处喷射。同时随着喷射距离的缩减，使用人应向燃烧处推进。

5）二氧化碳灭火器

二氧化碳灭火器的使用方法。灭火时只要将灭火器提到或扛到火场，在距燃烧物 5m 左右，放下灭火器拔出保险销，一手握住喇叭筒根部的手柄，另一只手紧握启闭阀的压把。对没有喷射软管的二氧化碳灭火器，应把喇叭筒往上扳 70°～90°。使用时，不能直接用手抓住喇叭筒外壁或金属连线管，防止手被冻伤。灭火时，当可燃液体呈流淌状燃烧时，使用者将二氧化碳灭火剂的喷流由近而远向火焰喷射。如果可燃液体在容器内燃烧时，使用者应将喇叭筒提起。从容器的一侧上部向燃烧的容器中喷射。但不能将二氧化碳射流直接冲击可燃液面，以防止将可燃液体冲出容器而扩大火势，造成灭火困难。

6）推车式二氧化碳灭火器

推车式二氧化碳灭火器一般由两人操作，使用时两人一起将灭火器推或拉到燃烧处，在离燃烧物 10m 左右停下，一人快速取下喇叭筒并展开喷射软管后，握住喇叭筒根部的手柄，另一人快速按逆时针方向旋动手轮，并开到最大位置。灭火方法与手提式的方法一样。使用二氧化碳灭火器时，在室外使用的，应选择在上风方向喷射。在室内窄小空间使用的，灭火后操作者应迅速离开，以防窒息。

7）1211 手提式灭火器

1211 手提式灭火器使用方法。使用时，应将手提灭火器的提把或肩扛灭火器带到火场。在距燃烧处 5m 左右，放下灭火器，先拔出保险销，一手握住开启把，另一手握在喷射软管前端的喷嘴处。如灭火器无喷射软管，可一手握住开启压把，另一手扶住灭火器底部的底圈部分。先将喷嘴对准燃烧处，用力握紧开启压把，使灭火器喷射。当被扑救可燃烧液体呈现流淌状燃烧时，使用者应对准火焰根部由近而远并左右扫射，向前快速推进，直至火焰全部扑灭。如果可燃液体在容器中燃烧，应对准火焰左右晃动扫射，当火焰被赶出容器时，喷射流跟着火焰扫射，直至把火焰全部扑灭。但应注意不能将喷流直接喷射在燃烧液面上，防止灭火剂的冲力将可燃液体冲出容器而扩大火势，造成灭火困难。如果扑救可燃性固体物质的初起火灾时，则将喷流对准燃烧最猛烈处喷射，当火焰被扑灭后，应及时采取措施，不让其复燃。1211灭火器使用时不能颠倒，也不能横卧，否则灭火剂不会喷出。另外在室外使用时，应选择在上风方向喷射；在窄小的室内灭火时，灭火后操作者应迅速撤离，因1211灭火剂也有一定的毒性，以防对人体的伤害。

8）推车式1211灭火器

推车式1211灭火器使用方法。灭火时一般有两个操作，先将灭火器推或拉到火场，在距燃烧处10m左右停下，一人快速放开喷射软管，紧握喷枪，对准燃烧处；另一个则快速打开灭火器阀门。灭火方法与手提式1211灭火器相同。推车式灭火器的维护推车式灭火电器的维护要求与手提式1211灭火器相同。

9）1301灭火器

1301灭火器的使用。1301灭火器的使用方法和适用范围与1211灭火器相同。但由于1301灭火剂喷出成雾状，在室外有风状态下使用时，其灭火能力没1211灭火器高，因此更应在上风方向喷射。

10）干粉灭火器

干粉灭火器适应火灾和使用方法。碳酸氢钠干粉灭火器适用于易燃、可燃液体、气体及带电设备的初起火灾；磷酸铵盐干粉灭火器除可用于上述几类火灾外，还可扑救固体类物质的初起火灾。但都不能扑救金属燃烧火灾。灭火时，可手提或肩扛灭火器快速奔赴火场，在距燃烧处5m左右，放下灭火器。如在室外，应选择在上风方向喷射。使用的干粉灭火器若是外挂式储压式的，操作者应一手紧握喷枪、另一手提起储气瓶上的开启提环。如果储气瓶的开启是手轮式的，则向逆时针方向旋开，并旋到最高位置，随即提起灭火器。当干粉喷出后，迅速对准火焰的根部扫射。使用的干粉灭火器若是内置式储气瓶的或者是储压式的，操作者应先将开启把上的保险销拔下，然后握住喷射软管前端喷嘴部，另一只手将开启压把压下，打开灭火器进行灭火。有喷射软管的灭火器或储压式灭火器在使用时，一手应始终压下压把，不能放开，否则会中断喷射。干粉灭火器扑救可燃、易燃液体火灾时，应对准火焰要部扫射，如果被扑救的液体火灾呈流淌燃烧时，应对准火焰根部由近而远，并左右扫射，直至把火焰全部扑灭。如果可燃液体在容器内燃烧，使用者应对准火焰根部左右晃动扫射，使喷射出的干粉覆盖整个容器开口表面；当火焰被赶出容器时，使用者仍应继续喷射，直至将火焰全部扑灭。在扑救容器内可燃液体火灾时，应注意不能将喷嘴直接对准液面喷射，防止喷流的冲击力使可燃液体溅出而扩大火势，造成灭火困难。如果当可燃液体在金属容器中燃烧时间过长，容器的壁温已高于扑救可燃液体的自燃点，此时极易造成灭火后再复燃的现象，若与泡沫类灭火器联用，则灭火效果更佳。使用磷酸铵盐干粉灭火器扑救固体可燃物火灾时，应对准燃烧最猛烈处喷射，并上下、左右扫射。如条件许可，使用者可提着灭火器沿着燃烧物的四周边走边喷，使干粉灭火剂均匀地喷在燃烧物的表面，直至将火焰全部扑灭。

11）推车式干粉灭火器

推车式干粉灭火器的使用方法。推车式干粉灭火器的使用方法与手提式干粉灭火器的使用相同。

9.6.3 施工现场消防设施检查内容

施工现场消防设施检查主要内容包括场地要求、临时建筑、临时消防设施、消防安全管理、动火安全和用电安全等。

1. 场地要求

（1）施工现场布局

1）施工现场不同功能的建筑和设施宜相对独立布置。

2）固定动火场所应布置在不容易对其他场所构成火灾威胁的部位（场地中全年最小频率方向的上风侧）。

3）易燃易爆危险场所、可燃物堆场等尽量远离明火或火灾危险性较大部位。

4）在建工程内严禁设置人员住宿、可燃材料及易燃易爆危险品储存等场所。

5）施工区和非施工区之间应采用不开设门、窗、洞口的耐火极限不低于 3.0h 的不燃烧体隔墙进行防火分隔。

6）非施工区内消防设施应完好和有效，疏散通道应保持畅通，并应落实日常值班及消防安全管理制度。

7）外脚手架搭设不应影响安全疏散、消防车正常通行及灭火救援操作；外脚手架搭设长度不应超过该建筑物外立面周长的 1/2。

8）施工现场要设置消防车道，当外围道路符合要求时也可利用。

9）施工现场的消防车道宜为环形，难以做到时，应设置回车场。

（2）材料要求

1）为确保火灾时，施工人员在施工现场能够安全疏散。规范要求，在建工程作业场所应设置为施工人员使用的临时疏散通道，并应采用不燃或难燃材料制作。

2）针对施工现场火灾暴露出的可燃脚手架、支模架、防护网在火灾中参与燃烧，导致火灾迅速蔓延的问题，应按规范要求采用不燃或难燃材料。

3）高层建筑、既有建筑改造工程的外脚手架、支模架的架体，应采用不燃材料搭设。

4）高层建筑、既有建筑外墙改造工程的外脚手架的安全防护网，以及在建工程临时疏散通道的安全防护网，应采用阻燃型安全防护网。

2. 临时建筑

（1）易燃易爆危险品库房与在建工程的防火间距不应小于 15m，可燃材料堆场及其加工场、固定动火作业场与在建工程的防火间距不应小于 10m，其他临时用房、临时设施与在建工程的防火间距不应小于 6m。同时，考虑到施工现场的场地有限，对于火灾危险性相对小的宿舍、办公用房，在采取规范规定的不燃材料的条件下，可适当减少间距，但要符合规范的特别规定。规范对于防火间距的规定所体现的原则是：火灾危险性大的临时建筑和临时设施，其与周边的防火间距相对要大。规范对于防火间距的数值规定，既参考了现行防火规范对同等防火条件建筑的防火间距，又考虑了施工工地现场实际条件。

（2）如果在建工程的规模较大时，如：建筑高度大于 24m 的在建工程，或单体占地面积大于 3000m² 的在建工程，应设置环形消防车道，有困难时，不仅要设置回车场，还要设置消防。

（3）针对施工现场临时建筑普遍存在的建筑防火性能低，大量采用易燃可燃金属夹芯板搭建临时建筑的问题，规范要求临时宿舍、办公用房的建筑材料要采用 A 级不燃材料；如果采用金属夹芯板材（俗称彩钢板），其芯材也应为 A 级不燃材料。为确保规范的要求落到实处，要把好建筑材料进场检查关，检查核对建筑材料燃烧性能证明文件。

（4）为确保宿舍、办公等经常有人活动的临时建筑具有必要的防火和疏散能力，规范要求这类建筑：

1）建筑层数不应超过 3 层，每层建筑面积不应大于 $300m^2$。

2）层数为 3 层或每层建筑面积大于 $200m^2$ 时，应设置不少于 2 部疏散楼梯，房间疏散门至疏散楼梯的最大距离不应大于 25m。

3）宿舍房间的建筑面积不应大于 $30m^2$，其他房间的建筑面积不宜大于 $100m^2$。

4）隔墙应从楼地面基层隔断至顶板基层底面，等等。

3. 临时消防设施

（1）针对目前施工现场普遍存在的缺乏消防给水及消防设施、器材，致使初期火灾无法控制，造成火灾迅速蔓延扩大等问题，规范要求：

1）施工现场应设置灭火器和应急照明等。

2）室内、外消防给水系统的设置要根据建筑体量确定，消防总水量要考虑室内外用水量的叠加。

3）临时消防设施要与在建工程进度保持同步。

（2）关于室外消防给水系统在什么情况下应当设置，规定要求：

1）临时用房的建筑面积之和大于 $1000m^2$，或在建工程单体体积大于 $10000m^3$ 时，应设置临时室外消防给水系统。

2）当施工现场处于市政消火栓 150m 保护范围内且市政消火栓的数量满足室外消防用水量要求时，可不设置临时室外消防给水系统。

3）建筑高度大于 24m，或单体体积超过 $30000m^3$ 的在建工程，应设置临时室内消防给水系统。

4）消防给水系统的设计要求主要包括：消防给水管网布置、水泵结合器设置、每层设消火栓接口和消防软管接口、接口的间距不超过 50m，每层楼梯处设置水枪、水带、软管，并不少于 2 套，等等。

5）考虑到施工阶段火灾危险性和现场条件等因素与永久性建筑情况有差异，因此，从实际出发，对临时消防给水系统提出有别于永久性消防给水系统的要求。

6）针对施工现场火灾中暴露出的消防设备用电在火灾时因其他设备用电的关断而同时断电的问题，为保证消防设备用电的可靠性，规范从技术措施上作出明确规定：

7）施工现场的消火栓泵应采用专用消防配电线路。专用消防配电线路应自施工现场总配电箱的总断路器上端接入，且应保持不间断供电。

4. 消防安全管理

（1）施工现场的消防安全管理应由施工单位负责。

（2）施工单位应建立消防安全管理组织和义务组织，并明确责任人及其责任。

（3）施工单位应建立 5 项基本安全管理制度（培训、可燃物、动火、检查、演练）。

（4）施工单位应编制施工现场防火技术方案。

（5）施工单位应编制施工现场灭火及应急疏散预案。

（6）施工人员进场前，施工现场的消防安全管理人员应向施工人员进行消防安全教育和培训。

（7）施工作业前，施工现场的施工管理人员应向作业人员进行消防安全技术交底。

（8）施工过程中，施工现场的消防安全负责人应定期组织消防安全管理人员对施工现场的消防安全进行检查。

（9）施工单位应组织灭火及应急疏散演练。

（10）施工单位要建立并保存好消防安全管理档案。

（11）施工区的消防安全应配专人值守，发生火情应能立即处置。

（12）施工单位应向居住和使用者进行消防宣传教育、告知建筑消防设施、疏散通道的位置及使用方法，同时应组织疏散演练。

5. 动火安全

针对施工现场火灾暴露出的电焊、气焊等明火作业频繁引发火灾，在施工现场火灾中所占比例较大的问题，规范从动火审批、操作人员资格和技术防范等方面提出严格要求：

1）动火作业应办理动火许可证。

2）动火操作人员应具有相应资格。

3）动火作业前，应对作业现场的可燃物进行清理。对于作业现场及其附近无法移走的可燃物，应采用不燃材料对其覆盖或隔离。

4）施工作业安排时，宜将动火作业安排在使用可燃建筑材料的施工作业前进行。确需在使用可燃建筑材料的施工作业之后进行动火作业，应采取可靠的防火措施。

5）裸露的可燃材料上严禁直接进行动火作业。

6）焊接、切割、烘烤或加热等动火作业，应配备灭火器材，并设动火监护人进行现场监护，每个动火作业点均应设置一个监护人。

针对施工现场电气火灾多发的问题，规范对供电设施和电气线路的选型、使用及维护检查等作出具体规定：

6. 用电安全

（1）施工现场供用电设施的设计、施工、运行、维护应符合现行国家标准《建设工程施工现场供用电安全规范》GB 50194 的要求。

（2）电气线路应具有相应的绝缘强度和机械强度，严禁使用绝缘老化或失去绝缘性能的电气线路，严禁在电气线路上悬挂物品。破损、烧焦的插座、插头应及时更换。

（3）有爆炸和火灾危险的场所，按危险场所等级选用相应的电气设备。

（4）可燃材料库房不应使用高热灯具，易燃易爆危险品库房内应使用防爆灯具。

（5）普通灯具与易燃物距离不宜小于 300mm；聚光灯、碘钨灯等高热灯具与易燃物距离不宜小于 500mm。

（6）电气设备不应超负荷运行或带故障使用。

（7）禁止私自改装现场供用电设施。

（8）应定期对电气设备和线路的运行及维护情况进行检查。

9.6.4　消防保卫安全资料检查内容

消防保卫安全资料检查内容主要有企业安全管理、项目安全管理、安全教育、危险源控制与管理、安全技术管理资料、分包管理资料、安全投入、防护用品采购控制、脚手架管理资料、安全防护管理资料、基坑、土方工程管理资料、模板起重吊装管理资料、临时用电管理资料、施工机械管理资料、起重机械设备管理资料、安全检查与改进、文明施工、消防保卫管理资料、应急救援事故控制、市政工程等。

1. 企业安全管理资料

企业安全管理资料主要有：企业安全生产许可证证书（复印件）、企业"三类人员"安全生产考核证书（复印件）、企业安全生产岗位责任制、企业安全生产管理制度、各岗位安全操作规程等。

2. 项目安全管理资料

项目安全管理资料主要有：工程项目概况表、工程项目管理人员任命书及名单、工程项目部安全保证体系框图、项目部安全生产、文明施工管理制度、项目部各级安全生产责任制、项目部安全生产责任制考核办法及考核记录、项目部安全目标责任考核制度、项目部安全目标责任考核办法及考核记录、工程项目安全目标管理责任书、项目安全生产奖惩、班组安全生产协议书、项目部日常安全会议纪要等。

3. 安全教育资料

安全教育资料主要有：项目安全教育培训计划、三级安全教育登记卡、安全教育记录表、班组安全活动记录表、农民工业校教学大纲、农民工教育考试试卷、三级教育汇总表、特种作业人员持证上岗花名册等。

4. 危险源控制与管理

危险源控制与管理资料主要有：危险源辨识与风险评价表、重大危险源控制计划清单、重大危险源控制目标和管理档案等。

5. 安全技术管理资料

安全技术管理资料主要有：施工组织设计、危险性较大的分部分项工程汇总表、危险性较大的分部分项施工方案专家论证表、安全技术措施、分部工程技术交底清单、分项工程技术交底清单、安全技术交底等。

6. 分包管理资料

分包管理资料主要有：分包单位考察评价表、分包单位施工人员名册表、分包合同、总包单位与分包单位安全生产管理协议、总包单位对分包单位的进场安全总交底、安全物资、工具、设施、设备移交单表、总包单位对分包单位的安全监督、检查记录表等。

7. 安全投入、防护用品采购控制

安全投入、防护用品采购控制资料主要有：项目部安全生产费用使用计划、项目部安全生产费用投入清单表、防护用品供应商考察评价资料、防护用品设备、设施采购计划表、防护用品登记台账表、防护用品、设备、设施进场查验登记表、防护用品发放登记表等。

8. 脚手架管理资料

脚手架管理资料主要有：脚手架施工方案、脚手架材质质量证明、安全技术交底、落地式脚手架验收表、悬挑式脚手架验收表、挂脚手架验收表、吊篮脚手架验收表、附着式升降脚手架（整体提升架爬架）验收表、卸料平台（落地搭设）验收表、悬挑式钢平台验收表、脚手架拆除审批、监控记录表等。

9. 安全防护管理资料

安全防护管理资料主要有：施工现场安全防护方案、施工现场安全防护技术交底、安全网架设验收表、密目式安全网架设验收表、"洞口"防护验收表、"临边"防护验收表、安全防护设施临时拆除、移动审批表、安全防护用具检查维修保养记录、安全防护设施交接验收记录等。

10. 基坑、土方工程管理资料

基坑、土方工程管理资料主要有：基坑、土方及护坡工程施工方案、基坑、土方及护坡工程安全技术交底、地上、地下管线保护措施验收记录表、基坑支护验收表、基坑支护沉降观测记录表、基坑支护水平位移观测记录表等。

11. 模板起重吊装管理资料

模板起重吊装管理资料主要有：模板工程施工方案、模板安装安全技术交底、模板拆除安全技术交底、模板吊装安全技术交底、模板工程验收表、模板拆除申请表、起重吊装施工方案、起重吊装工程安全技术交底、起重吊装机械查验表等。

12. 临时用电管理资料

临时用电管理资料主要有：临时用电施工组织设计、施工用电安全技术交底、施工现场临时用电查验表、电气线路绝缘强度测试记录、接地电阻测试记录、漏电保护器检测记录、安全用电设施交接验收记录、电工巡检维修工作记录、临电器材合格证及配电箱产品质量证明、电气设备测试、调试记录等。

13. 施工机械管理资料

施工机械管理资料主要有：进场机械设备验收表、项目部机械设备台账、施工现场机械设备交接班记录、施工现场机械设备维修保养记录、施工机具安装验收表、平刨安装验收表、圆盘锯安装验收表、钢筋机械安装验收表、电焊机安装验收表、搅拌机安装验收表、打桩机验收表、机动翻斗车验收表、施工机具安全使用技术交底等。

14. 起重机械设备管理资料

起重机械设备管理资料主要有：物料提升机安全资料、物料提升机安装、拆除方案、物料提升机安装、拆除安全技术交底、物料提升机使用安全技术交底、物料提升机使用管理技术交底、起重机机械基础处理报告单、起重机械定期维护检测记录、起重机械运行记录、物料提升机安装、拆除过程记录、物料提升机安装验收表、物料提升机安装验收记录、塔式起重机安全资料、塔式起重机安装、拆除方案、塔式起重机安装、拆除技术交底、塔式起重机附着锚固安全技术交底、起重机械基础处理报告单、起重机械定期维护检测记录、起重机械运行记录、塔式起重机安装、拆除过程记录、塔式起重机安装验收表、塔式起重机顶升检验记录、塔式起重机附着锚固检验记录、塔式起重机安装验收记录、施工升降机安全资料、施工升降机安装、拆除方案、施工升降机安装、拆除安全技术交底、施工升降机安全技术交底、起重机械基础处理报告单、起重机械定期维护检测记录、起重机械运行记录、施工升降机安装、拆除过程记录、施工升降机安装验收表、施工升降机安装验收记录等。

15. 安全检查与改进

安全检查与改进资料主要有：安全检查记录、隐患整改通知单、安全检查评分表、公司各级对项目进行的安全检查情况、违章处罚、施工安全日志等。

16. 文明施工、消防保卫管理资料

文明施工、消防保卫管理资料主要有：各阶段现场存放材料堆放平面图及责任划分、保卫消防设备平面图、施工现场平面布置图、办公室、生活区、食堂等各项卫生管理制度、应急药品、器材登记表、项目急性职业中毒应急预案、食堂及炊事人员的证件、材料保存、保管制度、成品保护措施、消防重点部位登记表、现场保卫消防制度、方案、预案、现场保卫、消防协议、现场保卫消防组织机构及活动记录、消防设施、器材登记表、消防设施、器材安装验收检查表、警卫人员值班、巡查工作记录、用火作业审批表、一级动火许可证、二级动火许可证、三级动火许可证、噪声监测记录、居民来访记录等。

17. 应急救援事故控制

应急救援事故控制资料主要有：工程项目生产安全事故应急预案、工程项目应急救援人员名单、工程项目应急救援器材清单、施工现场应急培训记录、施工现场应急演练记录、工伤事故月报表、施工伤亡事故快报表、事故调查和处理相关资料等。

18. 市政工程资料

市政工程资料主要有：道路、下水道管道工程专项施工方案、道路、下水道管道工程安全技术交底道路、下水道管道工程施工检查评分表、市政工程基础土方开挖专项施工方案、市政工程基础土方开挖安全技术交底、土方工程施工安全检查评分记录、桥梁工程施工专项施工方案、桥梁工程施工安全技术交底、桥梁工程施工安全检查评分表、市政工程施工机具安全检查评分表等。

9.6.5 施工现场消防管理常用表格（表9-2～表9-9）

施工现场治安保卫、消防安全检查记录表　　　　　　表 9-2

工程名称			检 查 日 期	
施工单位(或分包单位)			年　月　日	

资　料　检　查					
治安消防组织机构	成立有治安消防领导小组(查文)	□	配备有专兼职治安消防管理人员(查文)		
	组建有义务消防队(查花名册)	□	有门卫值班看场人员花名册		
治安消防责任制	分公司与项目、项目与班(队)组签订治安消防责任书(查文)	□	有关岗位治安消防职责明确	□	有治安消防机构责任网络图
重要规章制度	有《施工生产现场治安保卫、消防安全管理制度》	□	有《治安管理规定》		
	有《施工生产消防安全管理规定》	□	有《施工生产动火管理规定》		
动火审批	动火作业办理动火审批手续，有相关的责任人(操作人、项目负责人、监护人等)签字				
	有动火安全措施	□	动火等级符合规范　　□　有动火监护记录　　□　动火期限合理		
应急预案	制定有《施工生产火灾事故应急预案》	□	有《施工生产现场火灾事故应急预案》演练记录		
消防设施	有消防设施、消防器材平面布置图	□	有消防设施、消防器材定期检查记录		
消防专项方案	制订有《消防专项方案》	□	《消防专项方案》能按规定办理审批		
	能按《消防专项方案》实施消防工作	□	有消防器材、消防设施、疏散方向平面布置图		
其 他					

	现　场　检　查						
消防器材	以下场所(部位)每100m² 配置1具4公斤 ABC 型干粉灭火器:非易燃易爆材料设备仓库						
	施工现场办公室、会议室 □		在建工程主体一楼 □		集体宿舍 □		食堂餐厅
	以下场所(部位)每处配置2具以上4公斤 ABC 型干粉灭火器:动火作业处　配电室						
	可燃材料料场 □		施工用电梯 □		集体厨房炉灶处		灭火器有防护措施,不失效
消防水源	消防水源立管直径在 65mm 以上 □			高层建筑(30m 以上)设有相应扬程的加压水泵			
	每层楼设有消防水源接口开关 □			配置有相应的消防水带、水枪或胶管			
消防通道	消防通道通行无阻,宽度不小于 3.5m □			已建成的楼梯无封堵,楼梯通道无杂物			
	高层建筑施工脚手架内的作业层应畅通,并搭设不少于 2 处与主体建筑内相衔接的通道						
地下建筑消防	地下建筑室内没有贮存易燃物品 □			易引发火灾的作业配置有气体检查仪和灭火器			
	不在地下建筑室内熬制或配制用于防腐、防水、装饰所用的危险化学品液体						
集体宿舍	无乱烧乱煮 □		无乱接乱拉电源线 □		无乱用电炉、电热得快、电炊具		
门卫值班看场	有门卫制度 □	有门卫职责 □		有交接班登记 □		有来访登记	
	门卫值班看场人员配备合理,治安防范力量强,盗窃案件得到有效控制,治安秩序良好						
爆破施工	爆破工程分包符合规定,承包商具有相应的爆破施工资质,并签订分包合同						
	有爆破施工组织设计 □		爆破器材购买、运输、存放、保管、领用、退料符合相关管理规定				
	爆破员、保管员、安全员、监督员持证上岗 □		爆破施工安全防护措施落实到位				
	爆破器材的存放经公安机关批准,符合安全要求						
其他	灭火器材设置处、消防水源接口开关处不堆放杂物,便于取用						
	电焊工、电工持证上岗 □		动火作业处有动火牌				

评价/存在问题:

处理情况:

检查部门(人员)签字	受检单位、项目(人员)签字

注:肯定的在"□"内打"√",否定的在"□"内打"×",消防器材、消防设施已设置但被损坏失效的在"□"打"△"缺项的留空不填。

施工现场消防安全检查表　　　　表9-3

工程名称:

序号	检查项目	内容与要求	存在问题
1	消防安全管理制度	1. 消防安全管理制度(包括消防安全教育与培训制度,可燃及易燃易爆危险品管理制度,用火、用电、用气管理制度,消防安全检查制度,应急预案演练制度)。 2. 应编制施工现场防火技术方案(包括施工现场重大火灾危险源辨识,施工现场防火技术措施、临时消防设施、临时疏散设施配备,临时消防设施和消防警示标识布置图)。 3. 应编制施工现场灭火及应急疏散预案。 4. 教育培训、技术交底、消防检查及应急疏散演练落实情况	

序号	检查项目	内容与要求	存在问题
2	生活区防火	1. 在建工程内不得兼作办公室、民工宿舍、仓库。 2. 生活区搭设应符合要求,且必须落实防雷设施。 3. 生活区内不得存放易燃易爆物品。 4. 生活区需要按规定配备消防器材。 5. 生活区内严禁乱拖乱接简易插座,电线必须套管敷设。 6. 严禁宿舍、仓库内生火煮食,严禁明火取暖,严禁使用电炉、电热器具及大于60W的灯泡	
3	现场防火	1. 施工现场必须合理、有效地配置消防设施或合格的消防器材,且有专人管理。 2. 消防器材配置数量或间距必须符合要求。 3. 动火作业必须配备监护人员。 4. 特种作业人员(动火作业人员)必须持证上岗。 5. 动火作业必须落实动火审批制度。 6. 施工现场不得在吸烟区以外区域吸烟。 7. 用于在建工程的保温、防水、装饰及防腐等材料的燃烧性能等级,应符合设计要求	
4	施工焊接防火	1. 焊割现场必须配备消防器材。 2. 焊割部位与氧气瓶、乙炔瓶以及各种易燃、可燃材料必须有效隔离。 3. 焊割与油漆、喷漆、脱漆、木工等易燃操作不得同时间、同部位上下交叉作业。 4. 氧气瓶、乙炔瓶间距不得小于5m,与明火之间距离不得小于10m,不得放于焊割部位下方或放于高低压架空线路下方、变压器旁。 5. 乙炔瓶、氧气瓶不得平放卧倒使用,不得直接暴晒。 6. 乙炔瓶、氧气瓶必须设置防撞击措施。 7. 在高空焊割必须采取措施控制火花溅落	
5	电气防火	1. 配电线路、配电设备应符合设计及规范要求。 2. 灯具应符合要求	
6	临时消防给水系统	1. 在市政消火栓150m保护范围外或市政消火栓的数量不满足要求时,临时用房建筑面积之和大于1000m²或在建工程单体体积大于10000m³时,应设置临时室外消防给水系统。 2. 建筑高度大于24m或单体体积超过30000m³的在建工程,应设置临时室内消防给水系统。 3. 工程内临时消火栓的充实水柱未能到达工程内任何部位的必须按规定配备消防器。 4. 当外部消防水源不能满足施工现场的临时消防用水量要求时,应在施工现场设置临时贮水池。临时贮水池宜设置在便于消防车取水的部位,其有效容积不应小于施工现场火灾延续时间内一次灭火的全部消防用水量	
7	易燃物消防管理	1. 存放易燃液体、气体场所必须采用防爆型电器设备及照明工具。 2. 油漆库与调料间必须分开设置。 3. 库存物品应分类、分垛存储,主要通道宽度不得少于2m。 4. 不得在库房内使用明火。 5. 乙炔瓶、液化石油气罐和氧气瓶在新建、维修工程内存放时,必须设置专用房间单独分开存放,设专人管理且配备消防器材,设置消防标志。 6. (废弃)易燃液体应用密封容器盛装、废弃易燃物应妥善处理,易燃物对方场与明火之间应有安全距离	

序号	检查项目	内容与要求	存在问题
8	消防通道及救援设施	1. 建筑物内外道路和通道必须保持畅通,施工现场应设置临时消防车道。 2. 疏散走道、楼梯、坡道应保持通畅,不得堆放材料、机具等。 3. 火灾事故照明和疏散指示灯不能自动投合使用。 4. 在地下工程内不得使用或存放中压式乙炔发生器	
检查 意见		检查人: 　　　　　　　　　　　　　年　月　日	

建筑消防设施功能检查记录表　　　　　　　　　表 9-4

检查时间:　　　月　　　日

检查项目	检查内容	情况记录
一消火栓给水系统	消防水池	1. 是否设置:□有 □无 □消防专用水池 □合用水池 2. 水量:□充足 □不足 3. 合用水池采取保证水量措施:□有 □无 4. 防冻措施:□有 □无 5. 补水时间:□不超过 48h □超过 48h
	消防水箱	1. 是否设置:□有 □无 □消防专用水箱 □共用水箱 2. 水位指示装置:□有 □无 3. 水量:□充足 □不足 4. 合用水池采取保证水量措施:□有 □无 5. 增压设施:□有 □无 6. 增压水泵:□能正常工作 □不能正常工作 7. 增压气压水罐:□能正常工作 □不能正常工作
	消防气压给水设备	1. 是否设置:□有 □无 □数量: 2. 气压罐:□能正常工作 □不能正常工作 3. 安全阀:□功能正常 □功能异常 4. 压力表:□功能正常 □功能异常 5. 泄水管:□功能正常 □功能异常 6. 水位指示器:□功能正常 □功能异常
	消防水泵	1. 是否设置:□有 □无 □数量: 2. 消火栓手动按钮启动消防泵:□能启动 □不能启动 3. 消防控制室启动消防泵:□能启动 □不能启动 □能显示泵状态 □不能显示泵状态 4. 消防水泵运行功能:□正常 □异常 5. 水泵供水管:□压力表、放水阀门功能正常 □压力表、放水阀门功能异常 6. 稳压泵:□有 □无 □能正常启、停 □不能正常启、停 7. 备用泵:□有 □无 □能正常工作 □不能正常工作 8. 供电电源:□两路 □一路 □电源切换功能正常 □不能切换 9. 泵房:□符合要求 □不符合要求
	水泵接合器	1. 是否设置:□有 □无 2. 数量:□充足 □缺少 3. 固定标志:□有 □无
	消火栓	1. 检查数量: 2. 检查部位: 3. 流量:□符合要求 □不符合要求 4. 压力:□符合要求 □不符合要求 5. 直接启动消防水泵按钮:□有 □无 □能起泵 □不能起泵 6. 栓口:□出水方向正确 □出水方向不正确 7. 水带连接:□牢固 □不牢固 □密封良好 □漏水 8. 检查用消火栓:□有 □无 □压力显示正常 □压力显示异常

236

检查项目	检查内容	情况记录
二 自动喷水灭火系统	报警说明	1. 水源控制阀：□能正常工作　□不能正常工作　□有开闭标志　□无开闭标志　□有锁定设施　□无锁定设施 2. 报警阀：□能正常工作　□不能正常工作 3. 压力表：□能正常工作　□不能正常工作 4. 试验阀：□能正常工作　□不能正常工作 5. 延迟器：□能正常工作　□不能正常工作 6. 地面排水设施：□有　□无
	水力警铃	1. 检查部位： 2. 检修、测试阀门：□能正常工作　□不能正常工作 3. 防水试验：□在5～90s内报警　□报警时间超过90s　□未报警 4. 报警声强：□符合要求　□不符合要求
	压力开关	1. 检查部位： 2. 功能：□能正常工作　□不能正常工作
	水流指示器	1. 检查部位： 2. 水流方向标志：□有　□无 3. 水流指示器功能：□能正常工作　□不能正常工作
	末端试水装置	1. 检查部位： 2. 试验阀：□能正常工作　□不能正常工作 3. 压力表：□能正常工作　□不能正常工作 4. 最不利点静压力：□不小于0.049MPa　□小于0.048MPa 5. 排水设施：□有　□无
	喷头	1. 检查部位： 2. 喷头状况：□完好有效　□损坏　□脱落　□遮　□漏水　□其他问题 3. 防冻措施：□有　□无
	喷淋泵	1. 是否设置：□有　□无　□数量： 2. 喷淋泵运行功能：□正常　□异常 3. 压力表：□能正常工作　□不能正常工作 4. 稳压泵：□有　□无　□能正常启、停　□不能正常启、停 5. 备用泵：□有　□无　□能正常工作　□不能正常工作 6. 供电电源：□两路　□一路　□电源切换功能正常　□不能切换
	系统功能	1. 末端试水：□水流指示器动作　□压力开关动作　□水力警铃连续报警　□消防水泵自动启动　□动作异常 2. 消防控制室手动直接启、停喷淋泵：□正常　□异常 3. 消防控制室显示功能：□能显示水流指示器工作状态　□能显示报警阀工作状态　□能显示信号阀工作状态　□能显示喷淋泵消防水泵工作、故障状态　□显示功能不全 4. 报警阀压力开关控制功能：□能控制喷淋泵自动启动　□不能控制喷淋泵自动启动
三 火灾自动报警系统	探测器	1. 检查部位： 2. 探测器类型：□感烟　□感温　□其他类型 3. 探测器状况：□完好　□损坏　□指示灯方向错误　□脱落　□其他问题
	手动火灾报警按钮	1. 检查部位： 2. 报警按钮状况：□完好　□损坏　□无标志　□遮挡　□其他问题 3. 报警启动功能：□控制器显示火灾信号　□控制器显示报警位置与实际相符　□报警按钮显示启动信号　□报警、显示功能不完备

检查项目	检查内容	情况记录
三火灾自动报警系统	火灾警报装置	1. 检查部位： 2. 警报装置状况：□完好　□损坏　□遮挡　□其他问题 3. 警报功能：□播放功能正常　□播放功能异常
	火灾报警控制器及消防联动控制装置	1. 控制器类型： 2. 信号接收、发出、显示功能：□能接收火灾报警信号　□能发出声、光报警信号　□能明确指示火灾发生部位　□故障情况下火灾优先报警　□故障报警与火灾报警信号有明显区别　□能记忆报警信息　□存在功能异常情况 3. 控制器自检、复位、消音功能：□自检功能正常　□复位功能正常　□消音功能正常　□存在功能异常情况 4. 主备电源情况：□主备电源自动切换功能正常　□主电源容量检验正常　□备用电源容量检验正常　□屏蔽功能正常　□存在功能异常情况
四防烟排烟系统	加压送风机	1. 台数： 2. 功能：□能正常工作　□不能正常工作 3. 电源情况：□采用消防电源　□未采用消防电源 4. 联动控制功能：□自动控制启、停功能正常　□手动直接控制启、停功能正常　□存在功能异常情况
	加压送风口	1. 检查部位： 2. 功能：□开启正常　□复位正常　□存在功能异常情况
	排烟风机	1. 台数： 2. 功能：□能正常工作　□不能正常工作 3. 电源情况：□采用消防电源　□未采用消防电源 4. 联动控制功能：□自动控制启、停功能正常　□手动控制启、停功能正常　□排烟口或排烟防火阀自行开启风机功能正常　□存在功能异常情况
	排烟口	1. 检查部位： 2. 状态：□处于正常关闭状态　□处于开启状态 3. 开启功能：□能自动或手动开启　□手动开启装置便于操作　□存在功能异常情况
	防火阀及排烟防火阀	1. 检查部位： 2. 控制功能：□风机入口处的排烟防火阀可自动停止排烟风机　□消防控制室可自动关闭电动防火阀　□存在功能异常情况
五防火分隔及安全疏散设施	电动防火门	1. 检查部位： 2. 状态：□完好、封闭严密　□损坏　□门框有缝隙　□未开向疏散方向　□其他问题 3. 功能：□能正常工作　□不能自动关闭　□关闭不严　□无信号反馈　□不具有顺序关闭功能　□其他问题
	防火卷帘	1. 检查部位： 2. 状态：□完好、封闭严密　□损坏　□传动装置未采取防火保护措施　□明设轨道未采取保护措施　□防火卷帘周围封闭不严　□其他问题 3. 功能：□防火卷帘两侧设有手动控制按钮　□设有机械手动装置　□手动按钮控制升、降、停功能正常　□机械手动装置控制降、升功能正常　□探测器联动控制卷帘功能正常　□其他问题 4. 电源情况：□符合要求　□不符合要求
	火灾应急照明	1. 检查部位： 2. 检查情况：□完好　□损坏　□缺少　□遮挡　□无保护罩　□布线未采取保护措施　□位置不当　□其他问题 3. 电源情况：□符合要求　□不符合要求

检查项目	检查内容	情况记录
五 防火分隔及安全疏散设施	疏散指示标志	1. 检查部位： 2. 检查情况：□完好 □损坏 □缺少 □遮拦 □指示错误 □选型不当 □位置不当 □其他问题 3. 电源情况：□能正常工作 □不能正常工作
	消防电梯	1. 设置数量： 2. 功能：□能正常工作 □不能正常工作 3. 电源情况：□采用消防电源 □未采用消防电源 □能末端切换 □不能末端切换 □存在其他问题
六 其他设施设备	灭火器	1. 检查部位： 2. 检查情况：□完好有效 □选型不当 □设置位置不到那个 □遮挡、挪用或埋压 □灭火器箱上锁 □其他问题
	其他灭火救生器材	器材名称： 检查情况：
备注		

填表说明：检查时发现问题在对应的□内画"√"，并在备注栏中注明处置情况。

安全疏散设施检查记录　　　　　　　　　　表 9-5

检查内容	情 况 记 录
防火门	1. 检查部位： 2. 状态：□完好、封闭严密 □损坏 □门框有缝隙 □未开向疏散方向 □其他问题 3. 功能：□能正常工作 □不能自动关闭 □关闭不严 □无信号反馈 □不具有顺序关闭功能 □其他问题
防火卷帘	1. 检查部位： 2. 状态：□完好、封闭严密 □损坏 □传动装置未采取防火保护措施 □明设轨道未采取保护措施 □防火卷帘周围封闭不严 □其他问题 3. 功能：□防火卷帘两侧设有手动控制按钮 □设有机械手动装置 □手动按钮控制升、降、停功能正常 □机械手动装置控制降、升功能正常 □探测器联动控制卷帘功能正常 □其他问题 4. 电源情况：□符合要求 □不符合要求
火灾应急照明	1. 检查部位： 2. 检查情况：□完好 □损坏 □缺少 □遮挡 □无保护罩 □布线未采取保护措施 □位置不当 □其他问题 3. 电源情况：□符合要求 □不符合要求
疏散指示标志	1. 检查部位： 2. 检查情况：□完好 □损坏 □缺少 □遮挡 □指示错误 □选型不当 □位置不当 □其他问题 3. 电源情况：□符合要求 □不符合要求
消防电梯	1. 设置数量： 2. 功能：□能正常工作 □不能正常工作 3. 电源情况：□采用消防电源 □未采用消防电源 □能末端切换 □不能末端切换 □存在其他问题

检查内容	情 况 记 录
应急广播	1. 检查部位： 2. 检查情况：□完好 □损坏 □缺少 □遮挡 □其他问题 3. 电源情况：□符合要求 □不符合要求
声光报警	1. 检查部位： 2. 检查情况：□完好 □损 □缺少 □遮挡 □指示错误 □位置不当 □其他问题 3. 电源情况：□符合要求 □不符合要求
备 注	

检查人员签字：   检查时间：

填表说明：检查时发现问题在对应的□内画"√"，并在备注栏中注明处置情况。

燃气、电气设备检查记录   表 9-6

检查内容	情况记录	备注 （有关情况说明）
燃气管路、电气线路设备状况	检查部位： □未发现异常情况 □燃气管路有改动； □燃气设备与可燃物间距不足 0.5m □开关安装在可燃材料上 □插座安装在可燃材料上 □配电箱安装在可燃材料上、壳体未采用 A 级材料 □照明、电热器具的高温部位未采取不燃材料隔热措施 □采取铜线、铝线代替保险丝 □电气线路敷设未采取防火保护措施 □防爆、防潮、防尘场所电气设备不符合安全要求 □存在其他问题：	
燃气管路、电气防火管理情况	检查部位： □未发现异常情况 □电器设备安装、维修人员不具备电工资格 □拉接电气线路、增加用电负荷未办理审核或内部审批手续 □在营业期间违章进行设备检修和电气焊作业 □违章使用具有火灾危险性的电热器具 □存在其他问题	

检查人员签字：   检查时间：

填表说明：检查时在相应的□内画"√"，并在备注栏中注明处置情况。

每周防火检查情况记录表   表 9-7

部门（班组）名称：   检查时间：   月   日

序号	检查内容	情 况 记 录	发现问题处置情况
一	电气管理措施落实情况	□开关、插座安装在可燃材料上 □采取铜线、铝线代替保险丝 □私接电气线路、增加用电负荷未办理审核、审批手续 □违章进行设备检修和电气焊作业 □违章使用具有火灾危险性的电热器具 □存在其他问题	

序号	检查内容	情 况 记 录	发现问题处置情况
二	可燃物、火源管理情况	□违章使用甲、乙类可燃液体、气体做燃料的明火取暖炉具 □违章使用、乙类清洗剂 □携带易燃易爆危险物品进入宾馆 □存在违章吸烟现象,营业期间违章进行明火维修和油漆粉刷作业 □配电设备等电气设备周围堆放可燃物 □装修施工现场动用电气设备等明火不符合有关安全要求 □存在其他问题	
三	安全疏散、防火分隔措施落实情况	□防火卷帘下方 0.5m 范围内堆放物品 □安全疏散指示标志、应急照明灯损坏、遮挡 □疏散走道被占用、封堵 □安全出口上锁 □常闭式防火门关闭不严 □在安全出口、疏散通道上安装栅栏等影响疏散的障碍物,公共区域的窗上安装金属护栏 □在疏散走道、楼梯间悬挂、摆放可燃物品,物品摆放妨碍人员安全疏散 □杂物、装饰物等影响安全疏散 □存在其他问题	
四	消防设施、器材管理情况	□违章关闭消防设施 □消火栓被遮挡、挤占、埋压 □灭火器被挪作他用、埋压,未按指定位置摆放 □自动喷水灭火系统洒水喷头被遮挡、改动位置或拆除 □火灾自动报警系统探测器被遮挡、改动位置或拆除 □消火栓箱、灭火器箱上锁 □防火卷帘控制按钮上锁 □存在其他问题	
五	防火巡查开展情况	□巡查频次不够 □巡查部位、内容不全 □未填写巡查记录 □发现问题未及时报告 □发现问题未采取相应防范措施 □存在其他问题	
六	火灾隐患整改措施落实情况	□火灾隐患底数不清、责任不明、超过时限 □应立即整改的火灾隐患没有立即整改 □未及时报告隐患整改进展情况 □未落实整改期间的防范措施 □对危险部位未落实停业整改要求 □存在其他问题	
七	其他需要检查的内容		

检查人员签字: 　　　　　　　　　　　　　　　　　负责人签字:

每月防火检查情况记录表

表 9-8

检查时间： 月 日

检查项目	检查内容	情况记录	发现问题处置情况
一、电气防火措施落实情况	电气线路设备状况	□开关安装在可燃材料上 □插座安装在可燃材料上 □配电箱安装在可燃材料、壳体未采用 A 级材料 □照明、电热器备的高温部未采取不燃材料隔热措施 □采取铜线、铝线代替保险丝 □电气线路敷设未采取防火保护措施 □防爆、防潮、防尘场所电气设备不符合安全要求 □存在其他问题	
	电气防火管理情况	□电器设备安装、维修人员不具备电工资格 □私接电气线路、增加用电负荷未办理审核、审批手续 □在营业期间违章进行设备检修和电气焊作业 □违章使用具有火灾危险性的电热器具 □存在其他问题	
二、可燃物、火源管理情况	可燃物、火源管理情况	□违章使用甲、乙类可燃液体、气体做燃料的明火取暖炉具 □违章使用甲、乙类清洗剂 □携带易燃易爆危险物品进入宾馆 □存在违章吸烟现象，营业期间违章进行明火维修和油漆粉刷作业 □配电设备等电气设备周围堆放可燃物 □装修施工现场动用电气设备等明火不符合有关安全要求 □未及时清除遗留火种、可燃杂物，关闭非营业用电源 □存在其他问题	
三、防火分隔、安全疏散管理措施落实情况	防火分隔、安全疏散设施状况	□防火门损坏或缺少、常闭式防火门无闭装置、关闭不严、未开向疏散方向 □防火卷帘损坏或缺少、未采取防火保护措施、升、降、停功能不完备、无机械手动装置 □防火卷帘下方 0.5m 范围内堆放物品 □疏散指示标志损坏或缺少、指示方向错误、无保护罩、布线未采取保护措施、无备用电源 □火灾应急照明损坏或缺少、指示方向错误、无保护罩、布线未采取保护措施、无备用电源 □火灾应急广播扬声器损坏、缺少、声压不够 □杂物、装饰物等影响安全疏散 □食堂内食品加工区分隔及加热设施不符合要求 □防火、防爆、防雷措施不落实 □存在其他问题	
	安全疏散设施管理情况	□疏散指示标志等安全疏散设施被遮挡 □安全疏散图示缺少、常闭防火门无保持关闭状态的提示 □疏散通道被占用、封堵 □安全出口上锁 □在安全出口、疏散通道上安装栅栏等影响疏散的障碍物 □公共区域的外窗上安装金属护栏 □物品摆放妨碍人员安全疏散 □在疏散走道、楼梯间悬挂、摆放可燃物品 □消防车道堵塞 □存在其他问题	

检查项目	检查内容	情况记录	发现问题处置情况
四、消防水源和消防设施、器材管理情况	消防水源	□无水或水量不足 □无水位指示装置 □合用水池未采取保持消防用水量的措施 □冬季未采用防冻措施 □管道阀门关闭不当 □存在其他问题	
	消火栓系统	□系统处于正常工作状态 □消防水泵故障 □消火栓被遮挡、挤占、埋压 □消火栓箱内水枪、水带等不齐全 □消火栓无明显标示 □消火栓箱上锁 □水带与消火栓接口连接不严密、漏水 □消火栓压力显示不正常 □存在其他问题	
	检查内容 （按场所确定）	情况记录	备注 （有关情况说明）
	自动喷水灭火系统	□系统处于正常工作状态 □喷淋水泵故障 □洒水喷头被遮挡、改动位置或拆除 □报警阀、末端试水装置没有明显标识 □末端试水装置压力显示不正常 □自动控制功能异常 □消防电源不能保证 □系统被违章关闭 □存在其他问题	
	火灾自动报警系统	□系统处于正常工作状态 □控制器或联动控制装置故障 □探测器被遮、改动位置或拆除 □手动报警按钮损坏、遮挡、无标志 □火灾警报装置损坏、遮挡 □控制中心联动控制设备功能异常 □消防电源不能保证 □系统被违章关闭 □存在其他问题	
	机械防烟排烟系统	□系统处于正常工作状态 □防、排烟风机故障 □送风口、排烟口被遮挡、改动位置或损坏 □自动控制功能异常 □消防电源不能保证 □系统被违章关闭 □存在其他问题	
	灭火器	□灭火器选型不当 □灭火器被挪作他用、埋压 □灭火器箱上锁 □未按指定位置摆放 □灭火器失效 □存在其他问题	

检查项目	检查内容	情 况 记 录	备注 (有关情况说明)
五、消防值班情况	消防控制中心值班情况	□自动消防系统操作人员无岗位资格证 □值班人员脱岗 □值班人员违反消防值班制度 □未填写值班记录 □存在其他问题	
	其他重点部位值班情况	□值班人员脱岗 □值班人员违反消防值班制度 □未填写值班记录 □存在其他问题	
六、防火巡查和火灾隐患整改情况	防火巡查	□巡查频次不够 □巡查部位、内容不全 □未填写巡查记录 □发现问题未及时报告 □发现问题未采取相应防范措施 □存在其他问题	
	火灾隐患整改	□火灾隐患底数不清、责任不明、超过时限 □应立即整改的火灾隐患没有立即整改 □限期改正的火灾隐患,未按时间向公安消防部门报送整改情况复函 □对危险部位未落实停业整改要求 □未及时报告隐患整改进展情况 □未落实整改期间的防范措施 □存在其他问题	
七、消防安全培训教育情况	重点部位人员	□已进行岗前消防安全培训,熟练掌握消防知识 □未进行岗前消防安全培训 □无培训记录	
	其他人员	□已进行(或参加)消防安全培训熟练掌握消防知识 □未进行(或参加)消防安全培训 □无培训记录	
	消防宣传教育活动	□按计划开展 □未按计划开展 □未记录消防宣传、教育活动情况	
其他			

检查人员签字:　　　　　　　　　　　　　　负责人签字:

244

每日防火巡查（夜查）内容及时间记录表　　　　　表 9-9

巡查时间：　　月　　日　　　　　　　　巡查部位：

序号	巡查项目	是 否 存 在 问 题	时分	时分	时分	时分	时分	时分	时分	时分	时分	时分	时分	时分
一	电气管理措施落实情况	①开关、插座安装在可燃材料上 ②采取铜线、铝线代替保险丝 ③私接电气线路、增加用电负荷未办理审核、审批手续 ④违章进行设备检修和电气焊作业 ⑤违章使用具有火灾危险性的电热器具 ⑥存在其他问题	□ □ □ □ □ □	□ □ □ □ □ □	□ □ □ □ □ □	□ □ □ □ □ □	□ □ □ □ □ □	□ □ □ □ □ □	□ □ □ □ □ □	□ □ □ □ □ □	□ □ □ □ □ □	□ □ □ □ □ □	□ □ □ □ □ □	□ □ □ □ □ □
二	可燃物、火源管理情况	①违章使用甲、乙类可燃液体、气体做燃料的明火取暖炉具 ②违章使用甲、乙类清洗剂 ③携带易燃易爆危险物品进入宾馆 ④存在违章吸烟现象，违章进行明火维修和油漆粉刷作业 ⑤配电设备等电气设备周围堆放可燃物 ⑥装修施工现场动用电气设备等明火不符合有关安全要求 ⑦未及时清除遗留火种、可燃杂物，关闭非营业用电源 ⑧存在其他问题	□ □ □ □ □ □ □ □	□ □ □ □ □ □ □ □	□ □ □ □ □ □ □ □	□ □ □ □ □ □ □ □	□ □ □ □ □ □ □ □	□ □ □ □ □ □ □ □	□ □ □ □ □ □ □ □	□ □ □ □ □ □ □ □	□ □ □ □ □ □ □ □	□ □ □ □ □ □ □ □	□ □ □ □ □ □ □ □	□ □ □ □ □ □ □ □

共同巡查交班人员：　　　　　　　　　　　　共同巡查接班人员：

共同巡查时间：　　时　　分

序号	巡查项目	是 否 存 在 问 题	时分	时分	时分	时分	时分	时分	时分	时分	时分	时分	时分	时分
三	安全疏散、防火分隔措施落实情况	①防火卷帘下方 0.5m 范围内堆放物品 ②安全疏散指示标志、应急照明灯损坏、遮挡 ③疏散走道被占用、封堵 ④安全出口上锁 ⑤常闭式防火门关闭不严 ⑥在安全出口、疏散通道上安装栅栏等影响疏散的障碍物，公共区域的窗上安装金属护栏 ⑦在疏散走道、楼梯间悬挂、摆放可燃物品，物品摆放妨碍人员安全疏散 ⑧存在其他问题	□ □ □ □ □ □ □	□ □ □ □ □ □ □	□ □ □ □ □ □ □	□ □ □ □ □ □ □	□ □ □ □ □ □ □	□ □ □ □ □ □ □	□ □ □ □ □ □ □	□ □ □ □ □ □ □	□ □ □ □ □ □ □	□ □ □ □ □ □ □	□ □ □ □ □ □ □	□ □ □ □ □ □ □

序号	巡查项目	是否存在问题	时分	时分	时分	时分	时分	时分	时分	时分	时分	时分	时分	时分
四	消防设施、器材管理情况	①违章关闭消防设施 ②消火栓被遮挡、挤占、埋压,不完整有效 ③灭火器被挪作他用、埋压,未按指定位置摆放 ④自动喷水灭火系统洒水喷头被遮挡、改动位置或拆除 ⑤火灾自动报警系统探测器被遮挡、改动位置或拆除 ⑥消火栓箱、灭火器箱上锁 ⑦防火卷帘控制按钮上锁 ⑧消防标志不完好清晰 ⑨存在其他问题	□	□	□	□	□	□	□	□	□	□	□	□
五	值班情况	①消防安全重点部位值班人员脱岗 ②值班人员违反消防值班制度 ③未填写值班记录 ④存在其他问题	□	□	□	□	□	□	□	□	□	□	□	□
	处置方式	①立即整改 ②落实防范措施限期改正 ③逐级报告 ④停业整改	□	□	□	□	□	□	□	□	□	□	□	□
	处置情况	签名												

9.7 施工现场临边、洞口的安全防护

为了施工现场和建筑工程的洞口、临边防护工作顺利进行,项目部和施工班组全体工人应认真贯彻落实"安全第一、预防为主"的方针政策。严格执行规范要求。严禁违章指挥、违章操作、违反劳动纪律。提高工人的素质,使工人认识到安全的重要性。确保施工人员的安全和健康。提高安全生产工作和文明施工先进的科学管理水平。预防伤亡事故的发生。实现检查评价工作的标准化、规范化。提高生产效率。

(1)洞口防护措施

1)孔洞防护

① 0.5m×0.5m 以下的洞口,预埋钢丝网或加固定盖板。

② 0.5m×0.5m～1.5m×1.5m 的孔洞,采用预埋通长钢筋网片或加固定盖板。

③ 1.5m×1.5m 以上的孔洞,四周设两道防护栏,中间支挂水平安全网,必要时加以密目网覆盖。采光井上面,用木板铺满,并与建筑物固定。

2)电梯井口防护

电梯井口设高度在1.2m以上的金属防护门,呈半自动开启式,门口下方设不低于

100mm 的挡板。电梯井内首层和首层以上每隔两层设一道水平安全网，安全网封闭严密。在未得到上级主管技术、安全部门批准时，不得利用电梯井做垂直运输和垃圾通道。

3）楼梯踏步及休息平台防护

楼梯踏步及休息平台处，设置两道牢固防护栏杆，或用立挂安全网作防护网。回转式楼梯间设置首层水平安全网、楼梯各处不准堆放各种物料。

4）阳台边防护

阳台栏板不能随层安装的，设置两道防护栏或挂安全网封闭。

（2）临边防护措施

建筑物楼层临边四周、柱子边、井架与建筑物通道两侧、外脚手架边、框架结构梁边和施工作业层柱子边、斜道两侧、卸料台的外侧边，无维护结构的均设置两道高 1.2m 防护栏或立挂安全网加一道防护栏。部分临边加设挡脚板。

9.8　危险性较大的发表分项工程的安全管理

9.8.1　相关概念

危险性较大的分部分项工程是指建设工程在施工过程中存在的、可能导致作业人员群死、群伤或者造成重大不良社会影响的分部分项工程。

危险性较大的分部分项工程安全专项施工方案，是指施工单位在编制施工组织（总）设计的基础上，针对危险性较大的分部分项工程单独编制的安全技术措施文件。

施工单位应当在危险性较大的分部分项工程施工前编制专项方案；对于超过一定规模的危险性较大的分部分项工程，施工单位应当组织专家对专项方案进行论证。

1. 危险性较大的分部分项工程范围

基坑支护、降水工程开挖深度超过 3m（含 3m）或虽未超过 3m 但地质条件或周边环境复杂的基坑（槽）支护、降水工程。

（1）土方开挖

开挖深度超过 3m（含 3m）的基坑（槽）的土方开挖

（2）模板工程及支撑体系

1）各类工具式模板工程：包括大模板、滑模、爬模、飞模等工程。

2）混凝土模板支撑工程：搭设高度 5m 及以上；搭设跨度 10m 及以上；施工总荷载 $10kN/m^2$ 及以上；集中线荷载 $15kN/m^2$ 及以上；高度大于支撑水平投影宽度且相对独立无联系构件的混凝土模板支撑工程。

3）承重支撑体系：用于钢结构安装等满堂支撑体系。

（3）起重吊装及安装拆除工程

1）采用非常规起重设备、方法，且单件起吊重量在 10kN 及以上的起重吊装工程。

2）采用起重机械进行安装的工程。

3）起重机械设备自身的安装、拆卸。

（4）脚手架工程

1）搭设高度24m及以上的落地式钢管脚手架工程。

2）附着式整体和分片提升脚手架工程。

3）悬挑式脚手架工程。

4）吊篮脚手架工程。

5）自制卸料平台、移动操作平台工程。

6）新型及异型脚手架工程。

（5）拆除、爆破工程

1）建筑物、构筑物拆除工程。

2）采用爆破拆除的工程。

（6）其他

1）建筑幕墙安装工程。

2）钢结构、网架和索膜结构安装工程。

3）人工挖扩孔桩工程。

4）地下暗挖、顶管及水下作业工程。

5）预应力工程。

6）采用新技术、新工艺、新材料、新设备及尚无相关技术标准的危险性较大的分部分项工程。

2. 超过一定规模的危险性较大的分部分项工程范围

（1）基坑支护、降水工程

1）开挖深度超过5m（含5m）的基坑（槽）的土方开挖、支护、降水工程。

2）开挖深度虽未超过5m，但地质条件、周围环境和地下管线复杂，或影响毗邻建筑（构筑）物安全的基坑（槽）的土方开挖、支护、降水工程。

（2）模板工程及其支撑体系

1）高度超过的模板工程：包括滑模、爬模、飞模工程。

2）混凝土模板支撑工程：搭设高度8m及以上；搭设跨度18m及以上，施工总荷载15kN/m² 及以上；集中线荷载20kN/m² 及以上。

3）承重支撑体系：用于钢结构安装等满堂支撑体系，承受单点集中荷载700kg以上。

（3）起重吊装及安装拆卸工程

1）采用非常规起重设备、方法，且单件起吊重量在100kN及以上的起重吊装工程。

2）起重量300kN及以上的起重设备安装工程；高度200m及以上内爬起重设备的拆除工程。

（4）脚手架工程

1）搭设高度50m及以上落地式钢管脚手架工程。

2）提升高度150m及以上附着式整体和分片提升脚手架工程。

3）架体高度20m及以上悬挑式脚手架工程。

（5）拆除、爆破工程

1）采用爆破拆除的工程。

2）码头、桥梁、高架、烟囱、水塔或拆除中容易引起有毒有害气（液）体或粉尘扩散、易燃易爆事故发生的特殊建、构筑物的拆除工程。

3）可能影响行人、交通、电力设施、通信设施或其他建、构筑物安全的拆除工程。

4）文物保护建筑、优秀历史建筑或历史文化风貌区控制范围的拆除工程。

（6）其他。

1）施工高度50m及以上的建筑幕墙安装工程。

2）跨度大于36m及以上的钢结构安装工程；跨度大于60m及以上的网架和索膜结构安装工程。

3）开挖深度超过16m的人工挖孔桩工程。

4）地下暗挖工程、顶管工程、水下作业工程。

5）采用新技术、新工艺、新材料、新设备及尚无相关技术标准的危险性较大的分部分项工程。

9.8.2 管理制度的建立

建设单位在申请领取施工许可证或办理安全监督手续时，应当提供危险性较大的分部分项工程清单和安全管理措施。施工单位、监理单位应当建立危险性较大的分部分项工程安全管理制度。

专项方案的审核应根据工程危险性大小实行分级审查，并报建设或监理单位审批后方可组织实施。专项方案的分级审核具体规定及审查流程如下：

施工单位应当在危险性较大的分部分项工程施工前编制专项方案；对于超过一定规模的危险性较大的分部分项工程，施工单位应当组织专家对专项方案进行论证。

建筑工程实行施工总承包的，专项方案应当由施工总承包单位组织编制。其中，起重机械安装拆卸工程、深基坑工程、附着式升降脚手架等专业工程实行分包的，其专项方案可由专业承包单位组织编制。

专项方案应当由施工单位技术部门组织本单位施工技术、安全、质量等部门的专业技术人员进行审核。经审核合格的，由施工单位技术负责人签字。实行施工总承包的，专项方案应当由总承包单位技术负责人及相关专业承包单位技术负责人签字。

不需专家论证的专项方案，经施工单位审核合格后报监理单位，由项目总监理工程师审核签字。

施工单位应当严格按照审批后的专项方案组织施工，不得擅自修改、调整专项方案。

如因设计、结构、外部环境等因素发生变化确需修改的，修改后的专项方案应当重新审核

专项方案实施前，编制人员或项目技术负责人应当向现场管理人员和作业人员进行安全技术交底。

应当指定专人对专项方案实施情况进行现场监督和按规定进行监测。发现不按照专项方案施工的，应当要求其立即整改；发现有危及人身安全紧急情况的，应当立即组织作业人员撤离危险区域。

项目技术负责人应当定期巡查专项方案的实施情况。

对于按规定需要验收的危险性较大的分部分项工程，施工单位应会同监理单位组织有关人员进行验收。验收合格的，经项目技术负责人及总监理工程师签字后，方可进入下一道工序。

9.8.3 安全专项施工方案的管理

超过一定规模的危险性较大的分部分项工程专项方案应当由施工单位组织召开专家论证会。实行施工总承包的，由施工总承包单位组织召开专家论证会。

下列人员应当参加专家论证会：

(1) 专家组成员；

(2) 建设单位项目负责人或技术负责人；

(3) 监理单位项目总监理工程师及相关人员；

(4) 施工单位分管安全的负责人、技术负责人、项目负责人、项目技术负责人、专项方案编制人员、项目专职安全生产管理人员；

(5) 勘察、设计单位项目技术负责人及相关人员。

专家组成员应当由 5 名及以上符合相关专业要求的专家组成。

本项目参建各方的人员不得以专家身份参加专家论证会。

专家论证的主要内容：

(1) 专项方案内容是否完整、可行；

(2) 专项方案计算书和验算依据是否符合有关标准规范；

(3) 安全施工的基本条件是否满足现场实际情况。

专项方案经论证后，专家组应当提交论证报告，对论证的内容提出明确的意见，并在论证报告上签字。该报告作为专项方案修改完善的指导意见。

施工单位应当根据论证报告修改完善专项方案，并经施工单位技术负责人、项目总监理工程师、建设单位项目负责人签字后，方可组织实施。

实行施工总承包的，应当由施工总承包单位、相关专业承包单位技术负责人签字。

专项方案经论证后需做重大修改的，施工单位应当按照论证报告修改，并重新组织专家进行论证。

施工单位应当严格按照专项方案组织施工，不得擅自修改、调整专项方案。

如因设计、结构、外部环境等因素发生变化确需修改的，修改后的专项方案应当按本办法第八条重新审核。对于超过一定规模的危险性较大工程的专项方案，施工单位应当重新组织专家进行论证。

专项方案实施前，编制人员或项目技术负责人应当向现场管理人员和作业人员进行安全技术交底。

施工单位应当指定专人对专项方案实施情况进行现场监督和按规定进行监测。发现不按照专项方案施工的，应当要求其立即整改；发现有危及人身安全紧急情况的，应当立即组织作业人员撤离危险区域。

施工单位技术负责人应当定期巡查专项方案实施情况。

对于按规定需要验收的危险性较大的分部分项工程，施工单位、监理单位应当组织有关人员进行验收。验收合格的，经施工单位项目技术负责人及项目总监理工程师签字后，方可进入下一道工序。

监理单位应当将危险性较大的分部分项工程列入监理规划和监理实施细则，应当针对工程特点、周边环境和施工工艺等，制定安全监理工作流程、方法和措施。

监理单位应当对专项方案实施情况进行现场监理；对不按专项方案实施的，应当责令整改，施工单位拒不整改的，应当及时向建设单位报告；建设单位接到监理单位报告后，应当立即责令施工单位停工整改；施工单位仍不停工整改的，建设单位应当及时向住房城乡建设主管部门报告。

各地住房城乡建设主管部门应当按专业类别建立专家库。专家库的专业类别及专家数量应根据本地实际情况设置。

专家名单应当予以公示。

专家库的专家应当具备以下基本条件：

（1）诚实守信、作风正派、学术严谨；

（2）从事专业工作 15 年以上或具有丰富的专业经验；

（3）具有高级专业技术职称。

各地住房城乡建设主管部门应当根据本地区实际情况，制定专家资格审查办法和管理制度并建立专家诚信档案，及时更新专家库。

建设单位未按规定提供危险性较大的分部分项工程清单和安全管理措施，未责令施工单位停工整改的，未向住房城乡建设主管部门报告的；施工单位未按规定编制、实施专项方案的；监理单位未按规定审核专项方案或未对危险性较大的分部分项工程实施监理的；住房城乡建设主管部门应当依据有关法律法规予以处罚。

9.8.4 安全专项施工方案的编制内容

安全专项施工方案是施工组织设计不可缺少的组成部分，它应是施工组织设计的细化、完善、补充，且自成体系。安全专项施工方案应重点突出分部分项工程的特点、安全技术的要求、特殊质量的要求，重视质量技术与安全技术的统一。安全专项施工方案的内容主要包括：

（1）编制依据，分部分项工程概况；

（2）影响质量、安全的危险源分析及相关措施；

（3）设计计算书和设计施工图等设计；

（4）施工准备和部署，质量检测和相关观测预警措施，现场平面布置图；

（5）应急预案；

（6）安全专项工程安全检查和评价方法。

安全专项施工方案除应包括相应的安全技术措施外，还应当包括监控措施、应急预案以及紧急救护措施等内容。危险源分析及相关措施：危险源分为第一类危险源和第二类危险源，它们均包括人、物、环境等不安全因素。危险源分析的重点是对基础沉降、荷载、爆炸等具有主动力学性能的危险源进行分析，通过设计、计算，建立临时建（构）筑物等安全预防措施，达到安全施工目的。一般常见的危险源如火、电、人员等通过采取相关管理、预防措施杜绝事故发生。应急预案：一般包括预案使用范围，重特大事故应急处理指挥系统及组织构架等，指挥部系统职责及责任人，重特大事故报告和现场保护，应急处理预案，其他事项。

安全专项施工方案是由建筑施工企业专业工程技术人员编制，施工企业技术负责人审查签字后，提交监理单位审查；监理单位由专业监理工程师初审，监理单位总监理师审查签字，即初审完成；再经工程安全、质量监督部门认可的专家论证会论证，依据专家论证会论证并提出意见和建议。安全专项施工方案必须依据专家论证会的意见和建议更改。

专项方案编制应当包括以下内容：

(1) 工程概况：危险性较大的分部分项工程概况、施工平面布置、施工要求和技术保证条件等。

(2) 编制依据：相关法律、法规、规范性文件、标准、规范及图纸（国标图集）、施工组织设计等。

(3) 施工计划：包括施工进度计划、材料与设备计划。

(4) 施工工艺技术：技术参数、工艺流程、施工方法、检查验收等。

(5) 施工安全保证措施：组织保障、技术措施、应急预案、监测监控等。

(6) 劳动力计划：专职安全生产管理人员、特种作业人员等。

(7) 计算书及相关图纸。安全专项施工方案中有关设计计算，必须由施工方委托具有设计资质的单位或经设计单位复核审查认可加盖正式设计出图章后方可有效。

编制原则。

安全专项施工方案的编制，必须考虑现场的实际情况、施工特点及周围作业环境，措施要有针对性，凡施工过程中可能发生的危险因素及建筑物周围外部的不利因素等，都必须从技术上采取具体且有效的措施予以预防。

安全专项施工方案标题与封面格式如下：

(1) 标题："××工程××安全专项施工方案"，并标注"按专家论证审查报告修订"字样。

(2) 封面内容设置：编制、审查、审批三个栏目，分别由编制人签字，公司负责人审核签字，公司技术负责人审批签字。

安全专项施工方案编制中应注意的事项：

(1) 编制安全专项施工方案应将安全和质量相互联系、有机结合；临时安全措施构建的建（构）筑物与永久结构交叉部分的相互影响统一分析，防止荷载、支撑变化造成的安全、质量事故。

(2) 安全措施形成的临时建（构）筑物必须建立相关力学模型，进行局部和整体的强度、刚度、稳定性验算。

(3) 相互关联的危险性较大工程应系统分析，重点对交叉部分的危险源进行分析，采取相应措施。

9.8.5 检查落实的措施

对危险性较大的分部分项，编制有针对性的专项施工方案，编制、审核、审批程序符合规定，根据方案落实安全技术交底，配备专职安全员监督检查落实情况。

(1) 建立安全管理体系，通过安全设施、设备、安全装置，安全检测和监测、安全操作程序、防护用品等，技术硬件的投入，实现技术系统措施的本质安全化。

1) 危险性较大的分部分项工程，要牢固树立"安全第一预防为主"的思想，把安全生产作为头等大事来抓，并认真落实"安全生产、文明施工"的规定。

2）建立健全并全面贯彻安全管理制度和各岗位安全责任制，根据工程性质、特点、成立三级安全管理机构。

3）安全技术有针对性，现场内的各种施工材料，须按施工平面图进行布置，现场的安全、卫生、防水设施要齐全有效。

4）要切实保证职工在安全条件下进行作业，施工在搭设的各种脚手架等临时设施，均要符合国家规程和标准，在施工现场安装的机电要保持良好的技术状态，严禁带"病"运转。

5）加强对职工的安全技术教育，坚持制止违章指挥和违章作业，凡进入施工现场的人员，须戴安全帽，高空作业应系好安全带，施工现场的危险部位要设置安全色标、标语或宣传画，随时提醒职工注意安全。

6）对查出的事故、隐患，要做到"三定一落实"。

（2）建立安全生产管理制度，通过监督检查等管理方式，保障技术条件和环境达标，以及人员的行为规范，以及安全生产的目的。改善安全技术措施，具体检查各部门存在安全隐患问题提出改进安全技术问题，落实安全生产责任制和严格控制工人按安全规程作业，确保施工安全生产。安全值日员，每天检查工人上、下班是否佩戴好安全帽和个人防护用品，对工人操作面进行安全检查，保证工人按安全操作规程作业，及时检查安全存在问题，消除安全隐患。

1）危险性较大的分部分项工程应建立安全生产责任制。施工企业各级领导，在管理生产的同时，必须负责管理安全工作，逐级建立安全责任制，使落实安全生产的各项规章制度成为全体职工的自觉行动。

2）建立安全技术措施计划，包括改善劳动条件，防止伤亡事故，预防职业病和职业中毒为目的各项技术组织措施，创造一个良好的安全生产环境。

3）建立严格的劳力管理制度。新入场的工人接受入场安全教育后方可上岗操作。特种作业人员全部持证上岗。

（3）建立安全生产教育、培训制度，通过对全员进行安全培训教育，提高全员的安全素质、包括：意识、知识、技能、态度、观念等安全综合素质。执行安全技术交底，监督、检查、整改隐患等管理方法，保障技术条件和环境达标，人的行为规范，实现安全生产的目的。

1）建立安全生产教育制度，对新进场工人进行三级安全教育，上岗安全教育。

2）实行逐级安全技术交底履行签字手续，开工前进行有针对性的安全技术交底。

3）建立安全生产的定期检查制度。企业在施工生产时，为了及时发现事故隐患，堵塞事故漏洞，防患于未然，须建立安全检查制度。存在隐患严格按"三定一落实"整改反馈。

4）根据工地实际情况建立班前安全活动制度，危险性较大的分部分项工程，班前安全活动记录。

5）施工用电、搅拌机、钢筋机械等在中型机械及脚手架、卸料平台要挂安全网、洞口临国防护设施等，安装或搭设好后及时组织有关人员验收，验收合格方准投入使用。

6）建立伤亡事故的调查和处理制度调查处理伤亡事故，要做到"三不放过"，即事故原因分析不清不放过，事故责任者和群众没有受到教育不放过，没有防范措施不放过。

9.8.6 有关表格（表 9-10～表 9-13）

建筑工程安全专项施工方案论证申报表　　表 9-10

工程名称		工程地址	
结构类型/层数		建筑面积(m²)	
建设单位		设计单位	
施工单位		项目经理	
监理单位		项目总监理工程师	
申请论证专项 施工方案名称			
拟定论证会时间		拟定论证会地点	
申请论证 专项施工 方案简介		申请单位(盖章)： 2012 年 6 月	
质量安全协会审查意见：			
			年　月　日
申报单位 联系人		电话	

254

危险性较大的分部分项工程专家论证表 表 9-11

危险性较大的分部分项工程专家论证表				编号		
工程名称						
总承包单位				项目负责人		
分包单位				项目负责人		
危险性较大分项工程名称						

专家一览表

姓名	性别	年龄	工作单位	职务	职称	专业

专家论证意见：

　　年　　月　　日

专家签名	组长（签字）： 专家（签字）：
项目部	（章）：　　　　　　　　　　　年　月　日

注：本表由施工单位填报，建设单位、监理单位、施工单位各存一份。

专项施工方案审批表 表 9-12

工程名称		结构形式	
建筑面积		层数	
建设单位		施工单位	
监理单位		编制部门	
编制人		报审时间	

施工企业： 技术部门审核意见： 安全管理部门审核意见： 技术负责人审核意见： （公章） 年　月　日	监理单位： 专业监理工程师审核意见： 总监理工程师意见： 年　月　日　　（公章） 建设单位意见： （公章） 年　月　日

危险性较大的分部分项工程清单   表 9-13

序号	危险性较大的分部分项	内容	备注
1			
2			
3			
4			
5			
6			

9.9 劳务防护用品的安全管理

9.9.1 劳动防护用品

所谓劳动防护用品，是指职工在生产过程中为免遭或减轻事故伤害和职业危害，个人随身穿（佩）戴的用品，简称防护品。劳动防护品分为特种防护用品和一般防护用品两种。

（1）特种防护用品：是指职工在劳动过程中预防或减轻严重伤害和职业危害的劳动护用品。

（2）一般防护用品：除了特种防护用品以外的防护用品。

（3）防护部位分类：

1）头部防护用品

头部防护普遍采用安全头盔和头部保护器，即安全帽。他们的功能是提供对阳光、雨水和对头部冲击的防护。头部保护器对重装的防护能力是相当局限的，它主要是在有限的空间中提供对冲撞击的保护，因此它代替不了安全头盔。安全头盔的使用寿命在 3 年左右，当过长地暴露在紫外线下或者收到反复冲击时，其寿命还会缩短。

2）呼吸器官防护用品

呼吸保护装置一般分为两大类：一类是过滤呼吸保护器，它通过讲空气吸入过滤装置去除污染而使空气净化；另一类是提供气式呼吸保护器，它是通过一个未受污染的外部气源，向佩戴者提供洁净空气的装置。绝大多数设备尚不能提供完全的保护，总有少量的污染物不可避免地吸入呼吸区。

① 过滤式呼吸保护器

过滤式呼吸保护器有 5 类：

口罩：覆盖鼻子和嘴，由可以去除污染的过滤材料制成。

半面罩呼吸保护器：覆盖鼻子和嘴部位的面罩，用橡皮或塑料制成，带有一个或多个可拆卸的过滤盒。

全面罩呼吸保护器：覆盖眼、鼻子及嘴部，有可拆卸的过滤罐。

动力空气净化呼吸保护器：用泵将空气松紧过滤器，在呼吸保护器内形成微正压，防止污染物从缝隙中进入呼吸保护器。

动力头盔呼吸保护器：包括过滤器及装载头盔上的风扇。净化的空气吹到头盔之内供呼吸使用。

需要说明的是，过滤式呼吸保护器在缺氧空气中起不到任何保护作用。

②供气式呼吸保护器

供气式呼吸保护器主要有3种：

长管洁净空气呼吸器：它通过未污染的气流提供洁净的空气。

压缩空气呼吸器：压缩气流通过柔性长管向佩戴者提供空气。

在器官上要有过滤装置以除去空气中的氮氧化物及油污。要有面罩或头盔，空气的压力由阀门来减压。

自备气源呼吸器：空气从钢瓶中通过特殊的面罩提供给佩戴者，全套装置均佩戴在操作者身上。

3）眼（面部）防护用品

在选择防护用品时，为了是其有效，首先要对眼睛可能造成的危害及其风险的程度进行评估。眼睛保护用品一般可以分为以下三类：

① 安全眼镜

用于预防低能量的飞溅物，如金属碎渣等，但不能抵御尘埃，也不能抵御高能量的冲击。

② 安全护目镜

用于预防高能量的飞溅物和灰尘，在经过进一步处理后，也能抵御化学品及金属液滴。其缺点是内侧容易气雾，镜片易损，戴后视野受局限，不能保护整个面部，价格也较贵，在抵抗非离子辐射时，要另外加上过滤片。

③ 面罩

提供整个面部对高能量飞溅物的保护，同时加上各种过滤片后，可以处理各种类型的辐射。相对眼镜来讲，内侧不容易雾化，但视野受到限制，重量也比较重。虽然有一些头盔的风挡易于置换且不贵，但总价格还是不低。

4）听觉器官防护用品

听力保护的器具主要有两大类：一类是脂肪与耳道内的耳塞，用于阻止声能进入；另一类是置于耳外的耳罩，限制声能通过外耳进入耳鼓、中耳和内耳。需要注意的是，这两种保护器具均不能阻止相当一部分的声能通过头部传到听觉器官。

① 耳塞

可以脂肪在耳道内，使用树脂泡沫材料或者橡胶等制成，用完了就可丢弃。也有一些种类的耳塞是可以重复使用的，但在使用后要特别注意耳塞的清洁问题。耳塞有多种规格，为正确使用并充分发挥耳塞的作用，应选择与自己耳道相匹配的耳塞，绝不能自行随意选用。

② 耳罩

由可以盖住耳朵的套子和定位的带子组成。套子通常装有树脂塑胶泡沫材料，达到使耳朵密封的效果，套子里充填了吸声材料。耳罩的密封性取决于耳罩的设计、密封的方法及佩戴的松紧度。

5）手部防护用品

手套要认真地选择，要考虑到舒适、灵活的要求和防高温的需要及可能用其抓起物件的种种条件的需要。同时，要考虑其价格和使用者可能遇到的危害等因素。例如，有没有被卷到机器中的危险等。

6）足部防护用品

各种防护鞋的设计是有其特殊保护功能的。如普通的防砸鞋就是防止当材料下落时对脚的砸伤，特别是对脚趾的保护；有的鞋是用来防止脚底下的锐利物品穿透鞋底而保护脚掌。还有的防护鞋用来提供绝缘、防静电、耐酸碱等功能。防护鞋应防水、防滑，并穿着舒适，同时鞋的尺寸也要合适。

7）躯干防护用品

当人体暴露在一些有危害的环境内，如热、冷、辐射、冲击、摩擦、湿、化学品及车辆冲击等环境，需要提供对身体的防护，如防酸工作服、防静电工作服、阻燃防护服等。穿上工作服后，可能会对运动有所限制，而且容易被机器缠上，因此，要对工作服的类型及制作认真进行选择，同时还要教会操作者正确地使用，如在旋转的机器附近扣好上衣。穿戴防静电服是减少静电效应的一个重要措施，当有这项要求时，要严格遵守。

8）护肤用品

对于某种危害，无法使用防护服时，除日常的卫生工作外，在工作前后可以使用护肤膏来保护皮肤。护肤品一般有 3 中：可溶于水、不溶于水和特种用途。

9）防坠落及其他防护用品

安全带及安全钩并不能取代防止高处坠落的其他安全措施，只有当无法使用平台及防护网时，才能选择安全带及安全钩。安全带及安全钩的作用是现在下坠的高度，并且帮助开展救援工作。除了要求舒适及运动方便外，选择这种装置还必须考虑系带的人体一旦坠落时，能够提供足够的防护来抵抗这种能量转换的需要。为此，在有可能发生坠落的情况下，相比安全带而言，更应选择安全钩。安全带及安全钩的一端要固定在监视的系留点之上，它必须能够承受坠落时的张力。基本原则就是，把系留端固定在工作场所尽可能高的地方，从而限制下落的距离。

9.9.2　劳动防护用品配备标准

单位应建立和健全劳动防护用品的采购、验收、保管、发放、使用、更换、报废等管理制度。安技部门应对购进的劳动防护用品进行验收。对特种劳动防护用品实施安全生产许可证制度。用人单位采购、发放和使用的特种劳动防护用品必须具有安全生产许可证、产品合格证和安全鉴定证。

凡是从事多种作业或在多种劳动环境中作业的人员，应按其主要作业的工种和劳动环境配备劳动防护用品。如配备的劳动防护用品在从事其他工种作业时或在其他劳动环境中确实不能适用的，应另配或借用所需的其他劳动防护用品。

防毒护具的发放应根据作业人员可能接触毒物的种类，准确地选择相应的滤毒罐（盒），每次使用前应仔细检查是否有效，并按国家标准规定，定时更换滤毒罐（盒）。

用人单位应根据劳动者在作业中防割、磨、烧、烫、冻、电击、静是、腐蚀、浸水等伤害的实际需要，配备不同防护性能和材质的手套。

用人单位可根据作业场所噪声的强度和频率，为作业人员配备护听器。

绝缘手套和绝缘鞋除按期更换外，还应做到每次使用前作绝缘性能的检查和每半年做一次绝缘性能复测。

对眼部可能受铁屑等杂物飞溅伤害的工程使用普通玻璃镜片受冲击后易碎，会引起佩戴者眼睛间接受伤，必须佩戴防冲击眼睛。

生产管理、调度、保卫、安全检查以及实习、外来参观者等有关人员，应根据其经常进入的生产区域，配备相应的劳动防护用品。

在生产设备受损或失效时，有毒有害气体可能泄漏的作业场所，除对作业人员配备常规劳动防护用品外，还应在现场醒目处放置必需的防毒护具，以备逃生、抢救时应急使用。用人单位还应有专人和专门措施，保护其处于良好待用状态。

建筑、桥梁、船舶、工业安装等高处作业场所必须按规定架设安全网，作业人员根据不同的作业条件合理选取用和佩带相应种类的安全带。

考虑到一个工种在不同企业中可能有不同的作业环境、不同的实际工作时间和不同的劳动强度，以及各省市气候环境、经济条件的差异，本标准对各工种规定的劳动防护用品配备种类是最低配备标准，对劳动防护用品的使用期限未作具体规定，由省级安全生产综合管理部门在制订本省的配备标准时，根据实际情况增发必需的劳动防护用品，并规定使用期限。

对未列入本标准的工种，各省级安全生产综合管理部门在制定本省的配备标准时，应根据实际情况配备规定的劳动防护用品。部分工种劳动防护用品配备标准见表9-14。

劳动防护用品配备标准　　　　　　　　　　　　　　表 9-14

序号	名称 典型工种	工作服	工作帽	工作鞋	劳防手套	防寒服	雨衣	胶鞋	眼护具	防尘口罩	防毒护具	安全帽	安全带	护听器
1	商品送货员	√	√	fz	√	√	√	jf						
2	冷藏工	√	√	fzjdny	√	√		jf						
3	加油站操作工	jd	jd	fz	√	jd		jfhy						
4	仓库保管员	√	√	fzcc	√									
5	机舱拆解工	√	√	fz	√		√	jf	cj					
6	农艺工	√	√	√		√	√	√						
7	家畜饲养员	√	√	√	fs	√	√	√						
8	水产品干燥工	√	√	√		√	√	√						
9	农机修理工	√	√	fz		√	√	√						
10	带锯工	√	√	fz	fz									
11	铸造工	zr	zr	fz	zr	√		hwcj	√					
12	电镀工	sj	sj	fzsj	sj	√		sj	fy					
13	喷砂工	√	√	fz	√		√	Jf	cj					
14	钳工	√	√	fz					cj					
15	车工	√	√	fz					cj					
16	油漆工	√	√											
17	电工	√	√	fzjy	jy	√	√							

序号	名称 典型工种	工作服	工作帽	工作鞋	劳防手套	防寒服	雨衣	胶鞋	眼护具	防尘口罩	防毒护具	安全帽	安全带	护听器
18	电焊工	zr	zr	fz	√	√			hj					
19	冷作工	√	√	fz	√	√			cj					
20	绕线工	√	√	fz	√				fy					
21	电机(汽机)工	√	√	fz	√									
22	制铅粉工	Sj	√	fzjs	sj	√			fy					
23	仪器调修工	√	√	fz	√									
24	热力运行工	zr	√	fz		√								
25	电系操作工	√	√	fzjy	Jy			√	Jfjy					
26	开挖钻工	√	√	fz	√			Jf	cj					
27	河道修防工	√	√	√	√			Jf						
28	木工	√	√	fzcc	√			√	cj					
29	砌筑工	√	√	fzcc	√			Jf						
30	泵站操作工	√	√	fz	Fs	√		√						
31	安装起重工	√	√	fz	√			Jf						
32	筑路工	√	√	fz	√			Jf	fy					
33	下水道工	√	√	√	fs			√	fy					
34	沥青加工工	√	√	fz	fs			Jf	fy					
35	机械煤气发生炉工	zr	√	fz	√	√		√						

注:"√"表示该种类劳动防护用品必须配备;字母表示该种类必须配备的劳动防护用品还应具有规定的防护性能。

cc——防刺穿;	cj——防冲击;	fg——防割;
ff——防辐射;	fh——防寒;	fs——防水;
fy——防异物;	fz——防砸(1~5级);	hj——焊接护目;
hw——防红外;	jd——防静电;	jf——胶面防砸;
jy——绝缘;	ny——耐油;	sj——耐酸碱。
zr——阻燃耐高温;	zw——防紫外;	

9.9.3 "三宝"

(1) 安全帽是防止冲击物伤害头部的防护用品。由帽壳、帽衬、下颊带和后箍组成。帽壳呈半球形,坚固、光滑并有一定弹性,打击物的冲击和穿刺动能主要由帽壳承受。帽壳和帽衬之间留有一定空间,可缓冲、分散瞬时冲击力,从而避免或减轻对头部的直接伤害。抗冲击性能、耐穿刺性能、侧向刚性、电绝缘性、阻燃性是对安全帽的基本技术性能的要求。安全帽是防止冲击物伤害头部的防护用品。安全帽各部分作用:①帽壳:承受打击,使坠落物与人体隔开。②帽箍:使安全帽保持在头上一个确定的位置。③顶带:分散冲击力,保持帽壳的浮动,以便分散冲击力。④后箍:头箍的锁紧装置。⑤下颚带:辅助保持安全帽的状态和位置。⑥吸汗带:吸汗。⑦缓冲垫:发生冲击时,减少冲击力。

(2) 高空安全带是工人所穿戴的用于坠落防护的个人防护用品,其主要作用在于防止高处作业人员发生坠落,或发生坠落后将作业人员安全悬挂,保护其不受伤害,也不会从安全带中滑脱。

高空安全带挂点的静态负荷应满足安全带上的每处挂点必须能够承受大于 15kN 的静态负载 3 分钟（符合国标 GB 6095—2009，欧标 EN361 和 E358）坠落防护系统中唯一允许的安全带形式是高空安全带。

高空安全带的种类：

1）单挂点安全带：最常见的安全带形式，可以在几乎任何防坠落场合使用。后部 D 形环是安全带上被优先推荐使用的挂点。

2）双挂点安全带：又称三挂点安全带，最常见的安全带形式，可以在几乎任何防坠落场合使用，尤其适合上下攀爬时使用。

3）配腰带的安全带：又称五挂点安全带，需要实现工作定位，又需要防坠落的场合。

（3）安全网有平网和立网两种，平网为水平安装的网，用于承接坠落的人和物；立网为垂直安装的网，用于阻止人和物的闪出坠落。由于它们的受力情况不同，因此在规格尺寸和强度方面的要求也有所不同。平网可作立网用，但立网不能作平网用（绑在脚手板下的例外）。

9.9.4 安全帽

安全帽是防物体打击和坠落时头部碰撞的头部防护装置。当作业人员头部受到坠落物的冲击时，利用安全帽帽壳、帽衬在瞬间先将冲击力分解到头盖骨的整个面积上，然后利用安全帽各部位缓冲结构的弹性变形、塑性变形和允许的结构破坏将大部分冲击力吸收，使最后作用到人员头部的冲击力降低到 4900N 以下，从而起到保护作业人员的头部的作用。安全帽的帽壳材料对安全帽整体抗击性能起重要的作用。

（1）安全帽能承受压力的三种原理

1）缓冲减震作用：帽壳与帽衬之间有 25～50mm 的间隙，当物体打击安全帽时，帽壳不因受力变形而直接影响到头顶部。

2）分散应力作用：帽壳为椭圆形或半球形，表面光滑，当物体坠落在帽壳上时，物体不能停留立即滑落；而且帽壳受打击点的承受的力向周围传递，通过帽衬缓冲减少的力可达 2/3 以上，其余的力经帽衬的整个面积传递给人的头盖骨，这样就把着力点变成了着力面，从而避免了冲击力在帽壳上某点应力集中，减少了单位面积受力。

3）生物力学：国标中规定安全帽必须能吸收 4900N。这是因为生物学试验，人体颈椎在受力时最大的限值，超过此限值颈椎就会受到伤害，轻者引起瘫痪，重者危及生命。

（2）安全帽注意事项

1）安全帽的采购：企业必须购买有产品合格证和安全标志的产品，购入的产品经验收后，方准使用。

2）安全帽不应贮存在：酸、碱、高温、日晒、潮湿等处所，更不可和硬物放在一起。

3）安全帽的有效期：从产品制造完成之日计算。

植物枝条编织帽不超过两年，塑料帽、纸胶帽不超过两年半，玻璃钢（维纶钢）橡胶帽不超过三年半。

4）企业应根据《劳动防护用品监督管理规定》（国家安全监管总局令第 1 号）的规定对到期的安全帽，要进行抽查测试，合格后方可继续使用，以后每年抽验一次，抽验不合格则该批安全帽即报废。

5）各级安全生产监督管理部门对到期的安全帽要监督并督促企业安全技术部门检验，合格后方可使用。

（3）安全帽常识

1）每顶安全帽应有以下四项永久性标志：

① 制造厂名称、商标、型号；

② 制造年、月；

③ 生产合格证和验证；

④生产许可证编号。

2）安全帽出厂装箱，应将每顶帽用纸或塑料薄膜做衬垫包好再放入纸箱内。装入箱中的安全帽必须是成品。

3）箱上应注有产品名称、数量、重量、体积和其他注意事项等标记。

4）每箱安全帽均要附说明书。

5）安全帽上如标有"D"标记，是表示安全帽具有绝缘性。

国家相关标准并没有在安全帽颜色使用做出指导性规范，各个行业、系统、企业有不同的规范，以建筑行业为例说几种典型颜色使用规范：

酒红色：领导人员

红色：技术人员

白色：安全监督人员

蓝色：电工或监理人员

黄色：其他施工人员

（4）安全帽使用的注意问题

1）使用之前应检查安全帽的外观是否有裂纹、碰伤痕及、凸凹不平、磨损，帽衬是否完整，帽衬的结构是否处于正常状态，安全帽上如存在影响其性能的明显缺陷就及时报废，以免影响防护作用。

2）使用者不能随意在安全帽上拆卸或添加附件，以免影响其原有的防护性能。

3）使用者不能随意调节帽衬的尺寸，这会直接影响安全帽的防护性能，落物冲击一旦发生，安全帽会因佩戴不牢脱出或因冲击后触顶直接伤害佩戴者。

4）佩戴者在使用时一定要将安全帽戴正、戴牢，不能晃动，要系紧下颚带，调节好后箍以防安全帽脱落。

5）不能私自在安全帽上打孔，不要随意碰撞安全帽，不要将安全帽当板凳坐，以免影响其强度。

6）经受过一次冲击或做过试验的安全帽应作废，不能再次使用。

7）安全帽不能在有酸、碱或化学试剂污染的环境中存放，不能放置在高温、日晒或潮湿的场所中，以免其老化变质。

8）应注意在有效期内使用安全帽，植物枝条编织的安全帽有效期为2年，塑料安全帽的有效期限为2年半，玻璃钢（包括维纶钢）和胶质安全帽的有效期限为3年半，超过有效期的安全帽应报废。

9.9.5 安全带

高空安全带是工人所穿戴的用于坠落防护的个人防护用品，其主要作用在于防止高处作业人员发生坠落，或发生坠落后将作业人员安全悬挂，保护其不受伤害，也不会从安全带中滑脱。

高空安全带种类选择，应根据具体工作环境来进行挑选，比如在脚手架、建筑工地施工，宜选用单挂点式安全带、缓冲系绳或双叉缓冲系绳、坠落制动器；若是检修房屋或高空看台，可以选择三挂点高空安全带、双叉缓冲系带、水平生命线、人坠落制动器；对于一般的厂区高空作业，使用单挂点安全带及坠落制动器；而在多数的电力维护作业中，必须佩戴有腰带的高空安全带、定位系绳、吊带、缓冲系绳、坠落制动器、双叉缓冲系绳等。

安全带的穿戴方法：

（1）握住安全带的背部 D 形环，抖动安全带，使所有的编织带回到原位。检查安全带各部分否完好无破损。阅读标签，确认尺寸是否合适。

（2）如果胸带、腰带或腿带带扣没有打开，请解开编织带或解开带扣。

（3）把肩带套到肩膀上，让 D 形环处于后背两肩中间的位置。

（4）从两腿之间拉出腿带，一只手从后部拿着后面的腿带从裆下向前送给另一只手，接住并同前端扣口扣好。用同样的方法扣好第二根腿带。如果有腰带的话，请扣好腿带再扣腰带。

（5）扣好胸带并将其固定在胸部中间位置，拉紧肩带，将多余的肩带穿过带夹来防止松脱。

（6）当所有的织带和带扣都扣好后，收紧所有的带扣，让安全带尽量贴近身体，但又不会影响活动。将多余的带子穿到带夹中防止松脱。

9.9.6 安全网

安全网是建筑施工安全防护的重要设施之一，安全网的设置应在施工组织设计中由明确规定和要求，技术复杂的应作单项设计。安全网分为普通安全网、建筑安全网、阻燃安全网、密目安全网、拦网、防坠网、挡网、立网、绝缘网、阻燃网、吊网、起吊用网、建筑用安全网，起重网、吊装网、密目网，密目式安全围网，密目式安全立网。按悬挂方式分垂直与水平设置两种。

（1）垂直设置

垂直设置多用于高层建筑施工的外脚手架，外侧满挂安全网围护，一般采用细尼龙绳编织的安全网。安全网应封严，与外脚手架固定牢靠。

（2）水平安全网

水平安全网多用于多层建筑施工的外脚手架，是用直径 9mm 的麻绳、棕绳或尼龙绳编织的，一般规格为宽 3m、长 6m，网眼 5cm 左右，每块支好的安全网应能承受不小于 1600N 的冲击荷载。

从二层楼面其设安全网，往上每隔 3～4 层设一道，同时再设一道随施工高度提升的安全网。要求网绳不破损，生根要牢固，绷紧，圈牢，拼接严密，网杠支杆宜用脚手钢管。网宽不小于 3m，最小一层网宽应为 6m。

（3）水平安全网支设方法

1）利用外墙窗口架支设方法；

2）利用钢吊杆架设安全网。

9.9.7 "三宝"与"四口"施工现场安全检查

（1）三宝、四口、临边作业定义

1）"三宝"主要指安全帽、安全带、安全防护措施等防护用品的正确使用；

2）"四口"主要指楼梯口、井口、预留洞口、通道口等各种洞口；

3）"临边作业"主要指施工现场中，坑道、阳台、屋面等工作面边沿无围护设施或围护设施高度低于 800mm 时的高处作业。尚未安装栏杆的阳台周边，无外架防护的层面周边，框架工程楼层周边，上下跑道及斜道的两侧边，卸料平台的侧边。

（2）安全检查标准

1）进入施工现场必须正确佩戴质量合格的安全帽，佩戴安全帽时，必须系紧下颚带。安全帽由帽衬和帽壳两部分组成，帽衬与帽壳不能紧贴，应有一定间隙，当有物料坠落到安全帽壳上时，帽衬可起到缓冲作用，不使颈椎受到伤害。必须拴紧下颚带，当人体发生坠落时，由于安全帽戴在头部，起到对头部的保护作用。

2）凡在坠落高度基准 2m 以上（含 2m）有可能坠落的高处进行的作业，称为高处作业。安全带使用时应留意以下事项：

① 使用的安全带绳长限定在 1.5～2m。

② 应做垂直悬挂，高挂低用；当作水平位置悬挂使用时，要留意摆动碰撞；不宜低挂高用；不应将绳打结使用；以免绳结受力后剪断；不应将钩直接挂在不牢固物和直接挂在非金属绳上，防止绳被切断。

③ 凡患有高血压、心脏病、贫血病、癫痫病以及其他不适于高处作业疾病的人，不得从事高处作业。

3）登高作业时，使用工具要留意登高作业使用的工具，要放在工具箱或工具袋内，常用的工具应系带在身上，所需材料或其他工具，必须用牢固结实的绳索传递，禁止用手往返抛掷，以免掉落伤人，作业结束后，所用工具应盘点收回，防止遗留在作业现场而掉落伤人。

4）洞口作业应采取以下防护措施：

① 凡 1.5m×1.5m 以下的孔洞，预埋通长钢筋网或加固定盖板。

② 1.5m×1.5m 以上的洞口，四周必须设两道护身栏杆，洞口下张设安全平网。主要以设置牢固的盖板、防护栏杆、安全网或其他防坠落的防护措施为主。

③ 如施工现场在上部作业时其下的通道口上部必须搭设安全防护棚。

5）作业施工现场通道附近的各类洞口及坑槽等处，除设置防护设施与安全标志外，夜间还应设红灯警示。

6）楼板、屋面和平台等面上短边小于 25cm 但长边大于 25cm 的孔口，必须用坚实的盖板盖好，盖板应能防止挪动移位。

7）边长为 50～150cm 的洞口，必须设置以扣件扣接钢管而成网格，并在其上满铺脚手板；边长大于 150cm 的洞口，四周设防护栏杆，洞口下还应张设安全平网。

8）"三宝"的安全使用：

① 进施工现场，必须戴好符合标准的安全帽，并系好帽带；

② 凡在 2m 以上悬空作业职员，必须先挂好安全带。

③ 高空平台外侧必须设置安全防护栏。

9）下边沿至楼板或底面低于 80cm 的窗台等竖向洞口，如侧边落差大于 2m 时，应加设 1.2m 高的临时护栏。

10）防护栏杆应由立柱和二道水平杆组成，立杆间距不大于 2m，第一道水平杆距地面 50～60cm，第二道水平杆距地 1000～1200mm，下脚设 180mm 高挡脚板。

第 10 章   组织实施项目作业人员安全教育培训

10.1   根据施工项目安全教育管理规定制定工程项目安全培训计划

10.1.1   安全教育培训人员

1. 安全教育的对象

生产经营单位应当对从业人员进行安全生产教育和培训，保证从业人员具备必要的安全生产知识，熟悉有关的安全生产规章制度和安全操作规程，掌握本岗位的安全操作技能。未经安全生产教育和培训的不合格的从业人员，不得上岗作业。

地方政府及行业管理部门对施工项目各级管理人员的安全教育培训做出了具体规定，要求施工项目安全教育培训率实现100％。

施工项目安全教育培训的对象包括以下五类人员：

（1）工程项目主要管理人员：工程项目主要管理人员包括工程项目经理、项目执行经理、项目技术负责人等，该类人员必须经过当地政府或上级主管部门组织的安全生产专项培训，培训时间不得少于24小时，经考核合格后，持《安全生产资质证书》上岗。

（2）工程项目基层管理人员：施工项目基层管理人员每年必须接受公司安全生产年审，经考试合格后，持证上岗。

（3）分包负责人、分包队伍管理人员：必须接受政府主管部门或总包单位的安全培训，经考试合格后持证上岗。

（4）特种作业人员：必须经过专门的安全理论培训和安全技术实际训练，经理论和实际操作双项考核，合格者持《特种作业操作证》上岗作业。

（5）操作工人：新入场工人必须经过三级安全教育，考试合格后持上岗证上岗作业。

2. 安全教育的内容

安全教育主要包括安全思想教育、安全知识教育、安全技能教育和法制教育四个方面的内容。

（1）安全思想教育

安全思想教育的目的是为安全生产奠定思想基础。通常从加强思想认识、方针政策和劳动纪律教育等方面进行。

1）提高各级管理人员和广大职工群众对安全生产重要意义的认识。从思想上、理论上认识社会主义制度下搞好安全生产的重要意义，以增强关心人、保护人的责任感，树立牢固的群众观点。

2）通过安全生产方针、政策教育提高各级技术、管理人员和广大职工的政策水平，使他们正确全面地理解党和国家的安全生产方针、政策，严肃认真地执行安全生产方针、政策和法规。

3）劳动纪律教育。主要是使广大职工懂得严格执行劳动纪律对实现安全生产的重要性，企业的劳动纪律是劳动者进行共同劳动时必须遵守的法则和秩序。反对违章指挥、反对违章作业、严格执行安全操作规程、遵守劳动纪律是贯彻安全生产方针、减少伤害事故、实现安全生产的重要保证。

（2）安全知识教育

企业所有职工必须具备安全基本知识，因此，全体职工都必须接受安全知识教育和每年按规定学时进行安全培训。安全基本知识教育的主要内容是：企业的基本生产概况；施工（生产）流程、方法；企业施工（生产）危险区域及其安全防护的基本知识和注意事项；机械设备、厂（场）内运输的有关安全知识；有关电气设备（动力照明）的基本安全知识；高处作业安全知识；生产（施工）中使用的有毒、有害物质的安全防护基本知识；消防制度及灭火器材应用的基本知识；个人防护用品的正确使用知识等。

（3）安全技能教育

安全技能教育，就是结合本工种专业特点，实现安全操作、安全防护所必须具备的基本技术知识要求。每个职工都要熟悉本工种、本岗位专业安全技术知识。安全技能知识是比较专门、细致和深入的知识。它包括安全技术、劳动卫生和安全操作规程。国家规定建筑登高架设、起重、焊接、电气、爆破、压力容器、锅炉等特种作业人员必须进行专门的安全技术培训。

（4）法制教育

法制教育就是要采取各种有效形式，对全体职工进行安全生产法律和法规教育，从而提高职工遵纪守法的自觉性，以达到安全生产的目的。

3. 新工人"三级安全教育"

三级安全教育是新工人必须进行的基本教育制度。对新工人（包括新招收的合同工、临时工、学徒工、农民工及实习和代培人员）必须进行公司、项目、作业班组三级安全教育，时间不得少于40小时。

三级安全教育由安全、教育和劳资等部门配合组织进行。经教育考试合格者才准许进入生产岗位；不合格者必须补课、补考。对新工人的三级安全教育情况，要建立档案（印制职工安全生产教育卡）。新工人工作一个阶段后还应进行重复性的安全再教育，加深对安全感性、理性知识的理解。

三级安全教育的主要内容包括以下三个方面。

（1）公司进行安全基本知识、法规、法制教育，主要内容有：

1）党和国家的安全生产方针、政策；

2）安全生产法规、标准和法规观念；

3）本单位施工（生产）过程及安全生产规章制度，安全纪律；

4）本单位安全生产形势、历史上发生的重大事故及吸取的教训；

5）发生事故后如何抢救伤员、排险、保护现场和及时进行报告。

（2）项目进行现场规章制度和遵章守纪教育，主要内容有：

1）本单位（工区、工程处、车间、项目）施工（生产）特点及施工（生产）安全基本知识；

2）本单位（包括施工、生产场地）安全生产制度、规定及安全注意事项；

3）本工种的安全技术操作规程；

4）机械设备、电气安全及高处作业等安全基本知识；

5）防火、防雷、防尘、防爆知识及紧急情况安全处置和安全疏散知识；

6）防护用品发散标准及防护用具、用品使用的基本知识。

（3）班组安全生产教育由班组长主持进行，或由班组安全员及指定技术熟练、重视安全生产的老工人讲解。进行本工种岗位安全操作及班组安全制度、纪律教育，主要内容有：

1）本班组作业特点及安全操作规程；

2）班组安全活动制度及纪律；

3）爱护和正确使用安全防护装置（设施）及个人劳动防护用品；

4）本岗位易发生事故的不安全因素及其防范对策；

5）本岗位的作业环境及使用的机械设备、工具的安全要求。

4. 特种作业安全教育

对操作者本人，尤其对他人和周围设施的安全有很大危害因素的作业，称为特种作业，直接从事特种作业者，称特种作业人员。从事特种作业的人员，必须经国家规定的有关部门进行安全船舶驾驶和轮机操作人员按国家有关规定执行外，其他特种作业人员每两年进行一次复审。特种作业范围为：电工作业；锅炉司炉；压力容器操作；起重机械操作；爆破作业；金属焊接（气焊）作业；煤矿井下瓦斯检验；机动车辆驾驶、轮机操作；机动船舶驾驶；建筑登高架设作业；符合特种作业基本定义的其他作业。

对特种作业人员的培训、取证及复审等工作严格执行国家、地方政府的有关规定，对从事特种作业的人员要进行经常性的安全教育，时间为每月一次，每次教育 4 小时，教育内容为：

（1）特种作业人员所在岗位的工作特点，可能存在的危险、隐患和安全注意事项。

（2）特种作业岗位的安全技术要领及个人防护用品的正确使用方法。

（3）本岗位曾发生的事故案例及经验教训。

5. 经常性教育

班前安全活动交底（班前讲话）：班前安全活动交底作为施工队伍经常性安全教育活动之一，各作业班组长于每班工作开始前（包括夜间工作前）必须对本班组全体人员进行不少于 15min 的班前安全活动交底。班组长要将安全活动交底内容记录在专用的记录本上，各成员在记录上签名。

班组前安全活动交底的内容应包括本班组安全生产须知，本班组工作中的危险点和应采取的对策和本班组工作中存在的安全问题和应采取的对策等。在特殊性、季节性和危险性较大的作业前，责任工长要参加班前安全讲话并对作业中应注意的安全事项进行重点交底。

周一安全活动是施工项目经常性安全活动之一。每周一开始工作前应对全体在岗工人开展至少 1 小时的安全生产及法制教育活动。活动形式可采取看录像、听报告、分析事故案例、图片展览、急救示范、智力竞赛、热点辩论等形式进行。工程项目主要负责人要进行安全讲话，主要包括以下内容：

（1）上周安全生产形势、存在问题及对策；

（2）最新安全生产信息；

（3）重大和季节性的安全技术措施；

（4）本周安全生产工作的重点、难点和危险点；

（5）本周安全生产工作的目标和要求。

6. 节假日安全教育

节假日前后应特别注意各级管理人员及操作人员及操作者的思想动态，有意识、有目的地进行教育，稳定他们的思想情绪，预防事故的发生。

7. 季节性施工安全教育

进入雨期及冬期施工前，在现在经理的部署下，由各区域责任工程师负责组织本区域内施工的分包队伍管理人员及操作工人进行专门的季节性施工安全技术教育，时间不得少于2个小时。

8. 特殊情况安全教育

施工项目出现以下几种情况时，工程项目经理应及时安排有关部门和人员对施工工人进行安全生产教育，时间不得少于2小时。

（1）因故改变安全操作规程。

（2）实施重大和季节性安全技术措施。

（3）更新仪器、设备和工具，推广新工艺、新技术。

（4）发生因工伤亡事故、机械损坏事故及重大未遂事故。

（5）出现其他不安全因素，安全生产环境发生了变化。

10.1.2　企业员工培训工作重点

1. 公司安全教育培训计划管理人员

（1）安全教育培训内容：建筑企业安全生产法规、政策，安全生产发展新动向，安全生产意识教育。

（2）安全教育培训方法：内部强化培训、参加主管组织的培训。

（3）安全教育培训：内部强化培训安排在年初、年末的空闲。主管培训要求按时参加。

（4）培训地点：公司会议室。

（5）安全教育培训计划目的：强化安全生产意识，安全管理，搞好安全生产。

2. 项目经理

（1）安全教育培训计划内容：建筑企业安全生产法规、政策，项目安全管理制度，施工安全检查标准，安全生产发展新动向，潜在的危险因素及防范措施，安全生产意识教育。

（2）安全教育培训计划方法：内部强化培训、参加主管组织的培训。

（3）安全教育培训：内部强化培训安排在年初、年末的空闲。主管培训要求按时参加。

（4）培训地点：公司会议室。

（5）安全教育培训计划目的：强化安全生产意识，安全管理，搞好安全生产。

3. 安全员

（1）安全教育培训计划内容：建筑企业安全生产法规、政策，公司安全管理制度，施工安全检查标准，安全生产发展新动向，安全技术技能培训，潜在的危险因素及防范措施，安全生产意识教育。

（2）安全教育培训计划方法：内部强化培训、参加主管组织的培训。

（3）安全教育培训：内部强化培训安排在年初年末的空闲及安全生产月期间。主管组织的培训要求按时参加。

（4）培训地点：公司会议室。

（5）安全教育培训目的：强化安全生产意识，安全管理，搞好安全生产。

4. 特殊工种、技岗人员

（1）安全教育培训内容：公司安全管理制度，安全生产常识，施工安全技术操作规程，安全技术技能培训，潜在的危险因素及防范措施，安全生产意识教育。

（2）安全教育培训方法：内部强化培训。

（3）安全教育培训：内部强化培训在建工程进度安排，每个工程培训次数不少于2次。

（4）培训地点：工程所在地会议室。

（5）安全教育培训目的：强化安全生产和保护他人意识，安全操作技能，搞好安全生产。

5. 教育培训计划实施措施

各科室及项目部的作用：员工培训工作是一项综合性的工作，它涉及各科室、项目部。各科室及项目部的作用就可以员工培训工作按计划实施，可以对员工培训工作综合管理，可以使员工培训工作紧密地与公司生产需要相结合。

培训、考核与使用相结合的制度：凡行政机关要求持证上岗的岗位，未经培训合格不准上岗；对企业未按要求培训的员工按公司培训管理规定处罚。人才考核、培养、使用相结合的管理模式。修订和员工培训管理规定，员工培训工作的监控，按公司所需培训工作。

各科室、项目部的主管要做好员工培训工作，要指定专人此项工作的日常管理，项目部要对公司的员工培训计划制定出实施计划方案，并对项目部工人培训实施情况监控。

10.1.3 培训任务

安全生产，是建筑施工企业永恒不变的主题，建筑施工的安全生产问题始终是国家安全生产监督管理工作的重中之重。所以提高作业人员的安全素质和操作技能，规范作业人员的安全行为，最终实现安全标准化作业，规范化施工等都显得很重要，而这些都可以通过对作业人员的教育培训来实现。建筑业企业施工现场的安全生产教育培训工作主要针对建筑企业职工。

1. 依法加强安全生产教育培训，提高施工现场作业人员的安全生产意识

我国安全生产管理的方针是"安全第一，预防为主"。安全第一，即在一切生产活动中要把安全工作放在首要位置；预防为主，是指在一切生产活动开始之前针对生产活动的特点，对生产要素采取科学管理手段和措施，有效地控制不安全因素的发展和扩大，把事故消灭在萌芽状态，防患于未然。

安全生产教育培训工作必须建立在"安全第一、预防为主"的基础上，这样才能使对工人进行的安全生产知识技能培训落到实处。《安全生产法》第二十一条规定："生产经营单位应当对从业人员进行安全生产教育和培训，保证从业人员具备必要的安全生产知识，熟悉有关的安全生产规章制度和安全操作规程，掌握本岗位的安全操作技能。未经安全生产教育和培训合格的从业人员，不得上岗作业。"第二十三条规定："生产经营单位的特种作业人员必须按照国家有关规定经专门的安全作业培训，取得特种作业操作资格证书，方可上岗作业。"《建筑法》第 46 条规定："建筑施工企业应当建立健全劳动安全生产教育培训制度，加强对职工安全生产的教育培训，未经安全生产教育培训的人员，不得上岗作业。"为加强建筑业企业职工安全教育培训工作，建设部印发了《建筑业企业职工安全培训教育暂行规定》，对建筑业企业安全教育培训提出了具体实施办法。

建筑施工企业必须严格执行相关法律法规要求，严格按照相关规定内容对工人进行安全生产教育培训，同时各级安全生产主管部门必须严格执法，加强对建筑施工企业安全生产教育培训特别是对农民工的培训进行监督，真正做到有法必依、执法必严，才能确保建筑企业安全教育培训工作的实效性，才能够实现安全生产。

2. 建立健全安全生产培训教育制度，加强安全生产培训教育制度的执行力度

（1）建立健全安全教育培训责任制，明确安全教育责任，落实安全教育培训制度。首先要明确施工现场各级教育培训的责任，确立安全教育培训的实施责任人，同时明确现场安全教育接受者的主体——施工现场全体人员；其次要加强对责任主体的监督和考核，对考核不合格的责任人进行换岗或清退；第三要注意培养安全教育实施责任人的职业素养和责任感。

（2）建立健全三级安全教育培训制度和安全技术交底制度，明确安全教育内容、学时，加强作业人员的教育培训，在每一位新工人入场（或转换工种）后严格按照《建筑业企业职工安全培训教育暂行规定》中相关要求做好每一级安全教育培训工作和安全技术交底工作，真正做到先培训、后上岗。

（3）实行安全教育登记制度和考核制度，对每一位工人建立安全教育培训资料卡，实施一人一卡制度，主要包括需要培训内容、学时、培训人、时间、地点以及考核成绩等。对每一位经过培训的工人进行安全考核，不合格者不得上岗作业，提高作业人员的安全生产意识、自我保护意识。

（4）建立安全教育培训经费管理制度，在安全生产措施费中将安全教育培训费单独列项，并对培训经费的使用情况进行张榜公布，做到专款专用，为安全教育培训提供资金保障，确保安全教育培训教材等培训费用的资金投入。

3. 完善安全生产培训知识的内容，增强培训内容的针对性

三级安全教育的内容主要包括：第一级公司安全培训教育的主要内容是国家和地方有关安全生产的方针、政策、法规、标准、规范、规程和企业的安全规章制度等。第二级项目部安全培训教育的主要内容是工地安全制度、施工现场环境、工程施工特点及可能存在的不安全因素等。第三级班组安全培训教育。

施工过程中经常性安全生产教育的主要内容包括：

（1）不同的施工阶段具有各自显著的不安全因素，如钢筋工，在围护结构施工和主体结构施工需要注意的安全隐患大不相同；围护结构施工的钢筋制安主要在施工现场专用钢筋加工场完成制作并安装，但在主体施工阶段，由于安装主要在支架、模板上进行，随之而来的高处坠落、物体打击等安全隐患必须作为安全防范工作的重点；

（2）因季节或气温变化而产生的新的不安全因素，在施工现场，雨季施工中安全隐患危害程度和类型要远远大于平时，高温条件下施工中的安全隐患危害程度和类型要远远大于常温条件下的施工，比如因雨季施工产生的基坑边坡的不稳定甚至坍塌，高温下施工产生的中暑等；

（3）不同工种之间交叉作业带来的安全隐患各不相同，各工种相互间的交叉作业在施工现场是不可避免的，因此，在安全生产管理中必须重视交叉作业带来的安全隐患，在日常安全生产教育中必须对各种交叉作业存在的安全隐患向现场作业人员进行告知，提醒工人在作业中注意力集中，认真做到"四不伤害"（不伤害自己、不伤害他人、不被他人伤害、不被物体伤害）；

（4）其他方面如消防、施工用电以及一些相同工种的事故案例等同样必须作为日常安全教育工作的重点内容，时刻提醒工人作业环境中可能存在的各种安全隐患，提高作业人员的自我保护意识和安全防范意识。

（5）运用多样化的形式进行安全生产教育，做到时刻提醒注意安全，时刻不忘安全安全生产教育的方式方法是多种多样的，安全活动日、班前班后安全会、安全会议、安全知识考核、安全技术交流、事故现场会、安全教育陈列室、安全卫生展览、安全教育电影、幻灯、宣传栏、警示牌、横幅标语、宣传画、安全操作规程牌等都是进行经常性安全教育的方法，以上教育方法可以分为课堂教育、现场观摩、影像教育、正反面对比教育、现场宣传教育五种类型。

在施工现场的安全教育中，我们要灵活运用各种方式方法对工人进行安全生产教育，特别是要在加强施工管理人员在现场对工人的不安全行为、物的不安全状态以及作业环境的不安全因素和管理缺陷等的整改，在整改过程中对工人进行现场对比教育，加深工人对教育内容的印象，提高工人对安全隐患危害性的认识，进而达到提高工人的自我保护意识和安全生产意识，最终实现安全生产。

（6）注重安全培训教育的效果，加强对作业人员的安全生产知识考核

目前，许多建筑企业安全教育工作往往忽视了对工人进行安全生产知识考核，结果造成作业人员对施工现场、本工种的安全生产知识技能和安全注意事项一知半解，达不到安全教育培训的目的，导致工人由于安全生产技能、知识的贫乏而酿成事故。

安全培训教育的目标是使工人充分掌握必要的安全知识和安全技术，自觉遵守工作纪律和安全操作规程，保证忙而不乱，最终达到"我懂安全、我要安全、从我做起、保证安全"的根本目的。为了达到这个目的，对作业人员进行安全知识考核十分重要，进场的每一位工人进行安全教育培训后，严格执行考核上岗制度，根据工种进行安全操作规程、安全注意事项等方面的考核，合格后方能上岗作业，提高施工现场作业人员的安全操作技术水平、安全生产意识和自我保护能力，做到规范化施工、标准化作业，确保最终实现安全生产。

10.1.4 教育培训计划实施措施

教育培训计划实施措施要有安全生产教育目标，对培训的范围、种类、形式程序要有明确的界定，对培训内容要切实或可行，且目标明确。培训时间安排要及时且符合岗前培训要求，培训地点要有符合培训要求的场所和设施。

1. 安全生产教育目标

企业各级领导和广大职工真正认识到安全生产的重要性、必须性，懂得安全生产、文明生产的科学知识，牢固树立安全第一思想，自觉地遵守各项安全法令和规章制度。

提高作业人员的自我保护意识，掌握各工种安全施工知识，认真地执行安全生产标准及法规，真正地将安全生产工作落实到实处。

更好地贯彻"安全第一、预防为主"的方针，公司特制定安全培训计划。

2. 培训的范围、种类、形式、程序

（1）对新进入我公司各项目部的施工全体人员，包括外用工及大包队伍要进行一次全面的综合安全教育。

（2）新进入我公司各项目部的各工种进行专业安全技术教育。

（3）培训种类分为：理论、实践教育和考核。

（4）可为施工现场授课，也可在公司集中授课。

（5）法制、法规教育。

（6）培训程序：培训计划→教学及考试资料准备→安全教育通知单→项目部申报安全培训计划花名册→安全、结合治理教育记录→考试→登记备案。

3. 培训主要内容

（1）生产工人安全责任制

（2）工地防火安全措施

（3）安全十大禁令

（4）"三宝""四口"防护规定

（5）安全生产"六大纪律"

（6）施工安全"十要"

（7）十项安全技术措施

（8）防火须知牌

（9）脚手架搭设要求

（10）卷扬机安全操作规程

（11）提升机安全生产要求

（12）混凝土搅拌机安全操作规程

（13）本工种的安全操作规定

（14）治安保卫制度

（15）法制教育、劳动纪律教育

4. 培训时间及地点

（1）工程开工前要对进入施工现场的所有职工（包括外用工）进行安全教育，并由培训学习人员签到登记花名册及安全生产教育记录。

（2）开工后根据施工进度和需要进场的工种再进行一次本岗的安全技术教育，并由培训学习人员签到登记花名册及安全生产教育记录。

（3）在根据工程项目的总工期安排一个季度进行一次综合性安全生产、文明施工教育。

（4）培训地在各项目部（施工现场）。

5. 其他要求

培训由专门的责任部门负责组织，由专人负责实施。培训时要有学员花名册，且培训内容要有记录，有考勤，有考核，确保培训落到实效。考试不合格的人员不得上岗作业，需重新学习和考试并达到合格，变换工种还应该重新进行安全技术教育。

6. 特种作业人员

（1）特种作业人员也应参加公司组织的一般安全教育，特种安全操作教育由国家规定的部门进行上岗培训教育。

（2）操作证有效期为2年，2年后必须按时复审方可有效，不得超期使用。

10.2 组织施工现场安全教育培训

10.2.1 三类人员

1. 三类人员主要指的是建筑施工企业主要负责人、项目负责人和专职安全生产管理人员。

建筑施工企业主要负责人，是指对本企业日常生产经营活动和安全生产工作全面负责、有生产经营决策权的人员，包括企业法定代表人、经理、企业分管安全生产工作的副经理等。

项目负责人，是指由企业法定代表人授权，取得建筑施工企业项目经理资质证书或建造师执业资格证书，负责建设工程项目管理的负责人。

专职安全生产管理人员，是指在企业专职从事安全生产管理工作的人员，包括企业安全生产管理机构的负责人及其工作人员和施工现场专职安全生产管理人员。

2. 三类人员要良好的职业道德，要经过经建设部或有关部门组织的安全生产知识考试合格后才能上岗，要具备一定的学历和职称，建筑施工企业主要负责人应为大专以上学历，具有中级以上职称；项目负责人应为大专以上学历，具有中级及以上职称；建筑施工企业专职安全生产管理人员应为中专以上学历，具有初级及以上职称。

3. 三类人员参加安全生产知识考试时要提交相应的申请材料，申请材料要真实有效。三类人员所在单位对材料的完整性和真实性负有审核责任和义务，不得弄虚作假。建设主管部门收到材料后应对对参加三类人员考试申请人进行审查。对不符合法定条件、标准的申请人，在10日内及时通知申请人所在单位，并说明理由。

4. 建设主管部门对三类人员安全生产考核合格证书负有管理责任。

（1）已经颁发三类人员安全生产考核合格证书，存在以下问题之一的，做法予以撤销：

1）行政机关工作人员滥用职权、玩忽职守颁发的；

2）超越法定职权颁发的；违反法定程序颁发的；

3）发现申请人不具备申请条件的；

4）依法可以撤销三类人员安全生产考核合格证书的其他情形。

（2）建设主管部门对已经颁发三类人员证安全生产考核合格证书，存在以下问题之一的，依法予以吊销：

1）三类人员违反安全生产法律法规，未履行安全生产管理职责，对有关部门检查指出的问题整改不力或拒不整改的；

2）三类人员违反安全生产法律法规，未履行安全生产管理职责，导致发生死亡事故的。三类人员安全生产考核合格证书被吊销的，一年之后方可重新考核。

3）对于在证书有效期内，发生1起一次死亡10人以上重大安全事故或两起一次死亡3～9人重大安全事故的企业主要负责人、企业安全生产管理机构负责人及其工作人员；发生1起一次死亡3～9人重大安全事故或累计死亡3～9人重大安全事故的项目负责人和施工现场专职安全生产管理人员，5年内不予考核；情节严重的，终身不予考核。

（3）发生下列情形之一的，质量安全司可根据当事人的请求或者依据职权，对其安全生产考核合格证书依法注销，并告知当事人：

1）三类人员安全生产考核合格证书有效期届满未延续的；

2）三类人员死亡或者丧失民事行为能力的；

3）三类人员安全生产考核合格证书依法被撤销、吊销的；

4）因不可抗力导致行政许可事项无法实施的；

5）依法应当注销三类人员安全生产考核合格证书被注销的，3个月之后方可重新考核。

（4）发生下列情形之一的，申请人所在单位应在1个月内到建设主管部门办理变更手续。建设主管部门应撤回三类人员原安全生产考核合格证书，发放变更后的三类人员安全生产考核合格证书。

1）三类人员姓名变更的；

2）三类人员所在法人单位名称变更的；

3）三类人员调换施工企业，调换后仍从事原工作岗位的。

4）已取得安全生产考核合格证书的三类人员再次申请三类人员中的不同岗位的。必须经重新考核合格后，方可上岗。

（5）三类人员安全生产考核合格证书有效期为3年，有效期满需要延期的，申请人所在单位应于期满前3个月内向建设主管部门提出延期申请。三类人员在证书有效期内，严格遵守安全生产法律法规，认真履行安全生产职责，按规定接受企业年度安全生产教育培训，未发生事故的，证书有效期届满时，经建设主管部门同意，不再考核，证书有效期延期3年。对三类人员在证书有效期内有下列情况之一的，不予延期，必须重新考核：

1）违反安全生产法律法规，为履行安全生产管理职责的；

2）不按规定接受企业年度安全生产教育培训的；

3）违反安全生产法律法规，为履行安全生产管理职责，导致发生死亡事故的。

10.2.2 特种作业人员

1. 建筑施工特种作业包括：建筑电工、建筑架子工、建筑起重信号司索工、建筑起重机械司机、建筑起重机械安装拆卸工、高处作业吊篮安装拆卸工、经省级以上人民政府建设主管部门认定的其他特种作业。

建筑施工特种作业人员必须经建设主管部门考核合格，取得建筑施工特种作业人员操作资格证书，方可上岗从事相应作业。

2. 特种作业人员持证上岗制度。建筑施工特种作业人员的考核发证工作，由省、自治区、直辖市人民政府建设主管部门或其委托的考核发证机构负责组织实施。

（1）考核发证机关应当在办公场所公布建筑施工特种作业人员申请条件、申请程序、工作时限、收费依据和标准等事项。考核发证机关应当在考核前在机关网站或新闻媒体上公布考核科目、考核地点、考核时间和监督电话等事项。

（2）申请从事建筑施工特种作业的人员，应当具备下列基本条件：

1）年满 18 周岁且符合相关工种规定的年龄要求；

2）经医院体检合格且无妨碍从事相应特种作业的疾病和生理缺陷；

3）初中及以上学历；

4）符合相应特种作业需要的条件。

（3）符合规定的人员应当向本人户籍所在地或者从业所在地考核发证机关提出申请，并提交相关证明材料。考核发证机关应当自收到申请人提交的申请材料之日起 5 个工作日内依法做出受理或者不予受理决定。对于受理的申请，考核发证机关应当及时向申请人核发准考证。

（4）建筑施工特种作业人员的考核内容应当包括安全技术理论和实际操作。考核大纲由国务院建设主管部门制定。考核发证机关应当自考核结束之日起 10 个工作日内公布考核成绩。考核发证机关对于考核合格的，当自考核结果公布之日起 10 个工作日内颁发资格证书；对于考核不合格的，应当通知申请人并说明理由。

3. 从业：

（1）持有资格证书的人员，应当受聘于建筑施工企业或者建筑起重机械出租单位，方可从事相应的特种作业。

（2）用人单位对于首次取得资格证书的人员，应当在其正式上岗前安排不少于 3 个月的安全操作。

（3）建筑施工特种作业人员应当按照安全技术标准、规范和规程进行作业，正确佩戴和使用安全防护用品，并按规定对作业工具和设备进行维护保养。

（4）建筑施工特种作业人员应当参加年度安全教育培训或者继续教育，每年不得少于 24 小时。

（5）在施工中发生危及人身安全的紧急情况时，建筑施工特种作业人员有权立即停止作业或者撤离危险区域，并向施工现场专职安全生产管理人员和项目负责人报告。

（6）用人单位应当履行下列职责：

1）与持有资格证书的特种作业人员订立劳动合同；

2）制定并落实本单位特种作业安全操作规程和有关安全管理制度；

3）书面告知特种作业人员违章操作的危害；

4）向特种作业人员提供齐全、合格的安全防护用品和安全的作业条件；

5）按规定组织特种业人员参加年度安全教育培训或者继续教育，培训时间不少于 24

小时；

6）建立本单位特种作业人员管理档案；

7）查处特种作业人员违章行为并记录在档；

8）法律法规及有关规定明确的其他职责。

（7）任何单位和个人不得非法涂改、倒卖、出租、出借或者以其他形式转让资格证书。

（8）建筑施工特种作业人员变动工作单位，任何单位和个人不得以任何理由非法扣留其资格证书。

4. 延期复核：

（1）资格证书有效期为两年。有效期满需要延期的，建筑施工特种作业人员应当于期满起 2 个月内向原考核发证机关申请办理延期复核手续。延期复核合格的，资格证书有效期延长 2 年。

（2）建筑施工特种作业人员申请延期复核，应当提交下列材料：身份证（原件和复印件）；体检合格证明；年度安全教育培训证明或者继续教育证明；用人单位出具的特种作业人员管理档案记录；考核发证机关规定提交的其他资料。

（3）建筑施工特种作业人员在资格证书有效期内，有下列情形之一的，延期复核结果为不合格：超过相关工种规定年龄要求的；身体健康状况下再适应在特种作业岗位的；对生产安全事故负有责任的；2 年内违章操作记录达 3 次（含 3 次）以上的；未按规定参加年度安全教育培训或者继续教育的；考核发证机关规定的其他情形。

5. 严格执行国家《特种作业人员安全技术考核管理规则》切实做好对特种作业人员的培训、考核、管理工作。

（1）要求特种作业人员必须年满 18 周岁，身体健康，工作认真负责，无妨碍从事本工种工作的疾病和生理缺陷。必须经过专门的安全技术理论、操作技能培训，考核合格，持有效的特种作业操作证，方可上岗操作。其从事作业的范围和等级应与证件所规定的操作项目符合。

（2）持有特种作业操作证的人员，必须严格执行有关部门的持证复审规定，按限期进行复审，凡超过时限未经复审者，不得继续从事岗位（工种）作业。

（3）要建立特殊工种的作业人员档案。坚持安全知识学习，学习规章制度及安全技术操作规程，进行事故案例分析，不断提高安全技术操作水平。

（4）严禁酒后上岗，无证上岗。在每年年初对特种作业人员进行整顿。凡是年龄偏大、不服从管理、违章蛮干、专业技术差或造成未遂事故、患有不适于特种作业疾病的人员不得从事特种作业。

（5）要对待特种作业人员上岗前进行安全技术交底，无安全技术交底，不得上岗作业，上岗后要严格实施安全措施。

（6）要坚持上下岗安全检查制度，及时排除一切不安全因素，创造良好的安全生产环境。工作前必须仔细检查特种作业工具、机械设备及开关离合器是否正常，如发现异常要及时整改。并要求定期进行检查、保养。如有需要更新或超过使用年限的要立即上报申请更换。遇有恶劣天气环境不适于特种作业时，必须自觉停止作业。下班后，要将机械设备开关、离合器等处于停滞状态、安全状态、断电关箱，然后方可离开岗位。

(7) 特殊工种的作业人员要服从指挥人员的统一指挥，不得擅自主张，违反施工程序。出现事故要及时上报，发现隐患立即组织人员整改，不得拖延。

(8) 特殊工种的作业人员要与其他工种积极配合，不违章作业，不违反劳动纪律，有权拒绝违章指挥，确保安全生产。

10.2.3 入场新工人

三级安全教育是新工人必须进行的基本教育制度。对新工人的（包括新招收的合同工、临时工、学徒工、农民工及实习和代培人员）必须进行公司、项目、作业班组三级安全教育，时间不得少于 40 小时。

三级安全教育由安全，教育和劳资等部门配合组织进行。经教育考试合格者才准许进入生产岗位；不合格者必须补课、补考。对新工人的三级安全教育情况，要建立档案。新工人工作一个阶段后还应进行重复性的安全再教育，加深对安全感性，理性知识的理解。

入场新工人不得从事特种作业工作，

三级安全教育的主要内容包括以下三个方面。

(1) 公司进行安全基本知识、法规、法制教育，主要内容有：

1) 党和国家的安全生产方针、政策；

2) 安全生产法规、标准和法制观念；

3) 本单位施工（生产）过程及安全生产规章制度，安全纪律；

4) 本单位安全生产形式，历史上发生的重大事故及应吸取的教训；

5) 发生事故后如何抢救伤员、排险、保护现场和及时进行报告。

(2) 项目进行现场规章制度和遵章守纪教育，主要内容有：

1) 本单位（工区、工程处、车间、项目）施工（生产）特点及施工（生产）安全基本知识；

2) 本单位（包括施工、生产场地）安全生产制度、规定及安全注意事项；

3) 本工种的安全技术操作规程；

4) 机械设备、电气安全及高处作业等安全基本知识；

5) 防火、防雷、防尘、防爆知识及紧急情况安全处置和安全疏散知识；

6) 防护用品发散标准及防护用具，用品使用的基本知识；

(3) 班组安全生产教育由班组长主持进行，或由班组安全员及指定技术熟练，重视安全生产的老工人讲解。进行本工种岗位安全操作及班组安全制度、纪律教育，主要内容有：

1) 本班组作业特点及安全操作规程；

2) 班组安全活动制度及纪律；

3) 爱护和正确使用安全防护装置（设施）及个人劳动防护用品；

4) 本岗位易发生事故的不安全因素及其防范对策；

本岗位的作业环境及使用的机械设备，工具的安全要求。

10.2.4 变换工种的工人

变换工种的工人入职之前必须参加新工种作业培训和安全教育培训，考核合格的方可入场作业。变换工种安全教育主要内容包括：

（1）本工程项目安全生产状况及施工，施工现场中危险部位的防护措施及典型事故案例，本工程项目的安全管理体系、规定及制度。

（2）新工作岗位或生产班组安全生产概况、工作性质和职责。新工作岗位必要的安全知识，各种机具设备及安全防护设施的性能和作用。新工作岗位、新工种的安全技术操作规程。新工作岗位容易发生事故及有毒有害的地方。新工作岗位个人防护用品的使用和保管。

（3）变换工种安全教育时间不得少于 4 小时，教育考核合格后方准上岗。

10.3 组织各种形式的安全教育活动

10.3.1 经常性教育

经常性安全教育主要有班前安全活动交底、周一安全活动、节假日安全教育、季节性施工安全教育和特殊情况安全教育。

1. 班前安全活动交底（班前讲话）

班前安全活动交底作为施工队伍经常性安全教育活动之一，各作业班组长于每班工作开始前（包括夜间工作前）必须对本班组全体人员进行不少于 15 分钟的班前安全活动交底。班组长要将安全活动交底内容记录在专用的笔记本上，各成员在记录上签字。

班前安全活动交底的内容应包括以下三点：

（1）本班组安全生产须知；

（2）本班组工作中的危险点和应采取的对策；

（3）本班组工作中存在的安全问题和应采取的对策。

在特殊性的，季节性和危险性较大的作业前，责任工长要参加班前安全讲话并对工作中应注意的安全事项进行重点交底。

2. 周一安全活动

周一安全活动是施工项目经常性安全活动之一。每周一开始工作前应对全体在岗工人开展至少 1 小时的安全生产及法制教育活动。活动形式可采取看录像、听报告、分析事故案例、图片展览、急救示范、智力竞赛、热点辩论等形式进行。工程项目主要负责人要进行安全讲话，主要包括以下内容：

（1）上周安全生产形势、存在问题及对策；

（2）最新安全生产信息；

（3）重大和季节性的安全技术措施；

（4）本周安全生产工作的重点、难点和危险点；

（5）本周安全生产工作的目标和要求。

3. 节假日安全教育

节假日前后应特别注意各级管理人员及操作人员及操作者的思想动态，有意识、有目的地进行教育，稳定他们的思想情绪，预防事故的发生。

4. 季节性施工安全教育

进入雨期及冬期施工前，在现场经理的部署下，由各区域责任工程师负责组织本区域内施工的分包队伍管理人员及操作工人进行专门的季节性施工安全技术教育，时间不得小于2小时。

5. 特殊情况安全教育

施工项目的出现以下几种情况时，工程项目经理应及时安排有关部门和人员对施工工人进行安全生产教育，时间不得少于2小时。

(1) 因故改变安全操作规程。

(2) 实施重大和季节性安全技术措施。

(3) 更新仪器、设备和工具，推广新工艺、新技术。

(4) 发生因工伤亡事故、机械损坏事故及重大未遂事故。

(5) 出现其他不安全因素，安全生产环境发生了变化。

10.3.2　季节性教育

季节性安全教育主要内容包括：冬期施工安全、雨期安全施工、暑期施工安全措施等。

1. 冬期施工安全主要教育内容有防火、防滑、防冻、防煤气中毒、防亚硝酸钠中毒、防风安全措施。

(1) 防火要求

1) 加强冬季防火安全教育，提高全体人员的防火意识。将普遍教育与特殊防火工种的教育相结合，根据冬期施工防火工作的特点，入冬前对电气焊工、司炉工、木工、油漆工、电工、炉火安装和管理人员、警卫巡逻人员进行有针对性的教育和考试。

2) 冬期施工中，国家级重点工程、地区级重点工程、高层建筑工程及起火后不易扑救的工程，禁止使用可燃材料作为保温材料，应采用不燃或难燃材料进行保温。

3) 一般工程可采用可燃材料进行保温，但必须进行严格管理。使用可燃材料进行保温的工程，必须设专人进行监护、巡逻检查。人员的数量应根据使用可燃材料的数量、保温的面积而定。

4) 冬期施工中，保温材料定位以后，禁止一切用火、用电作业，且照明线路、照明灯具应远离可燃的保温材料。

5) 冬期施工中，保温材料使用完后，要随时进行清理，集中进行存放保管。

6) 冬季现场供暖锅炉房宜建造在施工现场的下风方向，远离在建工程、易燃可燃建筑、露天可燃材料堆场、料库等；锅炉房应不低于二级耐火等级。

7) 烧蒸汽锅炉的人员必须经过专门培训，取得司炉证后才能独立作业。烧热水锅炉的人员也要经过培训合格后方能上岗。

8) 冬期施工的加热采暖方法，应尽量使用暖气，如果用火炉，必须事先提出方案和防火措施，经校方保卫部门同意后方能开火。但在油漆、喷漆、油漆调料间以及木工房、料库、使用高分子装修材料的装修阶段，禁止用火炉采暖。

9) 各种金属与砖砌火炉，必须完整良好，不得有裂缝，各种金属火炉与模板支柱、斜撑、拉杆等可燃物和易燃保温材料的距离不得少于1m，已做保护层的火炉距可燃物的距离不得小于 70cm。各种砖砌火炉壁厚不得小于 30cm。在没有烟囱的火炉上方不得有拉杆、斜撑等可燃物，必要时需架设铁板等非燃材料隔热，其隔热板应比炉顶外围的每一边都多出 15cm 以上。

10）在木地板上安装火炉，必须设置炉盘，有脚的火炉炉盘厚度不得小于 12cm，无脚的火炉炉盘厚度不得小于 18cm。炉盘应伸出炉门前 50cm，伸出炉后左右各 15cm。

11）各种火炉应根据需要设置高出炉身的火档。各种火炉的炉身、烟囱和烟囱出口等部分与电源线和电气设备应保持 50cm 以上的距离。

12）炉火必须由受过安全消防常识教育的专人看守，每人看管火炉的数量不应过多。

13）火炉看火人应严格执行检查值班制度和操作程序。火炉着火后，不准离开工作岗位，值班时间不允许睡觉或做无关的事情。

14）移动各种加热火炉时，必须先将火熄灭后方准移动。掏出的炉灰必须随时用水浇灭后倒在指定地点。禁止用易燃、可燃液体点火。填的煤不应过多，已不超出炉口上沿为宜，防止热煤掉出引起可燃物着火。不准在火炉上熬炼油料、烘烤易燃物品等。

15）工程的每层都应配备灭火器材。

16）用热电法施工，要加强检查和维修，防止触电和火灾。

（2）防滑要求

1）冬期施工中，在施工作业前，对斜道、通行道、爬梯等作业面上的霜冻、冰块、积雪要及时清除。

2）冬期施工中，现场脚手架搭设接高前必须将钢管上的积雪清除，等到霜冻、冰块融化后再施工。

3）冬期施工中，若通道防滑条有损坏要及时补修。

（3）防冻要求

1）入冬前，按照冬期施工方案材料要求提前备好保温材料，对施工现场怕受冻的材料和施工作业面（如现浇混凝土）按技术要求采用保温措施。

2）冬期施工工地（指北方的），应尽量安装地下消防栓，在入冬前应进行一次试水，加少量润滑油。

3）消防栓用草帘、锯末等覆盖，做好保温工作，以防结冻。

4）冬天下雪时，应及时扫除消火栓上的积雪，以免雪化后将消火栓井盖冻住。

5）高层临时消防竖管应进行保温或将水放空，消防水泵内应考虑采暖措施，以免结冻。

6）入冬前，应做好消防水池的保温工作，随时进行检查，发现结冻时应进行破冻处理。一般方法是在水池上盖上木板，木板上再盖上不少于 40～50cm 厚的稻草、锯末等。

7）入冬前应将泡沫灭火器、清水灭火器等放入有采暖的地方，并套上保温套。

（4）防中毒要求

1）冬季取暖炉的防煤气中毒设施必须齐全、有效、建立验收合格证制度，经验收合格发证后，方准使用。

2）冬期施工现场加热采暖和宿舍取暖用火炉时，要注意经常通风换气。

3）对亚硝酸钠要加强管理，严格发放制度，要按定量改革小包装并加上水泥、细砂、粉煤灰等，将其改变颜色，以防止误食中毒。

2. 雨期安全教育主要内容有防触电、防雷、防塌陷、防火、防台风安全措施等。

（1）防触电要求

1）雨期施工到来之前，应对现场每个配电箱、用电设备、外敷电线、电缆进行一次彻底的检查，采取相应的防雨、防潮保护。

2）配电箱必须防雨、防水，电器布置符合规定，电气元件不应破损，严禁带电明露。机电设备的金属外壳，必须采取可靠的接地或接零保护。

3）外敷电线、电缆不得有破损，电源线不得使用裸导线和塑料线，也不得沿地面敷设，防止因短路造成起火事故。

4）雨期到来前，应检查手持电动工具漏电保护装置是否灵敏。工地临时照明灯、标志灯，其电压不超过 36V。特别潮湿的场所以及金属管道和容器内的照明灯不超过 12V。

5）阴雨天气，电气作业人员应尽量避免露天作业。

（2）防雷要求

1）雨季到来前，塔机、外用电梯、钢管脚手架、井子架、龙门架等高大设施，以及在施工的高层建筑工程等应安装可靠的避雷设施。

2）塔式起重机的轨道，一般应设两组接地装置；对较长的轨道应每隔 20m 补做一组接地装置。

3）高度在 20m 及以上的井子架、门式架等垂直运输的机具金属构架上，应将一侧的中间立杆接高，高出顶端 2m 作为接闪器，在该立杆的下部设置接地线与接地极相连，同时应将卷扬机的金属外壳可靠接地。

4）在施高大建筑工程的脚手架，沿建筑物四角及四边利用钢脚手本身加高 2～3m 做接闪器，下端与接地极相连，接闪器间距不应超过 24m。如施工的建筑物中都有突出高点，也应做类似避雷针。随着脚手架的升高，接闪器也应及时加高。防雷引下线不应少于两处以下。

5）雷雨季节拆除烟囱、水塔等高大建（构）筑物脚手架时，应待正式工程防雷装置安装完毕并已接地之后，再拆除脚手架。

6）塔吊等施工机具的接地电阻应不大于 4Ω，其他防雷接地电阻一般不大于 10Ω。

（3）防塌陷要求

1）暴雨、台风前后，应检查工地临时施工，脚手架、机电设施有无倾斜，基土有无变形、下沉等现象，发现问题及时修理加固，有严重危险的，应立即排除。

2）雨季中，应尽量避免挖土方、管沟等作业，已挖好的基坑和管沟边应采取挡水措施和排水措施。

3）雨后施工前，应检查沟槽边有无积水，坑槽有无裂纹或土质松动现象，防止积水渗漏，造成塌方。

（4）防火要求

1）雨期中，生石灰、石灰粉的堆放应远离可燃材料，防止受潮或雨淋产生高热引起周围可燃材料起火。

2）雨期中，稻草、草帘、草袋等堆垛不宜过大，垛中应留通气孔，顶部应防雨，防止受潮、遇雨发生自燃。

3）雨期中，电石、乙炔瓶、氧气瓶、易燃液体等应在库内或棚内存放，禁止露天存放，防止受雷雨、日晒发生起火事故。

3. 暑期施工安全教育主要内容是制定防火防暑降温安全措施。

（1）合理调整作息时间，避开中午高温时间工作，严格控制工人加班加点，工人的工作时间要适当缩短，保证工人有充足的休息和睡眠时间。

（2）对容器内和高温条件下的作业场所，要采取措施，搞好通风和降温。

（3）对露天作业集中和固定的场所，应搭设歇凉棚，防止热辐射，并要经常洒水降温。高温、高处作业的工人，需经常进行健康检查，发现有作业禁忌症者应及时调离高温和高处作业岗位。

（4）要及时供应合乎卫生要求的茶水、清凉含盐饮料、绿豆汤等。

（5）要经常组织医护人员深入工地进行巡回医疗和预防工作。重视年老体弱、患过中暑者和血压较高的工人的身体情况的变化。

（6）及时给工人发放防暑降温的急救药品和劳动保护用品。

10.3.3　节假日加班教育

节假日加班安全教育主要内容有：

（1）节、假日加班期间，必须视同平日正常生产工作一样，严格贯彻执行单位和有关的安全生产制度。

（2）节、假日期间，各加班单位在15人以上时必须配备中层干部带班，负责本单位的安全生产、防火工作。

（3）各单位对加班的生产班组、维修或临时组成的班组必须指定班组安全员，在15人以上加班时应有一名专职安全员进行巡检工作。

（4）加班前，带班领导应对全体加班人员进行安全教育，提出安全生产的具体要求，学习有针对性的安全操作规程和有关安全制度。

（5）班上严禁违反安全操作规程，如非司机开吊车、铲车、电瓶车。非电、汽焊工、电工等进行电气焊、电气修理作业。

（6）在巡视检查过程中，带班领导应重点检查高空电气作业、时作业、多人配合作业的作业点。凡发现职工饮酒后上班，工作精神不振等现象，应令其停止工作。

（7）加班单位必须在加班前二天提前制定好加班期间具体安全措施、加班人员。

10.3.4　安全教育的形式

安全教育形式可分为以下几种：

（1）广告宣传式。包括安全广告、标语、宣传画、标志、展览、黑板报等形式。

（2）演讲式。包括教学、讲座、讲演、经验介绍、现身说法、演讲比赛等形式。

（3）会议讨论式。包括事故现场分析会、班前班后会、专题座谈会等。

（4）竞赛式。包括口头、笔头知识竞赛，安全、消防技能竞赛，其他各种安全教育活动评比等。

（5）声像式。用电影、录像等现代手段，使安全教育寓教于乐。主要有安全方面的广播、电影、电视、录像等。

（6）文艺演出式。以安全为题材编写和演出的相声、小品、话剧等文艺演出的教育形式。

第 11 章　编制安全专项施工方案

11.1　编制安全专项施工方案的一般要求

为加强施工现场安全管理工作，进一步提高工程项目风险控制和预防能力，全面及时掌握现场危险源数量、状况及分布，建立、健全预控机制，有效规避和控制各类危险源（特别是重、特大危险源），防止各类生产安全事故发生，工程项目必须编制安全专项施工方案。安全专项施工方案的意义与作用就是从管理上、措施上、技术上、物资上、应急救援上充分保障危险性较大的分部分项工程安全、圆满完成，避免发生作业人员群死群伤或造成重大不良社会影响。同时，通过专项方案的编制、审核、审批、论证、实施、验收等过程，让管理层、监督层、操作层及广大员工充分认识危险源，防范各种危险，在安全思想意识上进一步提高到新的水准。

建筑施工安全专项施工方案从不同的角度区分有多种，本章主要介绍土方开挖与基坑支护工程安全专项施工方案、降水工程安全专项施工方案、模板工程安全专项施工方案、起重吊装工程安全专项施工方案、塔式起重机安装拆卸工程安全专项施工方案、施工升降机安装拆卸工程安全专项施工方案和脚手架工程安全专项施工方案。其他还有吊篮工程安全专项施工方案、临时用电安全专项施工方案、高处作业安全专项施工方案、群塔作业防碰撞安全专项施工方案、临边防护专项施工方案等。

11.1.1　编制建筑施工安全专项施工方案的依据

1. 《建设工程安全生产管理条例》规定

《建设工程安全生产管理条例》（国务院令第 393 号）第二十六条规定，施工单位应当在施工组织设计中编制安全技术措施和施工现场临时用电方案，对下列达到一定规模的危险性较大的分部分项工程编制专项施工方案，并附具安全验算结果，经施工单位技术负责人、总监理工程师签字后实施，由专职安全生产管理人员进行现场监督：

（1）基坑支护与降水工程；

（2）土方开挖工程；

（3）模板工程；

（4）起重吊装工程；

（5）脚手架工程；

（6）拆除、爆破工程；

（7）国务院建设行政主管部门或者其他有关部门规定的其他危险性较大的工程。

上述所列工程中涉及深基坑、地下暗挖工程、高大模板工程的专项施工方案，施工单位还应当组织专家进行论证、审查。《建设工程安全生产管理条例》规定的达到一定规模的危险性较大工程的标准，由国务院建设行政主管部门会同国务院其他有关部门制定。

2. 住房与城乡建设部《危险性较大的分部分项工程安全管理办法》（建质〔2009〕87号）规定

根据建筑工程施工过程的危险程度分为危险性较大的分部分项工程和超过一定规模的危险性较大的分部分项工程专项施工方案。

（1）危险性较大的分部分项工程

1）基坑支护、降水工程。开挖深度超过 3m（含 3m）或者虽未超过 3m 但地质条件和周边环境复杂的基坑（槽）支护、降水工程。

2）土方开挖工程。开挖深度超过 3m（含 3m）的基坑（槽）的土方开挖工程。

3）模板工程及支撑体系。各类工具式模板工程：包括大模板、滑模、爬模、飞模等工程。

混凝土模板支撑工程：搭设高度 5m 及以上；搭设跨度 10m 及以上；施工总荷载 10kN/m² 及以上；集中线荷载 15kN/m 及以上；高度大于支撑水平投影宽度且相对独立无联系构件的混凝土模板支撑工程。

4）承重支撑体系：用于钢结构安装等满堂支撑体系。

5）起重吊装及安装拆卸工程。采用非常规起重设备、方法，且单件起吊重量在 10kN 及以上的起重吊装工程；采用起重机械进行安装的工程；起重机械设备自身的安装、拆卸。

6）脚手架工程。搭设高度 24m 及以上的落地式钢管脚手架工程；附着式整体和分片提升脚手架工程；悬挑式脚手架工程；吊篮脚手架工程；自制卸料平台、移动操作平台工程；新型及异型脚手架工程。

7）拆除、爆破工程。建筑物、构筑物拆除工程；采用爆破拆除的工程。

8）其他。建筑幕墙安装工程；钢结构、网架和索膜结构安装工程；人工挖孔桩工程；地下暗挖、顶管及水下作业工程；预应力工程。

9）采用新技术、新工艺、新材料、新设备及尚无相关技术标准的危险性较大的分部分项工程。

（2）超过一定规模的危险性较大的分部分项工程专项施工方案

1）深基坑工程。开挖深度超过 5m（含 5m）的基坑（槽）的土方开挖、支护、降水工程。开挖深度虽未超过 5m，但地质条件、周围环境和地下管线复杂，或者影响毗邻建筑（构筑）物安全的基坑（槽）的土方开挖、支护、降水工程。

2）模板工程及支撑体系。工具式模板工程：包括滑模、爬模、飞模工程。

混凝土模板支撑工程：搭设高度 8m 及以上；搭设跨度 18m 及以上；施工总荷载 15kN/m² 及以上；集中线荷载 20kN/m 及以上。

承重支撑体系：用于钢结构安装等满堂支撑体系，承受单点集中荷载 700kg 以上。

3）起重吊装及安装拆卸工程。采用非常规起重设备、方法，且单件起吊重量在 100kN 及以上的起重吊装工程。起重量 300kN 及以上的起重设备安装工程；高度 200m 及以上内爬起重设备的拆除工程。

4）脚手架工程。搭设高度 50m 及以上落地式钢管脚手架工程。提升高度 150m 及以上附着式整体和分片提升脚手架工程。架体高度 20m 及以上悬挑式脚手架工程。

5）拆除、爆破工程。采用爆破拆除的工程。码头、桥梁、高架、烟囱、水塔或者拆除中容易引起有毒有害气（液）体或者粉尘扩散、易燃易爆事故发生的特殊建、构筑物的拆除工程；可能影响行人、交通、电力设施、通信设施或者其他建、构筑物安全的拆除工程；文物保护建筑、优秀历史建筑或者历史文化风貌区控制范围的拆除工程。

6）其他。施工高度50m及以上的建筑幕墙安装工程；跨度大于36m及以上的钢结构安装工程；跨度大于60m及以上的网架和索膜结构安装工程；开挖深度超过16m的人工挖孔桩工程；地下暗挖工程、顶管工程、水下作业工程；采用新技术、新工艺、新材料、新设备及尚无相关技术标准的危险性较大的分部分项工程。

11.1.2　安全专项施工方案的编制程序

1. 安全专项施工方案的编制。施工单位项目部应当在专项施工方案工程施工前，由项目技术负责人组织编制安全专项方案。建筑工程实行施工总承包的，专项方案应当由施工总承包单位组织编制。其中，起重机械安装拆卸工程、深基坑工程、附着式升降脚手架等专业工程实行分包的，其专项方案可由专业承包单位组织编制。

2. 专项方案的审核。专项方案由施工单位技术部门组织本单位施工技术、安全、质量等部门的专业技术人员进行审核。

3. 专项方案的审批。经审核合格的，由施工单位技术负责人签字。实行施工总承包的，专项方案应当由总承包单位技术负责人及相关专业承包单位技术负责人签字。

4. 专项方案的监理审核。不需专家论证的专项方案，经施工单位审核合格后报监理单位，由项目总监理工程师审核签字后实施。

11.1.3　超过一定规模的危险性较大的分部分项工程专项施工方案论证

1. 超过一定规模的危险性较大的分部分项工程专项方案由施工单位技术负责人审批签字后，应当由施工单位组织召开专家论证会。实行施工总承包的，由施工总承包单位组织召开专家论证会。

2. 专家组成员应当由5名及以上符合相关专业要求的专家组成。本项目参建各方的人员不得以专家身份参加专家论证会。

3. 专家论证的主要内容包括：

（1）方案是否依据施工现场的实际施工条件编制；方案、构造、计算是否完整、可行；

（2）方案计算书、验算依据是否符合有关标准规范；

（3）安全施工的基本条件是否符合现场实际情况。

4. 专项方案经论证后，专家组应当提交论证报告，对论证的内容提出明确的意见，并在论证报告上签字。该报告作为专项方案修改完善的指导意见。

5. 施工单位应当根据论证报告修改完善专项方案，并经施工单位技术负责人、项目总监理工程师、建设单位项目负责人签字后，方可组织实施。实行施工总承包的，应当由施工总承包单位、相关专业承包单位技术负责人签字。

6. 专项方案经论证后需做重大修改的，施工单位应当按照论证报告修改，并重新组织专家进行论证。

7. 安全专项施工方案论证会参加人员有：专家组成员；建设单位项目负责人或技术负责人；监理单位项目总监理工程师及相关人员；施工单位分管安全的负责人、技术负责人、项目负责人、项目技术负责人、专项方案编制人员、项目专职安全生产管理人员；勘察、设计单位项目技术负责人及相关人员。

11.2　编制土方开挖与基坑支护工程安全专项施工方案

11.2.1　土方开挖与支护工程概况

主要包括开挖工程的地理位置、工程的相关参与单位、土方开挖的深度及周边环境影响等项目特点。当土方开挖距离既有建筑、管线十分接近时，应说明已有建（构）筑物基础施工时的挡土方法；地上电缆、电线的架设位置、高度；地下管线（煤气、自来水、下水道、各种电缆）的走向、埋置深度、基础做法、管径、管材质等。

11.2.2　土方开挖与支护工程编制说明、原则及依据

1. 编制说明。土方工程具有技术难度高，风险大的特点。地质条件复杂，地面建筑和地下设施密集，若处理不当，极易酿成事故，造成经济损失和不良社会影响。为保证深基坑工程顺利进行，确保基坑周边建（构）筑物、道路等不受破坏，做到技术先进、安全可靠、经济合理，特制定本方案。

2. 编制原则。确保方案安全可行。坚持技术先进性、科学合理性、经济实用性与实际相结合。根据工程地质、水文地质、场地条件、地下管线、周边环境及工期要求等条件选择具有实用性、最佳的施工方案和机具设备。

3. 编制依据。国家相关法律法规和行业规范的规定。现行的主要有：《深基坑工程施工安全技术规范》JGJ 311—2013、《建筑施工土石方工程安全技术规范》JGJ 180—2009、《建筑基坑支护技术规程》JGJ 120—2012、《建筑基坑工程监测技术规范》GB 50497—2009、《建筑施工高处作业安全技术规范》JGJ 80—1991 等。

4. 建设工程施工合同及建设单位对工程项目质量、安全、进度的要求。

11.2.3　土方开挖与支护工程专项方案编制前的准备

建设工程项目技术人员在编制土方开挖专项方案前，应当调查收集周边环境的资料，主要包括：

1. 勘查现场，调查了解土质、地下水位情况，清除地面及地上障碍物。

2. 保护测量基准桩，以保证土方开挖标高位置与尺寸准确无误。

3. 备好开挖机械、组织人员、施工用电、用水、道路及其相关设施。

4. 土方开挖区域地质条件。

5. 原有建筑物的影响及管线埋设情况。

6. 调查了解土方开挖阶段的天气与环境气候条件。

7. 开挖土方的数量及处置方式。

当基坑周边环境或施工条件发生变化时，专项施工方案应重新进行审核、审批。

11.2.4　土方开挖现场的表层处理

工程项目范围内的表层杂草、块石、杂物、腐殖土、树根等均应清除干净，平整压实，清理厚度不得小于 0.3m，清除出来的废渣不得随地弃置，采用自卸汽车外运至弃料场。

11.2.5　地下水位的观测与处理

应按照地下水测量方案，及时测量、掌握地下水位变化。开挖区域地下水位高时，应做好边坡保护及井点降水设备的布设，各级井点先预抽水，待开挖区域水位下降至作业面标高下 0.5m 后开始挖土。

11.2.6　土方开挖前的资料准备

1. 审阅、分析施工图纸，拟定施工方案。
2. 做好安全技术交底。
3. 绘制土方开挖的平面图和横断面图。
4. 测量放样。土方开挖前先做好定位放线工作。按基坑围护图纸要求，沿基坑开挖面放好开挖边线，临基坑围护线放坡，根据现场土质、土壤含水率和施工工艺要求合理确定放坡系数。
5. 利用布设的临时控制点，放样定出开挖边线和开挖深度等。在开挖边线放样时，应在设计边线外增加 30～50cm，并作上明显的标记。基坑底部开挖尺寸，除建筑物轮廓要求外，还应考虑排水设施和安装模板等要求。

11.2.7　土方开挖前的施工准备

1. 土方开挖前，应根据施工方案的要求，将施工区域内的地下、地上障碍物清除和处理完毕。
2. 建筑物或构筑物的位置或场地的定位控制线（桩）、标准水平桩及开槽的灰线尺寸，必须经过检验合格；并办完预检手续。
3. 夜间施工时，应有足够的照明设施；在危险地段应设置明显标志，并要合理安排开挖顺序，防止错挖或超挖。
4. 开挖有地下水位的基坑槽、管沟时，应根据当地工程地质资料，采取措施降低地下水位。一般要降至开挖面以下 0.5m，然后才能开挖。
5. 施工机械进入现场所经过的道路、桥梁和卸车设施等，应事先经过检查，必要时要进行加固或加宽等准备工作。
6. 选择土方机械，应根据施工区域的地形与作业条件、土的类别与厚度、总工程量和工期综合考虑，以能发挥施工机械的效率来确定，编好施工方案。
7. 施工区域运行路线的布置，应根据作业区域工程的大小、机械性能、运距和地形起伏等情况加以确定。
8. 在机械施工无法作业的部位和修整边坡坡度、清理槽底等，均应配备人工进行。
9. 机具准备：挖土机械有挖土机、推土机，铁锹（尖、平头两种）、手推车、小白线或 20 号铅丝和钢卷尺以及坡度尺等。

11.2.8　雨、冬期土方开挖的施工

土方开挖一般不宜在雨季进行，否则工作面不宜过大，应逐段、逐片分期完成。

1. 雨期施工在开挖土方时，应注意边坡稳定。必要时可适当放缓边坡坡度，或设置支撑。同时应在坑外侧围以土堤或开挖水沟，防止地面水流入。经常对边坡、支撑、土堤进行检查，发现问题要及时处理。

2. 土方开挖不宜在冬期施工。如必须在冬期施工时，其施工方法应按冬施方案进行。

3. 采用防止冻结法开挖土方时，可在冻结以前，用保温材料覆盖或将表层土翻耕耙松，其翻耕深度应根据当地气温条件确定。一般不小于 30cm。开挖基坑时，必须防止基础下基土受冻。应在基底标高以上预留适当厚度的松土。或用其他保温材料覆盖。如遇开挖土方引起邻近建筑物或构筑物的地基和基础暴露时，应采取防冻措施，以防产生冻结破坏。

11.2.9　土方开挖的质量、安全控制措施

1. 按图纸要求仔细放样，土方开挖后的坡度要符合设计要求规定，避免因边坡过陡而造成塌陷。为保证边坡质量，反铲要紧靠坡线开挖，以确保边坡平整度，并尽量避免欠挖及超挖的出现。

2. 开挖并完成清理后，应及时恢复桩号、坐标、高程等，并做出醒目的标志。

3. 雨天应在开挖边坡顶设置截水沟，开挖区内设置排水沟和集水井，及时做好排水工作，以防基坑积水。

4. 开挖过程中，应始终保持设计边坡线逐层开挖，避免开挖工程中因临时边坡过陡造成塌方，同时加强边坡稳定性观察。

5. 开挖边坡顶严禁堆置重物，避免塌方。

11.2.10　土方开挖由专人指挥，采取分层分段对称开挖

下层土在上层土钉墙及喷锚网支护施工完毕达到施工强度后，才可继续开挖。并严格遵循"分层开挖、严禁超挖"及"大基坑小开挖"的原则。当挖至标高接近基础底板标高时，边抄平边配合人工清槽，防止超挖，并按围护结构要求及时修整边坡及放坡，防止土方坍塌。桩体周围土方采用人工清理，然后用挖机带走。

11.2.11　土方开挖的土方外运

土方外运主要使用自卸汽车运输，必须按照主管部门规定办理相关手续后运至指定地点堆放。施工期间对弃土场进行管理，工程运输污染所涉及的道路，按照路政部门的要求及时保洁。

11.2.12　土方开挖的组织、协调管理

开挖由项目经理直接负责，控制好人员、机械，确保开挖工序的稳步进行，协调土方开挖和井点降水及相关专项的施工。边坡的稳定性控制，边坡稳定情况由专业检测单位全

天候检测，并及时上报检测数据。专职安全员应及时检查边坡的安全情况。

11.2.13 基坑四周的安全防护

基坑周边应用涂有红白相间安全色的钢管连接设置安全防护栏杆，并用密目网封闭，确保牢固安全。

11.2.14 土方开挖的安全保障措施

1. 现场施工人员必须进行技术交底，特种作业岗位人员必须并持证作业。
2. 所有进场机械必须进行严格的检查、验收，保证机械设备完好。
3. 坑边不准堆积弃土，不准堆放建筑材料、存放机械、水泥罐及行车。
4. 基坑边外侧 2 米范围内严禁集中堆载。
5. 基坑边坡不得有常流水，防止渗水进入基坑及冲刷边坡，降低边坡稳定。
6. 夜间施工配备足够照明，主要通道不留盲点。
7. 加强基坑监测，发现问题及时通报各施工方，并会同维护单位做好应急处理。

11.2.15 深基坑工程的监测

1. 基坑工程必须实行监测。建设单位应当委托具备相应资质的第三方工程勘察（岩土工程）或者基坑勘察设计专项资质单位承担监测任务。监测单位应当根据勘察报告、设计文件和施工组织设计等有关监测要求，制定监测方案，并经委托方审核后实施。
2. 深基坑工程监测应从基坑开挖前的准备工作开始，直至基坑土方回填完毕为止。监测范围应包括：有地下室或者地下结构的建（构）筑物基坑及基坑邻近的建筑物、构筑物、道路、地下设施、地下管线、岩土体及地下水体等周边环境等。监测单位与施工单位不能有隶属关系或者同属一家上级主管单位。
3. 遇台风、大雨及地下水位涨落大、地质情况复杂等情形，建设单位、工程施工总承包单位、深基坑工程专业施工单位、监理单位、监测单位应当安排专人 24 小时值班，加强对深基坑和周围环境的沉降、变形、地下水位变化等观察工作，有异常情况应当及时报告，并采取有效措施及时消除事故隐患。
4. 监测单位应当及时向施工、建设、监理单位通报监测分析情况，提出合理建议。监测采集数据已达报警界限时，应当及时通知有关各方采取措施。

11.2.16 土方开挖的应急措施

在基坑开挖期间，设专人检查基坑稳定，发现问题及时上报有关施工负责人员，便于及时处理。在施工中如发现局部边坡位移较大，须立即停止开挖，告知基坑围护施工人员做好加固处理，待稳定后继续开挖。如施工过程中发现水量过大，及时增设井点处理。

11.2.17 土方开挖的文明施工措施

1. 施工场地进出口设置专门车辆冲洗及沉淀系统，派专人冲洗，严禁出场车辆带泥及污染物上城市道路。
2. 采取措施努力降低施工噪声对周边环境的影响。

11.2.18 基坑支护工程安全专项施工方案

1. 自然放坡。在周边环境允许时，可采用一次放坡或者分级放坡。放坡系数根据挖土深度和地质勘探报告中各土层的类别、密实状态按照有关规范确定，保证边坡的稳定。对于土质边坡或者易于软化的岩质边坡，在开挖时可采取必要的排水和坡面、坡脚保护措施，如水泥砂浆抹面、堆砌砂土袋护坡，铺设抗拉或者防水土工布护坡和砖石砌体护坡等。

2. 支护结构设计。支护结构设计应综合考虑施工场地及平面布置和周边环境条件、基坑开挖深度及平面形状尺寸、工程地质与水文地质条件、施工作业设备、工期、造价等因素，本着"安全可靠，经济合理"的原则，选定合适的支护结构型式或组合型式，按《建筑基坑支护技术规程》JGJ 120—2012 或《建筑基坑工程技术规范》YB 9258—1997 计算确定。

在深基坑工程安全事故中，由于设计不当造成的事故大约将近一半，既有方案选择问题，也有设计计算错误，更多的是由于设计经验不足而造成各种失误。因此，应当按规定组织专家组对支护设计方案安全可靠性和方案可行性进行论证。

3. 降排水措施。基坑工程降排水措施应根据施工场地和周边环境条件、工程地质和水文地质、基坑开挖深度并结合基坑支护和基础施工方案综合分析，选取降排水方式和设备，按照《建筑基坑支护技术规程》JGJ 120—2012 计算确定。

对地下水的控制方法一般有：排水、降水、隔渗。为防止降水导致影响范围内基坑周边建筑物、道路、地下管线等产生不均匀沉降、开裂和倒塌，应采取竖向止水帷幕、回灌沟、回灌井等措施保证周边环境的安全；当基坑下土层内存在承压水时，应进行坑底突涌验算，若验算不足则应根据承压水层情况采取周边竖向止水帷幕、坑底水平止水帷幕，或坑内减压降水措施及其组合，保证基坑的整体稳定性。

4. 坑边荷载。坑边施工机械的布置、材料的堆放及运输应符合施工总平面设计的要求，并按支护方案控制地面荷载的布置，严禁超载。其距离应根据荷载大小、基坑支护情况、土质情况经计算确定，并在施工组织设计中进行计算确认。

放坡开挖的基坑边应控制弃土堆底至基坑顶边的距离，在一般土质条件下不宜小于1.2m，在垂直的坑壁边坡条件下不应小于 3m，弃土堆置高度不应超过 1.5m。对于软土场地的基坑则不应在坑边堆置弃土。

5. 人工开挖的狭窄基槽，开挖深度较大并存在边坡塌方危险时，应采取支护措施。

11.2.19 基坑支护结构施工

支护结构施工应按照设计图纸、施工现场及周边环境条件、工程地质和水文地质情况、工期等要求编制施工方案，选择合适的施工机具，依据有关技术标准、规范、规程、工法，精心组织，合理安排各道工序，确保施工质量。支护结构施工完毕，按《建筑工程施工质量验收统一标准》GB 50300—2013 进行验收。

11.2.20 基础工程施工

1. 基础工程施工方案的编制应根据设计图纸、施工工艺和作业条件，采取切实可行的措施，防止土方开挖和基础工程施工过程中可能造成的边坡及支护结构的过大变形、失稳、坍塌，确保施工安全和周边环境的安全。

2. 基础工程施工阶段应对施工现场特别是狭小的施工现场进行全面规划，合理布置生活办公设置、施工机具、材料堆场、运输道路等临时设施。基坑开挖应根据支护方案、降排水要求，考虑时空效应问题，合理确定土方开挖方法、顺序和速度；基坑开挖过程中应防止碰撞支护结构、工程桩或扰动基底原状土。

3. 所有施工机械应经有关部门验收确认合格，并有记录。挖土机司机属建筑施工特种作业人员，应经专门培训考试合格，并持有特种作业人员操作资格证书。

11.2.21　基坑支护作业环境

1. 施工现场应按总平面设计的要求布置各项临时设施，应根据环境特点和条件设置安全防护设施，堆放材料和机具设备不得侵占场内道路及安全防护设施。

2. 人员作业必须有安全立足点，脚手架、防护棚和防护架应按施工组织设计和规范的要求搭设。

3. 基坑施工作业人员上下必须设置专用通道，不准攀爬模板、脚手架，以确保安全。专用通道应在施工组织设计中确定，应符合《建筑施工高处作业安全技术规范》JGJ 80—1991 中攀登作业的要求。

4. 施工现场的用电线路、用电设施的安装和使用应符合有关规范规程的要求，并按施工组织设计进行架设。施工现场必须设有保证施工安全要求的夜间照明；危险潮湿场所的照明以及手持照明灯具，必须采用符合安全要求的电压。

5. 雨季施工时应对施工现场的排水系统进行检查和维护，保证排水畅通。在傍山、沿河地区施工时，应采取必要的防洪、防泥石流措施。深基坑特别是稳定性差的土质边坡、顺向坡，施工方案应充分考虑雨季施工等诱发因素，提出预案措施。

11.2.22　基坑支护深基坑工程的监测

1. 基坑工程必须实行监测。建设单位应当委托具备相应资质的第三方工程勘察（岩土工程）或者基坑勘察设计专项资质单位承担监测任务。监测单位应当根据勘察报告、设计文件和施工组织设计等有关监测要求，制定监测方案，并经委托方审核后实施。

2. 深基坑工程监测应从基坑开挖前的准备工作开始，直至基坑土方回填完毕为止。监测范围应包括：有地下室或者地下结构的建（构）筑物基坑及基坑邻近的建筑物、构筑物、道路、地下设施、地下管线、岩土体及地下水体等周边环境等。监测单位与施工单位不能有隶属关系或者同属一家上级主管单位。

3. 遇台风、大雨及地下水位涨落大、地质情况复杂等情形，建设单位、工程施工总承包单位、深基坑工程专业施工单位、监理单位、监测单位应当安排专人 24 小时值班，加强对深基坑和周围环境的沉降、变形、地下水位变化等观察工作，有异常情况应当及时报告，并采取有效措施及时消除事故隐患。

4. 监测单位应当及时向施工、建设、监理单位通报监测分析情况，提出合理建议。监测采集数据已达报警界限时，应当及时通知有关各方采取措施。

11.3 编制降水工程安全专项施工方案

11.3.1 降水工程概况

当基坑开挖深度范围内有地下水时，应采取有效的降水措施。降水工程是指项目施工中由于土方开挖，含水层被切断，在压差作用下，地下水必然会不断地渗流入基坑，如不进行基坑降排水工作，将会造成基坑浸水，使现场施工条件变差，地基承载力下降，在动水压力作用下还可能引起流砂、管涌和边坡失稳等现象，因此，为确保基坑施工安全，必须采取有效的降水和排水措施。重点调查了解：

1. 基坑土质水文的勘察情况：（岩）土层分布、（岩）土的种类、各种（岩）土质的物理力学性质；地下水、周边补水情况；勘测到的其他资料；

2. 基坑挖土深度、支护使用有效期；

3. 周边环境情况：相邻建筑物与基坑距离、建筑高度、基础形式、埋深等情况；相邻道路与基坑距离、车辆频次、载重量等。

11.3.2 降水工程安全专项施工方案编制原则及依据

1. 编制原则。确保方案安全可行。坚持技术先进性、科学合理性、经济实用性与实际相结合。根据工程地质、水文地质、场地条件、地下管线、周边环境及工期要求等条件选择具有实用性、最佳的施工方案和机具设备。

2. 编制依据。国家相关法律法规和行业规范的规定。现行的主要有：《深基坑工程施工安全技术规范》JGJ 311—2013、《建筑施工土石方工程安全技术规范》JGJ 180—2009、《建筑基坑支护技术规程》JGJ 120—2012、《建筑基坑工程监测技术规范》GB 50497—2009、《建筑施工高处作业安全技术规范》JGJ 80—1991 和《建设工程施工现场供用电安全规范》GB 50194—2014、《施工现场临时用电安全技术规范》JGJ 46—2005 等。

11.3.3 降水设计、施工方案

1. 降水方法的选择。基坑开挖降水方法很多，有深井点降水，明排降水和轻型井点降水等多种，应综合考虑土质环境、降水时间、水位降深及排水量多少等项目特点，选择适当的降水方法，防止基坑底部土体隆起或突涌的发生，确保施工时基坑挖土和封底时的安全，不发生冒水冒沙，保证底板的稳定性，减少对周边环境的影响。

2. 降水设计。首先计算确定基坑涌水量，按场地的水文地质条件，结合降水工程条件分析和采用井点降水方式计算确定降水井数、到达设计降深时间和降水井位置的布置。

3. 降水运行。可采用多种降水方式来调整、控制降水深度，以使水位缓缓平稳下降，避免因剧烈水位下降会增加沉降量，导致相邻建筑物损坏。在降水运行过程中严禁挖土机、吊车等设备撞击井管、排水管线、电缆等。井管口有保护措施，防止杂物掉入井内。降水井要保证昼夜连续运转，防止因停泵使水位上升，造成"涌槽"事故。

4. 降水动态观测。降水运行开始即对地下水位进行全面的观测记录，以便随时获得水位降落信息。可在降水井外侧设立观测井点或运行时选择代表性降水井测得水位下降情况。降水运行时，做好水位观测记录，记录一式三份，甲、乙双方及监理单位各一份。

根据观测记录，及时分析降水过程中不正常状况及产生原因，提出调整及补充措施，确保达到设计降水深度。

5. 降水井的后期处理。降水施工为结构工程施工的辅助工程，属于临时工程范畴，降水管井在完成其使用目的后，应及时采取必要的措施进行封填。保护地下水资源不受污染。

6. 降排水维护管理及特殊情况的应急处理措施。降水工程施工结束后，是较长时间的维持降排水阶段，延续降排水要到基础施工结束，降排水维护与动态观测是该阶段的工作重点。在降排水过程中也可能会出现诸如外来水涌出、潜水和不能完全疏干等问题，需采取必要的处理措施。

11.3.4 降水工程对周边环境影响及对策

1. 基坑周边建筑物情况。降水对周边环境的影响因素主要是对地基土的破坏，降水时应保证地基土的结构不受破坏。深井点降水技术主要特征是抽水不抽砂，不扰动原始地层结构。降水开始后，建筑物最近、最远点因水位下降不同引起应力变化值是不一致的。

2. 保护措施。为了将降水对周边环境的影响减到最低程度，在基坑边坡稳定的前提下，一般可以采取：

(1) 滤水管外包井底布，使降水井抽水含砂量符合国家有关规范要求。

(2) 调整降水井数量或限定单泵出水量，防止因出水量过大，地下水流速过急，带动细砂涌入井内，造成地基土破坏。

(3) 靠保护建筑物一侧设一道止水帷幕，降水井布置在止水帷幕内，止水帷幕做为隔水边界，使止水帷幕外侧水位不受降水影响或影响很小。

(4) 在保护建筑物附近设回灌井，降水开始对其水位进行回灌，使保护建筑物周边地下水位保持不变或控制在自然变幅以内。

(5) 降水运行开始抽降时要间隔逐一启动水泵，先启动远离保护建筑物的降水井，后启动保护建筑物近处降水井。

(6) 降水结束时要间隔逐一关闭水泵，先关闭保护建筑物近处降水井，后关闭远离保护建筑物降水井。

11.3.5 降水工程的文明施工与环境保护措施

1. 严格遵守国家和地方有关文明施工的规定。认真贯彻业主有关文明施工的各项要求。制定出以"方便群众生活，利于生产发展，维护环境卫生"为宗旨的文明施工措施，达到市文明安全工地标准。

2. 合理安排施工尽可能使用低噪声设备，严格控制噪声，对于特殊设备采取降噪消音措施，以尽可能减少噪声对周边环境的影响。

3. 施工现场给排水要统一规划，整齐统一，做到给水不漏，排水顺畅。

4. 施工用电有用电规划设计，明确电源、配电箱及线路位置，制定安全用电技术措施和电器防火措施，不准随意架设线路。

5. 设专人对降水施工现场 24 小时进行清理，施工产生的垃圾杂物应及时清理集中堆放，及时装袋运出场外。表土和垃圾及时运到指定地点废弃，不得妨碍施工及环境保护。

6. 对施工中可能遇到的各种公共设施，制定可靠的防止损坏和移位以及影响安全的实施措施，认真向全体施工人员交底。

7. 施工中遇到不明管线应先探明后施工，妥善保护各类地下管线，确保城市公共设施的安全，提前做好相应的抢险措施。

11.3.6 降水工程的成品保护及监测

1. 对施工人员进行成品保护意识教育，人人懂得成品保护的重要性，知道怎样保护工程成品。

2. 潜水泵电缆、排水明管等按规定铺设，防止人车压坏。

3. 加强现场管理，科学组织施工作业，减少成品损失。

4. 聘请有相应资质的测量单位，对周边建筑物和支护桩等进行沉降和位移观测，一旦发现问题，找出问题原因并加以解决。

11.4 编制模板工程安全专项施工方案

模板是混凝土构件成型的基础条件，钢筋混凝土结构的位置、规格以及质量是否符合要求是与模板的制作安装质量有直接关系。模板工程不但直接决定着钢筋混凝土结构的质量，同时还直接影响着浇筑作业施工的安全。

模板的各类按其型式可以分为：整体式模板、定型模板、工具式模板、钢模板、翻转模板、滑动模板、胎模等；按材料不同又可分为：木模板、钢模板、钢木模板、铝合金模板、塑料模板、玻璃模板等，一些城市使用了大量的组合式定型钢模板及钢木模板。

11.4.1 模板工程专项施工方案的编制要求

在施工前，应按照混凝土的施工工艺制定相应的施工方案。高大模板工程是依据国务院《建设工程安全生产管理条例》、建设部《危险性较大工程安全专项施工方案编制及专家论证审查办法》确定的七大危险性较大建设工程之一。

施工单位应当组织安全生产专家对安全专项施工方案及其安全验算结果进行论证审查，再根据专家论证审查报告对安全专项施工方案进行完善，并经施工单位技术负责人、工程监理单位总监理工程师签字后，方可实施。

11.4.2 模板工程专项施工方案的内容

模板工程施工前，应按照工程结构、现场作业条件及混凝土的浇筑工艺制定相应的模板工程专项施工方案，主要包括以下内容：

1. 编制依据

(1)《建设工程高大模板支撑系统施工安全监督管理导则》（建质〔2009〕254 号）。

(2)《建筑施工安全检查标准》JGJ 59—2011。

(3)《建筑施工扣件式钢管脚手架安全技术规范》JGJ 130—2011。

(4)《混凝土结构工程施工质量验收规范》GB 50204—2015。

（5）《建筑结构荷载规范》GB 50009—2012。

（6）《混凝土结构设计规范》GB 50010—2010。

（7）《木结构设计规范》GB 50005—2003。

（8）《钢结构设计规范》GB 50017—2003。

（9）《组合钢模板技术规范》GB 50214—2011。

（10）《钢框胶合板模板技术规程》JGJ 96—2011。

（11）《建筑施工高处作业安全技术规范》JGJ 80—1991。

（12）地方相关法规、标准。

（13）工程施工图。

（14）本工程施工组织设计。

2. 工程概况

主要是工程地理位置、周边环境、建筑规模、结构形式、工程用途、主要建筑和结构特点、模板工程的施工难点等。

3. 模板的选型及设计

（1）根据基础、主体的不同结构形式，选择适用的模板形式。

（2）绘制模板设计施工图、支撑系统布置图、细部构造大样图。

（3）按模板荷载组合效应，对模板和支撑系统进行验算。

（4）制定模板工程安装及拆除的程序和方案，应区分不同部位的梁、板、柱、墙，制定其模板的安装和拆除顺序、质量验收标准。

（5）混凝土的浇捣方法及作业人员的安全措施。

（6）季节性施工措施及其管理。包括暑期、雨季、冬季施工措施以及恶劣气候下施工措施等。

（7）按照现场作业条件编写模板工程施工所需要的各类脚手架、作业平台、临边防护、洞口防护及施工用电的安全要求。

11.4.3　模板工程专项施工方案的编写步骤

1. 进行现场踏勘，熟悉现场及周边地理环境，对模板的水平和垂直运输情况。

2. 熟悉施工图纸。由施工现场技术负责人组织技术人员认真学习图纸，核对具体尺寸，做到心中有数。

3. 熟悉本单位工程施工组织设计。对施工部署有较为详细的了解，包括模板的堆放、运输，施工流水的划分，工期要求等。

4. 方案比选。根据结构特点确定多个模板选择方案，然后按着技术、经济、安全、工期、现场条件、市场供应条件等指标对方案进行优选，得出最佳模板方案。

5. 方案编制。由项目技术负责人组织有关的技术人员进行方案编制，并附必要的计算和简图。

11.4.4　模板工程专项施工方案的设计要求

1. 现浇混凝土结构模板设计

（1）设计的主要内容。模板设计的内容，主要包括选型、选材、配板、荷载计算、结构设计和绘制模板施工图等。各项设计的内容和详尽程序，可根据工程的具体情况和施工条件确定。

（2）设计的主要原则

1）实用性：主要应保证混凝土结构的质量，做到接缝严密，不漏浆；保证构件的形状尺寸和相互位置的正确；模板的构造简单，支拆方便。

2）安全性：保证在施工过程中，不变形，不破坏，不倒塌。

3）经济性：针对工程结构的具体情况，因地制宜，就地取材，在确保工期、质量的前提下，减少一次性投入，增加模板周转，减少支拆用工，实现文明施工。

11.4.5 模板工程结构设计的基本内容

1. 荷载

计算模板及其支架的荷载，分为荷载标准值和荷载设计值，后者应以荷载标准值乘以相应的荷载分项系数。

（1）荷载标准值

① 模板及支架自重标准值——应根据设计图纸确定。对肋形楼板及无梁楼板的自重标准值，见表11-1。

模板及支架自重标准值（kN/m³）   表11-1

模板构件的名称	木模板	组合钢模板	钢框胶合板模板
平板的模板及小楞	0.30	0.50	0.40
楼板模板(其中包括梁的模板)	0.50	0.75	0.60
楼板模板及其支架(楼层高度为4m以下)	0.75	1.1	0.95

② 新浇混凝土自重标准值——普通混凝土可采用24kN/m³；对其他混凝土，可根据实际重力密度确定。

③ 钢筋自重标准值——按设计图纸图纸计算确定，一般可按每立方米混凝土含量计算：

楼板：$1.1kN/m^3$；

框架梁：$1.5kN/m^3$。

④ 施工人员及设备荷载标准值

计算模板及直接支承模板的小楞时，对均布荷载取 $2.5kN/m^3$，另应以集中荷载2.5kN再行验算，比较两者所得的弯矩值，按其中较大者采用。

计算直接支承小楞结构构件时，均布活荷载取 $1.5kN/m^2$。

计算支架立柱及其他支承结构构件时，均布活荷载取 $1.5kN/m^2$。

需要说明的是，对大型浇筑设备如上料平台、混凝土输送泵等，按实际情况计算；混凝土堆集料高度超过100mm以上者，按实际高度计算；模板单块宽度小于150mm时，集中荷载可分布在相邻的两块板上。

⑤ 振捣混凝土时产生的荷载标准值

对侧立模可采用 $4.0kN/m^2$（作用范围在新浇混凝土侧压力的有效压头高度内）。

对水平面模板可采用 $2.0kN/m^2$。

⑥ 新浇筑混凝土对模板侧面的压力标准值：采用内部振捣器时，可按式（1-1a、b）两式计算，并取其较小值：

$$F = 0.22\gamma_c t_0 \beta_1 \beta_2 \nu^{1/2} \tag{1-1a}$$

$$F = H\gamma_c \tag{1-1b}$$

其中 F——新浇混凝土对模板的最大侧压力（kN/m^2）；

γ_c——混凝土重力密度（kN/m^3）；

t_0——新浇混凝土的初凝时间（h），可按实际测定。当缺乏试验资料时，可以采用 $t_0 = 200/(T+15)$ 计算（T 为混凝土的温度）；

ν——混凝土的浇筑速度（m/h）；

H——混凝土侧压力计算位置处至新浇混凝土顶面的总高度（m）；

β_1——外加剂影响修正系数，不掺外加剂时取 1.0，掺具有缓凝作用的外加剂时取 1.2；

β_2——混凝土坍落度影响修正系统，当坍落度小于 30mm 时取 0.85；50～90mm 时，取 1.0；110～150mm 时，取 1.15。

⑦ 倾倒混凝土时产生的荷载标准值——倾倒混凝土时对垂直面模板产生的水平荷载标准值可按表 11-2 采用。

倾倒混凝土时产生的水平荷载标准值（kN/m^2）　　　　　　　　表 11-2

向模板内供料方法	水平荷载	向模板内供料方法	水平荷载
溜槽、串筒或导管	2	容积为 0.2～0.8m³ 的运输器具	4
容积小于 0.2m³ 的运输器具	2	容积为 0.8 m³ 的运输器具	6

注：作用范围在有效压头高度以内。

除上述七项荷载外，当水平模板支撑结构的上部继续浇筑混凝土时，还应考虑由上部传下来的荷载。

（2）荷载设计值

计算模板及其支架的荷载设计值，应为荷载标准值乘以相应的荷载分项系数，见表 11-3。

模板及支架荷载分项系数　　　　　　　　表 11-3

项　次	荷　载　类　别	γ_i
1	模板及支架自重	
2	新浇筑混凝土自重	1.2
3	钢筋自重	
4	施工人员及施工设备荷载	1.4
5	振捣混凝土时产生的荷载	
6	新浇混凝土对模板侧面的压力	1.2
7	倾倒混凝土时产生的荷载	1.4

（3）荷载折减（调整）系数

模板工程属临时工程。由于我国目前还没有临时性工程的设计规范，所以只能按正式结构设计规范执行。由于新的设计规范以概率理论为基础的极限状态设计法代替了容许应力设计法，又因为《混凝土结构工程施工及验收规范》GB 50204—92 已经作废，同时考虑到该规范以对容许应力值作了提高，因此进行了以下套改。

① 对钢模板及其支架的设计，其荷载设计值可以乘以 0.85 系数予以折减，但其截面塑性发展系统取 1.0。

② 采用冷弯薄壁型钢材，由于原规范对钢材容许应力值不予提高，因此荷载设计值也不予折减，系数为 1.0。

③ 对木模板及其支架的设计，当木材含水率小于 25% 时，其荷载设计值可以乘以 0.9 系数予以折减。

④ 在风荷载的作用下，验算模板及其支架的稳定性时，其基本风压值可乘以 0.8 系数予以折减。

2. 荷载组合

（1）荷载类别及编号，见表 11-4。

荷载类别及编号   表 11-4

名　　称	类　　别	编　　号
模板及支架自重	恒载	①
新浇混凝土自重	恒载	②
钢筋自重	恒载	③
施工人员及设备荷载	活载	④
振捣混凝土时产生的荷载	活载	⑤
新浇筑混凝土对模板侧面的压力	恒载	⑥
倾倒混凝土时产生的荷载	活载	⑦

（2）荷载组合，见表 11-5。

荷载组合   表 11-5

项　　次	荷载组合	
	计算承载能力	验算刚度
平板及薄壳的模板及支架	①+②+③+④	①+②+③
梁和拱模板的底板及支架	①+②+③+④	①+②+③
梁拱柱（边长≤30mm）、墙（厚≤100mm）的侧面模板	⑤+⑥	⑥
大体积结构、柱（边长>300mm）、墙（厚>100mm）的侧面模板	⑥+⑦	⑥

11.4.6 模板工程结构的挠度要求

模板结构除必须保持足够的承载力外，还应保证有一定的刚度。因此，应验算模板及其支架的挠度，其最大变形值不得超过下列允许值：

1. 对结构表面外露（不做装修）的模板，为模板构件计算跨度的 1/400。

2. 对结构表面隐蔽（做装修）的模板，为模板构件计算跨度的 1/250。

3. 支架的压缩变形值或弹性挠度，为相应的结构计算跨度的 1/1000。当梁板跨度≥

4m 时，模板应按设计要求起拱；如无设计要求，起拱高度宜为净跨度的 1/1000～3/1000，钢模板取小值 1/1000～2/1000。

4. 根据《钢框胶合板模板技术规程》JGJ 96—2011 规定：

（1）模板面板各跨的挠度计算值不宜大于面板相应跨度的 1/300，且不宜大于 1mm。

（2）钢楞各跨的挠度计算值，不宜大于钢楞相应跨度的 1/1000，且不宜大于 1mm。

5. 根据《组合钢模板技术规范》GB 50214—2011 规定：

（1）当验算模板及支架在自重和风荷载作用下的抗倾覆稳定性时，其抗倾倒系数不小于 1.15。

（2）模板结构允许挠度按表 11-6 执行。

模板结构允许挠度

表 11-6

名　　称	允许挠度（mm）	名　　称	允许挠度（mm）
钢模板的面板	1.5	单块钢模板	1.5
钢楞	$L/500$	柱箍	$B/500$
桁架	$L/1000$	支承系统累计	4.0

注：L—计算跨度，B—柱宽。

11.4.7　模板工程的设计计算

1. 模板结构构件的最大弯矩、剪力和挠度

模板结构构件的面板（木、钢、胶合板）大小楞（木、钢）等，均属于受弯构件，可按简支梁或连续梁计算。当模板构件的跨度超过三跨时，可按三跨连续梁计算。常用的简支梁和连续梁在不同荷载条件下的支撑条件下的弯矩、剪力和挠度公式可查《建筑施工手册》有关章节。在应用时，按常例构件的惯性矩沿跨长作为恒定不变；支座是刚性的，不发生沉陷；受荷跨的荷载情况都相同，并同时产生作用。

2. 模板结构构件承载能力的验算

木模、组合钢模、钢框胶合板、柱箍、钢管支撑、格构式柱支撑等的构件承载能力验算，主要是各种模板结构的强度、刚度、稳定性验算。

公式参见《建筑施工手册》中有关章节内容。

3. 地基或楼板等承载力验算

11.4.8　模板工程支撑系统的构造要求

1. 立杆底部应垫实木板，并在纵横方向设置扫地杆。

2. 立杆底部支撑结构必须能够承受上层荷载。当楼板强度不足时，下层的立柱不得提前拆除，同时应保持上层立柱与下层立柱在一条直线上。

3. 立杆高度在 2m 以下时，必须设置一道大横杆，保持立柱的整体稳定性；当立杆高度大于 2m 时，应设置多道大横杆，大横杆步距为 1.8m。

4. 满堂模板支柱的大横杆应纵横两方面设置，同时每隔 4 根立杆设置一组剪刀撑，由底部至顶部连续设置。

5. 立杆的间距由计算确定。当使用钢管扣件材料时，间距一般不大于 1m，立杆的接头应错开不在同一步距内，竖向接头间距大于 0.5m。

6. 为保持支模系统的稳定，应在支架的两端和中间部分与工程结构进行连接。

11.4.9 模板工程安全技术

模板的安装与拆除是模板工程施工的一个重要环节，必须符合下列规定，安装与拆除模板工程必须有模板的拆除专项施工方案；安装与拆除模板工程前，需对操作人员进行有针对性的安全技术交底；安装完成后要对模板工程进行验收，验收合格后方可进行混凝土浇筑；拆模前要提出拆模申请，达到拆模条件并经审批后，方可进行拆模作业。

1. 模板的安装

（1）安装模板时人员必须站在操作平台或脚手架上作业，禁止站在模板、支撑、脚手杆上、钢筋骨架上作业和在梁底模上行走。

（2）安装模板必须按施工设计要求进行，模板设计时应考虑安装、拆除、安放钢筋及浇筑混凝土的作业方面与安全。

（3）模板及其支架安装时必须设置防倾覆的临时固定设施。

（4）整体式钢筋混凝土梁，当跨度等于大于 4m 时，安装应起拱，当无设计要求时，可按照跨度的 $1/1000\sim3/1000$ 起拱。

（5）单片柱模吊装时，应采用卡环和柱模连接，严禁用钢筋钩代替，防止脱钩。待模板立稳并支撑后，方可摘钩。

（6）安装墙模板时，应从内、外角开始，向相互垂直的两个方向拼装。同一道墙（梁）的两侧模板采用分层支模时，必须待下层模板采取可靠措施固定后，方可进行上一层模板安装。

（7）大模板组装或拆除时，应按施工荷载规定严格控制模板上的堆料及设备，当采用人工小车运输时，不准直接在模板或钢筋上行驶，应用脚手板等材料搭设小车运输道，将荷载传给工程结构。

2. 模板的拆除与存放

（1）模板及其支架的拆除时混凝土的强度必须达到设计要求，当设计无要求时应符合下列规定：

非承重侧模的拆除，应在混凝土强度达到 $2.5N/mm^2$，并保证棱角不受损坏的情况下进行。

承重模板的拆除时间，应按施工方案的规定。一般跨度在 2m 以下时，可在混凝土强度不低于 50% 时进行；跨度在 2～8m，应在混凝土强度达到 75% 以上时进行；跨度大于8m 和悬臂结构的支撑模板，应在混凝土强度达到 100% 时方可拆除。

（2）施工中，必须经技术负责人根据现场同条件试块、回弹资料等对混凝土的强度确认，签字批准后方可拆除。

（3）模板拆除顺序应按方案规定的顺序进行、当无规定时，应按照先支的后拆和先拆非承重模板后拆承重模板的顺序。

（4）拆除较大跨度梁下支柱时，应确认上部施工荷载不需要传递的情况下方可拆除下部支柱。

（5）当立柱大横杆超过 2 道以上时，应先拆除 2 道以上大横杆，最下一道大横杆与立柱同时拆除，以保持立柱的稳定。

（6）钢模拆除应逐块进行，不得采用成片撬落方法，防止砸坏脚手架和将操作者砸伤。

（7）拆除模板作业必须认真进行，不得留有零星和悬空模板，防止模板突然坠落伤人。

（8）模板拆除作业严禁在上下同一垂直面进行。

（9）大面积拆除作业或高处拆除作业时，应作业范围设置围圈，并有专人监护。

（10）拆除模板、支撑、连接件严禁抛掷，应采取措施用槽滑下或用绳系下。

（11）拆除的模板、支撑等应分规格码放整齐，定型钢模板应清整后分类码放，严禁用钢模板垫道或临时做脚手板。

11.4.10　高大模板工程专项施工方案编制及专家论证

1. 高大模板工程的概念及有关规定

高大模板工程是依据国务院《建设工程安全生产管理条例》、建设部《危险性较大工程安全专项施工方案编制及专家论证审查办法》和《建设工程高大模板支撑系统施工安全监督管理导则》，确定的七大危险性较大建设工程之一，具体包括：

水平混凝土构件模板支撑系统高度超过 8m 的工程；

跨度在 18m 以上，施工总荷载大于 10kN/m 的工程；

跨度在 18m 以上，集中线荷载大于 15kN/m 的模板支撑系统工程。

高大模板工程施难度大，技术要求高，一旦发生事故，容易造成群死群伤，将给社会、给企业造成严重影响，为此，《建设工程高大模板支撑系统施工安全监督管理导则》对专项方案编制、论证等进行了明确规定：

2. 高大模板工程的方案编制

（1）施工单位应依据国家现行相关标准规范，由项目技术负责人组织相关专业技术人员，结合工程实际，编制高大模板支撑系统的专项施工方案。

（2）专项施工方案应当包括以下内容：

1）编制说明及依据：相关法律、法规、规范性文件、标准、规范及图纸（国标图集）、施工组织设计等。

2）工程概况：高大模板工程特点、施工平面及立面布置、施工要求和技术保证条件，具体明确支模区域、支模标高、高度、支模范围内的梁截面尺寸、跨度、板厚、支撑的地基情况等。

3）施工计划：施工进度计划、材料与设备计划等。

4）施工工艺技术：高大模板支撑系统的基础处理、主要搭设方法、工艺要求、材料的力学性能指标、构造设置以及检查、验收要求等。

5）施工安全保证措施：模板支撑体系搭设及混凝土浇筑区域管理人员组织机构、施工技术措施、模板安装和拆除的安全技术措施、施工应急救援预案，模板支撑系统在搭设、钢筋安装、混凝土浇捣过程中及混凝土终凝前后模板支撑体系位移的监测监控措施等。

6）劳动力计划：包括专职安全生产管理人员、特种作业人员的配置等。

7）计算书及相关图纸：验算项目及计算内容包括模板、模板支撑系统的主要结构强度和截面特征及各项荷载设计值及荷载组合，梁、板模板支撑系统的强度和刚度计算，梁板下立杆稳定性计算，立杆基础承载力验算，支撑系统支撑层承载力验算，转换层下支撑层承载力验算等。每项计算列出计算简图和截面构造大样图，注明材料尺寸、规格、纵横支撑间距。

附图包括支模区域立杆、纵横水平杆平面布置图，支撑系统立面图、剖面图，水平剪刀撑布置平面图及竖向剪刀撑布置投影图，梁板支模大样图，支撑体系监测平面布置图及连墙件布设位置及节点大样图等。

3. 高大模板工程方案审核、论证。高大模板支撑系统专项施工方案，应先由施工单位技术部门组织本单位施工技术、安全、质量等部门的专业技术人员进行审核，经施工单位技术负责人签字后，再按照相关规定组织专家论证。

4. 高大模板工程的验收管理。

（1）高大模板支撑系统搭设前，应由项目技术负责人组织对需要处理或加固的地基、基础进行验收，并留存记录。

（2）高大模板支撑系统的结构材料应按以下要求进行验收、抽检和检测，并留存记录资料：

1）施工单位应对进场的承重杆件、连接件等材料的产品合格证、生产许可证、检测报告进行复核，并对其表面观感、重量等物理指标进行抽检。

2）对承重杆件的外观抽检数量不得低于搭设用量的30%，发现质量不符合标准、情况严重的，要进行100%的检验，并随机抽取外观检验不合格的材料（由监理见证取样）送法定专业检测机构进行检测。

3）采用钢管扣件搭设高大模板支撑系统时，还应对扣件螺栓的紧固力矩进行抽查，抽查数量应符合《建筑施工扣件式钢管脚手架安全技术规范》JGJ 130 的规定，对梁底扣件应进行100%检查。

4）高大模板支撑系统应在搭设完成后，由项目负责人组织验收，验收人员应包括施工单位和项目两级技术人员、项目安全、质量、施工人员，监理单位的总监和专业监理工程师。验收合格，经施工单位项目技术负责人及项目总监理工程师签字后，方可进入后续工序的施工。

11.5 编制起重吊装工程安全专项施工方案

起重吊装工程是指将建筑工程设备或者结构构件用起重机械（或提升设备）提升至设计位置并直至固定的过程。其作业属于高处危险作业，作业过程的专业性、技术性非常强。起重吊装作业大多数作业点都必须由专业技术人员来完成，属于特种作业的人员必须按国家有关规定经专门的安全技术培训，取得特种作业操作资格证书，方可上岗作业。

在起重吊装作业过程中的突发事件多，是伤亡事故及其他事故多发的作业环节，是施工过程中的重大危险源，也是安全管理工作的重要监控对象，因而加强起重吊装作业的安全管理工作是非常必要的。

11.5.1　起重吊装工程概述

建筑起重吊装工程的施工工艺包括构件吊装和设备吊装，因为作业条件和环境多变，施工技术也非常复杂，作业前，技术人员应认真研究施工图纸，组织图纸审查，核对构件或设备安装各部位的空间就位尺寸和相互间的关系，在充分考察和分析的基础上，针对现场实际情况，根据工程特点认真编写《起重吊装工程专项施工方案》。在编制专项施工方案时，要根据吊装的设备或构件的强度、刚度及起重机械的可能性，选择最有利的受力条件，必要时采取补强加固措施，并进行强度核算，所选用的吊装机具必须保证安全要求。

起重吊装专项施工方案必须针对所吊装设备或构件的结构特点和现场实际具有针对性、指导性和可操作性，并按照企业相关规定经上级专业技术负责人或相关部门审批确认符合要求后方可实施。施工中未经审批人许可不得随意改变原专项施工方案和安全技术措施。作业前应根据编制的专项施工方案，对参加作业人员进行方案和安全技术交底。

11.5.2　起重吊装工程施工方案的编制

起重吊装工程施工方案的适用于履带式起重机、汽车式起重机、轮胎式起重机、塔式起重机、卷扬机、物料提升机、施工升降机（外用电梯）、桅杆起重机等。

1. 起重吊装工程施工方案的编制依据

(1)《建筑施工安全检查标准》JGJ 59—2011。

(2)《建筑施工高处作业安全技术规范》JGJ 80—1991。

(3)《建筑机械技术试验规程》JGJ 34—1986。

(4)《起重机械安全规程 第 1 部分》GB 6067—2010。

(5)《混凝土结构设计规范》GB 50010—2010。

(6)《混凝土结构工程施工质量验收规范》GB 50204—2015。

(7) 本工程安装部分施工图、建筑施工图、机具的安装使用说明书等。

(8) 本工程施工组织总设计及相关技术文件。

2. 起重吊装工程概况

主要阐述建设工程特点、建设地点、建筑面积、结构、平面布置、层高、受力点、主要吊装构件或设备的基本参数（如吊装工程量、被吊构件的单件质量、总体质量、安装高度、连接方法、构件尺寸、几何形状等），对起重吊装要求，施工现场作业条件（地形、交通、周边环境等），工程进度安排和要求，施工周期等，必要时需画出结构简图。

3. 起重吊装施工的总体部署

(1) 组织与管理

起重吊装作业专业性、技术性强，应根据吊装工程实际情况，制定切实可行的组织机构与管理体系，明确各个部门的职责与权限，要组织专业吊装队伍，确定吊装负责人，要建立健全吊装作业队伍的岗位责任制，责任落实到人。特种作业人员（起重司机、指挥、司索及配合作业的电工、电焊工、架子工等）必须按国家有关规定经上级主管部门培训合格，持证上岗。各工种、专业施工队伍之间必须紧密配合，服从统一规划和安排。

(2) 管理目标：质量目标、工期目标、安全文明施工目标、环境目标、根据吊装工程的实际情况制定其他的目标及服务承诺等。

4. 起重机械的选择及使用

（1）起重机械的选择。起重机械型号的选择决定于以下三个主要参数：

1）起重量：起重机的起重量可按下式确定

$$Q \geqslant (Q_1 + Q_2)$$

式中　Q——起重机起重量；

　　Q_1——构件/设备的计算重量；

　　Q_2——绑扎索具计算的自重。

2）起升高度：起重机的起升高度应考虑安装支座表面高度、安装间隙、绑扎点至构件吊起后底面的距离和吊索的高度四个因素。

3）起重半径：起重半径应根据起重机性能表复核起重量及起升高度是否符合要求。

（2）起重索具的选择。吊装用索具设备包括：绳索、吊具、滑车、倒链、卷扬机、千斤顶、锚碇。这些设备即可作为起重机械的组成部分，又可作为单独的吊装机具使用。

（3）起重机械数量。根据工程量、工期及起重机械的每班产量定额，确定需要的起重机数量。

5. 起重机械的稳定性验算

根据起重作业时，起重机所处的最不利位置，验算起重机的稳定性。其稳定力矩须大于倾覆力矩，并保证安全系统在规范要求范围内。

11.5.3　起重吊装机械及配套装置的验收

1. 新购置（进口）的起重机械，其生产厂家必须是国家主管部门指定并核发生产许可证（进口许可证）的专业制造厂，其安全防护装置必须齐全、完备，有产品合格证的安全使用、维护、保养说明书。

2. 起重机械必须取得国家行政主管部门核发的使用登记证，未取得证照的，一律禁止进行起重吊装作业。

3. 钢丝绳、吊钩、卡环、滑轮及滑轮组、卸扣、绳卡及卷扬机等起重机具必须具有合格证及使用说明书。

4. 自制、改造和修复的吊具、索具，必须有设计资料（包括图纸、计算书等）和工作、检查记录，并按规定进行存档。

11.5.4　起重吊装工程的场地要求

作业道路平整坚实，一般情况纵向坡度不大于3‰，横向坡度不大于1‰，行驶或停放时，应与沟渠、基坑保持5m以上的距离，且不得停放在斜坡上。地面铺垫要用符合规定的材料，不得使用腐朽和易碎的材料当作起重机械的铺垫。

11.5.5　起重吊装工程的作业方式

根据工程实际情况，选择适当起重机械和吊装方法，做好构件/设备吊装的准备工作，主要构件/设备的绑扎方法及吊装注意事项。

1. 吊装方法的选择

工程结构吊装法一般有综合吊装法、分件吊装法、混合吊装法、双机抬吊法和多机抬吊法等。其吊装顺序可采取：

（1）从跨度一侧向另一侧顺序吊装；

（2）从两端向中间顺序吊装；

（3）从中间分别向两端顺序吊装等；

（4）对于多跨厂房通常先吊主跨，后吊副跨，或根据工程实际安排吊装顺序。

2. 构件/设备吊装的准备工作

（1）技术准备；

（2）吊装机械与吊具的选择；

（3）构件/设备检查、编号；

（4）吊装接头准备；

（5）构件/设备稳定性检查；

（6）吊装机具的检查准备；

（7）道路临时设施的准备；

（8）劳动组织的准备。

3. 构件/设备的绑扎方法及注意事项

对主要构件的绑扎方法应包括吊点的选择、绑扎的要求，并注意以下有关事项：

（1）构件绑扎时，绳索与构件水平面成的角度宜采用不小于 45°角，并应对吊索及构件进行验算，根据实际情况也可采用平衡梁进行起吊。

（2）绑扎点与构件的重心应相对称，绑扎点中心应对正物件重心，并高于物件的重心，使起吊后平稳，并易于就位。

（3）构件绑扎应牢靠，多点绑扎应尽可能使各点受力均匀一致。

（4）绑扎构件时，吊索与构件之间应垫以草袋、麻袋、橡皮、垫木等，避免吊索被磨断或损坏构件。

（5）起吊点应按设计规定，应根据吊装中实际可能产生的最不利受力情况进行强度及抗裂验算。

（6）采用双机抬吊或多机抬吊时，应根据所吊装构件的具体结构型式及构件重量以及各起重机的允许起重量进行构件吊装受力、强度、变形计算及合理的载荷分配。操作时，两机（或多机）动作要统一指挥，相互协调，配合一致。

（7）绑扎所用的吊索、卡环、绳扣等的规格应按计算确定，起吊前应分别进行检查和试验。

（8）高空吊装构件时，应在构件上绑扎溜绳，以控制构件的悬空方向。

11.5.6　起重吊装工程的吊索受力计算

1. 常用做吊索用的钢丝绳有 $6 \times 37 + 1$ 和 $6 \times 61 + 1$ 两种，这种规格的钢丝绳强度高，又比较柔软、捆绑方便。按照吊索使用频繁的特点，通常用 $6 \times 61 + 1$ 的钢丝绳成对加工。

2. 用吊索时，要考虑拆除是否方便，会不会损坏吊索。在吊索与物体棱角间要加垫块，以免损坏钢丝绳。吊索要挂在合适的位置上，两端连接时，要用卸扣将物体吊正和捆牢。

3. 用两根吊索吊物体时，可避免在空间出现旋转状态。同时要求 2 根吊索不能并在一起使用。

4. 使用多根吊索捆绑物体时，要在试吊过程中调整好各根绳的状态，防止吊索由于长短不同而受力不均，导致事故的发生。

5. 吊索的直径，要根据物体质（重）量、吊索的根数及吊索与水平面夹角大小来决定，当夹角越大，吊索受力越小，反之，夹角越小，受力越大。同时水平分力还分产生较大的挤压力。因此，在吊起物体时，吊索最好是垂直的，有夹角时，应不小于 $30°$，通常在 $45°\sim60°$ 比较合适，这样能减少吊索的拉力。

6. 吊索承受拉力按下式进行计算

$$S=Qg/(n \cdot sin\beta)$$

式中　S——一根吊索承受的拉力（kN）；

　　　Q——物体质（量）重（t）；

　　　g——重力加速度，$g=9.8m/s^2$；

　　　n——吊索根数；

　　　β——吊索与水平面的夹角。

按上面计算，吊索绑扎越平缓则吊索受力就越大，吊索的水平分为 $H=Scos\beta$，根据求得的 S 值来选取吊索的直径。

11.5.7　起重吊装工程构件、设备的运输、堆放方法和要求

1. 构件的运输

构件的运输应根据施工方案中所规定的吊装顺序进行。运输前应对构件质量进行检查，运输道路应平整坚实，有足够的宽度和转变半径，地耐力符合承载要求。运输时，构件应有足够的强度，柱、梁、板构件应不低于设计强度的 75%，桁和平壁构件应达到设计强度的 100%。物件运输时的受力情况和支撑方式应尽可能接近设计放置状态。运输中各物件间应用垫木隔开，上下垫木应在同一垂直线上，并注意支承物的稳定性和强度，捆扎牢固可靠，以防倾倒。运输应按顺序，按平面布置堆放，避免二次搬运。

2. 构件的堆放

构件应按型号、吊装平面图规划、吊装顺序依次分类堆放。堆放位置应尽可能在超重机运行回转半径范围内。场地平整压实，排水良好，堆放平稳，底部应设垫木，支承点尽可能接近设计支承位置。侧面刚度差、重心较高、支撑面较窄构件，宜直立堆放，在堆放时除两端垫方木外，并应在两侧加撑木，或将几个构件用方木以铁丝连接在一起，使其稳定。成垛堆放构件以垫木隔开，各层垫木的位置应紧靠吊点外侧，并在同一条垂直线上，堆放高度应根据构件的特点、重量、外形、尺寸、堆垛稳定性来决定，不应超过规定要求，构件堆放应有一定的挂钩绑扎操作间距。

11.5.8　起重吊装作业的安全技术措施

针对起重吊装作业的要求，提出针对性的安全技术措施，主要包括：

1. 防止起重机倾翻事故的安全措施

（1）起重机的行驶道路必须平坦坚实，地下基坑和松软土层要进行处理。必要时，需铺设木头或路基箱。起重机不得停置在斜坡上工作。当起重机通过墙基或地梁时，应在墙

基两侧铺垫道木或石子，以免起重机直接碾压在墙基或地梁上。

（2）应尽量避免超载吊装。在某些特殊情况下难以避免时，应采取措施，如：在起重机吊杆上拉缆风绳或在其尾部增加平衡重等。起重机增加平衡重后，卸载或空载时，吊杆必须落到水平线夹角 60°以内，操作时应缓慢进行。

（3）禁止斜吊。所谓斜吊，是指所要起吊的重物不在起重机起吊钩的正下方，因而当将捆绑重物的吊索挂上吊钩后，吊钩滑车组不与地面垂直。斜吊易超载，绳易出槽还会使重物在离开地面后发生快速摆动，可能会伤人或碰撞其他物体。

（4）起重机应避免带载行走，如需作短距离带载行走时（履带式起重机），载荷不得超过允许起重量的 70%，构件离地面不得大于 50cm，并将构件转至正前方，拉好溜绳，控制构件摆动。

（5）双机抬吊时，要根据起重机的起重能力进行合理的负荷分配，各单机载荷不得超过其允许载荷的 80%，并在操作时要统一指挥，互相密切配合。在整个抬吊过程中，2 台起重机的吊钩滑车组应基本保持垂直状态。

（6）绑扎构件的吊索需经过计算，绑扎方法应正确牢靠。所有起重工具应定期检查。

（7）不吊重量不明的重大构件或设备。

（8）禁止在 5 级风的情况下进行吊装作业。

（9）起重吊装的指挥人员必须持证上岗，作业时应与起重机司机密切配合，执行标准的指挥信号。司机应听从指挥，当信号不清或错误时，司机可拒绝执行。

（10）严禁起吊重物长时间悬挂在空中，作业中遇突发故障，应采取措施将重物降落到安全地方，并关闭发动机或切断电源后进行检修。在突然停电时，应立即把所有控制器拨到零位，断开电源总开关，并采取措施使重物降到地面。

（11）起重机的吊钩和吊环严禁补焊。当吊钩、吊环表现有裂纹、严重磨损或危险断面有永久变形时应予更换。

2. 防止高处坠落安全防护措施

（1）操作人员在进行高处作业时，必须正确使用安全带。安全带一般应高挂低用，即将安全带绳端的钩环挂于高处，而人在低处操作。

（2）在高处使用撬棍时，人要立稳，如附近有脚手架或已安装好的构件，应一手扶住，一手操作。撬棍插进深度要适宜，如果撬动距离较大，则应逐步撬动，不宜急于求成。

（3）雨天和雪天进行高处作业的时候，必须采取可靠的防滑、防寒和防冻措施。作业处和构件上有水、冰、霜、雪均应及时清除。

对在高耸建筑物进行高处作业，应事先设置避雷设施。遇有 5 级以上强风、浓雾等恶劣天气，不得从事露天高处吊装作业。暴风雪及台风暴雨后，应对高处作业安全设施逐一加以检查，发现有松动、变形、损坏或脱落等现象，应立即修理完善。

（4）登高用梯子必须牢固。梯脚底部应坚实，不得垫高使用。梯子的上端应有固定措施。立梯工作角度以 75°±5°为宜，踏板上下间距以 300mm 为宜，不得有缺档。

（5）梯子如需接长使用，必须有可靠的连接措施，且接头不得超过 1 处，连接后梯梁的强度，不应低于单梯梯梁的强度。

（6）固定式直爬梯应用金属材料制成。梯宽不应大于 500mm，支撑应采用不小于

∟70×60 的角钢，埋设与焊接均必须牢固。梯子顶端的踏棍应与攀登的顶面齐平，并加设 1～1.5m 高的扶手。

（7）操作人员在脚手板上通行时，应思想集中，防止踏上挑头板。

（8）安装有预留孔洞的楼板或屋面板时，应及时用木板盖严，或及时设置防护栏杆、安全网等防、坠落措施。

（9）电梯井口必须设防护栏杆或固定栅门；电梯井内应每隔两层并最多隔 10m 设 1 道安全网。

（10）从事屋架和梁类构件安装时，必须搭设牢固可靠的操作台。需要在梁上行走时，应设置护栏横杆或绳索。

3. 防止高处落物伤人的安全防护措施

（1）地面操作人员必须戴安全帽。

（2）高处操作人员使用的工具、零配件等，应放在随身佩带的工具袋内，不可随意向上丢掷。

（3）在高处用气割或电焊切割时，应采取措施，防止火花落下伤人或造成火灾。

（4）地面操作人员，应尽量避免在高空作业面的正下方停留或通过，也不得在起重机的起重臂或正在吊装的构件下停留或通过。

（5）构件安装后，必须检查连接质量，只有连接确实安全可靠，才能拆钩或拆除临时固定工具。

（6）设置吊装禁区，禁止与吊装作业无关的人员入内。

4. 防止触电措施

（1）吊装工程施工组织设计中，必须有现场电气线路及设备位置平面图。现场电气线路和设备应有专人负责安装、维护和管理，严禁非电工人员随意拆改。

（2）施工现场架设的低压线路不得用裸导线。所架设的高压线应距建筑物 10m 以外，距离地面 7m 以上跨越交通要道时，需加安全保护装置。施工现场夜间照明，电线及灯具高度不应低于 2.5m。

（3）起重机不得靠近架空输电线路作业。流动式起重机不准在线下作业。起重机的任何部件与架空输电线路的安全距离不得小于表 11-7 的规定。

起重机的任何部位与架空输电线路的安全距离　　　　　　　　　表 11-7

电压(kV)　　　安全距离	<1	1～15	20～40	60～110	230
沿垂直方向(m)	1.5	3.0	4.0	5.0	6.0
沿水平方向(m)	1.0	1.5	2.0	4.0	6.0

（4）构件运输时，构件或车辆与高压线净距不得小于 2m，与低压线净距不得小于 1m，否则，应采取停电或其他保证安全的措施。

（5）现场各种电线接头、开关应装入开关箱内。用后加锁，停电必须拉下电闸。

（6）电焊机的电源线长度不宜超过 5m，并必须架高。电焊机手把线的正常电压，在用交流电工作时为 60～80V，要求手把线质量良好，如有破皮情况，必须及时用胶布严密包扎。电焊机的外壳应该接地。电焊机如与钢丝绳交叉时应有绝缘隔离措施。

（7）使用塔式起重机或长起重臂的其他类型起重机时，应有避雷防触电措施。

（8）各种用电机械必须有良好的接地或接零。接地线应用截面不小于 $25mm^2$ 的多股软裸铜线和专用线夹。不得用缠绕的方法接地和接零。同一供电网不得有的接地，有的接零。手持电动工具必须装设漏电保护装置。使用行灯电压不得超过 36V。

（9）在雨天或潮湿地点作业的人员，应穿戴绝缘手套和绝缘鞋。大风雪后，应对供电线路进行检查，防止断线造成触电事故。

5. 轮式或履带式起重机作业时必须确定吊装区域，并设警戒标志，必要时派专人监护。

6. 坚持起重吊装"十不吊"，即：①指挥信号不明或违章指挥不吊；②超载不吊；③工件捆绑不牢不吊；④吊物上面有人不吊；⑤安全装置不灵不吊；⑥工件埋在地下不吊；⑦光线阴暗视线不清不吊；⑧棱角物件无防护措施不吊；⑨斜拉工件不吊；⑩6 级以上强风不吊。

11.5.9　起重吊装工程作业施工要求

1. 基本要求

（1）警告标示与通信：

1）各类起重机应装有音响清晰的喇叭、电铃或汽笛等信号装置。在起重臂、吊钩、吊篮（吊笼）、平衡重等转（运）动体上应标以鲜明的色彩标志。

2）操纵室远离地面的起重机，在正常指挥发生困难时，地面及作业层（高处）的指挥人员均应采用对讲机等有效的通信联络方式进行指挥。

（2）人员要求：

1）起重吊装的指挥人员必须持证上岗，作业时应与操作人员密切配合，执行标准的指挥信号。操作人员应按照指挥人员的信号进行作业，当信号不清或错误时，操作人员可拒绝执行。司机、司索与指挥人员必须经过国家行政主管部门培训考试合格持证上岗。指挥人员必须了解每项工作的内容和要求。司机必须了解所操作的起重机的工作原理，熟悉该起重机的构造、各安全装置的功能及其调整方法，掌握该起重机各项性能的操作方法以及该起重机的维修保养技术。

2）操作人员进行起重机回转、变幅、行走和吊钩升降等动作前，应发出音响信号示意。

3）起重机作业时，起重臂和重物下方严禁有人停留、工作或通过。重物吊运时，严禁从人上方通过。严禁用起重机吊钩载运人员。

4）操作人员应按规定的起重性能作业，不得超载。在特殊情况下需超载使用时，必须经过验算，有保证安全的技术措施，并写出专题方案，经企业技术负责人批准，有专人在现场监护，方可作业。

（3）工作条件要求。在露天有 6 级及以上大风或大雨、大雪、大雾等恶劣天气时，应停止起重吊装作业。雨雪过后开始作业前，应先试吊，确认制动器灵敏可靠后方可进行作业。

（4）操作控制。起重机的变幅指示器、力矩限制器、高度限位器、起重量限制器以及各种行程限位开关等安全保护装置，应完好齐全、灵敏可靠，不得随意调整或拆除。严禁利用限制器和限位装置代替操纵机构。

(5) 吊装:

1) 严禁使用起重机进行斜拉、斜吊和起吊地下埋设或凝固在地面上的重物以及其他不明重量的物体。现场浇筑的混凝土构件或模板，必须全部松动后方可起吊。

2) 起吊重物应绑扎平稳、牢固，不得在重物上再堆放或悬挂零星物件。易散落物件应使用吊笼栅栏固定后方可起吊。标有绑扎位置的物件，应按标记绑扎后起吊。吊索与物件的夹角宜为 $45°\sim60°$，且不得小于 $30°$，吊索与物件棱角之间应加垫块。

3) 起吊载荷达到起重机额定起重量的 90% 及以上时，应先将重物吊离地面 $200\sim500mm$ 后，检查起重机的稳定性、制动器的可靠性、重物的平稳性、绑扎的牢固性，确认无误后方可继续起吊。对易晃动的重物应拴拉绳。

4) 重物起升和下降速度应平稳、均匀，不得突然制动。左右回转应平稳，当回转未停稳前不得作反向动作。非重力下降式起重机，不得带载自由下降。

5) 严禁起吊重物长时间悬挂在空中，作业中遇突发故障，应采取措施将重物降落到安全地方，并关闭发动机或切断电源后进行检修。在突然停电时，应立即把所有控制器拨到零位，断开电源总开关，并采取措施使重物降到地面。

(6) 钢丝绳:

1) 起重机使用的钢丝绳，应有钢丝绳制造厂签发的产品技术性能和质量的证明文件。当无证明文件时，必须经过试验合格后方可使用。

2) 起重机使用的钢丝绳，其结构形式、规格及强度应符合该型号起重机的出厂说明书的要求。钢丝绳与卷筒应连接牢固，放出钢丝绳时，卷筒上应至少保留 3 圈，收放钢丝绳时应防止钢丝绳打环、扭结、弯折和乱绳，不得使用扭结、变形的钢丝绳。

3) 钢丝绳当采用绳卡固接时，与钢丝绳直径匹配的绳卡的规格、数量应符合表 11-8 的规定。最后一个绳卡距绳头的长度不得小于 140mm。绳卡滑鞍（夹板）应在钢丝绳承载时受力的一侧，"U" 形螺栓应在钢丝绳的尾端，不得正反交错，绳卡初次固定后，应待钢丝绳受力后再度坚固，并宜拧紧到使两绳直径高度压扁 1/3。作业中应经常检查坚固情况。

与绳径匹配的绳卡数   表 11-8

钢丝绳直径(mm)	10 以下	10~20	21~28	28~36	36~40
最少绳卡数(个)	3	4	5	6	7
绳卡间距(mm)	80	140	160	220	240

4) 每班作业前，应检查钢丝绳及钢丝绳的连接部位。当钢丝绳在一个节距内断丝根数达到或超过表 11-9 的规定的根数时应予报废。当钢丝绳表面锈蚀或磨损使钢丝绳直径显著减少时，应将表 11-9 报废标准按表 11-10 折减，并按折减后的断丝数报废。

钢丝绳报废标准（一个节距内的断丝数）   表 11-9

采用的安全系数	钢丝绳规格					
	6×19+1		6×37+1		6×61+1	
	交互捻	同向捻	交互捻	同向捻	交互捻	同向捻
6 以下	12	6	22	11	36	18
6~7	14	7	26	13	38	19
7 以上	16	8	30	15	40	20

钢丝绳锈蚀或者磨损时报废标准的折减系数　　　　　　表 11-10

钢丝绳表面锈蚀量或磨损量(%)	10	15	20	25	30~40	>40
折减系数	85	75	70	60	50	报废

5）向转动的卷筒上缠绕钢丝绳时，不得用手拉或脚踩来引导钢丝绳。钢丝绳涂抹润滑脂，必须在停止运转后进行。

（7）吊钩和吊环。起重机的吊钩和吊环严禁补焊，当出现下列情况之一时应予更换：

1）表面有裂纹、破口；

2）危险断面及钩颈有永久变形；

3）挂绳处断面磨损超过高度的 10%；

4）吊钩衬套磨损超过原厚度的 50%；

5）心轴（销子）磨损超过其直径的 3%~5%。

（8）制动。当起重机制动器的制动鼓表面磨损达 1.5~2.0mm（小直径取小值，大直径取大值）时，应更换制动鼓，同样，当起重机制动器的制动带磨损超过原厚度的 50% 时，应更换制动带。

2. 履带式起重机

（1）起重机应平坦坚实的地面上作业、行走和停放。在正常作业时，坡度不得大于30°，并应与沟渠、基坑保持安全距离。

（2）起重机启动前重点检查项目应符合下列要求：

1）各安全防护装置及各指标仪表齐全安好；

2）钢丝绳及连接部位符合规定；

3）燃油、润滑油、液压油、冷却水等添加充足；

4）各连接件无松动。

（3）内燃机启动后，应检查各仪表指示值，待运转正常再接合主离合器，进行空载运转，顺序检查各工作机构及其制动器，确认正常后，方可作业。

（4）作业时，起重臂的最大仰角不得超过出厂说明书的规定。当无资料可查时，不得超过 78°。

（5）起重机变幅应缓慢平稳，严禁在起重臂未停稳前变换档位；起重机载荷达到额定起重量的 90% 及以上时，严禁下降起重臂。

（6）在起吊载荷达到额定起重量的 90% 及以上时，升降动作应慢速进行，并严禁同时进行两种及以上动作。

（7）起吊重物时应先稍离地面试吊，当确认重物已挂牢，起重机的稳定性和制动器的可靠性均良好，再继续起吊。在重物升起过程中，操作人员应把脚放在制动踏板上，密切注意起升重物，防止吊钩冒顶。当起重机停止运转而重物仍悬在空中时，即使制动踏板被固定，仍应将脚踩在制动踏板上。

（8）采用双机抬吊作业时，应选用起重性能相似的起重机进行。抬吊时应统一指挥，动作应配合协调，载荷应分配合理，单机的起吊载荷不得超过允许载荷的 80%。在吊装过程中，2 台起重机的吊钩滑轮组应保护垂直状态。

（9）当起重机如需带载行走时，载荷不得超过允许起重量的70%，行走道路应坚实平整，重物应在起重机正前方向，重物离地面不得大于500mm，并应拴好拉绳，缓慢行驶，严禁长距离带载行驶。

（10）起重机行走时，转弯不应过急；当转弯半径过小时，应分次转弯；当路面凹凸不平时，不得转弯。

（11）起重机上下坡道时应无载行走，上坡时应将起重臂仰角适当放小，下坡时应将起重臂仰角适当放大。严禁下坡空档滑行。

（12）作业后，起重臂应转至顺风方向，并降至400～600mm之间，吊钩应提升到接近顶端的位置，应关停内燃机，将各操纵杆放在空挡位置，各制动器加保险固定，操纵室和机棚应关门加锁。

（13）起重机转移工作，应采用平板拖车运送。特殊情况需自行转移时，应卸去配重，拆短起重臂，主动轮应在后面，机身、起重臂、吊钩等必须处于制动位置，并应加保险固定。每行驶500～1000m时，应对行走机构进行检查和润滑。

（14）起重机通过桥梁、水坝、排水沟等构筑物时，必须先查明允许载荷后再通过。必要时应对构筑物采取加固措施。通过铁路、地下水管、电缆等设施时，应铺设木板保护，并不得在上面转弯。

（15）用火车或平板拖车运输起重机时，所用跳板的坡度不得大于15°；起重机装上车后应将回转、行走、变幅等机构制动，并采用三角木楔紧履带两端，再牢固绑扎；后部配重用枕木垫实，不得使吊钩悬空摆动。

3. 汽车、轮胎式起重机

（1）起重机行驶和工作的场地应保持平坦坚实，并应与沟渠、基坑保持安全距离。

（2）起重机启动前重点检查项目应符合下列要求：

1）各安全保护装置和指示仪表齐全完好；

2）钢丝绳及连接部位符合规定；

3）燃油、润滑油、液压油及冷却水添加充足；

4）各连接件无松动；

5）轮胎气压符合规定。

（3）作业前，应全部伸出支腿，先伸后支腿，后伸前支腿，收回顺序相反。并在撑脚板下垫方木，调整机体使回转支承面的倾斜度在无载荷时不大于1/1000（水准泡居中）。支腿有定位销的必须插上。底盘为弹性悬挂的起重机，放支腿前应先收紧稳定器。

（4）作业中严禁扳动支腿操纵阀。调整支腿必须在无载荷时进行，并将起重臂转至正前或正后方可再行调整。

（5）应根据所吊重物的重量和提升高度，调整起重臂长度和仰角，并应估计吊索和重物本身的高度，留出适当空间。

（6）起重臂伸缩时，应按规定程序进行，在伸臂的同时应相应下降吊钩。当限制器发出警报时，应立即停止伸臂。起重臂缩回时，仰角不宜太小。

（7）起重臂伸出后，出现前节臂杆的长度大于后节伸出长度时，必须进行调整，消除不正常情况后，方可作业。

（8）起重臂伸出后，或主、副臂全部伸出后，变幅时不得小于各长度所规定的仰角。

（9）汽车式起重机起吊作业时，汽车驾驶室内不得有人，重物不得超越驾驶室上方，且不得在车的前方起吊。

（10）起吊重物达到额定起重量的50%及以上时，应使用低速挡。

（11）作业中发现起重机倾斜、支腿不稳等异常现象时，应立即使重物降落在安全的地方，下降中严禁制动。

（12）重物在空中需要较长时间停留时，应将起升卷筒制动锁住，操作人员不得离开操纵室。

（13）起吊重物达到额定起重量的90%以上时，严禁同时进行两种及以上的操作动作。

（14）起重机带载回转时，操作应平稳，避免急剧回转或停止，换向应在停稳后进行。

（15）当轮胎式起重机带载行走时，道路必须平坦坚实，载荷必须符合出厂说明书的规定，重物离地面不得超过500mm，并应拴好拉绳，缓慢行驶。

（16）作业后，应将起重臂全部缩回放在支架上，再收回支腿。吊钩应用专用钢丝绳挂牢；应将车架发问两撑杆分别撑在尾部下方的支座内，并用螺母固定；应将阻止机身旋转的销式制动器插入销孔，并将取力器操纵手柄放在脱开位置，最后应锁住起重操纵室门。

（17）行驶前，应检查并确认各支腿的收存无松动，轮胎气压应符合规定。行驶时水温应在80~90℃范围内，水温未达到80℃时，不得高速行驶。

（18）行驶时应保持中速，不得紧急制动，过铁道口或起伏路面时应减速，下坡时严禁空挡滑行，倒车时应有人监护。

（19）行驶时，严禁人员在底盘走台上站立或蹲坐，并不得堆放物料。

11.6 编制塔式起重机安装拆卸工程安全专项施工方案

建筑起重机械设备，是指房屋建筑工程和市政工程施工现场使用的塔式起重机、移动式起重机、施工升降机、物料提升想等各类起重机械设备。随着基础建设规模的加大，高层建筑物数量和层数不断增多，建筑物的结构更加趋于复杂，为建筑起重机械设备提供了一个飞速发展的空间。基于起重机械设备具有非常良好的起重和吊装的技术性能，建筑施工企业对起重机械设备的拥有率呈逐年攀升的趋势。其安装、拆除作业专业性强、危险性大，属特种作业。从事作业的人员必须按照国家有关规定经过专门的安全技术培训，取得岗位证书方可上岗作业。

建筑起重机械设备安装、拆卸过程是伤亡事故和设备事故多发的作业环节，是安全管理的重要监控对象，因而加强其安装、拆除过程的安全管理是非常有必要的。

11.6.1 塔式起重机分类与性能

塔式起重机属于全回转臂架型起重机，其特征是有一个直立的塔身，并在塔身顶部装有可回转和可变幅的起重臂。

1. 塔式起重机的分类

（1）按架设方式

分为快装式塔机和非快装式塔机。目前广泛使用的自升式塔机为非快装式塔机。

（2）按变幅方式

分为小车变幅塔机和动臂变幅塔机。

（3）按臂架结构型式

小车变幅塔机按臂架结构型式分为定长臂小车变幅塔机、伸缩臂小车变幅塔机和折臂小车变幅塔机。

（4）按臂架支承型式

按臂架支承型式小车变幅塔机又可分为平头式塔机和非平头式塔机。动臂变幅塔机按臂架结构型式分为定长臂动臂变幅塔机与铰接臂动臂变幅塔机。

（5）按回转方式分

分为上回转塔机和下回转塔机。

我国目前广泛使用的自升式塔机是：固定基础、水平臂小车变幅、非平头（有塔顶）、上回转、独立或附着式塔式起重机。

2. 塔式起重机性能参数

塔式起重机主要技术参数示意如图 11-1 所示。

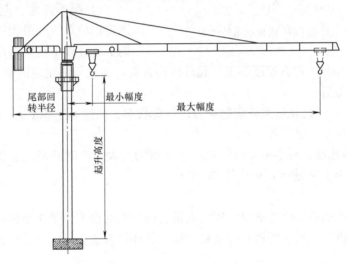

图 11-1　塔式起重机主要技术参数示意图

（1）幅度

空载时，塔机回转中心线至吊钩中心垂线的水平距离。最大工作幅度则是指吊钩位于距离塔身最远工作位置时的水平距离。

（2）起升高度

起升高度也称吊钩有效高度，是从塔机基础基准表面（或行走轨道顶面）到吊钩支承面的垂直距离。为防止塔机吊钩起升高度超高而损坏设备发生事故，塔机上均安装有高度限制器。

（3）额定起重量

塔式起重机在各种工作幅度下允许吊起的最大起重量，包括取物装置（如料斗、砖笼等）的重量。塔式起重机的起重量随着幅度的增加而相应递减，在各种幅度时都有额定的起重量，将不同幅度和相应的起重量绘制成起重机的性能曲线图，可以表述在不同幅度下的额定起重量。

（4）最大起重量

塔式起重机在正常工作条件下，允许吊起的最大重量。最大起重量是塔式起重机根据起升机构的能力计算确定的。图 11-2 是一台 QTZ40 塔机的起重特性曲线，上面一条曲线是 4 倍率工作状态时的起重特性，最大起重量是 4000kg；下面一条曲线是 2 倍率工作状态时的起重特性，最大起重量是 2000kg。

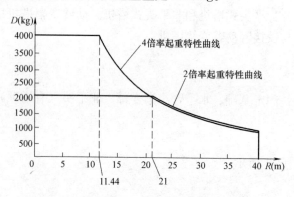

图 11-2　一台 QTZ40 塔机起重特性曲线

（5）起重力矩

起重量与相应幅度的乘积为起重力矩，计量单位为 kN·m。最大起重力矩是塔机工作能力的最重要参数，是塔机保持稳定性的控制值。

（6）工作速度

塔式起重机的工作速度包括起升速度、回转速度、变幅速度等。

1）起升速度：起吊各稳定运行速度档位对应的最大额定起重量，吊钩上升过程中稳定运动状态下的上升速度，单位是 m/min。起升速度不仅与起升机构有关，而且与滑轮组的倍率有关，2 倍率的比 4 倍率的快 1 倍。

2）回转速度：塔机在最大额定起重力矩载荷状态、风速小于 3m/s、吊钩位于最大高度时的稳定回转速度，单位是 r/min。

3）小车变幅速度：对小车变幅塔机，吊重量为最大幅度时的额定起重量，风速小于 3m/s，小车稳定运行的速度，单位是 m/min。

（7）塔机重量

塔机重量即塔机各部件的重量。塔机重量包括塔机的自重、平衡重和压重的重量。塔机重量是安装、拆卸、运输塔机时的重要参数，各部件重量、尺寸以塔机安装使用说明书为准。

（8）尾部回转半径

塔机回转中心线至平衡臂端部的最大距离。

3. 塔式起重机型号

根据专业标准《建筑机械与设备产品分类及型号》JG/T 5093 的规定，我国的塔机由组、型、特性、主参数和设计序号组成。以 QTZ63 为例：

Q—类的代号，表示"起重机械"；

T—组的代号，表示"塔式"；

Z—型式、特性代号，表示"上回转自升式"；

63—主参数代号，额定起重力矩 630kN·m。

以上编号方法只表明公称起重力矩，并不能表示塔机到底最大工作幅度时多大，在最大幅度处能吊多重。因此，行业内还采用最大幅度与最大幅度时额定起重量的型号标识方法，以 TC5013A 为例：

TC—塔式起重机（Tower crane）；

5013—最大幅度 50m，最大幅度处额定起重量 13kN。

11.6.2 塔式起重机安装、拆卸工程安全专项施工方案

塔式起重机机体庞大、重心高、稳定性能差、连接部位环节多，大量的安装拆除作业需要在高空进行，而且是多方位、多层次的交叉作业，各项工作又互相牵连、互相制约，必须有周密的组织和协调、严格的纪律和科学的作业程序，所以在安装拆除之前，必须编制有针对性的安装、拆除专项作业方案。

1. 塔式起重机的安装、拆卸工程安全专项施工方案概述

塔式起重机安装、拆除作业前，项目技术人员应依据国家、行业等有关标准，结合现场考察情况和设备本身的结构特点，按照机械使用说明书的规定要求制定安装、拆除作业方案。

塔式起重机的安装和拆除方案应是安装、拆除作业过程中的指导性文件，必须针对机械特点和现场实际具有针对性和指导性，并经企业技术负责人审批确认符合要求后方可实施。施工中未经审批人许可不得随意改变原方案和措施。

2. 塔式起重机的安装、拆卸工程安全专项施工方案编制依据，主要包括：

（1）《建筑施工安全检查标准》JGJ 59—2011。

（2）《塔式起重机操作使用规程》JG/T 100—1999。

（3）《塔式起重机安全规程》GB 05144—2006。

（4）《塔式起重机使用说明书》（含《安、拆说明书》、《部件安装图》、《电器原理图及说明》等技术资料）。

（5）《建筑施工高处作业安全技术规范》JGJ 80—1991。

（6）《建筑机械技术试验规程》JGJ 34。

（7）《起重机械安全规程 第1部分》GB 6067—2010。

（8）《建筑地基基础设计规范》GB 50007—2011。

（9）《建筑地基基础工程施工质量验收规范》GB 50202—2002。

（10）《混凝土结构设计规范》GB 50010—2010。

（11）《混凝土结构工程施工质量验收规范》GB 50204—2015。

（12）《建筑桩基技术规范》JGJ 94—2008。

（13）《施工现场临时用电安全技术规范》JGJ 46—2005。

（14）工程施工组织设计、平面布置图及现场地质情况。

3. 工程基本情况

工程的基本情况中应把工程位置、结构型式、高度、长度、宽度及现场状况（现场地形、道路及交通运输情况、周围环境、构筑物布局、管道及电气线路分布）等具体情况详尽地介绍清楚，要有简明准确的现场平面布置图。其安装位置应考虑拆除作业的具体作业环境来确定。

4. 塔式起重机安装、拆卸作业队伍的组成

塔式起重机械设备的安装、拆除作业队伍的总人数应根据安拆作业的实际内容和工艺要求确定，主要由建筑起重机械安装拆卸工、建筑起重信号司索工、建筑起重机械司机、

钳工、焊工、电工等组成，由安装队队长统一领导，安排要合理，尽可能发挥每个人的专业特长，使大家能协同作战，体现整体作业的能力。

由于安装、拆卸作业很多是在高空进行，作业面狭窄，不允许人员过多，要求队伍精干、分工明确、各就其位，都能胜任岗位职责，因此，专业队伍的人员要相对固定，不宜轻易变动，使之形成操作熟练、配合默契的作业群体。只有这样，才能快速、安全地完成安拆任务。

5. 塔式起重机安装作业前的准备工作

（1）现场勘察运输道路和安拆场地。要求施工单位清理出安拆作业必需的场地，并平整夯实；清除影响安拆作业的地面和空间一切障碍物；设置好专用电源的配电箱；察看塔机进出场的道路情况，选择最佳的行车路线，行车路线的空间如有架空电线等障碍时，要采取防护措施，保证行车安全。

（2）基础的检查。由塔机使用单位与安装单位技术负责人根据项目部的基础处理情况对塔机基础进行检查验收。

1）固定式混凝土基础应符合下列要求：

① 混凝土强度等级不低于 C35，并应能承受工作状态和非工作状态下的最大载荷和塔机抗倾翻稳定性的要求。

② 基础表面平整度允许偏差 1‰。

③ 埋设件的位置、标高和垂直度以及施工工艺符合出厂说明书要求。

④ 基础周围应修筑边坡和排水设施，并应与基坑保持一定安全距离。

2）轨道式基础应符合下列要求：

① 轨道应通过垫块与轨枕可靠地连接，每间隔 6m 应设一个轨距拉杆。钢轨接头处应有轨枕支承，不应悬空，轨枕之间应填满碎石。

② 轨距允许误差不大于公称值的 1‰，其绝对值不大于 6mm。

③ 塔机安装后，轨道顶面纵横方向上的倾斜度，对于上回转塔机应不大于 3‰，对于下回转塔机应不大于 5‰。在轨道全程中，轨道顶面任意两点地高度差应小于 100mm。

④ 钢轨接头间隙不大于 4mm，与另一侧钢轨接头的错开距离不小于 1.5m，接头处两轨顶高度差不大于 2mm。

⑤ 距轨道终端 1m 处必须设置缓冲止挡器，其高度不应小于行走轮的半径。在距轨道终端 2m 处必须设置限位开关碰块。

⑥ 鱼尾板连接螺栓应紧固，垫板应固定牢靠。

（3）塔式起重机安装前的检查

在安装作业开始前，应进行一次全面检查，检查内容如下：

1）对所安装塔机的各机构、各部位结构焊缝，重要部位螺栓、销轴、卷扬机和钢丝绳、吊钩、吊具以及电气设备、线路等进行检查，使隐患排除于安装作业之前。

2）对自升塔式起重机顶升液压系统的液压缸和油管、顶升套架结构、导向轮、顶升撑脚爬爪等进行检查，及时处理存在的问题。

3）安装机具的准备应列清单，并配以相应吊具。

4）检查安装作业中配备的起重机、运输汽车等辅助机械，状况应良好，技术性能应保证安装作业的需要。

5）对安装人员所使用的工具、安全带、安全帽等进行检查，不合格者立即更换。

6）安全监督岗的设置及安全技术措施的贯彻落实已达到要求。

6. 塔式起重机安装、拆卸作业方法、程序和安全技术要求

这是塔式起重机安装、拆卸工程安全专项施工方案的核心。编制前应认真调查研究、分析对比，然后结合现场实际情况进行编制。作业方法、程序和安全技术要求以该机说明书及有关技术标准、工艺规程等作为主要依据。过去积累的历次装拆记录，也是编制中的重要参考资料。

（1）作业方法和程序基本内容

1）绘制作业程序图。根据建筑物的立面图及有关层次的楼层结构图绘制作业程序图。图上应标明塔机与建筑物的相对标高，如外附应标明附着层次、内爬应标明框架安装层次。按照作业程序图排好时间进度表，以便掌握作业时间。并将程序图及进度表抄送施工单位，以便预埋件的设置能符合作业进度的需要，必要时应会同设计单位校核节点强度。

2）制定安装作业程序。按照该机说明书及拆装工艺中规定的安拆程序。制定安装作业程序。一般自升式塔式起重机的安装程序是：铺设轨道基础或固定基础→安装行走台车及底架→安装塔身基础节和两个标准节→放置压重→安装顶升套架及液压顶升装置→组拼安装转台、回转支撑装置、承座及过渡节→安装塔帽和驾驶室→安装平衡臂并加一块平衡重→安装起重臂和起重小车→安装平衡重→穿绕起升钢丝绳→顶升接高标准节最多到独立高度。

塔式起重机拆卸程序是安装的逆过程。

（2）安拆作业安全技术要求

1）起重机的安、拆作业应白天进行。当遇大风、浓雾和雨雪等恶劣天气时，应停止作业。

2）指挥人员应熟悉安、拆作业方案，遵守安、拆工艺和操作规程，使用正确的指挥信号进行指挥。所有参与安拆作业的人员，都应听从指挥，如发现指挥信号不清或有错误时，应停止作业，待联系清楚后再进行。

3）安拆人员在进入工作现场时，应正确穿戴安全防护用品，高处作业时应系好安全带。熟悉并认真执行安、拆工艺和操作规程，当发现异常情况或疑难问题时，应及时向技术负责人反映，不得自行其是，应防止处理不当而造成事故。

4）在安、拆上回转、小车变幅的起重臂时，应根据出厂说明书的安、拆要求进行，并应保持起重机的平衡。

5）采用高强度螺栓连接的结构，应使用国家标准的等级螺栓；连接螺栓时，应采用扭矩扳手或专用扳手，并应按装配技术要求拧紧。

6）在安、拆作业过程中，当遇天气剧变、突然停电、机械故障等意外情况，短时间不能继续作业时，必须使已安、拆的部位达到稳定状态并固定牢靠，经检查确认无隐患后，方可停止作业。

7）安装起重机时，必须将大车行走缓冲止挡器和限位开关碰块安装牢固可靠，并应将各部位的栏杆、平台、扶杆、护圈等安全防护装置装齐。

8）在拆除因损坏或其他原因而不能用正常方案拆卸的起重机时，必须按照专业技术负责人批准的安全拆卸方案进行。

（3）塔身升降作业安全技术要求

1）液压系统

① 液压油必须符合原厂说明书规定的品种、标号。如代用时其各项性能必须与原品种、标号相同或相近，不得随意代用，也不得两种不同品种的液压油掺和使用。

② 必须保证液压油和液压系统的清洁，不得有灰尘、水分、金属屑和锈蚀物等杂质。油箱中的油量应保持正常油面。换油时应彻底清洗液压系统，加入新油必须过滤。盛装液压油的容器必须保持清洁，容器内壁不得涂刷油漆。

③ 液压油管接头应牢固避震，软管应无急弯或扭曲，不得与其他管道或物件相碰和摩擦。

④ 液压泵的出入口和旋转方向应与标牌一致。拆装联轴器时不得敲打。

⑤ 液压缸的软管连接不得松弛，各阀的出入口不得装反，法兰螺丝按规定预紧力拧紧。液压缸与平衡阀间严禁软管连接。

⑥ 在低温和严寒地带起动液压泵时，应使用加热器提高油温，待运转灵活后再开始作业。液压油的工作温度在 $300 \sim 600℃$。

⑦ 在液压泵启动和停止时，应使溢流阀卸荷，溢流阀的调整压力不得超过液压系统的最高压力。

⑧ 当开启放气阀或检查高压系统泄漏时，不得面对喷射口的方向。

⑨ 高压系统发生微小或局部喷泻时，应立即卸荷检修，不得用手去检查或堵挡喷泻。

⑩ 液压系统的各部连接密封必须可靠，无渗漏，连锁装置必须校准。液压系统发生故障或事故时，必须卸荷后方可检查和调整。

2）升降作业过程，必须有专人指挥，专人照看电源，专人操作液压系统，专人拆装螺栓，非作业人员不得登上顶升套架的操作平台，操纵室内应只准一人操作，必须听从指挥信号。

3）升降应在白天进行，特殊情况需在夜间作业时，应有充分的照明。

4）风力在 4 级及以上时，不得进行升降作业。在作业中风力突然增大达到 4 级时，必须立即停止，并应紧固上、下塔身各连接螺栓。

5）顶升前应预先放松电缆，其长度宜大于顶升总高度，并应紧固好电缆卷筒，下降时应适时收紧电缆。

6）升降时，必须调整好顶升套架滚轮与塔身标准节的间隙，并应按规定使起重臂和平衡臂处于平衡状态，并将回转机构制动住，当回转台与塔身标准节之间的最后一处连接螺栓（销子）拆卸困难时，应将其对角方向的螺栓重新插入，再采取其他措施。不得以旋转起重臂动作来松动螺栓（销子）。

7）升降时，顶升撑脚（爬爪）就位后，应插上安全销，方可继续下一动作。

8）升降完毕后，各连接螺栓应按规定扭力紧固，液压操纵杆回到中间位置，并切断液压升降机构电源。

（4）起重机的附着锚固作业安全技术要求

1）起重机附着的建筑物，其锚固点的受力强度应满足起重机的设计要求。附着杆系的布置方式、相互间距和附着距离等，应按出厂说明书规定执行；有变动时，应另行设计。

2）装设附着框架和附着杆件，应采用经纬仪塔身垂直度，并应采用附着杆进行调整，在最高锚固点以下塔身轴线对支承面垂直度允许偏差不得大于 2‰。

3）在附着框架和附着支座布设时，附着杆倾斜角不得超过 10°。

4）附着框架宜设置在塔身标准节连接处，箍紧塔身。塔架对角处在无斜撑时应加固。

5）塔身顶升接高到规定锚固间距时，应及时增设与建筑物的锚固装置。塔身高出锚固装置的自由端高度，应符合出厂说明书的规定。

6）起重机作业过程中，应经常检查锚固装置；发现松动或异常情况时，应立即停止作业。故障未排除，不得继续作业。

7）拆卸起重机时，应随着降落塔身的进程拆卸相应的锚固装置。严禁在落塔之前先拆所有的锚固装置。

8）遇有 4 级及以上大风时，严禁安装或拆卸锚固装置。

9）锚固装置的安装、拆卸、检查和调整，均应有专人负责，工作时应系安全带和戴安全帽，并应遵守高处作业有关安全操作的规定。

10）轨道式起重机作附着式使用时，应提高轨道基础的承载能力和切断行走机构的电源，并应设置阻挡行走轮移动的支座。

（5）起重机内爬升作业安全技术要求

1）内爬升作业应在白天进行。风力在 5 级及以上时，应停止作业。

2）内爬升时，应加强机上与机下之间的联系以及上部楼层与下部楼层之间的联系。遇有故障及异常情况，应立即停机检查。故障未排除，不得继续爬升。

3）内爬升过程中，严禁进行起重机的起升、回转、变幅等各项动作。

4）起重机爬升到指定楼层后，应立即拔出塔身底座的支撑梁或支腿，通过内爬升框架固定在楼板上，并应顶紧导向装置或用楔块塞紧。

5）内爬升塔式起重机的固定间隔不宜小于 3 个楼层。

6）对固定内爬升框架的楼层楼板，在楼板下面应增设支柱作临时加固。搁置起重机底座支承梁的楼层下方 2 层楼板，也应设置支柱作临时加固。

7）每次内爬升完毕后，楼板上遗留下来的开孔，应立即采用混凝土封闭。

8）起重机完成内爬升作业后，应检查内爬升框架的固定、底座支承梁的紧固以及楼板临时支撑的稳固等。确认可靠后，方可进行吊装作业。

7. 塔式起重机安装、拆卸过程中的注意事项及安全防护措施

（1）注意事项

1）全体作业人员必须持有效证件上岗，未取证人员一律不得参与。

2）全体作业人员必须听从总指挥的统一指挥，总指挥必须听从技术人员的技术指导，接受安全监护人员的安全监督。

3）所有作业吊车司机必须严格遵守安全操作规程。

4）工作中集中精力，不得随意开玩笑和打闹。

5）作业现场及行车道路存在的杂物要清理完。

6）作业过程中所有作业人员一定要团结协作，互相监督。

7）安装时要与项目部紧密配合，共同完成任务。

8）吊车指挥人员应熟悉吊车起重性能、吊物的起重量以及构件安装部位。

9）指挥人员应使用国家规定标准信号。

10）作业现场应禁止闲杂人员的进出，临街作业时，要采取临时保护措施。

11）在安装期间要注意环境保护问题。油手套不要乱丢，滑润油不要洒落地上。

（2）安全防护措施

除了具体的安全措施外，还要考虑在非正常情况下的安全措施，如高温、严寒、雨雪的恶劣气候条件下的作业等。安全措施应具体明确，切实可行，并落实到人。还要设置安全监督员，监督安全措施的执行。具体措施主要包括下面几项内容：

1）安装作业人员要求穿工作服，穿防滑绝缘鞋，严禁酒后作业。

2）塔机安装作业现场要求用防护绳圈起，划定作业区，设专人监护，严禁非作业人员入内，现场安全由安全员负责。

3）上下交叉作业时，要注意工具和零部件放置位置必须安全可靠，防止坠落伤人。

4）安装作业现场严禁与土建施工作业人员进行交叉作业。

5）现场作业供电设总闸箱，配置相适应的漏电保护器。

6）作业时，作业人员必须佩戴安全帽，登高人员必须穿防滑鞋，高空作业人员要系好安全带。

7）大件物品起重高度超过2m要系拖拉绳。

8）所用吊绳必须符合安全规定，所吊构件重心必须准确，符合说明书的要求。

9）组装的总成件及附属装置必须按规定上足所有的螺栓及插销，确保使用的安全性。

10）凡大雨、大雪、大雾、大风（风力达4级）等天气禁止安装、拆除作业。

11）塔机安装作业要在白天进行，夜间工作必须有足够的照明灯光。

12）塔机的平衡臂和起重臂要一次安装完成，不要只安装平衡臂就终止作业。

13）塔机顶升时必须设专人照看电源。当作业过程中发生停电或电压下降时，要立即将控制器扳到零位，并切断电源。如吊钩上挂有重物时要稍松稍紧反复使用制动器，使重物缓慢地下降到安全地带。

（3）顶升作业前应注意的事项

1）顶升前把要加的标准节一个个摆在大臂下面。

2）调整好爬升架导向轮与塔身之间的间隙，以2～3mm为宜。

3）放松电缆长度略大于总的爬升高度。

4）在油缸开始运动前，必须检查顶升横梁是否处在正确位置。

5）顶升前进行试运转，正常后方可进行升塔或降塔。

（4）顶升作业中应注意事项

1）油缸开始运动前，必须检查顶升横梁是否处在正确位置，顶升上部是否处于平衡位置。否则应加以调整，使塔身前后两边平衡。（调整方法：调整小车的位置，使得塔机的上部重心落在顶升油缸的位置上。实际操作中，观察到爬升架上四角导向轮基本上与塔身标准节弦杆脱开时，即为理想位置。）

2）爬升操作中，吊臂不能旋转，油缸始终处于规定压力。

3）只允许单独动作，严禁爬升与其他动作同时进行。

4）当爬升套架与塔身标准节脱离后，禁止起吊重物。

5）顶升过程中起重臂应保持在正前方位置（引进标准节方为前方）。

6）顶升过程中，回转机构必须处于有效的制动状态。

7）若连续加节，每加完一节后，用塔身自身起吊下一标准节前，塔身标准节和下支座之间的高强度螺栓要全部拧紧。

8）所加的标准节必须与已有的塔身标准节对齐。

（5）顶升作业完毕应注意事项

1）加节完毕，应旋转臂架至不同的角度，检查塔身节各接头高强度螺栓的拧紧情况。重点检查下支座与塔身连接螺栓的紧固情况，哪一塔身主弦杆位于平衡臂正下方，就把主弦杆从上到下的螺栓拧紧。

2）塔机加节完毕，将爬升架下降到塔身底部并加以固定，以降低整个塔机的重心和减少迎风面积。

3）塔机加节完毕，将操作手柄置于零位，并切断液压系统电源。

8. 塔式起重机地耐力计算

固定式塔式起重机使用的混凝土基础应满足抗倾翻稳定性和强度条件。在方案设计中，应进行混凝土基础的抗倾翻稳定性验算，充分考虑在空旷地区，高处作业的风压与风速，并对地面压应力验算。

9. 附着式塔式起重机的附着计算

塔式起重机附着（锚固）装置的构造、内力和安装要求在使用说明书中均有叙述，因此，在塔机安装和使用中，使用单位按要求执行即可，不需再进行计算。只有在当塔机安装位置至建筑物距离超过使用说明书规定，需增长附着杆（支承杆），或附着杆与建筑物连接的两支座间距改变时，需进行附着计算。

11.6.3 塔式起重机安装、拆卸前告知

《建筑起重机械备案登记办法》规定，安装单位应当在建筑起重机械安装（拆卸）前2个工作日内通过书面形式、传真或者计算机信息系统告知工程所在地县级以上地方人民政府建设主管部门，同时按规定提交经施工总承包单位、监理单位审核合格的有关资料。

从事建筑起重机械安装、拆卸活动的单位办理建筑起重机械安装（拆卸）告知手续前，应当将以下资料报送施工总承包单位、监理单位审核：①建筑起重机械备案证明；②安装单位资质证书、安全生产许可证副本；③安装单位特种作业人员证书；④建筑起重机械安装（拆卸）工程专项施工方案；⑤安装单位与使用单位签订的安装（拆卸）合同及安装单位与施工总承包单位签订的安全协议书；⑥安装单位负责建筑起重机械安装（拆卸）工程专职安全生产管理人员、专业技术人员名单；⑦建筑起重机械安装（拆卸）工程生产安全事故应急救援预案；⑧辅助起重机械资料及其特种作业人员证书；⑨施工总承包单位、监理单位要求的其他资料。

11.6.4 塔式起重机安装自检验收、检测及使用登记

塔机起重机安装活动结束后，安装单位应严格按照安全技术规范的要求对本机进行整机技术检验和调整。各机构动作应正确、平稳、无异响，制动可靠，各安全装置应灵敏有效。在无载荷情况下，塔身和基础平面的垂直度允许偏差为4/1000。

安装单位自检合格后，使用单位、监理单位会同安装单位、出租单位对塔式起重机组织进行验收，验收合格的，经相关人员签字并盖章确认后，方可使用。实行施工总承包

的，由总承包单位组织验收。验收合格的，于 30 日内将上述相关资料报至当地建设行政主管部门进行登记。

在组织验收前，塔机起重机应当经有相应资质的检验检测机构监督检验合格。

11.6.5 塔式起重机的复检

有下列情况之一，起重机械设备使用单位应当组织有关单位对设备检查验收，并向起重机械设备检验机构提出检验申请。未进行检验或检验不合格的起重机械设备不得使用。

（1）连续正常使用 1 年，继续使用前。

（2）正常安装使用后，非因设备本身原因停止使用 6 个月以上，重新启用前。

11.6.6 塔式起重机拆除方案的编制

塔式起重机拆除作业是在工程完工或主体结顶后进行的，因此其作业环境及场地发生了很大变化，所以必须有针对性的对拆除工作编制作业方案。塔式起重机拆除资质也必须能满足所拆除塔机的要求，一般由原安装单位实施。作业队伍当接到拆除申请后，要组织技术人员对现场进行考察，充分了解现场情况和塔机状况，由项目技术负责人编制拆除方案。拆除方案内容与安装方案所包括的内容基本相同，只是拆除的工艺程序逆向进行编制。拆除作业比安装作业危险性大，安全技术交底工作要详细、及时。

在实施作业前应下达安全技术交底。由专业技术人员依据拆除方案的要求，针对具体项目和措施向全体作业人员进行书面交底，拆除负责人、安全员和交底人要本人签字。

11.6.7 塔式起重机安装、拆除作业安全技术交底

在实施作业前应下达安全技术交底。塔式起重机安拆作业前由专业技术人员依据装拆方案的要求，针对具体项目和措施向全体作业人员进行书面交底，施工作业负责人、安全员和交底人要本人签字。

1. 装拆作业安全技术交底。装拆作业安全技术交底主要包括：

（1）学习讨论方案的全部内容。

（2）安拆过程中的安全注意事项、质量要求与防护措施。

（3）安拆现场的安全防护措施。

（4）穿插作业中的注意事项与"三宝"利用。

（5）起重作业过程的主要注意事项。

（6）运输作业的注意事项。

（7）顶升、锚固作业的专项要求。

（8）作业人员的岗位职责及工种安全操作规程。

2. 对工程项目经理交底。主要包括：

（1）基础处理技术要求

1）为保证塔机正常使用，工程施工顺利进行，在塔机基础的施工过程中要严格按照设计要求以为相关规范进行施工。

2）固定支腿周围钢筋数量不得减少和切断，主筋通过支腿有困难时，允许主筋避让。

3）吊起装配好的固定支腿和塔机标准节整体，浇筑混凝土，在标准节的两个方向的

中心线上挂铅垂线，保证预埋后标准节中心线与水平面的垂直度偏差不大于 1.5‰。

4）质检员要对整个施工过程进行跟踪监督、检查，发现问题及时纠正。

（2）现场应提供的安全防护措施。

（3）顶升作业和附着锚固作业的安全技术要求。

（4）同一项目工程有多台塔机时，严格按照群塔作业方案设定的顺序安装、顶升。

（5）使用过程中的安全注意事项及安全使用要求。

11.6.8　塔式起重机安装、拆卸应急救援预案

为了减少或预防在塔机安装拆除过程中潜在的安全事故隐患或紧急情况带来的安全事故的发生，以便对可能出现的生产安全事故或紧急情况进行预防和控制，应制定专项的应急救援预案。内容主要包括以下几个方面：

（1）塔机安装拆除作业队伍所属单位应建立应急准备管理体系，成立以一把手为核心的应急小组，小组成员由各个职能处室和相关的生产班组长组成；

（2）单位指挥中心，注明联系电话；

（3）单位应急反应组织机构框架图；

（4）应急响应；

（5）具体的安全事故及紧急状态的应急准备与响应措施。

11.7　施工升降机安装拆卸工程安全专项施工方案

施工升降机也称外用电梯（即人货两用电梯或施工电梯），是一种采用齿轮、齿条啮合的方式或钢丝绳提升方式，使吊笼做垂直或倾斜运动，用以输送人员和物料的机械，是高层施工中必备的垂直运输设备，主要应用于建筑施工与维修。施工升降机有单笼和双笼之分，属于起重类机械，所以在安装拆除之前，必须编制有针对性的安装拆除安全专项作业方案。

11.7.1　施工升降机分类与性能

施工升降机按传动型式分：齿轮齿条式、钢丝绳式和混合式三种。目前施工现场使用的人货两用的施工升降机以齿轮齿条传动为主，钢丝绳式施工升降机一般为货用升降机。

1. 施工升降机分类

（1）齿轮齿条式施工升降机

该施工升降机的传动方式为齿轮齿条式，动力驱动装置均通过平面包络环面蜗轮蜗杆减速器带动小齿轮转动，传动小齿轮和导轨架的齿条啮合，通过小齿轮的转动带动吊笼升降，每个吊笼上均装配有渐进式防坠落安全器，当吊笼出现失速、坠落的情况时，能在设置的距离、速度内使吊笼完全停止。

齿轮齿条式施工升降机按驱动传动的方式不同又可以分为：普通双驱动或三驱动型式、变频调速驱动型式、液压传驱动型式；按导轨架结构型式的不同有直立式、倾斜式、曲线式。

（2）钢丝绳式施工升降机

钢丝绳式施工升降机是采用钢丝绳提升的施工升降机，可分为人货两用和货用施工升降机两种类型。

1) 人货两用施工升降机

人货两用升降机是用于运载人员和货物的施工升降机，它是由提升钢丝绳通过导轨架上的导向滑轮，用设置于地面上的曳引机（卷扬机）使吊笼沿导轨架上下运动的一种施工升降机。该机型设有防坠落、限速双重功能的防坠落安全装置，当吊笼超速下行或悬挂装置断裂时，该装置能将吊笼制停并保持静止状态。

2) 货用施工升降机

货用施工升降机是只用于运载货物，禁止运载人员的施工升降机。提升钢丝绳通过导轨架顶上的导向滑轮，用设置于地面的卷扬机（曳引机）使吊笼沿导轨架作上下运动的一种施工升降机。该机设有断绳保护装置，当吊笼提升钢丝绳松绳或断裂时，该装置能制停带荷载的吊笼。且不造成结构损害。

2. 施工升降机性能参数

（1）额定载重量：工作状况下吊笼允许的最大荷载。

（2）额定提升速度：吊笼装载额定载重量，在额定功率下稳定上升的设计速度。

（3）吊笼净空尺寸：吊笼空间的大小。

（4）最大提升高度：吊笼运行至最高上限位位置时，吊笼底板与基础架平面间的垂直距离。

（5）额定安装载重量：安装工况下吊笼允许的最大荷载，通常是指未安装对重时的吊笼额定载重量。

（6）标准节尺寸：组成导轨架的可以互换的构件尺寸大小（长×宽×高）

（7）对重重量：有对重的施工升降机的对重重量。

3. 施工升降机型号

依据《施工升降机》GB/T 10054—2005 规定，施工升降机的型号由组、型、特性、主参数和变型更新等代号组成。型号的编制方法如下：

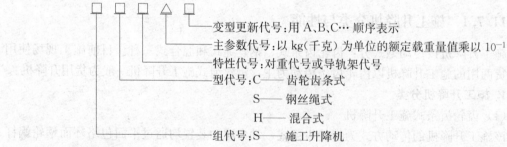

变型更新代号：用 A、B、C… 顺序表示
主参数代号：以 kg（千克）为单位的额定载重量值乘以 10^{-1}
特性代号：对重代号或导轨架代号
型代号：C——齿轮齿条式
　　　　S——钢丝绳式
　　　　H——混合式
组代号：S——施工升降机

（1）主参数代号

单吊笼施工升降机标注一个数值，双吊笼施工升降机标注两个数值，用符号"/"分开。对 SH 型施工升降机，前者为齿轮齿条传动吊笼的额定重量代号，后者为钢丝绳提升吊笼的额定载重量代号。

（2）特性代号

特性代号是表示施工升降机两个主要特性的符号。

1) 对重代号：有对重时标注 D，无对重省略。

2）导轨架代号：

① 对 SC 型施工升降机：三角形截面标注 T；矩形或片式截面省略；倾斜式或曲线式不论何种截面均标注 Q。

② SS 型施工升降机：导轨架为两柱时标 E，单柱时标注 B，不包容时省略。

（3）标记示例

1）对齿轮齿条式施工升降机，双笼有对重，二个笼子的额定载重量均为 2000kg，表示为：SCD200/200。

2）对钢丝绳式施工升降机，单柱导轨架截面形式为矩形，导轨架内包容一个吊笼，额定载重量为 3200kg。第二次改进更新，表示为：SSB320B。

11.7.2　施工升降机的安装、拆除作业方案

施工升降机安拆作业前，工程项目技术负责人依据国家、行业等有关标准，结合现场工作环境及辅助设备情况，按照机械使用说明书的规定要求编制安装拆除方案。该方案是安装拆除作业过程中的指导性文件。

安装拆除专项方案必须针对机械特点，对现场实际操作具有指导性，并经企业技术负责人审批确认，符合要求后方可实施。施工中未经审批人许可不得随意改变原方案和措施。

11.7.3　安装方案编写内容

1. 编制依据

（1）《建筑施工安全检查标准》JGJ 59—2011。

（2）《施工升降机》GB/T 10054—2005。

（3）《施工升降机安全规程》GB 10055—2007

（4）《建筑施工高处作业安全技术规范》JGJ 80—1991。

（5）《建筑机械技术试验规程》JGJ 34。

（6）《建筑地基基础设计规范》GB 50007—2011。

（7）《建筑地基基础工程施工质量验收规范》GB 50202—2002。

（8）施工升降机使用说明书（包括：施工升降机主要参数，包括型号、额定载重量、标准节长度及重量、外笼重量、对重重量、安装高度、附墙架型式等）。

（9）《施工现场临时用电安全技术规范》JGJ 46—2005。

（10）工程施工组织设计、平面布置图及现场地质情况。

2. 工程项目概况

包括工程位置、结构、高度及现场状况。现场地形、道路及交通运输情况，周围环境、管道及电气线路分布等，要有简明准确的现场平面布置图，其安装位置应考虑拆除作业。

3. 安拆作业队伍的组成

安拆作业的总人数应根据安拆作业的实际内容和工艺要求确定，主要由建筑起重机械安装拆卸工、建筑起重信号司索工、建筑起重机械司机、钳工、焊工、电工等组成，由安装队队长统一领导，安排要合理，尽可能发挥每个人的专业特长，使大家能协同作战，体

现整体作业的能力。

由于安拆作业很多是在高空进行，作业面狭窄，不允许人员过多，要求队伍精干、分工明确、各就其位、都能胜任岗位职责，因此，专业队的人员要相对固定，不宜轻易变动，使之形成操作熟练、配合默契的作业群体。只有这样，才能快速、安全地完全安拆任务。

4. 基础位置的选择

（1）基础中心与建筑物距离要根据附墙架形式确定。

（2）基础位置尽量选择在有阳台一侧。

（3）选择框架结构建筑物基础位置时，基础中心应与建筑物立柱在同一剖面上。

（4）特殊结构建筑物或基础与建筑物之距离大于各型附墙架联结尺寸时要考虑设计制作辅助支架。

5. 安装前的准备工作

（1）现场勘察运输道路和拆装场地。要求施工单位清理出拆装作业必需的场地，并平整夯实；清除影响装拆作业的地面和空间一切障碍物；设置好专用电源的配电箱；察看施工升降机进出场的道路情况，选择最佳的行车路线，行车路线的空间如有架空电线等障碍时，要采取防护措施，保证行车安全。

（2）安装基础检查。由施工升降机使用单位与安装单位技术负责人根据项目部的基础处理情况对基础进行检查验收。

应查阅试块试验报告或用回弹法确定混凝土基础强度，必须能够承受工作状态和非工作状态下的最大荷载，并能满足起重机的稳定性要求，其承载能力应大于 0.15MPa。地脚螺栓的数量及位置必须正确、可靠，基础表面平整度允许偏差为 10mm，并应有排水措施。

（3）施工升降机安装前的检查。在安装作业开始前，应进行一次全面检查，清点零部件的数量，检查内容如下：

1）对各机构、各部位、结构焊缝、齿轮、导轨架、手摇卷扬机等进行检查，发现问题应立即解决。

2）对钢丝绳和吊具进行检查，看是否合乎要求，绳头连接是否可靠。

3）对电气设备、线路及电气元件进行检查，看是否正常。

4）安装施工升降机前应认真进行检修、保养，对变形件及时修复，必要时全机涂刷油漆。

（4）安装机具的准备应列清单，并配以相应吊具。常用机具有：大扳手、眼镜、大锤、手锤、大绳、摇臂、带滑轮钩、U 形吊索、吊索等。其中，吊索直径要应经过计算。在选吊索时，实际吊索直径可等于计算所得直径或大于计算所得直径，但不准小于计算所得直径。

6. 安装过程中的注意事项、安全要求及安全防护措施

（1）注意事项和安全要求

1）安装前应先审核基础位置尺寸，基础中心距离建筑物的附着点应在所使用的附墙架允许尺寸范围内。

2）安装场地应保持清洁干净并划定作业区域，禁止非工作人员入内。

3) 防止安装地点上方掉落物体，必要时应加安全网。

4) 安装过程中必须由专人负责，统一指挥。

5) 在安装导轨架时，一次吊装标准节的数量不得超过 6 节。

6) 利用吊杆进行安装时，不得超载，吊杆最大起升重量为 200kg，吊杆只用于安装、拆卸升降机的零部件，不得用于其他起重用。

7) 吊杆有悬挂物时，不得启动升降机，并将急停开关关闭。

8) 放置在吊笼顶部的零件应放置平稳，不得露出安全栏外；升降运行时，人员的头、手绝不可露出安全栏以外。

9) 如果有人在导轨架上或附墙架上工作时，绝不允许开动升降机。当吊笼升起时禁止任何人进入外笼内。

10) 安装过程中操作升降机，必须将操纵盒拿到吊笼顶部，不允许在吊笼内操作，开车前必须鸣铃示警相互呼应。

11) 导轨架至 10m 左右时，必须按说明书要求做一次坠落试验。检验防坠安全器是否安全可靠，以确保安全。坠落试验结束后防坠安全器必须复位。

12) 挂对重放钢丝绳时一定要考虑钢丝绳的重量，防止脱手造成事故。

13) 安装作业人员应按高空作业的安全要求，必须戴安全帽、系安全带、穿防滑鞋等，不要穿过于宽松的衣服，应穿工作服，以免被卷入运动部件中，发生安全事故。

14) 吊笼启动前，应时行全面检查，消除所有安全隐患。

15) 安装运行时，必须按升降机额定载重量装载，不允许超载运行。

(2) 安全防护措施

1) 安装现场划定作业区，设专人监护，现场安全由安全员负责。

2) 作业现场严禁非作业人员入内。

3) 作业现场存在的杂物要清理完。

4) 现场作业供电设总闸箱和保护器。

5) 作业现场的一切车辆和人员应听从统一指挥。

6) 应防止安装地点的上方掉落物体，下面作业人员要戴好安全帽。

7) 作业过程中所有作业人员一定要团结协作，互相监护。

8) 安装时要与项目部紧密配合，共同完成任务。

7. 施工升降机安装程序及要求

(1) 安装程序

制作基础—安装主机—对重就位—安装电缆并接通电源—安装调整下限位碰铁、下极限开关碰铁—安装导轨架同时安装附墙架及电缆保护架—安装对重装置中的天轮及钢丝绳—安装调整上限位碰铁及上极限开关碰铁—验收。

(2) 各程序步骤要求

1) 安装主机时要先松开吊笼内电动机上的制动器，注意调整好导轨架的垂直度，保证导轨架的各个主管在两个相邻方向上的垂直度允许偏差为其高度的 0.5‰。

2) 调整外笼门框的垂直度不大于 1/1000。

3) 现场供电箱距离升降机电源箱应在 20m 以内。

4) 在进入安装工况前要保证各个安全控制开关能够有效地起作用，并且动作方向应与操纵盒上所示的方向一致。

5）安装工况时若不挂对重，则应将断绳保护开关锁住。

6）在挂对重时吊笼在达到最大的提升高度时，应保证对重离地面的距离大于550mm。

7）下限位碰铁的位置，应调整在吊笼满载下行时，自动停止在碰到缓冲簧100～200mm。

8）上极限碰铁应安装在吊笼越过上终端平台150mm处。

9）紧固所有碰铁上的螺栓，确保碰铁不移动。

10）导轨架顶端自由高度、导轨架与附壁距离、导轨架的两附壁连接点距离和最低附壁点高度均不得超过说明书规定。

11）验收时要反复进行调试，以确保所有的安全限位及工作机构灵敏有效、安全可靠。

8. 施工升降机附着技术要求

根据升降机的类型及与建筑物的位置关系确定附着支架的类型，并附上示意图，标上主要的尺寸。

附着的建筑物，其锚固点的受力强度应满足起重机的设计要求。附着杆系的布置方式、相互间距和附着距离等，应按出厂说明书规定执行，有变动时，应另行设计。附着、锚固装置的安装、拆卸、检查和调整，均应有专人负责，工作时应系安全带和戴安全帽，并应遵守高处作业有关安全操作的规定。

11.7.4　施工升降机安装、拆卸前告知

建设部《建筑起重机械备案登记办法》规定，安装单位应当在建筑起重机械安装（拆卸）前2个工作日内通过书面形式、传真或者计算机信息系统告知工程所在地县级以上地方人民政府建设主管部门，同时按规定提交经施工总承包单位、监理单位审核合格的有关资料。

11.7.5　施工升降机安装自检验收、检测及登记

施工升降机安装活动结束后，安装单位应严格按照安全技术规范的要求对本机进行整机技术检验和调整。主要包括内容如下：

1. 金属结构：检查受力构件无变形、裂纹及严重锈蚀，附件、联结件螺栓和销轴等齐全坚固，护栏、平台、司机室连接牢固可靠，配重符合要求。

2. 传动机构：检查各机构应平稳无异响，制动器、离合器等灵活可靠，各润滑点润滑良好，油质、油位符合规定。

3. 绳、轮系：检查钢丝绳的质量、规格、缠绕、固定等情况应符合规定，各部滑轮灵活可靠，磨损不超标。

4. 电气系统：电气系统应工作正常，各接线端子要求接触良好、可靠，控制操作灵活、可靠，电气安全装置齐全，配线符合规定。

5. 安全装置和保护装置：安全装置和保护装置要求齐全有效、灵活可靠。

6. 按照要求进行空载试验、额定载荷试验。

通过试运转发现的问题要及时处理，整机检验合格后，安装单位联合工程项目部对施工升降机进行安装验收。

安装单位自检合格后，使用单位、监理单位会同安装单位、出租单位对施工升降机组织进行验收。验收合格的，经相关人员签字并盖章确认后，方可使用。实行施工总承包的，由总承包单位组织验收。验收合格的，于30日内将上述相关资料报至当地建设行政主管部门进行登记。

在组织验收前，施工升降机应当经有相应资质的检验检测机构监督检验合格。

11.7.6　施工升降机的复检

有下列情况之一，起重机械设备使用单位应当组织有关单位对设备检查验收，并向起重机械设备检验机构提出检验申请。未进行检验或检验不合格的起重机械设备不得使用。

(1) 连续正常使用1年，继续使用前。

(2) 正常安装使用后，非因设备本身原因停止使用6个月以上，重新启用前。

11.7.7　拆除方案的编写内容

施工升降机拆除作业是在工程完工后进行的，因此其作业环境及场地发生了很大变化，所以必须有针对性地对拆除工作编制作业方案。作业队伍当接到拆除申请后，要组织技术人员对现场进行考察，充分了解现场情况和设备状况。对施工升降机工况复杂危险或事故机的拆除，要由工程项目高一级的技术人员或专业技术负责人编制方案，其内容与安装方案所包括的内容相同，只是拆除的工艺程序逆向进行编制。拆除作业比安装作业危险性大，安全技术交底工作要详细、及时。

11.7.8　安装拆除作业安全技术交底

在实施作业前应进行安全技术交底。由专业技术人员依据装拆方案的要求，针对具体项目和措施向全体作业人员进行书面交底，接受交底的安拆负责人、安全员和交底人要本人签字。

1. 对现场安拆作业人员安全技术交底。主要包括：

(1) 学习讨论方案的全部内容。

(2) 安装拆除过程中的安全注意事项，安全要求与防护措施。

(3) 安装拆除现场的安全防护措施。

(4) 穿插作业中的注意事项与"三宝"利用。

(5) 起重作业试运行过程的主要注意事项。

(6) 运输作业的注意事项。

(7) 附着作业的专项要求。

(8) 作业人员的岗位职责及工种安全操作规程。

2. 对工程项目经理交底。主要包括：

(1) 基础处理技术要求：

1) 为保证施工升降机正常使用，工程施工顺利进行，在基础的施工过程中要严格按照设计要求以及相关规范进行施工。

2）钢筋数量不得减少和切断，间距要符合要求。

3）地基应浇筑混凝土基础，其承载能力应大于0.15MPa，地基上平整度允许偏差为10mm，并应有排水措施。

4）技术负责人要对整个施工过程进行跟踪监督、检查，发现问题及时纠正。

（2）现场应提供的安全防护措施。

（3）使用过程中的安全注意事项及安全使用要求。

11.7.9　安装拆除作业应急救援预案

为了减少或预防在施工升降机装拆过程中潜在的安全事故隐患或紧急情况带来的安全事故的发生，以便对可能出现的重大事故或紧急情况进行预防和控制，要制定应急救援预案。内容应包括以下几个方面：

1. 作业队伍所属单位应建立应急准备管理体系，成立以"一把手"为核心的应急小组，小组成员由各个职能处室和相关的生产班组长组成。

2. 单位指挥中心，注明联系电话。

3. 单位应急反应组织机构框架图。

4. 应急响应。

5. 具体的安全事故及紧急状态的应急准备与响应措施。

11.8　编制脚手架工程安全专项施工方案

脚手架是建筑界的通用术语，指施工现场为工人操作并解决垂直和水平运输而搭设的各类支架，用于建筑施工现场中外墙、内部装修或层高较高等无法直接施工的地方，主要为了施工人员上下干活或外围安全网维护及高空安装构件等。同时，也可作为模板支撑体系使用。

11.8.1　脚手架工程概述

施工现场脚手架，按照建筑物立面上设置状态，主要分为落地、悬挑、挂式、吊篮、附着升降式和门式脚手架等几种常见形式。

1. 落地式钢管扣件脚手架。落地式钢管扣件脚手架搭设在建筑物外围地面上，主要搭设方法为立杆单排和双排两种方式。单排脚手架搭设高度应不超过24m，双排脚手架因受立杆承载力限制，加之材料耗用量大，占用时间长，搭设高度也多控制在40m以下。在房屋砖混结构施工中，此类脚手架兼作砌筑、装修和防护之用；在多层框架结构施工中，此类脚手架主要作装修和防护之用。

2. 悬挑式钢管扣件脚手架。悬挑式脚手架搭设在建筑物外边缘上，将脚手架荷载全部或部分传递给建筑结构。悬挑支承结构主要用钢丝绳或钢拉杆斜拉住水平型钢挑梁的斜拉式结构和型钢焊接制作的三角桁架下撑式结构以及两种主要形式。在悬挑结构上搭设的双排外脚手架与落地式脚手架相同，分段悬挑脚手架的高度一般控制在20m以内。该形式的脚手架作装修和防护之用，在高层建筑施工中广为应用。

3. 附着式升降脚手架。附着式升降脚手架是将自身分为两大部分，分别依附固定在建筑结构上。在主体结构施工阶段，附着升降脚手架以电动葫芦为提升设备，两个部件互为利用，交替松开、固定，交替爬升，其爬升原理同爬升模板。在装饰施工阶段，交替下降。该形式脚手架搭设高度为 3～4 个楼层，不占用塔吊，相对一落到底的外脚手架，省材料、省人工，适用于高层框架和剪力墙结构的快速施工。由于附着式升降脚手架的性价比高，在高层及超高层建筑施工中已呈现出了全面普及之势。为保证附着式升降脚手架的安全使用，必须建立健全生产认证和使用管理制度；施工企业必须有严格的技术和管理措施，加强施工现场的安全管理，认真落实实施人员的安全教育工作和体检工作，减少及至消除使用过程中的安全隐患；各级建设行政主管部门或建筑安全监督机构应当加强对附着升降脚手架工程的监督检查，确保安全生产。

4. 门式脚手架。门式脚手架是一种多功能脚手架，主要由门架、交叉架、交叉支撑杆、插销、挂口式脚手板和连接棒等部件组成。由于主架呈"门"字形，所以称为门式或门型脚手架，也称鹰架或龙门架。门式脚手架 20 世纪 50 年代起源于美国，20 世纪 60 年代风行欧洲、北美国家。目前国外门式脚手架在建筑领域已占 50%，我国于 20 世纪 80 年代引进这项技术，逐步应用于建筑、市政和大型设备安装及装修等工程，制定了《建筑施工门式钢管脚手架安全技术规范》JGJ 128—2010。门式脚手架不但能用作建筑施工的内外脚手架，又能用作楼板、梁模板支架和移动式脚手架等，具有较多的功能，所以又称多功能脚手架。

5. 挂脚手架。挂脚手架是随主体结构施工向上升高，用塔吊吊升，悬挂在结构上的一种外脚手架。其吊升单元宽度宜控制在 5～6m，高度为一个或一个半楼层，每一吊升单位的自重宜在 1t 以内。现阶段，施工现场多数挂脚手架是近年来在插口架的基础上形成并发展起来的，主要适用于造型较简单，中途无太大截面变化，标准层占大多数且连续、无悬挑长度较大阳台的高层框架或剪力墙结构的施工。该类型脚手架悬挂点多位于主体结构上，提升过程中，大模板多置于架体之上，随架体一同提升，在很大程度上提高了架体稳定性。该类型脚手架主要是大模板生产厂家根据施工工艺制作的定型化挂脚手架，所以施工方案随工程特点变化较大。

脚手架作为建筑工程施工中必不可少的临时设施，随着工程进度搭设，工程完毕后拆除，但它对建筑施工速度、工作效率、工程质量以及工人的人身安全有着直接的影响，如果脚手架搭设不及时，势必会拖延工程进度；脚手架搭设不符合施工要求，工人操作就不方便，质量得不到保障，工效也不能提高；脚手架搭设不牢固，不稳定就容易造成施工中的伤亡事故。因此，对脚手架的选型、构造、搭设绝不可忽视大意。

由于，现阶段施工现场脚手架材质以钢管、扣件为主，故本节所涉及内容也均以扣件式钢管脚手架为例。

11.8.2 脚手架工程安全专项施工方案

编制脚手架工程安全专项施工方案是科学、有针对性的指导实地搭设，真正把现场编制的脚手架施工方案作为施工基本依据，确保施工方案各项措施的有效落实，是避免脚手架工程事故发生的有效途径。

1. 工程项目概况

脚手架工程安全专项施工方案应结合工程概况，说明本方案的总体思路和外脚手架选型，必要时还应进行选型比较，在保证安全的前提下，尽量选用经济合理的脚手架类型。主要内容包括建筑面积、建筑高度、基本结构形式、地质情况、工期和外脚手架方案选择等。

2. 编制依据

(1)《建筑施工安全检查标准》JGJ 59—2011。

(2)《建筑施工扣件式钢管脚手架安全技术规范》JGJ 130—2011。

(3)《建筑结构荷载规范》GB 50009—2012。

(4)《钢结构设计规范》GB 50017—2003。

(5)《建筑施工高处作业安全技术规范》JGJ 80—1991。

(6)《附着式升降脚手架升降及同步控制系统应用技术规程》CECS 373—2014。

(7)《冷弯薄壁型钢结构技术规范》GB 50018—2002。

(8)《混凝土结构设计规范》GB 50010—2010。

(9) 本工程设计图纸。

3. 脚手架工程施工组织

施工组织在保证安全的基础上，应能够满足施工进度要求，并明确组织机构和相关责任人职责。主要内容包括：

(1) 组织领导机构及职责。

(2) 脚手架搭设拆除施工的劳动力准备情况。

(3) 脚手架搭设拆除人员应持建筑架子工特种作业证、其他作业人员须经培训合格持证上岗。

(4) 搭拆施工流程等。

4. 脚手架设计。脚手架设计应有针对性，施工荷载和结构尺寸、杆件相对位置、杆件连接等必须清晰说明。当出入通道设在门洞口处时，应详细说明通道搭设做法。主要内容包括：

(1) 确定脚手架架管及脚手板材料、施工荷载。

(2) 确定脚手架基本结构尺寸、搭设高度及基础处理要求。

(3) 确定脚手架步距、立杆横距，杆件相对位置。

(4) 剪刀撑的搭设布置要求。

(5) 明确连墙杆材料、连接方式、布置间距。

(6) 上、下施工作业面通道设置方式。

(7) 出入通道设置方式。

如采用悬挑式、挂式或附着升降式脚手架时，还应包括该类架体相关设计要求等。

5. 脚手架设计计算。设计计算主要内容包括：

(1) 落地式脚手架

1) 纵向、横向水平杆等受弯构件的强度和连接扣件抗滑承载车计算。

2) 立杆的稳定性计算、悬挑梁刚度计算。

3) 连墙件的强度、稳定性和连接强度的计算。

4) 立杆地基承载车计算。

(2) 悬挑式脚手架

1）纵向、横向水平杆等受弯构件的强度和连接扣件抗滑承载力计算。

2）立杆的稳定性计算、悬挑梁刚度计算。

3）连墙件的强度、稳定性和连接强度的计算。

4）悬挑梁的受力和整体稳定性计算。

5）拉绳或支杆的受力和强度计算。

6）锚固段与楼板连接稳定性的计算。

（3）附着升降式脚手架

1）架体结构和附着支承结构的设计计算。

2）升降动力设备、吊具、索具的设计计算。

3）荷载设计计算。

4）螺栓连接强度设计计算。

5）受压构件稳定性设计计算。

6）受弯构件稳定性设计计算。

（4）挂脚手架

1）纵向、横向水平等受弯构件的强度和连接扣件抗滑承载力计算。

2）立杆的稳定性计算。

3）连墙件的强度、稳定性和连接强度的计算。

4）支座受力和整体稳定性计算。

5）焊缝强度计算。

6）窗洞处斜杆抗压强度计算。

6. 脚手架搭设质量要求和管理。脚手架工程安全专项方案应明确安全防护做法、质量要求及各环节的验收要求等。验收标准可直接引用规范，也可将规范所列验收内容进行逐项说明。主要内容包括：

（1）材料准备：对钢管、扣件、安全网按规定进行验收。

（2）基础验收，立杆定位放线。

（3）搭设进度控制（配合施工进度一次搭设高度不应超过相邻连墙件以上2步）。

（4）搭设质量要求：立杆、水平杆搭设要求，杆件搭接要求，扣件拧紧力矩要求，扣件位置要求，脚手板安装固定要求等。

（5）安全防护的做法：密目式安全网全封闭做法，水平兜网做法，作业层和通道两侧栏杆和挡脚板做法等。

（6）按照搭设进度，分阶段对脚手架各杆件搭设质量进行验收。

如采用悬挑式、挂式或附着升降式脚手架时，还应包括该类架体搭设质量和管理要求等。

7. 安全技术措施。应重点针对搭拆、使用阶段，明确安全文明施工各项技术措施和安全注意事项。主要内容包括：

（1）搭设、拆除作业安全技术措施和操作人员安全操作规程和防护用品配备措施。

（2）搭设、拆除及脚手架上施工前安全教育和技术交底措施。

（3）高处作业人员操作规程和防护用品配备措施。

（4）安全注意事项。如：不得将模板支架、揽风绳、混凝土输送管等固定在脚手架上，6级以上大风和大雨、雪、雾天气停止搭设和拆除作业等。

（5）脚手架使用期间安全技术措施。

（6）脚手架上作业防火措施。

（7）脚手架日常维护和管理要求。

（8）文明施工措施等。

如采用悬挑式、挂式或附着升降式脚手架时，还应包括该类架体安全技术措施要求等。

8. 脚手架工程应急救援预案

对脚手架工程的搭拆、使用和日常维护等情况进行危险源识别，确定日常监控重点和可能发生的事故类型，确定现场应急处置预案。

9. 脚手架工程施工详图、大样图

对脚手架整体结构绘制施工详图，对各重要节点绘制大样图。

11.8.3　脚手架工程的设计计算

1. 设计计算中的荷载效应。包括荷载的分类（静荷载、动荷载）、风荷载效应、荷载效应组合和荷载的传递。

2. 设计计算中的特殊部位。当脚手架搭设尺寸中的步距、立杆纵距、立杆横距和连墙件间距有变化时，除计算底层立杆段外，还必须对出现最大步距或最大立杆纵距、立杆横距、连墙件间距等部位的立杆段进行验算。

3. 落地式脚手架设计计算。包括设计总体要求、近似分析、大横杆和小横杆计算、立杆计算、连墙杆计算和立杆地基承载力计算。

4. 悬挑式脚手架设计计算主要是悬挑梁的整体稳定性计算。

5. 附着升降脚手架设计计算。主要包括架体结构和附着支承结构的设计计算、升降动力设备、吊具、索具的设计计算、荷载设计计算和螺栓连接强度的设计值、受弯构件的容许挠度允许值等。

附着升降脚手架的各组成部分应按其结构形式、工作状态和受力情况，分别确定在使用、升降和坠落三种不同状况下的计算简图，并按最不利情况进行计算和验算。必要时应通过整体模型试验验证脚手架架体结构的设计承载能力。

11.8.4　安全专项施工方案的编制审批程序

单位工程脚手架安全专项施工方案应重点依据上述有关标准、规范要求，结合施工现场实际情况，由该项目技术负责人组织编写，报施工单位技术负责人审批，最后由监理单位审查专项施工方案是否符合工程建设强制性标准，并经单位工程总监理工程师审批签字后，方可实施。

搭设高度50m及以上落地式钢管脚手架工程、提升高度150m及以上附着式整体和分片提升脚手架工程、架体高度20m及以上悬挑式脚手架工程属于超过一定规模的危险性较大的分部分项工程，应按照规定由施工总承包单位组织专家论证。

悬挑式脚手架安全专项施工方案还应参照《钢结构设计规范》GB 50017—2003进行编制，在方案审批时，公司技术负责人和监理单位方案审批责任人必须认真验算设计计算结果，特别是无拉绳或支杆时，必须重点验算悬挑梁的受力及整体稳定性和锚固段与楼板连接强度的设计计算结果，并严格审查安全专项施工方案是否符合工程建设强制性标准，确保悬挑部件本质安全。

11.8.5 扣件式钢管脚手架有关强制性标准规定

1. 钢管上严禁打孔。

2. 立杆稳定性计算时，当脚手架搭设尺寸中的步距、立杆纵距、立杆横距和连墙件间距有变化时，除计算底层立杆段外，还必须对出现最大步距或最大立杆纵距、立杆横距、连墙件间距等部位的立杆段进行验算。

3. 脚手架主节点处必须设置一根横向水平杆，用直角扣件扣接且严禁拆除。

4. 脚手架必须设置纵、横向扫地杆。纵向扫地杆应用直接扣件固定在距底座上方不大于 200mm 处的立杆上。横向扫地杆亦应采用直接扣件固定在紧靠纵向扫地杆上方的立杆上。当立杆基础不在同一高度上时，必须将高处的纵向扫地杆向低处延长两跨与立杆固定，高低差不应大于 1m。靠边坡上方的立杆轴线到边坡的距离不应小于 500mm。

5. 立杆接长除顶层顶步可采用搭接处，其余各层各步接头必须采用对接扣件连接。

6. 一字形、开口形脚手架的两端必须设置连墙件，连墙件的垂直间距不应大于建筑物的层高，并不应大于 4m（2 步）。

7. 对高度 24m 以上的双排脚手架，必须采用刚性连墙件与建筑物可靠连接。

8. 连墙件必须采用可承受拉力和压力的构造。

9. 高度在 24m 以下的单、双排脚手架，均必须在外侧立面的两端各设置一道剪刀撑，并应由底至顶连续设置。

10. 一字形、开口形双排脚手架的两端均必须设置横向斜撑。

11. 当脚手架基础下有设备基础、管沟时，在脚手架使用过程中不应开挖，否则必须采取加固措施。

12. 脚手架必须配合施工进度搭设，一次搭设高度不应超过相邻连墙件以上 2 步。

13. 严禁将外径 48mm 与 51mm 的钢管混合使用；严禁钢、木或钢、竹混用。

14. 剪刀撑、横向斜撑搭设应随立杆、纵向和横向水平杆等同步搭设。

15. 拆除脚手架时，拆除作业必须由上而下逐层进行，严禁上下同时作业。

16. 拆除脚手架时，连墙件必须随脚手架逐层拆除，严禁先将连墙件整层或数层拆除后再拆脚手架；分段拆除高差不应大于 2 步，如高差大于 2 步，应增设连墙件加固。

17. 脚手架拆除卸料时，各构配件严禁抛掷至地面。

18. 脚手架的旧扣件使用前应进行质量检查，有裂缝、变形的严禁使用，出现滑丝的螺栓必须更换。

19. 脚手架搭设人员必须是经过按现行国家标准《特种作业人员安全技术培训考核管理规定》（国家安全生产监督管理总局令第 30 号）考核合格的专业架子工。上岗人员应定期体检，合格者方可持证上岗。

20. 脚手架作业层上的施工荷载应符合设计要求，不得超载。不得将模板支架、缆风绳、泵送混凝土和砂浆的输送管等固定在脚手架上；严禁悬挂起重设备。

21. 在脚手架使用期间，严禁拆除连墙件以及主节点处的纵横向水平杆、纵横向扫地杆。

11.8.6 钢管扣件脚手架作业安全操作规程

1. 钢管脚手架立杆应垂直稳放在金属底座或垫木上。各类杆件应按照施工方案和技术交底要求的构造方式和尺寸进行搭设。

2. 脚手架搭设时,注意搭设顺序,搭设必须配合施工进度,一次搭设高度不应超过相邻连墙件以上 2 步,剪刀撑、横向斜撑搭设应随立杆、纵向和横向水平杆等同步搭设。

3. 脚手架搭设时应及时与结构拉接或采用临时支顶,以确保搭设过程的安全。没有完成的脚手架,在每日收工时,一定要加设临时固定措施,确保架子稳定。

4. 脚手架搭设时不得使用变形或打孔的杆件,不得使用有裂纹、尺寸不合适、扣接不紧等不合格的扣件。脚手架使用期间严禁在钢管上打孔。

5. 脚手板须铺平、铺稳、满铺,不得有空隙和探头板,脚手板搭接时不得小于 20cm,对头接时应设双排小横杆,间距不大于 20cm,在拐弯处脚手板应交叉搭接。翻脚手板应两人由里往外按顺序进行,在铺第一块或翻到最后一块脚手板时,必须挂牢安全带。

6. 砌筑里脚手架铺设宽度不能小于 1.2m,高度应保持低于外墙 20cm,里脚手架的支架间距不得大于 1.5m,支架底脚要有垫木块,搭设双层架时,上下支架对齐,同时支架间应绑斜支撑拉杆。

7. 砌墙高度超过 4m 时,必须在墙外搭设能承受 160kg 荷重的安全网或防护挡板。多层建筑应在 2 层和每隔 4 层设一道固定安全兜网,同时再设一道随施工高度提升的安全兜网。网应外高里低,网与网之间须拼接严密,网内杂物要随时清扫。

8. 拆除脚手架,周围应设围栏或警戒标志,并设专人看管,禁止人入内,拆除应按顺序由上而下,一步一清,严禁上下同时作业。当解开与另一人有关的扣件时须先告知对方,以防坠落。

9. 拆除脚手架时,连墙件必须随脚手架逐层拆除,严禁先将连墙件整层或数层拆除后再拆脚手架;分段拆除高差不应大于 2 步,如高差大于 2 步,应增设连墙件加固。

10. 拆除脚手架大横杆、剪刀撑,应先拆中间扣,再拆两头扣,由中间操作人往下顺杆子。

11. 拆下的脚手杆、脚手板、钢管、扣件、钢丝绳等材料,应向下传递或用绳吊下,禁止往下投掷。

12. 架子工应当按照国家建设行政主管部门规定取得国家统一格式的建筑施工特种作业资格证书后,方可上岗。上岗人员应定期体检,合格者方可继续持证上岗。

13. 架子工不准酒后作业,遇有 6 级以上强风、浓雾等恶劣天气应停止作业。暴风雪及台风暴雨后,应对脚手架进行检查,发现有松动、变形、损坏或脱落等现象,应立即修理完善。

14. 架子工人员进行脚手架搭拆作业时必须穿防滑鞋,佩戴安全带和安全帽。

15. 任何施工人员不要坐在脚手架栏杆上、墙头上、砖堆上或踏在未安装牢固的模板、设备、管道及物件上。不准沿着拖拉绳或其他斜绳攀登高空,要沿着马道、梯子和其他安全坚固可靠的攀登物登高。

16. 脚手架上,如有冰块、霜雪须打扫干净,并采取防滑措施。

17. 在脚手架上运料或操作时，不要奔跑或多人聚集在一起，不要玩笑打逗，多人运送材料时，要离开一定距离。

18. 脚手架上作业所用的工具，应放在工具袋内，不能使用工具袋的工具必须放置稳妥，工具材料不能上下投掷，须经马道运送或用绳索吊运。

19. 脚手架上进行高空焊接、气刨作业时，必须履行动火审批手续后方可进行。施工前应事先清除火星飞溅范围内的易燃易爆品，施工过程中必须有专人看护。

20. 当脚手架基础下有设备基础、管沟时，在脚手架使用过程中不应开挖，否则必须采取加固措施。

21. 脚手架作业层上的施工荷载应符合设计要求，不得超载。不得将模板支架、缆风绳、泵送混凝土和砂浆的输送管等固定在脚手架上；严禁悬挂起重设备。

22. 在脚手架使用期间，严禁拆除连墙件以及主节点处的纵横向水平杆、纵横向扫地杆。

11.8.7 悬挑式脚手架安全技术要求

1. 悬挑架外挑梁或悬挑架应采用"工字型钢"或定型桁架。
2. 悬挑型钢或悬挑架通过预理与建筑结构固定，安装符合设计要求。
3. 挑架立杆与悬挑型钢连接必须固定，防止滑移。
4. 架体与建筑结构进行刚性拉结。
5. 挑架必须按照专项施工方案和设计要求搭设。实际搭设与方案不同的，必须经原方案审批部门同意并及时做好方案的变更工作。
6. 挑架搭拆前必须进行针对性强的安全技术交底，交底双方履行签字手续。
7. 每段挑架搭设后，由项目技术负责人组织验收、内容量化，合格后挂合格牌方可投入使用。验收人员须在验收单上签字，资料存档。
8. 验收中应强化架体防护的验收。挑架与建筑物间距大于 20cm 处，应铺设脚手板。除挑架外侧、施工层设置 1.2m 高防护栏杆和 18cm 高踢脚杆外，挑架里侧遇到临边时（如大开间窗、门洞等）时，也应进行相应的防护。

11.8.8 附着升降脚手架制作、安装与使用安全技术要求

1. 安全技术要求

（1）构造与装置的基本原则

附着支承结构的平面布置必须依据安全要求和工程情况审慎设计，避免出现超过其设计承载能力的工作状态。

附着升降脚手架应具有足够强度和适当刚度的架体结构；应具有安全可靠的能够适应工程结构特点的附着支承结构；应具有安全可靠的防倾覆装置、防坠落装置；应具有保证架体同步升降和监控升降荷载的控制系统；应具有可靠的升降动力设备；应设置有效的安全防护，以确保架体上操作人员的安全，并防止架体上的物料坠落伤人。

附着升降脚手架应根据建筑物的平面、立面、剖面和结构施工图绘制升降脚手架平面布置图。脚手架的附墙支座应避开建筑的内隔墙、高层建筑的中间水箱、管道井和垃圾井，结构上应避开配筋密集处以及梁的支座等部位。

（2）架体尺寸规定

架体高度不应大于 5 倍楼层高、宽度不应大于 1.2m。

直线布置的架体支承跨度不应大于 8m，拆线或曲线布置的架体支承跨度不应大于 5.4m。

整体式附着升降脚手架架体的悬挑长度不得大于 1/2 水平支承跨度和 3m。

单片式附着升降脚手架架体的悬挑长度不应大于 1/4 水平支承跨度。

升降和使用工况下，架体悬臂高度均不应大于 6.0m 和 2/5 架体高度。

架体全高与支承跨度的乘积不应大于 $110m^2$。

（3）架体结构规定

1）架体必须在附着支承部位沿全高设置定型加强的竖向主框架，竖向主框架应采用焊接或螺栓连接的片式框架或格构式结构，并能与水平梁架和架体构架整体作用，且不得使用钢管扣件或碗扣架等脚手架杆件组装。

2）竖向主框架与附着支承结构之间的导向构造不得采用钢管扣件、碗扣架或其他普通脚手架连接方式。

3）架体水平梁架应满足承载和与其余架体整体作用的要求，采用焊接或螺栓连接的定型桁架梁式结构。

4）当用定型桁架构件不能连续设置时，局部可采用脚手架杆件进行连接，但其长度不能大于 2m，并且必须采取加强措施，确保其连接刚度和强度不低于桁架梁式结构。

5）主框架、水平梁架的各节点中，各杆件的轴线应汇交于一点。

架体外立面必须沿全高设置剪刀撑，剪刀撑跨度不得大于 6.0m；其水平夹角为 45°～60°，并应将竖向主框架、架体水平梁架和构架连成一体。悬挑端应以竖向主框架为中心成对设置对称斜拉杆，其水平夹角应不小于 45°。单片式附着升降脚手架必须采用直线形架体。

（4）应采取可靠加强构造措施的部位

主要有与附着支承结构的连接处、架体上升降机构的设置处、架体上防倾或防坠装置的设置处、架体吊拉点设置处和架体平面的转角处。

架体因碰到塔吊、施工电梯、物料平台等设施而需要断开或开洞处。

物料平台所在跨和其他有加强要求的部位。

（5）附着支承结构设置和构造

总体要求是必须满足附着升降脚手架在各种工况下的支撑、防倾和防坠落的承力要求。

1）附着支承结构采用普通穿墙螺栓与工程结构连接时，应采用双螺母固定，螺杆露出螺母应不少于 3 扣。垫板尺寸应设计确定，且不得小于 80mm×80mm×80mm。

2）当附着点采用单根穿墙螺栓锚固时，应具有防止扭转的措施。

3）附着构造应具有对施工误差的调整功能，以避免出现过大的安装应力和变形。

4）位于建筑物凸起或凹进结构处的附着支承结构应单独进行设计，确保相应工程结构和附着支承结构的安全。

5）对附着支承结构与工程结构连接处混凝土的强度要求应按计算确定，并不得小于 C10。

6）在升降和使用工况下，确保每一架体竖向主框架能够单独承受该跨全部设计荷载和倾覆作用的附着支承构造均不得少于两套。

（6）防倾装置设置和构造

附着升降脚手架的防倾装置必须与竖向主框架、附着支承结构或工程结构可靠连接。防倾装置应用螺栓同竖向主框架或附着支承结构连接，不得采用钢管扣件或碗扣方式。

在升降和使用两种工况下，位于在同一竖向平面的防倾装置均不得少于两处，并且其最上和最下一个防倾覆支承点之间的最小间距不得小于架体全高的1/3。

防倾装置的导向间隙应小于5mm。

（7）防坠落装置要求

防坠落装置应设置在竖向主框架部位，且每一竖向主框架提升设备处必须设置一个。

1）防坠装置必须灵敏、可靠，其制动距离对于整体式附着升降脚手架不得大于80mm，对于单片式附着升降脚手架不得大于150mm。

2）防坠装置应有专门详细的检查方法和管理措施，以确保其工作可靠、有效。

3）防坠装置与提升设备必须分别设置在两套附着支承结构上，若有一套失效，另一套必须能独立承担全部坠落荷载。

（8）安全防护措施要求

1）架体外侧必须用密目安全网（≥2000目/100cm²）围挡；密目安全网必须可靠固定在架体上。

2）架体底层的脚手板必须铺设严密，且应用平网及密目安全网兜底。应设置架体升降时底层脚手板可折起的翻板构造，保持架体底层脚手板与建筑物表面在升降和正常使用中的间隙，防止物料坠落。

3）在每一作业层架体外侧必须设置上、下两道防护栏杆（上杆高度1.2m，下杆高度0.6m）和挡脚板（高度180mm）。

4）单片式和中间断开的整体式附着升降脚手架，在使用工况下，其断开处必须封闭并加设栏杆；在升降工况下，架体开口处必须有可靠的防止人员及物料坠落的措施。

5）物料平台必须将其荷载独立传递给工程结构。在使用工况下，应有可靠措施保证物料平台荷载不传递给架体。物料平台所在跨的附着升降脚手架应单独升降。

6）附着升降脚手架的升降动力设备应满足附着升降脚手架使用工作性能的要求，升降吊点超过两点时，不能使用手拉葫芦。升降动力控制台应具备相应的功能，并应符合相应的安全规程。

7）同步及荷载控制系统应通过控制各提升设备间的升降差和控制各提升设备的荷载来控制各提升设备的同步性，且应具备超载报警停机、欠载报警等功能。

8）附着升降脚手架在升降过程中，必须确保升降平稳。

2. 附着升降脚手架加工制作

附着升降脚手架构配件的制作，必须具有完整的设备图纸、工艺文件、产品标准和产品质量检验规则；制作单位应有完善有效的质量管理体系，确保产品质量。

制作构配件的原、辅材料的性质及性能应符合设计要求，并按规定对其进行验证和检验。

加工构配件的工装、设备及工具应满足构配件制作精度的要求，并定期进行检查。工装应有设计图纸。

附着升降脚手架构配件的加工工艺，应符合现行有关标准的相应规定，所用的螺栓连接件，严禁采用钣牙套丝或螺纹锥攻丝。

附着升降脚手架构配件应按照工艺要求及检验规则进行检验。对附着支承结构、防倾防坠落装置等关键部件的加工件要有可追溯性标示，加工件必须进行100%检验。构配件出厂时，应提供出厂合格证。

3. 附着升降脚手架安装、使用和拆卸

（1）附着升降脚手架的安装：

1）水平梁架及竖向主框架在两相邻附着支承结构处的高差应不大于20mm。

2）竖向主栓架和防倾导向装置的垂直偏差应不大于5‰和60mm。

3）预留穿墙螺栓孔和预埋件应垂直于结构外表面，其中心误差小于15mm。

（2）附着升降脚手架组装完毕，必须进行以下检查，合格后方可进行升降操作：

1）工程结构混凝土强度应达到附着支承对其附加荷载的要求。

2）全部附着支承点的安装符合设计规定，严禁少装附着固定连接螺栓和使用不合格的螺栓。

3）各项安全保险装置全部检验合格。

4）电源、电缆及控制柜等的设置符合用电安全的有关规定。

5）升降动力设备工作正常。

6）同步及荷载控制系统的设置和试运效果符合设计要求。

7）架体结构中采用普通脚手架杆件搭设的部分，其搭设质量达到要求。

8）各种安全防护设施齐备并符合设计要求。

9）各岗位施工人员已落实。

10）附着升降脚手架施工区域应有防雷措施。

11）附着升降脚手架应设置必要的消防及照明设施。

12）同时使用的升降动力设备、同步与荷载控制系统及防坠装置等专项设备，应分别采用同一厂家、同一规格型号的产品。

13）动力设备、控制设备、防坠装置等应有防雨、防防尘等措施。

14）其他需要检查的项目。

（3）附着升降脚手架的升降操作必须遵守以下规定：

1）严格执行升降作业的程序规定和技术要求。

2）严格控制并确保架体上的荷载符合设计规定。

3）所有妨碍架体升降的障碍物必须拆除。

4）所有升降作业要求解除的约束必须拆开。

5）严禁操作人员停留在架体上，特殊情况确实需要上人的，必须采取有效安全防护措施，并由建筑安全监督机构审查后方可实施。

6）应设置安全警戒线，正在升降的脚手架上部严禁有人进入，并设专人负责监护。

7）严格按设计规定控制各提升点的同步性，相邻提升点间的高差不得大于30mm，整体架最大升降差不得大于80mm。

8）升降过程中应实行统一指挥、规范指令。升、降指令只能由总指挥一人下达，但当有异常情况出现时，任何人均可立即发出停止指令。

9）采用环链葫芦作升降动力时，应严密监视其运行情况，及时发现、解决可能出现的翻链、铰链和其他影响正常运行的故障。

10）附着升降脚手架升降到位后，必须及时按使用状况要求进行附着固定。在没有完成架体固定工作前，施工人员不得擅自离岗或下班。未办交付使用手续的，不得投入使用。

（4）附着升降脚手架升降到位架体固定后，必须通过以下检查项目：

1）附着支承和架体已按使用状况下的设计要求固定完毕；所有螺栓连接处已拧紧；各承力件预紧程度应一致。

2）碗扣和扣件接头无松动。

3）所有安全防护已齐备。

4）其他必要的检查项目。

（5）附着升降脚手架在使用过程中严禁进行下列作业：

1）利用架体吊运物料。

2）在架体上拉结吊装缆绳（索）。

3）在架体上推车。

4）任意拆除结构件或松动联结件。

5）拆除或移动架体上的安全防护设施。

6）起吊物料碰撞或扯动架体。

7）利用架体支顶模板。

8）使用中的物料平台与架体仍连接在一起。

9）其他影响架体安全的作业。

（6）拆下的材料及设备要及时进行全面检修保养，出现以下情况之一的，必须予以报废：

1）焊接件严重变形且无法修复或严锈蚀。

2）导轨、附着支承结构件、水平梁架杆部件、竖向主框架等构件出现严重弯曲。

3）螺纹连接件变形、磨损、锈蚀严重或螺栓损坏。

4）弹簧件变形、失效。

5）钢丝绳扭曲、打结、断股，磨损断丝严重达到报废规定。

6）其他不符合设计要求的情况。

（7）其他有关要求：

1）使用前，应根据工程结构特点、施工环境、条件及施工要求编制"附着升降脚手架专项施工组织设计"，办理使用手续，备齐相关文件资料。

2）施工人员必须经过专项培训。

3）组装前，应根据专项施工组织设计要求，配备合格人员，明确岗位职责，并对有关施工人员进行安全技术交底。

4）附着升降脚手架所有各种材料、工具和设备应具有质量合格证、材质单等质量文件。使用前应按相关规定对其进行检验。不合格产品严禁投入使用。

5）附着升降脚手架在每次升降以及拆卸前应根据专项施工组织设计要求对施工人员

进行安全技术交底。

6）整体式附着升降脚手架的控制中心应设专人负责操作，禁止其他人员操作。

7）附着升降脚手架在首层组装前应设置安装平台，安装平台应有保障施工人员安全的防护设施，安装平台的水平精度和承载能力应满足架体安装的要求。

8）附着升降脚手架的使用必须遵守其设计性能指标，不得随意扩大使用范围；架体上的施工荷载必须符合设计规定，严禁超载，严禁设置影响局部杆件安全的集中荷载，并应及时清理架体、设备及其他构配件上的建筑垃圾和杂物。

9）附着升降脚手架在使用过程中，应按第四十二条的规定每月进行一次全面安全检查，不合格部位应立即改正。

10）当附着升降脚手架预计停用超过 1 个月时，停用前采取加固措施。

11）当附着升降脚手架停用超过 1 个月或遇 6 级以上大风后复工时，必须按要求进行检查。

12）螺栓连接件、升降动力设备、防倾装置、防坠落装置、电控设备等应至少每月维护保养一次。

13）附着升降脚手架的拆卸工作必须按专项施工组织设计及安全操作规程的有关要求进行。拆除工程前应对施工人员进行安全技术交底，拆除时应有可靠的防止人员与物料坠落的措施，严禁抛扔物料。

14）遇 5 级（含 5 级）以上大风和大雨、大雪、浓雾和雷雨等恶劣天气时，禁止进行升降和拆卸作业。并应预先对架体采取加固措施。夜间禁止进行升降作业。

第12章　安全技术交底文件的编制与实施

12.1　编制项目工程安全技术交底文件

在工程施工开工前，组织工程技术人员、施工管理人员和一线施工作业人员开展安全技术交底活动，把即将开展施工需要交代的施工工艺、工序、投入的机械设备、工程质量要求、施工过程中存在的危险因素、应对危险的安全技术措施、预防措施、应对突发事件危害的应急处置措施和救援行动需要注意的事项等进行交代，实现消除、减少或控制安全隐患，尽量避免从业人员在施工作业过程中受到意外生产安全事故的伤害的目的。通过安全技术交底的超前管理活动，实现施工安全、工程质量、工程进度得全面收获。

12.1.1　安全技术交底的法律依据

安全技术交底是法律规定的，一项具有强制性要求的制度性规定。

1.《中华人民共和国安全生产法》规定

《中华人民共和国安全生产法》第三十七条规定，生产经营单位对重大危险源应当登记建档，进行定期检测、评估、监控，并制定应急预案，告知从业人员和相关人员在紧急情况下应当采取的应急措施。

2.《建设工程安全生产管理条例》规定

《建设工程安全生产管理条例》第二十七条规定，建设工程施工前，施工单位负责项目管理的技术人员应当对有关安全施工的技术要求向施工作业班组、作业人员作出详细说明，并由双方签字确认。

12.1.2　安全技术交底的技术依据

1. 施工图纸、施工图说明文件（包括有关设计人员对涉及施工安全的重点部位和环节方面的注明、对防范生产安全事故提出的指导意见，以及采用新结构、新材料、新工艺和特殊结构时设计人员提出的保障施工作业人员安全和预防生产安全事故的措施建议）。

2. 施工组织设计、安全技术措施、专项安全施工方案。

3.《建筑施工安全检查标准》JGJ 59、《建筑施工扣件式钢管脚手架安全技术规范》JGJ 130、《建筑施工门式钢管脚手架安全技术规范》JGJ 128、《建筑基坑支护技术规程》JGJ 120、《建筑施工高处作业安全技术规范》JGJ 80、《施工现场临时用电安全技术规范》JGJ 46、《建筑机械使用安全技术规程》JGJ 33等国家、行业的标准、规范。

12.1.3　安全技术交底的作用

安全技术交底是项目管理的技术人员在施工作业前对作业人员进行的该作业的安全操

作规程和注意事项的交底。安全技术交底主要目的是让一线作业人员了解和掌握该作业项目的安全技术操作规程和注意事项，减少因违章操作而导致事故的风险，保证施工的顺利进行，确保人身和财产安全，提高劳动生产率，是施工作业中的重要环节。严格意义上讲，不做交底，不能上岗作业。在建设工程项目中，分部分项工程在施工前，项目部技术人员应按批准的施工组织设计或专项安全技术措施方案，向有关人员进行安全技术交底。

1. 项目部技术人员进行安全技术交底时，一是在施工方案的基础上按照施工的要求，对施工方案进行细化和补充；二是向作业人员讲清楚在施工作业时的安全注意事项，保证作业人员的人身安全。

2. 安全技术交底工作完毕后，所有参加交底的人员必须履行签字手续，工程项目部、交底人、被交底人三方各留执一份，并记录存档。

3. 安全技术交底资料和记录应由交底人对资料进行收集、整理，并妥善保存。竣工后作为工程档案进行归档。

12.1.4　安全技术交底的意义与特点

安全技术交底不能局限地理解为项目技术人员对一线作业人员的交底，应该是全方位、多层次的。企业技术负责人应当对项目管理团队进行安全技术交底，明确项目安全管理的特点、安全技术难点和可能出现的意外状况及应急处理建议；项目技术人员对一线作业人员的交底。

1. 了解工程施工的特点。每个工程因为地理位置、交通环境、作业周边环境等都是不同的，建筑的使用功能、结构形式也是千差万别，建设单位的要求也是多种多样。因此，通过对一线作业人员的安全技术交底，使得从业人员了解工程的施工特点，能够积极主动围绕项目工程的要求做好各自工作，避免互相干扰、交叉作业造成意外伤害。

2. 通过对让一线作业人员的安全技术交底，使从业人员知悉施工安全法规和安全技术标准，了解和掌握该项目各自岗位的安全生产责任、不同工种的安全技术操作规程和注意事项，减少因违章操作而导致事故的可能。

3. 根据项目特点和企业承接工程的类型，通过安全技术交底，使得从业人员了解、掌握在各个不同施工环节可能出现的安全隐患和发生伤亡事故时应急避险、应急救援的基本知识，最大限度地降低安全风险。

4. 安全技术交底是安全管理资料内容的要求。同时，做好安全技术交底也是项目技术人员、安全管理人员自我保护的重要手段。

12.1.5　安全技术交底文件编制原则

安全技术交底要依据施工组织设计中的安全措施，结合具体施工方法和施工现场的作业条件及环境，编制操作性、针对性强的安全技术交底书面材料。

1. 安全技术交底是技术人员的职责。明确项目技术负责人、技术人员、施工员、管理人员、操作人员的工作职责。应在工程开工前界定哪些项目的技术交底是重要的、一般的，分不同类型进行编制、交底。交底内容编制完成后应由项目技术负责人批准，交底时技术负责人应到场。

2. 编制安全技术交底文件。编制安全技术交底文件时应优先采用新技术、新措施等本质安全化程度高的安全技术措施。重点做好各分部分项工程的安全技术交底文件和一些特殊的关键部位、技术难度大的隐蔽工程，更应认真、仔细地编制技术交底文件，同时应附计算书。对一些易产生安全隐患和工伤事故的工程部位、工艺环节，在编制安全技术交底文件时，应着重强调各种事故的预防措施。

3. 逐级、分层次进行安全技术交底。安全技术交底文件应针对不同对象分层次编制，坚持做到安全技术交底直至交底到施工操作人员。坚持安全技术交底文件必须在交底前完成，形成书面交底文件，并应有书面的技术交底资料或示范、样板演示的准备。

4. 各工种的安全技术交底一般与分部分项工程安全技术交底同步进行。对施工工艺复杂、施工难度较大或作业条件危险的，应当单独进行各工种的安全技术交底。一般情况下，工程施工仅做一次技术交底是不适宜的，当技术人员认为不交底难以保证施工的正常进展时应及时交底。

5. 安全技术交底必须履行签字手续。安全技术交底文件是履行职责的凭据，应及时完成。安全技术交底文件的表格应有统一的标准格式，应认真编制、填写表格。交底时在表格上签字，接受交底人也应在交底记录上签字。

12.1.6　安全技术交底文件的编制范围

在项目工程开工前，项目技术负责人应依据项目设计图纸、施工安全组织设计、工程设计文件、施工合同等资料，组织编制安全技术交底文件后，向项目经理部的有关工程管理、技术质量、物资设备、安全管理等技术负责人、施工技术负责人、专职安全管理人员进行交底，并形成记录。建筑工程项目安全技术交底文件的编制范围见表12-1。

建筑工程分部（分项）工程安全技术交底清单　　　　　　　　　表 12-1

工程名称：　　　　　　　　　施工单位：

序号	安全技术交底名称
1	桩基础施工分部工程安全技术交底
2	基坑支护分部工程安全技术交底
3	土方开挖分部工程安全技术交底
4	降水工程分部工程安全技术交底
5	脚手架工程分部工程安全技术交底
6	模板工程分部工程安全技术交底
7	钢筋工程分部工程安全技术交底
8	混凝土工程分部工程安全技术交底
9	临时用电工程分部工程安全技术交底
10	建筑装饰装修工程分部工程安全技术交底
11	建筑屋面工程分部工程安全技术交底
12	建筑起重机械安装与拆卸工程分部工程安全技术交底
13	机械设备工程分部工程安全技术交底
14	洞口与临边防护分部工程安全技术交底
15	临时设施工程分部工程安全技术交底
16	预应力工程分部工程安全技术交底
17	拆除工程分部工程安全技术交底
18	爆破工程分部工程安全技术交底
19	吊装工程分部工程安全技术交底
20	建筑幕墙工程分部工程安全技术交底
21	其他分部工程安全技术交底

建筑工程项目安全技术交底文件的编制范围一般包括：

1. 本项目的安全组织机构和人员责任分工。

2. 本项目的工程规模、承包范围及其主要内容，内部施工范围划分。

3. 安全文明施工、职业健康的主要目标和保证措施。

4. 危险源特点、危害性质、存在部位、预防措施、应急救援方法及危险源分布情况。

5. 主要施工工序、主要安全施工技术措施方案。

6. 施工项目的生产安全事故应急救援程序、内容和实施方法和保证措施。

7. 易产生重大安全隐患或安全事故的分部分项工程专项施工方案的安全技术交底。主要包括：

（1）土方工程：地基土的性质与特点，各种标桩的位置与保护办法；挖填土的范围和深度，放边坡的要求，回填土与灰土等夯实方法及容重等指标要求；地下水或地表水排除与处理方法；施工工艺与操作规程中有关规定和安全技术措施；可能出现的边坡垮塌、渗水、不均衡沉降等安全技术问题的预防与应急处理安全技术措施。

（2）砖石砌筑工程：砖石砌筑工程多见于桥梁、河道、隧道施工，山区工程。安全技术交底主要关注砖石砌筑工程砌筑部位与轴线位置；各层水平标高；砖石砌筑工程厚度及厚度变化情况；砂浆强度等级，砂浆配合比及砂浆试块组数与养护；各预留洞口和各专业预埋件位置与数量、规格、尺寸；各不同部位和标高砖、石等原材料的质量要求；砖石砌筑工程组砌方法和质量标准；安全技术注意事项等，防止垮塌事故的发生。

（3）模板工程：各种钢筋混凝土构件的轴线和水平位置、标高、截面形式和几何尺寸；支模方案和安全技术要求；支撑系统的强度、稳定性具体安全技术要求；拆模时间；预埋件、预留洞的位置、标高、尺寸、数量及预防其移位的方法；特殊部位的安全技术要求及加强处理方法；混凝土浇筑次序与铺摊方式；可能出现的安全技术问题的预防与应急处理安全技术措施。

（4）脚手架工程：所用的材料种类、型号、数量、规格及其质量标准的进场验收；架子搭设方式、强度和稳定性的安全技术要求（特别是悬挑脚手架的悬挑方式、悬挑结构、材料选用及荷载计算与复核等）；架子逐层升高的安全技术措施和要求；脚手架工程搭设工人自检和分层、分阶段验收的要求。重要部位的脚手架，如悬挑式脚手架悬挑梁焊接质量的检查验收和下撑式悬挑梁钢架组装、工具式悬挑架的安装技术要求和检查、验收方法；脚手架与建筑物联接方式与要求；脚手架拆除方法、顺序及其安全技术注意事项；脚手架使用过程中的动态检查要求；施工电梯、卸料平台与脚手架关系的适当处理和可能出现的脚手架垮塌事故的预防及应急处理安全技术措施。

（5）起重设备安装拆卸工程：熟悉起重设备的基本情况并对设备进行全面、仔细检查，发现存在下列情况之一的，不得安装、使用：①属国家明令淘汰或者禁止使用的；②超过安全技术标准或者制造厂家规定的使用年限的；③经检验达不到安全技术标准规定的；④没有完整安全技术档案的；⑤没有齐全有效的安全保护装置的。熟悉了解起重设备安装现场平面布置等基本情况；包括施工现场起重设备的安装基础的设计图纸、隐蔽工程的验收记录和混凝土强度，临时用电的制式（TN-S、TN-S-C 制式）与保护形式（接零保护与接地保护形式）等。起重设备的底座安装与标准节顶升步骤与方法。安装现场人员配置与职责分工；安装与拆卸过程的安全技术要求和安装、拆卸环节可能出现的起重设备事故的预防及应急处理的安全技术措施。

8. 劳动保护用品（三宝）的安全交底要求：

(1) 安全帽。工程使用的安全帽必须使用具有生产许可证、合格证产品。根据《安全帽》GB 2811—2007 规范，安全帽的使用年限应根据不同材质和厂家的使用说明，在安全使用期内使用。无证的安全帽禁止使用。安全帽必须具有抗冲击、抗侧压力、绝缘、耐穿刺等性能，使用中必须正确佩戴。

(2) 安全带。采购的安全带必须具有生产许可证、合格证产品。严格按照《安全带》GB 6095、《安全带测试方法》GB 6096 的规范使用安全带。安全带使用达到 2 年，企业必须在每批次中随机抽取 2 条安全带送检，只要有一条不合格，全批次安全带停止使用、报废。送检的安全带不得继续使用。安全带根据使用情况，一般使用 3～5 年。安全带应高挂低用（架子工除外），注意防止摆动碰撞，不准将绳打结使用，也不准将钩直接挂在安全绳上使用，应挂在连接环上用，要选择在牢固构件上悬挂。安全带上的各种部件不得任意拆掉，更新绳时要注意加绳套。

(3) 安全网。安全网的技术要求必须符合《安全网》GB 5725—2009 规定，方准进场使用。大孔安全网用做平网和兜网，绿色密目安全网 1.5m×6m，用作内挂立网。内挂绿色密目安全网生产单位应具有国家相关机构的认证资格，安全网进场应做防火试验。

安全网在存放使用中，不得受有机化学物质污染或与其他可能引起磨损的物品相混，当发现污染应进行冲洗，洗后自然干燥，使用中要防止电焊火花掉在网上。

12.1.7 安全技术交底表式

主要有企业技术负责人向工程项目管理人员交底的《开工前安全技术交底表》（表 12-2）、专门针对分部分项工程安全技术交底的《分部（分项）工程安全技术交底记录汇总表》（表 12-3）和《分部（分项）工程安全技术交底表》（表 12-4）、工程项目部技术负责人（技术人员）向作业班组长的安全技术交底《项目部安全技术交底表》（表 12-5）、施工班组长的安全技术交底《班组安全技术交底记录汇总表》（表 12-6）和班组安全技术交底表（表 12-7）。

12.1.8 安全技术交底主要内容与要求

1. 施工单位技术负责人向工程项目负责人进行技术交底的内容应包括以下几个主要方面：

(1) 工程概况和各项技术经济指标和要求；

(2) 主要施工方法，关键性的施工技术及实施中存在的问题；

(3) 特殊工程部位的技术处理细节及其注意事项；

(4) 新技术、新工艺、新材料、新结构施工技术要求与实施方案及注意事项；

(5) 施工组织设计网络计划、进度要求、施工部署、施工机械、劳动力安排与组织；

(6) 总包与分包单位之间互相协作配合关系及其有关问题的处理；

(7) 施工质量标准和安全技术；尽量采用国家、行业所推行的工法等标准化作业。

2. 工程项目技术负责人向各作业班组长安全技术交底的内容主要包括以下几个方面：

(1) 工程情况和项目地形、地貌、工程地质及各项技术经济指标；

工程名称				
施工单位		交底日期		

安全技术交底内容:(可将交底文稿附后)

交底人签名:

接受交底人签名:

项 目 部 管理人员	
分包单位 管理人员	

注:交底人应为企业技术负责人。

分部(分项)工程安全技术交底记录汇总表　　　　表 12-3

编号	交底日期	施工日期	交 底 内 容	交底人	接底人

分部（分项）工程安全技术　　　　　　　　　　　　　表 12-4

施工单位名称：　　　　　　　　　　编号：　　　　　　　　　　交底日期：

工程名称：	分部(分项)工程：	工种：

一、施工安全基本要求 1. 班前检查工作周围环境"三查、三交"； 2. 班中检查违章及隐患； 3. 班后检查工完、料尽、场地清； 4. 严格遵守各项安全措施； 5. 自觉维护现场安全设施； 6. 严格执行安全纪律和规定； 7. 非特殊工种人员不准操作特种作业； 8. 工种中做到"三不伤害"，时时注意不安全行为； 9. 生产进度必须服从安全； 10. 实行安全监护制度，推行安全设施标准化。 二、安全技术交底要求 1. 本交底书由项目技术负责人、安全员配合交底； 2. 安全技术交底针对性要强，要全面； 3. 队长、班（组）长（兼职安全员）均为接受交底人，接受交底后签字； 4. 本表一式三份，交底人和被交底人各持一份备查，一份归档备查	本分部(项)工程特点： 针对性安全技术交底内容：

交底人：　　　　　　　　　　专职安全员：　　　　　　　　　　班组长：

注：交底人应为项目技术负责人。

项目部安全技术交底表　　　　　　　　　　　　　表 12-5

编号：

交底日期：

班组名称		工种	
班组长		安全监督人	
施工内容			

安全技术交底内容：

交底人签名：

接受交底人签名：(班组长)

注：交底人应为项目安全技术负责人或相关技术人员。

班组安全技术交底记录汇总表 表 12-6

编号	交底日期	施工日期	交 底 内 容	交底人	接底人

班组安全技术交底表 表 12-7

编号：   交底日期：

班组名称		工种	
班组长		安全监督人	
施工内容			

安全技术交底内容：

交底人签名：

接受交底人签名

注：交底人应为班组长。

（2）设计图纸的具体要求、做法及其施工难度；

（3）施工组织设计或施工方案的具体要求及其实施步骤与方法；

（4）施工中具体做法，采用的工艺标准和企业工法；关键都位及其实施过程中可能遇到问题与解决办法；

（5）施工进度要求、工序搭接、施工部署与施工班组任务确定；

（6）施工中所采用主要施工机械型号、数量及其进场时间、作业程序安排等有关问题；

（7）新工艺、新结构、新材料的有关操作规程、技术规定及其注意事项；

（8）施工质量标准和安全技术具体措施及其注意事项。

3．各作业班组长向各工种工人进行安全技术交底的内容应包括以下几个方面：

（1）具体详尽的说明每一个作业班组负责施工的分部分项工程的具体技术要求和采用的施工工艺标准、企业内部工法；

（2）各分部分项工程施工安全技术、质量标准；

（3）现场安全检查和可能出现的安全隐患及预防办法、注意事项；

（4）施工安全交底及介绍以往同类工程的安全事故教训及应采取的具体安全对策。

各作业班组长除了在进入项目时向班组工人进行安全技术交底外，每天作业前，应针对当天工作任务、作业条件和作业环境，就作业要求和施工中应注意事项向具体作业人员进行交底，并将参加交底人员名单和交底内容记录在班组活动中。

4．分部分项工程安全技术交底。建筑工程分部分项工程施工安全技术交底是整个工程项目安全技术交底环节中的重点，特别是大型、复杂的建筑工程项目，其分部分项工程种类很多，需要不同工种的作业班组、分期分阶段来完成。所以，安全技术交底的内容应按照分部分项工程的具体要求，根据设计图纸的技术要求以及施工及验收规范的具体规定，针对不同工种的具体特点，进行不同内容和重点的安全技术交底。所包括的具体安全技术内容有土方工程、模板工程、脚手架工程、起重设备安装拆卸工程、结构吊装工程、钢结构工程等。如模板工程的支架搭设、拆除作业人员安全技术交底：

（1）作业人员个人安全基本要求。进入施工现场人员必须正确戴好合格的安全帽，系好下颚带，锁好带扣。作业时必须按规定正确使用个人防护用品，着装要整齐，严禁赤脚和穿拖鞋、高跟鞋进入施工现场。在没有可靠安全防护设施的高处（2m以上含2m）和陡坡施工时，必须系好合格的安全带，安全带要系挂牢固，高挂低用，同时高处作业不得穿硬底和带钉易滑的鞋，穿防滑胶鞋。新进场的作业人员，必须首先参加岗前安全教育培训，经考试合格后方可上岗，未经教育培训或考试不合格者，不得上岗作业。施工现场禁止吸烟，禁止追逐打闹，禁止酒后作业。

按照编制的应急预案向作业人员进行安全交底，了解应急处置、逃生通道和方式。

（2）现场安全防护设施要求。施工现场的各种安全防护设施、安全标志等，未经相关管理人员及安全员批准严禁随意拆除和挪动，如需暂时移动和拆除的须报经有关负责人审批后，在确保作业人员及其他人员安全的前提下才能拆移，并在工作完毕（包括中途休息）后立即复原。

（3）现场材料堆放要求。根据场地要求和施工现场总平面图，确定模板堆放区、配件堆放区及模板周转用地等。堆放场地应平整坚实、排水流畅，堆放区四周挖排水沟接入排水系统。各种成型的大模板应按设计要求制造和组装进场，使用前要认真检查和验收。

（4）特种作业的人员的要求。从事特种作业的人员，必须持证上岗，严禁无证操作，禁止操作与自己无关的机械设备。高血压、心脏病、癫痫病、晕高或视力不够等不适合做高处作业的人员，均不得从事架子作业。配合架子工的徒工，在培训以前必须经过医务部门体检合格，操作时必须有持证人员带领、指导，由低到高，逐步增加，不得任意单独上架子操作。要经常进行安全技术教育。凡从事架子工种的人员，必须定期（每年）进行体检。

脚手架、模板支搭设以前，必须按照专项施工方案和规范进行安全技术交底，向所有参加作业的人员进行书面交底。材料管理部门，必须保证供应合格的材料。架子工在使用料具时要进行检查，不合格的料具不得使用。安全网、安全带必须按照规定进行鉴定或作荷载试验。

（5）机电设备要求。电锯、电刨等电动工具要做到一机一闸，一漏一箱，严禁一闸多用机具。电锯、电刨等木工机具要有专人负责，持证上岗，严禁戴手套操作，严禁用竹编板等材料包裹锯体，分料器要齐全，不得使用倒顺开关。使用手持电动工具必须戴绝缘手套、穿绝缘鞋，严禁戴手套使用锤、斧等易脱手工具。圆锯的锯盘及传动部应安装防护罩，并设有分料器，其长度不小于50cm，厚度大于锯盘的木料。使用气焊切割时，必须按动火作业规范办理审批，配备灭火器材，现场加强监管。

（6）模板、脚手架搭设要求。大雨、大雾、风力六级以上（含六级）天气不得进行模板、支架作业，必须停止施工。

在雷雨季节，搭设的独立架子，必须安装避雷针，其接地电阻不得大于10Ω。在带电设备附近搭拆脚手架时，应停电进行。支模架上方有电源线通过时，应严格执行《施工现场临时用电安全技术规范》JGJ 46，支模架的水平、垂直距离不应小于用电规范要求，并应有电气工作人员监护。

12.2　监督实施安全技术交底

12.2.1　安全技术交底的规定

1. 总包单位应对分包单位的进场进行安全总交底。分包单位包括：专业分包、劳务分包。安全技术交底应有总包单位、分包单位的项目负责人及安全负责人共同参加，双方签字认可。交底中必须有针对工程项目施工特点的安全技术交底内容。

2. 项目部应对作业人员进行分工种交底。交底内容应根据不同工种操作特点，进行有针对性的安全技术交底，双方签字认可，有交底活动记录，现场安全员参加并按交底内容进行现场监督。

3. 项目部应对施工作业过程中的分部、分项工程进行安全技术交底。现场安全员要参加交底，并按交底内容进行现场监督。交底内容要根据行业规范、并结合分部、分项工程特点来制定，双方进行签字。

4. 项目施工中使用新工艺、新材料、新技术或使用新设备时，应进行安全技术交底，使得使用者知悉新工艺、新材料、新技术或新设备的特性和安全使用技能，正确应用。交底应由项目负责人、技术负责人、安全负责人参加，交底要由双方签字。

5. 项目技术负责人应在不同季节，根据项目施工不同阶段的安全技术要求进行季节性交底，包括冬、雨季施工安全技术要求，现场住宿、食堂的安全规定等。

6. 班组长（包括特种作业工种），每天要召开安全早会，对当天的生产活动应注意的安全问题进行提示、交底、要求。

12.2.2 方案交底、验收和检查

1. 方案交底

《建设工程安全生产管理条例》规定，施工单位应当在施工组织设计中编制安全技术措施和施工现场临时用电方案。安全技术措施是为了实现施工安全生产，在安全防护以及技术、管理等方面采取的措施。安全技术措施可分为防止事故发生的安全技术措施和减少事故损失的安全技术措施。因此，《建设工程安全生产管理条例》同时规定，建设工程施工前，施工单位负责项目管理的技术人员应当对有关安全施工的技术要求向施工作业班组、作业人员作出详细说明，并由双方签字确认。

施工前对有关安全施工的技术要求向作业人员作出详细说明，进行安全技术交底，它有助于作业班组和作业人员尽快了解工程概况、施工方法、安全技术措施等情况，掌握操作方法和注意事项，以保护作业人员的人身安全。

安全技术交底一般采取分级、分专业、分工种交底。通常有施工工种安全技术交底、分部分项工程施工安全技术交底、大型特殊工程单项安全技术交底、设备安装工程技术交底以及采用新工艺、新技术、新材料施工的安全技术交底等。

2. 专项方案的验收

（1）专项方案的验收的法律规定。《建设工程安全生产管理条例》第三十五条规定，施工单位在使用施工起重机械和整体提升脚手架、模板等自升式架设设施前，应当组织有关单位进行验收，也可以委托具有相应资质的检验检测机构进行验收；使用承租的机械设备和施工机具及配件的，由施工总承包单位、分包单位、出租单位和安装单位共同进行验收。验收合格的方可使用。未经验收或者验收不合格的不得使用。

（2）制定安全专项施工方案验收制度。《危险性较大的分部分项工程安全管理办法》第十七条规定，对于按规定需要验收的危险性较大的分部分项工程，施工单位、监理单位应当组织有关人员进行验收。验收合格的，经施工单位项目技术负责人及项目总监理工程师签字后，方可进入下一道工序。因此，为了进一步加强对安全专项施工方案的实施和落实，杜绝各类违章作业引发的安全事故发生，施工单位应当制定验收制度，明确需要验收的对象、公司和项目参加验收的人员、验收的方法与程序、验收成果的应用等。

（3）专项方案验收参加人员。按照《危险性较大的分部分项工程安全管理办法》规定，对于按规定需要验收的危险性较大的分部分项工程，施工单位、监理单位应当组织有关人员进行验收。施工总承包单位、分部分项工程专业承包单位和相关工程实施单位的项目负责人、项目技术负责人和专项方案编制人，监理单位的总监理工程师和专业监理工程师都应参加验收，并形成验收记录、签字。验收合格的，经施工单位项目技术负责人及项目总监理工程师签字后，方可进入下一道工序。

（4）专项方案的验收表式。专项方案的验收表分《危险性较大的分部分项工程验收表》（表 12-8）和各类《专项工程验收表》（表 12-9～表 12-22）。

危险性较大的分部分项工程验收表　　　　　　　　表 12-8

工程名称：　　　　　　　　　　　　　　验收时间：

危险性较大的分部分项名称：

施工阶段与验收部位：

按照规定编制、审核、论证的专项方案是否满足施工要求：

验收内容：

各项控制指标是否在方案所明确的允许偏差范围内：

检查验收结论：（通过/不予通过）

验收人员：（签字）　　　　　　　　　　　　　　　　年　月　日

项目技术负责人		总监理工程师	

注：1. 危险性较大的分部分项工程验收表和各类专项验收表格一并使用。
　　2. 验收"不予通过"的，应附页说明存在的问题，提出整改要求。

基坑支护、降水安全验收表　　　　　　　　表 12-9

工程名称			施工单位		
项目经理			基坑开挖深度		
基坑支护深度		（m）	验收日期		

序号	验收项目	验 收 要 求	验收结果
1	施工方案	基础施工方案要有针对性，支护方案和基坑深度大于 5m 的专项支护设计必须经专家论证	
2	坑壁支护与荷载	基坑开挖设置的安全边坡要符合施工设计方案。积土、机具设备、临时设施等荷载与坑边距离要大于设计规定	
3	降排水措施	基坑施工要设置有效的降排水措施，需要降水时要有防止邻近建筑物等沉降的措施，坑边要有护壁措施	
4	基坑支护监测	基坑支护应进行变形监测并做好记录，对临近建筑和重要管线、道路也应进行沉降观测	
5	土方开挖	施工机械进场要验收，司机要持证上岗，开挖程序、分层开挖的深度要符合方案要求	
6	临边防护	超过 2m 深的基坑四周要有二道防护栏杆，并自上而下用安全立网封闭或设置严密的高度不小于 18cm 的挡脚板或 40cm 的挡脚板，作业人员上下基坑应搭设专用通道	
7	作业环境	基坑内作业人员应有安全立足点，坑内作业有防中毒、防火等措施，垂直作业有上下隔离防护措施，有足够的照明	

验收意见	监理单位验收人员： 年　月　日	施工总承包单位验收人员： 年　月　日	分包单位验收人员： 年　月　日

注：1. 基坑支护深度超过 5m 由项目负责人、项目技术负责人、分包单位技术负责人和监理单位相关人员进行验收。
　　2. 基坑支护工程验收应根据施工方案要求进行分段验收。

土方开挖安全验收表

表 12-10

工程名称			施工单位		
项目经理			开挖深度		m
序号	验收项目	验 收 要 求		验收结果	
1	土方、降水、监测方案	方案是否有针对性的,是否按方案实施			
2	坑壁荷载	积土、机具设备、临建设施等荷载与槽边距离大于设计规定			
3	降、排水措施	设置有效的排水措施,深基础施工采用井点降水有防止邻近建筑物沉降措施,有防止坑外的水流入基坑措施			
4	基坑支护监测	对支护进行变形监测,产生局部变形立即采取措施,对邻近建筑物、重要管线、道路进行沉降观测;深基坑工程的监测应委托有工程测量资质和岩土工程监测资质的工程监测单位承担			
5	机械、人员管理	施工机械进场经过验收,司机操作有交底,持证上岗,机械作业是否符合安全操作规程			
6	临边防护	超过 2m 基坑四周设符合规范要求的防护栏杆,上下搭设专用通道			
7	作业环境	基坑内作业人员有安全立足点,坑内有充足的照明及防火、防中毒等措施,垂直作业有隔离防护措施			
验收意见	监理单位验收人员: 年 月 日	施工总承包单位验收人员: 年 月 日		分包单位验收人员: 年 月 日	

注:1. 深度 5m 以上土方开挖工程由项目负责人、项目技术负责人、分包单位项目负责人和监理单位相关人员进行验收。

2. 土方开挖工程验收应根据施工方案要求进行分段验收。

模板工程及支撑体系安全验收表

表 12-11

工程名称		施工单位		
项目经理		搭设高度		m
序号	验收项目	验 收 要 求		验收结果
1	施工方案	有专项施工方案,方案能正确指导施工;高大模板施工方案应经过专家组论证		
2	材质	钢管无开裂、压扁、严重锈蚀和弯曲,扣件有出厂合格证,搭设材料有抽样检验报告		
3	立柱稳定	支撑系统立柱材料符合设计要求,立柱底部用木块铺垫,高大模板支撑系统搭设前,对需要处理或加固的地基、基础进行验收		
		立柱底距地面 200 mm 高处设纵横向扫地杆,扫地杆与顶部水平杆之间的间距,在满足模板设计所确定的水平拉杆步距要求条件下进行平均分配确定步距后,在每步节点处设纵横向水平杆。按照规范要求设置剪刀撑		
		模板结构构件的长细比应符合:受压杆件:支架立柱及桁架不应大于 150;拉条缀条、斜撑等联系构件不大于 200;受拉构件:钢杆件不大于 350		
3	施工荷载	模板上施工荷载不超过设计计算要求;模板上堆料及设备分布合理		
4	模板存放	存放地面平整坚实,有可靠的防倾倒措施,按规格分类存放,堆放高度不超过 1.6m		

序号	验收项目	验 收 要 求	验收结果
5	支模作业运输道路	支、拆模板应对照方案要求进行安全技术交底	
		泵送支架稳固可靠	
		小车运送应垫板或搭通道,通道两侧设栏杆及踢脚杆	
6	作业环境	有可靠立足点,2m以上应搭设脚手架或设操作台	
		区域内临边、洞口有防护措施	
		交叉作业有隔离防护措施,拆模设警戒区域专人监护	

验收意见	监理单位验收人员: 年 月 日	施工总承包单位验收人员: 年 月 日	搭设班组(分包单位)验收人员: 年 月 日

注：1. 模板工程由项目经理、项目技术负责人、搭设班组长和监理单位相关人员进行验收。

2. 模板工程工程验收应根据施工方案要求进行分段验收。

落地式钢管扣件脚手架搭设验收表　　　　表 12-12

工程名称		施工单位	
项目经理		搭设高度	m

序号	验收项目	验 收 要 求	验收结果
1	施工方案	有专项施工方案,方案能正确指导施工;50m以上的脚手架搭设方案应经专家组论证	
2	材质	无开裂、压扁、严重锈蚀和弯曲,扣件有出厂合格证,并抽样检验,钢管有质保资料并油漆后使用	
3	基础	基础平整夯实、硬化,有排水措施,垫底脚板或垫块符合规范要求,必须按规范要求设置纵横向扫地杆	
4	立杆	立杆纵距、横距符合规范或方案要求,接头错开不在同一步内,一般内立杆距墙面20cm,垂直偏差应符合《建筑施工扣件式钢管脚手架安全技术规范》(JGJ 130)。除顶层顶步外,必须采用对接扣件,顶端高出女儿墙上皮1m,高出檐口上皮1.5m	
5	纵横向水平杆	接头平直,互相错开>50cm,搭接时接头不小于1m,步距符合规范要求横向水平倾斜,主接点处必须设置一根,靠墙一端的外伸长度不应大于0.4L及不应大于50cm	
6	连墙拉接	连墙拉接每两步三跨或三步两跨设置;24m以上脚手架符合设计要求,拉撑材料及方法应符合规范要求,采用刚性连接	
7	剪刀撑	剪刀撑设置符合规范或设计要求,自下而上连续设置,水平夹角45°～60°,接头用钢管扣件搭接,搭接长度不小于1m,搭接扣件不少于3个	
8	脚手板	施工层以下每隔10m应有封闭措施,竹脚手笆操作层应满铺,四周绑扎平整坚固,全高至少满铺4道,不能有探头跳板	
9	防护措施	在架体外立杆内侧设置两道防护栏杆,上栏杆高度为1.2m,中栏杆居中设置,作业层设置不小于180mm的挡脚板。脚手架必须高于操作面一步以上,转角处封闭不留豁口,双排脚手架横向水平杆靠墙一端至墙装饰面的距离不应大于100mm,脚手架内立杆与墙面距离大于150mm时,应做水平防护,外侧应用密目安全网封严	
10	接地避雷	架体边长连续长度不超过50m设防雷接地装置一处,建筑四角脚手架设接地保护,接地电阻<30Ω	
11	通道	脚手架应有设置符合要求的专用上下通道	

验收意见	监理单位验收人员: 年 月 日	施工总承包单位验收人员: 年 月 日	搭设班组(分包单位)验收人员: 年 月 日

注：1. 落地脚手架应按搭设次数分段逐次验收。

2. 落地脚手架由项目经理、项目技术负责人、搭设班组长和监理单位相关人员进行验收。

表 12-13

工程名称			施工单位		
项目经理			悬挑高度		m
序号	验收项目	验 收 要 求			验收结果
1	施工方案	有经过审批的施工方案,悬挑高度大于 20 m 必须经过专家论证			
2	材质	型钢、杆件、扣件应符合设计要求,无开裂、压扁、严重锈蚀和弯曲,扣件有出厂合格证,并抽样检验,钢管有质保资料并油漆后使用			
3	悬挑梁	悬挑梁必须严格按设计和规范要求选用型钢,并与建筑物的连接牢固可靠符合构造要求。U 型压环的材质、规格、数量与间距按照方案设置,符合规范要求。斜拉杆或钢丝绳设置可靠			
4	立杆	纵向间距符合规范,立杆垂直偏差不大于架高 1/300,最大不超过 20cm,底部固定牢固可靠			
5	步距	步距应符合设计要求			
6	剪刀撑	每道剪刀撑宽度不小于 4m,跨且不应小于 6m,水平角为 45°~60°			
7	连墙件	连墙件应采用刚性连接			
8	脚手板	脚手板材料符合要求,在施工层、悬挑底层脚手等处满铺			
9	架体内封闭与防护	悬挑脚手架首层与墙体间必须全封闭、硬质防护			
		施工层脚手架内杆与建筑物间应水平封闭,施工层以下每两步封闭一次,悬挑脚手首层与墙体间必须全封闭			
		施工层及顶层栏杆高出作业面及沿口 1.5m,架体底部设水平挑网或采取其他防范措施			
		脚手架外侧设置符合标准的密目式安全网并绑扎严密。外立杆内侧搭设 0.6m、1.2m 高度两道水平防护栏杆,施工层设置不低于 18cm 的挡脚板			
10	施工荷载	脚手架上施工荷载不得超出设计计算要求,荷载应均匀堆放			
11	避雷	脚手架按规定设避雷装置,每隔 50m 长脚手架设一处,接地电阻不大于 30Ω			

验收意见	监理单位验收人员:	施工总承包单位验收人员:	搭设班组(分包单位)验收人员:
	年 月 日	年 月 日	年 月 日

注:1. 悬挑脚手架应按搭设次数分段逐次验收。
　　2. 由项目总监组织项目经理、项目技术负责人、搭设班组长验收。

悬挑式卸料平台验收表　　　　　　　　　　　　　　表 12-14

施工单位		验收日期		载重量(kg)	
工程名称		层　次			

序号	验收项目	验收要求	验收记录
1	方案	有专项施工方案,方案能正确指导施工	
2	承重与支撑	搁置点与上部拉结点,必须位于建筑物上,符合设计要求,不得设置在脚手架等施工设施或设备上	
		斜拉杆或钢丝绳,构造上两边各设前后两道,两道中的每道均应作单道受力计算	
		设置 4 个经过验算的吊环,用甲类 3 号沸腾钢制作,连接部位应使用卡环,非制作件需有质保书	
		安装平台采用钢丝绳绳卡固定时绳卡数不得少于 4 个,间距 10～12cm,并设安全弯	
		建筑物锐角利口围系钢丝绳处应加衬软垫物,平台外口应略高于内口,左右不得晃动	
		平台梁与建筑物可靠连接。预埋件位置准确有验收记录	
3	防护	操作平台面铺设材料符合规定,不留空隙	
		平台操作位置设置上下两道横杆和栏杆柱,上杆离地 1.2m,下杆离地 0.5～0.6m,栏杆设置警示色,内侧张挂安全网封闭,周围设置挡脚板	
4	通道	进入作业面的通道铺设牢固、平整,无明显高低	
5	限载标志	操作平台内、外两侧均设置限载标志牌	
6	其他		

验收意见	监理单位验收人员:　　　　　　　　　　　　　　年　月　日	施工总承包单位验收人员:　　　　　　　　　　年　月　日	搭设班组(分包单位)验收人员:　　　　　　　　　　年　月　日

注:1. 悬挑式钢平台,每移位一次须重新验收。

　　2. 悬挑式卸料平台由项目总监组织项目经理、项目技术负责人、搭设班组长验收。

落地式操作平台搭设验收表　　　　　　　　　　表 12-15

类型:固定(　)、移动(　)

单位名称		验收日期	
工程名称		平台面积	
搭设高度		容许荷载	kg

序号	验收项目	验收要求	验收结果
1	方案	有专项施工方案,方案能正确指导施工	
2	基础	底部坚实平整,底部承载力符合规定要求,有排水措施,符合施工组织设计	
3	杆件	固定平台搭设高度不大于 18 m,立杆间距纵向≤1.5m,横向≤1.5 m,垂直度偏差不大于 1/100 总高度,且不大于 10cm。移动式操作平台高度不宜超过 5m,面积不宜超过 10m²	
4	剪刀撑	夹角在 45°～60°,搭接长度不小于 1m,搭接扣件不少于 3 个	

序号	验收项目	验 收 要 求	验收结果
5	稳定性	固定式操作平台应与建筑物可靠连接，严禁与脚手架、塔吊连接	
		扣件螺栓拧紧力矩为40N·m～65N·m	
		移动式操作平台，移动滑轮与平台接合处牢固可靠，并设固定装置	
6	防护	平台操作位置设置上下两道横杆和栏杆柱，上杆离地1.2m，下杆离地0.5～0.6m，栏杆设置警示色，周围设置挡脚板	
		操作平台面铺设材料符合规定，不留空隙	
		移动式操作平台设登高扶梯	
7	通道	进入作业面的通道铺设牢固、平整，无明显高低	
8	限载标志	操作平台内、外两侧均设置限载标志牌	

验收意见	监理单位验收人员： 年 月 日	施工单位验收人员： 年 月 日	搭设班组（分包单位）验收人员： 年 月 日

注：落地式操作平台由项目总监组织项目经理、项目技术负责人、搭设班组长验收。

临边、洞口安全防护设施验收表 表 12-16

工程名称		施工单位			
项目负责人		验收部位			

序号	项目	验 收 要 求	防护材料	防护长宽、高度	验收结果
1	楼梯口	楼梯临边设上下两道横杆和栏杆柱，上杆离地1.2m，下杆离地0.5～0.6m			
		楼梯平台应采取防护措施			
2	电梯井口	井口须安装无法任意开启且高度不低于180cm的定型防护门，并悬挂醒目警示标志			
		电梯井内水平防护采用井内搭设防护平台，上面满铺竹跳板或悬挂水平安全网进行防护。采用竹跳板等硬质防护时，应每层设置；采用水平安全网防护时每隔两层或不大于10m设一道安全平网			
3	通道口	建筑物出入口必须搭设防护棚。防护棚出入通道长度大于坠落半径（建筑物高度小于等于15m，通道长度不小于3m，建筑物高度大于15m，通道长度不小于5m）。防护棚顶应满铺不小于5cm的厚木板或相当于其强度的其他材料			
		当使用竹笆等强度较低的材料时，应采用防护间距为60cm的双层防护棚。棚顶四周边沿设50cm高反边			
		当建筑物高度超过24m，存在交叉作业时，应设置成顶部能防止穿透的双层防护棚，材料为厚度不小于500mm的木板，间距不小于600mm			
		通道两侧设防护栏杆防护			
4	预留洞口	短边尺寸50cm以下的洞口加定型化盖板，固定牢固			
		短边尺寸50cm到150cm洞口设置贯穿钢筋网格，网格间距不大于20cm；或设置以钢管扣件组合而成的钢管网格，网格间距不大于25cm			
		边长150cm以上的洞口四周设两道防护栏杆并用密目网围挡，洞口应安全平网或竹笆、脚手板封闭			
5	阳台、楼面、屋面等临边防护	基坑周边、阳台边、框架楼层周边等临边应设两道符合规范要求的防护栏杆，并采用密目式安全网封闭，防护应严密可靠			

验收意见：

年　月　日

搭设班组负责人		专职安全员	
项目技术负责人		项目经理	

注：临边洞口防护设施应在每处设施完成后即进行验收。项目经理组织搭设人员和有关技术人员进行验收。

工程名称										
塔式 起重机	型号		设备编号			起升高度				m
	幅度	m	起重力矩		kN·m	最大起重量		t	塔高	m
	与建筑物水平附着距离				m	各道附着间距		m	附着道数	

验收部位	验收要求	结果
结构件	部件、附件、连接件安装齐全，位置正确	
	螺栓拧紧力矩达到技术要求，开口销完全撬开	
	结构件无变形、开焊、疲劳裂纹	
	压重、配重的重量与位置使用说明要求	
基础与 轨道	地基坚实、平整，地基或基础隐蔽工程资料齐全、准确	
	基础周围有排水措施	
	路基箱或枕木铺设符合要求，夹板、道钉使用正确	
	钢轨顶面总、横方向上的倾斜度不大于 1/1000	
	塔式起重机底架平整度符合使用说明书要求	
	止挡装置距钢轨两端距离≥1m	
	行走限位装置距止挡装置距离≥1m	
	轨接头间距不大于 4m，接头高低差不大于 2mm	
机构及 零部件	钢丝绳在卷筒上面缠绕整齐，润滑好	
	钢丝绳规格正确、断丝和磨损未达到报废标准	
	钢丝绳固定和编插符合国家及行业标准	
	各部位滑轮转动灵活、可靠，无卡塞现象	
	吊钩磨损未达到报废标准、保险装置可靠	
	各机构转动平稳、无异常响声	
	各润滑点润滑良好，润滑油牌号正确	
	制动器动作灵活可靠，联轴器连接良好，无异常	
附着 锚固	锚固框架安装位置符合规定要求	
	塔身与锚固框架固定牢靠	
	附着框、锚杆、附着装置等各处螺栓、销轴齐全、正确、可靠	
	垫铁、镆块等零部件齐全可靠	
	最高附着点下塔身轴线对支承面垂直度不得大于相应高度的 2/1000	
	独立状态或附着状态下最高附着点以上塔身轴线对支承面垂直度不得大于 4/1000	
	附着点以上塔式起重机悬臂高度不得大于规定高度	
电气 系统	供电系统电压稳定、正常工作、电压 380V±10%	
	仪表、照明、报警系统完好、可靠	
	控制、操纵装置动作灵活、可靠	
	电气按要求设置短路和过流、失压及零位保护，切断总电源的紧急开关符合要求	
	电气系统对地的绝缘电阻不大于 0.5MΩ	
安全 装置	起重量限制器灵敏可靠，其综合误差不大于额定值的±5%	
	力矩限制器灵敏可靠，其综合误差不大于额定值的±5%	
	回转限位器灵敏可靠	
	行走限位器灵敏可靠	
	变幅限位器灵敏可靠	
	顶升横梁防脱装置完好可靠	
	吊钩上的钢丝绳防脱钩装置完好可靠	
	滑轮、卷筒上的钢丝绳防脱装置完好可靠	
	小车断绳保护装置灵敏可靠	
	小车断轴保护装置灵敏可靠	

验收部位	验收要求	结果
环境	布设位置合理符合施工组织设计要求	
	与架空线最小距离符合规定	
	塔式起重机的尾部与周围建(构)筑物及其外围施工设施之间的安全距离不小于 0.6m	
其他	对检测单位意见复查	

出租单位验收意见： 负责人(签字)： （盖章） 年 月 日	安装单位验收意见： 负责人(签字)： （盖章） 年 月 日
使用单位验收意见： 项目负责人(签字)： （盖章） 年 月 日	监理单位验收意见： 总监理工程师(签字)： （盖章） 年 月 日

施工承包单位验收意见：

项目负责人(签字)：

（盖章）

年 月 日

注：首次安装及每次附着顶升后，施工总承包单位应组织有关单位按此表对塔式起重机进行验收。

建筑施工起重机械（施工升降机）安装验收记录表   表 12-18

工程名称		工程地址	
设备厂家、型号		备案登记号	
出厂编号		出厂日期	
安装高度		产权登记号	
安装单位		安装日期	

检查项目	验收内容和要求	检查结果	备注
主要部件	导轨架、附墙架连接安全齐全、牢固，位置正确		
	螺栓拧紧力矩达到技术要求，开口销完全撬开		
	导轨架安装垂直度满足要求		
	结构件无变形、开焊、裂纹		
	对重导轨符合说明书要求		
传动系统	钢丝绳规格正确，未达到报废标准		
	钢丝绳固定和编结符合标准要求		
	各部位滑轮转动灵活、可靠		
	齿轮、齿条、导向轮、背轮符合要求		
	各机构转动平稳、无异常响声，润滑点润滑良好		
	制动器、离合器动作灵敏、可靠		
安全系统	防坠落安全器在有效标定期内使用		
	超载保护装置灵敏可靠		
	上、下限位开关灵敏可靠		
	上、下极限位开关		
	急停开关灵敏可靠		
	安全钩完好		
	额定载重量标牌牢固清晰		
	地面防护围栏门、吊笼门机电联锁灵敏有效		

检查项目	验收内容和要求		检查结果	备注
电气系统	接触器、继电器接触良好			
	仪表、照明、报警系统完好可靠			
	控制、操纵装置动作灵活、可靠			
	各种电气安全保护装置齐全、可靠			
	电气系统对导轨架的绝缘电阻应≥0.5MΩ,接地电阻≤4Ω			
试运行	空载	双吊笼施工升降机应分别对两个吊笼进行试运行。试运行中吊笼应启动、制动正常,运行平稳,无异常现象		
	额定载重量			
	125%额定载重量			
坠落试验	吊笼制动后,结构及连接件应无任何损坏或永久变形,且制动距离应符合要求			
其他				

出租单位验收意见：

负责人(签字)：

（盖章）

年　月　日

安装单位验收意见：

负责人(签字)：

（盖章）

年　月　日

使用单位验收意见：

项目负责人(签字)：

（盖章）

年　月　日

监理单位验收意见：

总监理工程师(签字)：

（盖章）

年　月　日

施工承包单位验收意见：

项目负责人(签字)：

（盖章）

年　月　日

注：1. 对不符合要求的项目在备注栏具体说明,对要求量化的参数应填写实测值。
　　2. 每次附着加节后,施工总承包单位应组织有关单位按此表对施工升降机进行验收。

建筑施工起重机械（物料提升机）安装验收记录表　　　　表 12-19

工程名称		安装单位	
施工单位		项目负责人	
设备型号		设备编号	
安装高度		附着形式	
安装时间			

验收项目	验收内容及要求	实测结果	备注
基础	基础承载力符合要求		
	基础表面平整度符合说明书要求		
	基础混凝土强度等级符合要求		
	基础周边有排水措施		
	与输电线路的水平距离符合要求		
导轨架	各标准节无变形、无开焊及严重锈蚀		
	各节点螺栓紧固力矩符合要求		
	导轨架垂直度≤0.15%,导轨对接阶差≤1.5mm		
动力系统	卷扬机卷筒节径与钢丝绳直径比值≥30		
	吊笼处于最低位置时,卷筒上的钢丝绳不应小于3圈		
	拽引轮直径与钢丝绳包角≥150°		
	卷扬机固定牢固		
	制动器、离合器工作可靠		

验收项目	验收内容及要求	实测结果	备注
钢丝绳 与滑轮	钢丝绳安全系数符合设计要求		
	钢丝绳断丝、磨损未达到报废标准		
	钢丝绳及绳夹规格匹配、紧固有效		
	滑轮直径与钢丝绳直径的比值≥30		
	滑轮磨损未达到报废标准		
吊笼	吊笼结构完好,无变形		
	吊笼安全门开启灵活有效		
电气系统	电气设备绝缘电阻值≥0.5Ω,重复接地电阻值≤10Ω		
	短路保护、过电流保护和漏电保护齐全可靠		
附墙架	附墙架结构符合说明书要求		
	自由端高度、附墙架间距≤6m,且符合设计要求		
揽风绳 与地锚	揽风绳的设置组数及位置符合说明书要求		
	揽风绳与导轨架连接处有防剪切措施		
	揽风绳与地锚夹角在45°～60°		
	揽风绳与地锚用花篮螺栓连接		
安全与 防护装置	防坠安全器在标定期内使用,且灵敏可靠		
	起重量限制器灵敏可靠,误差值不大于额定值的5%		
	安全停层装置灵敏有效		
	限位开关灵敏可靠,安全越程≥3m		
	进料门口、停层平台门高度及强度符合要求,且达到工具化、标准化要求		
	停层平台及两侧防护栏杆搭设高度符合要求		
	进料口防护棚长度≥3m,且强度符合要求		
	停层平台不得与脚手架相连		

验收结论:

验收单位(盖章):　　　　　　　　　验收负责人:

　　　　　　　　　　　　　　　　　　　　　　　　　年　　　月　　　日

出租单位验收意见:	使用单位验收意见:
负责人(签字):	项目负责人(签字):
(盖章) 年　月　日	(盖章) 年　月　日
施工总承包单位验收意见:	监理单位验收意见:
项目负责人(签字):	总监理工程师(签字):
(盖章) 年　月　日	(盖章) 年　月　日

　　注:每次加节后,施工总承包单位应组织有关单位按此表对物料提升机进行验收。

吊篮安装楼号：　　　吊篮编号：

工程名称		结构层次	
设备名称		规格型号	
制造单位		出厂日期	
备案登记证号		安装日期	
产权单位		负责人	
安装单位		项目负责人	
使用单位		项目负责人	
总承包单位		项目负责人	
监理单位		总监理工程师	

序号	检查部位	检查标准	检查结果
1	悬挑机构	悬挑机构的连接锚轴规格与安装孔相符并用锁定销可靠锁定	
2	吊篮平台	悬挑机构稳定,前支架受力点平整,结构强度满足要求	
		悬挑机构抗倾覆系数大于等于2,配重铁足量稳妥安放,锚固点结构强度满足要求	
		吊篮平台组装符合产品说明书要求	
3	操控系统	吊篮平台无明显变形和严重锈蚀及大量附着物	
		连接螺栓无遗漏并拧紧	
		供电系统符合施工现场临时用电安全技术规范要求	
4	安全装置	电气控制柜各种安全保护装置齐全、可靠,控制器件灵敏可靠	
		电缆无破损裸露,收放自如	
		安全锁灵敏可靠,在标定有效期内,离心触发式制动距离小于等于200mm,摆臂防倾3°~8°锁绳	
		独立设置锦纶安全绳,锦纶绳直径不小于16mm,锁绳器符合要求,安全绳与结构固定点的连接可靠	
		行程限位装置是否正确稳固,灵敏可靠	
		超高限位器止挡安装在距顶端(或障碍物)80cm处固定	
5	钢丝绳	动力钢丝绳,安全钢丝绳及索具的规格型号符合产品说明书要求	
		钢丝绳无断丝、断股、松股、硬弯、锈蚀,无油污和附着物	
		钢丝绳的安装稳妥可靠	
6	技术资料	吊篮安装和施工组织方案	
		安装、操作人员的资格证书	
		防护架钢结构构件产品合格证	
		产品标牌内容完整(产品名称、主要技术性能、制造日期、出厂编号、制造厂名称)	
7	防护	施工现场安全防护措施落实,划定安全区、设置安全警示标识	

产权单位验收意见：	安装单位验收意见：
负责人(签字)：　　　　　　　　(盖章) 　　　　　　　　　　　　　　年 月 日	负责人(签字)：　　　　　　　　(盖章) 　　　　　　　　　　　　　　年 月 日

使用单位验收意见：	监理单位验收意见：
项目负责人(签字)： (盖章) 年 月 日	总监理工程师(签字)： (盖章) 年 月 日

施工总承包单位验收意见	项目负责人(签字)： (盖章) 年 月 日

注：1. 本表由施工单位填报，监理单位、施工单位、产权单位、安拆单位各存一份。

2. 每台吊篮安装、移位后都必须组织验收，一台一表。

建筑施工现场临时用电验收表   表 12-21

项目名称		施工单位	
项目负责人		验收部位	

序号	验收项目	验收内容	验收结果
1	临时用电施工组织设计	是否按临时施工用电组织设计要求实施总体布设	
2	配电系统	施工现场采用三级配电、二级漏电保护系统	
3	外电防护	外电防护要有可靠的防护措施，防护要严密，达到安全要求	
4	接零接地	施工现场应按实际情况采用接零或接地保护，严禁接地、接零混用，接地装置应符合规范要求	
5	线路架设	不准采用竹质电杆，架空线路不得架设在脚手架或树上等处 电杆应设横担和绝缘子，电杆、横担应符合要求，线路应采用绝缘子固定架空线离地按规定有足够的安全距离 配电箱引入引出线应加绝缘护套，出电线要排列整齐，匹配合理 严禁使用绝缘差、老化、破皮电线，防止漏电 电缆线路直接埋地，敷设深度不小于 0.7m，引出地面从 2m 高度至地下 0.2m 处，必须架设防护套管 电缆线应选用匹配的电缆，架空线路过道要有可靠的保护	
6	变配电装置	露天变压器设置符合规范要求，配电间安全防护措施和安全用具、警告标志、消防器材齐全，配电间门要外开，室内装置符合规范要求	
7	配电箱	配电箱制作要符合规范要求，有防雨措施，门锁齐全，严禁使用木质电箱 动力、照明配电箱宜分别设置，合并设置时应分路配电配电箱内的电器安装应符合规范要求 配电箱与开关箱之间距离应控制在 30m 以内，固定式配电箱的中心点与地面的垂直距离应为 1.4～1.6m，移动式配电箱的中心点与地面的垂直距离应为 0.8～1.6m	
8	开关箱	开关箱要符合一机一闸一漏一箱，箱内无杂物，不积灰，用电设备与开关箱水平距离不宜超过 3m，固定式开关箱的中心点与地面的垂直距离应为 1.4～1.6m，移动式开关箱的中心点与地面的垂直距离应为 0.8～1.6m，严禁动力、照明混用	
9	现场照明	照明专用回路应有漏电保护，灯具金属外壳应有接零保护 灯具安装高度室内不低于 2.5m，室外不低于 3m 特殊场所应使用与其危险程度相匹配的安全电压，线路不乱接乱拉 手持照明灯使用 36V 以下电源供电	
10	电气元件	严禁使用淘汰的电器产品 电器应按其规定位置紧固在电器安装板上，不得外斜和松动 总配电箱中漏电保护器的额定漏电动作电流与额定漏电动作时间的乘积不应大于 30mA·s；开关箱中漏电保护器的额定漏电动作电流不应大于 30mA，额定漏电动作时间不应大于 0.1s	

施工总承包单位验收意见：	使用单位验收意见：	监理验收意见：

项目负责人:(签字)
项目部(盖章)
    年 月 日
	项目负责人:(签字)
	项目部:(盖章)
	    年 月 日
		项目总监:(签字)
		监理项目部:(盖章)
		    年 月 日

注：验收栏目内有数据的，在验收栏目内填写实测数据，没有数据的文字说明。

建筑施工现场外电防护设施验收表

表 12-22

项目名称								
施工单位				项目负责人				
验收部位				搭设高度				m

序号	验收项目	验 收 要 求						验收结果
1	施工方案	有专项安全专项方案并经过审批,针对性强,能指导施工;有专项安全技术交底;搭设单位及人员具有相应的资质与资格						
2	立杆基础	立杆埋深不得小于 300mm,坑底夯实并垫木;土质较松,挖坑困难时,应在土层上铺置底垫,立杆底部设置纵、横向扫地杆;有良好排水措施且无积水						
3	材质	搭架毛竹应为三年生以上,腐烂、虫蛀、通裂、刀伤、霉变的毛竹不得使用;立杆、大横杆、小横杆、剪刀撑小头有效直径应大于 60mm,绑扎材料可采用竹篾、塑料篾或白棕绳,不得使用尼龙绳和塑料绳						
4	立杆	立杆纵距为 1.2m,步距应不大于 1.8m;立杆搭接长度不应小于 1.8m,搭接接头应错开一个步距;立杆垂直度:h/200						
5	横向水平杆	横向水平杆有效部分的小头直径不得小于 75mm,外伸长度 250～500mm						
6	纵向水平杆	纵向水平杆长度不得小于 3 跨,搭接长度不应小于 1.8m						
7	顶撑	上下顶撑应同轴并保持垂直,与立杆绑扎三道						
8	剪刀撑	剪刀撑应与立杆紧靠绑扎,自上而下连续设置,宽度不应小于 4 跨,与地面成 45°～60° 夹角,杆件搭接长度不应小于 1.8m,底部应埋地,埋深不小于 200mm						
9	抛撑	架高 7m 以下,每 6 跨设置一道抛撑						
10	安全距离	防护设施与外电线路之间的安全距离不应小于下表所列数值 外电线路电压等级(kV): ≤10 / 35 / 110 / 220 / 330 / 500 最小安全距离(m): 1.7 / 2.0 / 2.5 / 4.0 / 5.0 / 6.0 防护设施对外电线路的隔离防护应达到 IP30 级,能防止 $\phi 2.5mm$ 固体异物穿越						

防护设施与外电线路之间的安全距离不应小于下表所列数值

外电线路电压等级(kV)	≤10	35	110	220	330	500
最小安全距离(m)	1.7	2.0	2.5	4.0	5.0	6.0

总承包单位验收意见:	使用单位验收意见:	使用单位验收意见:
项目负责人:(签字) 验收日期:	项目负责人:(签字) 验收日期:	项目总监:(签字) 验收日期:

注:验收栏目内有数据的,在验收栏目内填写实测数据,没有数据的文字说明。

3. 专项方案的实施检查

《中华人民共和国安全生产法》第三十八条规定,生产经营单位应当建立健全生产安全事故隐患排查治理制度，采取技术、管理措施，及时发现并消除事故隐患。事故隐患排查治理情况应当如实记录，并向从业人员通报。同时，把督促、检查本单位的安全生产工作、及时消除生产安全事故隐患分别作为企业主要负责人、专职安全员的安全生产职责。重点应当组织、做好以下工作：

（1）制定和完善专项方案检查制度。施工单位应当按照国家规定建立专项方案检查制度，做到"三结合、四落实"。即：定期检查与随机抽查相结合、综合检查与专项检查相结合、检查与责任追究相结合；落实公司与项目部的检查职责，落实公司与项目部两级负责人、技术负责人的检查职责，落实检查整改与督查整改的责任，落实责任追究的规定；明确不同层级的检查内容、检查形式、检查时间和检查人员。

（2）施工单位及项目部的检查。施工单位和项目部都应当建立专项施工方案检查制度，尤其是重大危险源的检查，公司应当定期检查，项目部应在定期检查的基础上加强日常巡查，定期评估、每周至少一次检查。既要检查项目专项方案在现场、从业人员的执行情况，同时应加强对分包单位实施专项方案的检查、指导与督促。

（3）专职安全员的检查。《中华人民共和国安全生产法》第二十二条规定，生产经营单位的安全生产管理机构以及安全生产管理人员的七项职责中，其中四项职责就是监督检查：督促落实本单位重大危险源的安全管理措施；检查本单位的安全生产状况，及时排查生产安全事故隐患，提出改进安全生产管理的建议；制止和纠正违章指挥、强令冒险作业、违反操作规程的行为；督促落实本单位安全生产整改措施。

国务院《建设工程安全生产管理条例》第二十六条进一步明确了对达到一定规模的危险性较大的分部分项工程专项施工方案或其他存在重大危险源作业工序、环境施工时，专职安全生产管理人员应进行现场监督，检查并及时做好记录。

（4）监理单位的检查。监理单位应当对专项施工方案、安全技术措施和应急预案进行审查，制定项目监理规划、实施细则和旁站方案，对项目重大危险源进行巡查、平行检查及必要的旁站监理。发现安全隐患时，及时发出整改通知，并对整改情况负责跟踪，直至整改到位。情况严重时，下达停工通知；施工单位拒不整改时，及时向建设主管部门报告。

（5）建设主管部门的检查。建设主管部门及其委托的安全监督机构应建立工程项目重大危险源报告备案制度和监督检查制度，对施工安全重大危险源加强监督管理，防止事故发生。

12.2.3　安全监控管理

1. 施工单位对重大安全隐患的监控的法律规定。《中华人民共和国安全生产法》第三十七条：生产经营单位对重大危险源应当登记建档，进行定期检测、评估、监控，并制定应急预案，告知从业人员和相关人员在紧急情况下应当采取的应急措施。生产经营单位应当按照国家有关规定将本单位重大危险源及有关安全措施、应急措施报有关地方人民政府安全生产监督管理部门和有关部门备案。国家在法律制度中明确规定了企业在重大危险源的监控中应当做好的检测、评估、监控的职责。

2. 施工总承包单位应制定重大危险源的管理制度，建立安全管理体系，明确具体责任，制定消除或减少危险性的安全技术方案和措施，认真组织实施，并进行严格的监控、检查和验收。

3. 施工单位、项目部、分包单位都应当根据承建工程施工范围和特点，在工程施工前对可能出现的危险因素进行辨识、评价，对重大危险源进行登记建档，并报项目所在地建设主管部门备案。

4. 存在重大危险源的工程施工前，必须编制专项安全施工方案。专项安全施工方案包括相应的安全技术措施、监控措施、应急预案和紧急救护措施等内容。

5. 存在重大危险源的工程施工单位应按照专项安全施工方案严格进行安全技术交底，并有书面记录和签字，确保作业人员清楚掌握施工方案的技术要点。同时，施工单位还应将施工现场重大危险源作为安全教育内容，告知现场作业人员。

6. 存在重大危险源的工程施工严格按专项安全施工方案实施，凡是涉及验收的项目、阶段，项目技术负责人、方案编制人员应组织参加验收，形成验收记录资料。

7. 存在重大危险源的工程项目部应根据工程进度及施工环境变化，及时将重大危险源的位置、名称、注意事项、作业时间和责任人等在工地醒目位置公示和更新。

8. 监理单位应对存在重大危险源的工程项目专项施工方案进行审核，对重大危险源进行重点监控，监理过程中发现的安全隐患应及时开具监理通知单；情况严重的，有权责令停止施工。对整改不力，或拒不整改的，及时把有关情况报当地建设主管部门或建筑安全监督机构。

12.2.4 安全技术交底的有效落实

1. 企业内部应制定制度，工程项目开工前，企业的技术负责人应向参加施工的施工管理人员进行安全技术交底；

2. 总承包单位向分包单位，分包单位工程项目的安全技术人员向作业班组进行安全技术措施交底；

3. 在企业安全技术交底中，班组的安全技术交底是最基础、最重要的一环，工程项目部应按照企业安全技术交底的规定制定制度，提出项目落实施工现场安全技术交底的保证措施，重点应做好以下五个方面：

（1）施工现场应提出相关的安全技术交底管理要求。

（2）施工现场制定的施工现场安全技术交底必须全面，符合有关规定、有针对性。

（3）施工现场的安全技术交底管理应责任到人，做到层层落实责任交底。

（4）施工现场应有相应的安全技术交底监督管理记录。

（5）其他管理要求。

4. 项目安全技术交底分三级：项目技术负责人向项目工程技术及管理人员进行施工组织设计交底（必要时扩大到班组长）并做好记录；技术人员向班组长进行分部分项工程交底；班组长向工人交底。

5. 各分部分项工程、关键工序和专项方案实施前，项目技术负责人应当会同方案编制人员就方案的实施向施工管理人员进行技术交底，并提出方案中所涉及的设施安装和验收的方法、标准。项目技术负责人和方案编制人员必须参与方案实施的验收和检查；

6. 项目技术人员、各工种负责人应对新进场的工人实施作业人员工种交底。

12.2.5 安全技术交底的手续

1. 安全技术交底文件应经项目技术、施工和安全管理人员审核通过后才能交底。

2. 安全技术交底除了口头交底外，还必须有书面交底记录，交底双方应履行签字手续。

3. 安全技术交底记录双方签字后双方各保留一份、项目部资料备案留存一份。

第 13 章　施工现场危险源的辨识与安全隐患的处置意见

13.1　危险源的相关知识

13.1.1　基本概念

1. 危险源

危险源是安全管理的主要对象，在实际生活和生产过程中的危险源是以多种多样的形式存在的。虽然危险源的表现形式不同，但从本质上说，能够造成危害后果的（如伤亡事故、人身健康受损害、物体受破坏和环境污染等），均可归结为能量的意外释放或约束、限制能量和危险物质措施失控的结果。

因此根据危险源在事故发生发展中的作用，把危险源分为两大类，即第一类危险源和第二类危险源。

（1）第一类危险源。能量和危险物质的存在是危害产生的最根本原因，通常把要能发生意外释放的能量（能源或能量载体）或危险物质称作第一类危险源。

第一类危险源是事故发生的物理本质，危险性主要表现为导致事故而造成后果的严重程度方面。第一类危险源危险性的大小主要取决于以下几方面情况：

1）能量或危险物质的量；

2）能量或危险物质意外释放的强度；

3）意外释放的能量或危险物质的影响范围。

（2）第二类危险源

造成约束、限制能量和危险物质措施失控的各种不安全因素称作第二类危险源。第二类危险源主要体现在设备故障或缺陷（物的不安全状态）、人为失误（人的不安全行为）和管理缺陷等几个方面。这是导致事故的必要条件，决定事故发生的可能性。

2. 危险源与事故

一般来说，危险源可能存在事故隐患，也可能不存在事故隐患，对于存在事故隐患的危险源一定要及时加以整改，否则随时都可能导致事故。

事故的发生是两类危险源共同作用的结果，第一类危险源是事故发生的前提，第二类危险源的出现是第一类危险源导致事故的必要条件。在事故的发生和发展过程中，两类危险源相互依存，相辅相成。第一类危险源是事故的主体，决定事故的严重程度，第二类危险源出现的难易，决定事故发生的可能性大小。

13.1.2　危险源识别

危险源识别是安全管理的基础工作，主要目的是要找出每项工作活动有关的所有危险源，并考虑这些危险源可能会对什么人造成什么样的伤害，或导致什么设备设施损坏等。

1. 危险源的分类

我国在 2009 年发布了国家标准《生产过程危险和有害因素分类与代码》GB/T 13861—2009，该标准适用于各个行业在规划、设计和组织生产时对危险源的预测和预防、伤亡事故的统计分析和应用计算机进行管理。在进行危险源识别时，可参照该标准的分类和编码，便于管理。

按照该标准，危险源分为以下四大类：

（1）人的因素；

（2）物的因素；

（3）环境因素；

（4）管理因素。

2. 危险源识别方法

危险源识别的方法有询问交谈、现场观察、查阅有关记录、获取外部信息、工作任务分析、安全检查表、危险与操作性研究、事故树分析、故障树分析等方法。这些方法各有特点和局限性，往往采用两种或两种以上的方法识别危险源。以下简单介绍常用的两种方法。

（1）专家调查法

专家调查法是通过向有经验的专家咨询、调查，识别、分析和评价危险源的一类方法，其优点是简便、易行，其缺点是受专家的知识、经验和占有资料的限制，可能出现遗漏。常用的有：头脑风暴法（Brainstorming）和德尔菲（Delphi）法。

（2）安全检查表（SCL）法

安全检查表（Safety check List）实际上就是实施安全检查和诊断项目的明细表。运用已编制好的安全检查表，进行系统的安全检查，识别工程项目存在的危险源。检查表的内容一般包括分类项目、检查内容及要求、检查以后处理意见等。可以用"是"、"否"作回答或"√"、"×"符号作标记，同时注明检查日期，并由检查人员和被检单位同时签字。安全检查表法的优点是：简单易懂、容易掌握，可以事先组织专家编制检查项目，使安全、检查做到系统化、完整化。缺点是只能作出定性评价。

13.1.3 危险源的评估

根据对危险源的识别，评估危险源造成的风险可能性和大小，对风险进行分级。GB/T 28002推荐的简单的风险等级评估如表 13-1 所示，结果分为Ⅰ、Ⅱ、Ⅲ、Ⅳ、Ⅴ五个风险等级。通过评估，可对不同等级的风险采取相应的风险控制措施。

风险等级评估表　　　　　　　　　　　　　　　　表 13-1

可能性（p）　　後果（f）	轻度损失 （轻微伤害）	中度损失 （伤害）	重大损失 （严重伤害）
很大	Ⅲ	Ⅳ	Ⅴ
中等	Ⅱ	Ⅲ	Ⅳ
很小	Ⅰ	Ⅱ	Ⅲ

注：Ⅰ—可忽略风险；Ⅱ—可容许风险；Ⅲ—中度风险；Ⅳ—重大风险；Ⅴ—不容许风险。

风险评价是一个持续不断的过程，应持续评审控制措施的充分性。当条件变化时，应对风险重新评估。

13.2 建筑工程施工重大危险源的辨识

13.2.1 施工现场重大危险源

建筑施工重大施工危险源根据现行的国家法律法规、国家标准、行业规范、操作规程、以前一些事故案例以及国家住房城乡建设部发布的历年建筑施工安全生产形势分析报告，列出建筑工程各个施工阶段、部位和场所中导致事故发生可能性较大，且事故发生会造成严重后果的施工危险因素，对其进行定性或定量分析研究评价，可以辨识施工现场重大危险源。建筑施工重大施工危险源因具体情况而不同，通常主要包括以下几类情况：

1. 深基坑工程

开挖深度 5m 及以上的深基坑（沟、槽）的土方开挖、支护、降水工程；地质条件、周围环境或地下管线比较复杂的基坑（沟、槽）的土方开挖、支护、降水工程；可能影响毗邻建筑物、构筑物结构和使用安全的基坑（沟、槽）的开挖、支护及降水工程。

2. 高支模工程

搭设高度 8m 以上的、搭设跨度 18m 及以上，施工总荷载大于 $15kN/m^2$ 的、集中线荷载 20kN/m 及以上的混凝土模板支撑工程；工具式模板工程，包括滑模、爬模、飞模工程；用于钢结构安装等满堂支撑体系，承受单点集中荷载 7kN 以上的承重支撑体系等。

3. 脚手架工程

搭设高度 50m 及以上的落地式脚手架；悬挑高度 20m 及以上的悬挑式脚手架；提升高度 15m 及以上附着升降脚手架。

4. 起重吊装工程

采用非常规起重设备、方法，且单件起吊重量在 100kN 及以上的起重吊装工程；2 台及以上起重机抬吊作业工程；跨度 30m 以上的结构吊装工程。

5. 起重机械安装拆卸工程

起重量 300kN 及以上的起重设备安装拆卸工程；高度 200m 及以上内爬起重设备的拆卸工程。

6. 拆除、爆破工程及其他工程

施工高度 50m 及以上的建筑幕墙安装工程；跨度大于 36m 及以上的钢结构安装工程；跨度大于 60m 及以上的网架和索膜结构安装工程；开挖深度超过 16m 的人工挖扩孔桩工程；地下暗挖、隧道、顶管及水下作业工程；采用新技术、新工艺、新材料、新设备可能影响工程质量和施工安全，尚无技术标准的分部分项工程。

由上可见，重大危险源种类繁多、分布范围广、伴随施工全过程，因此在施工过程中，要在深入调研省内外同类工程质量安全事故发生原因的基础上，充分发挥行业专家作用、采用多种危险辨识方法综合分析重大危险源，做到全面、准确、无遗漏的完成危险辨识。

13.2.2 施工现场重大危险源控制

重大危险源控制是建立在重大危险源辨识和评价的基础上，编制科学的危险源管理方案，预控施工中各个环节可能出现的风险，确保安全管理人员的主要精力投入到高风险的地方，达到实施风险控制的目的，低成本、高效率地消除施工过程中存在的不安全因素，保障施工安全。

1. 控制基本原则

(1) 优先消除原则。首先考虑通过合理的设计和科学的管理，尽可能从根本上消除危险源，实现本质安全。

(2) 降低风险原则。若无法从根本上消除危险源，其次考虑降低风险。采取技术和管理措施，努力降低伤害或损坏发生的概率或潜在的严重程度。

(3) 个体防护原则。在采取消除或降低风险措施后，还不能完全保证作业人员的安全健康时，最后考虑个体防护设备，作为补充对策。如穿戴特种劳动防护用品等。

2. 控制措施

(1) 组织措施

1) 建立健全规章制度。危险源确定后，在对危险源进行系统危险性分析的基础上建立健全各项规章制度，包括岗位安全生产责任制、危险源重点控制实施细则、安全操作规程、操作人员培训考核制度、日常管理制度、交接班制度、检查制度、信息反馈制度、危险作业审批制度、异常情况应急措施和考核奖惩制度等。

2) 明确安全责任、定期检查。根据各危险源的等级，分别确定各级负责人，明确具体责任。特别是要明确各级危险源的定期检查责任，除作业人员必须每天自查外还要规定各级领导定期参加检查。对危险源的检查要制定检查表，对照规定的方法和标准逐条逐项进行检查，并作记录。如发现隐患则应及时反馈，及时进行消除。

3) 搞好危险源控制管理的基础建设工作。建立健全危险源的安全档案和设置安全标志牌。应按安全档案管理的有关内容要求建立危险源档案，并指定专人保管，定期整理。在危险源的显著位置悬挂安全标志牌，标明危险等级，注明负责人员，表明主要危险，并扼要注明防范措施。

4) 搞好危险源控制管理的考核评价和奖惩。对危险源控制管理的各方面工作制定考核标准，并力求量化，划分等级。定期严格考核评价，促使危险源控制管理的水平不断提高。

5) 严格落实重大危险源施工方案专家论证制度。针对重大危险源工程施工方案，须严格落实实施专家论证制度，施工方案必须经过专家论证审查通过后，方可进入实施阶段，以有效遏制重特大建筑安全事故的发生。

6) 制订事故应急救援预案。事故应急救援预案是重大危险源控制系统的重要组成部分，企业应按照每项重大危险源制定相应的现场应急救援预案，落实应急救援预案的各项措施，并定期检验和评估现场事故应急救援预案和程序的有效程度，即定期进行演练，以及在必要时进行修订。

7) 加强安全生产培训教育。要制定安全培训教育管理制度，编制年度培训计划，严格执行三级安全教育制度，加强新上岗人员和轮岗作业人员的安全教育，增强各类从业人员的安全意识，提高管理能力和水平，确保安全施工。

（2）技术措施

1）消除。消除系统中的危险源，可以从根本上防止事故的发生。但按照现代安全工程的观点，彻底消除所有危险源是不可能的，因此人们往往首选危险性较大、在现有技术条件下可消除的危险源，作为优先考虑的对象。可以通过选择合适的工艺、技术、设备、设施，合理结构形式，选择无害、无毒或不能致人伤害的物料来彻底消除某种危险源。

2）预防。当消除危险源有困难时，可采取预防危险因素发生的措施，如淘汰落后的技术、工艺，适度提高工程施工安全设防标准，从而提升施工安全技术与管理水平，降低施工安全风险。

3）减弱。在无法消除危险源和难以预防的情况下，可采取减轻危险因素的措施。

4）隔离。是指在消除、预防、减弱等对危险源均不起作用的情况下而采取的将作业人员与重大危险源隔离开或将不宜共存的物质分开的措施。如遥控作业、安全罩、隔离操作室等。

5）连锁。是指在作业人员出现操作失误或机械设备处于危险状态时能够通过连锁装置来终止危险的恶化。

6）警告。是指在易发生故障的危险源附近配置醒目的安全标志、安全色或配置声光等报警装置。

3. 控制程序

建筑工程在开工前，应先编制完整的施工组织设计方案；针对施工组织设计安排，组织有关安全专家辨识施工现场潜在的重大危险源，并通过科学的风险评价方法，判定哪些是重大危险源，然后确定有关责任部门制定各专项安全施工控制方案及应急救援预案；通过资金保证，明确相关人员的职责，来监督安全管理、技术、教育等控制措施到位；最后对执行成果进行评估、改进。重大危险源控制程序主要分为 6 个实施步骤：普查辨识—申报登记—建档建库—安全评估—隐患整改—监测监控。

13.3 风险的控制

13.3.1 风险评估策划

风险评估后，应分别列出所找出的所有危险源和重大危险源清单，对已经评价出的不容许的和重大风险（重大危险源）进行优先排序，由工程技术主管部门的相关人员进行风险控制策划，制定风险控制措施计划或管理方案。对于一般危险源可以通过日常管理程序来实施控制。

风险控制策划可以按照以下顺序和原则进行考虑：

1. 尽可能完全消除有不可接受风险的危险源，如用安全品取代危险品；

2. 如果是不可能消除有重大危险的危险源，应努力采取降低风险的措施，如使用低压电器等；

3. 在条件允许时，应使工作适合于人，如考虑降低人的精神压力和体能消耗；

4. 应尽可能利用技术进步来改善安全控制措施；

5. 应考虑保护每个工作人员的措施；

6. 将技术管理与程序控制结合起来；

7. 应考虑引入诸如机械安全防护装置的维护计划的要求；

8. 在各种措施还不能绝对保证安全的情况下，作为最终手段，还应考虑使用个人防护用品；

9. 应有可行、有效的应急方案；

10. 预防性测定指标是否符合控制措施计划的要求。

13.3.2　风险控制措施计划

不同的组织、不同的工程项目需要根据不同的条件和风险量来选择适合的控制策略和管理方案。表 13-2 所示的是针对不同风险水平的风险控制措施计划表。在实际应用中，应根据风险评价所得出的不同风险源和风险量大小（风险水平），选择不同的控制策略。

风险控制措施计划在实施前宜进行评审，评审主要包括以下内容：

1. 更改的措施是否使风险降低至可允许水平；

2. 是否产生新的危险源；

3. 是否已选定了成本效益最佳的解决方案；

4. 更改的预防措施是否能得到全面落实。

基于不同风险水平的风险控制措施计划表　　　　　　　　　　表 13-2

风　　险	措　　施
可忽略的	不采取措施且不必保留文件记录
可容许的	不需要另外的控制措施,应考虑投资效果更佳的解决方案或不增加额外成本的改进措施,需要监视来确保控制措施得以维持
中度的	应努力降低风险,但应仔细测定并限定预防成本,并在规定的时间期限内实施降低风险的措施。在中等风险与严重伤害后果相关的场合,必须进一步的评价,以更准确地确定伤害的可能性,以确定是否需要改进控制措施
重大的	直至风险降低后才能开始工作,为降低风险有时必须配给大量的资源,当风险涉及正在进行中的工作时,就应采取应急措施
不容许的	只有当风险已经降低时,才能开始或继续工作。如果无限的资源投入也不能降低风险,就必须禁止工作

13.3.3　风险控制方法

1. 第一类风险源控制方法

可以采取消除危险源、限制能量和隔离危险物质、个体防护、应急救援等方法。建设工程可能遇到不可预测的各种自然灾害引发的风险，只能采取预测、预防、应急计划和应急救援等措施，以尽量消除或减少人员伤亡和财产损失。

2. 第二类危险源控制方法

提高各类设施的可靠性以消除或减少故障、增加安全系数、设置安全监控系统、改善作业环境等。最重要的是加强员工的安全意识培训和教育，克服不良的操作习惯，严格按章办事，并帮助其在生产过程中保持良好的生理和心理状态。

13.4 事故与事故隐患

13.4.1 事故与事故隐患异同

1. 相同之处

（1）都是在人们的行动（如生产或社会活动）过程中的不安全行为；

（2）都涉及人、物和系统环境；

（3）都对人们的行动（如生产或社会活动）产生了一定的影响力。

2. 不同之处

（1）事故是在行动（如生产或社会活动）的动态过程中发生的，事故隐患是在行动（如生产或社会活动）的静态过程中积聚和发展的；

（2）事故的发生是潜在能量激发的结果，事故隐患就是其潜在能量尚未激发或还未形成激发状态；

（3）事故已导致或多或少，或大或小的财物经济损失或人员伤害，有一定的甚至相当大的破坏力；而事故隐患则还没有产生这样的损失、伤害和破坏性；

（4）事故具有突然性和偶然性的特点，一旦构成事故发生的条件，其速度极快，不易阻止，后果亦难以预料；事故隐患具有隐蔽性，不构成条件（即激发潜能）不会酿成事故，而且有可能发现，采取有效措施能暂时控制以至消除事故的形成。

由此可见，及早地对事故隐患加以超前性的诊断或辨识，然后进行针对性治理，予以消除。或者采取预防对策措施，遏制其向事故方面的转化，对维持人们的正常的行动（如生产或社会活动），就显得更有实际意义，这对我们从事风险施工较大的建筑行业而言，是尤为重要的。

13.4.2 事故防范的策略

1. 管理方面

（1）设立事故原因分析委员会。如果发生事故，即产生了责任问题。与处理事故委员会不同，在彻底分析与责任无关的事故原因、弄清问题的关键的同时，应该设立一个详细了解事故原因、把广泛预防事故作为研究课题的委员会；

（2）配备专门工作人员。为了达到安全的目的，必须广泛考虑安全条件，需要能够认识关键问题的专业工作人员，特别是能够发现差错的、具备深刻观察力的工作人员；

（3）意见汇总制度。现阶段汇总有关安全、危险的意见是很有必要的。发生事故一般人会认为是没有想到的事，但事故发生的可能性还是可以通过分析预测的。在发生事故的可能性较小的情况下，就会被人为疏忽，大多数人也会认为这样的事故从来没有发生过，也不会发生而被忽视。通过系统收集材料，从专业工作人员的角度加以研究和分析，就可以事前预防事故的发生；

（4）对待操作规程的态度。并不是制定一个好的规章制度就可以万事大吉了，重要的是要遵守并执行规章制度；

（5）为了把作业次序记在脑海里，让每位施工作业者完全了解问题的关键和行动，花点功夫是必要的。必须考虑示意图提问题，使参与者都高度紧张，正确地传递信息；

（6）操作顺序性。操作次序如与安全、危险有关联的话要重新考虑操作顺序；

（7）禁止凭自己的想象进行操作。有些事故在规范化操作时不易发生，而在非规范化操作或凭自己的想象进行操作时，经常会发生。如果在进行某项作业前，先把作业顺序、工作状况等情况，清楚地记在脑中，就能顺利地工作。在不了解情况的时候，盲目操作，发生事故的可能性也就增大了。作业在中断后重新开工时，容易发生事故。理由是相同的。所以在重新开工前，应该先回忆一下上次的工作情况，这样可以预防事故。

2. 设备方面

预防事故就是不让未预料到的事情发生，换言之，事先能考虑到可能出现的差错及可能发生的事端，并且对此采取预防措施：

（1）实现安全装置的可能性。尽管采用保险装置的系统方法有很多困难，但还是有必要加以探索，通过输电线触电事故分析有以下几种可能性：

1）强制性地在物理上隔绝与带电线接近的空间接触装置；

2）一碰上带电线就会发出听觉和触觉警报的装置；

3）无论是带电线还是不带电线，都应有明显的标记，例如变色笔及电子音波。

（2）状态的统一性。即隔离绳代表什么意义的问题。谋求作业区内状态的统一性，防止引起错觉。

（3）提供正确的信息。即表示新线、旧线的标志牌。

（4）可行的物理性隔离。设置悬壁式隔离柱，排除引起错觉的信息，除红色、蓝色是表示危险、安全外还应考虑使用其他记号。

3. 行为方面

（1）危险预知训练。在考虑某种危险状态的同时，还要掌握人们心理上和行动上的潜在危险，以及与状态和行动有关的潜在危险。

（2）小群体活动。小群体活动具有形成与预知危险训练一样形式的可能性。固定人员每次以同样的想法交换意见，会有碍创造性的发展。遁过第一项的教育训练，让有关人员学习新的知识，从新的角度看问题，搞活小组活动，使事故预防得到推进。

（3）要培养能深入关心人们的心理和行为的操作员。人们在某种条件下会有某种心情，也常常有某种行动，而且会产生某种错误。培养对别人的深刻认识和对别人有强烈责任心的操作员，是预防事故的关键。关心别人是应该的，但同时应该联系自己、分析自己的心理和行为，客观地看待自己，只有这样才能提高自我控制能力，也就能更好地关心别人，为别人考虑，在作业条件设定方面，也可以做得很好。还有，预防事故在人类行为上与培养具有敏锐观察问题能力的人密切相关。

（4）联系事故防止的对策，对问题进行分析，使各人对危险的感受性得到提高。但是如果弃而不用，再有用的资料也会变成一堆废纸。

13.4.3 事故危险因素与危害因素的分类

对危险因素与危害因素进行分类，是为了便于进行危险因素与危害因素的辨识和分析。危险因素与危害因素的分类方法有许多种，这里简单介绍按导致事故、危害的直接原因进行分类的方法和参照事故类别、职业病类别进行分类的方法。

1. 按导致事故和职业危害的直接原因进行分类

根据《生产过程危险和危害因素分类与代码》的规定对生产过程中的危险因素与危害因素进行了分类。此种分类方法所列危险、危害因素具体、详细、科学合理，适用于各企业在规划、设计和组织生产时，对危险、危害因素的辨识和分析。

2. 物理性危险因素与危害因素

（1）设备、设施缺陷（强度不够、刚度不够、稳定性差、密封不良、应力集中、外形缺陷、外露运动件、制动器缺陷、控制器缺陷、设备设施其他缺陷）；

（2）防护缺陷（无防护、防护装置和设施缺陷、防护不当、支撑不当、防护距离不够、其他院护缺陷）；

（3）电危害（带电部位裸露、漏电、雷电、静电、电火花、其他电危害）；

（4）噪声危害（机械性噪声、电磁性噪声、流体动力性噪声、其他噪声）；

（5）振动危害（机械性振动、电磁性振动、流体动力性振动、其他振动）；

（6）电磁辐射；

（7）运动物危害（固体抛射物、液体飞溅物、反弹物、岩土滑动、堆料垛滑动、气流卷动、冲击地压、其他运动物危害）；

（8）明火；

（9）能造成灼伤的高温物质（高温气体、高温固体、高温液体、其他高温物质）；

（10）能造成冻伤的低温物质（低温气体、低温固体、低温流体、其他低温物质）；

（11）粉尘与气溶胶（不包括爆炸性、有毒性粉尘与气溶胶）；

（12）作业环境不良（基础下沉、安全过道缺陷、采光照明不良、有害光照、通风不良、缺氧、空气质量不良、给水排水不良、涌水、强迫体位、气温过高、气温过低、气压过高、气压过低、高温高湿、自然灾害、其他作业环境不良）；

（13）信号缺陷（无信号设施、信号选用不当、信号位置不当、信号不清、信号显示不准、其他信号缺陷）；

（14）标志缺陷（无标志、标志不清楚、标志不规范、标志选用不当、标志位置缺陷、其他标志缺陷）；

（15）其他物理性危险因素与危害因素。

3. 化学性危险因素与危害因素

（1）易燃易爆性物质（易燃易爆性气体、易燃易爆性液体、易燃易爆性固体、易燃易爆性粉尘与气溶胶、其他易燃易爆性物质）；

（2）自然性物质；

（3）有毒物质（有毒气体、有毒液体、有毒固体、有毒粉尘与气溶胶、其他有毒物质）；

（4）腐蚀性物质（腐蚀性气体、腐蚀性液体、腐蚀性固体、其他腐蚀性物质）；

（5）其他化学性危险因素与危害因素。

4. 生物性危险因素与危害因素

（1）致病微生物（细菌、病毒、其他致病微生物）；

（2）传染病媒介物；

（3）致害动物；

（4）致害植物；

（5）其他生物性危险因素与危害因素。

5. 心理、生理性危险因素与危害因素

（1）负荷超限（体力负荷超限、听力负荷超限、视力负荷超限、其他负荷超限）；

（2）健康状况异常；

（3）从事禁忌作业；

（4）心理异常（情绪异常、冒险心理、过度紧张、其他心理异常）；

（5）辨识功能缺陷（感知延迟、辨识错误、其他辨识功能缺陷）；

（6）其他心理、生理性危险因素与危害因素。

6. 行为性危险因素与危害因素

（1）指挥错误（指挥失误、违章指挥、其他指挥错误）；

（2）操作失误（误操作、违章作业、其他操作失误）；

（3）监护失误；

（4）其他错误；

（5）其他行为性危险因素与危害因素。

7. 其他危险因素与危害因素

参照事故类别和职业病类别进行分类，参照《企业伤亡事故分类》，综合考虑起因物、引起事故的先发的诱导性原因、致害物、伤害方式等，将危险因素分为以下几类：

（1）物体打击，是指物体在重力或其他外力的作用下产生运动，打击人体造成人身伤亡事故，不包括因机械设备、车辆、起重机械、坍塌等引发的物体打击；

（2）车辆伤害，是指企业机动车辆在行驶中引起的人体坠落和物体倒塌、飞落、挤压伤亡事故，不包括起重设备提升、牵引车辆和车辆停驶时发生的事故；

（3）机械伤害，是指机械设备运动（静止）部件、工具、加工件直接与人体接触引起的夹击、碰撞、剪切、卷入、绞、碾、割、刺等伤害，不包括车辆、起重机械引起的机械伤害；

（4）起重伤害，是指各种起重作业（包括起重机安装、检修、试验）中发生的挤压、坠落、物体打击和触电；

（5）触电，包括雷击伤亡事故；

（6）淹溺，包括高处坠落淹溺，不包括矿山、井下透水淹溺；

（7）灼烫，是指火焰烧伤、高温物体烫伤、化学灼伤（酸、碱、盐、有机物引起的体内外灼伤）、物理灼伤（光、放射性物质引起的体内外灼伤），不包括电灼伤和火灾引起的烧伤；

（8）火灾；

（9）高处坠落，是指在高处作业中发生坠落造成的伤亡事故，不包括触电坠落事故；

（10）坍塌，是指物体在外力或重力作用下，超过自身的强度极限或因结构稳定性破坏而造成的事故，如挖沟时的土石塌方、脚手架坍塌、堆置物倒塌等，不适用于矿山冒顶片帮和车辆、起重机械、爆破引起的坍塌；

（11）放炮，是指爆破作业中发生的伤亡事故；

（12）火药爆炸，是指火药、炸药及其制品在生产、加工、运输、贮存中发生的爆炸事故；

（13）化学性爆炸，是指可燃性气体、粉尘等与空气混合形成爆炸性混合物接触引爆能源时发生的爆炸事故（包括气体分解、喷雾爆炸）；

（14）物理性爆炸，包括锅炉爆炸、容器超压爆炸、轮胎爆炸等；

（15）中毒和窒息，包括中毒、缺氧窒息、中毒性窒息；

（16）其他伤害，是指除上述以外的危险因素，如摔、扭、挫、擦、刺、割伤和非机动车碰撞、轧伤等（矿山、井下、坑道作业还有冒顶片帮、透水、瓦斯爆炸等危险因素）。参照卫生部、原劳动部、总工会等颁发的《职业病范围和职业病患着处理办法的规定》，危害因素又可分为生产性粉尘、毒物、噪声与振动、高温、低温、辐射（电离辐射、非电离辐射）、其他危害因素类。

第 14 章 项目文明工地绿色施工管理

14.1 理解"文明施工"和"绿色施工"的概念与重要性

随着人们对资源、能源和环境问题的高度重视,在可持续发展、低碳经济、循环经济的大背景下,提出了文明工地绿色施工的新形式,以改变当前高投入、高消耗、高污染、低效率的发展和建造模式,综合考虑资源利用效率和污染排放,达到节约资源、环境友好、工程安全、品质保证的最终效果。

14.1.1 文明施工、绿色施工的重要意义

文明施工、绿色施工在 20 世纪 80 年代中期抓施工现场安全标准化管理的基础上,得到了逐步深化和长足发展,重点体现了以人为本的思想。施工现场的文明施工与绿色施工是以安全生产为突破口,以质量为基础、以科技进步节能环保为重点狠抓"窗口"达标,把静态的工地和动态的管理有机结合起来,突破了传统的管理模式,注入新的内容,使施工现场纳入现代企业制度的管理。文明施工与绿色施工主要是指工程建设实施阶段中,进行有序、规范、标准、整洁、环保节能、科学的建设施工生产活动。

1."文明施工"和"绿色施工"的概念:

(1)"文明施工"的概念。文明施工是指在施工安全的基础上,保持施工场地整洁、卫生,施工组织科学,施工程序合理的一种施工活动。文明施工追求的目标是在项目施工中,为了保证工程安全、顺利的开展,必须加强施工现场的安全管理,项目部和作业班组共同努力,创造一个良好的、安全文明的施工环境,最大可能的发挥员工的工作积极性,做到"高高兴兴上班来、平平安安回家去"。

(2)"绿色施工"的概念。按照国家住房与城乡建设部《建筑工程绿色施工评价标准》GB/T 50640—2010 定义,绿色施工就是在保证质量、安全等基本要求的前提下,通过科学管理和技术进步,最大限度地节约资源,减少对环境负面影响,实现"四节一环保"(节能、节材、节水、节地和环境保护)的建筑工程施工活动。也就是通过建立科学合理的管理体系、管理制度和技术进步,全面贯彻落实国家节约资源和环境保护的政策,最大限度节约资源,减少能源消耗,降低施工活动对环境造成的不利影响,提高施工人员的职业健康安全水平,保证从业人员的安全与健康。

习近平总书记在党的十八大报告中指出,要促进国民经济又快又好发展,加强能源、资源节约和生态环境保护,增强可持续发展能力。因此,建筑业在我国经济发展的新常态条件下,做好"文明施工"和"绿色施工"管理,是满足国民经济又快又好发展的需要,也是建筑业自身满足国家节约资源能源和生态保护的基本要求。

2."文明施工"和"绿色施工"有利于环境保护。在实施绿色施工过程中,由于考虑

了环境因素和节能降耗，可能造成了建造成本的增加。但由于更加注重节能环保，采用了新技术、新工艺、新材料，持续改进管理水平和技术装备能力，不仅对全面实现项目的控制目标有利，在建造中节约了资源，营造了和谐的周边环境，还向社会提供了好的建筑产品。传统施工有时也考虑节约，但更多地向降低成本倾斜，对于施工过程中产生的建筑垃圾、扬尘、噪声等就可能处于次要位置。近几年，在绿色施工的推动下，很多施工企业开展 QC 小组活动，一线科技工作者针对施工中影响质量的关键环节进行技术攻关，取得了可喜可贺的成绩，在此基础上形成了国家级工法、省部级工法、专利以及企业标准，这些技术攻关活动使施工质量大大提高，减少了残次品，而且由于技术攻关，减少了浪费和返工，提高了质量正品率，为项目减少亏损作出了贡献，对环境保护起到了极大的推动作用。

3. 绿色施工受益的是国家和社会、项目业主，最终也会受益于施工单位。传统施工首先受益的是施工单位和项目业主，其次才是社会和使用建筑产品的人。比如，在进行地基处理时，由于目前大多都是高层或超高层建筑，地基处理深度较大，复杂性较高，传统施工就是将地下水直接排到污水井。而绿色施工基于节约资源的理念，考虑到城市中水资源紧缺，施工单位事先和市政管理部门联系，可以将大量的地下水排放到中水系统，或者直接排入市内的人造湖，使地下水直接造福人类。但这样就会大大增加施工成本，项目部就需要从其他地方通过管理改善和技术创新降低成本，政府也可能会给予一定的补偿。但项目部因此会赢得社会的赞誉，对今后承揽项目带来益处。再比如雨水的回收利用。在施工过程中要大量使用水，城市普遍缺水，如果直接使用市政水，合情合理，无可厚非。但作为绿色施工，项目部就会根据条件在雨季收集雨水，用于项目施工。可能节约的费用并不多，但作为合理利用资源、减少资源浪费这样一个理念，人人节约资源，能给社会带来福音，这就是我们倡导的绿色施工的理念，既使企业项目收益，也给社会带来了效益。

从长远来看，绿色施工是节约型经济，更具可持续发展。传统施工着眼实际可评的经济效益，这种目标比较短浅，而绿色施工包括了经济效益和环境效益，是从持续发展需要出发的，着眼于长期发展的目标。相对来说，传统施工方法所需要消耗的资源比绿色施工多出很多，并存在大量资源浪费现象。绿色施工提倡合理的节约，促进资源的回收利用、循环利用，减少资源的消耗。在整个建设和使用过程中，传统施工会产生并可能持续产生大量的污染，包括如建筑垃圾、噪声污染、水污染、空气污染等，如建筑垃圾的处理上传统施工多是直接投放自然处理，而绿色施工采用循环利用，相对来说污染较小甚至基本无污染，其建设和使用过程中所产生的垃圾通常采用回收利用的方法进行。在对污染的防治上，传统施工多是采用事后治理的方式，是在污染造成之后进行的治理和排除。绿色施工则是采用预防的方法，在污染之前即采用除污技术，减轻或杜绝污染的发生。总的说来，绿色施工的可持续性远高于传统施工，能更好地与自然、与环境相协调。

因此，绿色施工强调的"四节一环保"并非以施工单位的经济效益最大化为基础，而是强调在保护环境和节约资源前提下的"四节"，强调节能减排下的"四节"。对于项目成本控制而言，有时会增加施工成本，但由于全员节能降耗意识的普遍提高，"四节"的实现依靠采用新技术、新工艺，以及持续不断的改进管理水平和技术水平，从根本上来说，有利于施工单位经济效益和社会效益的提升，最终造福社会，从长远来说，有利于推动建筑企业可持续发展。文明施工、绿色施工的重要意义主要体现在以下几方面：

（1）是改善人的劳动条件，体现"以人为本"的思想，适应新的环境，提高施工效益，消除施工给城市环境带来的污染，提高人的文明程度和自身素质，确保安全生产、工程质量的有效途径。

（2）是施工企业落实社会主义精神、物质文明两个建设的最佳结合点，是广大建设者几十年的心血结晶。

（3）是文明城市建设的一个必不可少的重要组成部分，文明城市的大环境客观上要求建筑工地必须成为城市的新景观。

（4）文明施工、绿色施工对施工现场贯彻"安全第一、预防为主、综合治理"的指导方针，坚持"管生产必须管安全"的原则起到保证作用。

（5）文明施工以各项工作标准规范施工现场行为，是建筑业施工方式的重大改变；文明施工以工地规范化建设为抓手，通过管理出效益，改变了建筑业过去靠延长劳动时间增加效益的做法，是经济增长方式的一个重大转变。

（6）文明施工与绿色施工是企业无形资产原始积累的需要，是在市场经济条件下企业参与市场竞争的需要。创建文明工地投入了必要的人力、物力，这种投入不是浪费，而是为了确保在施工过程中的安全与卫生所采取的必要措施。这种投入与产出是成正比的，是为了在产出的过程中体现出企业的信誉、质量、进度，其本身就能带来直接的经济效益，提高了建筑业在社会上的知名度，为促进生产发展，增强市场竞争能力起到积极的推动作用。文明施工已经成为企业的一个有效的无形资产，已被广大建设者认可，对建筑业的发展发挥其应有的作用。

（7）为了更好地同国际接轨，文明施工参照了《环境管理体系要求及使用指南》GB/T 24001—2004、《职业健康安全管理体系要求》GB/T 28001—2011 以及国际劳工组织第 167 号《施工安全与卫生公约》，以保障劳动者的安全与健康为前提，文明施工创建了一个安全、有序的作业场所以及卫生、舒适的休息环境，从而带动其他工作，是"以人为本"思想的重要体现。

4. 施工现场的文明施工与绿色施工是安全生产的重要组成部分。文明施工与绿色施工是现代化施工的一个重要标志，是施工企业的一项基础性管理工作。修改后颁布的《建筑施工安全检查标准》JGJ 59—2011 把文明施工和绿色施工作为考核安全目标的重要内容之一。《建设工程施工现场管理规定》（建设部令第 15 号）、《建筑施工现场环境与卫生标准》JGJ 146—2013 和《建筑工程绿色施工评价标准》GB/T 50640—2010 也有明确规定，因此做好文明施工与绿色施工的管理工作是专职安全管理人员的一项最基本的工作。

14.1.2　文明施工、绿色施工在建设施工中的重要地位

1. 充分认识文明施工、绿色施工的重要性

建筑施工行业的显著特点是施工管理水平和文明施工程度都集中反映在施工现场上。因此，把项目文明工地绿色施工建设好，不仅涉及企业的生存和发展，而且影响整个行业的社会声誉。建筑施工企业面临日趋激烈的市场竞争，文明工地建设的水平如何，直接影响着企业的竞争力。从目前的情况来看，许多建设单位在考察和选用施工单位时，往往都要考察施工单位的在建项目。文明工地建设的状况往往能看出一个企业的综合管理水平。因此，搞好文明工地创建工作，绝不是单纯的施工现场整洁不整洁、干净不干净的小事，

而是事关企业生存和发展的头等大事。只有严格按照创建文明工地的要求，在搞好施工现场的各项管理工作的同时，将文明施工管理与安全和工程质量管理等有机地结合，才能适应新的形势需要，充分展现和利用企业的形象，使之在众多竞争对手中永远立于优胜地位。总而言之，文明工地建设不仅仅是一个企业、一个项目综合管理水平的缩影，更是关系到企业生死存亡的一项重要的战略任务，没有这样的认识，就不可能把文明工地建设搞好。

2. 文明施工、绿色施工在建设施工中的重要地位

（1）文明施工、绿色施工是在向技术、管理和节约要效益。在规划管理阶段，要编制绿色施工方案，包括环境保护、节能、节地、节水和节材措施，这些措施都必然会直接为工程建设节省成本。因此，文明施工、绿色施工在履行保护环境、节约资源的社会责任同时，也节约了企业成本，促使工程项目管理更加科学、合理，效益更好。

（2）环境效益可以转化为经济效益。建筑企业在工程建设中，注重环境保护，必然会树立良好的社会形象，进而形成潜在效益。环境因素往往是危险源，因此做好环境管理对安全管理具有很好的促进作用。企业树立了自身良好形象有利于取得社会支持，保证工程的顺利开展，乃至获得市场的青睐，给企业带来了经济效益，也派生了社会效益，最终形成企业的综合效益。

3. 主管部门领导作用

建设主管部门加强指导，进一步提高全社会对文明施工、绿色施工在建设施工中的重要地位的认识。住房和城乡建设部根据建筑施工的需要，及时制定发布了《建筑工程绿色施工评价标准》（建设部公告第 813 号），修改了中华人民共和国行业标准《建筑施工安全检查标准》JGJ 59—2011，对文明施工检查的标准、规范提出了要求，现场文明施工包括现场围挡、封闭管理、施工场地、材料堆放、现场宿舍、现场防火、治安综合治理、现场标牌、生活设施、保健急救、社区服务这 11 项内容，把文明施工作为考核安全目标的重要内容之一。《建筑施工安全检查标准》JGJ 59—2011 对全国各地建筑业文明施工的经验，进行了总结归纳，按照 167 号国际劳工公约《施工安全与卫生公约》的要求，制定了文明施工标准，施工现场不但应该做到安全生产不发生事故，同时还应做到文明施工，整洁有序，把过去建筑施工以"脏、乱、差"为主要特征的工地，改变成为城市文明新的"窗口"。针对建筑存在的管理问题，文明施工检查评分表中将现场围挡、封闭管理、施工场地、材料堆放、现场宿舍、现场防火列为保证项目作为检查重点。同时对必要的生活卫生设施如食堂、厕所、饮水、保健急救和施工现场标牌、治安综合治理、社区服务等项也纳入文明施工的重要工作，列为检查表的一般项目，说明国家对建设单位的文明施工非常重视，其在建设工程施工现场中占据重要的地位。

为了更好地推动这项工作，中国建筑业协会相继下发了《全国建筑业绿色施工示范工程管理办法（试行）》和《全国建筑业绿色施工示范工程验收评价主要指标》（建协〔2010〕15 号），具体明确了绿色施工示范工程的申报条件及程序、组织与监管内容。在《全国建筑业绿色施工示范工程验收评价主要指标》中规定评价的主要指标是节材与材料资源利用、节水与水资源利用、节能与能源利用和节地与土地资源保护。

2015 年，中国建筑业协会依据住房和城乡建设部《绿色施工导则》、《建筑工程绿色施工评价标准》、《建筑工程绿色施工规范》、《全国建筑业绿色施工示范工程管理办法》

（试行）、《全国建筑业绿色施工示范工程申报与验收指南》等文件精神制定了《全国建筑业绿色施工示范工程实施细则（试行）》（建协〔2015〕12号），对创建绿色施工示范工程项目提出了健全绿色施工管理体系，制定绿色施工策划书，采取切实措施，强化过程管理，推进绿色施工实施，使其成为工程质量优、科技含量高、环境效益好的样板工程的标准。进一步强调质量与安全的重要性，第二十五条规定通过评审的绿色施工示范工程，如发现重大质量、安全事故或严重违纪的工程，经核实后取消其绿色施工示范工程称号，并予以公告。

14.1.3 文明施工、绿色施工是企业综合实力科学管理的体现

文明施工、绿色施工的管理水平，体现了施工企业的综合能力、管理水平、员工的总体素质。

1. 文明施工、绿色施工是建筑企业施工方式的一次变革。组成施工活动的五大要素是：施工活动的对象——工程项目；资源配置——人力、资金、施工机械、材料等；实现方法——管理和技术；产品质量；施工活动要达到的目标。核心是施工活动的目标在不同时间段内容不同，由此决定了上述其他四要素的内容也发生了变化。比如，改革开放后我们开展的施工活动，其目标是质量、安全、工期、成本控制，也就是传统的施工方法。绿色施工要达到的目标是质量、安全、工期、成本和环境保护。由此可见，绿色施工与传统施工的主要区别在于绿色施工目标要素中，要把环境和节约资源、保护资源作为主控目标之一。

比如，目前广泛推广的工业化装配式施工，就是一些主要的预制件事先加工好，在项目现场直接装配就可以，不仅节约了大量的时间和人力成本，而且大大减少了扬尘、过程中的废弃物，经济效益显著。像远大集团仅用了15天时间就建造了30层高楼，就是采用工业化装配式生产方式，中间基本不产生废弃物。而传统施工方式盖30层高楼一般都需要1年半时间甚至2年，仅时间和人力成本就节约了多少。由此可见，绿色施工带来的不仅是成本的节约、降低资源消耗，更是生产模式的改变带来了生产理念的变化。这是传统模式无法比拟的。

2. 文明施工、绿色施工映射出企业的现场管理能力。无论是文明施工、绿色施工还是传统施工模式，都是具备相应资质等级的施工企业，通过组建项目管理机构，运用智力成果和技术手段，配置一定的人力、资金、设备等资源，按照设计图纸，为实现合同的成本、工期、质量、安全等目标，在项目所在地进行的各种生产活动，直到建成合格的建筑产品达到设计要求。绿色施工除了履约完成合同目标外，更加强调施工过程中深层次的人与自然的和谐、经济发展与环境保护的和谐。因此，实质上绿色施工已经不仅是着眼于"环境保护"，还包括"和谐发展"的深层次意义。其中"环境保护"方面，要求从工程项目的施工组织设计、施工技术、装备一直到竣工，整个系统过程都必须注重与环境的关系，都必须注重对环境的保护。"和谐发展"则包含生态和谐和人际和谐两个方面，要求注重项目的可持续性发展。注重人与自然间的生态和谐，注重人与人之间的人际和谐，如项目内部人际和谐和项目外部人际和谐。总体来说，包括使用绿色技术、节约原料、节约能源、控制污染、以人为本，在遵循自然资源重复利用的前提下，满足生态系统周而复始的闭路循环发展需要。

3. 文明施工、绿色施工是企业技术管理水平的体现。使用传统施工只要不违反国家的法规和有关规定，能实现质量、安全、工期、成本目标就可以，尤其是为了降低成本，可能造成了大量的建筑垃圾，以牺牲资源为代价，噪声、扬尘、堆放渣土还可能对项目周边环境和居住人群造成了危害或影响。但是，绿色施工着眼在节约资源、保护资源，建立人与自然、人与社会的和谐，对于有园林绿化的项目，在保证建设场地的情况下，施工单位在取得监理和甲方同意的情况下，可以提前进行园林绿化施工，从进场到项目竣工，整个施工现场都处于绿色环保的环境下，既减少了扬尘，同时施工中收集的雨水、中间水经过简单处理后就可以用来灌溉，不仅降低了项目竣工后再绿化的费用，同时，得到了各方的好评，树立了企业良好的形象。这一系列目标的实现，需要由企业全方位、多学科的技术支持才能实现。为了达到绿色施工的标准，施工单位首先要改变观念，综合考虑施工中可能出现的能耗较高的因素，通过采用新技术、新材料，持续改进管理水平和技术方法，以及更加合理的流程等来达到绿色的标准。

14.2 对施工现场文明施工和绿色施工进行评价

14.2.1 文明施工、绿色施工一般规定的评价

国家住房与城乡建设部《建筑工程绿色施工评价标准》GB/T 50640—2010 共分为总则、术语、基本规定、评价框架体系、环境保护评价指标、节材与材料资源利用评价指标、节水与水资源利用评价指标、节能与能源利用评价指标、节地和土地资源保护评价指标、评价方法和评价组织和程序十一个方面，重点是环境保护和节约与合理利用资源。

1. 绿色施工项目条件要求

(1) 建立绿色施工管理体系和管理制度，实施目标管理。

(2) 根据绿色施工要求进行图纸会审和深化设计。

(3) 施工组织设计及施工方案应有专门的绿色施工章节，绿色施工目标明确，内容应涵盖"四节一环保"要求。

(4) 工程技术交底应包含绿色施工内容。

(5) 采用符合绿色施工要求的新材料、新工艺、新技术、新机具进行施工。

(6) 建立绿色施工培训制度，并有实施记录。

(7) 根据检查情况，制定持续改进措施。

(8) 采集和保存过程管理资料、见证资料和自检评价记录等绿色施工资料。

(9) 在评价过程中，应采集反映绿色施工水平的典型图片或影像资料。

2. 绿色施工项目评价的基本要求

(1) 绿色施工评价的五大要素。包括建筑工程绿色施工应根据环境保护、节材与材料资源利用、节水与水资源利用、节能与能源利用和节地与土地资源保护。每个要素逐一进行评价。每个评价要素由控制项、一般项、优选项三类评价指标组成。

(2) 绿色施工评价框架体系。由评价阶段、评价要素、评价指标、评价等级构成。

(3) 绿色施工评价评价等级。分为不合格、合格和优良。

(4) 绿色施工项目的一票否决制。《建筑工程绿色施工评价标准》强调安全、质量

和发生违法违规行为的一票否决。规定具有下列行为之一的，不得评为绿色施工合格项目：

1）发生安全生产死亡责任事故的。

2）发生重大质量事故，并造成严重影响的。

3）发生群体传染病、食物中毒等责任事故的。

4）施工中因"四节一环保"问题被政府管理部门处罚的。

5）违反国家有关"四节一环保"的法律法规，造成严重社会影响的。

6）施工扰民造成严重社会影响的。

3. 文明施工、绿色施工的一般规定的评价

建设工程工地应按《建筑施工安全检查标准》JGJ 59—2011 的规定做到：

（1）现场围挡

1）施工现场必须采用封闭围挡，高度不得小于1.8m。建筑多层、高层建筑的，还应设置安全防护措施。在市区主要路段和市容景观道路及机场、码头、车站广场设置的围挡其高度不得低于2.5m，在其他路段设置的围挡，其高度不得低于1.8m。

2）围挡使用的材料应保证围栏稳固、整洁、美观。市政工程项目工地，可按工程进度进行分段设置围栏，或按规定使用统一的连续性护栏设施。施工单位不得在工地围栏外堆放建筑材料、垃圾和工程渣土。在经临时批准时占用的区域，应严格按批准的占地范围和使用性质存放、堆卸建筑材料或机具设备，临时区域四周应设置围栏。

3）在有条件的工地，四周围墙、宿舍外墙等地方，应张挂、书写安全文化、环保节能等反映企业精神、时代风貌的宣传标语。

（2）封闭管理

1）施工现场进出口应设置大门，门头按规定设置企业标志（施工现场工地的门头、大门，施工企业应根据各自的特点、统一标准、标明企业的规范简称）。

2）门口要有大门和门卫并制定门卫制度。来访人员应进行登记，禁止外来人员随意出入；进出料要有收发手续。

3）进入施工现场的工作人员须戴安全帽，按规定佩戴工作标识卡。

（3）施工场地

1）施工作业区域必须有醒目的警示标志。施工现场的主要道路必须进行硬化处理，土方应集中堆放。裸露的场地和集中堆放的土方应采取绿化、覆盖、固化等控制扬尘、改善景观的措施。

2）道路应保持畅通。

3）建筑工地应设置排水沟或下水道，排水应保持通畅。

4）制定防止泥浆、污水、废水外流以及堵塞下水道和排水河道的措施。实行二级沉淀、三级排放。

5）工地地面应平整，不得有积水。

6）工地应按要求设置吸烟处，有烟缸或水盆，禁止流动吸烟。

7）工地内长期闲置裸露的土质区域，南方地区四季要有绿化布置，北方地区温暖季节有绿化布置，绿化实行地栽。

（4）材料堆放

1）建筑材料、构件、料具应按平面布局堆放。

2）料堆要堆放整齐并按规定挂置名称、品种、规格、数量、进货日期等标牌以及状态标识：①已检合格；②待检；③不合格。

3）工作面每日应做到工完料尽场地清。

4）建筑垃圾应分类放到指定场所整齐堆放，并标出名称、品种，做到及时清运。

5）易燃易爆物品应设置危险品仓库，并做到分类存放。危险品仓库应与生活区、办公区保持足够的安全距离。

（5）现场住宿

1）工地宿舍要符合文明施工的要求，在建建筑物内不得兼作宿舍。

2）生活区、办公区必须与施工作业区域严格分隔。生活区应保持整齐、整洁、有序、文明，并符合安全消防、防台（风）防汛、卫生防疫、环境保护等方面的规定。

3）宿舍内应保证有必要的生活空间，室内净高不得小于 2.4m，通道宽度不得小于 0.9m，每间宿舍居住人员不得超过 16 人。

4）施工现场宿舍必须设置可开启式窗户，宿舍内的床铺不得超过 2 层，严禁使用通铺。

5）宿舍内应设置生活用品专柜，有条件的宿舍宜设置生活用品储藏室。

6）宿舍内应设置垃圾桶，宿舍外宜设置鞋柜或鞋架，生活区内应提供为作业人员晾衣物的场地。

7）冬季，北方严寒地区的宿舍应有保暖和防止煤气中毒措施；夏季，宿舍应有消暑和防蚊虫叮咬措施。

8）宿舍不得留宿外来人员，特殊情况必须经有关领导批准方可留宿，并报保卫人员备查。

（6）现场防火

1）制定防火安全措施及管理措施，施工区域和生活、办公区域应配备足够数量的灭火器材。

2）根据消防要求，在不同场所合理配置种类合适的灭火器材。严格管理易燃、易爆物品，设置专门仓库存放。

3）高层建筑应按规定设置消防水源并能满足消防要求。高度 24m 以上的工程须有水泵、水管等与工程总体相适应专用消防设施，有专人管理，落实防火制度和措施。

4）施工现场需动用明火作业的，如：电焊、气焊、气割、熬炼沥青或其他明火作业等，必须严格执行三级动火审批手续并落实动火监护和防火措施。按施工区域、层次划分动火等级，动火必须具有"二证一器一监护一清理"，即：焊工证、动火证、灭火器、监护人和动火结束现场检查清理，保证现场不遗留火星火种。

5）在防火安全工作中，要建立防火安全组织、义务消防队和防火档案，明确项目负责人、管理人员及各操作岗位的防火安全职责。

（7）治安综合治理

1）生活区应按精神文明建设的要求设置学习和娱乐场所，配备电视机、报纸杂志和文体活动用品。

2）建立健全治安保卫制度，责任分解到人。

3）落实治安防范措施，杜绝失窃偷盗、斗殴赌博等违法乱纪事件。

4）要加强治安综合治理，做到目标管理、制度落实、责任到人。施工现场治安防范措施有力、重点要害部位防范设施到位。总包单位应与施工现场的分包队伍签订治安综合治理协议书，加强法制宣传教育。

（8）施工现场标牌

1）施工现场入口处的醒目位置，应当公示"五牌一图"（工程概况牌、管理人员名单及监督电话牌、消防保卫牌、安全生产牌、文明施工牌、施工管理总平面图）。招牌书写字迹要工整规范，内容要简明实用。标志牌规格：宽1.2m、高0.9m，标牌底边距地高为1.2m。同时，在醒目位置张贴公示施工现场应急预案和重大危险源。

2）《建筑施工安全检查标准》对"五牌"的具体内容未作具体规定的，各单位可结合本地区、本企业、本工程的特点进行设置。如有的地区又增加了卫生须知牌、卫生包干图、夜间施工的安民告示牌等。

3）在施工现场的明显处，应有施工安全内容标语。

4）施工现场应设置"两栏一报"，即宣传栏、读报栏和黑板报，及时刊登当地政府相关要求、反映工地实时动态。按文明施工的要求，宣传教育用字须规范，不使用繁体字和不规范的词句。

（9）生活设施

1）卫生设施

① 施工现场应设置水冲式或移动式厕所，厕所地面应硬化，门窗应齐全。蹲位之间应设置隔板，隔板高度不宜低于0.9m。

② 厕所大小应根据作业人员的数量设置。高层建筑施工高度超过8层以后，每隔四层宜设置临时厕所。厕所应设专人负责清扫、消毒，化粪池应及时清掏。

③ 生活区应设置淋浴间，配置满足需要的淋浴喷头，可设置储衣柜或挂衣架。

④ 盥洗设施应设置满足作业人员使用的盥洗池，并应使用节水龙头。

2）食堂

① 食堂必须有卫生许可证，炊事人员必须持身体健康证上岗。

② 食堂应按规范设置在远离厕所、垃圾站、有毒有害场所等污染源的地方。

③ 食堂应设置独立的制作间、储藏间，门扇下方应设不低于0.2m的防鼠挡板。

④ 制作间灶台及周边应贴瓷砖，所贴瓷砖高度不宜小于1.5m，地面应做硬化和防滑处理。

⑤ 粮食存放台距墙面和地面应大于0.2m。

⑥ 食堂应配备必要的排风设施和冷藏设施。

⑦ 食堂的燃气罐应单独设置存放间，存放间应通风良好并严禁存放其他物品。

⑧ 食堂制作间的炊具宜存放在封闭的橱柜内，刀、盆、案板等炊具、食品应生熟分开。食品应有遮盖，遮盖物品应有正反面标识。各种佐料和副食应存放在密闭器皿内，并应有标识。

⑨ 食堂外应设置密闭式泔水桶，并应及时清运。

3）其他

① 落实卫生责任制及各项卫生管理制度。

② 生活区应设置开水炉、电热水器或饮用水保温桶；施工区应配置流动保温水桶。

③ 生活垃圾应有专人管理，及时清理、清运；应分类盛放在有盖的容器内，严禁与建筑垃圾混放。

④ 文体活动室应配备电视机、书报、杂志等文体活动设施、用品。

（10）保健急救

1）工地应按规定设置医务室或配备符合要求的急救箱。医务人员对生活卫生要起到监督作用，定期检查食堂饮食等卫生情况。

2）落实急救措施和急救器材（如担架、绷带、止血带、夹板等）。

3）培训急救人员，掌握急救知识，进行现场急救演练。

4）适时开展卫生防病宣传教育，保障施工人员健康。

（11）社区服务

1）制定防止粉尘飞扬和降低噪声的方案和措施。

2）夜间施工除张挂安民告示牌外，还应按当地有关部门的规定，执行许可证制度。

3）现场严禁焚烧有毒有害物质。

4）切实落实各类施工不扰民措施，消除泥浆、噪声、粉尘等影响周边环境的因素。

14.2.2 建筑工程文明施工、绿色施工费用管理规定

为了建立企业安全生产投入长效机制，加强安全生产费用管理，保障企业安全生产资金投入，维护企业、职工以及社会公共利益，国家分别在法律法规和政府部门管理中，相继制定颁布了多个法律性文件和规范性文件，强化企业安全生产费用提取和使用管理。

1. 文明施工、绿色施工费用的法律制度规定

（1）《中华人民共和国安全生产法》规定，有关生产经营单位应当按照规定提取和使用安全生产费用，专门用于改善安全生产条件。安全生产费用在成本中据实列支。明确规定了安全生产费用提取、使用范围。

（2）《建设工程安全生产管理条例》分别对建设单位、施工单位提出了安全生产费用具体提取和使用要求，规定建设单位在编制工程概算时，应当确定建设工程安全作业环境及安全施工措施所需费用；施工单位对列入建设工程概算的安全作业环境及安全施工措施所需费用，应当用于施工安全防护用具及设施的采购和更新、安全施工措施的落实、安全生产条件的改善，不得挪作他用。

2. 建筑工程文明施工、绿色施工费用的部门政策规定

财政部、安全监管总局根据法律制度的规定，联合制定下发了《企业安全生产费用提取和使用管理办法》（财企〔2012〕16号），进一步明确了不同类型企业以及其他经济组织安全生产费用的提取标准和使用范围。在此基础上，国家住房城乡建设部结合建设工程施工特点，与财政部联合制定下发的《建筑安装工程费用项目组成》（建标〔2013〕44号），对建筑工程文明施工、绿色施工费用提出了更加明细的要求。

3. 建筑工程文明施工、绿色施工费用适用范围

适用于各类新建、扩建、改建的房屋建筑工程（包括与其配套的线路管道和设备安装工程、装饰工程）、市政基础设施工程和拆除工程。

4. 安全防护、文明施工措施费构成及用途

（1）安全防护、文明施工措施费用，是指按照国家现行的建筑施工安全、施工现场环境与卫生标准和有关规定，购置和更新施工安全防护用具及设施、改善安全生产条件和作业环境所需要的费用。建设单位对建筑工程安全防护、文明施工措施有其他要求的，所发生费用一并计入安全防护、文明施工措施费。

（2）安全防护、文明施工措施费在《建筑安装工程费用项目组成》中规定为环境保护费、文明施工费、安全施工费和临时设施费组成：

1）环境保护费：是指施工现场为达到环保部门要求所需要的各项费用。

2）文明施工费：是指施工现场文明施工所需要的各项费用。

3）安全施工费：是指施工现场安全施工所需要的各项费用。

4）临时设施费：是指施工企业为进行建设工程施工所必须搭设的生活和生产用的临时建筑物、构筑物和其他临时设施费用。包括临时设施的搭设、维修、拆除、清理费或摊销费等。

5. 安全防护、文明施工措施费的计取

（1）建设单位、设计单位在编制工程概（预）算时，应当合理确定工程安全防护、文明施工措施费。

（2）招标文件单独列出安全防护、文明施工措施项目清单。

（3）投标方—施工单位应当对工程安全防护、文明施工措施项目单独报价，其报价不得低于依据工程所在地工程造价管理机构测定费率计算所需费用总额的90%。

（4）建设单位与施工单位应当在施工合同中明确安全防护、文明施工措施项目总费用，以及费用预付、支付计划、使用要求、调整方式等条款。

（5）安全防护、文明施工措施费的计取方法。

1）提取费率：建设工程施工企业以建筑安装工程造价为计提依据。各建设工程类别安全费用提取标准如下：

① 矿山工程为2.5%；

② 房屋建筑工程、水利水电工程、电力工程、铁路工程、城市轨道交通工程为2.0%；

③ 市政公用工程、冶炼工程、机电安装工程、化工石油工程、港口与航道工程、公路工程、通信工程为1.5%。

2）计取计算方法：安全文明施工费＝计算基数×安全文明施工费费率（%）

计算基数应为定额基价（定额分部分项工程费＋定额中可以计量的措施项目费）、定额人工费或（定额人工费＋定额机械费），其费率由工程造价管理机构根据各专业工程的特点综合确定。

6. 安全防护、文明施工措施费的使用管理

（1）施工单位应当确保安全防护、文明施工措施费专款专用，在财务管理中单独列出安全防护、文明施工措施项目费用清单备查。施工单位安全生产管理机构和专职安全生产管理人员负责对建筑工程安全防护、文明施工措施的组织实施进行现场监督检查，并有权向建设主管部门反映情况。

（2）总承包单位与分包单位应当在分包合同中明确安全防护、文明施工措施费用由总承包单位统一管理。安全防护、文明施工措施由分包单位实施的，总包单位应当将安全费用按比例直接支付分包单位并监督使用，分包单位不再重复提取。在使用前，分包单位应提出专项安全防护措施及施工方案，经总承包单位批准后及时支付所需费用。总承包单位不按该规定和合同约定支付费用，造成分包单位不能及时落实安全防护措施导致发生事故的，由总承包单位负主要责任。

建设工程施工企业提取的安全费用列入工程造价，在竞标时，不得删减，列入标外管理。国家对基本建设投资概算另有规定的，从其规定。

7. 安全防护、文明施工措施费的监督管理

（1）建设单位申请领取建筑工程施工许可证时，应当将施工合同约定的安全防护、文明施工措施费用支付计划作为保证工程安全的具体措施提交建设行政主管部门，未提交的，建设行政主管部门不予核发施工许可证。

（2）工程监理单位应当对施工单位落实安全防护、文明施工措施情况进行现场监理。发现施工单位未落实施工组织设计及专项施工方案中安全防护和文明施工措施的，有权责令其立即整改；对拒不整改或未按期限要求完成整改的，应当及时向建设单位和建设行政主管部门报告，必要时责令其暂停施工。

（3）建设行政主管部门应当按照现行标准规范对施工现场安全防护、文明施工措施落实情况进行监督检查，并对建设单位支付及施工单位使用安全防护、文明施工措施费用情况进行监督。对违反法律规定，挪用安全生产作业环境及安全施工措施费用的施工单位，责令限期改正，处挪用费用的 20％ 以上 50％ 以下的罚款；造成损失的，依法承担赔偿责任。

14.2.3 建筑工程文明施工、绿色施工关于环境保护的规定

2012 年 3 月 20 日建设部发布实施的《建设工程施工现场管理规定》（建设部令第 15 号）和《建设工程项目管理规范》GB/T 50326—2006 分别从多个角度对环境保护提出要求：

1. 环境保护的基本要求。施工单位应当贯彻文明施工的要求，推行现代管理方法，科学组织施工，做好施工现场的各项管理工作。

施工单位应当遵守国家有关环境保护的法律规定，采取措施控制施工现场的各种粉尘、废气、废水、固体废弃物以及噪声、振动对环境的污染和危害。

2. 防止环境污染的要求。施工单位应当采取下列有效措施，防止环境污染：

（1）妥善处理泥浆水，未经处理不得直接排入城市排水设施和河流；

（2）除设有符合规定的装置外，不得在施工现场熔融沥青或者焚烧油毡、油漆以及其他会产生有毒有害烟尘和恶臭气体的物质；

（3）使用密封式的圈筒或者采取其他措施处理高空废弃物；

（4）采取有效措施控制施工过程中的扬尘；

（5）禁止将有毒有害废弃物用作土方回填；

（6）对产生噪声、振动的施工机械，应采取有效控制措施，减轻噪声扰民。

3. 特殊情况的审批。建设工程施工由于受技术、经济条件限制，对环境的污染不能控制在规定范围内的，建设单位应当会同施工单位事先报请当地人民政府建设行政主管部

门和环境保护行政主管部门批准。

4. 防止大气污染。重点抓好以下几个方面：

（1）严格控制产生大气污染的施工环节，重点控制的施工环节有：

1）搅拌桩、灌注桩施工的水泥扬尘；

2）土方施工过程及土方堆放的扬尘；

3）建筑材料（砂、石、黏土砖、塑料泡沫、膨胀珍珠岩粉等）堆放的扬尘；

4）脚手架清理、拆除过程的扬尘；

5）混凝土、砂浆拌制过程的水泥扬尘；

6）木工机械作业的木屑扬尘；

7）道路清扫扬尘；

8）运输车辆扬尘；

9）建筑垃圾清扫扬尘；

10）生活垃圾清扫扬尘。

（2）严格控制空气污染，重点控制的环节有：

1）某些防水涂料施工过程；

2）.化学加固施工过程；

3）油漆涂料施工过程；

4）施工现场的机械设备、车辆的尾气排放；

5）工地擅自焚烧对空气有污染的废弃物。

（3）防止大气污染的主要措施：

1）施工现场的主要道路必须进行硬化处理，土方应集中堆放。裸露的场地和集中堆放的土方应采取绿化、覆盖、固化等措施。

2）使用密目式安全网对在建建筑物、构筑物进行封闭，防止施工过程扬尘；拆除既有建筑物时，应采用隔离、洒水等措施防止扬尘，并应在规定期限内将废弃物清理完毕。

3）从事土方、渣土和施工垃圾运输应采用密闭式运输车辆或采取覆盖措施；施工现场出入口处应采取保证车辆清洁的措施。

4）施工现场应根据风力和大气温度的具体情况，进行土方回填、转运作业。

5）水泥和其他易飞扬的细颗粒建筑材料应密闭存放，砂石等散料应采取覆盖措施。

6）施工现场混凝土搅拌场所应采取封闭、降尘措施。

7）建筑物内施工垃圾的清运，必须采用相应容器或管道运输，严禁凌空抛掷。

8）施工现场应设置密闭式垃圾站，施工垃圾、生活垃圾应分类存放，并及时清运出现场。

9）城区、旅游景点、疗养区、重点文物保护地及人口密集区的施工现场应使用清洁能源。

10）施工现场的机械设备、车辆的尾气排放应符合国家环保排放标准要求。

11）施工现场严禁焚烧各类废弃物。

5. 防止水污染。重点抓好以下几个方面：

（1）严格控制产生水污染的施工环节，重点控制的施工环节有：

1）桩基施工、基坑护壁施工过程的泥浆；

2）混凝土（砂浆）搅拌机械、模板、工具的清洗产生的水泥浆污水；

3）现浇水磨石施工的水泥浆；

4）油料、化学溶剂泄漏；

5）生活污水。

（2）防止施工水污染的主要措施：

1）施工现场应设置排水沟及沉淀池，现场废水不得直接排入市政污水管网和河流；

2）现场存放的油料、化学溶剂等应设有专门库房，地面应进行防渗漏处理；

3）食堂应设置隔油地，并应及时清理；

4）厕所的化粪池应进行抗渗处理；

5）食堂、盥洗室、淋浴间的下水管线应设置隔离网，并应与市政污水管线连接，保证排水通畅。

6.防止施工噪声污染。重点抓好以下几个方面：

（1）施工现场应按照现行国家标准《建筑施工场界环境噪声排放标准》GB 12523—2011制定降噪措施，并应对施工现场的噪声值进行监测和记录。

（2）施工现场的强噪声设备宜设置在远离居民区的一侧。

（3）对因生产工艺要求或其他特殊需要，确需在晚10时至次日6时期间进行强噪声工作的，施工前建设单位和施工单位应到有关部门提出申请，经批准后方可进行夜间施工，并公告附近居民。

（4）夜间运输材料的车辆进入施工现场，严禁鸣笛，装卸材料应做到轻拿轻放，对产生噪声和振动的施工机械、机具的使用，应当采取消声、吸声、隔声等有效措施控制和降低噪声。

7.防止施工照明污染。夜间施工严格按照建设行政主管部门和有关部门的规定执行，对施工照明器具的种类、灯光亮度加以严格控制，特别是在城市市区居民区内，减少施工照明对城市居民的危害。

8.防止施工固体废弃物的污染。施工车辆运输砂石、土方、渣土和建筑垃圾，采取密封、覆盖措施，避免泄漏、遗撒，并按指定地点倾卸，防止固体废物污染环境。

14.2.4 对违反文明施工、绿色施工行为的处理

1.法律、行政法规对违反文明施工、绿色施工行为的处理

（1）《中华人民共和国安全生产法》第九十六条规定：

生产经营单位有下列行为之一的，责令限期改正，可以处五万元以下的罚款；逾期未改正的，处五万元以上二十万元以下的罚款，对其直接负责的主管人员和其他直接责任人员处一万元以上二万元以下的罚款；情节严重的，责令停产停业整顿；构成犯罪的，依照刑法有关规定追究刑事责任：

（一）未在有较大危险因素的生产经营场所和有关设施、设备上设置明显的安全警示标志的；

（二）安全设备的安装、使用、检测、改造和报废不符合国家标准或者行业标准的；

（三）未对安全设备进行经常性维护、保养和定期检测的；

（四）未为从业人员提供符合国家标准或者行业标准的劳动防护用品的；

（五）危险物品的容器、运输工具，以及涉及人身安全、危险性较大的海洋石油开采特种设备和矿山井下特种设备未经具有专业资质的机构检测、检验合格，取得安全使用证或者安全标志，投入使用的；

（六）使用应当淘汰的危及生产安全的工艺、设备的。

(2)《建设工程安全生产管理条例》规定：

第五十四条　违反本条例的规定，建设单位未提供建设工程安全生产作业环境及安全施工措施所需费用的，责令限期改正；逾期未改正的，责令该建设工程停止施工。

第六十四条　违反本条例的规定，施工单位有下列行为之一的，责令限期改正；逾期未改正的，责令停业整顿，并处 5 万元以上 10 万元以下的罚款；造成重大安全事故，构成犯罪的，对直接责任人员，依照刑法有关规定追究刑事责任：

（一）施工前未对有关安全施工的技术要求作出详细说明的；

（二）未根据不同施工阶段和周围环境及季节、气候的变化，在施工现场采取相应的安全施工措施，或者在城市市区内的建设工程的施

（三）在尚未竣工的建筑物内设置员工集体宿舍的；

（四）施工现场临时搭建的建筑物不符合安全使用要求的；

（五）未对因建设工程施工可能造成损害的毗邻建筑物、构筑物和地下管线等采取专项防护措施的。

第六十五条　违反本条例的规定，施工单位有下列行为之一的，责令限期改正；逾期未改正的，责令停业整顿，并处 10 万元以上 30 万元以下的罚款；情节严重的，降低资质等级，直至吊销资质证书；造成重大安全事故，构成犯罪的，对直接责任人员，依照刑法有关规定追究刑事责任；造成损失的，依法承担赔偿责任：

（一）安全防护用具、机械设备、施工机具及配件在进入施工现场前未经查验或者查验不合格即投入使用的；

（二）使用未经验收或者验收不合格的施工起重机械和整体提升脚手架、模板等自升式架设设施的；

（三）委托不具有相应资质的单位承担施工现场安装、拆卸施工起重机械和整体提升脚手架、模板等自升式架设设施的；

（四）在施工组织设计中未编制安全技术措施、施工现场临时用电方案或者专项施工方案的。

2. 其他违反文明施工、绿色施工行为的处理

建设工程未能按文明施工规定和要求进行施工，发生重大死亡、环境污染事故或使居民财产受到损失，造成社会恶劣影响等，依法应按规定给予一定的处罚。如施工单位在施工中造成下水道和其他地下管线堵塞中损坏的，应立即疏浚或修复；对工地周围的单位和居民财产造成损失的，应承担经济赔偿责任。

各主管机关和有关部门应按照各自的职能，依据法规、规章的规定，对违反文明施工规定的单位和责任人进行处罚。文明施工社会督查员检查工地时，发现问题或隐患，应立即开具整改单、指令书或罚款单，施工现场工地必须立即整改。如建设工程工地未按规定要求设置围栏、安全防护设施和其他临时设施的，应责令限期改正，并分别对施工单位负责人和有关责任人依法进行处罚。

对违反文明施工管理规定情节严重的，在规定期限内仍不改正的施工单位，建设行政主管部门可依法对其作出降低资质等级或注销资质证书的处理。

在建设工程中，凡未办理建筑工程施工许可手续而擅自动工的，或不按照施工许可的要求和核准的施工图纸施工的，或没有按照经过审查和认可的施工组织设计（或专项施工方案）而进行施工的，均属违法违规行为。未办建筑工程施工许可手续而擅自动工建设的建筑物是违章建筑，各级城建管理部门有权责令其停工，并依法罚款，限期拆除，情况严重者要追究其法律责任。但紧急抢险工程可先施工后审批，以确保人民生命和财产的安全。

14.2.5　建筑工程文明施工、绿色施工工地创建的评价

1. 确定文明施工、绿色施工管理目标

工程建设项目部创建文明施工、绿色施工管理目标一般应包括：

（1）安全管理目标：包括负伤事故频率、死亡事故控制指标；火灾、设备、管线以及传染病传播、食物中毒等重大事故控制指标；标准化管理达标情况。

（2）环境管理目标：包括文明工地达标情况；重大环境污染事件控制指标；扬尘污染物控制指标；废水排放控制指标；噪声控制指标；固体废弃物处置情况；社会相关方投诉的处理情况。

（3）制定文明工地、绿色施工工地管理目标时，应综合考虑的因素：项目自身的危险源与不利环境因素识别、评价和意见；适用法律法规、标准规范和其他要求识别结果；可供选择的技术方案；经营和管理上的要求；社会相关方（社区、居民、毗邻单位等）的要求和意见。

2. 创立创建文明工地、绿色施工工地的组织机构

工程项目经理部要建立以项目经理为第一责任人的文明工地责任体系，健全文明工地管理组织机构。

（1）工程项目部文明工地、绿色施工工地领导小组，由项目经理、副经理、工程师以及安全、技术、施工等主要部门（岗位）负责人组成。

（2）文明工地、绿色施工工地工作小组，主要有：综合管理工作小组；安全管理工作小组；质量管理工作小组；环境保护工作小组；卫生防疫工作小组；防台（风）防汛工作小组等。各地可以根据当地气候、环境等因素建立相关工作小组。各小组分工明确，协调配合。

3. 制定创建文明工地、绿色施工工地的规划措施要求

文明施工规划措施应与施工组织设计同时按规定进行审批。主要规划措施包括施工现场平面布置与划分、环境保护方案、交通组织方案、卫生防疫措施、现场防火措施、综合管理、社区服务和应急预案。

4. 文明工地、绿色施工工地实施要求

（1）工程项目部在开工后，应严格按照文明工地、绿色施工工地方案（措施）进行施工，并对施工现场管理实施控制。

（2）工程项目部应将有关文明施工的承诺张榜公示，向社会作出遵守文明施工、绿色施工规定的承诺，公布并告知开、竣工日期，投诉和监督电话，自觉接受社会各界的监督。

（3）工程项目部要强化民工教育，提高民工安全生产和文明施工的素质。利用横幅、标语、黑板报等形式，加强有关文明施工、绿色施工的法律、法规、规程、标准的宣传工作，使得文明施工深入人心。

工程项目部在对施工人员进行安全技术交底时，必须将文明施工、绿色施工的有关要求同时进行交底，并在施工作业时督促其遵守相关规定，高标准、严要求地做好文明工地创建工作。

5. 建筑工程文明施工、绿色施工工地评价

绿色施工评价以建筑工程施工过程为评价对象。绿色施工评价标准对绿色施工项目应符合的基本要求，不得评为绿色施工合格项目的一些情况进行了规定；建立了绿色施工评价框架体系；针对绿色施工评价的环境保护评价、节材与材料资源利用评价、节水与水资源利用评价、节能与能源利用评价、节地与土地资源保护评价从控制项、一般项、优选项三个尺度提出了绿色施工具体要求；标准还对绿色施工的评价方法、评价的组织和程序进行了明确规定。

（1）绿色施工评价框架体系

《建筑工程绿色施工评价标准》建立了由评价阶段、评价要素、评价指标、评价等级构成的绿色施工评价框架体系。

（2）绿色施工评价指标

绿色施工评价标准针对绿色施工评价的环境保护、节材与材料资源利用、节水与水资源利用、节能与能源利用、节地与土地资源保护5个要素，系统地提出了绿色施工要求。这些要求可分为控制项、一般项和优选项三类。其中，控制项是指绿色施工过程中必须达到的基本要求的条款。任何一个控制项指标不能满足国家现行相关政策、法律、法规以及绿色施工所规定的基本要求，则该评价要素就是非绿色的；一般项是指绿色施工过程中根据实施情况进行评价的条款，一般项指标是达到绿色施工基本要求的评价指标，属于基本分值，评价过程中按实际完成的情况打分；优选项是指绿色施工过程中实施难度较大、要求较高的条款，在评价中根据实际发生项执行情况给予额外加分。

（3）绿色施工的评价方法

① 评价频率要求：绿色施工项目自评价次数每月不应少于一次，且每阶段不应少于一次。

② 要素评价得分：

A. 控制项指标，必须全部满足；若符合要求，进入评分流程；不符合要求，一票否决，为非绿色施工项目。

B. 一般项指标，应根据实际发生项执行的情况计分；若措施到位，满足考评指标要求，计2分；措施基本到位，部分满足考评指标要求，计1分；措施不到位，不满足考评指标要求，计0分。一般项得分按照百分制折算，折算公式为：

$$一般项得分 = \frac{实际发生项条目实得分之和}{实际发生项条目应得分之和} \times 100$$

C. 优选项指标，应根据实际发生项执行情况加分求和；若措施到位，满足考评指标要求，加1分；措施基本到位，部分满足考评指标要求，加0.5分；措施不到位，不满足考评指标要求，加0分。

D. 要素评价得分等于一般折算分与优选项加分之和。

E. 批次评价得分。由各评价要素对批次绿色施工评价起的作用不同，评价时应考虑相应的权重系数，批次评价得分计算公式为：

$$批次评价得分＝\sum(要素评价得分\times该要素权重系数)$$

F. 阶段评价得分。阶段内可能有多批次绿色施工评价。阶段评价得分的计算公式为：

$$阶段评价得分＝\sum\frac{批次评价得分}{评价批次数}$$

G. 单位工程评价得分。考虑到一般建筑工程不同阶段的施工时间、受外界因素的影响、涉及人员、对周围环境的影响及实施绿色施工的难度不同等原因，单位工程评价中各评价阶段的权重系数也不同；单位工程评价得分计算公式为：

$$单位工程评价得分＝\sum(阶段评价得分\times该阶段权重系数)$$

H. 单位工程绿色施工等级判定标准如下：

有下列情况之一者为不合格：控制项不满足要求；单位工程总得分 W＜60 分；结构工程阶段得分小于 60 分。

满足以下条件者为合格：控制项全部满足要求；单位工程总得分 60 分≤W＜80 分，结构工程得分不小于 60 分；至少每个评价要素各有一项优选项得分，优选项总分不小于 5 分。

满足以下条件者为优良：控制项全部满足要求；单位工程总得分 W≥80 分，结构工程得分不小于 80 分；至少每个评价要素中有两项优选项得分，优选项总分不小于 10 分。

（4）绿色施工评价的组织和程序

绿色施工评价的组织十分重要。标准要求建设单位、监理单位和施工单位均应参与绿色施工评价，单位工程绿色施工评价应由建设单位组织，施工阶段评价应由监理单位组织，批次评价应由施工单位组织进行，评价结果应由建设、监理和施工单位三方签认。项目部应接受业主、政府主管部门及其委托单位的绿色施工检查。

绿色施工的评价程序。标准规定单位工程绿色施工评价应在批次评价和阶段评价的基础上进行。绿色施工评价应先由施工单位自评价，再由建设单位、监理单位或其他评价机构验收评价。同时，标准还对绿色施工评价的申请、评价证据的收集、评价结果的备案做出了相应规定。

（5）绿色施工的评价资料

《建筑工程绿色施工评价标准》规定了单位工程绿色施工评价应提交的资料，包括：

① 绿色施工组织设计专门章节，施工方案的绿色要求、技术交底及实施记录。

② 绿色施工要素评价表（标准给出该评价表格式）。

③ 绿色施工批次评价汇总表（标准给出该汇总表格式）。

④ 绿色施工阶段评价汇总表（标准给出该汇总表格式）。

⑤ 反映绿色施工要求的图纸会审记录。

⑥ 单位工程绿色施工评价汇总表（标准给出该汇总表格式）。

⑦ 单位工程绿色施工总体情况总结。

⑧ 单位工程绿色施工相关方验收及确认表。

⑨ 反映评价要素水平的图片或影像资料。

第 15 章　建筑安全事故的救援与处理

15.1　建筑安全事故的分类

　　社会在进步，科技在发展，建筑工程施工领域一些高科技含量的技术、设备不断推广运用，一定程度上提高了建筑施工的本质安全化程度。但是，建筑施工是一个高危险行业，生产过程各类不确定因素多、安全隐患多，出现一些生产安全事故的现象在相当一段时期内还不可能彻底改变。为了事故统计、分析的方便，许多学者从不同的角度提出了多种分类方法，主要有事故原因、事故性质、伤害程度、事故严重程度等。目前，政府、企业使用比较多的是《生产安全事故报告和调查处理条例》（国务院令 493 号）按事故严重程度分类。

15.1.1　按事故严重程度分类

　　根据 2007 年 4 月 9 日中华人民共和国国务院令第 493 号《生产安全事故报告和调查处理条例》和国务院 2009 年 5 月 1 日修改后发布的国务院令第 549 号《特种设备安全监察条例》的规定，生产安全事故按造成的人员伤亡或者直接经济损失划分为以下四个等级：

　　1. 特别重大事故。是指造成 30 人以上死亡，或者 100 人以上重伤（包括急性工业中毒，下同），或者 1 亿元以上直接经济损失的事故；

　　2. 重大事故。是指造成 10 人以上 30 人以下死亡，或者 50 人以上 100 人以下重伤，或者 5000 万元以上 1 亿元以下直接经济损失的事故；

　　3. 较大事故。是指造成 3 人以上 10 人以下死亡，或者 10 人以上 50 人以下重伤，或者 1000 万元以上 5000 万元以下直接经济损失的事故；起重机械整体倾覆的事故。

　　4. 一般事故。是指造成 3 人以下死亡，或者 10 人以下重伤，或者 1000 万元以下直接经济损失的事故；起重机械主要受力结构件折断或者起升机构坠落的事故。

　　以上等级事故中的"以上"包括本数，所称的"以下"不包括本数。

15.1.2　按事故原因及性质分类

　　1. 按事故原因分类一般分为两类：

　　（1）主观原因造成的事故。主观原因是指造成生产安全事故的当事人本身内在的因素，如主观过失或有意违章，主要表现为违反规定、疏忽大意和操作不当等。

　　违反规定是指当事人由于思想方面的原因，违反建筑施工安全法规规定和行业规范、违章作业、违章指挥造成的生产安全事故。如脚手架集中堆载造成脚手架垮塌，施工电梯司机无证上岗操作造成电梯安全事故等。

疏忽大意是指当事人由于心理或生理方面的原因，没有正确地观察和判断外界事务而造成的失误。如心里烦躁、身体疲劳都可能造成精力分散、反应迟钝，表现出瞭望不周，采取措施不当或不及时；也有的当事人凭主观想象判断事物，或过高地估计自己的技术，过分自信，引起行为不当而造成了事故。如在安全防护设施不完善的情况下从事高处作业时，不使用安全带冒险作业等。

操作不当是指从业人员技术生疏、经验不足，对施工现场、机械设备等情况不熟悉、操作不熟练，遇有突然情况惊慌失措，引起操作错误。如有的场内机动车驾驶员制动时误踩加速踏板造成撞人伤害事故。

（2）客观原因造成的事故。客观原因是指施工现场环境、交通方面、设备等不利因素而引发的生产安全事故。客观原因在某些情况下往往诱发事故，特别是城市道路、环境和气候因素对深基坑工程施工的影响、大型机械设备受力结构隐性损伤等一些正常情况下不易发现的潜在危害。对于道路和环境方面和设备的一些隐性损伤目前还没有便捷、正确的调查和测试手段。所以，事故分析中往往会忽视这些因素，这一点需要引起人们的重视。

任何一起建筑安全事故都有其促成事故发生的主要情节和造成事故损害后果的主要原因。绝大多数事故都是因为当事人的主观原因造成的，客观原因占的比率比较少。

在实际管理中，也有把原因分类为以下 11 类：技术和设计上有缺陷；设备、设施、工具、附件有缺陷；安全设施缺少或有缺陷；生产场地环境不良；个人防护用品缺少或有缺陷；没有安全操作规程或不健全；违反操作规程或劳动纪律；劳动组织不合理；对现场工作缺乏检查或指导错误；教育培训不够；缺乏安全操作知识和其他原因。

2. 按照事故性质分类有多种不同的分类体系，主要有按照责任性质和按受伤性质两种分类：

（1）按照责任性质分类

责任事故。指责任人在生产经营或其他工作中采取懈怠态度造成严重后果的重大事故。建筑施工安全事故中，绝大多数是责任人在生产、作业中违反有关安全管理的规定违章作业，或者强令他人违章冒险作业，违反操作规程等违法违规行为造成的。

《中华人民共和国刑法》第一百三十四条、第一百三十五条、第一百三十七条、第一百三十九条对重大责任事故罪作出规定。

2015 年 11 月 9 日由最高人民法院审判委员会第 1665 次会议、2015 年 12 月 9 日由最高人民检察院第十二届检察委员会第 44 次会议分别通过的《最高人民法院、最高人民检察院关于办理危害生产安全刑事案件适用法律若干问题的解释》（法释［2015］22 号，简称两院公告），分别对生产安全刑事案件的犯罪主体、量刑标准等进行解释，是办理生产安全刑事案件的重要依据。

当前我国一些企业或安全生产监管部门对安全生产行为进行规范时，借鉴了刑法相关解释来划分生产经营过程中发生事故的性质，就有了自然事故、技术事故和责任事故的区分，更多是运用安全生产责任追究和工伤认定。而刑法上重大责任事故与自然事故和技术事故加以区分，是用鉴别案件性质，即刑与非刑。

技术事故。指因技术设备条件不良而发生的事故。技术事故由于是技术设备条件造成的，因而具有不可避免性，并非所有由于设备原因引起的事故都是技术事故。因为设备是由人操作规程的，同样也是由人护理的。如果设备出现障碍，操作者或者护理者应当发现而未能发现，造成重大事故的，仍然应以重大责任事故罪论处。只有在事故是由设备原因引起并且是在人所不能预见或者不能避免的情况下发生，才能定为技术事故。

破坏性事故。指行为人出于犯罪动机并为了某种目的而故意制造的事故。

自然灾害性事故。主要包括水旱灾害、气象灾害、地震灾害、地质灾害、海洋灾害生物灾害和森林草原火灾等。

（2）按照受伤性质分类

主要有电伤、挫伤、轧伤、压伤、倒塌压埋伤、辐射损伤、割伤、擦伤、刺伤、骨折、化学性灼伤、撕脱伤、扭伤、切断伤、冻伤、烧伤、烫伤、中暑、冲击、生物致伤、多伤害、中毒等。

15.1.3 按事故类别分类

根据国家标准局 1986 年 5 月 31 发布的《企业职工伤亡事故分类标准》GB 6441—1986 规定，从生产中职工受伤害方式把生产安全事故类别划分为 20 类。建筑施工企业易发生的事故主要有高处坠落、触电、物体打击、机械伤害、起重伤害、坍塌、车辆伤害、火灾、中毒和窒息和其他伤害等 10 种。

1. 高处坠落。指由于危险重力势能差引起的伤害事故。适用于脚手架、平台、陡壁施工等高于地面的坠落，也适用于山地面踏空失足坠入洞、坑、沟、升降口、漏斗等情况。但排除以其他类别为诱发条件的坠落。如高处作业时，因触电失足坠落应定为触电事故，不能按高处坠落划分。

2. 触电。指电流流经人体，造成生理伤害的事故。适用于触电、雷击伤害。如人体接触带电的设备金属外壳或者裸露的临时线，漏电的手持电动手工工具；起重设备误触高压线或者感应带电；雷击伤害；触电坠落等事故。

3. 物体打击。指失控物体的惯性力造成的人身伤害事故。如落物、滚石、锤击、碎裂、崩块、砸伤等造成的伤害，不包括爆炸而引起的物体打击。

4. 机械伤害。指机械设备与工具引起的绞、辗、碰、割戳、切等伤害。如工件或者刀具飞出伤人，切屑伤人，手或者身体被卷入，手或者其他部位被刀具碰伤，被转动的机构缠压住等。但属于车辆、起重设备的情况除外。

5. 起重伤害。指从事起重作业时引起的机械伤害事故。包括各种起重作业引起的机械伤害，但不包括触电，检修时制动失灵引起的伤害，上下驾驶室时引起的坠落式跌倒。

6. 坍塌。指建筑物、构筑物、堆置物等倒塌以及土石塌方引起的事故。适用于因设计或者施工不合理而造成的倒塌，以及土方、岩石发生的塌陷事故。如建筑物倒塌，脚手架倒塌，挖掘沟、坑、洞时土石的塌方等情况。

随着建筑新技术的大量运用和高层、大跨度建筑物、构筑物的涌现，群死群伤的坍塌事故仍然时有发生。

上述高处坠落、坍塌、物体打击、触电、机械伤害（包括起重伤害）等事故，为建筑业最常发生的事故，统称为"五大伤害"。从历年统计资料分析，高处坠落事故均占当年事故总数的 40% 甚至 50% 以上，堪称"五大伤害"之首。

7. 车辆伤害。指本企业机动车辆引起的机械伤害事故。如机动车辆在行驶中的挤、压、撞车或倾覆等事故。

8. 火灾。指造成人身伤亡的企业火灾事故。不适用于非企业原因造成的火灾。比如，居民火灾蔓延到企业。此类事故属于消防部门统计的事故。

9. 中毒和窒息。指人接触有毒物质，如误吃有毒食物或者呼吸有毒气体引起的人体急性中毒事故，或者在密闭空间的暗井、涵洞、地下管道等不通风等缺氧的地方工作，因为氧气缺乏，有时会发生突然晕倒，甚至死亡的事故称为窒息。两种现象合为一体，称为中毒和窒息事故。不适用于病理变化导致的中毒和窒息的事故，也不适用于慢性中毒的职业病导致的死亡。

10. 其他伤害。凡不属于《企业职工伤亡事故分类标准》GB 6441 所列 19 种伤害的事故均称为其他伤害，如扭伤、跌伤、冻伤、野兽咬伤、钉子扎伤等。

此外，还可以按受伤性质分类。受伤性质是指人体受伤的类型。实质上这是从医学的角度给予创伤的具体名称，常见的有如下一些名称：电伤、挫伤、割伤、擦伤、刺伤、撕脱伤、扭伤、倒塌压埋伤、冲击伤等。

15.2　建筑安全事故应急救援预案

生产安全事故应急救援预案是针对可能发生的事故，为迅速、有序地开展应急行动而预先制定的行动方案。它是事先采取的防范措施，将可能发生的等级事故损失和不利影响减少到最低的有效办法。

15.2.1　建筑施工安全事故应急救援预案管理概念

1. 企业应根据有关规定提出企业的安全事故应急救援预案管理要求，并能指导企业所属施工现场等单位安全事故应急救援预案的编制与有效实施。

2. 安全事故应急救援预案的重要内容是救援组织的落实，企业不但要确立企业重大安全事故应急救援组织，而且要对所属施工现场等应急救援组织提出管理要求并监督检查。

3. 生产安全事故的救援器材落实是生产安全事故应急救援预案的重要工作，企业必须对生产安全事故应急救援器材管理提出要求并监督检查。

4. 生产安全事故应急救援预案必须按照有关规定进行落实，企业应对落实情况提出管理要求并监督实施。

15.2.2　建筑施工安全事故应急救援预案编制依据

编制建筑施工安全事故应急救援预案主要的依据是国家的法律、法规、规章、标准和规范性文件以及相关应急预案等。主要有：

1.《中华人民共和国安全生产法》。

2. 2009 年 3 月 20 日，国家安全生产监督管理总局制定并以第 17 号令公布的《生产安全事故应急预案管理办法》。

3. 2013 年 7 月 19 日国家质量监督检验检疫总局、国家安全生产监督管理总局制定并发布的《生产经营单位生产安全事故应急预案编制导则》GB/T 29639—2013。

这些文件是指导生产安全事故应急预案编制和管理的重要依据。企业应根据有关规定提出企业的安全事故应急救援预案管理要求，并指导企业所属施工现场等单位安全事故应急救援预案的编制与有效实施。

15.2.3　建筑施工安全事故应急救援预案编制基本要求

施工单位在编制工程建设项目生产安全事故应急救援预案工作中，应重点参照《生产经营单位生产安全事故应急预案编制导则》标准，结合工程项目现场的危险源状况、危险性分析情况和可能发生的事故特点，制定相应的应急预案。

1. 基本要求

（1）符合有关法律、法规、规章和标准的规定；

（2）结合本单位的安全生产实际情况；

（3）结合本单位的危险性分析情况；

（4）应急组织和人员的职责分工明确，并有具体的落实措施；

（5）有明确、具体的事故预防措施和应急程序，并与其应急能力相适应；

（6）有明确的应急保障措施，并能满足本地区、本部门、本单位的应急工作要求；

（7）预案基本要素齐全、完整，预案附件提供的信息准确；

（8）预案内容与相关应急预案相互衔接。

2. 施工企业编制应急救援预案的要求

施工企业应根据法律法规、技术标准规范、上级主管部门文件的要求及企业资质、承接工程建设项目的施工特点、范围，对施工现场易发生重大事故的部位、环节进行监控，编制应急救援预案，建立应急救援组织或者配备应急救援人员，配备必要的应急救援器材、设备，并根据实际情况组织演练。

3. 工程项目编制应急救援预案要求

实行工程总承包的，应由总承包单位统一组织编制工程建设项目生产安全事故应急救援预案，工程总承包单位和分包单位按照应急救援预案，各自建立应急救援组织或者配备应急救援人员，配备救援器材、设备，并定期组织演练。

15.2.4　建筑施工安全事故应急救援预案的种类

1. 施工单位的应急预案按照针对情况的不同，分为综合应急预案、专项应急预案和现场处置方案。施工单位应当根据承接工程的特点和存在的重大危险源、可能发生的事故类型，制定相应的专项应急预案。工程项目现场的生产安全事故应急救援预案主要是专项应急预案和现场处置方案。

2. 对于危险性较大的重点岗位，施工单位应当制定重点工作岗位的现场处置方案。现场处置方案应当包括危险性分析、可能发生的事故特征、应急处置程序、应急处置要点和注意事项等内容。

15.2.5　建筑施工安全事故应急预案的内容

1. 项目施工安全事故专项应急预案的内容：

（1）建设工程的基本情况。含规模、结构类型、工程开工、竣工日期；

（2）建筑施工项目经理部基本情况。含项目经理、安全负责人、安全员等姓名、证书号码等；

（3）施工现场安全事故救护组织。包括具体责任人的职务、联系电话等；

（4）救援器材、设备的配备及物资储备清单；

（5）安全事故救护单位。包括距离建设工程项目所在地最近、交通最便利的市、县医疗救护中心、医院的名称、电话、行驶路线等。

2. 现场处置方案主要内容：

（1）事故风险分析：主要包括事故类型、事故发生的区域、地点或装置的名称；事故发生的可能时间、事故的危害严重程度及其影响范围；事故前可能出现的征兆；事故可能引发的次生、衍生事故。

（2）应急工作职责：根据施工现场工作岗位、组织形式及人员构成，明确各岗位人员的应急工作分工和职责。

（3）应急处置：主要包括事故应急处置程序。根据可能发生的事故及现场情况，明确事故报警、各项应急措施启动、应急救护人员的引导、事故扩大及同生产经营单位应急预案的衔接的程序。

现场应急处置措施。针对施工现场可能发生的高处坠落、坍塌、机械伤害、物体打击触电等事故伤害，从人员救护、工艺操作、事故控制，消防、现场恢复等方面制定明确的应急处置措施。

明确报警负责人以及报警电话及上级管理部门、相关应急救援单位联络方式和联系人员，事故报告基本要求和内容。

（4）应急处置时的注意事项。

1）佩戴个人防护器具方面的注意事项；

2）使用抢险救援器材方面的注意事项；

3）采取救援对策或措施方面的注意事项；

4）现场自救和互救注意事项；

5）现场应急处置能力确认和人员安全防护等事项；

6）应急救援结束后的注意事项；

7）其他需要特别警示的事项。

15.2.6　建筑施工安全事故应急救援预案审批程序

1. 施工单位应当组织专家对企业应急预案进行评审，评审应当形成书面纪要并附有专家名单。施工单位的应急预案经评审或者论证后，由生产经营单位主要负责人签署公布。

2. 施工项目部的安全事故应急救援预案在编制完后应报施工企业审批。建筑施工安全事故应急救援预案应当作为安全报监的附件材料报工程所在地市、县（市）负责建筑施工安全监督主管部门备案。

15.2.7　建筑施工安全事故应急预案演练

1. 接报。接报是实施救援工作的第一步，接报人一般应由总值班担任。接报人应做好以下几项工作：

（1）问清报告人姓名、单位部门和联系电话。

（2）问清事故发生的时间、地点、事故单位、事故原因、事故性质、危害波及范围和程度以及对救援的要求，同时做好电话记录。

（3）按救援程序，派出救援队伍。

（4）向上级有关部门报告。

（5）保持与救援队伍的联系，并视事故发展情况，必要时派出后继梯队予以增援。

2. 设点。设置救援指挥部、救援和医疗急救站时应考虑的因素为：

（1）地点。需注意不要远离事故现场，便于指挥和救援工作的实施。

（2）位置。各救援队伍应尽可能在靠近现场救援指挥部的地方设点并随时保持与指挥部的联系。

（3）路段。应选择交通路口，利于救援人员或转送伤员的车辆通行。

（4）条件。指挥部、救援或急救医疗点，可设在室内或室外，应便于人员行动或群众伤员的抢救，同时要尽可能利用原有通信、水和电等资源，有利救援工作的开展。

（5）标志。指挥部、救援或医疗急救点，均应设置醒目的标志，方便救援人员和伤员识别。

3. 报到。指挥各救援队伍进入救援现场后，向现场指挥部报到。报到的目的是接受任务，了解现场情况，便于统一实施救援工作。

4. 救援。进入现场的救援队伍要尽快按照各自的责任和任务开展工作。

（1）现场救援指挥部应尽快地开通通信网络；迅速查明事故原因和危害程度；制定救援方案；组织指挥救援行动。

（2）工程救援队应尽快堵源；将伤员救离危险区域；协助组织群众撤离和疏散。

（3）现场急救医疗队应尽快将伤员就地简易分类，按类急救和做好安全转送，并为现场救援指挥部提供医学咨询。

5. 撤点

（1）撤点指应急救援工作结束后，离开现场或救援后的临时性转移。在救援行动中应随时注意事故发展变化，一旦发现所处的区域有危险应立即向安全地点转移。在转移过程中应注意安全，保持与救援指挥部和各救援队的联系。

（2）救援工作结束后，各救援队撤离现场前要做好现场的清理工作并注意安全。

6. 总结。每一次执行救援任务后都应做好救援小结，总结经验与教训，积累资料，不断提高救援能力。

15.2.8 建筑施工安全事故应急救援预案的管理

1. 施工单位应当组织开展本单位的应急预案培训活动，使有关人员了解应急预案内容，熟悉应急职责、应急程序和岗位应急处置方案。工程项目应急预案的要点和程序应当张贴在项目应急地点和应急指挥场所，并设有明显的标志。

2. 施工单位应当制定本单位的应急预案演练计划，根据本单位的事故预防重点，每年至少组织一次综合应急预案演练或者专项应急预案演练，每半年至少组织一次现场处置方案演练。

3. 施工单位明确应急预案修订的基本要求，并定期进行评审，实现可持续改进。一般制定的应急预案应当至少每三年修订一次，预案修订情况应有记录并归档。

4. 施工单位下列情况发生变化时，应当修订应急预案：

(1) 施工单位因兼并、重组、转制等导致隶属关系、经营方式、法定代表人发生变化的；

(2) 施工单位企业资质内容，或施工工艺和技术发生变化的；

(3) 周围环境发生变化，形成新的重大危险源的；

(4) 应急组织指挥体系或者职责已经调整的；

(5) 依据的法律、法规、规章和标准发生变化的；

(6) 应急预案演练评估报告要求修订的；

(7) 应急预案管理部门要求修订的。

15.3 建筑施工安全事故报告

15.3.1 企业生产安全事故报告的法律规定

1. 国务院《生产安全事故报告和调查处理条例》的规定。

2. 住房和城乡建设部关于印发《房屋市政工程生产安全事故报告和查处工作规程》的通知（建质〔2013〕4号）和《关于进一步做好建筑生产安全事故处理工作的通知》（建质〔2009〕296号）。

建筑施工单位按照国务院《生产安全事故报告和调查处理条例》规定和政府主管部门的要求制定的建筑施工安全事故报告与处理制度。

15.3.2 企业生产安全事故报告的事故类型

1. 国务院《生产安全事故报告和调查处理条例》规定的特别重大事故、重大事故、较大事故、一般事故四个等级事故。

2. 企业日常安全生产管理中检查发现的重大生产安全隐患及所采取的管理措施。

(1) 重大危险源。《中华人民共和国安全生产法》第三十七条规定，生产经营单位对重大危险源应当登记建档，进行定期检测、评估、监控，并制定应急预案，告知从业人员和相关人员在紧急情况下应当采取的应急措施。同时要求生产经营单位应当按照国家有关规定将本单位重大危险源及有关安全措施、应急措施报有关地方人民政府安全生产监督管理部门和有关部门备案。

县级以上地方各级人民政府负有安全生产监督管理职责的部门应当建立健全重大事故隐患治理督办制度，督促生产经营单位消除重大事故隐患。

(2) 危险性较大的分部分项工程。国家住房和城乡建设部《危险性较大的分部分项工程安全管理办法》（建质〔2009〕87号）规定的房屋建筑和市政基础设施工程的新建、改建、扩建、装修和拆除等建筑工程在施工过程中存在的、可能导致作业人员群死群伤或造成重大不良社会影响的分部分项工程。

(3) 重大安全隐患。国家住房和城乡建设部《房屋市政工程生产安全重大隐患排查治理挂牌督办暂行办法》（建质〔2011〕158号）规定，在房屋建筑和市政工程施工过程中，存在的危害程度较大、可能导致群死群伤或造成重大经济损失的生产安全隐患，建筑施工企业应当定期组织安全生产管理人员、工程技术人员和其他相关人员排查每一个工程项目的重大隐患，特别是对深基坑、高支模、地铁隧道等技术难度大、风险大的重要工程应重点定期排查。对排查出的重大隐患，应及时实施治理消除，并将相关情况进行登记存档。建筑施工企业应及时将工程项目重大隐患排查治理的有关情况向建设单位报告。

房屋市政工程生产安全重大隐患治理挂牌督办按照属地管理原则，由工程所在地住房和城乡建设主管部门组织实施。省级住房和城乡建设主管部门进行指导和监督。住房和城乡建设主管部门接到工程项目重大隐患举报，应立即组织核实，属实的由工程所在地住房和城乡建设主管部门及时向承建工程的建筑施工企业下达《房屋市政工程生产安全重大隐患治理挂牌督办通知书》，并公开有关信息，接受社会监督。

15.3.3 建筑施工企业生产安全事故报告的层级管理制度

1. 特别重大事故、重大事故逐级上报至国务院安全生产监督管理部门和负有安全生产监督管理职责的有关部门。

2. 较大事故逐级上报至省、自治区、直辖市人民政府安全生产监督管理部门和负有安全生产监督管理职责的有关部门。

3. 一般事故上报至设区的市级人民政府安全生产监督管理部门和负有安全生产监督管理职责的有关部门。

安全生产监督管理部门和负有安全生产监督管理职责的有关部门依照前款规定上报事故情况，应当同时报告本级人民政府。国务院安全生产监督管理部门和负有安全生产监督管理职责的有关部门以及省级人民政府接到发生特别重大事故、重大事故的报告后，应当立即报告国务院。必要时，安全生产监督管理部门和负有安全生产监督管理职责的有关部门可以越级上报事故情况。

安全生产监督管理部门和负有安全生产监督管理职责的有关部门接到事故报告后，应当依照规定上报事故情况，并通知公安机关、劳动保障行政部门、工会和人民检察院。

15.3.4 事故报告的时间规定

1. 事故发生后，事故现场有关人员应当立即向本单位负责人报告；单位负责人接到报告后，应当于1小时内向事故发生地县级以上人民政府安全生产监督管理部门和负有安全生产监督管理职责的有关部门报告。情况紧急时，事故现场有关人员可以直接向事故发生地县级以上人民政府安全生产监督管理部门和负有安全生产监督管理职责的有关部门报告。

2. 安全生产监督管理部门和负有安全生产监督管理职责的有关部门逐级上报事故情况，每级上报的时间不得超过2小时。

3. 住房城乡建设部《关于加强建筑市场资质资格动态监管完善企业和人员准入清出制度的指导意见》的通知（建市〔2010〕128号）事故发生地县级以上住房城乡建设主管部门应当在事故发生之日起3个工作日内将事故情况、与事故有关的企业以及注册人员简要情况上报省级住房城乡建设主管部门；对非本省市的企业和注册人员，事故发生地省级住房和城乡建设主管部门接到报告后，应当在 3 个工作日内通报其注册所在地省级住房城乡建设主管部门。企业和注册人员注册所在地省级住房城乡建设主管部门，应当在接到报告或通报之日起 3 个工作日内，做出在事故调查处理期间暂停其资质升级、增项，资格认定、注册等事项的处理。

15.3.5 建筑施工企业生产安全事故报告制度

1. 施工企业生产安全事故报告制度

（1）生产安全事故报告与处理制度必须以文件的形式确立；

（2）生产安全事故报告与处理制度必须符合有关法律法规的要求，不得有隐瞒或迟报、缓报等现象的发生；

（3）应有针对等级生产安全事故以及重大生产安全隐患的具体报告、统计的管理措施，有落实月报告和零报告制度管理要求；

（4）落实各级生产安全事故报告责任网络，本部及所属单位的报告责任人明确；

（5）有生产安全事故及重大生产安全隐患报告与统计的档案管理要求及措施；

（6）应针对等级生产安全事故以及重大生产安全隐患提出制定应急救援预案的管理要求；

（7）其他管理要求。

2. 工程项目生产安全事故报告制度

（1）施工现场的安全事故报告与处理制度必须以文件的形式确立；

（2）施工现场的生产安全事故报告与处理制度必须符合有关法律法规的要求，不得有隐瞒或迟报、缓报等现象的发生；

（3）施工现场应针对等级生产安全事故报告责任和具体措施，以及重大生产安全隐患的月报告和零报告制度提出管理要求；

（4）应明确施工现场报告制度的责任部门或责任人；

（5）有日常重大生产安全隐患报告资料的档案管理要求；

（6）应针对等级生产安全事故以及重大生产安全隐患提出制定应急救援预案的管理要求；

（7）其他管理要求。

15.3.6 施工企业生产安全事故报告程序

1. 事故发生后，事故现场有关人员应当立即向本单位负责人报告；单位负责人接到报告后，应当于 1 小时内向事故发生地县级以上人民政府安全生产监督管理部门和负有安全生产监督管理职责的有关部门报告。

2. 情况紧急时，事故现场有关人员可以直接向事故发生地县级以上人民政府安全生产监督管理部门和负有安全生产监督管理职责的有关部门报告。

3. 自事故发生之日起 30 日内，事故造成的伤亡人数发生变化的，应当及时补报。道路交通事故、火灾事故自发生之日起 7 日内，事故造成的伤亡人数发生变化的，应当及时补报。

企业应根据以上规定制订等级事故报告管理规定以及重大生产安全隐患的月报告和零

报告的具体管理规定。

15.3.7　生产安全事故报告内容

1. 生产安全事故等级事故报告内容：

根据国务院令第 493 号《生产安全事故报告和调查处理条例》规定，等级事故报告主要内容：

(1) 事故发生单位概况；

(2) 工程项目概况；

(3) 事故发生的时间、地点以及事故现场情况；

(4) 事故的简要经过；

(5) 事故已经造成或者可能造成的伤亡人数（包括下落不明的人数）和初步估计的直接经济损失；

(6) 已经采取的措施；

(7) 其他应当报告的情况。

2. 建筑安全事故报告的主要内容：

住房和城乡建设部《房屋市政工程生产安全事故报告和查处工作规程》（建质〔2013〕4 号）规定的建筑安全事故报告主要应当包括以下内容：

(1) 事故的发生时间、地点和工程项目名称；

(2) 事故已经造成或者可能造成的伤亡人数（包括下落不明人数）；

(3) 事故工程项目的建设单位及项目负责人、施工单位及其法定代表人和项目经理、监理单位及其法定代表人和项目总监；

(4) 事故的简要经过和初步原因；

(5) 其他应当报告的情况。

3. 建筑施工重大安全隐患报告应包括以下主要内容：

(1) 项目名称、施工单位项目部安全管理架构及责任人；

(2) 存在重大安全隐患的部位及基本情况；

(3) 项目监理部对重大安全隐患采取的控制措施及跟踪落实整改情况；

(4) 反映存在重大安全隐患的数据、照片、影像等相关资料。

(5) 重大安全隐患报告应由总监理工程师审核、签字并加盖监理执业章、监理公司章。

4. 事故报告应当及时、准确、完整，任何单位和个人对事故不得迟报、漏报、谎报或者瞒报。

15.4　建筑安全事故现场的保护

15.4.1　建筑安全事故现场的保护的法律规定

国务院《生产安全事故报告和调查处理条例》（第 493 号）第十六条规定，事故发生后，有关单位和人员应当妥善保护事故现场以及相关证据，任何单位和个人不得破坏事故现场、毁灭相关证据。

因抢救人员、防止事故扩大以及疏通交通等原因，需要移动事故现场物件的，应当做出标志，绘制现场简图并做出书面记录，妥善保存现场重要痕迹、物证。

15.4.2 建筑安全事故现场的保护的对象

1. 事故现场的保护。事故现场是进行调查，找出事故原因、责任的重要场所，事故责任单位必须采取措施加以保护。同时，必须禁止破坏事故现场、毁灭有关证据的任何行为发生。不论是过失还是故意，有关单位和人员均不得破坏事故现场、毁灭相关证据。有上述行为的，将要承担相应的法律责任。

2. 现场物件、痕迹的保护。事故现场的物件、痕迹是事故调查的重要证明材料，不得随意移动、毁灭。有时为了便于抢险救灾，抢救人员、防止事故扩大以及疏通交通等原因，需要移动事故现场物件、需要改变事故现场某些物件的状态，必须采取相应措施的前提下，作出标记，绘制现场简图并作出书面记录，妥善保护现场重要痕迹、物证。

15.4.3 建筑施工安全事故现场保护的责任主体

1. 建筑安全事故现场保护的责任主体是建筑施工单位，事故现场的有关人员都有保护现场的义务，项目负责人是安全生产事故的第一责任人。

2. 事故现场参与事故调查处理的有关地方人民政府安全生产监管部门、建设主管部门和其他负有安全生产监管职责的有关部门、事故应急救援组织等单位及其有关人员。

3. 事故现场其他单位和人员，都有妥善保护现场和相关证据的义务。

15.4.4 建筑安全事故现场保护

生产安全事故现场保护的任务就是要在现场勘查之前，保护现场的原始状态，既不使它减少任何痕迹、物品，也不使它增加任何痕迹、物品。为此，必须根据发生事故现场的具体情况和周围环境，划定保护区的范围，布置警戒，将事故现场封锁起来。禁止一切人进入保护区，即使是保护现场的人员，也不要无故进入，更不能擅自进行勘查，禁止随意触摸或者移动事故现场上的任何物品。

1. 划定保护区的范围，布置警戒。保护事故现场的最主要的措施，就是要根据发生事故现场的情况和周围环境，划定保护区的范围，然后组织治保人员、保卫人员或者其他人员在保护区周围设岗警戒，把事故现场全部封锁起来。要让所有已经进入保护区的人退出去，对于原在保护区内干活的工人，包括事故肇事者，要有组织的动员他们撤离保护区，或者撤离到保护区不重要的部位。同时禁止一切人，包括受害人的家属、亲友，以及承担警戒任务的干部、群众等再闯入现场保护区内。

2. 事故现场的保护。事故调查人员、安全管理人员在核实发生事故经过的情况，确定保护区的范围，清退进入事故现场的人员，以及采取紧急救护措施，必须进入事故现场实地观察时，应当尽量使现场少受破坏，尽量避开事故肇事者造成事故发生的主要地方。

3. 事故现场证据材料的保护。移动尸体和现场上的破损部件、碎片、残留物、致害物时，均应贴上标签，注明地点、时间、管理者，不要在事故现场吸烟，更不要把别处的东西带到或丢弃在事故现场上。

4. 事故相关参与人的了解与控制。在保护事故现场的过程中，必须十分重视收集事故相关参与人、事故肇事者的基本情况及其下落的材料。对于已经逃跑的事故肇事者，知其姓名、特征、逃跑方向，要立即请求公安机关、检察院及时采取通缉、堵截等紧急措施。

15.4.5 建筑安全事故现场保护的方法

无论是露天施工现场，还是在建工程内部、地下室、密闭空间等建筑物内的事故现场都必须注意保护事故现场尸体、痕迹和残留物、致害物等不受破坏。如果因为自然的、人为的或者其他因素致使尸体、痕迹和残留物、致害物等有可能受到破坏时，应当另行采取专门的保护措施。

1. 露天事故现场的保护方法

露天现场的保护，通常是在事故现场周围布置警戒，将事故现场封锁起来，禁止一切人进入。保护区范围的大小，应当根据事故现场的具体环境确定，原则上应当把发生事故的地点和可能遗留痕迹、物证的一切场所包括进去。为了避免因保护区划得太小而使痕迹、物证受到破坏。在开始时，不妨把保护区的范围适当划得大一些。因为适当地划大一些，调查人员到场后还可以根据情况再调整缩小，一般并无妨碍；如果一开始划小了，痕迹、物证因此受到破坏，就无法弥补了。

(1) 建筑工地人员比较稠密、活动频繁，保护区的范围一定要把事故发生的中心场所和发现重要痕迹、物证的地点，全部包括进去。保护措施也要因地制宜，范围较大的事故现场，可在通往现场的各个道口布置警戒，设置路障，禁止行人。现场周围岗哨之间的距离，以互相能够照应为度。范围较小的事故现场除应派专人看守外，条件允许的，可以在现场周围上绳索或栅栏，或在地上划出标界线，阻止行人撞入。对于通过现场的道路，或者发生在交通要道上的事故现场，一般应暂时中断交通，派出专人指挥车辆、行人绕道而行。

(2) 露天事故现场常见的几种现场保护措施。对于范围不大的露天现场，可以在周围绕以绳索或撒白灰等作警示标记，防止他人入内。对通过现场的道路，必要时可临时中断交通，指挥行人或车辆绕道而行。对现场上重要部位及现场进出口，应当设岗看守或者设置屏障遮挡。对施工现场实行封闭管理的现场，可将大门关闭，划出通道，无关人员禁止出入。

当外界环境发生改变时（如天气），要对现场上易变的痕迹物证（如血迹、坠落物着地痕迹等）采取适当的保护措施；防止牲畜、宠物进入现场破坏痕迹物证。

2. 建筑物内事故现场的保护方法

在建工程内部、地下室、密闭空间等建筑物内事故现场的保护，通常的办法是在出事故的建筑物内，可能留有发生事故的破损部件、碎片、残留物、致害物等一并封闭起来，布置警戒，张贴布告，或者绕以绳索，禁止一切人员入内。具体的做法，可根据事故现场的环境灵活确定。如果事故发生在楼栋内某个单元，可以把这个单元封闭，同时封闭与这个单元相连的通道。划出一道警戒线，设岗看守。高处坠落事故经常是事发地在建筑物内或建筑物外侧，受害者坠落地在施工脚手架外侧。这种事故既要保护建筑物内事故源地现场，又要在受害者地面坠落处周边加以保护。

15.4.6 建筑安全事故证据的保护方法

1. 建筑安全事故中尸体的保护方法

（1）对露天现场暴露在空气中的尸体，要用物体遮盖，以防日晒雨淋，加速腐败过程。避免尸体和尸体上附着的残留物、致害物等被散失。尸体停放现场有损受害者尊严和隐私保护的，在用物体遮盖，以防日晒雨淋的同时，征的事故调查组负责人同意后，现场用灰粉等标注出尸体的地面印记，对附着在尸体的证据进行采集、拍照、摄像保留影像资料后，尸体转移到适当的地方保存。

（2）火灾现场中的尸体，如不能制止火势蔓延，尸体有被火烧毁可能时，应设法将尸体移出事故现场保存。如火已被扑灭，则可就地保存，不要移动。

（3）移动搬运尸体时，应当尽量用担架、门板等工具，避免因搬运不当而造成新的伤痕，沾染上新的物质或者使原来附着的物质脱落。对于运出的尸体，如无特殊原因，仍应按搬动前的姿势存放，以便勘验。

2. 对事故现场物品、致害物等证据的保护方法

对事故现场的物料、破损部件、碎片、残留物、致害物等证据物品，任何人员一般不应触动。遇有特殊情况，如急救人命、抢救财物、排除险情等，必须进入事故现场或者必须移动现场上的某些物品时，应当尽量避免踩踏事故现场的物品。对于行走路线上已发现的痕迹物品，可用粉笔白灰就地画圈标示出来，以免后来的人不注意而破坏掉。对于必须移动的物品，在拿取时应选择适当的部位以免破坏原有的痕迹。事故现场无论哪类证据材料、物件，无论何人、无论何种理由需要挪动、拿走，都必须用粉笔、白灰等画圈标示，并留下影像资料。

3. 对事故有关的痕迹保护方法

对现场发现的血迹、手印、脚印、车辆痕迹以及被事故损坏的物体、工具擦痕或其他遗留物等，要特别注意保护，防止有关的痕迹物证受到损毁。必要时用粉笔、白灰等画圈标示，并留下影像资料。

15.5 组织建筑安全事故调查组

15.5.1 建筑安全事故调查的层级管理制度

1. 特别重大事故由国务院或者国务院授权有关部门组织事故调查组进行调查。

2. 重大事故、较大事故、一般事故分别由事故发生地省级人民政府、设区的市级人民政府、县级人民政府负责调查。省级人民政府、设区的市级人民政府、县级人民政府可以直接组织事故调查组进行调查，也可以授权或者委托有关部门组织事故调查组进行调查。

3. 未造成人员伤亡的一般事故，县级人民政府也可以委托事故发生单位组织事故调查组进行调查。

4. 上级人民政府认为必要时，可以调查由下级人民政府负责调查的事故。

5. 自事故发生之日起30日内（道路交通事故、火灾事故自发生之日起7日内），因事故伤亡人数变化导致事故等级发生变化，依照本条例规定应当由上级人民政府负责调查的，上级人民政府可以另行组织事故调查组进行调查。

6. 特别重大事故以下等级事故，事故发生地与事故发生单位不在同一个县级以上行政区域的，由事故发生地人民政府负责调查，事故发生单位所在地人民政府应当派人参加。

15.5.2　建筑安全事故调查组的组成

事故调查组的组成应当遵循精简、效能的原则，根据事故的具体情况，由县级以上人民政府组成事故调查组。事故调查组成员单位有：

1. 组成事故调查组的人民政府；
2. 安全生产监督管理部门；
3. 建设主管部门和负有安全生产监督管理职责的有关部门；
4. 监察机关；
5. 公安机关；
6. 本级工会组织。

在组织事故调查组时，应当邀请人民检察院派人参加。事故调查组可以聘请有关专家参与调查。

15.5.3　建筑安全事故调查组成员的要求

1. 事故调查组成员应当具有事故调查所需要的知识和专长，并与所调查的事故没有直接利害关系。
2. 事故调查组组长由负责事故调查的人民政府指定。事故调查组组长主持事故调查组的工作。
3. 事故调查组成员在事故调查工作中应当诚信公正、恪尽职守，遵守事故调查组的纪律，保守事故调查的秘密。未经事故调查组组长允许，事故调查组成员不得擅自发布有关事故的信息。

15.5.4　建筑安全事故调查组职责

1. 查明事故发生的经过、原因、人员伤亡情况及直接经济损失；
2. 认定事故的性质和事故责任；
3. 提出对事故责任者的处理建议；
4. 总结事故教训，提出防范和整改措施；
5. 提交事故调查报告。
6. 事故调查中发现涉嫌犯罪的，事故调查组应当及时将有关材料或者其复印件移交司法机关处理。

15.5.5　建筑安全事故调查组的权力

1. 事故调查组有权向有关单位和个人了解与事故有关的情况，并要求其提供相关文件、资料，有关单位和个人不得拒绝。

2. 事故调查中需要进行技术鉴定的,事故调查组应当委托具有国家规定资质的单位进行技术鉴定。必要时,事故调查组可以直接组织专家进行技术鉴定。技术鉴定所需时间不计入事故调查期限。

15.6 建筑安全事故的调查处理

15.6.1 建筑安全事故的调查处理原则

《中华人民共和国安全生产法》第八十三条规定,事故调查处理应当按照科学严谨、依法依规、实事求是、注重实效的原则,及时、准确地查清事故原因,查明事故性质和责任,总结事故教训,提出整改措施,并对事故责任者提出处理意见。事故调查报告应当依法及时向社会公布。

15.6.2 建筑安全事故的现场处理

企业和施工现场的事故处理应按等级事故和未造成人员伤亡的一般事故(包括生产安全事故隐患等)两类进行处置。

1. 事故发生单位负责人接到事故报告后,应当立即启动事故应急救援预案,或者采取有效措施,组织抢救,防止事故扩大,减少人员伤亡和财产损失;

2. 事故发生后,有关单位和人员应当妥善保护事故现场以及相关证据,任何单位和个人不得破坏事故现场、毁灭相关证据;

3. 因抢救人员、防止事故扩大以及疏通交通等原因,需要移动事故现场物件的,应当做出标志,绘制现场简图并做出书面记录,妥善保存现场重要痕迹、物证。

15.6.3 建筑安全事故的调查处理的程序

事故调查处理应当坚持实事求是、尊重科学的原则,及时、准确地查清事故经过、事故原因和事故损失,查明事故性质,认定事故责任,总结事故教训,提出整改措施,并对事故责任者追究责任。事故调查处理的最终目的是举一反三,防止同类事故重复发生。

1. 搜集现场物证、证人材料或其他事实材料等;

2. 对现场进行拍照、摄影取证;

3. 进行事故调查问询笔录;

4. 事故原因分析;

5. 认定事故性质、责任单位、责任人;

6. 对事故责任单位、责任人提出处理建议;

7. 总结事故教训,提出防范和整改措施;

8. 提交事故调查报告。

15.6.4 建筑安全事故调查方法

1. 收集事故基本情况资料。主要收集:

(1) 事故项目工程的概况,基本建设程序办理情况;

（2）事故项目工程建设、设计、施工和监理单位概况及相关项目部人员组成情况；

（3）事故单位的施工资质、安全生产许可证、营业证照及复印件；有关经营承包经济合同；

（4）事故单位的安全生产管理制度、安全培训教育记录、安全技术标准规程和安全技术交底；

（5）伤亡人员和肇事者的证件及上岗情况；

（6）劳务用工注册手续；

（7）事故现场示意图。

2. 现场勘察。现场勘察是技术性很强的工作，涉及广泛的科技知识和实践经验，调查组对事故的现场勘察必须做到及时、全面、准确、客观。现场勘察的主要包括现场笔录和现场拍照。

（1）现场勘察笔录：

1）发生事故的时间、地点、气象等；

2）现场勘察人员姓名、单位、职务；

3）现场勘察起止时间、勘察过程；

4）设备、设施损坏或异常情况及事故前后的位置；

5）能量失散所造成的破坏情况、状态、程度等；

6）事故发生前劳动组合、现场人员的位置和行动；

7）重要物证的特征、位置及检验情况等。

（2）现场影像资料收集：

1）方位拍照，要能反映事故现场在周围环境中的位置；

2）全面拍照，能反映事故现场各部分之间的关系；

3）中心拍照，反映事故现场中心情况；

4）细目拍照，提示事故直接原因的痕迹、致害物等；

5）人体拍照，反映伤亡者主要受伤和造成死亡的伤害部位。

（3）现场绘制事故图。据事故类别和规模以及调查工作的需要绘出有关示意图；建筑平面图、剖面图；事故时人员位置及活动图；破坏物立体图或展开图；涉及范围图；设备或工具、器具构造简图等。

3. 证人证言的收集。事故现场证人证言的收集是一项十分重要又是十分专业、细致的工作。尤其是事故目击者、相关责任人的证人证言尤为重要。对证人的口述材料、调查笔录必须经本人签字认可，保证证言的真实性、客观性。

15.6.5 建筑安全事故的分析步骤

1. 整理和阅读调查材料，根据《企业职工伤亡事故分类标准》GB 6441—1986 的附录A，按以下 7 项内容进行分析：受伤部位、受伤性质、起因物、致害物、伤害方式、不安全状态、不安全行为。

2. 确定事故的直接原因、间接原因、事故责任者。

在分析事故原因时，应根据调查所确认的事实，从直接原因入手，逐步深入到间接原因，从而掌握事故的全部原因。通过对直接原因和间接原因的分析，确定事故中的直接责任者和领导责任者，再根据其在事故发生过程中的作用，确定主要责任者。

3. 制定事故预防措施。根据对事故原因的分析，制定防止类似事故再次发生的预防措施。在防范措施中，应把改善劳动生产条件、作业环境和提高安全技术措施水平放在首位，力求从根本上消除危险因素。

15.6.6　建筑安全事故的性质分类

1. 责任事故，是指由于人的过失造成的事故。

2. 非责任事故，即由于人们不能预见或不可抗力的自然条件变化所造成的事故，或是在技术改造、发明创造、科学试验活动中，由于科学技术条件的限制而发生的无法预料的事故，如地震、海啸等。但是，对于能够预见并可以采取措施加以避免的伤亡事故，或明知存在未解决的问题、没有经过认真研究解决技术问题而造成的事故，不能包括在内。

3. 破坏性事故。即为达到既定目的而故意制造的事故。此类事故不属于建筑安全事故调查组调查的事故，应由公安机关认真追查破案，依法处理。

15.6.7　建筑安全事故的原因分类

1. 直接原因。根据《企业职工伤亡事故分类标准》GB 641—86，直接导致伤亡事故发生的机械、物质和环境的不安全状态，以及人的不安全行为，是事故的直接原因。

2. 间接原因。事故中技术和设计上的缺陷，教育培训不够、未经培训、缺乏或不懂安全操作技术知识，劳动组织不合理，对现场工作缺乏检查或指导错误，没有安全操作规程或不健全，没有或不认真实施事故防护措施，对事故隐患整改不利等原因，是事故的间接原因。

3. 主要原因。导致事故发生的主要因素，是事故的主要原因。

15.6.8　建筑安全事故的责任分析

在查清伤亡事故原因后，必须对事故进行责任分析，目的在于使事故责任者、单位领导人和广大职工吸取教训，接受教育，改进工作。

1. 事故责任分析可以通过事故调查所确认的事实，事故发生的直接原因和间接原因，有关人员的职责、分工和在具体事故中所起的作用，追究其所应负的责任；按照有关组织管理人员及生产技术因素，追究最初造成不安全状态的责任；按照有关技术规定的性质、明确程度、技术难度，追究属于明显违反技术规定的责任；对属于未知领域的责任不予追究。

2. 根据对事故应负责任的程度不同，事故责任者分为直接责任者、主要责任者、重要责任者和领导责任者。对事故责任者的处理，在以教育为主的同时，还必须根据有关规定，按情节轻重，分别给予经济处罚、行政处分，直至追究刑事责任。

15.6.9　建筑安全事故的调查报告

事故调查组在查清事实、分析原因的基础上，组织召开事故分析会，按照"四不放过"的原则，对事故原因进行全面调查分析，制定出切实可行的防范措施，提出对事故有关责任人员的处理意见，写成文字事故报告书，经调查组全体人员签字后报批。

如调查组内部意见有分歧，应在弄清事实的基础上，对照法律法规进行研究，统一认识。对个别仍持有不同意见的允许保留，并在签字时写明意见。

1. 事故调查报告应当包括下列内容：

(1) 事故发生单位概况；

(2) 事故发生经过和事故救援情况；

(3) 事故造成的人员伤亡和直接经济损失；

(4) 事故发生的原因和事故性质；

(5) 事故责任的认定以及对事故责任者的处理建议；

(6) 事故防范和整改措施。

2. 事故调查报告在上报事故报告书时，应将下列资料作为附件，一同上报：

(1) 企业资质证、安全生产许可证、工商营业执照复印件；

(2) 事故现场示意图；

(3) 反映事故情况的相关照片；

(4) 事故伤亡人员的相关医疗诊断书；

(5) 负责本事故调查处理的政府主管部门要求提供的与本事故有关的其他材料。

15.6.10 建筑安全事故调查报告的审批

事故调查报告报送负责事故调查的人民政府审批通过后，事故调查工作即告结束。事故调查的有关资料应当归档保存。

15.6.11 建筑安全事故调查事故调查的期限规定

建筑安全事故调查应当自事故发生之日起 60 日内提交事故调查报告；特殊情况下，经负责事故调查的人民政府批准，提交事故调查报告的期限可以适当延长，但延长的期限最长不超过 60 日。

15.6.12 对生产安全事故责任单位、个人的责任追究

建筑企业在接到政府机关的结案批复后，进行事故建档，并接受、配合政府主管部门对单位、责任人的责任追究 。

1. 对生产安全事故责任单位的责任追究

住房和城乡建设部《房屋市政工程生产安全事故报告和查处工作规程》（建质〔2013〕4 号）规定，住房和城乡建设主管部门应当按照有关人民政府对事故调查报告的批复，依照法律法规规定的程序，对事故责任企业实施责令停业整顿、罚款、降低企业资质等级、吊销资质证书；吊销或者暂扣安全生产许可证等处罚。

2. 对生产安全事故责任人的责任追究

对事故负有责任的人员，所在单位应当按照事故调查报告批复要求，及时配合主管部门对责任人实施罚款、暂扣或注销安全生产考核合格证书、责令停止执业、吊销执业资格注册证书等处罚。构成犯罪的，按照刑法有关规定追究刑事责任。

3. 对生产安全事故责任人追究的责任权限

对事故责任企业或者人员的处罚权限在上级住房和城乡建设主管部门的，当地住房和

城乡建设主管部门应当在收到有关人民政府对事故调查报告的批复后 15 日内，逐级将事故调查报告（附具有关证据材料）、有关人民政府批复文件、本部门处罚建议等材料报送至有处罚权限的住房和城乡建设主管部门。

接收到材料的住房和城乡建设主管部门应当按照有关人民政府对事故调查报告的批复，依照法律法规，对事故责任企业或者人员实施处罚，并向报送材料的住房城乡建设主管部门反馈处罚情况。

对事故责任企业或者人员的处罚权限在其他省级住房和城乡建设主管部门的，事故发生地省级住房城乡建设主管部门应当将事故调查报告（附具有关证据材料）、有关人民政府批复文件、本部门处罚建议等材料转送至有处罚权限的其他省级住房和城乡建设主管部门，同时抄报国务院住房和城乡建设主管部门。

住房和城乡建设主管部门应当按照规定，对下级住房和城乡建设主管部门的房屋市政工程生产安全事故查处工作进行督办。

国务院住房城乡建设主管部门对重大、较大事故查处工作进行督办，省级住房和城乡建设主管部门对一般事故查处工作进行督办。

15.6.13 对生产安全事故责任单位安全生产许可证的处理

1. 国务院《安全生产许可证条例》规定

（1）未取得安全生产许可证擅自进行生产的，责令停止生产，没收违法所得，并处 10 万元以上 50 万元以下的罚款；造成重大事故或者其他严重后果，构成犯罪的，依法追究刑事责任。

（2）安全生产许可证有效期满未办理延期手续，继续进行生产的，责令停止生产，限期补办延期手续，没收违法所得，并处 5 万元以上 10 万元以下的罚款；逾期仍不办理延期手续，继续进行生产的，依照本条例第十九条的规定处罚。

（3）转让安全生产许可证的，没收违法所得，处 10 万元以上 50 万元以下的罚款，并吊销其安全生产许可证；构成犯罪的，依法追究刑事责 任；接受转让的和冒用安全生产许可证或者使用伪造的安全生产许可证的，依照本条例第十九条的规定处罚。

2. 住房与城乡建设部《建筑施工企业安全生产许可证管理规定》规定

（1）取得安全生产许可证的建筑施工企业，发生重大安全事故的，暂扣安全生产许可证并限期整改。

（2）建筑施工企业未取得安全生产许可证擅自从事建筑施工活动的，责令其在建项目停止施工，没收违法所得，并处 10 万元以上 50 万元以下的罚款；造成重大安全事故或者其他严重后果，构成犯罪的，依法追究刑事责任。

3. 住房与城乡建设部《建筑施工企业安全生产许可证动态监管暂行办法》（建设部建质〔2008〕121 号）规定

（1）建筑企业发生生产安全事故的，视事故发生级别和安全生产条件降低情况给予暂扣，或吊销安全生产许可证处罚，按下列标准执行：

1）发生一般事故的，暂扣安全生产许可证 30～60 日；

2）发生较大事故的，暂扣安全生产许可证 60～90 日；

3）发生重大事故的，暂扣安全生产许可证 90～120 日；

4）发生特别重大事故的，依法吊销安全生产许可证。

（2）建筑施工企业在 12 个月内第二次发生生产安全事故的，视事故级别和安全生产条件降低情况，分别按下列标准进行处罚：

1）发生一般事故的，暂扣时限为在上一次暂扣时限的基础上再增加 30 日；

2）发生较大事故的，暂扣时限为在上一次暂扣时限的基础上再增加 60 日；

3）发生重大事故的，或按本条（1）、（2）处罚暂扣时限超过 120 日的，吊销安全生产许可证。

12 个月内同一企业连续发生三次生产安全事故的，吊销安全生产许可证。

（3）建筑施工企业瞒报、谎报、迟报或漏报事故的，在本办法第十四条、第十五条处罚的基础上，再处延长暂扣期 30 日至 60 日的处罚。暂扣时限超过 120 日的，吊销安全生产许可证。

（4）建筑施工企业在安全生产许可证暂扣期内，拒不整改的，吊销其安全生产许可证。

建筑施工企业安全生产许可证被暂扣期间，企业在全国范围内不得承揽新的工程项目。发生问题或事故的工程项目停工整改，经工程所在地有关建设主管部门核查合格后方可继续施工。

建筑施工企业安全生产许可证被吊销后，自吊销决定作出之日起一年内不得重新申请安全生产许可证。

15.6.14　对生产安全事故违法犯罪人员的责任追究

1.《中华人民共和国刑法》规定

第一百三十四条　在生产、作业中违反有关安全管理的规定，因而发生重大伤亡事故或者造成其他严重后果的，处三年以下有期徒刑或者拘役；情节特别恶劣的，处三年以上七年以下有期徒刑。

强令他人违章冒险作业，因而发生重大伤亡事故或者造成其他严重后果的，处五年以下有期徒刑或者拘役；情节特别恶劣的，处五年以上有期徒刑。

第一百三十五条　安全生产设施或者安全生产条件不符合国家规定，因而发生重大伤亡事故或者造成其他严重后果的，对直接负责的主管人员和其他直接责任人员，处三年以下有期徒刑或者拘役；情节特别恶劣的，处三年以上七年以下有期徒刑。

第一百三十七条　建设单位、设计单位、施工单位、工程监理单位违反国家规定，降低工程质量标准，造成重大安全事故的，对直接责任人员，处五年以下有期徒刑或者拘役，并处罚金；后果特别严重的，处五年以上十年以下有期徒刑，并处罚金。

第一百三十九条　违反消防管理法规，经消防监督机构通知采取改正措施而拒绝执行，造成严重后果的，对直接责任人员，处三年以下有期徒刑或者拘役；后果特别严重的，处三年以上七年以下有期徒刑。

在安全事故发生后，负有报告职责的人员不报或者谎报事故情况，贻误事故抢救，情节严重的，处三年以下有期徒刑或者拘役；情节特别严重的，处三年以上七年以下有期徒刑。

2. 最高人民法院、最高人民检察院《关于办理危害生产安全刑事案件适用法律若干问题的解释》规定

第一条　《刑法》第一百三十四条第一款规定的犯罪主体，包括对生产、作业负有组织、指挥或者管理职责的负责人、管理人员、实际控制人、投资人等人员，以及直接从事生产、作业的人员。

第二条　《刑法》第一百三十四条第二款规定的犯罪主体，包括对生产、作业负有组织、指挥或者管理职责的负责人、管理人员、实际控制人、投资人等人员。

第三条　《刑法》第一百三十五条规定的"直接负责的主管人员和其他直接责任人员"，是指对安全生产设施或者安全生产条件不符合国家规定负有直接责任的生产经营单位负责人、管理人员、实际控制人、投资人，以及其他对安全生产设施或者安全生产条件负有管理、维护职责的人员。

第四条　《刑法》第一百三十九条之一规定的"负有报告职责的人员"，是指负有组织、指挥或者管理职责的负责人、管理人员、实际控制人、投资人，以及其他负有报告职责的人员。

第五条　明知存在事故隐患、继续作业存在危险，仍然违反有关安全管理的规定，实施下列行为之一的，应当认定为刑法第一百三十四条第二款规定的"强令他人违章冒险作业"：

（1）利用组织、指挥、管理职权，强制他人违章作业的；

（2）采取威逼、胁迫、恐吓等手段，强制他人违章作业的；

（3）故意掩盖事故隐患，组织他人违章作业的；

（4）其他强令他人违章作业的行为。

第六条　实施《刑法》第一百三十二条、第一百三十四条第一款、第一百三十五条、第一百三十五条之一、第一百三十六条、第一百三十九条规定的行为，因而发生安全事故，具有下列情形之一的，应当认定为"造成严重后果"或者"发生重大伤亡事故或者造成其他严重后果"，对相关责任人员，处三年以下有期徒刑或者拘役：

（1）造成死亡一人以上，或者重伤三人以上的；

（2）造成直接经济损失一百万元以上的；

（3）其他造成严重后果或者重大安全事故的情形。

实施《刑法》第一百三十四条第二款规定的行为，因而发生安全事故，具有本条第一款规定情形的，应当认定为"发生重大伤亡事故或者造成其他严重后果"，对相关责任人员，处五年以下有期徒刑或者拘役。

第七条　实施《刑法》第一百三十二条、第一百三十四条第一款、第一百三十五条、第一百三十五条之一、第一百三十六条、第一百三十九条规定的行为，因而发生安全事故，具有下列情形之一的，对相关责任人员，处三年以上七年以下有期徒刑：

（1）造成死亡三人以上或者重伤十人以上，负事故主要责任的；

（2）造成直接经济损失五百万元以上，负事故主要责任的；

（3）其他造成特别严重后果、情节特别恶劣或者后果特别严重的情形。

实施《刑法》第一百三十四条第二款规定的行为，因而发生安全事故，具有本条第一款规定情形的，对相关责任人员，处五年以上有期徒刑。

第八条　在安全事故发生后，负有报告职责的人员不报或者谎报事故情况，贻误事故抢救，具有下列情形之一的，应当认定为《刑法》第一百三十九条之一规定的"情节严重"：

（1）导致事故后果扩大，增加死亡一人以上，或者增加重伤三人以上，或者增加直接经济损失一百万元以上的；

（2）实施下列行为之一，致使不能及时有效开展事故抢救的：

1）决定不报、迟报、谎报事故情况或者指使、串通有关人员不报、迟报、谎报事故情况的；

2）在事故抢救期间擅离职守或者逃匿的；

3）伪造、破坏事故现场，或者转移、藏匿、毁灭遇难人员尸体，或者转移、藏匿受伤人员的；

4）毁灭、伪造、隐匿与事故有关的图纸、记录、计算机数据等资料以及其他证据的。

（3）其他情节严重的情形。

具有下列情形之一的，应当认定为《刑法》第一百三十九条之一规定的"情节特别严重"：

（1）导致事故后果扩大，增加死亡三人以上，或者增加重伤十人以上，或者增加直接经济损失五百万元以上的；

（2）采用暴力、胁迫、命令等方式阻止他人报告事故情况，导致事故后果扩大的；

（3）其他情节特别严重的情形。

第九条　在安全事故发生后，与负有报告职责的人员串通，不报或者谎报事故情况，贻误事故抢救，情节严重的，依照《刑法》第一百三十九条之一的规定，以共犯论处。

第十条　在安全事故发生后，直接负责的主管人员和其他直接责任人员故意阻挠开展抢救，导致人员死亡或者重伤，或者为了逃避法律追究，对被害人进行隐藏、遗弃，致使被害人因无法得到救助而死亡或者重度残疾的，分别依照刑法第二百三十二条、第二百三十四条的规定，以故意杀人罪或者故意伤害罪定罪处罚。

第十二条　实施《刑法》第一百三十二条、第一百三十四条至第一百三十九条之一规定的犯罪行为，具有下列情形之一的，从重处罚：

（1）未依法取得安全许可证件或者安全许可证件过期、被暂扣、吊销、注销后从事生产经营活动的；

（2）关闭、破坏必要的安全监控和报警设备的；

（3）已经发现事故隐患，经有关部门或者个人提出后，仍不采取措施的；

（4）一年内曾因危害生产安全违法犯罪活动受过行政处罚或者刑事处罚的；

（5）采取弄虚作假、行贿等手段，故意逃避、阻挠负有安全监督管理职责的部门实施监督检查的；

（6）安全事故发生后转移财产意图逃避承担责任的；

（7）其他从重处罚的情形。

实施前款第五项规定的行为，同时构成《刑法》第三百八十九条规定的犯罪的，依照数罪并罚的规定处罚。

第十三条　实施《刑法》第一百三十二条、第一百三十四条至第一百三十九条之一规定的犯罪行为，在安全事故发生后积极组织、参与事故抢救，或者积极配合调查、主动赔偿损失的，可以酌情从轻处罚。

第16章 编制、收集、整理施工安全资料

建筑施工安全资料是施工过程的产物和结晶。安全资料管理工作的科学化、标准化、规范化，可不断地推动施工现场安全管理向更高的层次和水平发展。安全资料有序的管理，是建筑施工实施安全报监制度，贯彻安全监督、分段验收、综合评价全过程管理的重要内容之一。真实可靠的安全技术资料有助于企业不断总结、提升建筑施工安全管理水平，为领导提供决策依据。安全资料的全面收集和有效保存，为施工过程中发生伤亡事故、意外事件的调查处理提供可靠的、可追溯的证据，并为今后的事故预测、预防提供可依据的参考资料。因此，建筑施工企业应提高对项目安全资料的搜集、分类、归档等工作的认识，认真做好安全资料的建立及管理工作。

16.1 对项目安全资料进行搜集、分类和归档

16.1.1 建筑施工安全资料归类的一般做法

1. 建筑施工安全资料管理的基本原则

建筑施工安全资料应与建筑施工工程技术资料一样进行资料的形成、收集、整理、组卷等工作，而且应随施工现场工程进度同步进行。同时，在安全资料的形成与建档的全过程中，应始终坚持"四性原则"。即：真实性（最重要的）、针对性、全面性、准确性原则。

（1）真实性原则。是指施工现场形成的资料，是现场施工过程中实际形成的，与现场所发生实际施工安全生产管理行为的事实相一致。

（2）针对性原则。是指收集整理的资料针对工程实际情况建立安全生产责任制、安全生产管理制度、编制专项施工方案、进行安全技术交底和检查验收、进行安全生产教育和班组安全活动等。

（3）全面性原则。是指资料的建立应覆盖项目工程的全过程，从项目施工开始，直至项目竣工为止，项目工程施工安全全方位、全领域的安全生产管理行为的各个方面。

（4）准确性原则。是指资料反映的情况应当准确、客观、不弄虚作假。如检查验收内容中应量化验收内容。

2. 档案组卷的质量要求

（1）施工现场安全资料的收集、整理应随工程进度同步进行，应真实反映工程的实际情况。

（2）施工现场安全资料应保证字迹清晰，不乱涂乱改，不缺页或无破损。签字、盖章手续齐全。计算机形成的资料应采用内容打印、手写签名的方式。

（3）施工现场安全资料组卷时应使用原件，因各种原因不能使用原件的，应在复印件

424

上加盖原件存放单位公章、注明原件存放处，并有经办人签字及时间。

（4）资料表格中各类名称、单位等应采用全称，不宜使用简称，资料表格应填写完整。

（5）施工现场安全资料应采用活页的形式，组卷时可以根据实际情况分册装订。

16.1.2　熟悉建筑施工安全资料归档的管理

建筑施工企业应加强对安全技术资料的管理，实行项目经理负责制，施工现场应设工地安全资料员，负责安全技术资料管理工作。安全资料员须经建设行业主管部门培训，考试合格后持证上岗。具体要求如下：

1. 档案归档组卷原则

（1）施工现场安全资料必须按相关标准规范的具体要求进行组卷。

（2）卷内资料排列顺序依次为封面、目录、资料部分和封底，也可根据卷内资料构成具体确定。组成的案卷应美观、整齐。

（3）案卷页号的编写应以独立卷为单位，在案卷内资料材料排列顺序确定后，对有书写内容的页面进行页号编写。每卷应从阿拉伯数字"1"开始，用打号机或钢笔一次逐页连续标注页号。

（4）可根据卷内资料分类进行分册，但是各分册资料材料的顺序编号应在本卷内连续编排。

（5）案卷封面要包括卷名、案卷题名、编制单位、安全主管、编制日期、第×册共×册等。

（6）卷内资料、封面、目录、备考表等，应统一采用 A4 幅尺寸（297mm×210mm），大于 A4 幅面的资料应折叠（297mm×210mm），小于 A4 幅面的资料应用 A4 白纸衬托。

2. 施工安全资料归档的管理要求

（1）施工现场安全资料的管理应为工程项目施工管理的重要组成部分，是提高文明施工管理和预防安全生产事故的有效措施。

（2）建设单位、监理单位和施工单位应负责各自的施工安全资料管理工作，逐级建立健全施工现场安全资料管理岗位责任制，明确负责人，落实各岗位责任。

（3）建设单位、监理单位和施工单位应建立安全管理资料的管理制度，规范安全管理资料的形成、收集、整理、组卷等工作，应随施工现场安全管理工作同步形成，做到真实有效、及时完整。

（4）施工现场安全管理资料应字迹清晰，签字、盖章等手续齐全，计算机形成的资料可打印、手写签名。

（5）施工现场安全管理资料应为原件，因故不能为原件时，可为复印件。复印件上应注明原件存放处，加盖原件存放单位公章，有经办人签字并注明时间。

（6）施工现场安全管理资料应分类整理和组卷，由各参与单位项目经理部保存备查至工程竣工。

3. 施工安全资料归档的管理职责

（1）施工单位管理职责

1）负责施工单位施工现场安全资料的收集、整理、保存等管理工作。

2）施工单位应将施工现场安全资料的形成和积累纳入工程建设管理的各个环节，逐级建立健全工程施工现场安全资料岗位责任制，对施工现场安全资料的真实性、完整性和有效性负责。

3）总包单位督促检查各分包单位编制施工现场安全资料。分包单位负责其分包范围内施工现场安全资料的编制、收集和整理，向总包单位提供备案。

4）施工单位施工现场安全资料应随工程进度同步收集、整理，并保存到工程竣工。

5）主管施工现场安全工作的负责人应负责本单位施工现场安全资料的全过程管理工作。施工过程中施工现场安全资料的收集和整理工作应有专人负责。

（2）安全资料员职责

1）应熟知部、省、市等管理部门对施工现场安全检查、检测验收的标准、规范、规定和要求。

2）严格按安全技术资料管理制度要求进行管理。

3）按施工进度及时督促有关人员整理上报安全技术资料，内容应准确真实、项目齐全、手续完备、字迹工整清晰，并应认真及时归纳、分类。不弄虚作假，并对资料的完整性负责。

4）负责本工地安全资料签章入档，不合格资料严禁入档。

5）加强档案管理，对已形成归档的各种资料除了上级检查外，不经领导同意，不得借阅他人，以免遗失或损坏。

（3）建设单位档案管理职责

1）建设单位应当向施工单位提供施工现场及毗邻区域内的供水、排水、供电、供气、供热、通信、广播电视等地上、地下管线资料，气象和水文观测资料，毗邻建筑物和构筑物、地下工程的有关资料。

2）在申请领取施工许可证时，负责提供建设工程有关安全施工措施的资料。

3）建设单位应将施工现场安全资料的形成和积累纳入工程建设管理的各个环节，逐级建立健全工程施工现场安全资料岗位责任制，对施工现场安全资料的真实性、完整性和有效性负责。

4）建设单位施工现场安全资料应随工程进度同步收集、整理，并保存到工程竣工。

5）建设单位主管施工现场安全工作的负责人应负责本单位施工现场安全资料的全过程管理工作。施工过程中施工现场安全资料的收集和整理工作应有专人负责。

6）监督、检查各参建单位工作施工现场安全资料的建立和积累。

7）在编制工程概算时，应确定建设工程安全作业环境及文明安全施工措施所需费用，并负责统计费用支付的情况。

（4）监理单位管理职责

1）监理单位应将施工现场安全资料的形成和积累纳入工程建设管理的各个环节，逐级建立健全工程施工现场安全资料岗位责任制，对施工现场安全资料的真实性、完整性和有效性负责。

2）监理单位主管施工现场安全工作的负责人应负责本单位施工现场安全资料的全过程管理工作。施工过程中施工现场安全资料的收集和整理工作应有专人负责。

3）监理单位施工现场安全资料应随工程进度同步收集、整理、并保存到工程竣工。

4） 对工程施工现场安全资料的形成、积累、组卷进行监督、检查。

5） 对施工单位报送的施工现场安全资料进行审核，并予以签认。

6） 负责监理单位施工现场安全资料的收集、整理、保存等管理工作。

16.1.3　掌握建筑施工项目安全生产资料归档分类

建筑施工项目安全生产资料归档分类有：安全管理基本资料，岗位责任制、管理制度，安全技术操作规程，安全防护用品（具）管理，安全教育及安全活动记录，专项施工方案及安全技术交底，安全检查及隐患整改，安全验收，建筑施工机械管理、建筑施工临时用电管理，消防安全与平安创建管理，文明施工、绿色施工管理、工会劳动保护监督和工程竣工安全评估报告共十三大类。

1. 安全管理基础资料

（1）基本内容

1） 工程概况表；

2） 项目部管理人员名册；

3） 特种作业人员名册；

4） 分包单位登记表；

5） 分包单位资质审查表；

6） 总包与分包单位安全协议；

7） 相关附件材料：

① 资质证书副本、企业安全生产许可证复印件；

② 项目经理注册证书复印件（变更的需提供手续）；

③ 项目经理、安全员安全考核合格证书复印件；

④ 项目经理、安全员参加年度继续教育培训合格证书复印件；

⑤ 中标通知书复印件；

⑥ 安全监督备案手续；

⑦ 施工许可证复印件；

⑧ 意外伤害保险凭证复印件；

⑨ 施工现场总平面布置图；

⑩ 施工现场安全警示标志总平面布置图；

⑪ 施工进度计划表；

⑫ 安全文明施工措施费支付计划。

（2）项目部安全生产组织机构及目标管理

1） 全员公司委派证明材料；

2） 项目安全生产文明施工管理网络：

① 项目安全生产管理网络；

② 项目文明（绿色）施工管理网络；

③ 项目消防安全管理网络；

④ 事故应急救援组织网络；

⑤ 建筑工人业余学校组织网络。

3) 安全生产、文明施工目标责任书；

4) 安全质量标准化责任目标分解图；

5) 安全管理目标责任落实考核办法。

（3）应急救援预案与事故调查处理

1) 施工现场各类生产安全事故应急救援预案；

2) 防台风、防汛应急救援预案；

3) 环境污染事故应急救援预案；

4) 食物中毒事故应急救援预案；

5) 施工现场应急救援组织人员名册；

6) 施工现场应急救援设施设备仪器登记表；

7) 事故应急救援演习记录表；

8) 生产安全事故登记表；

9) 工程建设安全质量事故快报表单；

10) 工程项目生产安全事故（月、年）统计报表。

2. 岗位责任制与安全管理制度

（1）施工管理人员安全生产岗位责任制

1) 项目经理安全生产岗位责任制；

2) 项目技术人员安全生产岗位责任制；

3) 施工员安全生产岗位责任制；

4) 安全员安全生产岗位责任制；

5) 材料员安全生产岗位责任制；

6) 机械员安全生产岗位责任制；

7) 质检员安全生产岗位责任制；

8) 预算员安全生产岗位责任制；

9) 资料员安全生产岗位责任制；

10) 班组长安全生产岗位责任制；

11) 门卫安全生产岗位责任制；

12) 炊事员安全生产岗位责任制；

13) 卫生员安全生产岗位责任制；

14) 其他人员安全生产岗位责任制；

15) 安全生产责任制考核制度。

（2）施工安全生产管理制度

1) 安全生产资金保障制度；

2) 项目负责人现场带班制度；

3) 专项施工方案编审制度；

4) 安全生产技术交底制度；

5) 安全生产教育培训制度；

6) 安全生产检查制度；

7) 安全生产隐患排查、整改制度；

8）班组安全活动制度；

9）危险源辨识与管理制度；

10）应急救援制度；

11）机械设备安全管理制度；

12）临建设施安全管理制度；

13）职业健康与劳动保护制度；

14）劳动防护用品（具）管理制度；

15）特种作业人员管理制度；

16）生产安全事故报告制度；

17）分包单位安全管理制度；

18）文明施工管理制度；

19）卫生管理制度；

20）建筑工地集体食堂卫生管理制度；

21）环境保护管理制度；

22）消防防火制度；

23）治安保卫制度；

24）建筑工人业余学校管理制度；

25）施工车辆管理制度

26）施工用电管理制度；

27）绿色施工管理制度。

3. 安全技术操作规程

（1）施工现场作业人员安全生产基本规定；

（2）普通工安全技术操作规程；

（3）架子工安全技术操作规程；

（4）瓦工安全技术操作规程；

（5）抹灰工安全技术操作规程；

（6）木工安全技术操作规程；

（7）钢筋工安全技术操作规程；

（8）混凝土工安全技术操作规程；

（9）防水工安全技术操作规程；

（10）电工安全技术操作规程；

（11）通风工安全技术操作规程；

（12）电焊工安全技术操作规程；

（13）气焊工安全技术操作规程；

（14）起重安装工安全技术操作规程；

（15）起重司机安全技术操作规程；

（16）起重信号指挥安全技术操作规程；

（17）桩机操作工安全技术操作规程；

（18）机械维修工安全技术操作规程；

（19）中小型机械操作工安全技术操作规程；

（20）保温工安全技术操作规程；

（21）管工安全技术操作规程；

（22）钳工安全技术操作规程；

（23）油漆工安全技术操作规程；

（24）厂（场）内机动车司机安全技术操作规程；

（25）装卸工安全技术操作规程。

4. 安全防护用品（具）管理

（1）安全防护用品（具）购置使用计划；

（2）安全防护用品（具）进场验收登记表；

（3）安全防护用品（具）验收单；

（4）安全防护用品（具）生产许可证、合格证、安全认证、评估报告、推荐证标志；

（5）安全防护用品（具）送检检验报告；

（6）个人劳动防护用品发放记录；

（7）安全防护用具、材料领用记录。

5. 安全教育及安全活动记录

（1）安全教育培训

1）安全生产教育培训制度；

2）项目部安全培训计划表；

3）项目部作业人员花名册；

4）项目部施工机具操作人员花名册；

5）项目部职工安全培训记录汇总表；

6）项目部职工安全培训情况登记表；

7）日常安全教育记录；

8）职工三级教育卡片。

（2）建筑工人业余学校管理台账

1）建筑工人业余学校基本情况；

2）建筑工人业余学校章程；

3）建筑工人业余学校管理制度；

4）建筑工人业余学员守则；

5）建筑工人业余学校组织机构图；

6）建筑工人业余学校师资人员配备表；

7）建筑工人业余学校学员名单；

8）建筑工人业余学校达标自评表；

9）建筑工人业余学校教学计划；

10）建筑工人业余学校月课时安排计划表；

11）建筑工人业余学校开展活动记录；

12）简报、照片、影音资料；

13）建筑工人业余学校教材。

（3）安全活动记录

1）项目部安全活动记录；

2）项目部安全会议记录；

3）班组（日、周）安全活动记录。

6. 专项施工方案及安全技术交底

（1）专项施工方案管理

1）专项施工方案编审制度；

2）危险性较大的分部分项工程清单；

3）专项施工方案编审：

① 专项施工方案报审表；

② 专项施工方案审批表（总包）；

③ 专项施工方案审批表（分包）；

④ 超过一定规模的危险性较大分部分项工程专项施工方案专家论证报告；

⑤ 超过一定规模的危险性较大分部分项工程专项施工方案专家论证审批表；

⑥ 专项施工方案。

（2）安全技术交底管理

1）安全技术交底编写制度；

2）开工前安全技术交底表；

3）分部（分项）工程安全技术交底记录汇总表；

4）分部（分项）工程安全技术交底表；

5）班组安全技术交底记录汇总表；

6）班组安全技术交底表。

7. 安全检查及隐患整改

（1）安全检查及隐患排查整改制度

1）相关部门安全检查记录汇总表；

2）相关部门检查记录及项目部隐患整改记录；

3）项目部隐患排查记录汇总表；

4）项目部隐患排查记录表；

5）项目部安全检查记录汇总表；

6）项目部安全检查记录表；

7）安全动态管理（日）检查表；

8）安全检查隐患整改单；

9）附件：日检表重点检查内容、建筑施工安全检查评分汇总表建筑施工各项安全检查评分表。

（2）安全生产奖惩

1）违章处理登记表；

2）安全奖惩记录汇总表；

3）安全奖惩附件。

8. 安全验收管理

（1）安全验收记录汇总表

（2）临建设施管理

1）施工现场围挡验收表；

2）施工现场装配式活动板房安装验收表；

3）施工现场装配式轻钢结构活动板房安全检查表。

（3）分部分项工程验收

1）基坑支护、降水安全验收表；

2）土方开挖安全验收表；

3）模板工程及支撑体系安全验收表；

4）脚手架及附属设施：

① 落地式钢管扣件脚手架搭设验收表；

② 悬挑式脚手架验收表；

③ 门式脚手架验收表；

④ 悬挑式卸料平台验收表；

⑤ 落地式（悬挑式）卸料平台搭设验收表。

（4）防护设施验收

1）临边、洞口安全防护设施验收表；

2）安全防护棚搭设验收表；

3）攀登作业设施验收表。

（5）脚手架、安全防护设施临时拆除申请表

9. 建筑施工机械设备管理

（1）建筑施工起重机械管理基本资料

1）建筑施工起重机械设备登记汇总表；

2）建筑施工起重机械安装（拆卸）告知单；

3）建筑施工起重机械安装（拆卸）专项方案报审表；

4）建筑施工起重机械安装（拆卸）专项方案审批表（总承包单位）；

5）建筑施工起重机械安装（拆卸）专项方案审批表（分包单位）；

6）建筑施工起重机械安装（拆卸）单位条件审核表；

7）建筑施工起重机械安装、使用验收检查资料。

（2）塔式起重机安装验收相关资料

1）建筑施工起重机械（塔式起重机）固定混凝土基础验收表；

2）建筑施工起重机械（塔式起重机）预制拼装基础验收表；

3）建筑施工起重机械（塔式起重机）轨道基础验收表；

4）建筑施工起重机械（塔式起重机）安装前检查表；

5）建筑施工起重机械（塔式起重机）安装自检表；

6）建筑施工起重机械（塔式起重机）安装检测报告；

7）建筑施工起重机械（塔式起重机）安装验收记录表；

8）建筑施工起重机械（塔式起重机）使用登记证。

（3）施工升降机安装验收相关资料

1）建筑施工起重机械（施工升降机）基础验收表；

2）建筑施工起重机械（施工升降机）安装前检查表；

3）建筑施工起重机械（施工升降机）安装自检表；

4）建筑施工起重机械（施工升降机）安装检测报告；

5）建筑施工起重机械（施工升降机）安装验收记录表；

6）建筑施工施工起重机械（施工升降机）使用登记证。

（4）物料提升机安装验收相关资料

1）建筑施工起重机械（物料提升机）基础验收表；

2）建筑施工起重机械（物料提升机）安装自检表；

3）建筑施工起重机械（物料提升机）安装检测报告；

4）建筑施工起重机械（物料提升机）安装验收记录表；

5）建筑施工起重机械（物料提升机）使用登记证。

（5）建筑施工起重机械运转及交接班记录

1）建筑施工起重机械故障修理及验收记录；

2）建筑施工起重机械（塔式起重机、施工升降机、物料提升机）日常维护保养表；

3）建筑施工起重机械（塔式起重机、施工升降机、物料提升机）定期维护保养表；

4）施工升降机定期坠落试验记录表；

5）建筑施工起重吊装机具验收表。

（6）建筑施工工具式脚手架管理

1）建筑施工工具式脚手架登记表；

2）建筑施工工具式脚手架安装（拆卸）告知单；

3）建筑施工工具式脚手架安装（拆卸）专项方案报审表；

4）建筑施工工具式脚手架安装（拆卸）专项方案审核表；

5）建筑施工工具式脚手架安装（拆卸）分包单位审核表；

6）建筑施工工具式脚手架安装、使用验收检查资料。

（7）附着式升降脚手架安装、使用验收检查资料

1）附着式升降脚手架首次安装后自检表；

2）附着式升降脚手架安装检测报告；

3）附着式升降脚手架安装验收表；

4）附着式升降脚手架使用登记证；

5）附着式升降脚手架提升、下降作业前检查表；

6）附着式升降脚手架日常维护检查表。

（8）高处作业吊篮安装、使用验收检查资料

1）高处作业吊篮安装自检表；

2）高处作业吊篮安装检测报告；

3）高处作业吊篮安装验收表；

4）高处作业吊篮使用登记证；

5）高处作业吊篮日常维护检查表。

（9）建筑施工厂（场）内机动车辆及桩工机械管理

1）建筑施工厂（场）内机动车辆、桩工机械登记表；

2）建筑施工厂（场）内机动车辆、桩工机械检测报告；

3）建筑施工厂（场）内机动车辆验收表；

4）建筑施工桩工机械验收表。

（10）建筑施工中、小型施工机具管理

1）建筑施工中、小型施工机具登记表；

2）建筑施工中、小型施工机具验收记录表；

3）建筑施工机具（气瓶）验收记录表。

10. 建筑施工现场临时用电管理

（1）建筑施工现场临时用电设备登记表；

（2）建筑施工现场电器成套产品质量证明文件；

（3）建筑施工现场临时用电验收表；

（4）建筑施工现场外电防护设施验收表；

（5）建筑施工现场临时用电设备调试记录；

（6）建筑施工现场临时用电接地电阻测试记录；

（7）建筑施工现场临时用电绝缘电阻测试记录；

（8）建筑施工现场漏电保护器试跳记录；

（9）建筑施工现场临时用电电工安装、巡检、维修、拆除工作记录（由临时用电电工单独记录成册）。

11. 消防安全与平安创建管理

（1）施工现场消防安全管理

1）施工现场消防安全管理制度和措施；

2）施工现场消防重点部位登记表；

3）义务消防人员登记表；

4）施工现场消防设施检查验收表；

5）灭火器材更新登记表；

6）动火许可证：

① 一级动火许可证；

② 二级动火许可证；

③ 三级动火许可证。

7）施工现场消防设施布置图。

（2）平安创建

1）治安管理方案；

2）项目部与施工工地所属派出所签订平安共建协议书；

3）进入施工现场外来人员登记表；

4）平安创建活动记录。

（3）民工工资管理

1）清欠民工工资和公开事项告知牌；

2）农民工劳动计酬手册；

3）拖欠农民工工资处罚记录。

12. 文明施工、绿色施工管理

（1）文明施工、绿色施工组织管理

1）施工管理网络图；

2）创建目标；

3）实施方案；

4）目标考核责任制；

5）资金保障计划。

（2）环境保护方案

1）扬尘控制；

2）噪声与振动控制；

3）光污染控制；

4）水污染控制；

5）土壤保护；

6）建筑垃圾控制；

7）地下设施、文物和资源保护。

（3）节材与材料资源利用

1）节材措施；

2）节水措施；

3）节能措施；

4）节地措施。

（4）施工现场卫生管理

1）环境卫生管理方案编制要求；

2）环境卫生管理方案报审表；

3）环境卫生管理方案；

4）施工现场场容场貌验收表；

5）施工现场卫生保洁责任表；

6）施工现场环境卫生检查评分表；

7）施工现场环境卫生检查记录表；

8）工地食堂卫生、食品安全检查表；

9）施工现场疾病情况登记表；

10）流行病发病季节人员体温监控表。

13. 工程竣工安全评估报告

（1）工程竣工后，建设单位、监理单位、施工单位均应填写本表；

（2）工程类型：房屋建筑、市政设施、装饰装修、设备安装和其他工程；

（3）办理工程竣工验收前建设单位须向安监机构提交本表；

（4）安监机构收到本表后及时签收。

14. 工会劳动保护监督

(1) 组织建设；

(2) 制度建设；

(3) 安全教育与竞赛；

(4) 群众监督；

(5) 依法维护；

(6) 文明施工及现场生活保障。

16.2 编写建筑安全检查报告和总结

16.2.1 建筑安全检查的目的与内容

安全检查是安全管理的重要内容，是识别和发现不安全因素，揭示和消除事故隐患，加强防护措施，预防工伤事故和职业危害的重要手段。安全检查工作具有经常性、专业性和群众性特点。

1. 安全检查的目的

(1) 通过检查，发现生产工作中人的不安全行为和物的不安全状态，以及不卫生的问题，从而采取对策，消除不安全因素，保障生产安全。

(2) 通过检查，预知危险、清除危险，把伤亡事故频率和经济损失率降低到社会容许的范围内。

(3) 通过安全检查对生产中存在的不安全因素进行预防。

(4) 发现不安全、不卫生问题及时采取消除措施。

(5) 利用检查，进一步宣传、贯彻、落实安全生产方针、政策和各项安全生产规章制度。

(6) 增强领导和群众的安全意识，纠正、制止违章指挥、违章作业，提高安全生产的自觉性。

(7) 通过互相学习、总结经验、吸取教训，取长补短，促进安全生产工作进一步好转。

(8) 掌握安全生产动态，分析安全生产形势，为研究加强安全管理提供信息依据。

实施安全检查可以达到增强广大职工的安全意识，促进企业对劳动保护和安全生产方针、政策、规章、制度的贯彻落实，解决建筑施工安全管理中存在的问题，有利于改善企业的劳动条件和安全生产状况，预防工伤事故发生；通过互相检查、相互督促、学习交流经验，取长补短，便于进一步推动建筑企业搞好安全生产。

2. 安全检查的内容

建筑施工安全检查应当根据具体工程项目、施工阶段、施工季节和施工环境的具体情况和施工特点，具体确定检查的项目和检查标准。主要是以查安全思想、查安全责任、查安全制度、查安全措施、查安全防护、查设备设施、查教育培训、查操作行为、查劳动防护用品使用和查伤亡事故处理等十个方面：

(1) 查安全思想。检查以项目经理为首的项目全体员工（包括分包作业单位）的安全生产意识和对施工安全的重视程度。

(2) 查安全责任。检查现场安全生产责任制度的建立；安全生产责任目标的分解与考核情况；安全生产责任制与责任目标是否已落实到了每一个岗位和每一个人员，并得到了确认；安全生产责任制的定期考核讲评、奖惩制度落实情况。

(3) 查安全制度。检查现场各项安全生产规章制度和安全技术操作规程的建立和执行情况。

(4) 查安全措施。检查现场安全措施计划及各项安全专项施工方案的编制、审核、审批及实施情况；重点检查方案的内容是否全面、措施是否具体并有针对性，现场的实施运行是否与方案规定的内容相符。

(5) 查安全防护。检查现场临边、洞口等各项安全防护设施是否到位，有无安全隐患。

(6) 查设备设施主要是检查现场投入使用的设备设施的购置、租赁、安装、验收、使用、过程维护保养等各个环节是否符合要求；设备设施的安全装置是否齐全、灵敏、可靠，有无安全隐患。

(7) 查教育培训。检查现场教育培训岗位、教育培训人员、教育培训内容是否明确、具体、有针对性；三级安全教育制度和特种作业人员持证上岗制度的落实情况是否到位；教育培训档案资料是否真实、齐全。

(8) 查操作行为。检查现场施工作业过程中有无违章指挥、违章作业、违反劳动纪律的行为发生。

(9) 查劳动防护用品配置与使用。检查现场劳动防护用品、用具的购置、产品质量、配备数量和使用情况是否符合安全与职业卫生的要求，从业人员是否正确使用。安全防护用品是否按照规范规定定期检验、按规定更换。

(10) 查伤亡事故处理。检查现场是否发生伤亡事故，是否及时、准确地向上级报告和进行统计；对发生的伤亡事故是否已按照"四不放过"的原则进行了调查处理，是否已有针对性地制定了纠正与预防措施；制定的纠正与预防措施是否已得到落实并取得实效。

3. 建筑安全检查的形式

由于建筑安全检查的对象、要求、时间的差异，一般建筑安全检查分为定期检查、随机抽查、专项检查和安全员的日常检查。

(1) 定期检查。包括规定时间（周期）、规定施工节点的检查。建筑企业或项目部根据制度或工作安排，在指定的日期或规定的周期进行建筑安全大检查。检查工作一般由企业或项目的负责人组织，吸取职能部门、工会和相关专业技术人员参加。每次检查可根据具体情况决定检查的内容。检查人员要深入施工现场或岗位实地进行检查，及时发现问题，消除事故隐患。对一时解决不了的问题，应定出计划和措施，定人、定位、定时、定责加以解决，不留尾巴，力求实效。检查结束后，要作出评语和总结。

一般建筑企业或建筑企业驻外地分公司每月，或每季度对承建的工程项目检查一次，项目部每周至少检查一次；重大节假日前、后全面检查一次。

(2) 随机抽查——非定期安全检查。鉴于施工作业的安全状态受地质条件、作业环境、气候变化、施工对象、施工人员素质等复杂情况的影响和动态变化的特点，工程项目除定期安全检查外，更多的应根据客观因素的变化，开展经常性的、不定期的安全检查，

具体内容有:

1)施工准备阶段安全检查。每项工程开工前,由施工企业负责人组织企业有关部门进行安全检查,主要检查施工组织设计是否全面、科学、合理;施工机械设备是否符合技术和安全规定;安全防护设施是否符合要求;施工方案是否进行书面安全技术交底;各工序是否有安全措施等。

2)季节性安全检查。根据不同施工阶段和气候特点,企业安全管理部门、项目部应适时进行检查。夏季检查防洪、防暑、防雷电情况;冬季检查防冻、防防煤气中毒、防火、防滑情况;春秋季节检查防风沙、防火情况。

3)节假日前后安全检查。节前职工思想容易波动,安全生产的思想松懈,易发生事故,应组织进行施工安全和文明施工等方面的综合检查,发现隐患及时排除。节后为防止职工纪律松弛,应对遵章守纪状况及节前所查隐患整改落实情况进行检查。

(3)专项安全检查。对危险性较大的分部分项工程和易引发群死群伤施工的重点工序、环节进行专项检查,及时消除重大安全隐患。如深基坑、悬挑脚手架、高支模、起重设备等以及易发生事故的焊接、电气设备、大型压力容器,可组织专家进行专项安全检查,对检查的发现危及职工人身安全问题,及时采取措施解决。

(4)日常检查。主要是企业专职安全人员应每天深入施工现场、进行日常巡回检查,及时发现问题,认真督促整改。这是安全检查最基本、最重要的方法。因为专职安全人员经过专门安全技术培训,富有经验,善于发现事故隐患,准确反映企业安全生产状况,并能督促施工单位进行整改。

16.2.2　安全检查报告

安全检查报告一般分为企业、项目安全检查报告。安全检查报告内容主要是被查企业(项目)基本情况、存在主要问题和整改措施,最后是检查组成人员签字。这里以项目安全检查报告为例:

1. 项目安全检查报告的主要内容

(1)工程名称;

(2)工程地址;

(3)建设单位名称;

(4)施工单位名称;

(5)监理单位名称;

(6)工程实体安全概况;

(7)设置安全生产管理机构和配备专职安全管理人员及三类人员经主管部门安全生产考核情况;

(8)特种作业人员持证上岗及安全生产教育培训计划制定和实施情况;

(9)施工现场从业人员工伤保险和从事危险作业人员意外伤害保险办理情况;

(10)建筑工程安全防护、文明施工措施费用的使用情况、职业危害防治措施制定情况;

(11)安全防护用具和安全防护用品的配备及使用管理情况;

(12)施工组织设计和专项施工方案编制、审批、专家认证、备案及实施情况;

（13）企业内部安全生产检查开展和事故隐患整改情况（行为、执行强制性条文、整改复查、验收结果）；

（14）职工安全教育与培训、安全交底制度执行情况；

（15）涉及安全的材料现场见证检测及机械设备使用登记情况；

（16）施工过程中履行安全管理职责及安全资料（台账）情况；

（17）生产安全事故应急救援预案的建立、落实与演练情况；

（18）重大危险源的登记、公示、监控与上报备案情况；

（19）生产安全事故的统计、报告和调查处理情况；

（20）工程安全总结意见；

（21）项目经理，公司技术、安全、生产部门负责人签字；

（22）项目总监理工程师（建设单位项目负责人）签署意见。

2. 安全检查报告

安全生产检查报告大体上分成以下四个部分：

（1）安全生产检查的概况。主要包括检查的宗旨和指导思想，检查的重点，检查的时间、责任人、参加人员，分几个检查组，检查了哪些单位，以及对检查活动的基本评价等。

（2）安全生产工作的经验和成绩；

（3）安全生产工作的问题；

（4）对今后安全生产工作的意见和建议。

参 考 文 献

1. 李平，张鲁风. 安全员岗位知识与专业技能. 北京：中国建筑工业出版社，2015.06.

2. 武明霞. 建筑安全技术与管理. 北京：机械工业出版社，2015.07.

3. 陈卫平. 安全员专业管理实务. 北京：中国电力出版社，2015.07.

4. 姜敏. 现代建筑安全管理. 北京：中国建筑工业出版社，2009.07.

5. 那建兴，范利霞等合著，建筑施工安全专项方案编制. 北京. 中国铁道出版社，2010.04.

6. 张康明. 建筑安全施工专项方案编制实例. 北京. 机械工业出版社，2010.03.

7. 成军、范兴健等合著，建筑施工现场临时用电设计、施工与管理。成都：四川科学技术出版社，2005.7.

8. 张鲁风、耿洁明等合著，建筑施工安全检查标准 JGJ59－2011 实施指南。北京：中国建筑工业出版社，2013.5.

9. 丁士昭、商丽萍等合著，建设工程项目管理。北京：中国建筑工业出版社，2011.4.

10. 丁士昭、商丽萍等合著，建设工程管理与实务。北京：中国建筑工业出版社，2011.4.

11. 刘亚龙、王欣海等合著，文明施工与环境保护。西安：西安交通大学出版社，2015.1.

12. 李君，建设工程绿色施工与环境管理。北京：中国电力出版社，2015.9.

13. 徐大海、陈祖新等合著，建设工程施工现场安全生产保证体系管理资料。上海：同济大学出版社，2004.1.

14. 中华人民共和国住房和城乡建设部. 建筑施工安全检查标准 JGJ 59—2011，北京：中国建筑工业出版社 2012.07.

15. 中华人民共和国住房和城乡建设部. 施工现场临时用电安全技术规范 JGJ 46—2012，北京：中国建筑工业出版社，2012.

16. 中华人民共和国住房和城乡建设部. 建筑施工门式钢管脚手架安全技术规范 JGJ 128—2010. 北京：中国建筑工业出版社，2010.

17. 中华人民共和国住房和城乡建设部. 建筑施工扣件式钢管脚手架安全技术规范 JGJ 130—2011. 北京：中国建筑工业出版社，2011.

18. 中华人民共和国住房和城乡建设部. 液压滑动模板施工安全技术规程 JGJ 65—2013. 北京：中国建筑工业出版社，2013.

19. 中华人民共和国住房和城乡建设部. 建筑施工高处作业安全技术规范 JGJ 80—2011. 北京：中国建筑工业出版社，2011.

20. 中华人民共和国住房和城乡建设部. 建筑机械使用安全技术规程 JGJ 33—2012. 北京：中国建筑工业出版社，2012.

21. 中华人民共和国住房和城乡建设部. 龙门架及井架物料提升机安全技术规范 JGJ 88—2010. 北京：中国建筑工业出版社，2010.

22. 中华人民共和国住房和城乡建设部. 建设工程施工现场供用电安全规范 GB 50194—2014. 北京：中国建筑工业出版社，2014.

23. 中华人民共和国住房和城乡建设部. 建筑施工安全检查标准 JGJ 59—2011，北京：中国建筑工业出版社，2012.07.

24. 中华人民共和国住房和城乡建设部. 施工现场临时用电安全技术规范 JGJ 46—2012，北京：中国建筑工业出版社，2012.

25. 中华人民共和国住房和城乡建设部. 建筑施工门式钢管脚手架安全技术规范 JGJ 128—2010. 北京：中国建筑工业出版社，2010.

26. 中华人民共和国住房和城乡建设部. 建筑施工扣件式钢管脚手架安全技术规范 JGJ 130—2011. 北京：中国建筑工业出版社，2011.

27. 中华人民共和国住房和城乡建设部. 液压滑动模板施工安全技术规程 JGJ 65—2013. 北京：中国建筑工业出版社，2013.

28. 中华人民共和国住房和城乡建设部. 建筑施工高处作业安全技术规范 JGJ 80—2011. 北京：中国建筑工业出版社，2011.

29. 中华人民共和国住房和城乡建设部. 建筑机械使用安全技术规程 JGJ 33—2012. 北京：中国建筑工业出版社，2012.

30. 中华人民共和国住房和城乡建设部. 龙门架及井架物料提升机安全技术规范 JGJ 88—2010. 北京：中国建筑工业出版社，2010.

31. 中华人民共和国住房和城乡建设部. 建设工程施工现场供用电安全规范 GB 50194—2014. 北京：中国建筑工业出版社，2014.

32. 中华人民共和国住房和城乡建设部. 建筑拆除工程安全技术规范 JGJ 147—2004. 北京：中国建筑工业出版社，2004.

33. 中华人民共和国住房和城乡建设部. 塔式起重机安全规程 GB 5144—2006. 北京：中国建筑工业出版社，2006.

34. 中华人民共和国住房和城乡建设部. 安全帽 GB 2811—2007. 北京：中国建筑工业出版社，2007.

35. 中华人民共和国住房和城乡建设部. 安全带 GB 6095—2009. 北京：中国建筑工业出版社，2009.

36. 吴文平. 建筑安全员一本通安徽科学技术出版社，2011.03.

37. 中国建筑工业出版社. 建筑施工安全技术规范. 北京：中国建筑工业出版社，2013.

38. 中华人民共和国住房和城乡建设部. 建筑施工安全技术统一规范 GB 50870--2013. 北京，中国建筑工业出版社，2013.

39. 吕方泉. 安全员. 中国电力出版社，2008.01.

40. 李国防. 消防安全培训教程. 中国人民公安大学出版社，2009.06.

41. 中国建筑工业出版社. 施工企业安全生产评价标准 JGJT 77—2010. 北京：中国建筑工业出版社，2010.

42. 中国建设教育协会. 安全员. 北京：中建筑工业出版社，2014.

43. 中国建设教育协会. 施工员. 北京：中建筑工业出版社，2014.